D. O. M. A.

ALCHEMIA.

ANDREAE LI-
BAVII MED. D. POET.
PHYSICI ROTEMBVRG.

operâ

E DISPERSIS PASSIM OPTIMORVM AVTO-
rum, veterum & recentium exemplis potissimum, tum etiam præceptis quibusdam operosè collecta, adhibitisq́; ratione & experientia, quanta potuit esse, methodo accura-
tâ explicata , &

In integrum corpus redacta.

Accesserunt

Tractatus nonnulli Physici Chymici, item methodicè ab eodem autore explicati,
quorum titulos versa pagella exhibet.

Sunt etiam in Chymicis eiusdem D. LIBAVII epistolis, iam antè im-
pressis, multa, huic operi lucem allatura.

Cum gratia & Priuilegio Cæsareo speciali ad decennium.

F R A N C O F V R T I
Excudebat Iohannes Saurius, impensis Petri Kopffij,

M. D. XCVII.

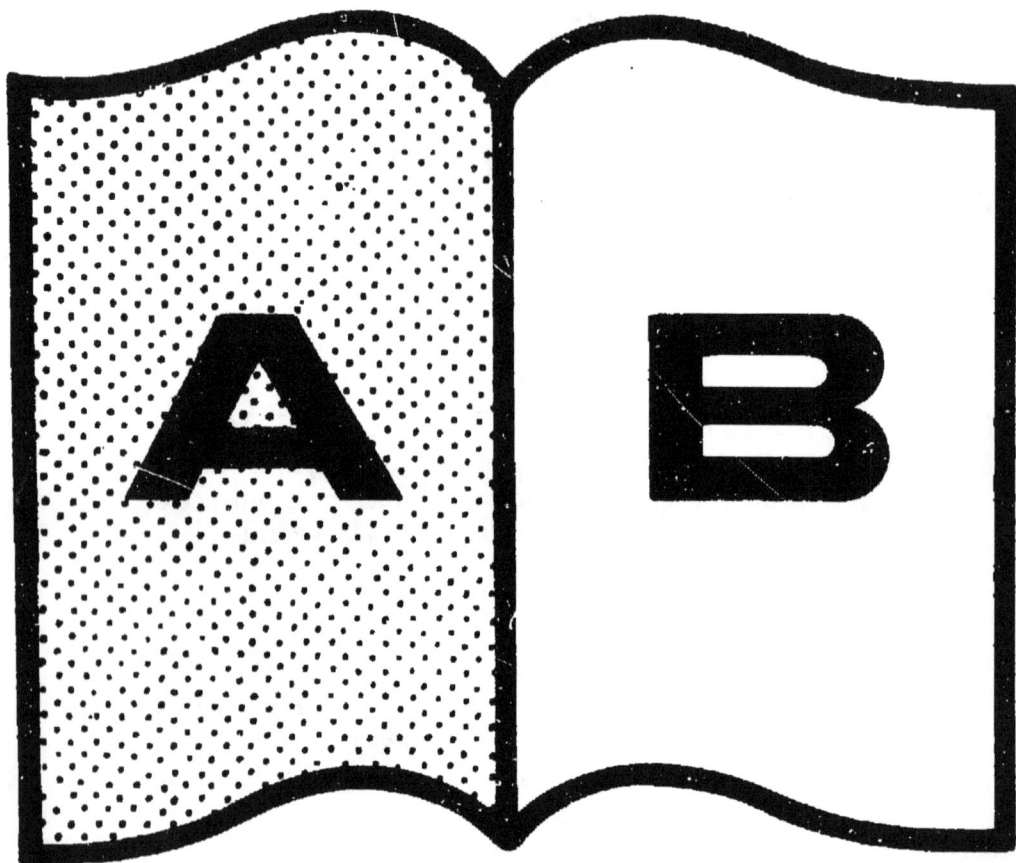

Contraste insuffisant

NF Z 43-120-14

TRACTATVS PHYSICI CHY-
mici Alchemiæ adiecti.

GENEROSIS, NOBILIBVS,

ET AMPLISSIMA DIGNITA-
TE CONSPICVIS VIRIS ET D. D. PRÆ-
fectis, Consulibus, & Senatoribus Inclytæ Rei-
pub. Augustanæ, Dd. suis ob-
seruandis

A N D R E A S   L I B A V I V S   M. D. P. S.

T V M *multis alijs nominibus, Viri illustres, vestra illa Respub-lica per totum orbem est nobilitata, tum potißimum quod in omni genere artium & scientiarum præstantißimarum viros alat insignes, artificesq́, admodum præclaros, quos quo vos fo-ueatis amore studioq́, exornetis, non tantum patrocinium o-stendit amplißimum, sed & confluxus conatusq́, plurium, qui ab omni ar-te excellenter instructi, ad vos se conferre festinant. Itaque facta est Respub-lica vestra veluti* πανδοχεῖον παιλαδαπῆς σοφίας, καὶ πάσης ἀρετῆς σεμνεῖον, *qui-bus bonis ego quidem delectari possum, excellentius aliquid conferre ne-queo.   Quis autem vetet hoc ipsum quod verbis exprimitur, re contesta-ri? Offero vobis nouum de* CHYMIA *librum, & addico, non quod vos ea disciplina, cuius estis cultores paratißimi, destituamini, sed vt auctores defensoresq́, eius esse vos constet publicè, idq́, consentiat cum iudicio bono-rum.*

Non partem eius artis vobis consecro, sed totam, ab artificibus præ-stantißimis longo rerum vsu inuentam, nondum tamen hactenus in me-thodicam formam redactam, id quod me conatum esse, quantum DEVS *suppeditauit auxilij, confido, si non præstiti. Sed non est vt pluribus vos de-tineam. Res ipsa se commendabit ipsam. Plena sunt pulpita vestra præstan-tißimorum vobis addictorum operum: si iuxta illa huic aliquem conceße-ritis angulum, satis est. Si quid virtutis inest, id splendebit etiam in tene-bris. Valete.   Rotemburgi ad Tubarim.*

LECTORI SALVTEM.

VARIIS autoribus, & vsu artium magistro, ductu methodi scientijs informandis attributæ, lector beneuole, ALCHEMIAE præcepta in vnum opus congessi, ad quod ipsum tum alia me impulerunt multa, tum potissimum vt studijs iuuentutis hac quoque sciendi parte prodessem. In reliquis disciplinis quantopere est elaboratum? Omnibus neruis summi contenderunt artifices, vt quàm absolutissimæ extarent, suaq́ mundum vtilitate adiuuarent: Chymia sola inexculta magna ex parte iacuit. Refert Aristoteles suo tempore Dialecticam in exemplis potius quàm præceptis hæsisse. De Chymia idem si pronuncias, non erras. Exemplis operationum nullus non scatet angulus: singularia vbiuis prostant, & in abditis partim latitant. Catholica silent, nec est amussis ad quam reuocari singularitates & iudicari queant. Itaque euenit, vt cum plures eiusdem rei extent formulæ, non sit promptum iudicare, nec ad quod caput artis pertineant, quoue nomine sint appellandæ, nec quàm legitimè sint descriptæ. Quin & si fors rei singularis non extet peculiaris elaboratio, hoc euenit mali, vt aut ignorare, sicq́ intermittere cogaris præparationem, aut ad dubium exemplar respicere, & calceum ex intuitu calcei, non è præceptis formare, aut à pariter incerti magistri pendere opinione. Huic malo auxilium inuentum per artis legitimum systema arbitror. Est & hoc inde compendium, quòd manifesta sint facta ea, quæ in paucorum antè notitia & potestate latitabant. Non cogeris inquirere, & redimere arcana ab impostoribus, non magna vi auri inutilé, aut vmbratilem copiosamq́ schedulam ab imperitis impetrare, non solicitè rogare, non omnes Deos Deasq́ de non manifestando adiurare, omnia patebunt tibi ipsi. Cum item impostor Paracelsicus gloriatus fuerit de magnis arcanis, quintis essentijs, tincturis, lapidibus, extractis, &c. cum tamen præter sterquilinia, & domi coctas recoctasq́ in furnulis malè conciliatis

cram-

crambas non exhibeat: penes te iudicium erit, sitné essentia, tinctura, & cætera, id quod dicitur, an ψεῦσμα quoddam. Nó quidem
ignoro, etiam præstantes probatosqúe autores occultandi sua inuenta & arcendi improbitatem caussa, varijs, iisqúe monstrosis
nominibus eadem appellasse: sed tibi persuasum velim, concor-
dem constantemqúe ipsorum fuisse semper mentem, quam cùm
non dictio fallax, sed rerum concursus & experientia aperuerit:
non est vt hos impostorum similes facias. Poteris iam etiam su-
perbiæ superciliosæ & ostentationi quorundam obuiam ire, &
dum illi sibi mirificis titulis nescio quid ascribunt, ipse ex artis
præceptis vel simile vel nobilius apparare. Sed emoluméta se tibi
sponte offerent. Non opus est verboso patrocinio. Quædá saltem
mihi in hoc nouo, &ferè vltra fidem audace conatu, es admonendus. Negabunt multi, pertinaciterqúe inficiabuntur, me artem
integram dare potuisse, quòd fieri non queat, vt occulta illa de
Philosophorum lapide, & reliquis arcanis decreta mihi innotue-
rint, cùm constet neminem, nisi Deo per oracula docente, ma-
gistrisúe coràm monstrantibus, ad mysteria illa peruenire posse.
Non quidem est vt Dei potentiam nostro æuo contractiorem putemus & iniquiorem q̃ vetusto, cùm beneficijs maioribus tecem
mundi beauerit, quàm florem : Sed vtvt non assecutus iudicor,
quod senserunt ipsi, non tamen locum caputq; artis, quod ei tra-
ctationi debetur, ignorare methodus siuit. Mihi quidem (liceat
enim parumper apud te stulto esse) satis euidens apparet Philosophorum dictio, & processus: Si tu eum non intelligis, non ob id de
arte despera, nec eam imperfectionis argue. Multa sunt quæ non
nisi magistrum perfectæ industriæ & experientiæ requirunt, nec
possunt à tyrone confici. Sed ob id non spernenda, nec ex arte
profliganda. Si hac parte non succedet, non est vt multum sudes:
sunt aliæ plures, in quibus facies operæ precium. Rogo verò ne ir-
ruas illotis manibus, nec, si non è vestigio respondet Vulcanus, me
fraudis accuses. Nulli tyroni tam felix est ingenium, vt omnia prima aggressione inueniat rata. Discendum experiendumq; sæpius
est, quod vt fiat sine facultatum detrimento, in paucis specta naturam, artemiq; experire. Stulti magnos sumptus profundunt in
nondum sibi perspecta penitus, & imperitè damnant magisteria.

Notabis me de lapide philosophor. aliquid ad-didisse ex ar-tificium sen-tentia, etiási eam forté nec ego, nec tu possimus assequi. Est autem ab-surdum, vt cum Agrico-la sentiam, id repudia-re, quod à tot sapienti-bus est asser-tum. Mane-at in medio.

Non.

Non deerunt, qui me nec veterum arcana cognouisse, nec sua clamabunt, sibiqúe mirificè de reconditis tabellis gratulabuntur. Sed tu Lector scito, me tam lynceum esse nunquam voluisse, vt aliorum scrinia perspicerem, nec tam furtiuum, vt ipsis inuitis inuolare, & rapere præparationes tacitas concupiscerem. Quando ita volunt, retineant sua arcana, modò sciant, solem non obscuratum iri, nec peius victurum mundum, etiamsi nec ipsi, nec arcana ipsorum vnquam in lucem proreperent. Si vtamur fruamur præsentibus, quæ manifesta sunt per viros bonos D E O instigante facta, sat commodè æuum quod superest, transigemus. Quid proderit, si tunc inueniantur illa arcana primùm, cùm conflagrabit mundus? cùm autores, vel potius occultatores inter serpentes putrescent? Adeóne iniqui sunt humanæ societati? Támne monstrosi partus, & prodigia abortusqúe naturæ, vt â qua prognati sunt, eam celebrare, iuuarequé nolint? Tamné inuident diuinæ gloriæ, vt quod ipsis datum est, nolint concessum pluribus? Malè vtentur, inquient, ingrati. At tu benè vtere, nec sepeli. Non occultandum ideo vinum & aurum erat, quia plærique abusuri istis.

Vtinam illi qui Germanicis versionibus optima autorum medicamenta delirè prostituunt imperitissimis, audacissimisqúe nebulonibus, barbarum tonsoribus, mulierculis stultis, & feci plebis, in hanc partem non tam licenter peccarent: in maiore autoritate esset sacra Medicina.

Audies aliquando etiam in aduersam partem inclinantes, qui turpe iudicabunt arcana quædam publicari tam manifestis verbis. Imitandum esse Philosophos, qui rem manifestam nominibus, modoqúe docendi occultarunt, filijsqúe doctrinæ reliquerunt. Non opus est mihi aduersus hos responsione: arcani enim mihi nihil est: si quid est, D E V S patefecit per disciplinam, artificesqúe præstantes, & experientiam. Et cur vterer nominibus monstrosis, quæ dum inuestigantur, & coniecturis inquiruntur dubiis, plurium pariunt errorum lernam, quam si liquidò fuissent exposita? Pyrapyrum quoddam habet Zvvingerus, quod constet ex albo nihil passo, rubro, & nigro vnctuoso. In his ænigmatis aliquis occupatior, solicitiorqúe,

quàm

quàm par erat, spe nescio cuius arcani, intellexit arsenicum album, vel sublimatum mercurium, arsenicum rubrum praecipitatum, vel auripigmentum, & caput mortuum, nescio quod, & cócinnauit medicamentum interneciuum. Si sciuisset sumendam calcem viuam, minium, & saponem Belgicum, & à tormento inuestigationis, & vsu periculoso abstinuisset.

Qui disciplinae Chymicae morem non callent, ab his occulta sunt omnia quae dicuntur, etiamsi manifestis exponantur, suisque notis, quas intelligent satis initiati. Ita omnes artes ab extraneis sunt remotae, praesertim si non in vulgi transferantur sermonem, & vocabula disciplinae mutent.

Nonnulli requirent à me mea experimenta, non aliorum artificum, quorum pleni sunt libri plurimi. Ego verò non meam artem doceo, sed artem Chymicam vsu artificum comprobatam, expono. Si mea est expositio & modus docendi, sat est. Scito tamen Lector, etiam me aliquid studij in Chymicis posuisse, nec viliore ingenio esse coquis, ambubaijs, tonsoribus, ancillis, seplasiarijs, agyrtis, &c. per quos nonnulli Chymiam exercent. Si itaque opus erit, ostendam tibi me quoque posse destillare aquam fontanam, ne quid dicam de vino in acetum mutando. Multa addidi tamen etiam ex meo penu, quae alibi non inuenies, quanquam non apposui nomen. Ea, si libet, vsui publico donata sunto, vel cuiusuis boni nomine.

Non omnes adduco formulas, ne id quidem ars exigit: paucis, iisque comprobatis exemplis est contenta. Non omnia exempla coaceruat Dialectica, non Musica. Si libet, subiice suis capitibus, quaecunque vndecunque, si artificiosa sint & spectata vsu, aduolant. Noui item, vnum opus Chymicum variis parari modis : & fortassis sunt quidam meliores in abscondito, his quos ego posui. Ego verò ex his qui ad manum fuerunt, studui eligere optimos, & si dubia fuit electio, plures posui, alios etiam ad commmentarium reseruaui. Si nancisceris meliores, liceat tibi eos substituere meis: inseruire his volui, qui nesciebant commodiora. Velim autem etiam cogites, me non expectare debuisse aliorum mysteria, nec

cura-

curare modos occultos, quanquam fors possint esse feliciores.
Cur?quæris? Nondum comprobata sunt ab artificibus. Vt comprobentur, diu in publico esse debent. Non ergo habentur pro
artificiosis,si sunt occulti. Qui boni sunt,& liberali ingenio nati,
in quibus videbunt me deficere,aut ipsi edent meliora,aut ad me
edenda in commentarijs mittent. Non refugio iudicia ingenua
de laboribus meis,nec pertinax ero in defendendis erratis. Discam à quouis legitimo monitore.

Quædam cum alijs edita facilè patent imposturis. Itaque
videbantur supprimenda potius, quàm publicanda amplius. Sed
cum imposturis sua sit parata pœna,satisque vigilans sit in officio
suo magistratus : quin & nouerint industrij artifices earum examina;& censendi regula vna adhibeatur,non est vt quis ab ista
parte metuat.Bonis consultum volui,non malis: Bona dedi, quæ
vt bene vsurpentur, atteftor.

Illud cauendum est,ne audaculi imperiti in medicando id
adhibeant,quod est Medicorum circumspectissimorum, exercitatissimorumque: veluti si essentia ex sublimato & regulo fiat, si
flos ex antimonio, si Turbith ex Mercurio, si laudanum ex opio,
tu qui imperitus es medendi & imprudens,nec tibi facile, nec
alijs horum permitte vsum , cùm temeritate vtvt femel atque
iterum fortè prosis,plus tamen deinceps peccare possis. Nobiles Medicinæ in manu temerarij hominis,sunt vt culter, vel fax
ardens in manu pueri,aut dementis.

Nec formidanda mihi est eorum iudicum sententia, qui
dicent mea opera effectum,vt & fabris metallurgis, aliisq; opificibus hactenus è Philosophica libertate ad seruilia abiectis, sit tutus
in Philosophia locus: cùm enim Chymia non tantum ministra
sit medicinæ,sed & physicæ contemplationis pars honoratior, in
folium Physicæ euehentur mechanici.

Atqui ego non quibus concrediti sint labores, respiciendum putaui, nec quibus ministris vterentur Philosophi : Contemplatio ipsa præceptis comprehensa, ad suam artem fuit reuocanda. Et certè licet aurifaber multa mutuatus sit à Chymico: licet multa etiam metallurgus:tamen tum operationum solertia impar est: tum illa opificia pluribus alijs aucta, vt sic pollutum

lutum

Iutum opus Chymicum non fit amplius Chymicum, nifi origine. Communicant etiam aliæ artes inter fe, & potiffimum facultates multis vtuntur, fed ob id non confunduntur.

Volent aliqui diuifam effe Chymiam in metallurgiam, & pharmaceuticam: quidam poftulabunt tertiam partem de aquarum mineralium iudicio, atq; etiam docimafticen metallicâ attexent. De his ego ita fentio, vt de amethodicis reliquis. Cogitaui & ipfe fedulò de conftitutione apta: fæpe mutaui cogitata probataq; prius. Natura tandem methodi feipfam explicauit: eius ductus fuit fequendus. Et cur pharmaceuticâ peculiarem facerem, cùm etiã ex metallis eadem præparatione fint pharmaca? Rem eandem alius adhibet ad miracula metallorum, alius ad fanitatem humanam. Non bis aut denuò hîc eft præcipiendum. Operatio vna, vno modo & loco exponenda, etiamfi opus mille diuerfis inferuiat vfibus. Tractatus autem de aquis mineralibus, & probatione, partim conclufus eft præceptis fyntheticis, partim eft artium plurium, vfu communicantium. Agam de ijs in commentario, huic arti adiuncto.

Appofui quibufdam autorum exemplis notas meas. Hæ videbuntur aliquibus inconcinnæ. Videätur fanè & ftultæ. Mirum fit in tantis tenebris impingere? Quorum fententia melior erit, ijs cedet mea. Paracelfici volent omnia ad faliuam magiftri fui dicta. Non quidem repudiaui fi quas formulas bonas apud Paracelfum inueni, quarum fors ipfe autor non eft. Fatetur enim fe multa accepiffe à patre VVilhelmo, Setthagio Epifcopo, Erhardo Lauentalio, Nicolao Hipponenfi epifcopo, Matthæo Schachthio Suffraganeo Freifingenfi, Archelao, Iohanne Trittenhemio abbate Spanheimio, veteribus item alijfq; infinitis: & partem eorum etiã vfu ipfe didicit, quæ poftea vera funt comprobata, licet fuerint ex tenebris obfcuriffimis eruenda. ^{margin: I.Tom.Chir. mag.}

Sed eò pauciora valde trepidanter allegaui, quòd ftudiofiffime omnia implicet ænigmatis, & obfcuret etiam manifeftiffima, nec velit intelligi. Quin ergo is maneat fui fimilis, & præceptorum à quibus didicit, cum experientia plus valeat autoritas. Satis notum eft quid de eo magni viri, Crato, Arragofius, Gefnerus, Zvvingerus, Pithopæus, Muffetus, &c. iudicauerint. Non eft

noua

noua mea sententia, qui Paracelsicus nec esse, nec vocari volo:
quanquam scelerate nuper quidam me inscio ediderint chartam
quandam deprauatam, titulo Libri contra Erasti sententiam de
auro potabili, in quo ex negata oratione facta est affirmata, quasi
Paracelsi de grege essem. Si obiicient, ex adhibitis Paracelsicis
me talem statui, noueris me non pro Paracelsicis, quanquam nomen publicatoris præ se ferant, diuulgare, sed pro veterum Chymicorum inuentis, cùm ipse Paracelsus in Chirurgia magna se
publicos fecisse veterum commentarios dicat, non inuenisse.
Quid tum autem postea, si etiam per malum hominem aliquid
boni prodijt? Num expostulare cum Deo possumus, qui etiã per
Iudam proditorem cõcionabatur, & per Bileamum vaticinia pro-
fundebat? Multa habet Bulcasis non tantum artificia, sed & nomina (vt croci martis, thiri, cachimiæ, &c.) vsurpata à Paracelso,
quanquam hic in libro de serpentibus, diabolum faciat hominum Doctorem, & omnium artium inuentorem. Chymia non
est inuentum Paracelsi: ad eum referri non debet, & minimam
etiam artis partem huius notitiæ deberi, ostendet hic liber cum
commentarijs, quanquam iam in publico existant longè nobiliora, quàm vnquam impurus ille magus potuit assequi. Mise-
ra foret Chymia, si ex Paracelso esset instituenda. Ego non tantum Paracelsica, & nostrorum tum veterum, tum recentium e-
dita volumina & operas consului, sed & manu exarata plura,
nunquam in publico visa, atq; etiam antequam Paracelsus in rerum natura fuit, congesta.

Sed de cloaca illa satis superq;. Omisi magica & superstitio-
sa de magnetismis, imaginationis effectu, homunculo, gemma-
hüijs &c, nec præcepi, quomodo fabricandus esset homo per putrefactiones Chymicas ex pane & vino, aut semine, in furnulo arcanorum. Nec contaminaui artem probam figmento generationis lignorum & auium ex cineribus combustis. Sordes sunt Para-
celsicæ impietatis & mendaciorum. Omisi & alia, presertim compositiones arrogantiores, laboriosioresq; quàm fructuosiores, ne
stomachetur quispiam. Non possunt cuiuslibet phantasmata arti
inseri: & compositionum est numerus infinitus: Gaudeat quisq;
sua priuatim, quando ita lubet. Fatendum tamen & hoc est, me
mul-

Malitia
cuiusdam
alienam
præfationẽ
furto sub-
ductam &
deprauatã
edentis in
publicum.

multorum bonorum mentionem honeſtam facturum fuiſſe, niſi
inuidia bonitatis nomen contaminaſſet.

Methodi ratio diuiſiones, definitiones, aliaq; procul dubio
ſpinoſis ingenijs oblectamenta parient mirifica. Facile eſt repre-
hendere, meliora dare difficile. Illud vel ſtultis licet, hoc ſapienti-
bus. Erit mihi ſapiens, qui meliora exhibebit. Ramiſticas argutias
ineptaſq; nugas quas ineptiunt hodie multi, ad Cynoſarges abire
iubeo. Sed non omnia poſſunt anteuerti impedimenta. Si quid
dubitabitur præterea, id in commétariis, ſi Dominus velit, abun-
dantius declarabo. Ego iam non commentarium, niſi quòd pau-
cas eaſq; breues notas attinet, exhibeo, ſed artem præceptis & methodo inſtructam. Quorum poſſum rationem reddere, (& eſt copia problematum in hac arte præ reliquis mira, ſicut & naturæ o-
pera prodigioſa multa in eadem ſe offerunt) de ijs diſſe-
ram ſuo loco. Tu lector benigne
viue & vale.

TABV-

TABVLA PRIMI LIBRI
Alchemiæ.

Alchemia habet partes duas Encherian, & Chymian.

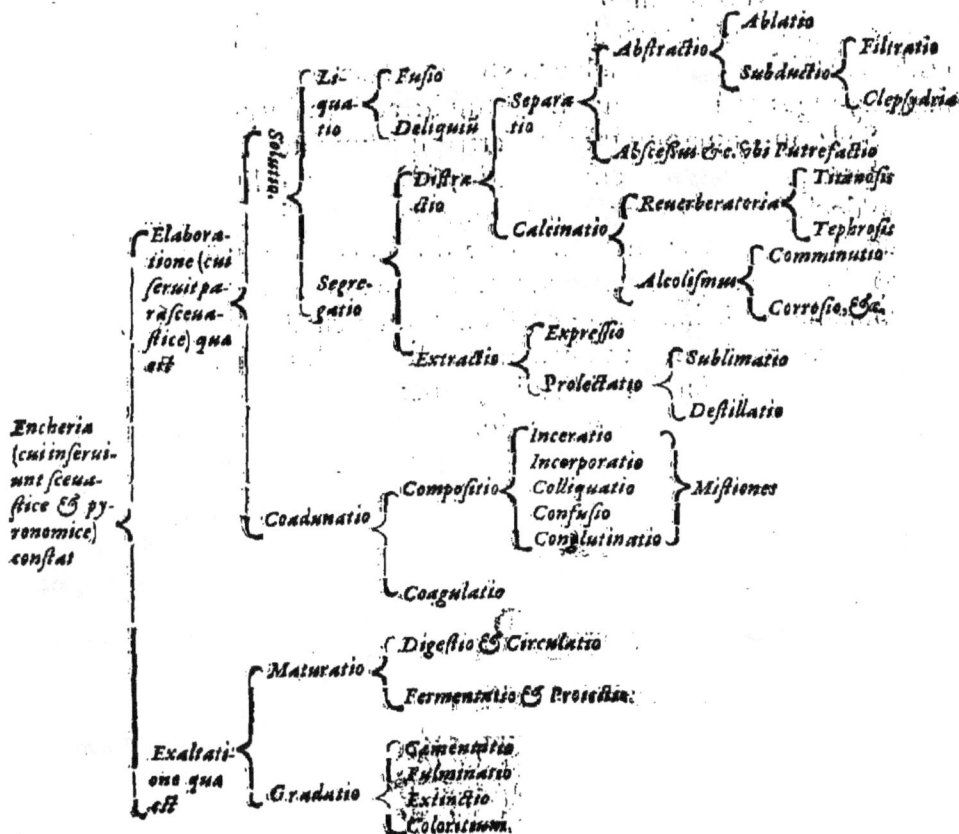

Encheria (cui inseruiunt sceuastice & pyronomice) constat

- **Elaboratione (cui seruit parasceuastice) qua est**
  - *Solutio*
    - *Liquatio*
      - Fusio
      - Deliquiů
    - *Segregatio*
      - *Separatio*
        - *Abstractio*
          - Ablatio
          - Subductio
            - Filtratio
            - Clepsydria
        - Abscissus &c. vbi Putrefactio
      - *Distractio*
      - *Calcinatio*
        - *Reuerberatoria*
          - Titanosis
          - Tephrosis
        - *Alcolismus*
          - Comminutio
          - Corrosio, &c.
    - *Extractio*
      - Expressio
      - Prolectatio
        - Sublimatio
        - Destillatio
  - *Coadunatio*
    - *Compositio*
      - Inceratio
      - Incorporatio
      - Colliquatio
      - Confusio
      - Conglutinatio
      - } Mistiones
    - *Coagulatio*
- **Exaltatione qua est**
  - *Maturatio*
    - Digestio & Circulatio
    - Fermentatio & Proiectio.
  - *Graduatio*
    - Cementatio
    - Fulminatio
    - Extinctio
    - Coloritium.

TABV-

TABVLA LIBRI SECVNDI ALCHEMIÆ.

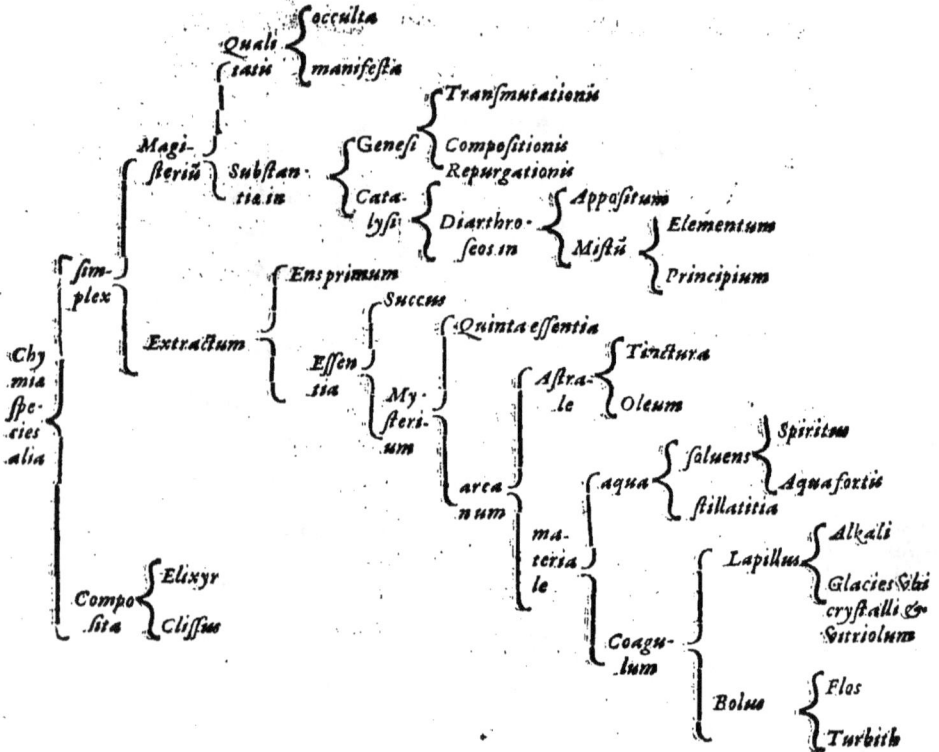

PHA

PHALEVCI

MARTINI PRÆTORII SILESII, IL-
LVSTRISSIMI PRINCIPIS, EPISCOPATVS,
Argentinensis Administratoris, Marchionis Bran-
deburgici, &c. præceptoris:

Ad ANDREAM LIBAVIVM *de Chymicis.*

Ltor Pæonij, Libaui, honoris,
Idemq; Aonidum diserte cultor,
Mi postquam tua contigit videre,
Atq; euoluere plena luce scripta:
Iussi somnia tot tenebrionum,
Tot ambagibus, & tot inuolucris
Refertissima protinus valere.
Iam non amplius anxiè requiro
Quid sit nobile lilium, quid aurum
Vita, quid celebris lapis, quid ouum
Sophorum, Leo quid virens, Rebisq;
Quid lac virginis, & ruber lacerta
Sanguis, quidue Realgar, & Xenechdon;
Quid sit regulus, & liquens corusci
Phœbi axungia; Chymicum quid astrum:
Galli quid risa risa, laudanumq;
Laudatum satis hactenus per orbem:
Puluisq; angelicus, crocusq; Martis;
Quid noctu volitans auis, rubensq;
Henricus; quid homuncio; quid Azoth;
Nil vocum noua monstra tot nouarum;
Nil fictos tot & abditos liquores,
Nil deliria stulta, ineptiasq;
Nil tuas, Paracelse vane, nugas,
Nil ænigmata & inuolucra curo.

Quippe

Quippe vt carmine concinit diserto
Disertiſsima Muſa Martialis,
Turpe eſt difficiles habere nugas,
Et vanus labor eſt ineptiarum.
Lux clariſsima gnauiter legenti
Affulget , tua ſcripta , mi Libaui.
Nil præter tenebras habent opacas,
Spagirûm monumenta cæterorum.
Ergò iure tuo mihi vel vnus
Vnus inſtar es omnium, Libaui.

AVTORES QVOS IN HOC
opere ſum ſecutus.

Adamus Lonicerus.

Adamus Keckius.

Ægidius de Vadis.

Alanus.

Albertus Magnus.

Alexius Pedemont.

Andreas Baccius.

Andreas Marinus.

Andreas Matthiolus.

Ariſtoteles.

Arnoldus Villanouanus.

Arrogoſius: Gallus.

Auicenna.

Bernhardus Comes.

Bernhardus G. Penottus.

Bulcaſis.

Conradus Geſnerus.

Democritus.

Dioſcorides.

Diodorus Euchyon.

Donzellinus.

Dornæus.

Enonymi Autor.

Eualdus Vogelius.

Fachſius Zygoſtata.

Fernelius.

Gab. Fallopp.

Galenus.

Garzias ab Horto.

Geberus.

Georg. Agricola.

Georg. VVernher.

Gualther Ryffius.

Hermes.

Hieron. Mercurialis.

Hieronymus Cardanus.

Hieron. Brunſvic.

Hier.

Hieron. Rubeus.
Hippocrates.

Iobus Finzelius.
Ioh. Aurelius Augurellus.
Ioh. Bapt. Porta.
Ioh. Crato.
Ioach. Camerarius pater.
Iohan. Dee Londinas.
Ioh. Franciscus Picus Mir.
Ioach. Struppius.
Iohan. Guintherius And.
Ioh. Hartmannus Beyerus.
Ioh. Iacob. VVeckerus.
Ioh. Langius.
Ioh. Matthesius concion.
Ioh. Rupescissa.

Kentmannus.

Laurentius Scholtzius.
Leuinus Lemnius.
Leonhardus de Prædapalea.

Martinus Rulandus pa.
Mesue.
Mizaldus.
Nicolaus Monardes.

Paræus.
Paracelsus.
Philip. VIstadius.
Plinius.

Quercetanus.

Rhases F. Zachariæ.
Raimund. Lullius.
Rennerus Budelius.
Richardus.
Rogerius.

Sauanorola.
Scaliger.
Syluius.

Tarquinius Osyorus.
Theod. Tabernæm.
Thom. de agno.
Thomas Iordanus.
Thom. Mouffettus.
Thurnesius.
Turba Phil.

Valerius Cordus.
VVilh. Anton. Guertæus.
Zvingerus.

Non possum præterire eorum à quibus liberaliter sum ad-
iutus, mentionem honestissimam, eáq; peculiarem; vt horum e-
xemplo laudabili alij viri boni concitati, vel ipsi pro se quisq; hanc
artem iuuent, vel quæ condita domi compertaq; habent alijs sub-
ministrent. Sunt autem illi viri clariss. & in philos. sacraq; Med
summi: D. Ioach. Camerar. pat. D. Ph. Scherbius, D. Ioh. Hart.
Beyerus, D. Leonh. Doldius, cuius monitu accepi etiā quæ præ-
clar. Phil. & Med. D. Balthasarus Herdenius congessit, quibus o-
mnibus & singulis multum debent artis huius studiosi.

Accepi

Accepi etiam sigillatim ab amicis & aliunde quædam ad hos relata, quorum nomina sequuntur:

Eduardus Iordanus.	Balthasar Brunnerus.
H. VVolfius.	Posthius.
Tycho de Brahe.	Onofrius.
Ranzouius.	Brechtelius.
Otto Comes Mansf.	And. P. Perusinus.
Georg. VValtherus.	Casparus Recklerus.
Mercurialis.	D. Palma.
Turnerus.	Martinus Fabius.
Hieron. Botonnus.	Costęus.
Magenbuchius.	Matthæsius Med.
Aicholtzius.	Michael Mercatus.
Didymus Obrechtus.	Ioh. Baptista Zapata.
Gabriel Beatus.	Ioh. Straubius.
Hauenreuterus.	Sebast. Meier.
Sterpinus.	Eucharius, &c.
Felix Platerus.	

Qui si non sunt asscriptorum sibi autores omnes, laudandi tamen admodum sunt, quod ad hominum vtilitatem ea communia fecerint. Reseruo verò quædam ad commentarium, si fors illi ipsi sua interim publicarint, licet quædam iam extent.

Relata quædam etiam sunt ad certarum Rerump. officinas, vt:

Augustanam.	Vratislauiensem.
Norimbergicam.	Heidelbergicam.
Tigurinam.	Phorcensem, &c.
Francofurtensem.	

Nec dubitandum multa adhuc esse in reconditis tum apud prædictos autores quosdam, tum:

Iacobum Zvvingerum Theod. filium.	VVoysselium.
	Sebizium.
Petr. Seuerinum Danum.	Horstium.
Lauinium.	Colreuterum.
Seuerinum Gôbelium.	Ratzenbergium.
D. Hillerum.	Siderocratem.
Mermannum.	Ioachimum Camerarium filium

c   um(cu-

um (cuius apůd me in quodam artificio incepit apparere liberali-
tas.) D. Paulum Simlerum. D. Martinum Rulandum. D.
Iohannem Rungium, familiares mihi ex literarum com-
mercio viros, à quibus spero nos visuros tandem arcanorum vastam syluam, cum consilia ad maturum perduxerint: Non omit-
to D. Mockium.　　　　　　　Nithammerum.
　　　Rumbomios.　　　　　　Roslinum, & alios innumeros
chymiæ veræ deditos, quos rogo vt quantum fieri potest, hac in
parte huic arti exornandæ pleneq́; constiuendæ non deesse velint.

Quæ ex mea depromta sunt penu, quæq́; ratione & experientia, præter præcepta catholica laboriosissimè magnaq́; cum
ingenij lucta, ex exemplorum farragine indiscreta, excerpta &
conformata, comprobaui, per se patebunt cuique. Hoc moneo,
si non statim sua exempla ad suos retuli autores, id factum boni
iudicét ideò, quia partim in coaceruatione prima, dum indiscre-
tim multis annis conscripta fuerunt & collecta, autorum nomina
exciderunt; partim planè latuerunt, nec apparuit ad quem quid
esset referendum. Ita multa ex anonymis editis & non editis cō-
gesta sunt; multa passim ab artificibus diuersis ignobilibus accepta, necnon priuato studio inuestigata. Non itaque fieri potuit
vt singulis adderetur suus inuentor. Fortassis etiam quę vni autori
accepta feruntur, ea sunt alterius cuiusdam antiquioris, quod me
latere potuit. Si quis sibi putat iniuriam factam, aut alteri benè
merito, me nolle factam credat, & paratum esse si monear,
sua suis reddere. Sed ne sibi quis vendicet quæ sunt
alterius, vt solent Paracelsitæ.

꠸ﬞ0ﬞ꠸

ALCHE.

ALCHEMIAE LIBER
PRIMVS
DE ENCHERIA.
CAPVT I.
Quid Alchemia.

A LCHEMIA eſt ars perficiendi magiſteria, & eſſentias puras è miſtis ſeparato corpore, extrahendi.

Quæ duo officia, quia voce laborandi vulgò comprehenduntur, euenit, vt etiam ars benè laborandi queat nominari, aut ſegregationis puri ab impuro, per ſucci formam, & fuſionis modum ſeu ſolutionis, ob partis huius excellentiam, vnde & nomen arti natum iudicatur.

Exordium habet à natura, quam imitari induſtria primi ſtuduerunt artifices, idq́; maximè initio in ſuccis mineralibus extrahendis è vena, & depurandis, quo pacto ipſa natura pura puta metalla, & ſuccos è mineris profundit, vt etiam in die è venis ſuis extantes conſpiciantur. Itaq; olim in metallurgia plurimum valuit. Nunc medicinæ miniſtrat potius, & non in mineralibus elaborat tantum, ſed & animalib⁹ & vegetabilibus, ad vſus humanos, & ſalutem defendendam, quanq̃ etiã ornamenta vitæ cõferat plurima.

(Primus inuentor eius creditur Tubalcain ille in ſacris notus, quem Vulcanum nominant. Is enim primus in metallurgia, quæ pars eſt Alchymiæ, elaboraſſe ſcribitur. In Ægypto eius celebrator extitit Hermes, ſeu Mercurius Triſmegiſtus, inuento transmutationis nobilis, à quo res quædam artis adhuc nomen habent, vt vas Hermetis ſeu pelicanus, aues Hermetis, ſigillum Hermeticum, &c. apud Meſuen ſunt pil. Hermetis, hiera Hermetis, &c. Ab hoc etiam ars ipſa Hermetis nuncupatur, & intelligitur tranſmutatoria, quam præceptis comprehendit Gebrus Mauritanus. Ad medicinam eam accommodaſſe, & liquores ſtillatitios feciſſe leguntur primi Arabes & Perſæ. Vnde Auicenna à Sorſano dicitur Alchymia ſtuduiſſe, ipſeq̃ nominatim facit mentionem corrigẽda aqua per ſublimationẽ & deſtillationem. Hunc ſequuntur Rhazes, Meſue, Bulcaſis & alij, apud quos Chymica multa reperiuntur: & nominatim Meſue Alchymiſtis tribuit etiam oleorum reſolutorum confectionem. Noſtro tempore eius fiducia Paracelſus ſumma imis miſcuit, & peculiarem factionem Paracelſiſtarum genuit. Vnde Paracelſia eſt monſtroſa quædam iactantia, ex ruditate & ſcientia temeritateq̃ conflata, miſcens medicinam Alchemiæ, & hinc omnes ſcientias peruertens.)

Non defuiſſe Iudaica gentinotitiam huius, forte indicio eſt aqua illa nardina precioſa qua perfuſus eſt Saluator.

C 2   CAP.

CAPVT II.

De partibus Alchemiæ.

ALchemiæ partes sunt duæ: Encheria, & Chymia.
Encheria est prima pars Alchemiæ, de operationum modis.

Itaque hæc pars generaliter species operationum describit, quæ postea singulis magisterijs & essentijs elaborandis accommodantur. Et quia manus industria hîc plurimum valet ; etiam nomen inde sortita est, vt ἐγχείρησις, quasi manus artificiosè admouendæ descriptionem nomines, dicatur, cum tamen non solius sit manus, sed omnium sensuum solertiam attentionemque & ingenij acumen requirat singulare.

Inseruiunt Encheriæ, Ergalia, & Pyronomia, quarum tanta est in Alchemiæ exercitio necessitas, vt is demum artifex absolutus censeatur, qui earum notitiam & vsum habet perfectum. Debetur enim operationibus singulis, quin & ferè vnius eiusdemq; diuersis interuallis, suum instrumentum & ignis, vt sine illis nihil possit laudabiliter & accuratè fieri.

CAPVT III.

De Ergalia, & primum de lutandis & obstruendis vasis.

ERgalia est instrumentorum alchemicorum explicatio.
Ad quam cum duo pertineant, noticia, & vsus: fundamentum huius est illa. Qui enim instrumenta chymica benè cognouit, & non tantum simplicia inspexit, sed & ea componere ad operationes certas didicit: in vtendi rationem vnà ducitur, quam tamen perfectè exponit ipsa Encheria.

Instrumenta sunt duplicia, vasa & suppellex tumultuaria.

Vasa sunt instrumenta capiendis rebus idonea. Itaque & capacitatem habent in se, & sua orificia.

Vasa quæ ignibus validis admouentur, luto incrustari solent quod sapientiæ vocant, idq; tenuiùs, crassiùs pro ignis & in eo durationis modo. Obstruuntur & orificia eorum, & præsertim exactissimè si nil respirare volumus, quod item fit si in opere rimas egerint leuiores.

Armantur autem etiam luto aduersus alias iniurias; ne facilè collidantur, aut à frigido aere dissiliant.

Modus luti inducendi est, vt qua parte ab igni vas est remotius, tenuiusillinatur, quà propius, vt circa fundum, præsertim quod continere debet materiam ponderosam, & validam flammam concipientem, crassius. Quod si duplo triplove luto muniendum sit, prius benè siccatum sit, antequam inducatur nouum. Æqualiter incrustantur, quæ res spirituosas, aut etiam alias æqualiter in opere se habentes, continent.

Tam

Tam in claudendo quàm reserando cauendum, ne quid de luto misceatur materiæ, nisi ea sit projectilis.

Commissuræ vasorum fixæ, luto firmiori & stabili iunguntur, ita tamen vt refringi denuò possit: versatiles, & quas sæpius inter opus oportet
recludere, molliori obstruuntur, atq; interdum etiam humido, consistentia
axungiæ vel crassi mellis.

Inducitur commissuris & rimis lutum per chartam, aut lintea: quæ si
spiritus continere non possunt, vbi resiccata sunt, denuò armantur pasta inducta spleniis ex vesicis bubulis, aut aliis membranis solidis, sinunturque
rectè siccari, antequam ignis detur, ni in medio opere agatur rima.

Luti & ferruminū materiæ sunt, argilla renax, lutum vulgare, bolus, calx
gypsi, marmoris, silicum, testarum ouorū &c. vitrum tusum, arena, limatura
ferri, squama ferri, lithargyrus, farina, lateres triti, sulphur, cerussa, casei cortex, sanguis draconis, ærugo, lana, tomentū, charta, simus equinus, asininus,
&c. sanguis tauri, oui album, gluten, vernix liquidus, lixiuium, muria, mel, o-
leum, cera, colophonia, mastix, pix, thus, lacca, alumen, aqua putri cocturi
& despumatum, (quod triplum illinitur) & alia plura, quæ præsens occasio
offert, quorum plæraq; commiscentur, vt in magisteriis docetur.

Nonnulla saltem stramine torto armantur, vel obducuntur manicis
ex panno, velleribus, cespite, & similibus, præsertim aduersus frigus aëris,
vbi in aqua calida vas est locatum, aut in fimo. Eiusmodi panni nonnūquam
etiam crasso luto inuoluuntur, glutine, vel cera, vel alumine linuntur, aliisq;
muniuntur, pro rei necessitate.

Quæ vasa collum exile habent & prominens, etiam hermetica signatura claudi solent. Immittitur illud collum in prunas, siniturq; excandescere, demissa simul forcipe ad locum signaturæ. Vbi emollitum est vitrum, cō-
primitur, vel etiam obtorquetur forcipe, vt vndiquaq; solidetur. Postea sinitur paulatim per se refrigescere. Cauendum enim est ne dissiliant. Loco
huius cera conficitur tenacissima, & vitreo cono immisso, circumponitur,
vt tenacissimè cohæreant.

Lati orificij vasa, si operculum commodum deest, panno vel vesica
obducuntur. Pannus autem postea farinacea, vel vernice, vel cera loricatur:
aut charta loricata panno imponitur, triplex, aut quadruplex, pro necessitate res ita vt pulticula illinatur panno, impositaq; charta, sinatur resiccari: &
postea illinatur alia, & sic quousq; sufficit.

Quæ vasa in igni reuerberij diu sunt tenenda, eo inducuntur luto, quod
feruore fusum solidescat instar vitri continui, quale sit ex vitro, argilla, ferri
squama, muria, &c. & hoc non illinitur admodum crassè. Nonnunquam vitrea, vt durent, aqua aluminosa (in qua decoctum alumen est cum despumatione) illinuntur, sinunturq; siccari, idq; etiam quartò repetitur, postea
tandem inducitur lutum.

Aqua plu-
uialis vetus
potissimum
fumi solet.

CAPVT IIII.
De Ampullis.

Vasa sunt conceptacula & fornaces.

Conceptacula sunt, quæ proximè materiam continent.

Materia autem vel est res elaboranda, vel aliquid medium, in quo elaboratur, veluti aqua, arena, ferri scobs, cinis: &c:

Fiunt autem ex metallis, argilla, & vitro potissimum: præferuntur vitrea & argillacea firma. Quædam etiam è ligno conficiuntur ad suos vsus. E metallis plurimum adhibetur cuprum, & stannum, in nonnullis etiam ferrum, aurum & argentū:& cuprea conceptacula aliquando inducuntur stanno. E vitro duplici probè coĉto, & bullis carente fiunt conceptacula rerum acrium, & quæ diu sustinere debent ignes.

Conceptacula sunt duorum generum, ampulla nempe, & olla.

Ampulla est conceptaculum magni ventris, desinentis in exitum angustum secundum analogiam.

Varietas ampullarum quanquam infinita penè est, excellunt tamen in vsu Chymico cucurbitæ, pelicanus, phiola, ampulla recipiens: ouum philosophicum, &c.

Cucurbita oblonga est è ventre ampliore paulatim in collum exilius producta. Id collum nonnunquam continuum est totum, nonnunquam intersectum, & è partibus complicatilibus factum, quæ inseruntur sibi mutuo, & agglutinantur.

Est & in aliquibus rectū: in aliquibus retortum: vnde illæ vocantur cucurbitæ rectæ: hæ retortæ, vel bociæ & cornettæ, vel cornu musæ, &c.

Rectæ cucurbitæ minores, ab vsu separatoriæ nominátur. Maiores, quarum collū est amplius, vt inseri brachium possit, dicuntur matulæ. Quæ ex cupro fiunt vastæ, cum collo breuiore, vesicæ nuncupantur: & eius formæ conficiuntur etiam cacabi è figulina, quorum multitudo compensat istius vastitatem. Arabes Aludelem appellant cucurbitam sublimatoriam colli altioris, plærumq; ex argilla tenaci.

Quod si collum orificij est angustioris ac res fert, dilatari poterat mollito vitro aut metallo: plærumque tamen in vitreis caput defringitur, designato prius circulo per smirin: postea circumposito filo sulphurato sextuplo, & incenso, cùm conflagrauit, gutta aquæ frigidæ instillata facit vt dissiliat, quod ipsum etiam frigidus aër & halitus præstat. Loco fili vsurpamus ferreos circulos ignitos, quos circumagimus qua parte fracturam desiderámus, & frigidam aspergimus. Præfringi & frustellatim forcipe possunt, & limaradi extremitates.

Cucurbita recta in pluribus requirit operculum, quod appellát alembicū, & pileum. Hoc quoq; variarū est formarum. Quoddam est turritum, vt
quos

quos pileos rosaceos & campanas nuncupãt. Quoddam rotundè concame-
ratum seu fornicatum instar cranei humani. Quoddam depressum ceu patina. Est & aliud cum limbo, aliud limbo caret. Et adhibetur vel simplex, vel
multiplex, vt triplex, quintuplex, &c. ita vt vel alterum alteri latiore o-
rificio sit impositum, & agglutinatum, vel alterum in alterius caput canalem demittat, ita tamen vt summum sit in fornice integrum.

Omnia vel rostrata sunt, vel sine rostris, quæ appellantur cæca.

Rostrata emittunt ex se canalem instar promuscidis, eumq; vel deorsum, vt seu è limbo statim propendeat, seu è parte altiore, & interdum hic
rostrum est multiplex, vel à capite & vertice sursum instar tubuli, seu tubæ
inuersæ, cui postea anneectuntur serpentinæ. Nonnunquam tamen tuba
statim à collo cucurbitæ procedit per refrigeratorium annexum, indeq; in
alembicum rostratum inseritur. Interdum rostra collo inserta sunt, quod
paulatim procedendo fit angustius, & in summo tegitur operculo paruo,
vel alembico.

Pro alembico rostrato est alembicus cæcus capax, cum limbo propendente, & epistomium habente ad emittendam aquam. Talis autem alé-
bicus destillatorius est, & nonnũquam habet coniunctum refrigeratorium,
quod variis modis conficitur, vel ex vesicis aut corio, vel metallis, & similibus, &c. Id autem habet epistomium, & orificium, vt aqua infundi emittiq;
possit.

Alembicus cæcus ad sublimandum adhibetur, vt spirituum siccorum
concretiones excipiat. Quod si etiam humidi quidam vnà surgant, in vertice pertusum est foramine, per quod illi exeant, aut etiam nimis ignei &
tenues emittantur.

Est & vsus eius foraminis ad contemplandum sublimatorum conditionem. Appositus est illi conus mobilis ad obstruendum & aperiendum,
cùm res postulat.

Locum huius alembici supplet interdum galea ferrea, vel olla, nonnunquam cucurbita terrea perforata circa fundum, & obliquè locata.

Pro sublimatorio etiam est vas triuentre cum foramine in
summo, cuius forma talis:

Vsus rectarum cucurbitarum potissimum est in his, quæ
facilè in sublime scandunt.

Retortæ sunt, quarum collum parumper à ventre procedit
posteaque modicè reflectitur, vt orificium deorsum spectet. I-
taq; pars circa ventrem instar capitis alébici obtinet, cornu verò
pro rostro est: in aliquibus cornu primũ deorsum spectat, sed mox
reuocatur sursum, excipitq; serpentinas. Quædã in medio ventre sunt iunctæ
in partes complicatiles, suntq; hæ ex metallis, ne opus sit toties vas frãgere.

Aliqui-

Aliquibus cornu eleuatur incuruaturque, vt collum gruis. Ita poterat collum obtorqueri, vt tandem sursum reflexum alembicum recipiat fistulatum. Nonnullæ à tergo tubulum prominentem habent, vt queat iniici plus materiæ, si opus sit.

Vsus retortarum est in difficulter scandentibus, vt oleis metallicis & spiritibus mineralium, &c.

Est & alia ampulla destillatoria ventricosa, cum pluribus rostris prominentibus, ad aquam potabilem è terris, luto, fimo, &c. exugendam: quam descripsit Cardanus in lib. 1. de rerum varietate. Innititur pedamento venter, quod ferrea lamina clauditur, eaq; mobili, vt extrahi exucta terra possit. Sursum exurgit collum figulino operculo clausum. Venter est rostratus & vastus.

Pelecanus est ampulla circulatoria, ascensui descensuiq;, atque ita vario discursui spirituum apta, cuius gratia ansata est canalibus, prope caput productis, & in latus reflexis, instar pelicani pectus suum fodientis. Venter inferius grandior est: inde quasi in collum coit, cui caput paruum cum foramine impositum est, quanquam etiam in hoc vase mira sit varietas.

In aliquibus fistula sursum porrigitur. Pro eo componuntur vel duæ cucurbitæ rectæ, minor scilicet inserta matulæ, vel matula angustior laxiori, commissuris glutine obstructis: vel duæ retortæ, quod nominat bociam contra bociam, &c. vel cucurbitæ rectæ cum alembicis rostratis, ita vt rostra excipiantur ventribus mutuis perforatis, vel cucurbita cum operculo sine limbo inuerso. Fit & pixidis forma cum fundo introrsum adacto, &c. Item globi tres sibi impositi mutuo, cum fundo tamen pressiore, &c. Fiunt & globi multiplices ex ære, sibi inserendi mutuis.

Pelecano affines sunt ampullæ digestoriæ, quæ sunt amplæ figura ouali cum producta fistula. Quædam etiam formam dolij, seu orcæ habent. Nec fit, quin hæ interdum etiam ad circulandum vsurpentur. Fiunt plerunque ex cupro stannato, & in medio sunt plicatiles, vt ex duobus ouorum segmentis constent.

Phiola est ampulla, ex globoso ventre gracile collum in longum promittens. Fit interdum tam parua, vt venter non excedat nucem iuglandem mediocrem. Eius vsus est frequés in arcano lapidis Philosophici, quia aptissima est Hermeticæ signaturæ, & ouo philosophico ad laborem circularem. Ei nonnunquam item accommodatur alembicus, sed cuius exitus sit fistularis, vel tenue admodum foramen, quanquam & dilatari orificium colli in phiola possit.

Alijs modo matrarium, modo geranium dicitur praesertim Zuuingero.

Ampulla recipiens, quæ & receptaculum, & ampulla acetaria, est quæ è ventre amplo breue angustumq; porrigit collum, & est interdum oblonga, interdum globosa, aut etiam angularis, &c. In spirituosis rebus fortis & vasta debet esse, formæque globosæ cum collo productiore. Vsus eius est in eft in deftillatione, & committitur roftris, vel per fe, vel interuentu ferpentinarum aut canalium. Verum enimuerò pro ea varia vfurpantur vafa. Nam & phiola eius munus poteft fuftinere, & cucurbita: in defcenfu etiam olla, &c. Aliquando receptaculi compendium fit per alembicum cæcum vndiquaq; ftipatum, limbo dependente inftar facci, & capiente humorem concretum, qui exonerari queat per epiftomium.

Sunt & geminata receptacula, quorum alterum alteri fubiicitur, vno recipiente fpiritus, altero profluentem aquam. Quod enim fuperius eft, collum parum per inflectit, & fiftulam ex cauo flexuræ promittit in inferiorem rectà fubiectam cucurbitulam.

Porro receptacula in vfu vel vacua funt, vel aquam, vt in fpirituum, interdum etiam oleorum deftillatione, aut materiæ partem continent, &c. & modò appendent alembici nodo, vt parua parum acceptura, modò agglutinantur fubnixa aliquo fulcro, vt maiora. In fpirituofis & feruidis etiam aquæ imponuntur ad partem tertiam, & infternuntur linteis frigida madidis, &c. Rarò inducuntur luto, nifi collotenus, vel etiam fundo.

Præter dictas ampullas funt etiam caudatæ, quæ inter collum & caudam fiftularem, in ventrem confurgunt, & fibi connectuntur mutuò intra fornacem, ficut in deftillatione Hydrargyri apud Rubeum.

Ita ex vna maffa fabricant vas alembicum roftratum, & cucurbitam repræfentans: quoddam etiam aliud cum alembico cæco, fed fiftula laterali, &c. Nonnunquam fiunt ampullæ phiolarum cum collo fiftulato obtorto, quod in fummo ampliatum eft ad alembicum capiendum, &c. Variat omninò ingenium in eiufmodi pluribus excogitandis.

Ouum philofophicum eft ampulla fphærica, fine collo, fectilis in medio, ita vt cenferi vtrinque poffit. Fit plærumque ex argilla, vel ligno querno. Adhibetur enim ad muniendum potius, & temperandum calorem.

CAPVT V.

De ollis & catinis.

OLla eft conceptaculum ampli orificij abfque collo coarctato. Ferè æquè patet os, ventri, veluti in ahenis globi dimidiati: aut etiam plus hiat, vt in calicibus, quanquam nonnunquam limbus adiiciatur quodammodo collum repræfentans, & aliquantum coarctans ventrem, vt in ollis coquinariis.

Sunt & ollæ varij generis in arte.

Culi-

Culinariæ nonnunquam in deſtillationibus, elixationibus, præparationibus, &c. adhibentur, & non rarò ſupplent defectum catinorum.

Labra ahena inſeruiunt potiſſimum balneis.

Catini illæ vocantur ollæ, quæ in metallis coquendis plurimum vſurpantur, fiuntque forma varia, nempe quidam ſunt forma calathoide, teretes cum fundo plano: quidam ouales: nonnulli quadrati plani : aliquâ fundo ouali inſtar calicum in triangulum ſurgunt, vt illi quos aurifabri vſurpant, quorum aliqui ſunt vaſti, vt in coctione aurichalci, aliqui parui, &c.   Coni formam ſeu calicis habet catinus fuſorius, ab amplo ore in conum deſinens.

Minimus eſt catillus probatorius, quem copellam & cruſibulum nominant. Hinc nomen accipiunt etiam alij catini ſimilis vſus, vt copellæ cinereæ, arenariæ, &c. quæ ſunt catini continentes cinerē, arenam, vel ſimilia, quibus cucurbita, vel vas aliud continens materiam elaborandam, immittitur.

Plærique catinorum & ollarum fiunt ex metallis, vel argilla tenace; vt: ahena ex cupro: catini cinerei ex ferri laminis, & vinculis ferreis, catini ſcobis ferri ex tenaci luto, &c. Ita triquetri omnes ex argilla firma conficiuntur.

Agricola : *Ex figulari terra, & arena excuſſa, fiunt vaſa VValdenburgica: Ex Ipſenſi argilla cinerea aurifabrorum catini : ex Annebergia tegula & catilli: ex argilla ad arcem Rotebergum catini coquendi orichalci: E Pannonia ſuperiore terra petitur ad monetariorum tigella.*

Cotus fuſorius etiam ex orichalco. Catillus probatorius peculiari comparatur arte, ex cineribus lotis, & calce oſſium, ſilicū, &c. ſubtiliſſima, & luto puriſſimo, imprimendo hanc materiam, in quandam formam cogendoque exactè. Poſtea conſperguntur puluere, qualis hic eſt quem Fachtius deſcripſit, ex duriſſimis tibiarum oſſibus bis vſtis, exactiſſimè leuigatis, lotiſque, & cretis.

(*Compoſitionem capellorum quare in magiſteriis compoſitionis.*)

Nonnulli catini intus luto inducuntur, quemadmodum fornaces, præſertim autem ampli liquatorij, qui excoquendis venis, & excipiendis ignitis liquoribus adhibentur. (*Lutum iſtud infra deſcribitur in magiſterio.*)

Quidam foraminibus pertunduntur, vt quos ad vaporarium balneum vſurpamus.

Cæterum catinis affines ſunt trullæ, conchæ, patinæ, calices, galeæ, pyxides cæmentatoriæ teretes, acetabula, ſecti oui, carinæ, refrigeratoria vaſa, ſartagines, lebetes, cupæ & labra lignea balnearia, ciſtæ & capſæ fimi, mortarij, cochlearia, & huiuſmodi innumera.

Solent autem interdum ad deſtillationes & ſublimationes adhiberi, & nominatim ollæ & catini, quibus tunc ex interuallo ſine continuitate vaſorum reſpondet in ſuperiore loco pileus, vel campana, vel galea, vellus, & similia, vt sit quasi interruptum opus, &c. Ita in descensionibus, catinus respondet catino, &c.

CAPVT VI.
De fornacum dispositione.

FOrnax est vas in quo ex igni viuo calor ad materiam accommodatur, industrieque regitur.

Itaque & distinguitur internis spaciis, & externis ad regendum adminiculis.

Materia eius est, later crudus, vel coctus, qui peculiari luto fornacario conglutinatur, vel ferrum, cuprumue, aut etiam argilla firma.

Forma externa plærumq; aut quadrata seu quadrilatera est, aut rotúda, idq; vel æqualiter ad summum, vel turritim.

Variant fornaces etiam aliàs. Quædam fixæ sunt, quædam mobiles, quæ extruuntur super tabula firma, ansis suis, circulisue instructa vt transferri possint. Nonnullæ sunt apertæ, nonnullæ conclusæ, & suo operculo tectæ. Aliæ singulares sunt seu simplices, quædam coniunctæ.

Quælibet fornax simplex distinguitur ferè conisterio, foco, & ergastulo: idq; siue actu & reipsa, siue potestate.

Patent autem ad regiones illas aditus quidam, quæ ostiola apellant in foco & conisterio, actu distinctis. Ad ergastulum ferè deorsum via est, nonnunquam & à latere: ostiolis autem valuæ suæ annexæ sunt, vel lapideæ fores appositæ ad aperiendum & claudendum cùm oportet.

Focus est regio fornacis, in qua caloris fomes & pabulum continetur, & modò in summo est, modò in medio: nonnunquam etiam in imo, vel ad latus: interdum conceptaculum materiæ totum vndiquaque ambit, vt in vno sit spacio focus & ergasterium. Hic vt flamma perspiret, & à fumis sit immunis, infumibulis est peruius, siue ad latus obliquè, siue ad summum rectà tendentibus canalibus, sicubi illis est opus. Nam cùm aliàs flamma liberum attingit aërem sine tectorio, non requiruntur. Infumibula autem fistularum instar sunt, quibus obstruendis inseruiunt coni luteï: ita & ne intermoriatur flamma, flabellis excitatur, vel aëre per cratem subeunte, vel follibus à tergo inflantibus, aut ventilabro ventum faciente. Pabulum igni suppeditatur quà apertus est focus. Nonnunquam à latere canales crassi, aut turriculæ, carbonibus repletæ subinde præstant alimentum: interdum fistula per medium demissa est.

Si ignis candelarum vsurpatur, candelabrum triplex aut quadruplex foci pauimento affigitur: sed & focus à sole, fimo, vapore, &c. incendi potest.

Conisterium est regio fornacis, qua cineres excipiuntur, & actu distinctum,

ſtinctum, ſub foco eſt,à quo per craticulam diſcernitur, habetque ſuum
peculiare oſtiolum. Quando cum foco in eodem eſt ſpacio, & adhibentur materiæ cinerem relinquentes: is ſolet pyragris vel rutabulis ſegregari. Nonnunquam hoc officij præſtant follium flatus. Et tunc ſolet in metallicis ferè excipi peculiari camera iuxta infumibulum poſita.
Concreſcit enim fauilla mineralis in fornice & lateribus, quam Realgar
vocant. Pars tamen etiam in auras attollitur, & plærumque relabitur
in officinarum tecta.

Ergaſterium eſt regio in qua diſponitur vas cum materia ad elaborandum vi caloris. In eo conceptaculum vel nudum eſt,vel luto obductum, vel cum catino balneario, arenario, cinerario, &c. eoque ſimplici
vel duplici pro rei neceſſitate & induſtria artificis. Catini autem vel
ſuo podio & tripodi innituntur, vel tranſuerſis ſuſtinentur trabibus,aut
etiam ſuſpenſi ſunt ab vncis, cathenis, ſemicirculis,&c. Danda opera eſt
vt ergaſterij locus & catinus probè reſpondeat foco, ſi quidem ignis &
calor hinc quoque regimen accipiunt. Latera ergaſtuli, ſæpenumerò
luto muniuntur diligentius. Nam ab externo aëre facile mutatur caloris ratio ab vniformi & congruo, ad alienum, quod cauere inducto luto
poſſumus.

Eiuſmodi porrò regiones non ſemper eundem obtinent ſitum: ſitque vt primò ad imum ſit cinerarium, ſecundò focus, in ſummo erga-
ſterium.Sed & focus in ſummo eſt:cineres à latere ſubducuntur. Ergaſterium imum occupat. Et eſt cùm in vno ſpacio tria iſta ſunt ſimul,ratione
duntaxat diſtincta.

Nonnunquam cinerarium abeſt,cùm nempe focus à ſole, vel calore,
aut fimo ſuccenditur,ſiue etiam candelæ adhibentur.

Cʌᴘᴠᴛ VII.
De Athannore.

MVltæ ſunt fornacum ſpecies, poſſuntque variæ excogitari ab induſtrio artifice,pro operis ratione, loco, tempore, & aliis circumſtan-
tijs. Perpetuæ verò potiſſimum ſunt,Athannor, furnus reuerberij, fornacula,balneum, fornax veſicaria,cacabaria,catinorum ſiccorum:deſcen-
ſoria,anemia,furnus acesiæ,&c.

Et nominantur eiuſmodi fornaces etiam ab vſu, vt furnus arcanorum,
calcinatorius, vitrarius,fuſorius,vſtorius, toſtorius,ſublimatorius, deſtillato-
rius, ſegregatorius, probatorius, &c. Licet item cuilibet ſuus ſit vſus prima-
rius, ad quem reſpicit etiam diſpoſitio : varios tamen abuſus ſuſtinent,
& ſæpe vſurpatur alter pro altero, adeò vt artifex poſſit eſſe paucis conten-
tus,

tus, nisi operum diuersitas vnius temporis plures requirat. Plerumque autem mu-
tatis catinis, & alijs quibusdam minutis, ex vna specie fit alia: veluti si ahenum
balnei mutetur catino arenario, vel vesica aheno: vel si ascensorium vas descen-
sorio, & focus transferatur, &c. Ita furnus reuerberij potest compensari per ven-
tosam, &c. Commodissimè tamen quodq; opus sit in suo furno, & nonnunquam
materiæ copia non sinit nos compendio vti.

Athannor est fornax tecta, in qua calore vaporoso elaboratur arcanus
philosophorum lapis.

Et quia calor adhibetur siccus cum aliqua reuerberatione, transfertur
nomen etiam ad alias fornaces, in quibus vrimus, torremus, sublimam⁹, reuerberamus.

Forma ei est turrita, rotunda, cum fornicato recto. Tria habet locu-
lamenta, quatuorque est distinctus partibus, quæ committuntur per lim-
bos masculos & fœmineos, agglutinanturque vt integra solidaq; sit compages. Ima pars est cineritij seu conisterij, cuius latitudo est sesquipeda-
lis, altitudo pedalis cum ostiolo, quantum satis cineribus eximendis, & aëri
intromittendo, quo tamen spacio non est opus in igni candelarum. At non
debet abesse, cum non semper vti candelis possimus. Conisterio imponitur lamina ferrea, ita vt innitatur tribus prominentijs, veluti conis labro conisterij affixis. Est aut illa in medio concaua in star patinę, perforataq; ibidem
foraminib. ferè ad auellanarū capacitatē, quo cineres cōmodè queant transi-
mitti, neq; tamē sufflatio fiat maior iusto. Post hanc tabellá sequitur foci paries cū ianua clausili, & duab. retrò auriculis ad euentilandū. Eius altitudo est
nouem digitorum. Sequitur ergasterium proportione latitudinis respon-
dens foco & conisterio, quanquam huius fundum angustiorem esse nihil
prohibet. Ergasterium autem diuersum est, pro diuersitate ignis in foco
subministrandi. Plærumque ad prunas circa extremitatem, quā paries erga-
sterij incumbit limbo foci, exciditur altitudine semidigiti, latitudine digitorum quinque, vt tabulæ seu registra, vt vocant, per illud foramen ad regendum calorem possint submitti. Cætera totus circulus ille continuus
est, assurgitque ad digitos quindecim. Distinguitur à foco per laminam ferream planam, quæ in medio est pertusa vno foramine quatuor digitos lato.
Super hoc foramine erigitur tripes arcanorum, cuius circulus diametrum
habet trium digitorum. Altitudo verò totius est sex digitorum. A fundo
laminæ circa foramen vestitur Zona in orbem ducta, vt directè calor verberet vas in tripode locatum. Cohæret autem illa Zona seu tunica laminæ &
circulo tripodis, vt canalis fiat integer, quasi tubulus. Quod si regulæ adhibentur, oportet illam in imo item excisam esse, ea altitudine & latitudine, quæ admittat regulas. Regularum autem sunt tres numero eiusdem
latitudinis, longitudinis altitudinisque, ita formatæ vt rectè respondeant
circumductæ Zonæ; & quâ accommodantur foramini tabulæ ferreæ cui

d 3 tripes

tripes innititur, pertrauduntur inæqualiter. Vnius enim foramen est trium
digitorum, alterius duorum, tertiæ vnius, vt sic calor per gradus dari possit.
Non autem opus est regulis eiusmodi, vbi candelarum igni vtimur. Hunc
enim variare possumus aucto vel diminuto pabulo seu numero candelarum.   Porrò tripodi imponitur catinus oualis semipedem altus, cui inest
cinis, & in hoc phiola cum balneo senis.   Ergasterium tegitur operculo
fornicato, quod vocatur cœlum philosophicum, forma dimidiæ sphæræ,
cuius altitudo est pes medius. In vertice foramen habet vnius digiti ad ex-
plorandum caloris modum.   Totus itaque Athannor altus est tres pedes
cum dimidio: & communiter fit ex figulari forti, seu luto sapientiæ accuratè compacto. Nonnunquam tamen seruata partium proportione etiam
minor est, & è ferro constat, cuius ergasterium intus ad latera hamatum sit,
vt luto muniri possit. Mobilis est. Itaque pro ratione temporum (nam externa frigora & calores multum habet momenti in opere dirigendo) poterit transferri.   Destinatur ei locus in ædibus munitissimus, maximèque se-
gregatus, & talis vt nec humore, nec calore, frigoreve possit lædi.

   Ea descriptio publicè extat apud Rupescissam. Aliàs maximè consueuit oc-
cultari ab inuidis. Plurimum enim facit ad arcani illius cognitionem, nec in alia
fornace tanta est operis commoditas.

CAPVT VIII.

De furno reuerberij eiusq; speciebus.

REuerberium est fornax ignis reciprocantis ad materiam desuper. Itaque & ἀναλυτικὸς nominatur, & plærumq; flammam tertij aut quarti
gradus habet, licet possit & moderatior adhiberi. Vnde Reuerberium se-
cundi, tertij, quarti gradus.   Fit reuerberatio seu repercussio ignis flam-
mei vel prunis circumquaque aggestis, vel lignorum siccissimorum flamma purissima fumique experte ad fornicem furni ascendente, indeque re-
uertente: vel etiam eadem in angustum coacta, vt nihilominus vndique in-
cludat vas ergastuli. Hinc fornax reuerberij varias accipit formas, nempe
testudineatam, aut turritam, stratam, aut erectam, clausam, patentem, rotundam, quadratam, partim quadrangulam, partim fornicatam, &c.

   Vsitatissima reuerberia sunt vel erecta, vel strata: erecta sunt quæ
structuris muratis à terra eleuantur, suntque vel in rotundum fornicata, vel
in quadrangulum dilatata.   Plurimis ex vtroque genere iuxta terram est
aut cinericium, aut loco huius vaporarium. His insternitur focus, & in plærisque coniungitur ergasterio. Aliquibus etiam non tantum camini sunt,
sed & cameræ testudineatæ ad excipienda quæ fauillis coniuncta subuola-
runt. Quædam tamen caminis carent.

                                                                    E for-

E fornicatis in rotundum est reuerberium seu fornax gemmariorum
& vitrariorum, postea fulminatoria, tostoria, clibanus, & huius formam
imitantes aliæ.

Vitrarijs quidem nonnunquam tres sunt fornaces, quæ omnes possunt esse fornicatæ, & nonnunquam etiam in vnam compingi, præstant tamen fusoria & refrigeratoria. Illa tota rotunda ab imo educta est, & focum
cum cineritio prope solum habet, cui spacio imponitur ergastulum arcu-
bus distinctum, ita vt in circuitu octo vt plurimum foramina constituan-
tur, intra quæ in ambitu collocantur totidem ollæ cū materia vitraria præparata. Est autem ille ambitus podium in medio magno foramine pertusum, per quod è foco pura flamma eluctatur ad incumbentem fornicem,
indeque reflectitur & erumpit per fenestras laterales vbi ollæ sunt consti-
tutæ. Fornax refrigeratoria à quadrata vel quadrangula spacio exurgens, i-
tem accipit tectum fornicatum, sed ita vt superior eius camera seu ergasterium (nam duo habet) coniungatur fornaci fusoriæ per commune foramen, per quod calor transfertur; à lateribus verò sunt duæ ianuæ arcua-
tæ, per quas immittuntur regulæ oblongæ, tantum in anteriore parte patentes, vndique aliàs clausæ, & fornice tectæ, in quibus vitra reposi-
ta paulatim refrigescunt. Camera inferior ostium ad focum habet, in cuius lateribus vtrinque parte superiore sunt item duo regularum receptacula, vt in superiore. Hæ duæ fornaces interdum vna structura compinguntur, adeò vt ergasterium fusoriæ sit in medio; eique incumbat alia camera
cum suo ostio, quæ sustinet vicem refrigerij. Est & fusoria etiam duplicis
vsus. Nam materia vitraria in ea potest præparari noctu, & interdiu perfici ducique in vitra.

Fulminatoria fornax iuxta terram habet vaporariū rotundo muro inclusum (diuersis modis paratum, quidam enim decussatos canales conficiunt, eosq; angularibus pilis discernunt; quidam muros decussatim se inter-
secantes) è quo foramina prodeuntia emittunt halitus. Ei insternitur tabula crassa lapidea, luto crasso carbonibus mixto farta, formataque in focum,
cui imponitur cinis in quo efformant catinum fulminatorium, cum cana-
liculo lythargyri. Focus & catinus teguntur pileo ferreo intus luto crasso loricato, ita vt tria vel quatuor vt plurimum foramina lateribus relinquā-
tur, per quorum duo vel etiam vnum, folles immittuntur cum fistula ænea,
per anterius regitur opus, lythargyros educitur &c. per posterius vt & per
anterius suo tempore ligna inseruntur. Pileus etiam in vertice patet. Sed
cum opus iam inceptandum est, sui generis operculo item ferreo tegitur.
Totus verò pileus seu tegumentum illud mobile est, & pendet ferreis cate-
nis è grue, cum qua circumagitur.

Fornax tostoria in star clibani pistorum est cum foco plano. Destinatur ferè solis granis plumbi candidi præparandis.

Cli-

Clibanus piſtorum plani foci eſt, vel decliuis. Et quanquam principaliter alterius ſit opificij, tamen ſæpè ea vtuntur Chymici ad reuerberatió-
nes ſuas.   Huius formæ conficiuntur & aliæ, qualis eſt in Tauriſcis qua v-
ritur pyrites auri; & qua æs recoquitur diminuiturque ad argentum fru ctu-
oſius ſecernendum, quanquam hæc tantum externam formam commune
habeat.   Nam in foco eſt cinereus catinus, & ante fornacem duo alij, vnus
ſublimis, alter inferior, qui inſeruiunt diſcernendo æri in ditius & paupe-
rius. Fit & fulminatoria ad eandem formam, abſque ferreo tegumento, ſed
cum fixo fornice lapideo; (*& quædam argenti viniè vena excoquendi in ean-*
dem cogitur formam, quanquam non ſit reuerberatoria. Ob rationem reuerbe-
rationis talis, etiam athannor, & fornacula rotunda huc reuocari poſſent. Sed de
his ob alias cauſſas ſuo loco.)

Fornax quadrangula eſt, quæ quatuor angulis ex imo extructa eadem
ſpecie perficitur. Et huic vel planus nuduſque focus eſt, vel muro conclu-
ſus. Plani foci ſunt illa qua ferrum excoquitur, circulus docimaſtarum, fabrorum ferrariorum furnus, item aurifabrorum, & is quo æs perficitur, argentum vritur & his ſimiles multi.   Exurgunt plærique ab arcuato fornice, ſuper quo complanantur, ita vt ante folles ſit aliqua fouea vel catinus
loco ergaſtuli; in aliquibus catinus totum occupat focum, vt in eo quo æs
ſit regulare, quoque argentum vritur: & ſimiles.   Exploratores venarum
& metallorum pro catino circulo ferreo vtuntur, qui luto affigitur foci pauimento, & verſus folles crenam habet. Vſum præſtat fuſorium & colli-
quatorium metallorum, nonnunquam etiam purgatorium. Quo ferrum è
vena excoquitur, is catinum habet cum emiſſario canali in ſubiectum ad latus catinum emittente ſcorias. Eius generis focus cum catino & emiſſario
paratur quoque ad venam plumbi. Inſternitur interdum caminus. Itaque
huius gratia duo parietes continuè educuntur, duo verò arcuato oſtio in-
ſtruuntur, & pro altero nonnunquam tantum eſt foramen follibus, vt eorum roſtra per id in focum tranſeant.

Nudo foco affinis eſt is quo plumbi venam excoquunt ad aërem apertum, qui nihil aliud eſt quàm puluinar intra duos parietes elatus, & ex terra
lutoue carbonario factus, dato vtrinque elabendi in decliuem ſpacio. Eſt &
affinis ventoſa ſtannariorum, item qua vtuntur pharmacopolæ & ſimiles.

Fornax quadrangula cum foco vndique muris incluſo, varijs concinnatur modis. Potiſſimum autem duæ excellunt formæ, quarum vna aperta eſt in ſummo, altera tecta. Apertæ fornaces plærumque ſunt turritæ, e-
ductæ quatuor muris ſolidis in hunc modum in re metallica. Statuitur in
ſolo ad murum officinæ commodum, fouea ad vapores halituſque terræ
deriuandos, per ſua foramina aut tubos muri inſertos. Ei imponitur tabula lapidea craſſa, & ab omni latere murus, ita vt anterior pars oſtio foci pa-
teat, aliquo vſq;. Focus luto ſartus & eductus à tabula lapidea ſurgit, cati-
numq;

numque accipit nonnihil decliuem, ex quo canalis, quem oculum appellant, foris contendit in præfurnium feu catinum rotundum apertum furno
fubie ctum. Inde furgunt muri accepturi carbones & materiam excoquen-
dam. Catinus autem ante furnum interdum ftatim humi eft, vt in fornacibus fuforijs & quibus materia ignobilis excoquitur : interdum elatior
eft, habetque oculum feu foramen, cui fubiectus eft catinus alter humili-
or. Et oculus in excoctorio auri argentique primo tempore luto clauditur,
referatur autem cum excocta eft materia. Et idem etiam fentiendum eft
de catino præfurnij elati: in alijs oculus non clauditur. Capacitate diftant, a-
lia enim alia eft amplior, pro genere materiæ & copia.

Eft alia fornax reuerberatoria turrita, fpiritibus per retortas deftil-
landis vfitata, quæ vt plurimum eft inftar turriculæ, cuius cineritium eft in
imo, & difcernitur à foco per cratem, poftquam fequitur ergafterium, à
quo anguftatur in caminum veluti, vt ibi flamma coarctetur, vel etiam prunæ deiectæ vndiquaque circundent vas materiæ.

Fornacibus apertis muratis, affines funt eæ quæ focum in folo habent, carentque anteriore muro, qualis eft in qua panes ex lapide fiffili æ-
rofo cremantur; cui refpondent aliæ vftoriæ, toftoriæ aut crematoriæ hu-
miliores, muris humilibus circundatæ. Cognata eft & fornax fegregato-
ria, tabulis ferreis vel lapideis decliuibus ftrata, vt impofiti panes continentes æs, argentum & plumbum, fegregentur. Plumbum eliquatum cum
argento, fubducit fe per tabulas in mediam crenam vel canalem; vnde poftea in catinum ante focum profluit.

Eiufdem generis eft & furnus lateritius, calcarius, figulinus, quíque
ad horum formam fiunt in re metallica, veluti fornax qua faxa aluminofa,
atramentofaque vruntur, in quibus focus in folo eft, inde educitur fornix
ex materia, vel ea faltem difponitur ordine, &c.

Fornax reuerberatoria tecta figuræ quadratæ eft, quæ infternitur tecto feu lateritio, feu lutofo. Talis eft cementatoria, quæ habet cineritium
in imo, ei incumbit camera foci cum ergaftulo, quod tamen aliquandodi-
ftinctum eft interuallis, & oftijs, ita vt in medio fit focus, ab vtroque verò
latere ergafterium. Eiufmodi fornax interdum & deftillationi inferuit, fi
fcilicet materia fucculenta in ollis pertufis ponitur; vnde calore eliquata
defertur in ollas fuppofitas in cineritio aquam continentes. Nec per defcé-
fum tantum, fed & inclinationem talia deftillamus, adhibitis retortis. Et
tunc fornax vel planum habet tectum, vel etiam fornicatum cum quatuor
fpiraculis, & interdum etiam foramine medio ad demittendas prunas; quæ
tamen tecto integro per oftiu anterioris partis, quod foco fublimi⁹ eft, etiam immitti poffunt. Interdum & in fummo foramen eft, & in dextra fi-
niftraque parte, quæ clauduntur cum vehementiffimus eft ignis, & defu-
per tautum aggeruntur carbones. Vafa ponuntur in ærea lamina luto ob-

ducta

ducta prominente è pariete foci. Est & fissura pro rostro vasorum à latere, quæ diligenter clauditur impositis ijs.

Fornax strata est, quæ in terra areis quibusdam effossis designatísque strata iacet. Ea ferè seruilis est & præparationibus destinata. Tali enim crematur lapis fissilis, & similes. Tali item torrentur nonnunquam æra, & alia. Quædam tamen etiam faciunt ad plumbum nigrum & cinereum è vena excoquendum, quæ quidem in decliue collocata est, & interdum oblonga, interdum sparsa. Affinis est focus venæ stannariæ torrendæ, lignis & cumulata vena instructus incensúsque.

Porrò compendium & quasi generis mixti inter fornaces metallicas est fornacula. Itaque & varias admittit formas, & vsus ferè omnium præstare, in parua tamen materia, potest, quanquam ei adiungatur focus apertus circulo constructus. Eligitur lateritia quadrata (Agricolæ scilicet, licet Budelius & Fachsius, rotundam pingant) constâs cineritio in imo (alijs hoc deest) & foco in quo simul est ergastulum, quod distinguitur à cineritio interuentu laminæ ferreæ. Patet in summo quidem, sed cum operculo mobili, vt modò tota claudi, modò aperiri possit. Fachsij descriptio, admodum accurata, hæc est: Fornacula quæ non fallat artificem, inquit, debet dimetiri per circulum, vt iustam amplitudinem, altitudinem, & deuexitatem seu curuaturas (Schmiegen, quâ inflectitur in curuaturá; ex amplo in angustum) accipiat. Eam ita conficito.   Elige tibi dimetientem vel mensuram certam, qua totam fornacem possis dimetiri, & quidem esto linea eiusmodi.——————————————Huic æqualiter extende circulum, & in plano vndecies tantum dimetire, vt fiat vndecupla longitudo ad præscriptam mensurâ. Scinde eam in medio decussatim eadem longitudine, vt designetur quadratum. Ab hoc metire altitudinem quindecuplam cum dimidia ad priorem mensuram, exurgantque parietes à quadrato æqualiter ad mensuras 8. Inde incuruentur vt angustior fiat fornax mensuris quatuor, adeò vt crater in summa fornace retineat amplitudinem septem mensurarum, cum à fundo vndecim mensurarum exurgat, atq; sic coarctando quatuor mensuræ pereant.   Parietes sint crassi sesquimensuram: pauimentum verò tres quadrantes vnius. In anteriore pariete fornacis à pauimenti medio ostiolum facito, cuius altitudo sit trium mensurarum, latitudo trium cum dimidia. A summo huius ostioli continuetur paries idem per duas mensuras, & hoc est spacium quod interest inter ostiolum inferius, & superius. Ab hoc sequatur ostiolum superius altum tres mensuras cum dimidia, latum quatuor. A summo huius ostioli procede mensuram vnam, ibíque pone foramen, cuius diameter sit quinq; octauarum mensuræ: & sic ab hoc foramine producitur fornax vsque ad summum mensuris sex. Interim imam partem autem & superiorem debet intercedere pauimentum. Itaque qua definit ostiolum superius, inde metire deorsum tres quartas mensuræ ab

Agricol. docet fieri fornaculâ altâ cubitûant sesquipedê. Fachsij mésura vndecies est in altitudine.

Pauimentû est lamina qua distinguit cineritium & fo.

vtro-

vtroque latere, dextro nempe & finistro anterioris parietis, & ibi pone foramina duo , quorum dimetiens fit quinque octauarum vnius menfuræ. Debent autem illa foramina à fundo fornaculæ abeffe menfuris tribus, & tribus quartis, ab angulis verò lateris menfuris tribus. In hæc foramina, quibus respondere debent alia duo in pariete aduerfo, ponuntur ferreæ trabes ad fuftinendum pauimentum. A latere horum foraminum atque etiam retrò, coarctanda eft fornax, & in fe reducenda , vt quafi finum accipiat, cuius receffus fit duarum, & dimidiæ menfuræ verfus fpacium interius. Inde paulatim fe dilatet in ventrem, afcendendo per accliuia ad menfuras fex cum dimidia, donec reuocetur ad amplitudinem refpondentem fundo, quafi exereret ventrem rotundum, à quo iterum infinuatur & coarctatur vfque ad fummum, vt antè expofitum eft.

cũ loco cratis, modò è ferro, modò argilla firma, fimplex aut duplex.

Pauimentum quod interponitur inter fuperius & inferius oftiolum in ferreis trabibus, eius debet effe craffitiei, vt à trabibus pertingat vfque ad oftiolum, idque fpacium exæquet , quæ craffities erit trium quadrantum menfuræ: latum debet effe feptem, longum nouem menfuras. Huic lamellæ feu pauimento imponitur tegula intus lata, menfuras quinque cum vno quadrante, longa feptem menfuras cum vna octaua: alta verò tres cum dimidia: craffities efto vnius quartæ: vt ita tota tegula computando fpacia cum craffitie laterum, fit lata quinque & tres quartas menfuræ, longa feptem & tres quartas. Ea debet refciffa effe, feu excifa vtrinque ad latera & retrò altitudine menfuræ, patere item antè. Eiufmodi tegulæ conueniunt accuratis argenti probationibus. Aliàs etiam aliter exciduntur.

Agric. iubet eam laminam 3. foraminibus oblongis ad latera tegula & pofteriorè partè pertundere vt aura fit aditus. Tegula.

Ad tegulam pro igni moderando opus eft foribus, & operculis, feu obicibus, qui feneftellis lateralibus & pofteriori queant apponi. Eorum lateralium fcilicet , latitudo fit vna menfura cum vna quarta : longitudo quatuor menfuræ, & paulò maior craffities quàm eft vnius quartæ. Pofterius repagulum in fummo fit femicirculare , in imo æquale , longum duas & dimidiam menfuras , latum fefquimenfuram. Huius vfus eft ad examinandum æs argentatum, & alia accurata experimenta inftituéda. Summæ fornaculæ operculum adaptatur ita vt totam integat, craffum vnam menfuram.

Eiufmodi fornaces ex argilla plærumque funt factæ. Quia verò vehementia ignium folent rumpi , ferreis circulis & canthis muniuntur, vt per anteriorem parietem vtrinque iuxta oftiola defcendat canthus, & ita in lateralibus & pofteriori pariete, vt omninò octo canthi fint in fornacula, qui ferreis circulis aptè includuntur, & continentur, quò operculum benè queat accõmodari, & fornax ipfa æqualiter confiftere. Oftiola in ferreis fornacibus clauduntur affixis ianuis. Sed in argillaceis apponendæ funt valuæ. Itaq; lacunaria ferrea, quib. fuftinetur pauimentũ tegulç,

promi-

prominere debent extra fornacem mensuris sex. Prominenti parti insternitur lamina argillacea, seu ianua semicircularis, & apta ad ostiolum obstruendum. Ita & suæ valuæ inferiori ostiolo adiacent, vt possint accommodari
cum est opus. Adhuc descriptio fornaculæ ex Fachsio. *Fornacula lateritia
vel fictilis quadrata, quam Budelius & Agricola commendant, fixa est seu in foco
camini alto tres pedes & dimidium, immobilis statuitur, alta cubitum, intus lata
pedem, longa pedem & duos digitos. Cum è foco assurrexit ad quinque digitos,
(habet autem iuxta focum ostiolum arcuatum aut quadrangulum pro cineribus
& aëre) super lateres collocatur lamina ferrea luto superius inducta. In fronte eius
super lamina est ostiolum arcuatum, altum palmum, latum quinque digitos. Lamina tria foramina habet, duo in lateribus, vnum posterius, lata digitum, longa
tres. Inter ea locatur tegula. Debet etiam lamina in anteriore parte è fornaculæ o-
stiolo prominere, &c. ita fere Agricola. Cæterum & extemporanea conficitur ex
tribus lateribus in quadrum super foco compositis, quibus imponitur lamina &
huic iterum tres lateres, &c.*

CAPVT IX.

De furnis catinorum cum subiecto foco.

Eiusmodi furni quod cinerarium & focum attinet, fere perinde se habent, quanquam compendij gratia vbi lignis potissimum vtimur, conisterium interdum negligatur. Foco autem catinus impendet ex ferro, cupro, argilla, &c. prout opus & res præsens exigit. Pro catino interdum vesica ænea est, (aliquando cum tubulo in latere, præsertim in vini destillatione, &c.) maximè in destillatione aquarum & oleorum ex vegetalibus, est &
cum cacabi instar matularum cum limbo efformati, circulo disponuntur,
& per ordines, latiore basi ad fastigium arctius. Limbo verò iniectis herbis,
apponitur alembicus. Et hæc vasa rem continent immediatè, diciturq; balneum siccum vel stufa sicca. Catini verò si aquam continent, fiunt ex cupro forma ahenorum ampliorum; vocaturque fornax balnei, cui si vas materiæ insistit, innixum scilicet circulo plumbeo vel ferreo, aut gryphi, innvo-
luto stramine, nominatur balneum maris, aut mariæ, (olim diploma) sin
desuper suspenditur vel tripodi imponitur super aheno, aut canali ex operculo producto, vt vapor saltem id tangat, nuncupatur balneum roris, tuncque plærumque vas materiæ alij catino ligneo pertuso innititur. Ex aheno
verò epistomium vel canalis prominet, vt suppleri aqua possit alia calida, in
quem finem etiam multa sunt ingeniosè inuenta. Tale balneum compensatur nonnunquam dolio vel cupa aquæ calidæ, per quam ascendit canalis
cum prunis, vel calore ad aquam calefaciendam: quanquam eius loco etiam soleat inijci ouum æneum cum calce viua & simili fomite. Eius vicem
& solis calor sustinet, & fimus qui duplici fere modo apparatur. Nam aut

In lain labro ligneo ad digerendum solus, siccus tamen cum culmis sectis adhibetur, ita tamen vt calefiat halitu aquæ feruentis per canalem pertusum ligneum vel æreum ex aheno ad latus stante cum suo foco, immisso: aut in scrobe cum calce viua, cuius apparatus est talis. Scrobs deprimitur quinûm pedum altitudine, vel eius loco exasseribus quadratus fit puteus: Latéra scrobis vestiuntur argilla tenaci: postea in fundo stratum fimi equini vel asinini, seu solius, seu cum segmentis culmorum auenaceorum (quanquam etiam hæc interdum pro fimo sola ponantur) altitudine pedis locatur: huic iniicitur calcis viuæ stratum dodrantale, postea iterum fimus, & inde vas vel per se, vel inuolutum pannis, hoc clauditur fimo vsq; ad nasum prominentem. His factis calida aspergitur, vt calx in imo efferuescat. Ita relinquitur loco à turbis aëris alieno. Quinis diebus, vel cùm opus est, fimus cum calce mutatur nouo. Loco fimi nonnunquam mera calx vsurpatur: vel amurca vel recrementa vuarum ab expresso vino reliqua.

Ita compensari balneum potest. Sed & turritum balneum fieri solet, cùm per labrū trāsit canalis carbonarius, aut focus vnde aqua incalescit, igni subtus in pauimento accenso, & calorem in canalē emittente. Stufæ item siccæ compendium fit per ollam æneam, aut figulinam, cui imponitur alembicus igni infrà accenso. Si balneum compendiosum velis, aquam ollæ infundes, & cucurbitam ita dispones, vt in balneo magno. Sed eiusmodi plura in commentariis exponentur.

Ista porrò balnei dispositione vtimur digerendo, vel rectà destillando. Nonnunquam tamen & per inclinationem & descensum eodem agimus, sed dispositione parumper mutata (Retortæ enim tripodi, vel circulo laminäüe perforatæ circa fundum aheni imponuntur, itaque adaptantur, vt rostra per excisam marginem aheni promineant, estque tunc locus etiam pluribus, quomodo & in recto balneo fundi potissimum plani, plures cucurbitæ locum habent.

Cùm verò per descensum opera est, ahenum perforatum est canali instar inuersæ tubæ, cui adaptatur phiola, muniturq; commissura ne excidat aqua. Ita collum vasis in suffurnio occurrit excipulo. Ahenum ansato concameratóque tegitur operculo: quod quia instar patellæ est, potest admittere rostrum, & si herbæ sint in aqua, vna eademq; opera fiet operatio per balneum maris, & stufam siccam. Ita se habet balnei ratio.

Balneo affines sunt cortinæ, in quibus coquuntur succi ad spissitudinem, quod coagulare & inspissare nominamus. Adhibentur autem in muria in salem densanda, in lixiuiis venarum aluminis, salis petræ, chalcanthi, musto, hordei decocto & aliis inspissandis, suntq; interdum cum iusto foco, interdum extemporaneæ.

Figura eis quadrata est, vel circularis, ex ære, vt in sale: & plumbo, vt in chalcantho, alumine, &c. vel fundus ex ære est, ambitus ex lapide, vt cortina

illa

illa rotunda, in quâ faxum aluminofum excoquitur(nam non tantum infpif-
fandi gratia habentur, fed & extrahendi per decoctionem)fupponitur ei focus muratus iuxta formam cortinæ; fuper quo recumbit, vel etiam vnà fu-
ftentatur iugis & tignis, à quibus vnci dependentes inferti funt anfis fuis, in
cortinæ fundo extantibus, vel etiam comprehendunt ipfam foris, vt in fali-
nis videre eft. Compenfantur cortinæ ahenis feu foco inclufis, feu admotis fufpenfifq;, fiue etiam tripodi innitentibus, &c.

Quod de vafe duplici obiter adiectum fuit, non planè idem intelligendũ eft.
Veterum enim diploma abſq; deftillatione fuit, coctione duntaxat conſtans, quaſi
eſſet balneum abſq; alembico, ita vt locum cucurbita obtineat, modo cucurbita ob-
ſtructa quouis commodo operculo, aut etiam alembico cæco, modo olla, aut lebes ſeu
ſartago, aut vitrea concha, aut cantharus metallicus, qui locatur in ahenum aqua
calida plenum, & vndiquaq; operculo æreo clauſum, relicto ſaltem in medio fora-
mine, per quod vas emineat, vel etiam quo imponatur lebes. Marinus ad murũ di-
ſponit ita vt ex ſuperiore eius parte tubulus prodeat, ex ſuo vaſe aquam calentem
aſſiduò deſtillans in ahenum, ex cuius operculo infundibulum exiſtat. Vas autem
illud incaleſcit eodẽ igni, admiſſo eius halitu per tubum fictilem in imo circa focum
diſpoſitum. Eſt & inter miniſtrum & ahenum paries, ne lædatur feruore ignis. Vi-
de Meſuen in antidotario comm. de oleis, &c.

Si catinus impletur cineribus, vel arena vel farina laterum, fcoriis tritis
fcobe ferri aut fimilibus, eadem poteſt eſſe fornacis difpofitio, idq; ad afcé-
fum & defcenfum, mutatis quæ oportet. Nonnunquam tamen focus & co-
nifterium funt in vno fpacio parietibus in quadratam formam è latere ad decem digitos conftructis. Inde infternitur lamina ferrea, & circuducitur tur-
ricula rotunda fine catino Nam pro catino ipfa eſt, & cineribus impletur ad
digitos duodecim, vel altitudinem iuftam, poteſtq; illud ergafterium quatuor aut etiam plura vafa capere. Fumarij canales à foco obliquè educuntur.

Figuli compendium faciunt in fornacibus mobilibus trium partium, quarũ
inferior eſt focus cum oſtiolo, & fumarijs, media ergaſterium, ſeu catinus planus
capax materia, cui imponitur pileus acuminatus cum limbo reflexo & rſtro. Inter
ergaſterium & focum interponitur interdum ferrea lamina, cui inſternitur arena
vel cinis ad temperandum calorem.

Quando hæ fornaces cum canali carbonario, fiue à latere, fiue rectà
deorfum per medium ad focũ demiſſo, conſtruuntur: appellantur furni acefiæ, feu fecuritatis, quod non opus fit tam fæpe pabulum fubminiftrare, quod
ex canali impleto femper fuppeditatur, quoufq; nox integra vel etiã dies naturalis tranfierit. Sed oportet canalem exactè claudere, ne refpiret, & omnes
prunæ fimul flammam capiant, quod aliquando melius cauemus, poſt carbones fuperiore parte expleta arena. Canalis tanta eſt amplitudo, vt caput
inferi poffit, quãquam maior arctioruè pro proportione fornacis fieri queat. Furnum acefiæ nonnunquam turriculæ ad latus foco accommodatæ fup-
plent,

plent, vel etiam turriculæ focariæ apponuntur ergasteria diuersa. Solent &
plures catini cum diuersis rebus inter se componi, veluti cùm catino arenario imponitur cinerarius, aut aquarius, &c.

Est item arenarium aut cinerarium, sicut & balnearium descesorium.
Inuersa cucurbita cum materia demittitur per fundum ollę. Ipsa olla impletur cineribuss vel arena, poniturque in cacabum vel furnum amplum, & in
circuitu ignis accenditur. Nonnunquam si olla pro cucurbita in descensoria destillatione sumitur, non opus est vase arenam continente : sed ipsa a-
spergitur ollæ, impositis deinde prunis, &c.

Caput X.
De fornace anemia.

FOrnax anemia è ferro fit instar tripodis, cum conisterio & foco, quæ
duæ regiones per craticulam discernuntur. Conisterium clauditur ianua ferrea, per quam aër subintrat. Focus autem est apertus, & intus luto
crasso inductus. Ergastulum est liberum spacium. Plærumq; enim accommodantur res per sartaginem, ollam, catinum triangularem, & similia, ita vt
insistant prunis, vel parumper demittantur. Quanquam autem ignis nonnunquam etiam flabello, vel follibus intendatur : tamen subintrantis aëris
seu venti vis potissima est. Itaque & eo in loco collocari debet, vt ianua conisterij vento vel aeris motui exponatur, sitq; nullus alius exitus vndiquaque,
fenestris & aliis partibus clausis, præter sursum tendens fumarium, vt ita
aer cogatur eò per prunas elabi. Id autem tunc maximè fit, cùm liquare aliquid magno igni aut calcinare volumus. Nam opus reuerberij exequi potest.

Affinis anemiæ est fornax fabrorum, & quæcunque alia follibus infla-
tur, etiam anemia vocari solet, vt fabrorum ferrariorum, aurificum, &c.

Locum aeris per conisterium subeuntis supplent follium flatus, ante
quarum rostrum est focus & ergasterium simul.

Caput XI.
De fornacibus ahenariis.

HÆ sunt plærumque coagulatoriæ lixiuiorum, aut muriarum. Ahenum seu labrum fit è cupro vel plumbo, quadratum, fundi plani. Id imponitur foco murato, in quo foramina sunt pro ventilabris & fumariis, sed
ea arte adaptandum est foco labrum, vt ignis æqualiter & probè in opus
incumbat, & nec nimis fit lucidus, nec nimis pressus. Huiusmodi
furno vtuntur & cereuisiarij. Sunt item apti ad succos extractos igni inspissandos, quanquam vulgus
pro quadratis & planis ahenis vtatur globosis.

CAPVT

CAPVT XII.
De fornacibus coniunctis.

EXcellit inter has fornax ace siæ quinque turrium, ita vt in media sit focus : vnde per fores suas calor emittatur ad collaterales turriculas, in quibus est ergasterium diuersum. Vna turris balneum habet, altera arenarium, tertia athannorem, quarta descendit, vel vnà destillat balneo, alia per arenam rectà, tertia per retortam, quarta digerit, &c. Et quia diuersus calor requiritur ad diuersa opera : tegulæ interponuntur inter focum & ergasterium, certis foraminibus distinctæ, per quas vnicuique suppeditari potest suus gradus. Nonnunquam & mediæ turri, quæ continet carbones, debetque clausa esse exactè, balnei dispositio imponitur.

Fit autem hæc vel rotunda forma, vel quadrata : turriculis item vel æqualibus, vel media prominente, vt ipsa sola videatur turris, cæteræ duntaxat furni catinarij, &c.

Interdum vno sympegmate quasi tria tabulata concinnamus, posito in medio foco cum reuerberio per retortam. Nam prunæ imponuntur retortæ, & subiiciuntur deciduntque ad craticulam, per quam fauilla delapsa incidit in descensorium. Ita enim inferior contignatio concinnata est, vt habeat formam descensorij, cui sursum adhibetur fauilla à reuerberio decidens pro prunis. Quoniam verò à reuerberio calor etiam sursum contendit : itaque fornix perforatus est, & imminet foramini catinus cum arena, vel aqua, vel cineribus, in quo potest peragi destillatio, vel sublimatio, &c. Prunæ verò à tergo per certum foramen immittuntur in reuerberium, & ventilantur aëre per craticulam subeunte.

Ita balneum maris, & roris, & stufæ siccæ coniungi possunt, vt scilicet ex aheno fundi plani, vel etiam globosi, at cum lamina vel tripode vasa sustinente, secundum margines promineant cucurbitæ rectæ, vel retortæ. Balnei verò aqua contineat herbas. Apponitur operculum subrotundum cum rostro, ab eius medio ascendat canalis, cui immineat globus vaporarij, ita adornatus, vt sit instar alembici, vnde procedat aliud rostrum. Globo insidet cucurbita alia sursum prominens.

Est & compositio ollarum in eadem fornace, vt si in arenarium arena ponatur, in hanc olla cum aqua, cui viciscim insistat cucurbita cum re destillanda, quod est quasi Triploma, ad calorem moderandum, & empyreuma vitandum.

CAPVT XIII.
De supellectili tumultuaria.

SVpellex Chymicorum tumultuaria est, quæ præter vasa vndiquaq; inseruit operibus.

Varie-

Varietate est innumera. Excellunt colatoria & filtra, quorum quædam fiunt ex corio hircino, pelle ouina, &c. quædam ex charta simplici, multiplici,&c.forma cucullorum,seu infundibulorum: quædam præterea ex carbaseo panno, &c.est & manica Hippocratica, est lignū porosum, &c. veteres etiam futi seu cruda olla vtebantur ad aquas Nili purificandas,&c. Præterea sunt laciniæ ad transferendos liquores ex vno vase in aliud. Oleis exprimendis inseruiunt prela cum cochleis suis & excipulis : item laminæ ferreæ, marmoreæ tabulæ, integræ vel crematæ, pro variis vsibus.

Quidam forcipes expressorias habent cum capsula, quales sunt eæ, in quibus fundunt glandes tormentarias. Pars tamen altera debet esse tribus foraminibus peruia. Veniunt in vsum & gryphes, quibus vasa retineantur. Præterea canales refrigeratorij rectà per dolium frigidæ transeuntes, & alij cum multiplici gyro, quos serpentinos nominant: quorum dispositio artificiosa in spiritu vini destillando est varia: veluti ab operculo vesicæ aheneæ sursum tendit canalis : inde reuocatur in anfractus angulosos, committiturque vesicæ æneæ à latere impositæ tripodi. Ex huius summo alij canales exeunt, eodem flexu, qui à summo reducti per duplex dolium, seu duas cupas, in receptaculum infiguntur: ita pyragræ, palæ vtrinque reductæ ad prunas efferendas è fornacibus : folles, ventilabra, pistilla, mortaria lignea, lapidea, metallica,&c.spongiæ, stuppæ, fila ferrata, circuli ferrei vel plumbei cum brachiis, mallei, incudes, limæ, radulæ, spicilla, scalpra, scopæ ferreæ, dioptræ ad ignis vim arcendam, vesicæ pellucidæ naribus & oculis prætendendæ, ne læsio fiat à spiritibus acribus & venenatis: & similia plurima, quæ in vnoquoq; opificio magister excogitare potest solerter.

Huc vsq; de Ergalia.

Caput XIIII.
De Pyronomia.

PYronomia est caloris ad suas operas adhibendi, ignisque regendi scientia.

In hac potissimum Alchemiæ elucet industria, maximaq; est laus artificis, quanquam vsu rerum magis, quàm præceptis valeat, & eiusmodi sint quædam, vt oculos manumq;, non verba postulent.

Agens externum, quo artifex primario instrumento vtitur, in hac scientia, est quidem calor, quem designamus voce ignis: sed ideo non excludendum frigus est, vt nec humor, nec siccitas, qua tum solitaria, tum coniuncta suis in operibus & locis plurimum adiuuant magistrum.

Accommodandus autem ignis calorque est ad scopum artificis, & rei

f

elabo-

elaborandæ naturam in primis. Magnum etiam momētum eſt in vaſorum, ampullarum nempe & fornacum diſpoſitione:aliquid in laboratorio: non-nihil in temporum tempeſtatumq; qualitate,& motu , cùm varietur calor frigoribus, æſtibus, tranquillitate, flatu,humiditate,ſiccitate, loco aperto, concluſo: vaſis amplis,arguſtis: quin & vaſorum media materia,vt aqua,arena, &c.Nec poſtremas habet fomes caloris,cùm referat lignum ſit,an ſti-pula,prunæúe,eæq;raræ an denſæ,&c. Eſt autem tanta naturæ vbertas, tan-taq; vis ingenij,vt ſi cuius ſit defectus,is cōpenſari facilè ab induſtrio poſſit.

Quanquam autem pyronomiæ magna vis ſit in Alchymia, non tamen omnia opera calori igniue debentur, ſed quædam etiam humore alijſq; ab-ſoluuntur: & e ſt ignis tum actualis,tum potentialis.

Porrò vbicunq;igni agitur, quatuor gradus in quos diſtribuitur ca-lor,ſunt attendendi,& non ipſi gradus tantū ſecundum totos, ſed & eorum principia,media, fines,ſicut eos obſeruaſſe priſcos philoſophos cōnſtat.Æ-ſtimantur autem illi non ſenſibus duntaxat, ſed & effectu in rebus ipſis, & iudicio ſenſibus coniuncto,potiſſimum verò viſui & tactui.

Primus gradus eſt lentiſſimus,inſtar teporis ignauiuſculi, vocaturque calor balnei mitis, aut fimi,vel digeſtorius,circulatorius,putrefactorius, re-ſolutorius,&c.qui ad tactum ita deſcribitur, vt eum digitus hominis teneri ſemper ferre poſſit,& cùm habeat ſuas intenſiones & remiſſiones,nunquā tamen euidentem aut acrem ſenſum gignere debet. Cùm dicitur balnei ca-lor,communiter quidem intelligitur reſpectu balnei mariæ, ſed nō ad aquā alligandus eſt,quæ vel feruere poteſt,attamen primum duntaxat gradū præ-ſtare,ſi nimirum vaſorum diſpoſitiones & media varient.Aliàs ſi ſimpliciter aqua ſit obſeruanda:tepentem intelligas,aut etiam aliquantò calidiorē,quæ tamen in vaſe materiæ non exuperet primum gradum, ſi id inferatur aquæ. Ita ſi vapor duntaxat ad vas materiæ admittatur,vel ahenum balnei in catino cineruta locetur.

Huius generis eſt ignis vaporoſus philoſophorum, qui deſcribitur in-cubatu gallinæ excludentis pullos,aut hominis rectè diſpoſiti natura,(quā-quam aliqui etiam determinent ita,vt intra fornacē ferri manus tenera poſ-ſit,aut plumbū liquatum in ſuo fluore retineri,qui modus, niſi ad materiam referatur,maior eſt quàm pro gradu primo)Is autē plærumq; eſt talis,qualē ſuppeditat fornax vaporarij moderatè incenſa, aut qualis eſt catini cinera-rij fornaciʼ iſiſtentis, vel huius locati in catino arenario, flamma modeſta. Hæc vera eſt ſtufa ſicca phyſicorum,vel balneum ſenis ſiccum, vt loquūtur.

Secundus gradus eſt intenſior, adeò vtiam euidenter feriat tactū,ne-que tamen vim afferat organo.Eius initia ſunt à fine gradus primi, fines au-tem cùm iam læſionem minatur.Appellant calorem cinerum,quod medio-cris ignis ſub catino cinerario incenſus,talem præbeat:cineres enim ob ra-ritatem, non admodum acrem concipiunt. Sed & hic attendendum eſt,

quod

quod non tam ad cineres,qui etiam valde possunt incalescete,præsertim densè coacti,& arenescentes,quàm ad ipsam gradus huius rationem propriam,sit attendendum. Neque per cineres duntaxat procuratur,sed & arenas, & aliis modis.

Tertius gradus cum læsione tangentis est, & confertur arenæ feruenti,vel scobi ferreæ,vt dicatur ignis arenæ,vel limaturæ ferri, &c.

Quartus est summus,& plærunq; destructiuus. Nominant ignem reuerberij & viua flamma lignorum,vel congestarum prunarum follibus alacriter inflatarum procuratur.

Hi gradus cùm referuntur ad effectum in certis rebus,valde mutātur. Ita enim fit vt qui vltimus esset in planta,primus sit in stibio,vel alia re firma.

Sed & licet balnei calore intelligatur gradus primus: tamen in operatione per balneum omnes quatuor possunt habere locum, vt sit primus cùm modicé aqua incalescit,secundus, cùm iam acriter sentitur calor, tertius cùm vrit,quartus cùm feruore maximo etiam corrumpit, quæ omnia in oleo etiam euidentius conspiciuntur.Ita est de cineribus,arena,& reuerberij igni.Itaque cùm præcipiunt autores fieri destillationem in arena per gradus,primus hic est,cùm arena incalescit, & sic deinceps per secundum & tertium:vltimus est cùm iam excanduit & arena & catinus cum vase. Sic est ignis reuerberij per gradus dandus.Par ratio est cùm eminus, vel cominus vasa ad ignem adhibentur,mediatè item,aut immediatè.

Nonnunquam gradus notantur per celeritatem & tarditatem guttarum in destillatione.

Modicus calor est, in quo guttæ raræ, & per longa interualla cadunt: vehemens,cùm citò.Cùm itaq; præcipitur destillandum esse vt inter guttas tria numerentur,vel tres tactus fiant, calor sat intensus est: sicut si numerentur quinquaginta,lentissimus. Debet tamen etiam ratio rerum respondere.

A gradu ad gradum altiorem accessus fit pro rei conditione,ferè horis binis:in tertio non rarò perseueramus vsq; ad finem,vt &in quarto,si ad hos peruentum faerit : ita in nonnullis in secundo subsistimus,in aliquibus in primo,prout rei natura,& scopus artificis est.

Calor augetur materia aucta & incensa: vel pluribus spiraculis, follibusq; adhibitis. Semper enim fornax clausa,leuem habet calorem (non tamen tota claudi debet: suffocaretur enim ignis.) Illustris verò & perspirabilis,aut follibus pabulum incensum vrgentibus flatu, vehementiorem obtinet : & ita potest moderari ad libitum regulas, vel valuas, vel conos, aut iannas opponendo spiraculis, vel remouendo, idque aut in totum, aut quadamtenus. Et eo modo etiam gradus potes assequi, vt primus sit seruato eodem foco , cùm clausa est fornax penè tota,

non foco tantum, fed & conisterio, & auriculis fumariis: fecundus verò
cùm duo patent foramina, tertius cùm tria, quartus, cùm omnia, & vnà
etiam conisterij ianua. Nam focus interdum claudendus tunc est, ne exci-
dant prunę aggestæ. Solent enim plærumque cum apertione etiam augeri
fomenta, & in quarto etiam admoueri folles.

Diminuitur calor retrogrado ordine diminuto pabulo, claufifq; fpiraculis, remota folle, &c. Eadem est ratio, fi regulæ diuerforum foraminum
caloris exitui accommdantur, vt fit in furno acefiæ & athannore.

Est & multum momenti in fomentis ignis. Ligna arida folidáque,
flammam pro fua copia præbent lucidam, violentam, conftantémque: humida malignum: rara inftabilem & momentaneum, vt & ftipulæ. Multum etiam refert, in pauimentóne ardeant, an in craticula.

Prunę apertę folidę, fiactę ad iuglandis nucis, vel pineæ quantitatem, ignem stabilem habent & æqualem, nec excedentem flamma, ni im-
modicè augeantur, aut flatu intendantur.

Tectæ cineribus, & potiffimum, vt aiunt, iuniperinis, calorem
mediocrem diu fouent.

Prunæ molles & rarę ignem validum quidem exhibent, fed incon-
ftantem, in ęqualem, nec diuturnum.

Ignis candelarum, & ellychniorum temperari ad libitum poteft propius, remotiùs admouendo, & numerum augendo minuendóue. Et est
hic etiam diuturnior, minúfque eget curę, ficut ignis acefię. (Nònnulli
caminorum fuliginem commendant, quod biduo eius flamma duret: alij
terras pingues.) Inde Philofophi ignem trium filorum, duorum aut v-
nius vocant, ita inftitutum lychnuchum, in quo gradus caloris item de-
fignantur.

Sunt & alij modi ignium ab accommodatione. Iam enim infrà, iam fuprà datur calor, iam in circuitu vndiquaque: modò circulariter in fummo,
qui ignis circularis nominatur.

Defcribitur etiam regimen ignis fecundum operationes fingulares,
veluti in lapide Philofophorum ignis alius interior est, alius exterior, qui
debet fecundum Bernhardum effe vaporofus, lenis, continuò digerens,
non vehementior iufto, planè fubtilis, maturans, apertus, conclufus, re-
miffus, non comburens, &c. Ita aliquando ignis gehennæ poftulatur per
hydrargyrum, vel aquam ftygiam: aliquando conclufus in globis calcis viuę
caphurę, fulphuris, & aliorum.

In metallorum per fornaculam examine admodum induftrius est: poteftq; hinc fimiliter iudicari de metallurgia fuforia tota. Ita autem regimen
eius defcripfit Fachfius, quanquam difficilis fit interpretatio fine experientia, & demonftratione oculati.

Multæ

Multæ sunt causiæ (inquit in arte probatoria) caloris & frigoris in i-
gni, cuius argumentum capi potest à prunarum diuersitate. Altera enim altera calorem præbet maiorem; veluti prunæ molles, & recentes ab vstione,
validius æstuant, quàm duræ. Ita ignem citius labefactant, celerius & subitò intendunt, fauillamque euomunt flammeam.

Deinde fornax valdè ampla, multisque aperta spiraculis exæstuat magis. Si item tegula humilis, & tenuis est, & latè excisa, quanquam fornax
per se rectè est disposita, nec excedit modum calefaciendo; tamen per illam
tegulam calor iusto maior suppeditatur. Si fornax amplior est quàm pro
opere, ne nimium aëris admitte, sed spiracula, vt res postulat obstrue, atq;
ita æstus inhibetur. Fornacula spaciosior, ampliorem requirit tegulam, e-
amque aut non excisam, aut parum. Nam & hoc modo calor nimius pro-
hibetur.

Si specimina imposuisti fornaculæ, eaque æstuosior est iusto, obstrue
orificium in summo, ita tamen ne suffocetur massula in crusibulo: occlude
& inferius ostiolum, & sic mitigatur calor.

Aëre Austrino vel pluuio, fornacula legitimè calefieri non potest, perinde vt & in æstibus magnis. Ignis enim ab externo calore debilitatur. Ita si
in camino vbi fornacula est, focus incenditur, internus calor dissipatur, vt
opus frigeat.

Cum prunarum frustula exigua eaque multa fornaculæ infunduntur,
ignis suffocatur: optima sunt frusta dimidium ouum æquantia, eaque pura. Si itaque instructus es fornacula benè disposita, tegulam aptam, & prunas decentes adhibens opus procedit optimè.

Si vis vt æstuet fornacula, ignemque validum dare, affunde prunas iustas (vt prædictum est) easque solas, sine admistis paruis. Pone & prunam
magnam in superioris ostioli introitu; inferius ostium aperi, prunas paruas
cum cineribus per pyragram à tegula remoue, & à pauimento eius, vt succedant prunæ iustæ magnitudinis, quas sine in pauimento illo persistere.
Ita puram flammam & feruidam præstabit fornax. Quod si feruentiorem
desideras: officinæ in qua est fornacula, omnes fenestras, valuas & ianuas
claude, eà tantum aperta vnde incidit aura: ita subit aër, cumque nullum
inueniat exitum præter fumarium, ferit fornaculam, itaq; peruadit, vt sæpè
perstrepet tanquam follibus agitaretur ignis. Sic est feruentissima.

Si paulatim minuere calorem cupis, subtrahe prunam quam posu-
eras in ostiolo superiore. Postea impone operculum summo orificio, ita tamen vt maneat rima transuersi digiti. Inde ostiolum inferius claude; & sic
obseruabis multum decessisse de caloris prioris intensione. Quod si fri-
gidiorem expetis, lamellam semicircularem oppone posteriori parti tegulæ; applica & laterales valuas lateralibus hiatibus. Inde occlude superius

f 3 ostiooftiolum ianua fua. Ita fornacula tam obfcura euadit, vt tegula & catillus in ea nigras accipiant maculas.

Sin iterum paulatim addere calorem fatagis; operculum in fummo remoue ad dimidium vfque, vt femipateat. Aperi & oftiolum fuperius fepofita lamella ante tegulam. Si adhuc frigidior eft, quàm decet, extrahe valuulam femicircularem quæ pofterius foramen tegulæ claudebat, & repone eam quæ erat ante tegulam in oftiolo fuperiore. Si intenfiorem poftulas, amoue & valuulas laterales à tegula. Sin adhuc frigidior eft, petifq; æftuofiorem, operculum in fummo totum adime, & pro valuula in fuperiore oftiolo fubftitue prunam vnam atque alteram, & fic pedetentim efferuefcit denuò fornax. Si tandem planè feruentem pofcis, tolle & inferioris oftioli ianuam. Atque ita æftuofa fieri poteft.

Cum ignis in tenebrofo loco rectius agnofci & iudicari poffit, quàm in luminofo, velamenta nigra feneftris debent appendi.

Hæc dicta fufficiant ad caloris modum in fornacula cognofcendum. Adhuc Fachfius.

Et hæc generaliter inferuiunt Encheriæ.

CAPVT XV.

De operationibus proparafceuafticis, & aliâs quouis modo feruientibus encherefi.

OPerationes manuariæ funt duæ: elaboratio & exaltatio.
His omne opus chymicum perficitur primum. Sunt tamen tum quædam fymbolicæ, tum etiam è generalibus naturæ accerfitæ, quibus ad benè operandum indigemus feruiliter. Symbolica eft probatio, qua quid in re fit, fpectamus, eiufque præftantiam & veritatem ab improbo & fpurio dignofcimus. Eft autem non vnius operationis nomen, fed concurfu plurium conftat, & accerfit non rarò etiam phyficorū generalia, medica, œconomica &c. quanquam excellat ea quæ eft metallicorum, monetariorum, aurificum, & eorum qui ferinas aquas, vrinam aliofq; examinant liquores.

Eiufmodi eft & reductio, qua res mutata priftinæ reftituitur formæ, eftq; item communis pluribus operationibus.

Proparafceuaftica eft mundificatio, quà rem à fordibus & corruptis, aut parum virtutis habentibus repurgamus, vt quod præftantiffimum eft tantum ad chymiam admittatur. Eft & fractio, concifio, tritio, molitio, limatura, extenfio, dilatatio per malleum: eft lixatio, vftio, roftio, ignitio, ignitorum extinctio, arefactio in vmbra, vel ad folem, vel intra chartas, &c. afperfio, refrigeratio, fubactio, commiftio, lotio, infumatio, illitus, expolitio, denfatio, excretio per cribrum, verfio, obliquatio, correctio, & fimiles operæ multæ, quæ proprijs præceptis in chymia quidem non inftruuntur;

ei taei tamen adiumentum præbent, ne eſſentia quam operando quærimus, aliquid capiat detrimenti, aut eò facilius protrahatur. Et requiritur in aliquibus non tam induſtria, quàm diligentia & animaduerſio, veluti cum aquis alienis remque perdentibus nihil eſt lauandum, cum ſiccando, vrendoque modus non excedendus &c.

Huius loci eſt electio quoque temporum & regionum naturalis (non vana illa aſtrologorum, & magica ſuperſtitioſorum hominum) vt quodq; chymicè tractandum eligatur tunc temporis & ætatis, ex eaque regione, qua naſcitur optimum, eſtque in vigore ſummo. Neq; verò hæc tantum operationibus ſuccurrunt & miniſtrant, ſed & ſingulæ inter ſe ſibi mutuas operas præſtant, & famulatur altera alteri, aut etiam in alterius locum ſuccedit idem productura.

Capvt XVI.
De fuſione.

ELaboratio eſt operatio manuaria, qua res in ſubſtantia, eaque potiſſimum materiali mutata elaboratur.

Id enim nunc elaborare appellamus, cum remotis ignobilibus materiæ partibus, quæ ſeu obiter adhærent, ſeu quouis modo adminiculum præbent eſſentiæ, præſtantiſſimam elicimus. Itaque & maximè hic viget impuri à puro ſegregatio.

Elaboratio eſt ſolutio, aut coadunatio.

Solutio διάχεσις eſt, quæ continuitatem & compagem corporũ ſoluit.

Hæc multis quidem diſtincta eſt ſpeciebus, ſed nomen apud artifices in vſu diſciplinæ de vna familiarius & frequentiˢ vſurpatur quàm de altera, & nonnunquam certa quædam generis vocabulo ſolo deſignatur.

Quod ideò notandum, ne in lectione autorum opera confundantur, & vna pro altera ſumatur. Fit autem idem etiam in coadunatione pro qua dicunt coagulationem: vnde tota elaboratio vulgò nonnunquam ſolet in ſolutionem & coagulationem diuidi, ſed decipiuntur, dum quod philoſophi de peculiaris rei effectione, lapidis nimirum prenũciarunt, detorquent ad operationum omniũ diſcrimen.

Solutio eſt duplex: liquatio & ſegregatio. Liquatio eſt cum quod in vnum coaluerat, ſoluitur liquando, vt iam poſſit fluere.

Liquatũ. n. quod eſt, conſiſtentiã diffluentẽ inſtar vndoſorũ accepit.

Liquatio eſt fuſio, aut deliquium. Fuſio eſt liquatio per calorem.

Eius adminiſtratio eſt, vt res fuſilis, nonnunquam in partes fracta in vaſe ſuo admoueatur calori tanto, quantus ad ſoluendam conſiſtentiã fundendumq; eſt ſatis. Itaq; facilè fluentia leni calori ſicco, vel humido pro natura rei & ſcopo, exponuntur. Quæ difficulter fluunt, furnum fuſorium & catinos requirunt, & vrgentur igni reuerberij, aut etiam in fornace anemia, velante folles funduntur.

E

Est autem rerum diuersarum diuersus fundendi modus, velutì quædam funduntur præcedente ignitione, quædam fine ea; & nonnulla viscidè
aut tenaciter, nonnulla præcipitanter, quædam mediocriter, &c. Ita alia
cum bullis & strepitu, alia quiete, &c. interdum quæ fundere volumus, nec
tamen sustinent fusionem quam requirimus ob molliciem, figimus prius
& induramus. Itaque hinc iudicium quoddam bonitatis solet sumi interdum, veluti in genere metallico, si quod pro auro exponitur, fusionem auri
veri habes, quantum in hoc est, pronunciatur aurum. Est opera danda,
vt res liquidè fluat, & compendiosè. Huius gratià excogitata sunt additamé-
ta, & aliæ benè fundendi rationes, quę etiam inseruiunt ferruminationi.

Sic facilè fluit quod parti fusæ immittitur, vt plumbum frigidum fuso. Aliàs adduntur fluxus, seu fluores, vt appellant, quos oportet talès esse,
ne res fundenda dètrimentum capiat, quod fit si acres fluxus volatilibus adijciuntur, &c. Hinc vsus excogitauit peculiares fluxus ad massas paruas exa-
ctèque probandas, peculiares ad magnas; alios ad nobiles, alios ad ignobiles, firmas, infirmas, maturas venas, immaturas, &c. Fluxus autem plærumque comminutus, aut vna imponitur igni, aut inspergitur rei iam candenti, seu toti, seu quâ opus est. Fluxuum materia est eiusmodi, lenium
quidem, fluores metallici seu potius minerales, qui specie gemmarum eru-
untur ex suis fodinis, coloris modò aurei, modò purpurei, viridis, albi, tráf-
lucidi, misti, &c. Hos crassè tusos fusores metallorum venis miscent, addi-
toque carbonum puluere infundunt fornaci: postea metallorum recrementa trita elotáque, præsertim autem eorum quorum venæ fuerunt mites, non rapaces in igni, & corrosiuæ, quanquam vis hæc cum spiritu arse-
nicali ignium potestate inter excoquendum plærumque est disflata, & in
realgare redit: inde lythargyrūm elotum & plumbago: silicum transparen-
tium species crystallinæ: chrysocolla, seu borax: fel vitri: lapides vitrei, arenæ vitreæ, vitra tusa, & his affinia alia. Ita cuprum breui funditur, si inter
liquandum aliquid vngulæ caballinæ inijciatur. Stannum & plumbum facilè eliquantur sebo, cera, aliave pinguedine soluta inie cta: si tenerææ auri
venæ funduntur, aliquid limaturæ ferreæ additur, ne fluxus dissipet metallum. Quædam etiam antè aliquoties igniendæ sunt, & vrina puerorum
restinguendæ.

Sal ammo-
niũ subli-
matur se-
mel cũ sale
cõmuni, po-
stea bis per
se, & statim
facit fluere
metalla du-
ra.

Acrium verò fluxuum materia est, quæcunque sulphurea, salsa, arsenicalis, &c. vt sulphur, stibium, realgar, arsenicum, auripigmentum, sal fusus, tartarum, vitriolum, sal petræ, nitrum, sal gemmæ, alkali seu soda, &c.

Quædam suos secum habent fluxus: & cum vident artifices vnius generis metalla diuersa esse fluendi potentia, plærumque dura eliquant prius,
mollia verò sub finem subijciunt, vt quasi transcurrant fornacem, quædam
etiam saltem merguntur in præfurnio, atque ita in eo quod è fornace effluxit,

xit, eliquantur. Hoc autem fit in purioribus metallis venisque, vt argenti rudis plumbi, vel rubei, &c. Nonnunquam præmittitur fusio scoriarum, qua simul incalescit fornax, &c. Fluxus additi (si quid de ijs restat,) auf-feruntur cum scorijs, aut deriuantur, aliove segregantur modo per decus-sionem, effusionem, &c.

Magna fusorum copia post confluxum in præfurnio, solet exhauriri & transfundi in foueas, aut etiam deriuari. Vnde postea fiunt placentæ & pastilli: maximè autem hoc fit in venis argenti vel cupro, cui argentum est admistum addito plumbo.

Aliàs sicubi copia minor est, vel etiam cum placet, in longos canales infunditur, vt fiant virgæ metallicæ. Nonnunquam certis matricibus seu formis inijcitur.

Est & cum in catinis obunctis mallei incussu quod graue est, depelli-tur ad fundum, &c.

Finis fusionis est, vt vel pura res sit, separeturque ab impuritate; vel vt certam formam accipiat, seu ad elaborandum plenius, seu ad vsum alium: Nonnunquam etiam sæpè fundimus ideò, vt figatur, quod fit in metallis, & lapidibus, &c.

Reducitur fusum ad soliditatem pristinam restincto actu colliquan-te per refrigerationem, seu coagulationem, quæ consistentiam restituit & vnit. In quolibet enim fusili, humidum quoddam colliquatile est, quod diffluens à calore terreas partes vnà inuoluit: & cum tenax sit, concrescit simul colliquante principio represso.

CAPVT XVII.
De deliquio in aëre.

D Eliquium est liquatio concreti, quæ fit insinuante se humiditate ex-terna, & siccitatem resoluente, vt fluat.

Ita resolutum quod est, liquor vocatur, & consistentiam habet aque-am. (Quanquam enim & lapides calcarij dissipentur ab humiditate aërea vel aquea; tamen hoc nec liquatio est, nec liquor quod inde existit appella-tur.)

Nonnunquam autem totum coagulatum ita deliquescit; nonnun-quam saltem quod in eo est solubile, in humore: & tunc seruit hæc opera-tio pro abstractione, seu segregatione aliqua.

Reducitur liquor per abstractionem humiditatis quæ est ingressa, di-uaporatione, aut quauis alia ratione, maximè coagulatione.

Deliquium est duplex; vaporosum, & embapticum.

Deliquium vaporosum est cum res in subtilem puluerem redacta aëri vapido exponitur, & humescendo in liquorem soluitur.

Ille verò aër vapidus modò calidior est modò frigidior, qualis est subterraneorum irriguorum, & res soluenda, nisi per se sit apta, ad salis potissimum, vel similium naturam elaborando adducitur, quod sit maximè calcinando, aut ad eam siccitatem redigendo, quæ humiditatem externam auidè combibat, & diffluat promptè. Necesse enim est tenacem compagem solui, & friabilitatem quandam salis induci.

Administratio huius deliquij est multiplex. Nam interdum quod deliquescere in aere volumus, tabulæ marmoreæ crenis suis distinctæ, seu lacunis corriuatis sulcatæ: aut imbricibus lęuibus, vitreisq; aut cucurbitæ angustioris imponimus, eaq; instrumenta eo locamus situ, vt ex superiore parte, vbi posita res est, in decliuia ad vnum exitum liquor decurrat, & excipiatur admoto vasculo: quod si cum segregatione simul est, destillatio etiam per tabulam nuncupatur. Plærumque verò hoc fit in cellis humidis, aut cryptis vapidis.

Interdum materia includitur vasculis, & suspenditur alicubi ad vaporem, seu in puteo, seu cryptis & scrobibus, seu balneo roris. Et hic modus adhibetur cum deliquescere totam volumus, quanquam distingui id vasculum possit diuersitate regionum. Debet autem liquor tunc in eo contineri. Nonnunquam vasculum eiusmodi in arenis cryptarum disponitur, vel sepelitur in fimo tepido, vel scrobe terræ humidæ, idq; tunc maximè cum longo tempore opus est ad liquescendum: & occlusum esse tunc, satisq; firmum oportet esse vasculum, quale foret ex vitro, vel figulina densa, &c.

Si in puteos aquarum demittere volumus, vel per funem id fiat qui sustineat fiscellam cum vase, & penè attingat aquam, ita tamen vt læsio ab haurientibus caueatur: vel in pariete iuxta aquam loculamentum excidatur, in quo reponatur vasculum, obseruato crescentis aquæ spacio.

Ad vaporem balnei, scrobium, &c. etiam vesica bubula, vel olla vtimur. Ad dispositionem in arenæ cumulis vsitatum est acetabula, dimidiaq; ouorum induratorū segmenta vitellis remotis adhibere: & hæc relinquuntur aperta. Cum aliquid deliquit, exhauritur humor, & materia renouatur. Aliqui vtriusq; segmenti caua explent, & mutuò applicant colligantíque, & ita sinunt in vase vitreo. Pro albumine in aliquibus excauatæ radices raparū vel raphani, & similium, vtiliter inseruiunt. Cauitati enim immissa materia salsa facilè colliquescit.

Sæpius autem etiam liquor non in eodem subsistit vasculo, sed decurrit, destillatve in aliud subiectum. Et tunc modo albi ouorum segmenta tribus locis filo traiecta, inq; aliqua parte infra perforata suspendimus ad vaporem cellæ, subiectoque infundibulo & excipulo colligimus liquorem. Ita verò suspendenda sunt vt ea parte vbi materia locatur, sint altiora, fiatq; defluxus ad foramen. Hoc ipsum etiam potest procurari per vtrumq; segmenmentum intus materia posita, coniunctum, & in commissuram parumper hiantem inclinatum, vt inde decurrat in vas suum.

Alias vsurpatur manica Hippocratis, vel è lino globosus sacculus, vel cruda sutis: nonnunquam linteum super olla expansum idem præstat: vel cucurbita pertusa, olla perforata, cribrum angustum, craticulæ ligneæ, & omninò pro materiæ ratione varietas magna est. Sic fit cuculus ex chatta emporetica, qui locatur super infundibulo in excipulum immisso, idq; potissimum si liquor est acutus seu acris. Pinguis enim non penetrat. Inuersæ quoque cucurbitæ præmuniuntur linteo raro, vel pergamenta perforata, per quæ liquor percolatur.

Si liquorem simul alteratum cupimus tinctúmque, seu odore vel alia qualitate; rem liquandam exponimus decocto herbarum conuenientium, vel musto feruescenti & similibus.

CAPVT XVIII.
De deliquio embaptico.

DEliquium embapticum est cum res in humorem demersa eousq; detinetur, donec delicuerit.

Hoc fit dupliciter. Nam res aut vasculo contenta immergitur, vt ipsa humoris substantia non accedat, vel saltem tenuissimus sudor permeet, veluti cum in vase cereo, vel vesica bubula &c. imponitur, & cum delicuit, extrahitur, quæ res, si humor est calidus (quod fit plærumq;) simulachrū balnei est: aut in ipsum humorem sinitur diffundi, seu nudè; seu lintea petia interueniente, qua simul segregentur sordes. Et hîc quoque vel frigidus liquor est, quo pacto gummi, succi inspissati, vt sacharum, &c. solui possunt, vel indiget calefactione, vt in manna, & similibus pinguedinem, succumve tenacem habentibus. Humor ille, qui est medium solutionis, talis esse debet, vt, si eum segregatum cupimus, facilè possit denuò separari, nec peregrinam qualitatem inuehat soluto, nisi studio quærimus simul alteratione eiusmodi. Plærumq; autem hæc operatio inseruit alijs, estq; præparatoria & purificatoria. Ita enim soluta filtrantur sæpius, & tandem reducuntur. Gummi solent aceto vel vino solui vt plurimum: alia etiam aqua fontana, pluuia vel destillata quauis, vt sacharum, &c. Sulphur spiritu Terebinthi, succinum oleo, vel liquata cera, &c. soluitur: flos salis tantum oleo.

Affinis est immersioni irrigatio. Solent enim solubilia quædam interdum conspergi aliquo humore, vt postea ea facilius deliquescant. Sed ille modica diuaporatione tandem ad mediocritatem reuocandus est, ne nimis diluta vis sit liquoris, quo pacto tartari calcinati deliquium festinamus, &c.

CAPVT XIX.

De separatione, & nominatim de ea, quæ fit per ablationem.

SEgregatio est solutio integri in membra dislocata.

Hic enim non confluunt resoluta vt colliquabilia, sed quælibet pars secretim tenetur.

Segregatio est, distractio & extractio.

Distractio est qua partes distrahuntur, qualibet manente in suo homogenia.

Itaque quasi diuulsio quædam hic fit diuersorum, ante cohærentium aut vnitorum, citra respectum extractionis vnius, in altero existentis, vel comprehensi.

Distractio est duplex: separatio & calcinatio.

Separatio est qua partes distractæ separantur singulis existentibus in se quidem similaribus, ad mutuas tamen heterogeneis: veluti cum totum commistum est ex elementis duobus, si in hæc resoluitur denuò, separatio est vnoquoque in se similari, ad alterum tamen naturæ alterius.

Et fit separatio per abstractionem, aut per abscessum.

Separatio per abstractionem est, cum aliquo instrumento partes diuersæ à se mutuò disclusæ, altera ab altera abstrahuntur.

Et fit hoc quoque dupliciter: ablatione, & subductione: siue sint res liquidæ, siue siccæ.

Ablatio est abstractio per partem superiorem. Perficitur modis variis. In siccis, quæ leuius adhærent, detersio fieri potest per pedem leporinum, vel similia. Quædam penna, cultellis, spathis, &c. aufferimus, quædam detergemus affricto panno, vel scopis, ijsque setaceis, ferreis, ligneis, &c.

Validius coniuncta diffringimus, seu anellimus varijs instrumentis, vt radula, lima, forcipe, runcina, &c. Nonnulla decussu mallei in aduersam partem absiliunt, vt flos cupri, aurum à stibio.

Famulatur hic nonnunquam ignitio, & extinctio, item fusio & similes operæ. Est & cum amalgamatio ablationi seruit, vt in venis auri puluerulentis, vel auro impuro, &c.

Est cum res attrahentes: vt magnes ferri scobem ex cumulo arenæ separat; succinum paleas; cinabaris argenti medullam, sulphur monetas disiungit.

Ablatio in humidis non minus variat. Tollitur hic quod eminet modo per depletionem seu defusionem, inclinato modicè vase: modò exhauritur liquor per spongias, vellera, pannos, lanam, &c. quæ postea exprimu-

reus

tur in vas suum. Est & exhaustio per siphunculos, fistulas, antlia, & similia instrumenta, quibus vel totus lacus potest exiccari.

Quod si terrea subsidentia sunt in liquore, facto desessu, per lacinias abstrahitur liquor purus, quam vocant destillationem per lacinias, vel per linguam bouis. Eius procuratio est, vt gradibus diuersis disponantur conchæ cum materia. In has immittuntur ab altera parte laciniæ madentes : altera discerpta plærunque & acuminata, dependente in vas in gradu inferiore stante: vnde, si placet, iterum exhauriri per alias lacinias humor potest. Si recipiens est orificio angustiore, infundibulum imponitur.

Quæ in summo natant, facilè tolluntur perforato cochleari, siquidem hærere possunt, vel etiam integro, si liquida sunt, vt olea, &c. Nonnunquam & pennis vtimur caulibus resciscis, vel inclinatione & similibus.

Affinis his est ablatio aquosarum partium ab oleosis per panem tostum, iuncos, medullam sambuci, chartam bibulam, &c. quæ oleum, viscidum præsertim, non admittunt.

Hyeme oleum ab aqua tollitur commodè congelatione procurata. Quibusdam additur oui album, quod scopis diuerberatum in humore alienitates assumit, & abstractum vnà ducit.

Seruit hìc interdum diuaporatio, destillatio, sublimatio, & aliæ operationes congruæ.

Caput XX.
De separatione per subductionem: vbi de Filtratione.

Subductio est abstractio per inferna.

Et est duplex: Filtratio & Clepsydria.

Filtratio est subductio per filtrum: id autem colum Chymicum est, itaque & colatura, seu percolatio appellari potest: sitq; potissimum in humidis, è quibus aquositas tenuis transit, resistentibus spissis & oleosis.

Procuratio eius principaliter sic habet. Charta emporetica conuoluitur, aut complicatur, vel loco eius pannus villosus consuitur in sacci formam aut vasi applicatur, veluti infundibulo, &c. Liquor infusus sinitur paulatim in excipulum destillari: vnde & hæc operatio destillatio per filtrum dicitur. Quod semel traductum est, nisi sat purum est, iterum percolatur. Quod resistit spissamentum, abraditur, si vtile est, vel eluitur. In aliquibus adhibenda expressio est: aliquando crassities hærens discutitur spatha, vel alio instrumento, vt sit locus percolationi. Si lenti sunt succi, etiam calor admouetur. Calefit autem res colanda, aut seorsim in suo foco, aut admouendo ad filtrum sartagine calente, &c. Pro expressione in aliquibus valet emulsio, cum detersione & derasione per cultrum eburneum vel ligneu, &c.

vt cùm mucilagines è seminibus vel radicibus viscidis stringimus, vbi calor adhibendus est, & maceratio.

Hac operatione maximè segregant purum ab impuro factis putrefactionibus. Sed & eadem vtimur ad olea ab aquis separanda. Olea enim pinguia subsistunt in charta permeante aquositate.

Cæterum pro filtro multa alia excogitauit industria. Sunt enim qui per manicam Hippocratis percolant: alij per pannum cotoneum, vel aliùm laneum aut lineũ: nonnunquam per setaceum. Aliquando cribrum, vel loco huius pertusa dolia stramine sternuntur, vel herbis conuenientibus: his imponitur calx, vel cinis, affusáq; aqua ita fit percolatio, & lixiuium. Intercedit aliquando & lineus pannus inter stramen & cineres.

Cùm a vino aquam segregare volumus, hederaceo vase vtimur: quibusdam placet & arundo, vel sambuci ramus, aut iuncus.

Cùm aquas à viscidis succis, luto fecibusq; depurare: in colatorium æneum, vel quodcunq; ad manum est, silices fracti, vel sabulum, glarea, argilla, arenaue pura locatur, affusáq; sæpius aqua transigitur. Idem tamen etiam fieri potest integro, ita vt subtus sit decurrendi spacium, accommodato tubulo.

Aliquando corium ceruinum, vel ouilla pellis ministrat, vt in hydrargyro. nonnunquam stuppa, lana xylina, globi filorum æneorum, &c.

Succi spissiores frictu traiiciuntur per cribra, resistentibus reliquiis: quo pacto per vannum seu cratem mustum, &c. per qualumvel fiscellam cereuisia, &c. calidos tamen oportet esse spissiores succos, vt in cassia, quæ vapore emollitur, &c.

Perforant & ferreas laminas, easque obiiciunt exitui vasorum, in quibus res tunduntur, vt in metallinis molis: Sic ahena pertusa sunt in hydragogia: in culina cochlearia foraminulenta.

Cognata filtrationi cribratio siccorum est, & succussio, quam & excussionem nominant. Fit illa vsitatè per cribrum circulare vel oblongum, nonnunquam cum motu, hærentibus crassis, transuolantibus minutis: & cribri foramina laxa vel angusta sunt pro rei modo. Succussio verò est farinaceorum per sacculum rarum exactio, vt fieri consueuit in molis, vbi vix quicquam sponte penetrat, sed incussione cum baculo vel re simili opus est.

Affine quid est rustica euentilatio frumentorum, &c.

CAPVT XXI.
De Clepsydria.

CLepsydria est subductio liquoris per vasis solidi subtus perforati oculum.

Ea res olim fiebat in horarijs machinis. Vnde nomen transferre placuit, quanquam non aqua tantum ita subducatur, sed & oleum & fusiones mineralium, &c. Oculum autem nominant metallurgi istud in suo fornace foramen, per quod riuus subducitur. Vnde huc appositum vocabulum est, quanquam in eius locum etiam tubuli, epistomiola, crenæ, canales, &c. veniant. Variat administratio, vt & in alijs.

Potissimum sicubi liquidum totum est, ex diuersarum tamen naturarum partibus, vt cum vna pars est oleosa, altera aquea: imponitur infundibulo, vel cucurbitulæ angusti orificij, vel phiolæ, vel simili vasi, cuius orificium vel exitus inferior sit occlusus cera, id quod in infundibulo ante infusionem sit, in reliquis post: & tunc interuertuntur locanturq́; in orificiú. Ita sinitur totum quiescere, donec in diuersas regiones secesserint diuersæ partes. Postea oculo pertuso emittitur ille liquor qui proximè incumbit: oleum cùm adest, vel obstruitur opposito digito, vel si solidum integrumq́ue est, vas statim inuertitur, & postea alio vase excipitur: Potest tamen hoc etiam fieri per celerem translationem ad receptaculum vicinum. Si nihilominus aliquid aquei remansit cum oleo, alijs id modis abstrahitur, vt diuaporatione, &c.

In metallurgia oculus in fornace per canalé ad catinú in furno penetrat. Itaq; cùm fusæ materiæ plenus est, sinitur totum vno decursu exire in præfurnium, ibiq; separatio fit per pyragras & alia instrumenta. Remanet autem id, quod nondum est fusum.

Foraminii isti in aliis nonnunquam iungitur epistomium, nec sinitur decurrere continuè liquor, sed item cùm est collectus, vt fit in lixiuijs nitrarijs, aluminarijs, & similibus.

Aliquando dolia vel labra ita concinnantur, vt in iis obseruetur sedimenti altitudo, qua hoc pertingit: ibi ad latus ponitur epistomiú: cumq́; requieuit, emittitur liquor insistens, tanquá per depletioné. Et hoc opus ambigit inter clepsydrian & depletionem. Id obseruari consueuit in muria, aquis solutionis nitri, vitrioli, aluminis, &c. Tantum infunditur dolijs, quantum videtur satis fore ad explendum interuallum à fundo ad epistomium per sedimentum crassum.

Ea res procuratur & alia solertia, in oleo misto aquæ, subduciturq́; nó quod vicinum est exitu, sed quod innatat. Metimur quantam distantiã à fundo inuersi vasis occupare possit aqua vsque ad oleum, tantæ longitudinis eligimus culmum vel calamum, aut alium canalem, & circa imum inuoluimus cera: postea inserimus in vas secundum longitudinem, ceramq́; applicamus vndiq;, ne quid exeat. Occludimus & foramé culmi: deinde vitro inuerso sinimus quiescere, dú secedat oleum ab aqua, quo facto per redapertú culmum decurrit oleum. Solent idem procurare per culmum geminum, quorum vnus aërem subuehit, alter surripit liquorem: & cùm nihil amplius

dip-

procurrere volumus, obstruimus aëris ingressum, & sistitur decursus. Nonnulli vitrea infundibula cum epistomiolis sibi fieri curant, &c.

Est & cùm imum foramen non cera, sed charta, vel coacta lana & similibus obstruitur, posteaq; dato foramine subducitur humor, qui oleum est,
si id subsidet, veluti charyophyllaceum, &c. aqua verò, si innatat, &c.

*Hoc Paracelso est separare per tritorium, quod vulgò scribitur pro traie-
storio.*

CAPVT XXII.
De separatione per abscessum, in qua primo loco
de Expiratione.

SEparatio per abscessum est cùm partes naturarum diuersarum è commistione abscedunt à se mutuò, & ad regiones distinctas feruntur, absisten-
tes mutuò.

Est duplex: Discessus & dilutio. Discessus fit cùm penitius vnita caloris soluentis potissimum efficacia separantur, disceduntque.

Hoc perficitur expiratione, & resolutione commistorum.

Discessus per expirationem est, cùm pars in spiritum attenuata discedit. Et expiratio tunc nominatur principaliter, cùm in aërem liberum eleuatur dimittiturque. Quando enim excipitur, destillatio, vel sublimatio nuncupatur, quæ operationes nonnunquam etiam pro expiratione
famulantur.

Est autem expiratio in humidis vapidisque.

Diuaporatio, vel ἐξάτμισις, in siccis fumidis seu halabilibus, exhalatio.
Nam spiritum Chymici tam humidum habent, quàm siccum.

Diuaporatio instituitur in aliquo vase, veluti pro rei conditione, olla,
sartagine, cucurbita, &c. sitq; gradibus caloris diuersis. Quæ lenta est, ad solem, vel balneum, vel fimum, &c. aut etiam vaporarium tricliniorum leuiter absoluitur, nonnunquam aperto vase, aliàs tecto, ita tamen vt operculum vno atque altero foramine sit peruium. Violentior etiam cum elixatione & ebullitione est.

Nonnunquam cùm ad siccum diuaporare volumus, præcedit violentior vsque ad crassitiem succulentam. Reliquum humoris vapidi lentè ab-
sumitur. Non semper autem ad siccitatem peruenimus, sufficitque diua-
porasse ad absumtionem aquositatis, vt in oleis, & succis, & similibus.

Ea nonnunquam correctoria est, vt in his, quibus spiritus sunt venenati, vel fœtentes, vt viperis, oleo ossium. &c.

Ministrat & sublimationi. Nam res sublimandæ quandoque humidos
spiritus habent coniunctos: eos abstrahimus diuaporando, quod vel in sartagine

ſagine per toſtionem fit, vel aperta cucurbita ſublimatoria, quouſq; tranſie-
rit humor:vel etiam in eius alembico relicto foramine:& tunc diſceſſus humiditatis exploratur lamina ferrea polita.

Cauendum verò eſt, ne dum diuaporamus, aliquid tenuioris eſſentiæ
perdamus:& tunc conſultius fit abſtractio per deſtillationem. Hoc fit in ſeparatione eſſentiarum à menſtruis oleoſis per vini ſpiritum, qui commace-
ratus eſſentiam attrahit, vt argentum à plumbo ſuſcipitur. Ita & conſultior
eſt deſtillatio, cùm menſtruum diuaporandum eſt nobile.

Exhalatio eſt, cùm ſpiritus ſicci per calorem in aërem eleuati diſcedūt.
Et fit potiſſimū in ſiccis tritis, poſitiſq; ſuper tabulis ferreis, vel catinis plani
fundi, vel etiam clibanorum pauimentis. Igni ſucceſſo, vel circum, ſupráue
adhibito torrentur, donec halitus ſint abſūti, vt in venis metallicis euenit.
Aliquibus adhibetur verſatio continua, vt ſtibio, arſenico, &c.

Quæ difficulter exhalant, adiuuantur admiſtione facilè halabilium, veluti
ſale petræ, ſale ammonio, & aliis.

Diſceſſui per exhalationem affinis eſt difflatio, quæ fit in latus per folles, vel etiam ſubtus admotis follibus. Solet res poni in ventricoſo vaſe, à cuius altera parte intrat follis, altera exit tubus in proximam cameram, vel do-
lium:venter verò ſuper fornace anemia proſtratus eſt. Igni adhibito cùm iā
ſpiritus procedunt, follibus difflantur in aduerſam cameram, ibiq; coagulati inueniuntur. In officinis fuſoriis metallicorum folles tales ſpiritus ſurſum
in caminum vel præfurnium agunt, vbi concreti fumum illum ſeu fauillam
exhibent, quæ realgar dicitur, ſiquidem naturam arſenicalem habet.

CAPVT XXIII.
De Putrefactione.

REſolutio commiſtorum eſt, cùm partes inter ſe cōmiſtæ, reſeratis clau-
ſtris internis, operante calore per humorem, & reſoluente diſcedunt.

Et hæc eſt via ad præſtantiſſimas Alchemiæ operationes, facitq; non
tam elementa, quàm eſſentias cœleſtes ab elementari compoſitione ſepara-
tas. Itaque in his & attendere oportet, ne fiat reſolutio καθόλȣ, ſed duntaxat
eò vſque, quò capſulis recluſis exire eſſentia, in qua craſis ſubſtantialis radi-
cata eſt, poſſit.

*Hinc patet in miſtis recedentibus magis ab elementari ſimplicitate, aliquid
interius eſſe præter elementa. quod etiam incombuſtibile putant, & in naturali putrefactione nouam ſubſtantiam producit, dum conſiſtit.*

Quod præter talem eſſentiam in commiſto diſcedit, vocari ſolet corpus, elementum, fex, recrementum, impuritas, &c. quanquam nec illa eſſentia ab elementis planè fit aliena, cùm ex ijs fit facta, atq; ijs etiam nutriatur. niſi quòd veluti medulla fit elementorum ſtabili concordia congreſ-
h ſorum

forum,&in præstantissimam secundum quamlibet speciem naturam, per compositionem transformatorum.

Porrò humor ille quo mediante hic discessus efficitur, talis debet esse, vt substantiæ non noceat, sed duntaxat referet conclusa: & vel extrinsecus additur, vel rei est congenitus, vt sic per eum in apertum producantur, quæ antè in abstruso naturæ sinu latitabant.

Duplex autem est istiusmodi resolutio : Putrefactio, & resolutio per medicinam.

Putrefactio est misti resolutio per putredinem naturalem in calido humido.

Humorem enim necesse est vincere terminans siccum, agente calore externo: quo facto calor connatus cum humido suo substantiali segregatur à commistis, & homogenian suam seruat consistens seorsim. Itaque si res putrefacienda humore abundat, comminuta in illo ipso sinitur, & ponitur ad digestionem fimi vel balnei calidam, foris scilicet adhibito calore humido: sin ipsa per se humoris parum aut nihil habet (humoris autem actualis) teritur, & proportionali humore conspergitur, inq; suo vase ad putrescendum locatur. Solet foris in libero aëre, cùm quid putrescit, expirare calor cũ suo humido, nisi quà excipiatur, & consistat. At ars maximè illum seruatum cupit. Itaq; vas claudendum est, eatenus saltem, ne fugiat essentia, quod euitatur faeilius, si calor externus bene regatur, ne excedat. Huius gratia peculiares ampullæ putrefactoriæ concinnantur, quæ cùm sepultæ sint in simo, exerunt tamen fistulam, quæ recludi occludiq; possit prore exigente.

Tempus putrefactionis, seu periodus, vocatur mensis, quod lunæ motum imitetur, qui in aliquibus est triginta, in aliquibus quadraginta dierũ, qui peculiariter appellatur Philosophicus, quod in artificio philosophici lapidis usurpetur. Sed & pauciores dies mensem istum conficiunt, qui definiri solent secundum naturam rei, & absolutionem operis. Non enim certus semper numerus est, cùm & res, & artifex, & ministerium, &c. sint inæqualia. Itaque & industriæ artificis relinquitur & experientiæ. Nonnunquam non plenaria expectatur putrefactio, sed tanta quanta sufficit substantiæ verò segregatio adiunatur accessu aliarum operarum.

A mense liquor putrefactionis menstruum nuncupatur, estq; vel proprius humor cuiusq; vel alius analogus, & sæpenumerò aqua.

Admonendus tyro est, ne decipiatur ἀκυρολογία & catachresi autorum, qui sæpe putrefactionem nominant, cùm intelligunt macerationem vel digestionem: & sæpe menstruum, cùm liquorem macerationis.

Est alia putrefactio ambigens inter calcinationem corrosiuam, & putrefactionem, vocaturq; putrefactio sicca, & philosophica.

Imò à quibuslibet nomen habet, cum quibus aliqua ratione consentit, vt sublimatio, separatio elementorum, coctio, solutio, &c.

Fitan-

Fit autem in aqua Philofophorum ficca, feu aceto acerrimo, nec eſt alſus rei niſi Solis & Lunæ. Hæc procuratur interno duntaxat igni in loco concluſo, & ab externo calore munito: neq; tamen frigido nimis. Nonnunquam & vaporoſus calor, iſq; tenerrimus admouetur. Huius putrefactionis tempus eſt dierum 40. ſignum verò, ater color.

Caput XXIIII.
De reſolutione per medicinam.

Refolutio per medicinam eſt, cùm commiſta violentè ſeparantur, adiecta re ſoluente, & quamlibet miſturæ partem ſegregante.

Eam autem rem è Gebro medicinam nominamus, quanquam & ſi liquida ſit, dici queat aqua ſoluens. Fit autem perinde ac in lactis per coagulum, acetum, vel ſimilia, feceſſu. Itaq; & Empytiaſis opus ipſum poterat appellari. In nonnullis vicinum eſt coagulationi, quæ vna crebrò ſit. Itaque & exempla eadem referri ad coagulationem poterant.

In hac operatione maxima vis eſt caloris interni, & acuminis penetrátis. Itaque & medicina acris eſt, & ſubtilis: plærumque actu liquida, vt inſinuare in abdita ſe poſſit; & compagem ſoluere, more ignis. Ea commiſcetur rei ſoluendæ in vaſe ſuo, & licet aliquando actione mutua, affrictuq; exurgentium ſpirituum, etiam ad feruorem incaleſcant, tamen celerioris operationis gratia calor quoque externus, ſed modicus, applicatur per cineres calentes, vel prunas, aut vaporarium: quin & cùm manu tenentur, fomitem concipiunt: & hoc ſi medicina ſit aqua fortis, & res mineralis, potiſſimum metallica.

Quæ mitiora ſunt, ad digeſtionem diuturnam ponuntur, donec ſoluátur. Quædam vnà coquuntur vt ebulliant, ſitq; ſolutio per medicinam adiutam feruore. Si halituoſa res eſt, aut in magno vaſe id fiat neceſſe eſt, aut aperto, præſertim ſi nihil de eſſentia perire poteſt.

Nonnunquam & medicina & res ſeparanda ſicca eſt actu, fuſilis tamen, itaq; vnà funduntur ad ignem reuerberij vel competentem. Eſt autem tunc medicina potiſſimum aliquis fluxuum. Fuſa in catinum coniiciuntur, ibiq; ſeparantur. Euenit hìc vt fugax ſit cómiſta impuritas. Ea itaq; in aerem redacta ſinitur expirare, vt ſic concurrat expiratio. Quod hìc relinquitur in fundo vaſis, Regulus nominari ſolet. Exempla talium ſeparationum erunt in venis, metallis, & ſimilibus.

Euenit nonnunquam vt commiſtorum vnum vel alterú tantú ſoluatur, integro manente alio, vt in ſeparatione metallica, quam quartationem appellant, propter excellentiam auri & argenti, quibus potiſſimum hæc ſeparatio debetur: (ideo autem vocatur quartatio, quòd miſturæ ex auro & argéto tantum ſit addendum argenti, vt huius tres partes ſint ad illius vnam, fiantq; omnino quatuor) Hic attendendum eft, vt medicina fit talis, ne totum fimul foluat, hoc eft, ne fit nimis acris, fed analoga parti diffoluendæ.

Vicina huic feparationi eft aquarum cum fubtiliffimis terreorum fuccorum, aut aliorum ramentis miftarum, repurgatio per coctionem. Coquuntur enim aquæ tales fub operculo, fiquidem aliàs funt tenues. Coctæ fedimentum finuntur facere, iniectis nonnunquam amaris amygdalis, vel argilla, aut glarea, &c. Ita defecari & vinum affolet. Huius loci eft & turbidarum lacteatumq; aquarum per aliquot guttas aceti acerrimi feparatio: ita aquæ fortes per argentum defecantur: Solutiones argenti per dulcem, vel falem: & ita de fimilibus.

Porrò famulantur huic folutioni aliquando fufio, cæmentatio, defcenfio, fulminatio, fublimatio, deftillatio, &c.

Caput XXV.
De Separatione per abfceffum in dilutione.

SEparatio per dilutionem eft, cùm terrea humore copiofo diluta ita feparantur, vt grauibus fubfidentibus, leuia emineant, medium occupent media.

Et quoniam eiufmodi lotio in lutofis terreifq;, vel ad hanc confiftentiam redactis per puluerationem, calcinationem, & alia, locum habet potiffimum, veteribus ϰοατλυσία recté eft dicta.

Miniftrat autem ei abftractio, depletio, nonnunquam & filtratio, & fimiles functiones. Soluta enim turbataq; & ad fua fpacia delata, mox funt deplenda transfundendaq; per filtrum fetaceum, alioquin confunduntur denuò.

Duplex autem modus potiffimum huius feparationis eft, primus eft, in quo grauia fundum petunt: fecundus, in quo ad latus incuffu pelluntur.

In primo modo res (veluti terra lemnia, crocus martis abrafus, talcum calcinatu tritumq;) fi per fe friabilis, inq; aqua folubilis eft, vt lutu exiccatu; ftatim in aqua foluitur diuerberaturq;: aliàs in puluerem prius eft cominuenda: aqua aut in catino, vel patina, aut concha fundi feu plani, feu modicè rotundi, continetur. Conturbatur agitando, donec materia cum aqua exactè fit permifta. Poftea facto fedimento grauium, cùm iam minus turbida eft aqua, effunditur in vas aliud, & fi opus eft, per colum traiicitur. Reliquo fedimento adiicitur aqua noua, iterumq; turbatur & difcutitur, depleturq; vt prius, donec tenuiffimam fubtiliffimámque fubftantiam ab arenis feiunxerimus. In aliquibus fedimentum reficcatur cominuiturq; amplius: & poftea denuò eluitur: Sed id fit tunc potiffimu, cùm ferè tota fubftátia pura eft, cumq; plus innatantia tollere volumus quàm fubfidentia: cum ité abutimur

dilutione ad exactam comminutionem leuigationemque. Quod deple-
tum est, si quid innatat sordium, ab his repurgatur per abstractionem, facto tamen prius sedimento per quietem. Quod si aliquid crassius vna effu-
sum est, repetitur dilutio, donec omninò puram medullam separando effe-
cerimus.

Separatio per dilationem ad latus, perficitur per lintrem humili margine oblongum & altera parte in acutum tendentem, qui manibus versari
& hinc inde agitari possit, alteraque parte latiore impelli. In hunc cum mediocri aqua imponitur rei eluendæ puluis, permiscetur, & impulsu manus
aqua secedens secum abripit leuia relictis grauibus. Mutanda autem aqua
est, donec sat pura sit res elota. Vsus huius separationis maximè est in venis metallicis explorandis: (Germanis est Sichern, & linter, Sicherttog, vena eluta, Schlich) vbi maior copia est, per canales trita vena disponitur, im-
missaque aqua, leuia abripiuntur in latus resistentibus grauibus. Aut etiam
posito plano decliui, quod est vel cespes, vel vellus, vel pannus, vel asseres,
&c. lutum metallicum inijcitur, immissóque desuper aquæ riuo, item leuia abstrahuntur subsistente graui vena, quæ postea in cupas certas decutitur. Fit itaque hic contrà ac in priore modo, quandoquidem seruatur hic
graue sedimentum, ibi quod in medio natet.

Tantum de separatione. Sequitur de calcinatione.

Caput XXVI.
De calcinatione reuerberij.

Calcinatio est in calcem solutio.

Calx autem generali significatu est puluis quilibet in partes impal-
pabiles comminut°, quem & Alcool nuncupare consueuerunt. Itaque sub
se comprehendit calcem propriè dictam, Alcool quod est è leuigatione,
cinerem & corrosionis atoma.

Calcinatio seruat homogeniam omnium partium ad se mutuo, quod
non fiebat in separatione, quanquam interdum eueniat vtramque coinci-
dere.

Calcinatio est reuerberatio, aut alcolismus.

Reuerberatio est calcinatio per ignem reuerberij, quo comburitur
res ad soluendum in calcem.

*Alias vox reuerberationis signat quemuis actum reuerberandi seu combu-
rendi per ignem antitypum, etiamsi non fiat calx. Sed nunc voce ita sumus vsi.*

Ministrat ei nonnunquam restinctio, leuigatio, dilutio & similes o-
pellæ, quò quod calcinatum quidem est, nondum tamen consistentiam pul-
ueream habet, plenè eam adipiscatur.

Fit communiter in furno reuerberij, in catino globoue firmo, vndiq;
h 3 obstru-

obſtructo, niſi quod vehementer impellentibus nonnunquam ſit paruum
dandum ſpiraculū. Eſt & cum ſine vaſe in nudo furno peragitur, obſtructo
tamen. Permutari poteſt reuerberium camino, anemia & ſimilib⁹, modò
calcinandum vndique ſit prunis concluſam.

Vas aut muniri luto craſſo debet, aut etiam totum includi pro perti-
nacia rei & diuturnitate magnitudinéque ignis.   Quædam mitia etiam
panno duntaxat inuoluuntur, & poſt luto armantur.   Vbiuis non impo-
nenda igni ſunt, niſi probè ſiccato prius luto, dandúsque ignis per gradus.
Quædam etiam apertè calcinantur, ſed prunis nihilominus tunc in ollam
ſuo tempore iniectis, vt reuerberatio abſoluatur.   Tempus calcinationis
eſt, donec æqualiter & vndiquaque res ſit calcinata.   Quod ſi inæqualitas
obſeruatur, redeundum ad ignem eſt.

Calcinatione hac abutimur nonnunquam ad colores aliáque facien-
dā, quibus tamen calcinationis actus eſt coniunctus, veluti cum funes in
olla clauſa reuerberantur, donec fomes niger ignium concipiendotum ſi-
at, quòd ipſum etiam efficitur in lignis ſalignis, fungis arborum & ſimilib⁹,
& nominatur combuſtio potius quàm calcinatio, quemadmodum etiam
roſtio, & vſtio quidam gradus ſunt ad calcinationem. Ita cum è ceruſſa quæ
per ſe calcis ſpecies eſt, ſit minium eodem labore. Appellatur autem tunc
duntaxat reuerberatio ſimpliciter, denotátque ignis gradum adhibitum o-
peri exaltatorio. Et ibi ſubſiſtitur intra finem calcinationis veræ, hic proceditur etiam vlterius.

CAPVT XXVII.

De calcinatione ſpeciali.

Calcinatio per reuerberium eſt duplex: calcinatio ſpecialiter dicta, &
cinefactio.

Calcinatio ſpecialis eſt, qua principaliter dicta calx in combuſtione
reuerberante efficitur. Itaque & Græcis aptius appellari poterat πλάνωσις,
quod τίτανον efficiat, cuius ſpecies quædam eſt, asbeſtos, quam irreſtinctam
ſeu viuam è calcario lapide confectam nominant.

In hac vel res ſolitaria calcinatur, vel cum additamentis combuſtionē
penitus adiuuantibus, vt ſunt ſulphur, nitrum, &c. quæ tunc adijcimus, cū
valida admodum eſt indomitaque rei compages. Alioquin volatilia citius
diſſiparentur, quàm à flamma vincerentur fixa. Sed ſpiraculum debetur
nitroſis, vt vas ſit tutum.

In nuda quidem fornace calcinantur lapidum farragines, ſed vbi precioſa eſt materia & pauca, fortéſque ſpiritus, non tantum vas firmum adhibemus, ſed & id firmiſſimo loricamus luto, & ferramentis conſtringimus.
Quædam etiam inter ex cauatos lapides item ferro coarctatos calcinantur.

Sin-

Singularis quorundam calcinatio eft per difflationem, vt cadmiæ gle-
bofæ, marcafitarum, ftibij & fimilium.

Quod fi calcis fpecies non ftatim emergit, aqua vel aceto exufti lapides refpergũtur. Nonnunquam & in aëre humido diffluunt. Plærumque
enim ficcitas extrema, quia auida eft compenfationis, & attractoria, retinet
vicinas partes, donec humore exatutatæ fathifcant. Quod fi non diffiliant
vna reftinctione, igniuntur denuò, reftinguunturq; fæpius. Nonnulla non
integra, feu maioribus maffis imponuntur, fed prius trita, veluti Talcum &
fimilia. Officio calcinationis huius interdum fungitur cæmentatio, fublimatio & fimiles.

CAPVT XXVIII.
De cinefactione.

CInefactio eft qua fiunt cineres. Itaq; licet nonnunquam & fuligo metallica, & Alkali nominentur cineres, propriè tamen cremabilib. feu
inflammatilibus competit. Horum enim combuftorum reliquiæ funt
cineres propriè.

Adminiftratio eius eft duplex: occlufa & aperta. Occlufa fit cum fegmenta rei cremiæ in olla forti ponuntur, agglutinatóque operculo, & com-
miffuris oblitis, igni reuerberij tam diu comburuntur, dum in cinerem album abierint. In nonnullis item relinquitur refpiraculum, ficut in calcinatione fpeciali & decoctione claufa. In hac autem feruantur cum fixis volatilia. Aperta fit viua flamma, eftq; tunc res ipfa fimul flammæ pabulum. Sicut autem illa inferuit effentijs quæ Alkali vocantur, ita hæc magifterio falis
elementalis. Nam tenuiores volatilefque partes eleuantur à flamma, vt relinquatur cinis duntaxat corpulentus, qui tandem vberius vftus arenefcit,
aut etiam in fodam coagulatur & in vitrum fundi poteft.

CAPVT XXIX.
De læuigatione.

ALcolifmus eft calcinatio, quæ rem puluerando in alcool adducit.
Et eft hic reductio quorundam per glutinationem, quorundam per
fufionem aut fulminationem.

Alcolifmº eft comminutio vel corrofio. Comminutio eft cum in mi-
nutiffimas partes per collifum cum aliquo, rem redigimus.

Et inferuit ei nonnunquam exiccatio, toftio, cribratio, &c. Nam cum
non omnia fimul poffint attenuari fubtiliffimè, per anguftum cribrum ex-
cutienda funt fubtilia, & opus cum craffioribus repetendum.

Duplex aũt eft cõminutio: læuigatio & granulatio. Læuigatio eft qua
res fup tabula folida p̃duraq; ductu corporis duri in leniff. farinã leuigatur.

Præmittitur ei contufio, vel calcinatio & fimiles, & fi res grauior fu-
.xiorque

xiorque est quàm vt facilè in auras dispiret, per se leuigatur: sin vel auolat promtè, vel acri puluere offendit, adiecto liquore ducitur, vt fiat pulticula vndique æqualis. Et huic suppetias fert postea dilutio, vel filtratio, aut etiam depletio, &c. Possunt tamen hæ etiam in siccis puluieribus locum habere, sicubi placet. Non satis leuigata, redduntur operi.

Ei affinis est molitura cum succussione.

Caput XXX.

De granulatione.

GRanulatio est in granula comminutio.

Ei inseruit fusio, est enim propria metallorum: & perficitur varijs modis.

Fusa metalla in aquam effunduntur, cuius vi diuerberata dissiliunt. Fundi verò in catino vel trulla cochleari ferreo debent.

Nonnunquam aquæ imponuntur scopæ è viminibus exilibus, vt eò melius dissiliant.

Loco scoparum tabella, vel colatorium angustissimè pertusum, vel crates, &c. ad vsum venit.

Nonnunquam ignito pistillo in pila lapidea indesinenter agitantur. Cribro separatur puluis tenuissimus; reliquum teritur iterum.

Macerantur aliquando aceto, aut ignita in eo extinguuntur, vrunturue in cæmento, vt fragilia euadant. Post adiecto sale teruntur.

Sed & funduntur cum sale vel alumine, ita vt inter fusionem agitentur commisceanturque probè.

Quædam fusa in alueolum pingui oblitum imponuntur, cumq; concrescere incipiunt, euentilantur, aut granulescunt.

Affinis granulationi est sublimatio floris æris, cum ad purum excoquitur in catino ante folles. Sub finem enim cum incipit paululum refrigescere, cum impetu sursum fertur hubes granulorum.

Caput XXXI.

De corrosione.

COrrosio est calcinatio per medicinas corrodentes, quarum acrimonia penetrat, & secundum minima compagem soluit.

Variæ autem sunt eiusmodi medicinæ: & potissimum excellunt aquæ soluentes, vt acetum stillatitium, spiritus salium, chalcanthi, sulphuris, muria præsertim ex ammoniaco, succi berberum, limoniorumque destillati, aqua mellis, aquæ fortes, &c. Nonnunquam & vapores & pastæ acres, quales sunt coloritia & similia, eundem vsum præstant.

Mer-

Mergitur autem corrodendum corrodenti, vel eo inungitur, aut exponitur expirationi pro cuiusque natura, & valet potissimum in metallicis, quæ ideo etiam solent in laminas duci, vel scobem.

Coniuncta corrosioni nonnunquam separatio est, vt simul & calx fiat, & heterogeneorum discessus: itaque & pro claue artis philosophicæ hæc operatio est habita.

Quanquam autem multipliciter corrosio fieri potest, nobiliores tamen sunt quæ perficiuntur per amalgamationem, fumigationem, præcipitationem, emplastrationem, & stratificationem.

CAPVT XXXII.

De amalgamatione.

AMalgamatio est calcinatio metallorum familiarium per hydrargyrum. Quanquam enim non semper eo modo ad finem calcis contendamus, satisque est solutum ita metallum esse, vt duci possit, instar pultis seu malagmatis aurifabrorum: tamen corrosio fit per eam in puluerem minutissimum, quem item calcem nominant.

Eius procuratio est talis. Metallum in bracteas tenues vel folia, aut scobem elimatam ductum, commiscetur cum duplo, vel octuplo plus minus argenti viui puri, vt fiat pulticula vndique sui similis, seu homogenea. *Agri. sextu-* Nonnunquam tamen non commiscentur frigida, sed metallum in calefa- *plum habet.* ctum argentum viuum mergitur: & appellant istud aurifabri molere.

Amalgama in catinum triquetrum ferè candentem, intus creta oblitum immittitur, agitaturque cum bacillo ligneo, donec fumum exhalet, seu suspirare incipiat hydrargyrus. Postea effunditur in concham frigidæ, & lauatur donec secedat nigrities. Hoc facto exiccatur ad cineres calidos, vt aquea humiditas abscedat. Traijcitur per corium vel pannum densum, vt abundans hydrargyrus separetur. Ita amalgama est quo aurifices vtuntur. Corpus porrò ipsum quod mansit intra corium, quodque adhuc aliquid argenti viui habet, reponitur in catinum, & prunis admouetur. Dumque fumigare incipit (cauendum sibi à fumo est) agitatur continuò & celeriter cum bacillo, vt expirante hydrargyro, puluis relinquatur subtilissimus. Ignis verò is debet esse, ne fundatur metallum & denuò confluat. Quod si cauere volumus, salem pulticulæ ingerimus multum, vnà contenrendo. Ita hydrargyros euanescit; & sal relictus prohibet confluxum. Postea sal tollitur elutione: & puluis purissimus cautè exiccatur.

Porrò ista potissimum obseruantur in auro & argento. In plumbo & stanno etiam facilior opera est, quæ tamen potius alio calcinantur modo quàm amalgamatione. Quanti autem habita sit amalgamatio eiusmodi, satis declarant artifices, dum multum boni in ea esse contendunt.

CAPVT XXXIII.
De fumigatione seu corrosione per vaporem.

FVmigatio est per fumum acrem corrodentemque calcinatio. Et fit diuerso modo.

Metalla nobiliora afflatu plumbi fusi vel hydrargyri fragilia reddun-tur, & postea comminuuntur terendo cum sale. Locantur autem plum-bum aut hydrargyrus in cucurbita lapidea, vel simili vase colli angustioris, lamina auri vel argenti imponitur orificio: subiecto igni ascendens halitus se insinuat, & fragilem reddit laminam. Vni remotæ succedit alia, quoad satis.

Alius modus est, cum lamellæ quadamtenus pertusæ à filo suspendū-tur intra ollam super aceto, vel similibus acrem halitum emittentibus: olla tecta locatur in cineribus calidis vel fimo, vt suspiret vapor continuè, ita corroditur superficies paulatim: calx inde abraditur, & quod integrum est, denuò exponitur vapori, quoad totum est corrosum.

Est & cum sine vase lamellas suspendimus super cumulos recremen-torum vuarum expressarum seu gigartorum, dum in se succensi feruescunt. Par ratio est cum musti feruori traduntur: vel aëri acri, aut etiam vapori de-coctæ muriæ & similium.

CAPVT XXXIIII.
De corrosione per aquas fortes.

COrrosio per aquas fortes duplici potissimum administratur modo. Quod enim ita calcinatum volumus, filamentis nectimus, & aquis acribus demergimus: demersum madefactumque extrahimus, & ad aërem suspendimus, sinentes ibi donec paulatim superficies corrodatur. Quod calcinatum est abradimus, & cum reliquo opus reuocamus. Nonnunquam tamen saltem rore acutæ aquæ conspergimus lamellas, & alicubi reponi-mus etiam in olla, vel concha.

Alter modus, & quidem frequentior est, vt metallum discerptum in particulas, seu crustulas inflexas, vel etiam scobem elimatum, penitus in-fundatur aquæ soluenti, quæ debet tribus vel quatuor digitis vltra corpus eminere in cucurbita separatoria, vel alia, satis tamen capace, ne si clauda-tur, à spirituum vehementia dirumpatur. Vas istud cum materia vel sta-tim prunis, cineribusve calentibus modicè adhibetur, vt efferuescat; & vbi deferbuit, purū effunditur, reliquijs adiecta noua aqua, donec totū sit cor-rosum: vel aucta aqua locatur in cineribus modicè calidis, aut fimo ad dige-stionem diuturnam, vsque ad solutionis finem, idque fit maximè clauso vase. Si tamen non procedit solutio ex sententia, mutatur aqua soluens

in

In dies quinque. Solent autem metalla fortibus infufa, etiam abfque externo calore efferuefcere & folui. Facta folutione (ita enim appellatur hoc opus potiffimum, nomine generali accommodato ad fpeciem) calx defcenditur, feu praecipitatur ad fundum, atque ita feparatur à forti, cui exactè ideò èft permifta plaerumque, vt vbique appareat homogenia perfpicua. Separatur autem infufa aqua dulci, aut etiam falfa, vel primum dulcis *Nonnun-* calida immittitur, poftea fal & coagulat amiffa perfpicuitate. Inde per qui- *quam acetū* etem fubfidet coagulum. In argenti folutione hoc peculiare èft, vt vel la- *idē præftat.* minae cupreae in patina locatae infundatur tota miftura; defertur enim ad eam calx, & tanquam nebula incumbit vel farina: vel etiam in vas cupreum transfundatur. Facto fedimento aqua defunditur; calx eluitur dulci, & diligenter ficcatur. Aqua verò illa vel ad medicinam in arthriticis doloribus foris adhibetur, vel feparatur deftillando, & fortis procedit relicta dulci.

Eft & alia feparationis ratio per deftillationem ex alembico, vel diua-porationem lentam, quo pacto coagulatio folet fieri. Illa vfurpatur cum feruare aquam volumus & denuò ad opus accommodare.

In hydrargyro ea res nominatur potiffimum praecipitatio vel fixio.

Porrò non omne omni foluitur aqua, vt aurum, quod duntaxat regiam requirit, vel ftygiam, quae omnia ita folubilia refoluit. Et habet locum non in metallis duntaxat, fed & in lapidibus, gemmis, marcafitis, & fimilibus.

Eft & attendendus vfus illius calcis. Alia enim aqua fit folutio, cum calx corpori pro medicina ingerenda èft; alia cum foris ad quaeuis alia vfurpanda: ibi fugitur ftygia, & quaecunque veneni èft fufpecta. Nota tamen in toto hoc negocio, non meram fieri corrofionem, praeterquam in auro puro; fed vnà etiam aliquam corruptionem, aut alterationem faltem euidentiorem, vt videre in ferro, cupro, &c. èft.

Caput XXXV.
De corrofione per paftam.

HÆc fit cum laminae metallorum vel lapidum, &c. inducuntur pulticula coloritij, & veluti emplaftrantur. Vnde opus hoc poteft emplaftratio appellari. Illita lamina reponitur alicubi, donec fit corrofa. Oportet autem pulticulam effe ex feparabilibus, vt falibus, chalcantho, aceto, vrina, horumq; cryftallis, vt elui poffint denuò à calce facta: vel ob volatilitatem per fublimationem vel expirationem tolli, vt ammonius, &c. Huic nonnunquam cementatio fubftituitur. Et fi non tantū fimul vna illitione corrofum eft, repetitur opera abrafa calce priore.

2 CAPVT

Capvt XXXVI.

De corrosione per pulueres seu stratificatione.

Fit hæc calcinatio, cum id quod corrodendum est, viciſſim in vaſe aliquo ſternitur cum pulueribus corroſiuis. Est autem id vel in lamellas ducendum frangendumq;, vel in particulas conuenientes comminuendum, veluti limaturam, &c. Fit stratum primum de ſale corroſiuo, postea de illa materia, & ſic quo ad ſatis. Strata clauſa locantur alicubi ad ſuum menſem, veluti in gigartorum cumulo, vel ſimo, &c. Interdum limatura metallica aceto vrinaue prius irrigatur, postea ſal admiſcetur. Cum corroſio facta est, in aquam dulcem præcipitamus totum, eluimuſque per modum dilutionis terrarum. Quod nondum corroſum est, ſeparatur, & officinæ redditur.

Nonnunquam accedit tritio & læuigatio. Interdum & cementatio in reuerberio laminis viciſſim cum puluere stratis in pyxide ſua, &c.

Ita fuit distractio in ſeparatione & calcinatione.

Capvt XXXVII.

De extractionibus, & quidem primum de expoſitione.

Extractio est ſegregatio eſſentiæ, quæ è corpore ſuo extrahitur. Fit hic vnà etiam distractio, & potiſſimum ei famulatur reſolutio commiſtorum; nonnunquam etiam calcinatio, coctio & ſimiles : & intelligitur extrahi eſſentia in vnum collecta, & veluti prolici, quanquam id non fiat ſine ſolutione continui, & diuulſione. Et ſic nobiliores eſſe distractionibus extractiones manifestum est, quamuis interdum vel famulentur alijs, vel in eorum locum cedant.

Extractio est duplex: expreſſio, & proiectatio.

Expreſſio est extractio per prelum, quo coacta res ſubstantiam forma liquida effundit. Eius vſus excellit in ſuccis, & oleis quibuſdam extrahendis : & præcedit eam præparatio peculiaris, vt profluere eſſentia poſſit. Itaque quædam, quæ proprij ſucci copiam habent, comminuuntur, inque eo macerantur, quædam in alio conueniente infunduntur: nonnulla putrefiunt, aliqua elixantur, torrentur & ſimilibus apparantur modis. Si humiditas copioſa est, filtrantur, posteaque prelo vrgentur, quoad ſucc^9 exceptus est omnis, qui per ſuos canales profluit in diſpoſita conceptacula. Si parcum est humidum, filtratione omiſſa, comminuta exilius & colo firmo incluſa, prelo ſubijciuntur cogunturque. Quibus humor tenax & pinguis est, quique concreſcit facilè, ea præcalefacienda ſunt in ſartagine vel aheno. Ita fluxilis facta offa dum calet, implicata filtro fortiter prelo comprimitur, & non rarò etiam cuneis malleo adactis vrgetur.

Magna autem instrumenta concinnari solent & validissima, sicubi vio-
lentia requiritur magna, quo pacto fieri solet in vulgatis olearijs molis. In
reliquijs si quid essentię restat, eę irrigantur nouo humore, calefiunt, & denuò exprimuntur, quanquam in aliquibus non opus est calefactione, sed
duntaxat aspersione & maceratione aliqua.

Si expressio extrahere totum nequit, succedit ei operatio alia extra-
ctoria, quandoquidem nihil essentiale neglectum cupimus: & sic succedit
ei destillatio, calcinatio cum filtratione, coagulatione & similibus.

Ceterum preli compendia sunt plurima. Quæ leuius exprimi debent
linteo inclusa vtrinque obtorquentur digitis: vel inter quadras tabulasue a-
lias coguntur. In hunc vsum etiam tabulæ laues, metallicæ, ligneæ, lapideæ:
item forcipes cum dimidiatis globulis, similiaq; comparantur. Nonnunquam in cupas coniecta res molaribus oneratur lapidibus, &c.

CAPVT XXXVIII.

De prolectatione & sublimatione.

PRolectatio est extractio per attenuationem partium subtilium, ita vt ra-
refactæ inclinatione suæ naturę à crassioribus in diuersum ferátur, ibiq;
cósistant. Itaq; etiam eiusmodi res, è quibus aliquid prolectamus, attenuato-
riæ vocantur, seu rarefactiles: & antequam consistat prolectatum, vel igneum, vel aëreum, vel aqueum efficitur, vt ita mediante horum elementorum forma fiat prolectatio, & absistat à terreis fixis, vi leuitatis suæ vel fluxus.

Principaliter ita extractum est essentia. Inuertitur tamen nonnunquam opera, vsumque præstat conuersum, vt essentia subsistat, euocetur
verò alienitas.

Cùm item essentiæ coniuncta sit virtus, qua res viuere dicitur, seu in
vigore esse & valere: id à quo extrahitur, remanens in imo vasis, caput mortuum è contrario nominatur, qua tamen voce designatur nonnunquam &
essentia subsistens in fundo.

Sæpenumerò etiam id quod prolectum est, capiti mortuo redditur,
quod vocant cohobare. Id cùm fit, plærunque teritur fex, seu caput mortuum, & humore imbibitur paulatim, vnaq; maceratur, vel si non est humidum, permiscetur conterendo. In adhærentibus validè, id est cum vasis
iactura.

Fit & caput mortuum interdum materia salis.

Vis proliciens est calor, qui adhibetur secundum operis modum, rei-
que naturam & scopum artificis variè. Ita materia opusq; semper vas suum
requirit, idq; compositum plurima ex parte. Et quędam primo statim opere

i 3 sat

fat funt pura,alia elaboranda funt fæpius repetita,feu eadem, feu affini operatione.

Porrò duplex eft prolectatio: Sublimatio & deftillatio.

Sublimatio eft cùm extractum in fublimem vafis partem agitur, ibíq;
fûbfiftit.

Itaq; per hanc potiffimùm effentiæ volatiles quæ afcendere poffint,
fiunt.Sed & conuerfim adhibetur ad præcipitandum, qui modus nominatur fixio fublimatoria,feu perfublimationem.   Deinde etiam coadunatio
quædam & commiftio fit per eandem,ita vt quod eleuatum eft,fubinde re-
mifceatur ei quod in fundo manfit,atq; ita vnà figatur, vel duo diuerfa vnà
eleuando incorporentur mutuò.Succedit poftea fublimatio etiam calcina-
tioni,exhalationi,& fimilibus,quorum munere interim perfungitur.

CAPVT XXXIX.

De fublimatione per diftantiam, quæ Eparfis.

D Vplex eft fublimatio:vna per diftantiam,altera per fuperficiem,feu E-
parfis & Epipolafis.

Sublimatio per diftantiam eft, cùm inter fublimatum & caput mortuum interuallum aëreum intercedit.

Et non halabilia duntaxat ita fublimantur, fed & vaporabilia nonnunquam,ad modum magni mundi, in quo halitus eleuati per imum aërem in
medio confiftunt.

Modus eius eft hic. Res fublimanda præparatur vt decet, nempe vel
lotione,vel calcinatione,toftione,cóminutione,&c. poftea cucurbitæ pro-
lixiori,quæ Aludel vocatur,vel matulæ, fæpius quidem fundi plani, nonnunquam tamen & fphærici,imponitur,vt duabus partibus vacuis,tertia fit
impleta.Cucurbita autem recta eft,lapidea,vel vitrea,lutata tamen,promi-
nens amplius è fornace,& nonnunquam plicas,abfceffus aut fpondylos habens circa collum fummû,vt infidere fublimati fpiritus queat,nec relabant.
Imponitur ei galea,vel alembicus cæcus, in vertice tamen perforatus vnico
foramine mediocri: qua committitur cucurbitæ, luto valido agglutinatur,
& non raro etiam vinculis ferreis aftringitur, ne moueri à validis fpiritibus
queat,vel etiam tripode ferreo prægrauatur.Luto ritè ficcato,imponitur in
catinum arenarium tribus digitis à fundo intercedente arena,quatuor verò
à lateribus. Furnus fublimatorius rotundus,maximè accommodus eft.

Subijcitur ignis prunarum,vel lignorum déforum(fagi,quercus,&c.)
Et datur calor per gradus, ita vt primo gradu benè ficcentur omnia. Tunc
etiam foramen in vertice alembici apertum eft, vt fpiritus humidi abfce-
dant,quanquam & alembicus non foleat imponi nifi illis digreffis.Explora-
tur autem eorum præfentia & fuga per laminam ferream politam, quæ

afflatus

afflatus facilè suscipit, & repræsentat. Cùm spiritus sicci scandunt, clauditur oculus alembici, vel si hactenus non fuit impositus, additur. Clauditur autem cóno ferreo, vel vitreo aliquantò longiore, & ne accrescat sublimato, interdum commouetur. Debet enim liber esse, vt etiam operis profectum possimus per foramen contéplati, & spiritus nimis volatiles emittere. Tunc etiam ignis intenditur, vt sit gradus ad sublimandum iustus.

Si sat iusta quantitas sublimata est, alembicus demitur & exinanitur, siq; placet, restituitur, & opus pertexitur. Nonnunquam materia noua inijcitur. Quod si sublimatio sit fixionis gratia, per foramen etiam subinde præcipitari deorsum potest quod adhæret : veruntamen hîc potior est remistio cum capite mortuó puro.

Si vna sublimatione non sat pura & subtilis, vel ad ysum habilis res euasit, ter quaterúe iterú sublimatur, donec color, odor, virtus, &c. placeant.

Hæc sublimatio sicca est, in qua notanda rerum diuersitas est, vt opus bene regatur. Cùm consilium est puram essentiam eleuando extrahere: sunt autem rei commistæ sordes crassæ volatiles, quæ vnà cum puris eleuarentur igni aucto: eas tolli necesse est ante eleuationem : vel si aufferri non possunt, commiscendum totum est cum remedio quodam graui & fixo, quod sordibus familiare illas retinet data via essentiæ subtili. Illud autem remedium est, arena, colcotar, scobs ferri, & similia, quæ tamen eiusmodi oportet esse, ne quid peregrinæ qualitatis afferant sublimato. Neq; verò tantum sordibus in imo retinendis ista inseruiunt, sed & in inuersa sublimatione, substantiæ ipsi, à qua sublimando segregatur inutilitas.

Interdum studiosè quæritur alteratio vnà cum sublimatione, vt facultas spiritaliter se insinuet in sublimatum.

In quibus essentia tam fixa est, vt eleuari à corpore per se non possit, quod etiam tunc fit, cùm fixis partibus firmiter inhæret, aut vbi Sublimatio pro calcinatione, aut commistione est: adiiciuntur ibi quidem vehicula volatilia, quæ cognatas partes secum euehunt: hic autem quæ mistionem ingredi volumus. Et in vehiculo quidem sublimationis, res ipsæ præparantur calcinando & læuigando : vehiculum tritum commiscetur per minima, & vnà imponitur Aludeli. Sit autem id re pura, item depuratum, & tale vt à sublimato separari postliminio queat, qualis est sal ammonius, & huic affinia.

Est & hoc notandum, quod, si vaporosa humiditas vtilis, aut nobilis coniuncta est rei sublimandæ siccæ, illa prius debeat excipi destillatione, & postea mutato alembico reliquum sublimari. Si non placet mutare alembicum rostratum cæco, cùm spiritus humidi disparuerunt, occludatur nasus. Sed tunc non bene iudicium de quantitate eleuati sumi potest, nisi prius decussus sit nodus, & foramen factum. Et sic fit sublimatio sicca in vasis continuis.

Est

Est & cùm non continuatur alembicus Aludeli, sed per digitos quatuor aut sex distat, idq; propter spirituum noxiorum copiam. Fumidi enim & nimis acres ad latus repercutiuntur discedúntque: corpulentioribus in galea (tunc enim loco alembici galea, vel campana argillacea vtimur) hærentibus. Pro aludele etiam vsurpari potest catinus vel olla fundi plani, qua in prunis disposita, materia intus contenta subinde per rutabulum commouetur, vt fumi soluantur, & rectà imminentem galeam subintrent. Interdum non vna galea est, sed plures, vt quinque, nouem, &c. impositæ mutuò, & inferioribus latius pertusis, summa verò vel solida, vel paruum foramen in vertice habente. Hoc modo etiam diuersa sublimata possunt excipi. Pro galeis sumi possunt ollæ, vel catini: imò & cucurbitæ obliquè locatæ, & in fundo perforatæ: quæ tamen magis congruunt sublimationi continuæ, ita vt occurrat cucurbita excipiens, inferiori cucurbitæ in catino locatæ.

Affinis tali sublimationi est in metallicis officinis fauillarum collectio cuius gratia concamerata præfurnia plærumque desuper furnis imminent, & lateribus adhærentem fauillam capiunt.

Altera sublimatio per distantiam est vaporosorum, estq; pro destillatione, nec quicquam distat ab apparatu destillationis, nisi quod alembicus sit cæcus, ita tamen conformatus, vt vndique propendente limbo, tanquam sacco excipiat concretos vapores. Ita Auicenna dicebat aquam corrigi sublimatione. Cùm sat aquæ collectum est, exhauritur, vel emittitur per tubulum alembici.

Etiam hæc sublimatio potest fieri absque continuitate. Nam pro alembico super olla, vel aheno, in quo est aqua bulliens, vel simile, accommodatur vellus vel lana bacillis sustentata, vel suspensa. Hæc cùm sat vaporum concretorum combibit, exprimitur in labrum vel patinam.

CAPVT XL.
De sublimatione per superficiem, quæ Epipolasis.

Epipolasis est, cùm sublimatum ad superficiem duntaxat ascendit, eíque insidet.

Et primùm quidem è centro ad superficiem essentiæ extrahuntur, sed nonnunquam eadem operatio inseruit repurgationi.

Duplex est: sicca, & humida.

Sicca est cùm immediatè ex re ipsa sublimatum efflorescit, eíq; cohæret proximè in sicco.

Et peragitur modis varijs, operâ caloris eleuantis, & clausuris apertis viam egressui laxantis.

Aut enim igne circulari interueniente vase clauso, tanquam per tostionem protrahitur exugitúrq; substantia è centro in apertum: cuius appa-

ratus

ratus est idem qui destillationis descensoriæ per ollas: quanquam & in clibano possit perfici re inclusa ollæ, vel sphęræ.

Aut in fornace reuerberij vel anemia ouum Physicum cum materia ponitur, adhibitoq; igni subtus potius, flos eleuatur, & vt ille modus in lignosis vsurpatur, ita hic in mineralibus magis. Addi plærumq; solet adiumentum eleuatorium, veluti sal ammonius in stibio. Quod sublimatum est, abstrahitur penna, & eluitur.

Idem etiam nonnunquam fit in aludele cum alembico cæco: & sæpe coniunctum est cum Eparsi, quibusdam partibus, quæ scilicet sunt spirituosiores, ad summum ascendentibus, quibusdam capitis mortui extremitati insistentibus.

Est & cum tardo caloris motu longo tempore in superficie efflorescit pars substantiæ subtilissimæ: & hoc procurat artifex per naturam potissimū. Ita enim è lapidibus metallicis exi stunt metalla pura puta: ita è succino succus nobilis, &c. sic resinæ ex arboribus, muscus ex cranio, &c. Hoc autem coniunctum plærumq; est cum putrefactione sicciore, in qua calor connatus & humidum insitum euocatum foris consistit.

Epipolasis humida est, cùm è re in humore excedente collocata, sublimatum enatat emergitúe vsq; ad summum, vbi subsistens apparet. Itaq; & sublimatio per enationem seu emersionem appellari potest. Adiuuatur autem hęc leuitatis naturalis inclinatione, & dissidio diuersarum substantiarum: & procuratur per calorem non modò actualem, sed & potentialem.

Ibi quidem cum elixatione, rebus prius comminutis, est: hîc autem cū corrosione. Sed & cum in aqua res putrescit, euenire istud solet. Itaque ministrant hîc elixatio, putrefactio, & corrosio, concurrente comminutione, maceratione, digestione, & similibus.

Erodentia autem sunt potissimum aquæ soluentes vt lixiuia acria, spiritus vini exacerbatus, aqua mellis, acetum destillatum, aqua fortis, & similes in quibus delectum esse oportet ratione vsus. Humor verò elixationis est aqua quæuis, & oleum. Item vinum, & nonnunquam pinguedines pro rerum natura.

Ita quod in abdito naturæ complexu detinebatur, per calorem liberatur, & in humore ad diuersam fertur regionem: vnde abstrahitur, eluitur corrigiturq; vt decet: sicut in oleis & tincturis præcipitur.

Famosissima hic est Philosophica sublimatio per aquam permanentem, seu acetum acerrimum, quam & ignem gehennæ appellant. Ea est cum amalgamatione, & peculiaris electro metallico, nec indiget semper externo calore, nisi fortè modestissimo. Affinis autem est ei sublimationi, qua VIstadius facit auri quintam essentiam, quanquam hoc non fiat sine calore feruido.

Notabis, quod, vt occultent hanc sublimationem, dicant suam sublimatio-
k *nem*

nem non esse in altum eleuationem, sed nobilitationem, qua ignobile exaltetur ad praestantiam summam.

Neque verò tædium obrepere oportet, quod non simul totum eleuetur·repente.　Quorundam ea natura est, vt paulatim emergant tempore longo, idq; mutatis non rarò menstruis, dum tam arctè occlusa est natura, vt citius ·obtundatur vis resoluentis, quá reseretur claustrum. Et vt tunc renouandu: humor est, ita quoque particulatim abstrahendum sublimatum, seorsim q; colligendum, donec nihil relinquatur præter feces, seu caput mortuum proiectile.

Porrò illiusmodi sublimatio famulatur dilutioni interdum, & distractionibus, dum confusæ diuersæ substantiæ per sui temporis quietem sinútur discedere, & postea separantur.

Cognata emersioni est eleuatio vini per mediam aquam, qua simul fit detersio acrimoniæ & dilutio. Vas aquâ purâ plenum proportionem habens ad vinum, inuerso ore immittitur in subiectum calicem vino impletum: illo descendente hoc eleuatur. (Solet & super seriis seu dolijs fieri, sed vitiatur vinum dolij, aqua descendente.)

CAPVT XLI.
De destillatione.

DEstillatio est prolectatio, qua essentia extrahitur. Forma liquoris, & coagulata defertur per stillicidium, translata à vase materiæ in excipulum deorsum locatum.

Quod itaq; destillandum est, resolubile in consistentiam humidam esse necesse est, aut cum humore esse, siue is connatus sit, siue foris adiectus: sunt autem talia maximè vaporosa, & quæ spiritus oleosos habent. Vnde si destillanda per naturam non sunt talia, per artem eò sunt deducenda.

Et est inuenta destillatio essentiæ extrahendæ gratia principaliter, quanquam & famuletur abstractionibus, depurationibus, & similibus.

Cùm item non satis pura prodit separataque essentia, repetitur illa sæpius, sed cum distincto regimine: & vocatur ea res Rectificatio per destillationem. Eadem potest & sublimationis officio fungi, si aliàs sublimabile cum humore eleuante attollatur, à quo postea secernitur denuò.

Caussæ externæ, quibus artificium promouetur, est principaliter calor attenuans, inde frigus coagulans. Sed & ex accidente destillatio a frigore procuratur loco caloris externi. Sunt enim quædam quæ externo frigore glaciei, &c. adhibita, in se incalescunt & eleuantur. Fit stillicidium etiam in circulatione, sed differt extractione, & vasorum dispositione.

Materia debet comminui prius, antequam imponatur ad destillandum, ita tamen, vt cuiusq; destillationis modus requirit. Nec est excedendus
iustus

iuftus modus aut vas nimis implendum. Ita quædam fola imponitur, quędã
cum additamentis.quæ deftillationem faciliorem faciunt,aut laudabiliorē.
Nonnulla fingulariter pręparantur digeftionibus,macerationibus,circula-
tione,putrefactione,&fimilibus.Res flatulētæ magnis vafis funt deftilládæ.

Variæ quidem funt deftillandi formæ, ita vt vix omnes præceptis poffint comprehendi.Veruntamen modi vfu comprobati funt hi potiffimum.
Deftillationum alia fit per afcenfum, alia per defcenfum.

CAPVT XLII.

De deftillatione afcenforia per alembicum.

DEftillatio per afcenfum eft, cùm antequam deftillet extractum, fublimatur fpecie aërea.

Debérque ea effe continua ab initio ad finem, cùm opere interrupto
vix afcendat id quod reliquum eft.

In vafis peragitur variis,pro artificis induftria,fcopo, & natura rerum.
Vas materiæ ita locatum fit, vt fubtus adminiftretur calor, fitq; via fpiritibus furfum:vnde iterum in decliuia facta plurimum coagulatione in humorem,ferantur, excipiatúrque liquor conceptaculo fuo. Et hoc interdum per
breue fpacium fit, & vnicum excipulum:interdum per longos gyros qui ferpentinis dictis abfoluuntur:vbi confultum eft, vt quoties ferpentinæ ab alto decurrunt(non autem nimis extolli debēt ab initio vafis, ne relabatur
coagulatum)redituræ furfum, toties fit receptaculum,à quo continuo ductu iterum afcendant gyri,donec peruenïant ad vltimum excipulum. Et hic
diftinctis locis etiam fua funt refrigeria, quibus aquam frigidam continen-
tibus fpiritus tenuiores,feruidioréfq; coagulent citius. Nonnunquam tamen fine anfractu lapfaq; multiplici ftatim à principio decurrunt anguine
per dolium refrigerans in excipulum.

Sublimatoria deftillatio dupliciter fit:per alembicum, & per inclinationem.

Quæ per alembicum, rectam habet cucurbitam vel veficam, cui imponitur alembicus roftratus,ifq; vel fimplex,vel multiplex,cũ totidē roftris
ad diuerfos liquores vna opera excipiendos. Eft & roftrum vnum vel plura
in vno alēbico:fi ferpentinæ anfractuofæ applicandæ funt, plærumque pro
roftro fiftula è vertice affurgit, & committitur ferpentinis. Nonnunquam
alembico accommodatur vas refrigeratorium,in quo quia aqua facilè inca-
lefcit,mutanda eft fæpe.

Si res tenuis eft,collum cucurbitæ debet effe exilius & prolixius: aliàs
fi craffa,capacius. Ita fi fæpius eximenda res,& alia reponenda,matula vtimur. Quæ facilè ebulliunt,& ad fummum exundant,minore imponuntur
quantitate, & cum additamentis,veluti arena,fale, & fimilibus.

Non-

Nonnunquam & spongiæ, suber, pergamena, interponitur inter a-
lembicum & materiam cucurbitæ, quod ita penetret spiritus subtilissimus,
& prohibeatur ascensus materiæ. Sed & tunc calor moderandus est, & nonnunquam spumæ per cochlear dissipandæ retecto vase: quanquam in talibus etiam non solet claudi antequam dispulsæ sint bullæ.

Interdum res non in cucurbita tantum ponitur, sed & in alembico, ita
tamen vt vel in limbo disponatur, vel interuentu ligneæ craticulæ detineatur in alto, vt sit transitus spiritibus. Euadunt tunc destillata validiora, &
non rarò etiam ita aromatizantur.

Est & cùm liquida res in imo ponitur, sicca in alembico, vt vapor
permeans vim trahat: id quod tunc fit potissimum, cùm prius destillatum
volumus roborare.

Opere destillatorio etiam iunguntur spiritus sicci humidis, & forma olei
cum aqua prodeunt per alembicum. Tunc in summo cucurbitæ collo calix
cum aqua disponitur: in fundo collocatur res halabilis. Itaque dato igni su-
spirantes halitus vaporibus copulantur, & vnà coagulati descendunt. Quod
si metus est ne aqua calicis ante finem operæ deficiat, per summum foramen
in vertice alembici calida sufficitur demisso infundibulo.

Cæterum à fornacibus & catinis aliisq; nonnunquam hæc destillatio
nomina accipit varia. Dicitur destillatio per balneum Mariæ, vel maris, cùm
fit in fornace cum aheno balnei, cuius calor est plærumque primi gradus: &
eiusmodi destillatio congruit rebus leuioris compagis, vt herbis & similibus
quæ præmacerata oportet in suo, vel proportionali succo, & minutim concisa. Destillantur ita & succi, fitq; separatio tenuium spirituum à crassioribus partibus.

Destillatio per balneum roris est, cùm non aqua vas continens tangit,
sed eius duntaxat vapor, quo pacto flores potissimum destillantur. Sed cauendum est ne nimis leni calore vtamur, & non tam essentiam, quam phlegma inutile elenemus.

Destillatio per cineres, vel arenam est, cùm fit in catinis cinereis vel a-
renariis, qui conueniunt rebus consistentiæ firmioris, cum ignem præbeant
fortiorem.

Destillationem per balneum siccum, seu stufam siccam nuncupant,
cùm sine catino res imponutur vesicæ amplæ ex cupro stanato, cuius operculum est alembicus instar campanæ turritæ è stanno, vel etiam vitreus
rotundus rostratus. Fit in furno acesiæ cum minore molestia: aliàs etiam in simplici destillatorio: quanquam plebs eius compendium faciat
per figulinam compagem coniuncto foco & ergastulo, cui imponitur pileus coniformis cum rostro.

Per vesicam autem destillantur non tenuia tantum, sed & firmiora
præmacerata tamen in suo menstruo.

Destil-

Deftillatio per cacabos eft cum fit in fornace cacabaria, & fic de alijs.

Interdum deftillationes plures afcenforiæ concurrunt, veluti cum eodem opere per balneum maris, & rotis deftillamus: eodem per balneum & arenam, fi quidem duo catini diuerfas res continentes fibi inferuntur mutuo: vel in eodem catino aqua eft & arena fimul, & tunc etiam calor augetur.

Sunt & vicariæ huius deftillationis afcenforiæ. Nam cum pro fornace folis calore vtimur, deftillatio ad folem fieri dicitur, vbi attendendum eft, vt calor vas materiæ verberet eo gradu qui requiritur, non autem tangat receptaculum. Vocatur deftillatio per parabolam, cum fpeculo collecti radij repercutiuntur ad conceptaculum: vel deftillatio per cryftallos cum à globis cryftallinis radij ijdem ad vas diriguntur.

Eft & deftillatio per patinam, quæ vel fuper fornace fit, vel ad folem. Si ad folem, res concitæ humectæque in patina vel concha collocantur, & furfum alia patina difponitur, quæ vapores fufcipit, & coagulatos per quandam inclinationem demittit in ollam vel aliud vas commodè applicatum. Si fuper fornace aut foco, perinde fit ac in balneo, vel ftufa ficca. Nam vas continens in aqua locatur, vt inde vapores affurgant in imminentem patinam, vel campanam: vel immediatè igni admouetur, idemque peragitur.

Nonnunquam coniungitur deftillatio per patinam, & balneum feu maris feu roris: (nifi duplex balneum fieri velis, humidum & ficcum) operculum enim balnei ita informatur vt fit inftar patinæ, à qua procedit roftrum. Si itaque res immerguntur aquæ aheni, & poftea cucurbita cum alia materia imponatur, duplex vno opere peragitur deftillatio.

Eft & cũ vafa deftillatoria fimo, dolijs aquæ calidæ, vel labris, &c. inferuntur; & fic multiplicibus alembicis fimul deftillare poffumus. Quædam ollæ inclufa infodiuntur terræ. Collum prominens munitur alembico, datoque igni circulatorio peragitur deftillatio afcenforia, in qua tamen interpofito quodam cauendum eft ne alembicum feriat fpiritus ignis. Ita deftillari poffunt fpirituofa & tenacia quæ facilè exundant. Sed & opus tunc eft canalibus ferpentinis, & refrigerijs.

Capvt XLIII.
De deftillatione per inclinationem.

Deftillatio per inclinationem eft, quæ fit vafe continente materiam in latus inclinato, roftro deorfum vergente. Illud vas cum plærumque fit retorta, etiam deftillatio per retortam opus nominatur. Nonnunquam & deftillatio per defcenfum dicitur, quòd parua fiat eleuatio, indeque mox deorfum reflexio; vel quod fpiritus mox deorfum reuocentur, & fine alembico in curuatura coagulantes defcendant.

k 3 Inuen-

Inuenta propter ea eſt quæ firmæ ſunt cōpagis, & ſpiritus grauiores, difficulter in altum ſcandenets reddunt. Poſtea verò accommodata etiam tenuioribus eſt. Diſpoſitio variat. Retorta ſine alembico proboſcide vltima
iungitur inferius locato receptaculo, idque vel immediatè, & tunc ſimpliciter deorſum ſpectat cornu; vel per ſerpentinas; & tunc reuocatur extre-
mitas roſtri ſurſum, vt in altum elatis canalibus rectè reſpondeat, ipſéque
venter retortæ in ſuperiore parte fornacis decumbit ſepultus in catino cinereo vel arenario. Hoc tunc potiſſimum fit cum oleoſa tenuia deſtillantur. Ibi verò in medio fornacis reuerberatoriæ venter ponitur, ita vt à
latere promittat collum per rimam, quæ obturanda eſt exerto eo. Et hoc
modo firma mineralia deſtillantur ſine catino, retorta tamen craſſo luto,
eoque duplici vel triplici nonnunquam obducta & probè reſiccata. Quod
ſi catino cinereo vel arenario libet vti, quod fieri poteſt in minus ſolidis, etiam hoc locum habet: nonnunquam tamen ſaltem paſta cineraria pro catino & luto eſt, tunéque minor datur ignis.

Cum deſtillantur ea quæ ſpiritus acres fundunt, in receptaculo fontana ad tertias plena eſſe debet, quam poſtea rectificādo aufferre denuò poſſis, ſi placet (non enim ſemper id fit.) Interdum idem mergitur in vaſe a-
quæ frigidæ ad partem tertiam, vel quarti digiti altitudinem, & deſuper admouentur lintea madida, & ſpiritus eò citius coagulentur. Ignis datur per
gradus, vt primus plærumq; duas horas duret, reliqui pro rei modo.

Eſt & rectificatio per retortam, ſed igni leni. Si res impoſita facilè eleuatur ſpiritibus craſſis, quales ſunt in ſublimatione; adijcimus ſalem, vel farinam ſilicum, aut laterum, vel quod potius eſt: fragmenta horum inſtar ſeminis canabini.

Cum retortæ locantur in aheno balnei, etiam imbecillia poſſunt per
inclinationem deſtillari. Sed & tunc coniungi poteſt deſtillatio per alembicum è medio ahenia ſſurgente cucurbita, & per inclinationem ad marginem diſpoſitis tribus vel quatuor retortis, pro capacitate aheni, quarum
colla per plicas prodeant.

Affinis deſtillationi inclinatoriæ eſt deſtillatio per lacinias, quam ſepa-
rationibus accenſuimus, cum per eam tum abſtractio aquoſitatum à pulueribus elotis fiat, tum ſeparatio ſuccorum, in quibus à fecibus & parte craſſa,
ſubtilior ſegregatur. Nominatur autem deſtillatio, cum fiat per ſtillici-
dium.

CAPVT XLIIII.

De deſtillatione per deſcenſum, vbi de deſcenſione.

DEſtillatio per deſcenſum eſt, cum abſque eleuatione prolectatus humor deorſum deſtillat.

Itaque

Itaq; & fic eft apparat⁹ eius vt non detur furfum afcendendi via, fed feu
refolurus & colliquefactus potentialis humor, feu prolectatus, aut etiam
vaporis quidem forma productus, at dum deorfum reuocatur coagulatus,
per inferna prodit more ftillicidij. Potiſſimum vfurpatur in his quæ calor
afcenforius corrumperet, aut quæ à fortibus fpiritibus diſſiparentur prius
quàm confiftere poſſent. Vnde metallicis ftatim à liquatione fubducendis,
&c. & aliàs imbecillibus quibus feruatas vires cupimus, congruit.

Ea eft duplex: defcenfio & defudatio.

Defcenfio eft cum eliquatus è re fucc⁰ eſſentialis per fuffurnium fub-
ducitur & defcendit.

Et huius modi funt duo: vnus per fufionem, alter per deliquium. (*Eſt
& tertius modus per deuaporationem, cum fcilicet venæ fulphurofæ, aut bitumino-
fæ in perforatam laminam ferream ftratæ, & fupra incenſis lignis vruntur, quo
facto fpiritus in ſiccum folum delatus concrefcit inſtar pompholygis. Sed artifices
eius loco vtuntur fublimatione.*)

Ille vfitatus eft in fufilibus mineralium, potiſſimum verò metallorum
venis, poftea etiam in adipibus, refinis, & fimilibus: & à Gebro tunc maximè vocatur Defcenfio, cum calces metallorum fufione reducuntur, conueniens excoctioni metallorum per canales, vel fuper ligno, (ita enim appellant) in qua è furno prodit canalis obliquus, & tendit fub furnum in peculiarem catinum: nec expectatur fufio totius, fed vt primum quid fluxit,
mota materia per lignum incuruum, (vnde alterum operi nomen) defcenditur in fuffurnium, ne ab igni iacturam patiatur.

Ita eliquari & refinofarum arborum ramenta poſſunt, aliaq; pinguia,
quæ tamen etiam in cortinis, lebetibus, ahenis, &c. elaborantur. Loco liquoris defcendit nonnunquam vapor vnctuofus deorfum compulfus, qui
excipiendus eft aqua lebetibus contenta, vbi coagulat. Solet autem tunc
plærumque ferrea lamina perforata pro fundo vafis eſſe.

Famulatur eiufmodi defcenfio etiam commiftionibus metallicis exactis, quibus tum metalla noua artificiofa producuntur, tum in fe tranf-
mutantur extrinfecus, tum etiam gemmæ conficiuntur nonnullæ.

Defcenfio per deliquium eft, cum impuræ calces, fales, vel fimilia liquabilia, feu per fe, feu in facculo, fimilive conceptaculo inclinatæ crena-
tæque tabellæ imponuntur, vt in aëre vapido tabefcentes purum fuccum
emittant. Apud veteres & hæc operatio fudoris nomine explicata eft. Sed
nunc deftillatio per tabulam vocatur.

Perficitur etiam per ouorum acetabul ſufpenfa, vel fuper bacillis difpofita, dato foramine fubterlabendi, aut in rimam recompofita illa collocantur. Solent bacillos fuper fartagine exceptura liquorem collocare, &
per fifcellam in puteum demittere; vt peragatur deftillatio prope a-
quam.

Non-

Nonnunquam calces facculo inclufæ coquuntur in aqua, vt diffluat quod folubile eft. Aqua coagulatur. Coagulum tritum cucurbitæ injicitur, quæ inuerfa ponitur fuper infundibulo quod intus filtro charraceo fit ftratum, & locatum fuper recipiente. Ita in aëre vapido paulatim defcenditur quod purum eft.

Cæterum hæc operatio vicina valdè eft folutioni per deliquium, & coagulationi. Itaque & illa femper concurrit, hæc nonnunquam. Diftat tamen deliquium fimplex à deftillatione per formam propriam, quod hic extractio effentialis partis fiat ab impuritatibus, foluta effentia deftillante, manentibus verò illis quæ funt infolubilia; ibi verò intelligitur folutio per diffluxum duntaxat, fiue fiat fegregatio vna, fiue non.

Abutimur hac deftillatione etiam contra fcopum, cum relicta effentia, deftillamus per defcenfionem aquofitatem proiectilem.

CAPVT XLV.
De tranfudatione.

TRanfudatio eft cum in deftillatione defcenforia effentia prolectata tranfudat, gutratimque in receptaculum defertur, calore fuprà admoto.

Focus enim fupra eft circa ergaftulũ; vnde & igne circulari agi dicitur. Furno fit defcenforio, balneo defcenforio, arena defcenforia & fimili arte.

Modis fit pluribus, ex quibus primus fic fe habet.

Res vegetalis, vel animalis, non admodum firmæ compagis, tufa, vel craffiufculè concifa, inijcitur phiolæ fphæricæ colli angufti aliquantum prominentis. Debet illa effe ex vitro duplo, vel argilla tenaci, aut luto armata. Et cum inuerfa, ventre furfum fpectante, orificio deorfum, fit locanda, ne excidat materia, conglomerata ferrea filamenta intruduntur, vel fi latius paulò eft orificium, etiam opponitur craticula vel lamina foraminulenta, quæ diligenter affigatur. Sit autem illa in medio concaua inftar lancis, & comprehendat vtriufque vafis colla exactè. Fabricetur fornax cum camera in imo, in quam poffit fine impedimento intrare receptaculum. Huic incumbat pauimentum in medio tanto peruium foramine, vt tranfmitti poffit canalis tubæ inuerfæ, in quem inferatur collum phiolæ. Muniatur poftea pauimentum iftud pariete ex omni latere, ita tamen vt anterior fit humilior, quo fit aditus ad ventrem vafis, & ignem. Iam demittatur collum phiolæ, fique explet tubam, fatis eft, fi non, luto inferciantur inanitates. Promineat autem collum infra pauimentum, vt poffit excipulus adaptari, & pro libitu remoueri. Itaque & lapidi mobili debet imponi receptaculũ cũ committitur collo phiolę, quo fubducto queat extrahi, & mutari. Inde omnibus ficcis, ignis accenditur circularis, primum eminus, poftea cominus, donec sufficiens & peracta sit destillatio. Plærumq; prius exit aqua, post sequitur oleosus liquor, quæ permutatis receptaculis sunt excipienda.

Pro fornace illa conficitur etiam scamnum cum ærea concha, vel ferrea lamella reclinata à margine in star disci patinarij, vel cum patina terrea. Per mediu demittitur canalis ad caua loca sub scamno, vbi est receptaculu. Omnibus ritè iunctis, ignis circa has circularis accenditur, vt antè. Pro hoc igni etiam feruor vel calor solis ministrare potest. Sed tunc opponendæ sunt valuæ, ne radij receptaculum tangant: & hoc ipsum stare in frigida debet. Potest & pro scabello tabula lapidea concinnari ad dictum modum.

In imbecillioribus solet calor solis adhiberi, in firmioribus ignis prunarum. Pro calore tamen solis etiam vas tegimus cineribus, & postea prunas apponimus quæ respondeant solari temperiei. Quin & sicubi balneum descensorium in promtu est, hoc vtimur securius.

Capvt XLVI.
De secundo modo transudationis destillatoriæ, quæ fit inhumando.

SEcundus modus est inhumatio descensoria. Scrobs vel fouea in terram demittitur, latera eius incrustántur argillâ. In hanc ponitur olla firma, quæ quidem, si oleum excipere volumus, tertia parte sit impleta frigida aqua, aliàs vacua. Hæc sit pro receptaculo. Orificio eius annectatur fundus alius ollæ pertusus minutis foraminibus, & adaptetur, agglutineturq; probè. In hac sit materia destillanda, clauso orificio per operculum commodu. Nonnunquam tamen à figulo hæ duæ ollæ solidè iunguntur, relicta fistula laterali in excipiente. Sed & inuersa alia imponitur intercedente patina ferrea, vel cuprea pertusa, cuius margo limbum reclinatum habeat, vt superioris ollæ collum excipere ritè possit: quæ si deest, lamina perforata, vel craticula lignea, &c. locum explet. Vasis ita compositis, terra aggeritur vsque ad ventrem superioris, vt commissura sub terra sit, vel etiam altius interdum. Ignis datur circularis per gradus, donec etiã obruatur venter superioris. Si res solidiores sunt, augetur calor, donec etiam excandescat olla externa.

In resina ex scapis ferulaceis prolicienda, variat apparatus nonnunquam. Sunt enim qui vase vitreo, cuius forma sit instar tubuli, amplitudine palmari, fundo foraminulento, includunt materiam. Fundo accommodatur infundibulum, cuius fistula in excipulum desinit. Ignis è palmari distantia lentus datur. Quidam duas ollas compingunt, & inferiorem collocant in aqua feruente, vt vapor feriens superiorem, pro foco sit.

(*Mesue in destillatione ol. Iuniperi apparatum hunc ita descripsit: Cape*

ex lignis Iuniperi quantum s. scissis in frusta , imple vas magnum intus vitratum,
orificij angusti : fac foueam in terra & præpara parietes eius cum terra figulina.
Deinde pone ollam vitratam ex directo in fundo foueæ, habentem orificium am-
plum , & cooperiatur lamina ferrea subtili , pertusa foraminibus multis , vt cri-
brum tritici , ita vt lamina vndique orificium ollæ cooperiat.   Deinde lamina
applicetur orificium vasis inuersum , & argilla loricetur ne quid expiret. Post-
ea accende ignem super toto corpore vasis superioris , & sine ardere duabus horis.
Manabit oleum. Vide qua Sylvius hic annotauit, qui non recte accepit Me-
suen, putans eum imperare vt oleum exciperetur fouea argilla inducta.

CAPVT XLVII.

Tertia transudatio per sartaginem.

HÆc perficitur ope sartaginis in qua contineantur prunæ. Administratio est huiusmodi: sit olla vel catinus ampli orificij. Super hoc extendatur plaga , seu linteum in medio quodammodo dependens, vt sit veluti
patella ad capessendum materiam. Alligetur per funiculum ollæ collo. Locetur in aqua frigida fere vsque ad collum. Linteo immittatur stratum materiæ destillandæ, quæ plærumque est frigidæ qualitatis & imbecillis fuga-
cisque saporis & odoris, quales sunt herbæ quædam & flores recentes depurati, in vmbra aliquantulum resiccati vt flaccescant, tusi, &c.   Hæc materia tegitur charta , quam asperge cineribus vel arena rara.   His peractis
sartaginem cum prunis admoue, operam dans ne calidior sit iusto, nec diutius immoretur.   Ducito hinc inde , & humor per linteum transudans
destillat, retinens odorem & colorem sui floris. Ne vero nimis multam impone, vt peruadere calor possit. Vbi exoleuit virtus , muta eam , quoad satis.

Per vittam sit hæc destillatio: si pro linteo vitta muliebris crinalis accipitur, & demittitur in vitrum, postea operculo vitreo supra accommodato exponitur radijs solaribus, & similiter sit destillatio.

Est & per patinas similis elaboratio. Sit patina ahenea, in qua ponátur
res teneræ (vt rosæ, &c.) super eas extendatur linteum & alligetur. Inuer-
tatur vt res dependeat. Subijciatur patina alia altior paulo , collocata in a-
qua frigida. Ita adaptata vasa exponantur soli, & destillabit liquor.

Est alius modus in vase eodem. Hydrochoum, seu vitrum angusti orificij impletur materia tenera ; obstruitur, & apricatur. Liquor ad fundum
vasis colligitur : vel duo eiusmodi vitra coniunguntur, ita tamen vt inferius sit amplius. Agglutinantur luto , sitque destillatio
perinde vt vini ascensio seu sublimatio
per aquam.

CAPVT

CAPVT XLVIII.

Defenforia deftillatio per lignum.

QVartus modus hic eft: eligitur lignum porofum, & torno excauatur in formam vafis, cui⁹ fundus fit rarus & penè perfpicuus. Refert autem ex quo fit ligno: nam tranfiens liquor eius vim affumit. Fundo fubijcitur olla recipiens, & agglutinatur. Calor lentus fupra & ad latera accommo-datur. Liquor tranfudat per lignum. Si ollam iftam ligneam illeueris alumi-ne, non facile ab igni corrumpetur. Loco ollæ globum philofophicum có-plicatilem vfurpa, vel etiam figulinam futim, qualis in feparatione aquarum falfarum aut lutofarum vfurpatur. Eft & cum cerea patella orificio ollæ li-gneę obijcitur, atq; ita inuerfa illa per ceram fit deftillatio, quę tunc fufcipi-tur potiffimum, cum aliquid alterationis fimula cera quærimus. Poffe verò tranfudare liquorem, arguit modus feparationis aquæ dulcis à falfa mari-na, per capfulam ceream vndique claufam.

Adhuc de folutione. Coadunatio fequitur.

CAPVT XLIX.

De coadunatione, vbi primum inceratio.

COadunatio eft elaboratio qua vniuutur difgregata. Appellatur non-nunquam fpeciei excellentioris nomine coagulatio; vnde extitit illud philofophorum dogma, quod chymicum artificium in folutione & coagu-latione confiftat, quo tamen refpicitur ad lapidis myfterium potius.

Ita coadunatio eft folutionis reductio in his in quibus fieri poteft.

Eius fpecies funt duæ: compofitio & coagulatio.

Compofitio eft diuerforum coadunatio.

Eftque miftio, & conglutinatio.

Miftio eft compofitio per minima vndiquaq;. Huius 4. funt fpecies: inceratio & incorporatio: colliquatio & confufio. Inceratio eft miftio hu-moris cum re ficca, per combibitionem lentam ad confiftentiam ceræ re-mollitæ. Inde enim vocatur ἐγκήρωσις: aliàs etiam imbibitio, quæ fit per ir-rigationem, re ficca potante humidam. Nec alia eft nutritio medicorum, qua farcocolla, lythargyrus & alia paulatim fucco quodam potantur, & ad vfum euadunt commoda. *Imbibitio. Nutritio.*

Apparatus eft huiufmodi: Res inceranda in puluerem comminuta, quantum fieri poteft, ponitur fuper marmore leui, vel in concha planiore. Irroratur confpergiturque guttis paucis fui, qui dudum inde eft abftra-ctus aut prolicitus, vel alterius, qui habeat familiaritatem & ingreffum, li-quoris. Totum vnà teritur, vt exacta fiat commiftio, & vndique appareat homogenia. Poftea concluditur vafe digeftorio, lentiffimoque igni paula-

I 2 tim

tim fit vnio, dum res appareat penè ficca. Vafe referato, exemtæ materiæ tritæque nouus datur potus, quantum in præfens queat combibere. Digeritur iterum, & repetitur idem donec vel totum abfumferit, vel nihil amplius fufcipere feruata confiftentia duriufcula poffit, feu incipiat fluere. Tunc maffa eoufque digeritur, donec figatur totum.

Ita inceratio via eft ad fixationem: & fi propri⁹ liquor redditur vt combibatur, quod plærumque fit in cohobijs fuper capita mortua; aiunt fuam caudam vorari à ferpente, maximè fi eft colcotar, vel fimile aliquod. In lapidis coagulatione etiam lactatio appellatur, cum lacte virgineo pafcitur infans philofophorum, feu terra potatur imbre cœlefti, vel rore matutino, quod eft, mercurio philofophico, qui extractus eft ex corpore eodem.

In metallis quæ cum hydrargyro incerantur, ratio pàulò eft diuerfa. Soluuntur enim ea per amalgama: exprimuntur per corium: hydrargyrus deftillatur inde & redditur, donec emollefcant illa, poffintque ad calorem candelæ fluere vt cera.

Quædam per fumum hydrargyri incerantur, quo pacto & nonnulla vegetalia vapore aquarum calentium fiunt irrigua. (*Vulgus gallica fcabie laborantium offa ita incerat odore cinabaris, vel hydrargyri inunctione, quo pacto & deftillationibus flexilia fiunt, &c.*)

Vicina eft incerationi mollefactio.

CAPVT L.

De incorporatione.

INcorporatio eft commiftio, qua ftatim humida cum ficcis in vnum corpus per formam maffæ contemperantur. Itaque hic non fit lenta nutritio, fed tantum humoris ftatim additur, quantum ad corporis mifti confiftentiam requiritur, vt fiat veluti pafta, vnde & impaftatio nominari poteft: in nonnullis fubactio.

Incorporatæ autem res in calore digeftorio relinquuntur, vt mutua actione & paffione crafin communem nancifcantur.

Res autem illæ elaboratæ omnes funt fecundum magifteriorū, vel effentiarum modum. Nonnunquam tamen & integra, quæ natura dedit depurata, commifcentur. Vnde fiunt chymicorum magmata, vnguenta & fimilia. Inferuit huic operi contritio, & fimiles. Ita digeftio ad crafin perducit, cui coniuncta nonnunquam eft diuaporatio, & alij exiccandi modi, quibus humor abundantior ad certos reuocatur terminos, fiue molle incorporatum requiramus, fiue durum. Ita interdum vifcidis fuccis pulueres ingeruntur, & impaftantur in mortario per piftillum.

Huius loci eft pharmacopœiæ vulgaris compofitio, qua fiunt potiffimum electuaria, pilulæ, conferuæ, &c. Nihil enim differt nifi rei modo, cū chymici elaborata per fuam artem componant; pharmacopœi etiam integra, & quidem plurimum.

Eft

Est affinis puluerum siccorum congestio, vt sit in **Tragæis**, quanquam rudis appositio sit, potiusque principium incorporationis, quàm incorporatio.

Succedit incorporationi interdum sublimatio, veluti in hydrargyro & sale &c. qua vniuntur exactius incorporata.

CAPVT LI.
De Colliquatione.

COlliquefactio est plurium fusilium in igni ad vnum compositum per igneam eliquationem commistio.

Fusilia autem eiusmodi seu liquabilia sunt metalla, lapides fusiles, gemmæ, pinguedines consistentes, &c. Et colliquefactione permiscentur similia, veluti metalla inter se, gemmarum partes, vel species item inter se, & sic pinguedines diuersæ. Quæ verò distant naturis, non miscentur, vt adeps, & metallum, glacies & crystallus lapis, &c.

Vtuntur artifices hoc opere ad conflanda vitra, gemmas faciendas, metalla contemperanda, &c. Res positæ in diuersis catinis in reuerberio, vel sufficiente calore funduntur, fusæ confunduntur, vel totæ, vel partim. Vel etiam simul in partes fractæ in eodem imponuntur vase, & fusæ si non ingrediuntur mutuò, commiscentur instrumento, vnco scilicet, sitq; in testa. Nonnunquam priori fusæ posterior integra summittitur, comminuta tamen potissimum. Nonnunquam eliquatum vtrumque descenditur, & confluendo vnitur. Si quid inter colliquandum peregrini incidit, à concretione tollitur. Spectatur enim hoc potissimum, vt homogenia substantiæ fiat.

CAPVT LII.
De Confusione quæ est Synchesis.

COnfusio est commistio actu liquidorum, quæ per se fluere possunt. Itaque & consistentia tum partibus, tum toti aquea est, seu fluida. Quæ enim eliquata fluunt, posteaq; confunduntur, vt pix & cera, vel resina, &c. principaliter sunt colliquationis, licet ministret illis confusio obiter, cùm & sine confusione possent congredi.

Confunduntur autem vera confusione qua fiat commistio, ea quæ sunt inter se familiaria, vt oleum oleo, aqua aquæ: ita succi ad se procliues. Oleum aquæ confundi ad mistionem nequit. Itaque vnio mistilium requiritur.

Vsus huius illustris est in vniendis gemmis, metallis per liquores calcium confusos, & reductos. Sequitur enim confusionem hanc nonnunquã

L 3 coa-

coagulatio, veluti cum diuersorum salium solutiones confunduntur, & postea coagulando in solidum reducuntur.

Famulatur hîc nonnunquam fusio vel deliquium in altera parte: veluti eùm oleo liquata cera infunditur & commiscetur, vt fluxus maneat, vel soluto sali, aqua.

Pro confusione interdum destillatio est. Cùm enim liquores diuersarum rerum ad vnum confundendi essent, atque ideo prius separatim extrahendi: etiam primùm statim res incorporatæ vnà destillantur ad compositum humorem. Pro eadem etiam est deliquium, seu descensio per tabulam. Quæ enim seorsim soluta confundi debebant, etiam vnà in tabulam poni, soluíque possunt, & inter destillandum corriuari, quæ res facit, vt colliquatio, & confusio admodum sint affines.

Ita in deliquio embaptico simile quid confusioni accidit, vt cùm sacharum, manna, &c. aqua soluitur, & simul ei veluti confunditur.

CAPVT LIII.
De Conglutinatione.

COnglutinatio est per glutinum compositio, manente natura conglutinatorum. Itaq; & reductio hic est, seu restitutio in integrum.

Glutinum autem pro natura cuiusque varium est, & dicitur hîc omne quod visciditate tenaci compingit alterum alteri, aut etiam coercet: veluti gluten taurinum, viscum, ichthyocolla, gummi varia, albumen ouorum, pastæ farinaceæ, viscum plantarum, sacharum, cera, varia lutamenta, metalla, siue eiusdem, siue diuersi generis, intritum, &c.

Vsus huius excellens est in ferruminandis metallis, componendis gemmis, solidandis vitris, vniendis lapidibus &c.

Fit nonnunquam ferruminatio ad ignem, nonnúquam absq; igni, elicito tamen calore eliquante ex materiæ potentia. Inseruit enim glutinationi potissimum fusio, & postea diuaporatio, aut concretio: in aliquibus ministrat dilutio & impastatio.

Ferruminatio continuans eiusdem metalli fracturam, aut etiam commissuram diuersorum, peculiariter fit per fluxum: quanquam & ignita, & aliàs dilatabilia, sicut aurum & argentum, cogi possint malleis, vtrobique tamen accidit quædam colliquatio extremitatum. Non enim tota fluere debent, sed extrema duntaxat. Itaque probè componuntur, & asseminato vel allito fluxu, ignis admouetur. Cùm fluit séque insinuat fluxus, emollescunt, colliquescuntque simul extrema labia, & sic vniuntur. Ne excidat fluxus, solet capsa è luto coerceri, relicto tamen prunis loco. Idem fit cùm calor potentialis est. Relinquitur enim foramen instillandæ aquæ, quæ calorem suscitet.

Alio-

Alioquin vulgare eſt inſtrumentis inuncta glutine loca cogere, & ſic relinquere, donec gluten exiccatum commiſſuram ſolidauerit.

Peculiaris eſt inauratio & argentatio per amalgama , quod calefactum expreſſo hydrargyro abundante, inducitur raſo prius loco, vel fumigato per ſulphur. Hydrargyrus tollitur exhalatione, color reſtituitur coloritio. Bracteæ nonnunquam etiam per vernicem, vel ſimilia agglutinantur.

Eſt & vis aliqua glutinandi in frigore & ſiccitate extrema.

Affinis glutinationi eſt coagmentatio per liquata, quibus ingeruntur pulueres, & poſtea conoreſcere ſinuntur ad frigus, vel etiam diuaporante humore in calore. Famulatur enim hic coagulatio, & inſpiſſatio. Ita lapidum pulueres reſina miſcentur, ſitq́; paſta, cui includunt numiſmata & alia. Solideſcunt hæc ſimul in lapidem.

Nec raro, liquor marmoreus inſinuat ſe in lignorum poros penitiſſimè. Diuaporante poſtea humiditate, veluti in lapidem verſum lignum conſpicitur.

Sic ars Pharmacopœorum conficit varia ex ſacharo : ceromata facit, pilulas, & ſimilia , quæ viſcidis ſuccis, vel pici, ceræ, &c. includuntur, & ferruminantur mutuò.

Ita natura glutinans arenas, & viſciditates fluminum compingens, lapides rudes gignit.

Huius loci etiam eſt illiquatio terrarum cum metallis, vt cum cadmia, cupro remiſcetur, quæ nihil aliud eſt, quàm glutinatio per minima : & retinet ſuam ſubſtantiam vtrumq;, vt indicat reductio, tantumq; alterum alteri aſſiſtit, & ab eo coercetur.

Ita coadunantur diuerſæ ſubſtantiæ.

CAPVT LIIII.

De coagulatione per ſeparationem.

COagulatio eſt rerum eiuſdem naturæ è conſiſtentia tenui fluidaq́; ad ſolidam coactio.

Itaque quæ reſolutione aquea, aerea, ignea, ſunt attenuata, per hanc in corpus homogeneum reducuntur. Et ſic coagulatio comitatur multas operas, veluti diuaporationem, exhalationem, ſublimationem, deſtillationem, &c.

Fit duobus omninò modis: Segregatione vel comprehenſione.

Coagulatio per ſegregationem eſt, cùm quibuſdam ſegregatis, reliquum concreſcit.

Itaque & concretio, σύμπηξις, appellari principaliter poterat. Peragitur calore, quo diuaporat ſeu exhalat paulatim humor, qui erat cauſſa

fluoris.

fluoris. Et quidem ſi humor multus vnà fuit, coctione diſſipatur vſque ad conſiſtentiam craſſiorem: Reliquum finitur tepore leui expirare. Inſtrumenta ſunt ollæ, ahena, ſartagines, labra, pro cuiuſque rei conditione. Inſeruit & deſtillatio. Nonnunquam vbi grauia ſunt concretilia, & ſubſident innatante humore, depletio famulatur, aut clepſydria à latere.

Eſt & cùm coquuntur quædam ad medias vel tertias, prout diluta ſunt. In reliquo conſiſtunt quæ ſunt coagulabilia, inſtar glaciei, vnde & congelatio hoc opus vocatur. Conſiſtunt autem vel per ſe, vel circa funiculos & bacillos. Quod ſi à prima conſiſtentia item nimium humoris teſtat: iterum coquendo diuaporare finitur, ad ſpiſſitudinem iuſtam: iterumque expectatur congelatio. Plærumque hic vas eſt ligneum vel figulinum quadratum, cum tranſtris, ſeu foris tabulatis ab anguſto fundo inæqualiter dilatatis, & collocantur quædam in frigore vapido cellarum: quædam etiam ad teporem vaporarij ſicci. In nonnullis idem efficitur per vitreas conchas abſque bacillis. Quædam fimo includútur ad ſuum menſem. Attendendum omninò eſt vt liquor prius ſit purè filtratus. Quod ſi aliquid impuritatis relictum eſt, idq; coagulo adhæret, abluitur celeri manu.

Succi extracti coagulantur expiratione ad ſpiſſitudinem iuſtam, & vocatur nominatim inſpiſſatio. Peragitur ad ſolem, vel ignem, &c. Nonnullis, vt facilius coagulent, adijcitur ſacharum, & ſimiles ſucci. Ita inſpiſſatur mel, gummi, reſinæ, &c.

Aliquibus opus eſt ſeparatione per coctionem, vel iniectam medicinam, vt poſſit coagulum ab humore æqualiter miſto ſecedere. Ea autem varia eſt, vt in nonnullis acetum, coagulum vitulinum, aqua dulcis, aqua ſalſa, &c. Et in lacte cùm cogitur pinguedo, peculiariter denſatio inſtituitur per piſtillum foraminulentum. Quædam coagulare ſeu conſiſtere non poſſunt niſi corpus in quo figantur, accipiant, idq; in aquis aluminoſis, nitroſis, vitriolatis, ſalſis, ſulphureis, &c. Spiritualioribus euenit: veluti ſi chalcanthinæ aquæ adiiciatur aliquid ferri vel cupri, vt in Hiſpania, & Italia, coagulat in vitriolum, quo tamen in corpulentioribus non eſt opus, vt in Hungaria. Similiter ſtatuendum de reliquis.

Inſeruit hîc aliquando putrefactio, & alij ſeceſſus. Ita tranſudatio per ollam coagulationis cauſſa eſt in aliquibus.

Caput LV.

De coagulatione per comprehenſionem.

Coagulatio per comprehenſionem eſt, cùm totum ſimul comprehenſum remiſtumque, ad vniformem ſubſtantiam coagulat.

Fit & hoc variis modis. Quædam conſiſtunt frigore ſolo, quæ reducútur à calore, vt gelatinæ, vnde glaciatæ, olea quædam condenſata, veluti oliuarum, aniſi, &c.

Eodem

Eodem pertinent pinguedinum, & fuforum à feruore concretiones, quanquam eam comitetur exilis quædam expiratio.

Nonnullis additur aliquid viſcidi, & fixatorij, vt eò celerius gelaſcant, vt ichthyocolla, alumen, & ſimilia, coinciditq́; glutinatio.

Coagulant & halitus, vaporeſque in ſublimatione, & deſtillatione i-tem per frigus analogum. Aër tamen vaporoſus etiam foris concreſcit ad quoduis frigidum quod alluit, adeò vt in valdè frigidis lapidibus etiam in pruinam congelaſcat, vel glaciem.

Alia coagulatio eſt per coctionem, elixationemq́;, vt in ouis, albo o-culorum, quibuſdam reſinis, &c.

Alia per fumum, & corroſionem, quomodo coagulatur hydrargyrus ab aquis fortibus & fumo metallorum, cum qua ſi incidit fixio philoſophi-ca, arcanum completur. Fit idem etiam à medicina proiecta.

Cùm verò occiditur hydrargyrus per remiſtionem cum ſiccis, appa-rens coagulatio eſt, concurrens cum glutinatione.

Itaque cum coagulatione eſt fixio ea, quam poſſis coagulatoriam dice-re, cuius nomen in hydrargyro aqua forti coagulato eſt præcipitatio, quaita indureſcit per cohobia, præſertim aquis fixatoriis ex alumine, talco, oui al-bo, teſtarum calce, &c. additis, vt etiam igniri queat.

Tantum de elaboratione. Exaltatio ſequitur.

Caput LVI.
De Exaltatione, eiuſq; prima ſpecie, Maturatione.

EXaltatio eſt operatio qua res affectionibus mutata, ad altiorem ſub-ſtantiæ & virtutis dignitatem perducitur.

Quanquam itaq; incidere poſſint etiam elaborationes quædam: tamé his exaltatio principaliter non conſtat, ſed ſi quouis modo artificioſo res qualitate, vt ſubtilitate, calore, puritate, &c. vel effectis, vel etiam ſubſtantia nobilior redditur, & ad abſolutum ſuæ preſtantiæ gradum perducitur, exal-tatio nuncupatur.

Id autem fieri poteſt tam in integris, quàm ante elaboratis ad ſummam prærogatiuam euehendis. Itaq; & excellit elaborationem tantum, quantò exaltati virtus eſt eminentior.

Exaltatio eſt duplex: Maturatio, & Gradatio.

Maturatio eſt exaltatio è rudi, crudoúe ad maturum & perfectum.

Itaque in hac tum res ſubſtantiam habens, ex indigeſto & immatu-ro ratione qualitatum, per coctionem artificioſam abſoluitur: tum quæ eſt in ſubſtantiæ primordijs, è ſeminali conceptione ad abſolutam perdu-citur formam. Vtrumq; beneficio caloris determinati, agentis in humidum diſpoſitum, perficitur.

m

Matura-

Maturatio eſt quadruplex: Digeſtio, & Circulatio: quarum vtraquē peragitur calore miri gradus primi vel circiter in ſimo, balneo, amurca, concicis culmis, vaporatio ſicco, fœno humido, gigartis, ſole, &c. Deinde fermentatio & proiectio.

CAPVT LVII.

De Digeſtione.

Digeſtio eſt maturatio ſimplex, qua in calore digeſtorio res inconcocta diguruntur.

Id enim eſt digerere, ad modum digeſtionis naturalis cibórum in ventriculo, competente cuiuis calore, concoquere, & diſpoſitum ad vim exerendam reddere. Ita etiam intractabilia digerendo euadunt operibus apta & mitiora: & ſi quid ineſt ſemicoctum, perducitur ad partium abſolutarum conditionem, vt poſtea eò abundantior ſit eſſentiæ meſſis. Hoc nomi-

Maceratio. ne digeſtio inſeruit nonnunquam elaborationibus: & alio vocabulo etiam Maceratio appellatur. Apud Meſuen etiam Nutritio (veluti cùm ſcoria dicitur diu aceto nutriri, pro macerari, vt exponit Manardus.) Immittis enim pars, ſeu ſuccus quaſi edomatur vt mitis fiat, & non tantum eſſentiam augeat, ſed, & facile abſtrahi à fecibus inertibus poſſit. Nam maceratio quandam vim habet penetrandi, reſerandi, & ab impuritatibus liberandi.

Porrò digeſtio ſpiſſos humores ſubtiliat: aquoſitatem reſtantem in ſuccis concoquit: acerbitatem mitigat (vt videre eſt in vino) opaca illuſtrat. Et tunc famulatur ei etiam ſeparatio. Quando enim feces ſubſederunt, aut aliquid impuri enatauit, quod antea in interioribus erat occultatum: id tollendum eſt per modos ſeparationum. Ita digeſtio pro rectificatione eſt, non tantum vt modo dicta tollantur, ſed & ſi quid empyreumatis contractum eſt. Eadem miniſtrat interdum coagulationi & fixationi, & cæt.

Adminiſtratio eius eſt talis. Res digerenda vaſi tanquam ventriculo includitur, vndique ſtipatis acceſſibus, niſi cùm diuaporatio eſt coniuncta, vt in empyreumatis correctione, coagulatione, & ſimilibus. Tunc enim exiguum foramen in operculo relinquitur, & iuſtum tempus obſeruatur, ne quid de ſubſtantia pereat. Quod ſi eſt merus ſuccus aut liquor, res plana eſt. Sin minutal herbarum & ſimilium, vel proprius ſuccus relinquendus eſt, vel foris analogus humor addendus, quod tamen nonnunquam fit etiam in diuerſi generis liquoribus (veluti cùm olea digeruntur cum vini ſpiritu, &c.) vbi procliuitas eſt ad putredinem, nec adiectum menſtruum ei ſatis cauere poteſt. Non enim debet fieri putrefactio eùm quid digerim⁹, licet digeſtio poſſit eſſe ad eam via: ſal adijciendum eſt. Ita apparatum vas
collo.

collocetur in foco digestorio caloris competentis, ibíque sinatur vsque ad
quæsitum finem, qui diuersus est, pro multiplici vsu digestionis. Exempli
gratia: Herbæ recentes suo succo madidæ, è quibus destillatione elicienda
essentia est, macerantur triduo: siccæ vino respersæ, septendio: semina & a-
romata dimidium mensem: Radices per mensem, si quidem sunt siccæ: mineralia per mensem philosophicum, qui est dierum quadraginta, aut etiam diutius, pro firmitate, & ratione menstrui.

Quædam bis macerantur aspersa vino græco, vt aromata aliquando,
quæ irrigata vsque ad siccitatem digeruntur: post puluerata, & denuò conspersa, macerantur secundò. Ita soliditas & raritas etiam discrimen facit.
Aquæ destillatæ digerendo ad solem, rectificantur per medium mensem,
vase clauso, ita vt duæ partes sint plenæ, tertia vacua: & nonnunquam
arenæ infodiatur parte vitri tertia, id quod in frigidis potissimum spe-
ctare iubent artifices. Calidæ verò aquæ & olea rectificantur in arena
frigida, item tertia parte sepulta, &c in cella vapida per mensem.

Si humor alienus est addendus, talis esto, qui digestionem iuuet
citra corruptionem substantiæ. Et hic si est alienior, separatur officio
peracto: sin paucus, & familiaris, aut etiam alterabilis in naturam dige-
sti, relinquitur. In densis is est acrior, & nonnunquam etiam erosiuus,
vt acetum, aqua mellis, vini spiritus, vinum forte, &c. in alijs mitis, vt aqua
destillata pluuia, rosacea, &c. nonnunquam oleum certi generis. Interim quæ alienæ naturæ sunt, & per digestionem secessum fecerunt, separantur.

Digestio etiam elutioni & dulcorationi succurrit. Itaque per vini
spiritum prius acredinem eluimus è pulueribus seu calcibus, per aquas soluentes præparatis: postea per dulcem stillatitiam edulcoramus, vtrobique
factis digestionibus & repetitionibus quot opus est. Semper autem vbi
menstruum acrefactam est, abstrahitur reposito alio, donec non amplius
mutetur noxia qualitate.

Digestio concurrit & cum inceratione, & extractione essentiæ. Nam
per eam à menstruo assumitur essentia, & vnà segregatur, vt in his quæ
per oleum suut extracta, quæ exceptam essentiam reddunt vini spiritui, à
quo postea iterum separatur. Ita in succis & alijs.

CAPVT LVIII.

De Circulatione.

Circulatio est liquoris puri, per circularem solutionem, & coagulationem in Pelicano, agente calore, exaltatio.

Liqui-

Liquidarum enim rerum quæ attenuari,seu resolui in aërem,indeq;
viciſſim in liquorem redire poſſunt, eſt tantum : & ſequitur potiſſimum
extractiones, quibus fiunt eſſentiæ. Itaque & rectificationis officio non
raro fungitur,cùm per eam non tenuiores duntaxat euadant liquores,ſed&
puriores,efficaciores,magiſque perſpicui.

Concurrunt in eius adminiſtratione operationes plures, veluti Digeſtio : (vnde interdum digeſtio in pelicano & circulatio ſunt pro eodem)
Sublimatio,deſtillatioque vicaria.Nam quod ſpecie vaporis vel aëris in vaſe eleuatum eſt,poſtquam frigore loci coagulauit,& conſtitit, defertur i-
terum,deſtillatque:& ſic etiam coagulatio quædam vna fit,& reſolutio ra-
refactoria.

Hinc intelligitur quæ ſit eius procuratio.Pelicanus,ſeu vas Hermetis,
aut quodcunq; ad eius imitationem factum ad manum eſt, impletur liquore extracto attenuabili,ad tertias.Poſſitur in fimo,vel huius vicario, ad medium, aut etiam ad tertiam extantem, vt duæ tertiæ ſint in foco , vbi calor
eſt,vna verò extra focum in aere frigidiore,vt ibi fiat attenuatio, hîc coagu-
latio.Ita ſinitur per menſem ſuum,hoc eſt, donec quæſita exaltatio reſpondeat voto.. Si quid impuri aut feculenti adhuc in liquore fuit,id plærumque ſolet ad fundum ſubſidere. Quod vbi euenit, refrigerato opere effunditur puritas in aliud circulatorium mundum, iterumque imponitur ad ex-
altandum.Calor debet eſſe moderatus,& continuus.

Summa eius excellentia eſt in quintis eſſentijs faciendis. Abutimur
tamen eadem etiam ad figendum. Res enim volatiles cùm ſeu pelicano,
ſeu matrici,quæ ſuſtinet vicem illius, includuntur, eleuari ſinuntur & iterum deferri quouſque figantur,& totæ in imo maneant, id quod etiam per
ſublimationem nonnunquam procuratur.

Quod ſi adhæret in ſummo, vel etiam in ſuperficie fixorum moratur,
inuertitur vitrum.Et hîc pro rei natura calor etiam intenſior quàm pro gradu primo eſſe poteſt.

Caput LIX.

De Fermentatione.

FErmentatio eſt rei in ſubſtantia, per admiſtionem fermenti, quod virtute per ſpiritum diſtributa totam penetrat maſſam & in ſuam naturam
immutat,exaltatio.

Ideo enim inuenta eſt,vt ex ſymbolico ignobiliore efficacia medicinę
fermentantis,nobiliſſima fiat ſubſtatia,ad quam peruenire natura ſinit.Po-
tiſſimum autem in metallis,quorum natura ad mutua eſt procliuis, locum
habet,& ab imitatione maſſæ fermentatæ nomen inuenit.

Apparatus operis est, vt medicina peculiariter exaltata, & secundum substantiam familiaris massæ (aliena enim repudiatur, sicut etiam vulgò fermentum sit è farina ad massam farinaceam) virtute quidem valens, quantitate verò parua, misceatur vndiquaque cum re fermentanda, quod vt probè fiat, fluxilis, aut saltem diuisibilis per minima vtraq; debet esse. Subactione & ingressu facto, ad digestionem ponitur totum, donec agens exuperauerit, inque suam naturam verterit patiens.   Hæc fermentatio in arcano philosophico sit per corpus purum, & cementatum, diciturque viuificatio, vel resuscitatio.   Nam velut ex mortuis reuocatur destructa materia, viresque acquirit nouas. Agit quidem fermentum præsidio caloris interni maximè; sed ab externo & actuandus ille est & fouendus, neq; tamen gradu tanto qui spiritum queat dissipare, cum hic ipse intus in massa sit continendus, vnàque comprehendendus. Vt enim loquuntur philosophi, anima est in illo.

Postea sunt etiam fermentationes in vegetabilibus. Et primum quidem illa vsitatissima in massa frumentacea per fermentum acidum, cuius naturam imitatur, vel etiam superat spiritus ardens ex frumentis extractus, vel fæcibus potionum inebriantium, sicut & ipsæ feces vini, vel cereuisiæ fermentant.

Deinde est fermentatio potuum, qua feruescunt, & secessu facto repurgantur. Ea item sit per feces valentes è vino vel cereuisia sumtas.   Ita cum è polenta aquam ardentem elicere volunt, eam fermentant. Mutatur enim illa mistura ad naturam fermenti, maximè si bis fiat.

Præterea est fermentatio in medicinis succisque commistis, quæ sit cum digestione ad vnam misti crasin. Ita sæpenumero totam misti naturam ad vnum quoddam reducere volentes, fermentamus illud valente medicina.

Cum succi per se efferuescere sinuntur, digestio duntaxat sit, quæ tamen ob similitudinem etiam nominatur interdum fermentatio.

Eadem transfertur etiam ad alteranda corpora per medicinam haustam: quod ipsum & renouari dicunt.

Tandem si fermentum fixum est, figit secum rem fermentandam, atque ita fixatio interdum fermentationi est coniuncta.

Caput LX.
De proiectione.

PRoiectio est per medicinam super remutanda proiectam, cum repentino ingressu & mutatione, exaltatio.

Conuenit cum fermentatione, quòd rem intus in substantia mutet; differt autem quòd non fiat cum digestione lenta, qua paulatim mistilia alteran-

m 3

ferantur & crasin accipiuut; sed violenta penetratione facta, quasi in momento ingressus, transfiguret.　Vocatur etiam illa medicina non fermentum, sed tinctura: vnde & ipsum opus denominatur aliquando.

Est & hæc potissimum metallorum, & fit per medicinam animalem, quæ naturam metallicam excellentissimo obtineat gradu, possitq́; in id vertere metallum ignobile, ex quo ipsa est extracta.

Modus eius est duplex. Cũ enim ad eam naturam sit redacta, vt ad calorem instar ceræ diffluere, & se immergere vndiquaque in metallum reseratum possit, reseratio autem hæc fiat vel per ignitionem, vel fluxum: hinc fit primus modus, qui & ipse est duplex. Nam super lamellam metalli ignitam, si quidem ignescere potest, disseminatur puluis, vel si ad oleum redacta est medicina, immergitur, aut ipsum aspergitur. Deinde potest & fundi metallum, fusóque immitti medicina.

Alter modus est cum metallum in hydrargyrum redactum, vel cum eo amalgamatum, vel etiam ipse hydrargyrus calefactus globulo eius medicinæ immisso transmutatur, id quod plærumque sit in catino triangulo super fornace anemia.

Huic quoque coniuncta est fixatio, si quidem medicina est fixa. Succedit ei fulminatio, si nondum purum est metallum.

Vicina est proiectioni, metalloru aliarumq́; reru coloratio, per medicinam ἐπισκιαζομένη ἢ ἐπαμφωτερίζουσα (vt loquitur philosophus in 1. de ortu textu 90.) quæ sit formalis potius quàm materialis, ad rem tingendam analogam.

Et plærumque si fusilis est, eliquatur, iniectáque tinctura permiscetur vndiquaque. (Aliàs eriã commacerantur mutuò, vbi specie liquoris est tinctura, ibi plærumque aut puluis, aut oleum, sed tunc opus vocatur gradatio, de qua in sequentibus.)　Famulatur nonnunquam hic cementatio, aut proiectionis officio fungitur.

Non autem semper certa quantitas medicinæ definiri potest. Itaque iudicio magistri proijcitur vna pars super mille; & si respondet examinibus id quod tinctum est, rata res est, sin minus, exuperatque tinctora, augetur corpus; sin hoc excellit, illa. Quod si infirmiòr est tinctura, corporis pauciores partes sumuntur, sitque ascensus à septem ad decem, quinquaginta, centum, &c. Nam gradibus inæqualibus illa potest elaborari, vt sit alias magis aliàs minus spiritualis.

Cum proijcitur super mercurium, etiam præcipitatio nominatur.
Per proiectionem etiam fit multiplicatio physica quadamtenus.
Tunc enim vna pars perfectæ tincturæ mille partes
corporis amalgamati etiam in medi
cinam mutat, &c.

CAPVT

Capvt LXI.
De gradatione.

GRadatio eſt metallorum in gradu affectionum exaltatio, qua pondus color & conſtantia potiſſimum ad gradum excellentem perducuntur.

Neq; .n. in ſubſtantiam per ſe trãsfigurandam vim habet;(quanquam ita velint Paracelſici, ſed mendaciter & impoſtoriè) ſed duntaxat qualitates vel quantitates in gradu extollit, vel etiam ex occulto in manifeſtum producit, nihil mutata ſpecie priore: veluti ſi natura dedit aurum album, gradatio id rubificat; ſi volatile , figit; ſi impurum, purificat; ſi intractabile, mitigat; ſi mollius iuſto, indurat; ſi leuius, grauitatem addit; ſi rarum, ſtipat&c. Manet autem vbiuis aurum. In metallis tamen ignobilioribus etiam proximè ad tranſmutationem accedere pote ſt, adeò vt etiam pro tranſmutato habeatur, ſi argentum ad auri pondus, fixitatem, colorem, puritatem, tractabilitatem, denſitatémque eſt adductum, id quod fieri poſſe in argento perſuaſum eſt, cum aurum ſit propiore potentia: in reliquis quæ longius abſunt, non poteſt, niſi externa ſimilitudine, eáque inconſtante. Quanquam enim concedi poſſit metalla gradu perfectionis accidentium duntaxat diſtare: in inferioribus tamen tanta eſt à ſummo abſentia, vt gradu imperfectionis ſuæ & immaturitatis ſubſtantialis in peculiarium ſpecierum cenſu habeantur, nec niſi ſophiſticè per gradationem poſſint ad auri præſtantiam exaltari. Præterea nulla gradatio eſt vniuerſalis, id quod requiritur in eiuſmodi mutatione. Quod ſi alteram alteri vèlis ſubmittere; tales tamen ſunt vt altera alterius effectum potius ſit deſtructura, quàm perfectura. Fruſtrà itaque graduando quæritur abſolutio vltima.

Gradatio itaque potius ornamenta excellentia confert quàm ſubſtantiam, & magnus eius vſus eſt in probatione metallorum.

Fit multis modis. Inſeruiunt enim ei elaborationes variæ, & quædam etiam exaltationes. Veluti vna gradatio eſt per fumum, cum metalla halitu mineralium, vt ſulphuris, hydrargyri, &c. vel etiam aquarum acutarum & ſimilium ſpiritibus graduantur, vt pondere & tinctura euadant precioſiora: Alia eſt per elixationem, qua & ipſa pondus & calor poteſt exaltari, vt ſi in vrina, oleo ſulphuris, ſpiritu tartari, &c. coquantur: Alia per macerationem in aquis tingentibus, &c. Alia per incerationem. Alia per corroſionem & reductionem : Nonnulla per illiquationem: Aliqua per illitionem ſeu affrictum ad puluerem, lapidem, humorem, &c. tingentem.

Inter omnes excellunt , cementatio, fulminatio, extinctio, & coloritium.

CAPVT

CAPVT LXII.
De cementatione.

CEmentatio eſt gradatio per cementum.
     Cementum autem eſt materia mineralis acuta & penetrans, cum
qua ſtrata metalla, ad cementandum reuerberantur.

     Ea vel ſimplex eſt, vel miſta; & forma pulueris vel paſtæ.

     Materiæ ſimplices ſunt primum metalla fugacia, quæ illiquari etiam
ſolent perfectis, vt cuprum, &c. poſtea ærugo, chalcanthum, varij ſales, ex quibus ſi ammoniacus ſeu in paſta ſeu puluere præcipuas tenet, cementum dicitur R E G A L E, & congruit auro nominatim, tanquam regia a-
uis (vocant enim aquilam) regi: inde farina laterum, vel puluis etiam craſ-
ſior; flos æris, bolus armenus, caput mortuum aquæ fortis, crocus Martis,
cinabaris, ſublimatus & præcipitatus hydrargyrus, calx viua, limatura chalybis, arſenicum, tartarum, &c. & omninò quæ varijs ſcopis inſeruire variè
poſſunt; & ſunt in cementis etiam liquores, vt muria, vrina, acetum, oleoſitates mineralium, aquæ & ſpiritus eorundem, &c.

     Qui cemento ſine fuco vtuntur, potiſſimum hoc ſpectant, vt metal-
lorum vitia obiter adhærentia tollantur, ipſaque per ſe optima in ſuo genere euadant. Deinde vt eadem opera etiam adulterata à veris diſcernantur.
Verùm enimuerò cum magna ſit varietas ſophiſticationum per medicinas
varias; etiam hoc quæſitum eſt per cementa, vt conditiones nobilium metallorum inurantur ignobilibus, & ſic hæc pro illis ſe gerant, quod quidem
ſi ornatus & oblectamenti ſeu ingenij gratia ſit, non eſt culpandum. Fines
itaque cementandi dependent ab artiſicis conſilio, qui eodem etiam diri-
git cementum, vt ſcilicet depuretur metallum, colore & conſtantia exaltetur, itaque de cæteris.

     Inſeruit nonnunquam cementum etiam præparationibus. Nam per
id venæ immaturæ & volatiles poſſunt figi, vt in igni facilè reddant metal-
lũ, ita etiã aufferuntur cementando eroſiua mineralia & rapacia, quæ alioquin cum venis impoſita; metalla abſumerent. Prodeſt & ad ſpectanda ea
quæ ſunt cum venis, vt poſtea inde opus ſuum magnum poſſit rectè inſtituere excoctor, &c. Nec rarò confuſa metalla cemento ſeparantur, ſed altero plærumque perdito.

     Porrò cementationis ratio hæc eſt: pixis (vel olla, catinus, ouum,
&c. prout res eſt) cementatoria cemento circa fundum ſternitur altitudine conueniente (vt culmi, &c.) imponitur ei ſtratum metalli laminati & ad
modum groſſorum fracti: interdum etiam limati, quod nonnunquam alio
etiam eſt confuſum, vt aurum cupro pari: poſt metallum iterum ponitur:
& ſic fit ſtratum ſuper ſtratum, vt loquuntur artifices, vſque ad ſummum

vel circiter pixis luto armatur, tegitur operculo & agglutinatur, ferroq; re-uincitur, dato tamen ſpiraculo in ſummo, vel etiam pluribus, ſi ſales fuga-ces, vt ammoni⁹, ſal petræ &c. ſunt in cemento; aliàs opus diſrumpitur. Sic-cata omnia immittuntur in furnum reuerberij, aut etiam in anemia, igni per gradus exercentur quouſque res exigit.

In hoc opere nonnunquam duplex eſt cementum, paſta ſcilicet & pul-uis, ita vt cum acerrimè exactiſſimèque ſpectare alicuius ſynceritatem bo-nitatemq́; volumus, vnum metalli ſtratum permutetur duplice cementi. I-dem etiam fit cum tingere penitius volumus. Interdum metallicæ bracteæ melle, albumine, aut ſimili liquore tenaci illinuntur; & aſpergitur puluis cementatorius. Nonnunquam cementi forma abutimur ad colliqua-tiones, veluti cum ſit orichalcum ex cadmia foſſili; vbi in ſummo operculo latius foramen ad verſandam materiam eſt. Finem indicat fumi ſpecies certa, vt in orichalco luteus, &c.

Aurum diutiſſime in cemento manet. Vnde & eò perfectius iudica-tur. Poſt argentum cætera in fauillam rediguntur cementis acribus, mitib⁹ verò etiam durant ad ſuum tempus, vltimò etiam aurum corrumpi poteſt. Plærumq́; ex fumi ceſſatione argumentum perfectionis ſumitur. In qui-buſdam is modus eſt cementi, vt intra fluxum ſubſiſtamus, ſeu caueamus ne fluant. Itaq; igni paulatim vrantur. Quædam poſtquam leni igni ſunt agita-ta; poſtea ſtrenuè funduntur, vt regulum in pixide relinquant. Eſt & cum cementum repetitur ſæpius in metallo vno, vt cum aurum adducere ad di-gnitatè fermenti volumus &c. vel optimum argentum auri bonitati ſimile facere. Cementationis alius mod⁹ eſt per tegulas lateritias excauatas, & poſt-quam incluſum metallum cum cemento eſt, ferro reuinctas lutóque arma-tas. Hui⁹ vſus eſt etiam ad torrendum, vrendumq́; quo cæteri in puluerem poſſit. More metallorum nonnunquam etiam alia apparantur, & nomina-tim colores ad tingendum, & ſimilia.

Capvt LXIII.
De fulminatione.

FVlminatio eſt gradatio metallica, cum excoctione ad purum in cineri-tio, cuius perfectio veluti effulgente indicatur ſplendore.

Inde etiam nomen operi eſt, quod coruſcatio, veluti in fulmine ap-parente fulgure, fiat.

Nam poſtquam abſumtæ ſegregatæq́; ſunt alienitates, (veluti fluores adiecti, plumbum, mineraliaq́; coniuncta) nubecula quædã ſulphurea ob-equitat per ſuperficiem, vnde poſtea purpureus elucet ſplendor, quem ful-gur vel fulmen, aut etiam florem nuncupare ſolent, qui cum diſparet, regu-lus relictus refrigeratur.

Variat autem nonnihil adminiſtratio in magnis & paruis maſſis.

n   In

In magnis, per officinas metallurgicas metallum nobile (nam ad aurum & argentum potissimum vsurpatur) iunctu plumbo, vnde etiam excoctio per plumbum nominatur, forma pastillorum super furno cineritio
reuerberante ponitur, aspersis nonnunquam pulueribus fluxuum conuenientium (plærumque cineritium vitro trito, vel scorijs, vel plumbagine,
aut lythargyro puluerato conspergitur) igniq́; per folles sufflato funditur,
excoquiturq́; subsidente metallo, quod innatat auffertur, & plumbú partim absorbetur à cineritio, partim cú impuritatibus riuo in foco facto, deducitur,abitq́; in lithargyrum. Separatis impuritatibus,relictoq́; metallo
homogeneo, fulmen apparet, à quo pauló post ne dissipetur aliquid de essentia, quod in argento vi ignium & sufflationis fieri facilè potest, remoto
igni, cereuisia vel etiam aqua, in focum per canalem immittitur, à qua paulatim refrigescit, induraturq́ue regulus. Is postea extrahitur,& ferreis scopis repurgatur. Grana quæ in cineritium desederunt, effodiuntur; & cú adhuc aliquid impuri coniunctú ú sit, (nam magnæ massæ citra iacturá in cineritio non possunt penitius depurari) vritur, donec volatilia planè discesse-
rint.

*(In auro pro hoc opere interdum seruit amalgamatio , sed ab artificibus in-
dustrijs non planè probatur.)*

In parua copia, veluti cum venarum valor exploratur,&c. additur plę-
rumque plumbum granulatum, vel etiam laminatum, cum fluxibus, pro
natura mineræ. Non enim omnes parem plumbi copiam desiderant, neq́;
etiam omnes eosdem fluxus. Nonnunquam & per solos fluxus sine plumbo fit fulminatio. Peragitur in fornacula probatoria in crusibulo, in cuius
defectu, vtimur etiam catinis triangularibus, aurifabrorum more ante folles in fornace sua, vel etiam anemia: vbi cum pellere strenuè volumus, non
subtus tantum, vel ad latus sufflamus, sed & suprà. Cum apparuit ful-
gur, paululum adhuc sinimus; postea in aquam conijcimus, scopis munda-
mus, fluores adhærentes decutimus, siq́ue sulphurei halitus sunt residui,
eos tollimus vrendo, vel in aqua tartari coquendo.

Quod si primo plumbo, aut fluxu, non sat purè funditur, inijcitur nouus, quoad satis. Si venæ sunt rapaces, plumbum augetur, si refracto-
riæ, fluxus copiosior & sæpius adijcitur, si teneræ, mitis est fluxus, vt borax, fel vitri, &c. Ita etiam instituitur ignis regimen. Carbones solidi
eliguntur, vel quilibet immissi in aquam salsam, posteaq́ue resiccati conducunt.

Eiusmodi probatoria fulminatio adhiberi potest in omni genere venarum & metallorum confusorum. Vtimur item fulminatione in reductionibus calcium metallicarum. Per eam emundamus, nobiliramusq́ue. Per e-
andem etiam interdum figimus, absumpta humiditate volatili. Eadem sequitur non raro cementationes. Inseruit item ad confundendum metalla,

vt ita aduerſis operationibus congruat. Nam aurum & argentum per fulminationem cum fluxibus ita illiquari poſſunt, cum vtrumque ſit conſtans
in igni fulminatorio. Quin & adulteria metallorum per eam iudicantur.

(Cum magnæ induſtriæ ſit benè fulminare quælibet genera venarum & metallorum, tam in magnis operibus, quàm in probatione, illu-
ſtrationis maioris gratiâ apponam, quæ Fachſius de probationibus reli-
quit ὡς ἐν χύσει. Ita verò ille: *Quomodo agnoſcendum ſit, frigidiuſve an fer-*
uentius iuſto procedat opus in examine probatorio, multa poſſent dici. Sed rectius
exercitio & vſu iſta diſcuntur, quàm literis. Scito tamen & attende, cum vti
voles cruſibulis; ea debere antè in fornacula per dimidium horæ aut circiter, pra-
vt magna ſunt vel parua, calefieri, quod num dextrè peractum ſit, ita explora.
Calefacta copella impone maſſulam plumbi, & excoque. Quod ſi ſtrepit, & re-
ſilit; non dum ſatis calent. Itaque diutius in igni eas detineto. Id vocant Ger-
mani abgcadempt *vel* abgedehmet/ *quaſi vapore vel halitu calido vaporatum*
afflatumq́; dicere.

Cum examinas venas fœcundas, obſerua modum excoctionis. Cum e-
nim incipit feruere & fumigare, refrigeranda ſunt, mitiganduſque calor. A-
lioquin hoc neglecto vel prætermiſſo, vix purè excoquentur : & quanquam id a-
liquando euenit; non tamen eſt certi & infallibilis iudicij. Nam calor nimius
aliquid argento adimit, præſertim ſi venæ ſunt diuites.

Eſt & in venarum probationibus attendendum, num, cum iam coqui in-
cipiunt, flores per ſuperficiem diſcurrant. Inde enim coniicere poſſumus qua-
nam mineralia ſint venis coniuncta. Colores enim illi ſeu flores arguunt plum-
bum cinereum, arſenicum, ſulphur, hydrargyrum, vel ſtibium venis commiſta
eſſe, quæ cuiuſmodi ſint, alias cognoſces porrò induſtria, vt fuſores certiores fa-
cti in magno opere abſque damno laborent, & rectè excoquant torreantq́; mi-
neras.

Paſtillo in cruſibulo poſito fuſoq́, ſi fumus in altum conſurgit; feruet opus :
ſin reflectitur caditq́, friget. Si materia incipit nitere, ignem intende, ne cor-
rumpatur caloris defectu, præſertim ſicubi diues eſt, quanquam interdum niteat
etiam propter impuritates adhuc in ipſa reſiduas.

Si tardè excoquitur, calorem intende, vna atque altera pruna poſita in o-
ſtiolo ſuperiore. Itaſi cruſibulum nigredine fuſcatur, plumbo combibito, calor
augendus eſt. Prætereà ſi velut circulus obſcurus, nitens tamen quodammodo
opus ambit; refrigeſcet planè. Recreandum itaque eſt aperto oſtiolo inferiore,
& prunis admotus cruſibulo. Quodſi refrixit, particulam plumbi adijce, & ite-
rum coqui incipiet. Hoc itaque facto, debitè iterum refrigera, & ſine fulgu-
rare, inueniſq́; excoctum granum propter additum plumbum aliquantò le-
vius.

Cum inſtat fulmen, auge calorem, ne quid alluuiecula & halitnum è plumbo remaneat, & grauius iuſto exhibeat granum.

Fulmine facto, relinque materiam parumper in fornacula; remoue autem prunas è ſuperiore oſtiolo. Ita ſit vt granum recte poſſis è cruſibulo expedire, & à ſcorijs liberare.

Hæc Fachſius veluti generatim in fulminatione annotauit; cætera in magiſterijs ſpecialibus indicantur.

Caput LXIIII.

De coloritio.

COloritium eſt gradatio coloris per paſtam acutam, quam coloritium item nominant.

Itaque tingendi quidam modus eſt, metallis principaliter deſtinatus. Nec valet niſi in ſuperficie. Non enim altè penetrare poteſt propter corpulentiam, niſi diluatur liquore copioſo paſta, atque ita commutetur in formam lixiuij.

Materia coloritij eſt varia, tum ſimplex tum compoſita, eaq; vel mitis, vel acris, ita vt etiam erodat quadamtenus. Accommodáda enim eſt ad metallorum naturam, & pertinaciam eorum quæ tollere coloritio volumus.

Res ſimplices ſunt, ſal petræ, nitrum, ſal ammonius, ærugo, chalcanthum, farina laterum, alumen, æris ſquama, ſcobs ferri, ſulphur, vitriolum album, ſublimatus hydrargyrus, calx ſtanni, calx marchaſitæ, ſal gemmæ, ſal communis, ſal tartari, &c. quæ contemperantur vel aqua ſimplici, ſi mite requirimus, vel aceto, vrina, lixiuijs & ſimilibus, ſi forte.

Facta ita paſta, illinitur metallo, & cum eodem igni mandatur mediocri. Nonnunquam etiam veluti in cemento vnà reuerberantur donec excandeſcant: poſtea reſtinguuntur vrina, aqua tartari, vel ſimili acuta, pro artificis ſcopo.

Cum colorem exaltare volumus, eliguntur eæ paſtæ quæ analogæ ſunt iſti calori. Et nonnunquam ijs etiam aliter colorantur metalla, veluti cum dealbatur cuprum, &c. ſed tunc forma cementationis vſurpatur. Aliàs cum metalli color proprius ſpiritibus ſulphureis, mercurialibus impuris, arſenicalibus & ſimilibus eſt offuſcatus, per coloritium ſublatis illis natiu° color eniteſcit. Itaque & vtuntur eo aurifabri cum in ignibus inquinatum eſt argentum, vel aurum rubefactum.

Eſt & cum coloritium pro examine probitatis eſt. Cum enim plærumque ſit eroſiuum, id quod nobilibus metallis expoliendis adhibetur, mineralia & metalla inconſtantia ſeu mollia corrodit aut corrumpit. Itaque ſi illitum auro vel argento ſophiſtico, noxam affert, pronunciatur adulterium. Nominatim id peragunt in coticula: inducunt ei ſatis latam lineam de
auro

auro vel argento, quod fpectare volunt: poftea imponunt paftam coloritij,
& aliquantulum finunt, fi corrofit totum, nihil auri vel argenti veri fuit: fin
aliquid, tantum horum ineffe pronunciant, quantum reftitit. Sed vidédum,
ne aurum aut argentum quidem fit, fed mollius, quàm pro coloritio. Cauendum item ne lapis fimul erodatur.

Inferuit coloritium etiam cementationibus pro cemento. Poftea v-
furpatur item ad cælandum, vt ita fuftineat officium aquæ gradatoriæ. Res
cælanda inducitur luto, vel loricatur pafta, quæ inhibeat vim coloritij. Quà
verò erofam volumus aut cælatam, exculpitur, vt nuda fuperficies tangatur
à coloritio, quod poftea inductum relinquitur quò ad fatis. Ita non tantum
metalla, fed & marmora cælantur.

Coloritio aliquando tingunt & lapides, & ligna, & coria, veluti cùm
lignum pyri vel pruni calce viua extincta vrina, inq; paftam redacta, rubedine tingitur, &c.

Coloritium dilutum ad formam lixiuij, acquirere vim tranfmutato-
riam poteft, vt in ferro in cuprum mutando: & tunc macerationis fit materia, adq; iftud opus tranfit.

CAPVT LXV.
De Reftinctione.

REftinctio eft gradatio, qua res candefactæ in liquore exaltante reftinguuntur, atque ita ad nobilitatem perueniunt in eo genere optimo-
rum.

Hic enim eft principalis primufq; finis inuentæ reftinctionis. Variæ
autem nobilitatis prærogatiuæ per eam quæruntur, ad quas peculiariter liquores funt comparati. Quædam enim figuntur fæpius reftinguendo in a-
quis fixatorijs: Quædam tinguntur feu fuo colore altius, feu alieno, quem
cum humore combibito affumunt. Nonnulla fiunt tractabiliora, molliora-
que, fi reftinguantur in aquis remollientibus, & lentorem quendam indu-
centibus, &c.

Adminiftratio eft, vt fi res poteft cande fieri, vel ftatim per fe in flam-
meo igni excandefiat, vel cum pafta coloritij inducta: Poftea reftinguatur
immiffa in liquorem. Candefit autem vel per pyragram detinendo in igni,
vel palam, vel ollam, catinum, & fimilia, mediatè vel immediatè. Si non poteft ftatim ignefcere, paulatim finitur incalefcere, & calefacta reftinguendo figitur, donec ignitionem fuftineat, aut etiam fcopum fit affecuta. Quædam etiam fufa proijciuntur in liquorem. Liquor etiam reftinctionis vel a-
ctu fluit, vt vrina, lixiuium, &c. liquores metallicarum calcium, acetum, o-
lea, &c. vel eliquefcit immiffa re candente, vt adipes gelati, fulphur, cera, &
fimilia.

Nonnunquam etiam in imo est aqua, in summo adeps concretus, &c. prout volumus diuersimodè affectam rem candentem.

Minus principaliter restinctio cum cementatione vel coloritio est. Deinde per eam etiam fit probatio metallica. Cùm enim non quoduis metallum, quamuis restinctionem ferat, quod non accedit hac nota ad optimum, id ab eo degenerare pronunciatur, & sic adulteria deprehenduntur nonnunquam. Eadé vtuntur etiam adulterantes metalla, cùm ea in liquoribus fixis, vt oleo sulphuris fixo, liquore sublimati fixi, arsenici, tartari, &c. extinguunt, donec color penitus respondeat, nec facilè possit deleri.

Item Vena mertes cognoscuntur, & intractabiles mitigantur, præsertim auri, quæ Urina puerorum candefacta, restinguuntur. Inceratione &c.

Nonnunquam & transmutatio per eam procuratur, & tunc sustinet vicem fermentationis, vel proiectionis, cùm medicina transmutans redacta est ad olei formam, &c.

Est & restinctio in præparationibus, veluti cùm metallicos flores restinguendo facimus, vel metalla ita depuramus. Nam ignobilia dissiliunt in squamas, vt cuprum & ferrum, &c. Ita fusum plumbum &c. restinguendo granulatur.

Est & restinctio inuersa, qua non id quod restinguitur, graduatur, sed liquor. Hinc aquæ chalybeatæ, auratæ, æratæ, & similes: ita aqua calcis, aqua titionum, & balneæ salubres ex scoriis, lateribus, &c. fiunt.

Seruit restinctio etiam destillationi. Quædam enim, vt olea reddant, per restinctionem in oleo certi generis præparantur.

Quædam restinguendo corriguntur, & attenuantur: quædam simpliciter calefiunt, vbi peculiaris solertia est, cùm per ignitos canales in modum cochleæ intortos discurrens aqua incalescit, & attenuatur.

Adhuc de Encheria, prima nempe parte Alchemiæ.

LIBER

LIBER SECVNDVS
ALCHEMIÆ.
DE CHYMIA.
TRACTATVS PRIMVS
DE MAGISTERIIS.
CAPVT I.
Quid Chymia.

HYMIA est pars secunda Alchemiæ, de speciebus Chymicis conficiendis.

Species Chymica est, quæ per operationes Alchemiæ in enchirisi expositas perficitur.

Itaque & prior pars Alchemiæ huius gratia est, in qua inde sumti modi peculiariter adhibentur ad opus Chymicum perfectum.

Paracelsus artem Essatam videtur nominare, eamq́ solam iudicauit dignam præceptis, artificiosarum operationum modos disciplinæ manuali seu exercitio apud magistros præstantes relinquens. Quæ item species Chymica hic vocatur, tropo quodam etiam essentia nominatur, quanquam non desint qui arcana, & astra, & quouis grandi titulo quodcunque quouis modo præparauerint, appellare non erubescunt.

TRACT. I. CAP. II.
De magisterio qualitatis occultæ, vbi de Magnetismo, &c.

SPecies Chymica est duplex: Simplex & composita.

Simplex est quæ vno continuo processu ad suam in se perfectionem perducitur proximé ex imperfecto & rudi. Itaque etiamsi ante elaborationem multæ res commisceri soleant, in aliquibus & sic compositio fieri, tamen pro homogeneo & simplici habetur, quod inde conficitur, sicut ex elementis mistum similare in corpore humano. *Illa verò compositio intelligitur esse ex essentijs pluribus iam elaboratis, & non ex rudibus rebus confusis, & ad vnam formam vno processu elaboratis.*

Et eft Magifterium, vel extractum.

Magifterium eft fpecies Chymica ex toto citra extractionem, impuritatibus duntaxat externis ablatis, elaborata exaltataque.

Seruantur itaque hic omnes concretionis naturalis & homogeneæ partes, fed ita exaltantur, vt dignitatem effentiarum propè attingant. Vnde & penè eadem rélinquitur quantitas feu moles, quam natura per fe dedit, quanquam non femper caueri poffit, quin cum alienitatibus & foris adhærentibus nonnihil fecedat: & nonnunquam etiam ftudio propter finem vfumúe certum quiddam negligitur. Ex quibus intelligitur maximè hic valere, quam Phyfici alterationem nuncupant, &c. Poftea etiam generationes, quibus inferuiunt operationes diuerfæ.

Magifterium aliud eft qualitatis, aliud fubftantiæ.

Magifterium qualitatis eft, cùm res formis qualibus elaborata exaltatur: Fitque dupliciter, aut fecundum qualitates occultas, aut manifeftas.

Magifterium qualitatis occultæ eft, cùm in his quæ crafin totius fubftantiæ attinent, tantumque effectis per experientiam patent, exaltatio perfecta eft.

Ea qualitas fi perniciofa eft in vfu, in totum aboletur, vel cum aliqua iactura fubftantiæ, & tunc refpicitur perfectio illa, quæ non in re, fed in vfu rei eft. In falubribus vtrumque obferuatur. Si aboleri in totum nequit, reprimitur ita, vt citra noxam poffit vfurpari.

Magna eft huius magifterij varietas : omnino tamen aut in eodem fit virtutis exaltatio, aut tranflatione in aliud.

Excellunt magnetifmi variorum generum, cùm res quædam efficitur fui familiaris attractoria: quibus aduerfantur Theamedifmi, cùm repellitur infeftum.

Oleum ferri non debet amififfe naturam ferri, aliàs perit affinitas. Meditare ergo de oleo ifto, & reductilem ferri liquorem fpecta.

Ita oleo chalybis enutritus magnes exaltatur vi ferri attractoria.

Quidam ignitum vulgariter reftinxerunt oleo ferri, fed fe delufos, euanefcente in totum fpiritu, in quo anima magneta eft, fenferunt.

Eft hic tranflatio virtutis in ferrum per affrictum, quo fe infinuat fpiritus magnetis attractorius, atque ita etiam in ferro munus magnetis exequitur.

Vt fulphur, pix, colophonia, &c.

Quædam è fimili vi attractoria magnetica nuncupata, elaborantur etiam aliter, veluti colophonia, terebinthina, &c. depurantur, fubtilianturqz, vt altius penetrent: & ad maiorem reducuntur tenacitatem, quò firmius hæreant trahantque. Terebinthina itaque fpiritu humido ad iuftum priuanda eft: refinæ ficcæ in lentum humorem diffoluendæ, vt quafi gluten fiat &c. Quædam affata tunduntur in pultem, vt cæpa, radices arundinum, bryoniæ, & c. vt calor actualis fubtiles reddat humores & fpiritus, &c. Sic farina fit attractoria per fermentationem.

Non-

Nonnulla etiam sine apparatu magistrali officio suo funguntur, vt scorpius, bufo, phalangium, &c. & alia suis vulneribus, atque etiam alijs pestilente spiritu turgentibus imposita, spiritum istum suæ naturæ familiarem attrahunt, nisi quòd quædam siccentur, quædam saltem quassentur: nonnulla tamen etiam viua imponuntur, &c. quo pacto & similis substantia similem iuuare & seruare deprehenditur, si altera sit crasi integra & forti, quin & vicissim si alterum corruptum sit, & malignum redditum, familiare facilius in fieere: sed horum magisterium est in μεταδόσει virtutis cum spiritu potius.

Hinc varia efficiuntur olea, veluti scorpionum, cùm viginti scorpiones viui in duabus libris olei amygdalarum amararum, vel oleo veteri macerantur per duos menses. Eodem pacto fieri potest & bufoninum, phalanginum &c. quibus nonnunquam adijciuntur alia magnetica, & alexipharmaca.

Oleum ex catellis ruffis per istam metadosin effectum, spiritus extrahit arthriticos, & segnes ex humore resoluit, &c. Ita fit oleum ranarum elixatione, cùm viuæ ranæ oleo suffocatæ in eodem coquuntur ad tabem carnium, indeq́; tunduntur in mortario, & incoquuntur iterum, adhibitis filtris & repurgationibus.

Est & oleum lumbricorum, qui postquam in fœno vel medulla ebuli purgati sunt, perfunduntur oleo, & in reuerberio per horæ medium coquuntur: oleum expressum filtris crebris purificatur.

Planè idem est modus in felibus oleo suffocandis coquendisq́; quod oleum ad tormina est felix. Sic ad paresin oleum fit ex cantharis Maijs. (*Sunt vermes in Maio apparentes per humum sub herbis discurrentes, in quorum tergo apparent alæ quasi auratæ viridescentes, è capite prominentibus veluti cornibus paruis, ventre tumido, &c.*) *Quidam substituunt cantharos salictarios, sed isti sunt oblongi. Alij inueniûtur super florib. quadrati, &c.*

Communicant autem oleis suam vim non tantum animalia, sed & alia quædam: veluti cum sulphur oleo incoquitur, cum cæpa, arundo, &c. item fiunt attractoria.

Eius ordinis sunt & attrahentia, rubefacientia, vesicantia, &c. vt cantharides, Tithymalli, euphorbium, flammula, vitis nigra, ranunculus minor, &c. in pultes redacta cum vini spiritu, &c.

Transeunt in hanc classem etiam per mistionem quædam, vt oleum mistum aquæ ardenti, fuligo & sulphur cum fermento subacta: magnes, hæmatites, & euphorbium mista, è capite trahunt phlegmata, &c. si palato & naribus admoueantur, &c.

Quædam tamen horum etiam ad essentiam rediguntur, & ad alias classes migrant.

Huius loci sunt & purgantia, quæ citra corpus communicatum duntaxat vim deponunt: in his excellit vitrum antimonij, & alia ex metallis facta, quorum puluis infunditur, maceratur, coquiturue cum liquore competen-

petente, qui inde exaltatus, non tantum sumtus intra corpus purgat, sed &
foris in fomentis resoluit, extrahitq́; Ita raphanus fit purgans surculis ellebori depactis, &c.

Quædam ad certa membra vim habent, vt ad vesicam cantharides, ad
vterum attrahendum odorata, veluti ambar, &c. depellendum fœtentia, vt
asa fœtida, &c. ita ad oculos hirundinaria, ad fœturam ætites, ad ventricu-
lum miluij pellis, &c. Ex quibus per transitionem item fieri possunt magisteria: maximè si ignita in liquoribus restinguantur, quanquam nonnulla
ex apposito saltem vim suscipiant, vt ab ambare, musco, &c. Ita fit aqua angelica è calce viua, quam aquam calcis nominant, ad vlcera maligna efficax,
ad ambusta item & vngues oculorum, præsertim si vitriolo albo remiscea-
tur, vel ammonio sale, vel vitrum antimonij fusum in ea restinguatur, &c.
ita liquores chalybeati, aurati, argentati, &c. balneæ ferratæ, minerales è
scoriis, &c. similiter aqua titionum ad scabiem: aqua calaminaris lapidis &
orichalci restinctorum ad visus acumen, & vitia oculorum.

Huius loci sunt directiones ad certa membra, quæ duntaxat per alterationem fiunt.

Fiunt & vina medicata eodem artificio, vt vinum Theriacale, per suf-
focationem viperarum in musto, vel vino, &c. Ita vinum cordiale, ex auri
restinctione, &c.

Apud Paracelsum de Chirurgia morbillorum, aqua mercurialis describitur in hunc modum. Mercurium per se sublimatum, aliquot vicibus à
sale sublima. Macera in aqua ardente, & destilla hanc, donec acrimonia
corrosiua abscesserit. Coque postea in aqua hirundinariæ per horam mediam. Hac effusa sine hydrargyro, laua morbillos. Sic cinamomum incensum & restinctum in eodem, item vim spirituosam deponit, qui modus locum habet in aliis omnibus cremijs. Debent autem postea liquores
diligenti filtratione & sedimentis repurgari. Sic aqua iuniperata è ligno &
ramentis procuratur: sic è sandalis, guaiaco, &c.

Proinde & olea balsamiq́ue per infusionem facti, eiusdem sunt artificij, si nimirum, postquam vis deposita est, remoueantur corpora in
totum nulla parte extracta manente. (*Alias enim rudimentum est extractionis relicto extracto cum suo menstruo.*)

Nonnunquam tamen hæc alteratio antecedit extractionem, vt cùm
amygdalæ alterantur floribus, &c. vnde postea oleum elicitur.

In nonnullis etiamnum viuis idem tentatur: vnde vites theriacales,
purgantes vuæ, lac purgans, lapides frangens sanguis, &c. Solent animalia
talibus pasci, & plantæ intra cortices positis medicinis educari, &c. Hinc
Bezoar lapis genitus, talibus medicinis, si aduersus venena valent, Bezar-
dicarum nomen dedit.

Ad magisterium occultæ qualitatis etiam referuntur ea, in quibus
                                                              poten-

potentiæ latentes in actum vocantur, propter aliquod impedimentum. Valet & hîc magisterium alienationis seu repulsæ, quanquam hæc non rarò contingit etiam ob manifestas affectiones. Ita hydrargyrus elaboratur destillationibus, & purificationibus per elutiones in acida muria, vt auri rapacissimus euadat, quod antè impuritatibus prohibitus, non tam poterat præstare. (*Istum tunc aliquando vocant hydrargyrum philosophorum, sicut & vicissim aurum præparatum, aurum philosophicum: & est tunc vtrumque suo modo exaltatum, hydrargyrus scilicet, vt dictum est, aurum verò aliquoties funditur per antimonium, cementatur, fulminatur, &c.*)

Exaltantur nonnulla etiam digestione maturatoria, circulationeque, & similibus, quo pacto venæ argenteæ, ferreæ, &c. immaturæ, per digestionem perficiuntur, vt cùm prius metalli viderentur vacuæ, postea copiosum fuderint. Ita vena bismuthi, & terra ferruginosa, etiam vulgò in cumulos congesta, diguruntur ad solem. Eodem modo & aluminosæ terræ, &c. nobilitantur. Sic vina cruda generosa euadunt, siquidem inest potentia nobilitatis, dum lóngo tempore diguruntur, vel etiam calore maturantur. Idem euenit & in oleo artificiosè seruato, semper subtractis alienitatibus defecando.

Gal. 4. simpl. med. cap. 11. de vinis in-fumatione & insolatione.

Exaltatur etiam nonnunquam horum virtus additamentis, vt vinum oleo sulphuris, vini generosi essentia, odoribus, &c. redditur efficax.

Porrò magisterij huius vsus etiam ad culinam, artemque magiricam peruenit, vbi perficiuntur ad alendum inepta, vt fiant satis commoda.

Cum aliqua iactura substantiæ nobilitantur quæ per diuaporationem noxiorum halituum apparantur, quod fit torrendo, vrendo, eluendo, nonnunquam & sublimando, & alijs modis. Ita stibio subtrahuntur virosi halitus, ita arsenicum, realgar, &c. perdunt venena, nec alio modo viperæ halitum noxium effundunt. Multa metallica vruntur, vt & alia mineralia etiam in vulgaribus officinis.

Quorundam vis salutaris eminentior fit, repressa altera noxia, ita præcipitatum hydrargyrum corrigunt spiritus vini infusione & incensione, additioneque Theriacæ, &c. Mezereum, Esula, & similia, domantur aceto, &c.

Magisterio eiusmodi, præsertim magnetismi, abutuntur magi in metallis, gemmis, herbis, emplastris, &c. quibus putant se vires astrorum posse inferre, item imaginationis effecta dare, vitam, mortemque procurare, homunculos conficere, vulnera per absentiam curare, quæ omnia sunt vana, & si quid euenit, aliunde est, &c.

　　　　TRA-

TRACT. I. CAP. III.
De magisterio figuræ, polituræ, &c.

MAgisterium qualitatis manifestæ est, cùm res in sensilibus formis elaboratur.

Hæc totuplex est, quotuplicia sensilia, circa quæ exaltanda Chymicus in rebus occupatur. Quædam tamen propius spectant materiæ corpus, quędam sunt formaliora.

Illius generis sunt magisteria figuræ (dispositionis in superficie, aut formæ externæ, &c.) consistentiæ.

Ibi excellunt polituræ gemmarum, cælaturæ marmorum, metallicorum & aliorum per aquas gradatorias, coloritia & similia, quæ magisteria Chymici plærumq; reliquerunt officinis gemmariorum, & huiusmodi artificum.

Crystallus in angulos figuratur vel cotibus vel æneo orbe, qui insistit ligneo cum asperso puluere smiridis. Ei circumacto arctè admouetur lapis. Formando adamanti, eiusdem facit puluis tantum, vt aiunt, & mucro quo scalpitur in figuras, vt sequetur. In mollioribus fila ferrea acuta, obtusa pro rei necessitate, oblita oleo & smiride, idem præstant.

Exemplum cęlaturę sit tale in chalybe vel simili: illine pultem è plumbagine vel cærussa & oleo lini factam, designa aut graphis describe lacunas erodendi metalli, exicca, induc coloritium ex ærugine, arsenico albo, alumine calcinato, hydrargyro sublimato, sale liquido, paribus, tritisq; in puluerem subtilem, & vrina vel aceto vini remistis, & ad ignem parumper calefactis. Poteris addere aliquid limaturæ ferri. Illitum ita ferrum admoue prunis, donec cærussa purpurascat, postea abrade: cælatura erit nigra. Fachsius.

Si albam requiris, coloritium sit ex hydrargyro sublimato, in pulticulam cum æqualibus vrinæ & aceti redacto, quam calenti ferramento indu per penicillum, vt antè.

(Caue tibi a fumo, a quo vt sis tutior, præbibe vinum Zedoariæ.)

Ita cælatur cuprum, orichalcum, argentum, substrato fundo ex pulticula hæmatitæ cum aqua triti, siccati, posteaque addita farina vitri Veneti, oleo lini, & tribus aut quatuor guttis vernicis liquidi, in pultem redacti. Vbi illeueris, describe formam quæ placet. Exiccato impone aquam fortem, quæ si validior iusto est, retundatur solutione pauci hydrargyri viui. Si satis altè erosit, ablue. Fit & pauimentum ex hæmatitæ puluere misto cera. Quædam inæqualiter cælantur diuersis temporibus, opera repetita pro altitudine cælaturæ, &c. Idem Fachsius.

Ad marmora fit pasta vel gradatoria ex his: Hydrargyrus sublimatus

matus & falammonius vnà destillentur in aquam. Adde huic calcis Iouis, calcis marcasitę, salis gemmei salis communis, salis ammonij q. s. Aut destilla quater in gradatoriam, aut fac pultem. Integras partes muni vetnice & similibus.

Politurę efficiuntur sectionibus, attrituve, interdum in seminatis subtilissimis farinis vitri, arenarum, lapidum cretaceorum, &c.

Fusilia infunduntur certis modiolis; ductilia imprimuntur, & nominatim praemollitum cornu etiam intruditur, &c. Ita chymici sua specula metallica, vitrea, &c. formant. Ita & vasa quaedam propria, quale est poculum chymicum è vitro antimonij, in quo paruo tempore consistens liquor purgantem vim acquirit. *(Varijs fieri modis potest, aut pici ingesto puluere, posteaq; incrustato poculo ligneo, aut tabulis compactis, aut certi generis fusione vitrea ne dissiliat, &c.*

Porrò ratio sculpendi ab Agricola ita describitur. Adamas dura cauatur adamantis mucrone, aut acuto aliquo eius fragmento in ferrum incluso, quod rursus in quadratum aenei axis foramen infigitur. Medium autem axem complectitur funiculus, qui descendens rotam ambit. Itaq; scalptor dextram quidem rotam versans vnà circumagit axem; sinistra verò ad mucronem adamantis applicat gemmam malthę infixam, qua similiter pars bacilli superior oblita est, itaq; sua industria scalpendo gemmam quod voluerit, signum efficit, &c.

In arte probatoria artificij seu disciplinae pars est catillos cinereos, quos capellas vocant, ritè effingere, item patellas, catinos triquetros & similia vasa. Catillos fabricare ita docet Fachsius: Haec praeceptio affinis est magisterio compositionis; sed distinguit vtrumque propria ratio; hic enim figuratio spectatur, ibi compositio, licet exempla quaedam vtrique sint apta.

Cineris clauellati vnciae sedecim *(Ille verò cinis vel è foco fulminatorio petitur, vbi ad margines planè exuccus apparet, vel è quouis ligno conficitur, & aqua triplici quadruplicive diluitur, donec omnis acredo salsa decesserit. Postea perturbando subtilissima pars colligitur, & per cribrum setaceum transfunditur, vt omnino farina exactissima purissimaq; euadat, qua ritè siccata, tusa, perq; angustum cribrum succussa, seruatur cautè, ne quid alieni incidat:)* postea cineris ossium vitulinorum, vel equinorum sex vnciae *(ille cinis fit ex ossibus probè excoctis, vt pinguedo abscedat, & postea reuerberatis ad albedinem exactam; insuper laeuigatis in puluerem exactum, eluisq; vt acredo abeat. Inde denuo calcinatur in figulina, denuoq; eluitur, siccatur, teritur, laeuigatur)* argillae purae duę vnciae cum sex drachmis *(haec argilla seu lutum figulinum eluendo depuratur vt terra sigillata, transfundendo turbidam aquam per filtrum setaceum, praecipitando, aquam abstrahendo, siccando, &c.)* Commisceantur probè, transigantúrque per cribrum angustum. Puluerem subige cum aqua fluuiatili pura,

Haec sunt huc reuocata ex tract. 1. c. 27 facilioris intellectu causa.

neq;

neque tamen nimia. Imprime in modiolum, qui monacha (*mortariolum orichalceum est, figura catini teretis absque fundo*)nominatur; & impulsu monachi (*est pistillus orichalceus, a cuius manubrio propendet forma dimidij globi, sed in medio cum tubere prominente, vt foci cauitas imprimi possit in cinerem. Est & aliud pistillum oniforme in cuius manubrio summo simul est malleus*)forma, quod tribus ictibus æqualibus solet perfici (*multum autem hoc refert ad fulminationem puram & æqualem.*)   Cum figuram suam accepit, insperge læuorem ex tribus animalium calcinatis (*comburuntur in reuerberio figuli secundo, teruntur eluunturá, vt calx ossium superius descripta, vt tota acredo secedat; postea pars subtilissima funditur cum aqua per manicam Hippocratio, vt colligatur quod leuissimum est, id exiccatum in marmore in lauorem ducitur. Conueniunt etiam ossa piscium maiorum, vt aselli, &c.*   Ideò autem hoc vt grana fulminata promptè discedant à crusibulo. Vbi inseminasti, deterso monacho, sesquiictu incute, vt probè hæreat. Postea exime è monacha, & lotam super villoso panno, exicca inuersim. Ita concinnantur crusibula.

Catini triquetri, patellæ & alia è luto tenaci, vitraria farina, & fragmentis veterum tigellorum facienda committuntur officinæ suæ.

Fundunt Chymici & tabulas pectorales variæ formæ pro amuletis, vt ex arsenico, realgare & similibus: aliàs ex electro, &c.

Non rarò indigent metallorum extensione, & foliatione, fistulatione item & similibus: quæ omnia sunt huius magisterij, quanquam à chrysoplectis & aurificibus, quibus istud opus commissum est, vicariam expectent operam.

(*Huius loci erat & furnaria constructio, & artificiosa incrustatio; sed exercitio potius quàm præceptis addiscitur, cum præsertim eiusmodi res inexplicabilem pro vsus varietate habeant rationem; forma verò communiores in enchirisi sint repræsentatæ; vnde modus effictionis facile patet.*)

TRACT. I. CAPVT IIII.

De magisterio consistentiæ mutatę seruata substantia, vbi de metallis potabilibus.

Magisterium consistentiæ est, cum seruata essentia, consistentia ad pręstabiliorem est immutata.

Hoc autem fit pluribus modis, non tam vt ipsi rei aliquid nobilitatis accedat, quàm vt ad vsum varium euadat commendatior, habiliorque.

Frequentia & illustria sunt hic mineralia potabilia, pulueres eorundem, fixum, volatile, mollitum, induratum, & huiusmodi, quæ declarantur exemplis potissimum metallorum.

AVRVM

AVRVM POTABILE.

Est aurum diſſolutum in ſuo menſtruo acuto, & ad conſiſtentiam liquoris potabilis, vnà manente aliqua menſtrui portione, quanta ſatis, deductum. Itaque & penitus exhauſto menſtruo, reductile eſt ad naturam priſtinam. Et eiuſmodi ſunt & reliqua metalla, cum cuique cognata marcaſita, excepta proprietate menſtrui, reductionis, & ſolutionis facilioris, &c.

In auro menſtruum variat pro ſcopis varijs. Soluitur in aqua regia, ſed quæ ad vſum medicum internum eſt ſuſpecta. In externis valeat. Alias tutius eſt ſolutionem inſtituere per ſpiritum ſalis gemmæ, vel ſalis tartarei, vel aquam mellis exaſperatam fecularum ſale, vel ſuccum limoniorum cum melle deſtillatum, vel ſpiritum vitrioli, &c. *Vide Alexium.*

(*Commendant plurimum eiuſmodi auri vires in grauiſſimis morbis, de quibus Alexius, &c. ſed vbi robur naturæ petitur, prætulerim auri ſolubilem calcem, vel liquorem, ex calce vel tinctura factum, qui ſit meri auri abſque omni peregrino, quanquam Paracelſo nil valeat aurum abſque corroſiuo.*)

Praxis ita eſt: Aurum apprime per ſtibium & fulmen-præparatum, inque lamellas vel folia extenuatum, abluatur prius arcano tartari liquore, vt ſecedant ſpiritus adhærentes. Is autem liquor è ſale tartari per deliquium factus ſufficit, modò ad puriſſimum ſit filtratus. Poſtea in ſuo vitro affuſo menſtruo ad altitudinem digiti, aut etiã trium vel quinq; cluſo vaſe ad calorem ſimi ponatur per menſem, qui modò plurium modò pauciorum eſt dierum, prout citò vel tardè ſoluitur, & ocius procedit opus ſi aurum prius ſit calcinatum, vel eius tinctura ſumatur. Vbi ſolutum deprehenditur menſtruum prius abſtrahitur deſtillatione lenta, neq; totum, ſed relicta parte, quæ liquiditate oleoſam præſtare poſſit. Ita ſolutum quidem aurum eſt, ſed nondum attenuatum. Itaq; nouo menſtruo affuſo digeritur calore priore per ſeptê dium, poſt quod mutatur alio, & ſic deinceps repetita opera, quouſque auri ſubſtantia videtur ita attenuata, vt cum menſtruo exactè ſit permiſtum, eiuſque gutta in vinum limpidum coniecta, id veluti crocus, tingat, citra præcipitationem ad fundum. Tunc ſolet tota quantitas menſtrui, quæ prius particulatim abſtracta eſt, & reſeruata, reponi, vnà digeri & tandem lentiſſima flamma prolici, ne quid de ſubſtantia auri egrediatur. *Tunc non amplius hæret circa fundum vitri, ſed eleuatur paulò altiⁱ tanquam nubecula.*

Huius vnicam guttam propter acrimoniam in liquore millecuplo vix licet excedere. Si tamen acrius iuſto eſt, quinta vini eſſentia affuſa, & in circulatione poſita, tandemque iterum ſeparata, repetito crebrius labore, poteſt mitigari. Sed tunc plærumque figitur, & in oleoſitatum metallicarum claſſem tranſmigrat.

(*Retundi acrimonia poteſt additamentis lenientibus, vt ſi ſumatur è ſyrupo violaceo, roſaceo, &c.*)

(Descriptiones aliorum: *Auri purgati uncia: aquæ salis ammonij quantum satis: addantur aquæ fortis gutta octo. Mista illa soluantur loco calido in aquam rubicundam. Effundantur soluta. In cucurbita destilletur liquor ad tertias residuas.*

Aliter: *Aurum solue spiritu salis sæpe mutato. Solutiones destilla vsque ad oleitatem.*

Aliter: *Solue succo limonum destillato, solutionem coagula ad butyri consistentiam. Hoc Gesnero tribuitur. Aliàs & acetum radicatum, & succus berberum locum illius sustinent. Corrigunt per succum chelidoniæ cum spiritu vini per digestiones & destillationes. Si temporis diuturnitate concrescit seu exiccatur, soluunt calcem in acetabulo albuminis ouorum, vt fit in calcibus in liquorem soluendis.*

Nonnulli fauum tota substantia cum optimi vini spiritu in fimo vasis clausis macerant, donec soluatur: aquam destillant, ei imponunt nouum fauum, & soluunt vt antè, & destillant. In aqua rectificata calcinatum hydrargyro aurum soluunt. Calcinant autem facto malagmate, cui addunt sulphur & incendunt, donec hydrargyrus secesserit; postea coquunt in spiritu tartari. Alij ante calcinationem per stibium fundunt, &c. VVil. Anton. Guer.

Nonnulli vrinam è viginti libris ad dimidias, indeq́ iterum ad dimidias, donec ad duas cum media peruentum est, destillant. In hac calcinatum reuerberatumq́ aurum soluunt, expectantes innatantem cuticulam, quam spiritu vini soluunt; solutionem ad olei consistentiam diuaporant. Si procedit vt dicunt, tincturam confecerunt. Eodem redit & istorum sententia, qui in aqua calcis tartari calcem auri soluunt ad teporem balnei; & innatantem pelliculam separant & dulcorant & spiritu vini, & aqua rosacea, &c.

ARGENTVM POTABILE.

Fit vt aurum, cum menstruo aceti stillatitij, pro quo succus limonum aut berberum esse queat.

Alijs placet hic modus: Salis nitri duæ libræ, terræ luteæ duplum, destillentur in aquam soluentem. Huius selibra soluantur argenti purissimi duæ vnciæ, digestione balnei ad finem solutionis. Si non soluitur vna opera; aqua mutata ad finem tendatur. Solutiones elue aqua pluuia, donec secesserit acrimonia. Affunde postea spiritum vini, digere, destilla, repetito labore aliquoties: tandem sicca, & puluere siccato affunde aquam vitæ rectificatam, poneque in digestione balnei vase clauso per medium mensem. Destilla ad olei consistentiam vt in auro. Vsus in cerebri morbis.

(Paracelsus: *Calcem lunæ cohoba per vinum vitæ per dies 7. & soluitur in liquorem tenacem. Digere in balneo per mensem, & abit in succum viridem. Inquire hic aqua vitæ & vinum vitæ quid sit. Artifices etiam quoddam aqua fortis genus ita appellant.*)

FERRVM POTABILE.

Fit ex croco ferri per acetum deſtillatum digeſtione balnei. Digeſtione peracta, deſtillatur ad ſiccum puluerem. Affuſo alio aceto digeritur denuò, & deſtillatur, quouſque in imo ſit oleoſitas, quæ crebra repetitione
tandem emerget. Vſus in affectibus epatis, lienis, inteſtinorum, præſertim
in atonia, imbecillitate, hydrope, fluoribus &c. (*Paracelſus pro aceto aquam
aluminis ſumit, & monet opera detur ne oleoſitas perdatur, & dum opus repetitur, nimia fiat craſſities. Sed vtitur ad vlcera, vocatq, oleum, balſamum vel reſinam ferri. Poteſt tamen etiam oleum extractum Martis intelligi.*)

Reliquorum metallorum pocula non admodum expetuntur. Quod ſi
quis deſideret, facile potabilia fient per aquam ſoluentem, factam deſtillatione ex alumine, ſale petræ & chalcantho. Digeſtio fit in balneo, crebrò
mutato menſtruo, donec olei conſiſtentia vt in ferro, appareat. Maximè
pro ijs ſub ſtituuntur liquores, vel oleoſitates eorundem metallorum, quæ
& balſami dicuntur. Fuge vſum internum.

Ita præcipiunt & de hydrargyro potabili, qué conficiunt ex ſublima- *Mercurius*
to per aquam fortem. Sed nullus hunc potauerit, qui ſapiet. Tutior eſt hic *potabilis.*
modus. Indurat⁹ hydrargyros per Saturnum in ſcobem lima ducitur. Hæc
in aurea concha in aceti acerrimi trullam collocatur, ne tamen acetum incidat concham. Affunditur vini ſpiritus, incenditurq; ſæpius vt conflagret,
qua conflagratione repetita, in oleoſum liquorem abit, cuius granum datur ad gallicam è maluatico. Huius vice ſuſtinet oleum de quo ſuo loco, &c.

MARCASITÆ POTABILES.

Marcaſita remiſta pari ſale petræ, deſtillatur in ſpiritum, more aquarū
fortium. Caput mortuum tritum, ſoluitur aqua forti. Solutioni miſcetur
extractus ſpiritus. Digeruntur vnà, & deſtillantur facta repetitione vt in
metallis, donec oleoſitas appareat. Vſus in vlceribus & ſimilibus externis,
pro cuiuſq; marcaſitæ natura, quæ ſe ad metallum aliquod accommodat.

(*Eſt enim marcaſita auri, argenti &c. In illis ſunt & alia quædam, vt Talcum, Zinckum, Gelſum, &c. quæ ad cupri naturam accedunt, at non rarò auri,
argentiue ſunt feracia, &c.*)

Vitra & lapides & gemmæ lapideæ calcinantur: calcibus adijcitur ſal
petræ, & proceditur vt in marcaſitis. Nonnulli calcinant, cū duplo ſulphuris viui, donec ſit combuſtum ſulphur. Calx eluitur vt feces cum ſulphure
abeant. Exiccata ſoluitur aqua forti, & deſtillatur ad oleoſitatem, perinde vt
de ferro dictum eſt.

SVLPHVR POTABILE.

Sulphuris ter ſublimati triens, coquatur cum beſſe ſpiritus Terebin-

thini vsque ad colorem ruffum, vel dum liquidum maneat. Odoris gratiâ
potes addere caphuræ vncias duas (*vel myrrham & aloën*) quanquam etiã si
nimium fœtet, libero aëri exponi aliquandiu poteft. Vocant alij balfamum
fulphuris.

SACHARVM POTABILE.

Huius loci eft & facharum potabile, quod vel fit per vini fpiritum, fuper eo puluerato accenfum, nec tamen planè combuftum, vel per acetum
ftillatitium, cum quo facharum foluitur, digeritur biduo, colatur, digeritur iterum diebus 24. (*fors horis*) acetum abftrahitur vfque ad oleiformem
confiftentiam, non totum. Parum differt ab oxyfachara fimplici.

SVCCINVM POTABILE.

Læuorem fuccin i in vino circulato per menfem digere: liquorem effunde, repofito alio vino, donec tota calx fuccini fit transfufa, femper mutato menftruo, & læuigato iterũ quod eft contumax. Solutiones coquuntur
ad olei confiftentiam, vel deftillantur, vt feruetur menftruum.

TRACT. I. CAPVT V.
De magifterio puluerum.

MAgifterium hoc confiftentiæ continuæ in puluerem perductæ eft, fitque potiffimum calcinationum modis; vnde efficitur, vt & calcis vocabulo non rarò appellentur; vulgò Alcoolia. Refpicitur hoc principaliter, vt fracta tenacitate friari res poffit. Cum itaq; vinculũ foliditatis fit humidum, quouis modo hoc aut abforbetur exiccando, vrendo, torrendo,
&c. intra tamen terminum reductionis, aut faltem feruatæ fubftantiæ; aut
definitur corrofionibus ad minima alijfve diuulfionum artificijs.

Puluetibus affines funt fcobes, elimatæ, rafuræ, granaliæ, &c. Diftant
faltem craffitie.

Inter omnes excellunt pulueres metallorum & gemmarum; & fiunt
vel per aquas acutas; vel cementa & reuerberia, vel fufionem & diuerbera-
tionem, & fimiles operationes. Singulis naturæ fuæ congruus eligitur modus, atque etiam vfibus accommodatur. Vnde plærumque in fingulis eft
varius.

PVLVIS SEV ALCOOL AVRI.

Plumbum in cucurbita vel catino auguftioris orificij eliquetur. Imponatur auri lamina orificio, vt fumus feruentis in fundo metalli eam verberet, fefeque penitus infinuet. Ita euadit friabilis. Teritur poftea fracta
cum fale, & in marmore læuigatur in puluerem impalpabilem. Sal abftrahitur folutione in aqua calida. Puluis emundatur per aquam calcinati tartari, & edulcoratur deftillata fimplici. Si fufpicio eft adhærentis fpiritus
mer-

mercurialis corporalis; puluis iam confectus in patella probatoria, vel lan-
ce intra tegulam fornaculæ probè igniatur, quanquam verendum est, ne
quid iacturæ patiatur ab hydrargyro discedente, & aliquid surripiente.
Hæc est calcinatio solis per fumum Saturni.

MODVS SECVNDVS AVRI
puluerandi.

Vaporantur auri laminæ per hydrargyrum, vt in calcinatione per Saturnum. Vsitatius est ex auro & hydrargyro malagma seu pultem, quam
amalgama vocant, conficere, & sic terere vel molere. Aurum in lamellas
aut folia redactum, hydrargyro in catino feruefacto immiscetur. Superflu-
um hydrargyri per corium exprimendo separatur. Quod cum auro restat,
diuaporatur super prunis in patella, ita vt continuè agitetur, & relinquatur
merus auri puluis. Interdum sulphure adiecto & incenso diuaporat hydrargyrus inter flammas, sicuti fit cinabari incensa. Nonnunquam amalgama in læuissimo marmore quàm exactissimè ducitur; posteaque hydrargyrus abstrahitur. Sed & cum sale pulticulam illam terimus, & deinde in
reuerberio, argento viuo sublato, vel destillatione subtracto, iterum terimus cum sale, & ab exactè læuigato puluere salem eluimus. Illis modis
verendum est ne aliquid auri pereat: itaque tutius per aquam fortem segre-
gatoriam hydrargyrus tollitur, & exiccata calx ignitione repurgatur, cauendo tamen ne fluat. Alluuiones halituosæ item tollunturper aquam tartari, vt antè.

MODVS TERTIVS.

Cementatur aurum sæpius cum suo cemento, quousque euadat tam
siccum, vt comminui terendo queat, & læuigari adiecto sale. Nonnunquam cementationi præmittitur solutio in regia, quæ destillatur ad siccum.
Aurum in fundo vitri hærens; aqua calida perfusum, lignea spatula abstrahitur, & adiectis tribus partibus de mistura salis ammonij & vulgaris, vtriusque purificati, cementatur per horas quinq;, donec vas ignifactum pur-
putascat. Postea teritur saper marmore in alcool, & sal abluitur.

Cementum hoc fit ex cu-pro quod cũ auro côfun-ditur, dein-de colcotare sale ammo-nio, sale com-muni, aru-gine & la-terum fari-na, omnib. studiosè de-puratis.

MODVS QVARTVS AVREI
puluerus, qui & calx auri.

Soluitur aurum aqua regia, ad eum modum quo aurifices argentum
in quartatione.

Solutio descenditur per calidam salsam. (*Calidam salsam memineris
aptissimam esse eã, quæ fit ex dulci aqua pura, in qua soluta sit parua quantitas salis tartari, vel tartari calcinati, per filtrum abstracti is fecibus. Notat Penottus mi-*

rabilem antipathian, quod si plusculum infundas, aurum euolet. Aliàs etiam
destillamus aquam ex vitriolo Vngarico, qua instillata descendit calx: item ex
stibio & duplo vitrioli spiritus elicitus idem machinatur.) Puluis eluitur ab a-
crimonia per dulcem puram, & exiccatur. Pro regia sumitur & aqua Saturni cum alijs, de quibus in auro potabili. Solutio affuso vini spiritu, figitur in calcem. Ita enim vocant puluerem hunc artifices potissimum.
Calx aqua tartarisata purificatur. Ab ea iterum eluitur per dulcem & siccatur.

    Affinis huic modo est maceratio auri in aceto per dies aliquot, puta
nouem, aut circiter, vase ad calorem moderatum, solis aut fornacis locato.
Postea addito sale ammonio in marmore discutitur & teritur: siccatur: adijcitur denuò salis ammonij liquor: maceratur: siccatur: læuigatur in tabula cum sale, & tandem per aquam sal eluitur.

    Est alia comminutio, quam scriptoriam voces. Folia auri aqua mellea,
vel syrupo rosaceo aut melleo subiguntur, donec minutissimè sint fracta &
æqualiter mista, inde mel eluitur aqua & puluis siccatur. *(Quidam fuso au-*
ro in catino miscent stibium pulueratum, statimq̀ in calcem abire dicunt.)

AVRVM PVSILLATVM, SEV
Granalium.

    Aurum eliquatum per scopas in aqua positas funditur, & diuerbera-
tur. Hæc operatio communis est etiam alijs metallis; & potissimum vsurpatur in pagamentis, seu massis monetalib⁹ iudicandis. Diligens eius administratio è Fachsio sic habet.

    Catinum fusorium, super suo pedamento cineribus farcto, in forna-
ce anemia colloca & ferreo operculo muni. Carbones vsque ad operculum catini aggere. In his dispone prunas decem, vt desuper catinus paulatim ignescat, quem tunc considera, integerne sit an ruptus. Si solidum
deprehendis, metallum, cuius pondus sit exploratum, partim immitte per
trullam, & comple catinum, restituto operculo prunas admoue vt metallum fluat & consideat; quo facto adde plus materiæ, idque repete donec
tota quantitas catino, qui debet iustæ capacitatis esse, sit illata. Cum feruet eliquata massa, immisso vncino calefacto eam probè permisce. Si quid
spumæ innatat; id abstrahe cochleari ferreo. Deinde insperge carbonis
triti manipulum, & denuò per vncinum permisce. Cum recaluère, exhau-
ri partem trulla ignita, quam effusoriam vocant, forcipe fusoria prehen-
sam. Effunde in labrum aquæ super dispositas scopas, quas minister
agitet, & diuerberet metallum. Cum non potes haurire quid amplius, prehensum catinum totum inuerte, & in aquam quod inest, præcipita.
Fiat sedimentum per quietem. Aquam innatantem abstrahe, & caue ne
quid metallici pulueris vnà tollas. Granula exemta labro, in lebete æreo

po-

pone. Carbones elue: ficca ad calorem. In hoc opere folet drachma de octo vncijs perire, fiquidem ex auro, argentoq; vel cupro eſt miſtura, qualis eſt monetaria, eſtq; id iuſtum detrimétum, aliàs damnoſè laboratum eſt. Hoc eſt metallům puſillatum, ſeu in puſilla grana deductum.

Solet puluis auri reduci cum borace, & ouorum vitellis, fimilibuſûe in catino colliquando, vel cum plumbo fulminando.

PVLVIS ARGENTI.

Etiam hic fit variis modis, quorum plærique cum auro ſunt commu-nes κατὰ γένη: obſeruationes tamen habent ſpeciales. Primus eſt cum hydrar-gyro: ſcobem vel folia lunæ miſce cum pari hydrargyro in catino prius con-calefacto (hydrargyro ſcilicet) moue cum bacillo, & agita ſedulò: infunde in frigidam, vt indureſcat maſſa in morem ſtanni friabilis (quale ſit ſi mercurio immergitur competenti) ſi non talis euadit, abundat hydrargyrus. Itaque vel per corium exprime, vel ſuper prunis diſſipa aliquid expirando. Reliquá pulticulam tere cum quatta parte ſalis communis puri, in mortario fortiter ſubigens. Reſtitue ſubactum igni, & abſtrahe hydrargyrum per diuaporati-onem, vt tantum ſal cum luna reſtet, & caue ne fluat. Tandem ablue ſalem multiplici calida, & ad ſolem exicca.

Idem modus etiam aliter procuratur. Fit amalgama ex folijs lunæ & hydrargyro, huic additur vitriolum Romanum quantum ſatis. Miſcentur, intraque tegulas vel lateres duos cauos luto ſapientiæ coniunctos, & ferreo filo conſtrictos, per diei medium inter prunas reuerberantur. Puluis elui-tur: vocare calcem ſolent, cùm more calcis vulgatæ fiat, ſed & argentum v-ſtum ita conficitur. Interdum prius diuaporare ſinimus hydrargyrum, & poſtea puluerem ſale miſtum per tres horas reuerberamus item in calcem.

MODVS SECVNDVS PER AQVAM ſoluentem.

Argenti ſcobs vel lamina prius fulminati in cucurbitula, affuſa duplici aqua forti, ſuper prunis ſoluitur: (Cucurbitula clauſa ſuper tripode apto paula-tim prunis admouetur modicis, & finitur ibi, quouſq; aquæ impetus deferbuerit, ſeu iam retuſus ſit, & maſſa reſoluta in aquam: quod ſi fit vna vice, rectè eſt, ſin mi-nus, effuſa aqua priore, noua adiicienda eſt, quouſq; totum ſit corroſum ſolutumq;) Solutio deſcenditur in hunc modum. Sextuplum aquæ calidæ, in qua mo-mentum ſalis ſit ſolutum, in vas cupreum pinguedine non infectum, immit-te (quantitas autem illa æſtimatur ad quantitatem ſolutionis). Affunde aquam ſolutionis argenti: commiſce cum ligneo bacillo, & aqua veſiculas ſeu bul-las eiicit, argentum verò deſcendit inſtar vermiculorum caſei minutorum. Sine quieſcere per diem medium, aut amplius, & colligitur argentum coloris cærulei, ihstat seti lactis. Effusam modicè aquam serua:(*Nam eius vsu est in morbis externis, vt scabie, doloribus, &c. præsertim mista decoctis certis, & exasperata aqua mercuriali, vel solutionis ferri, &c. aut etiam in destillatione noua fortis loco aqua in receptaculo ponenda est.*)Calcem argenti (ita enim vocant è consueto)laua aqua dulci tepida aliquoties, vt abscedat acrimonia. Sicca in leui concha. Ea est calx lunæ. Solet & hic aliquid detrimenti, vt vnius drachmæ in marca, sentiri. Nota quod soleat etiam circa fundum hærere illa calx instar nubeculæ, vel pelliculæ; quam possis eximere cochleari, prouidè tamen. Si solutio fit in vitrea concha; substernunt laminam cupri, cui calx insistat post affusam sallam aquam. Inde postea colligitur. Aliquando aquâ diuaporant, vel destillant, eo ingenio vt integra fortis, quæ primo exit, seorsim excipiatur. Nonnunquam calx ante elutionem reuerberatur per horas tres, vt spiritus secedant alieni.

MODVS TERTIVS PER cementum.

Pars vna argenti; duæ pineæ resinæ; sulphuris puri quatuor, coniecta in massam reuerberantur. Calx elutione fontanæ colligitur. vel: Cementatur luna cum duplo salis gemmæ ea arte, ne fluat. Calx putificatur per vini spiritum quo sal secedat, vel cum quatuor partibus salis vulgi, quatuor horas cementatur; post teritur & eluitur, vel: salis præparati portiones duæ, limati argenti vna commiscentur conterendo; & in catino vel olla clausa locantur in fornace figuli, tabula superiore, ne fluant vi flammæ. coctis ollis eximitur & catinus, & in frigida pura sal eluitur.

Puluis lunæ, vel calx talis reducitur fulminando per plumbum, vel cum alumine & tartaro, borace, felle vitri, amurca, alkali, nitro, &c.

Granalium argenti conuenit cum pusillatione auri.

PVLVIS MARTIS.

Scobs ferri optimi seu chalibis elimata maceratur aceto, donec teri possit. Eluitur postea, & in durissimo Porphyrio in læuorem exactum ducitur.(*Hinc fit Elect. de limatura chalibis*)

Nonnunquam reuerberatur ad siccitatem friabilem; posteaque cum liquore quodam teritur. Accedit tunc propè ad calcem & crocum. Est & cum malleorum percussu in squamas dissilit, quæ postea in pollinem ducuntur. Atteritur & cotibus in alcool subtilissimum, adhibita aqua.

PVLVIS VENERIS.

Is est flos cupri inter malleandum absiliens, qui postea in exactum læuoleuorem teritur, eluiturq́;: vocant alias χαλκῦ ἄνθ⊙, florem æris, quæ tamen vox apud Arabes etiam æruginem signat, inq́; arte Chymica essentia quædam est. Alius est granaliorum æmulus (*sunt enim minutæ æris particulæ à reliquo eius corpore resolutæ, quibus ferè milij species est, inquit Agricola*) qui in officinis cuprarijs dum ad purum excoquitur, vel è foco defluit, & iam refrigescere incipit cum impetu in altum euehitur, excipiturq́; pauimentis dispositis, aut suppositis relabenti vasis. (*Plinius florem appellat*, lib. 34. cap. 11. *Agricola item flos est in 9. fossil. quem ita describit: Flos æris fit duobus modis. Vno cum æs ex lapidis panibus in fornace excoctum, in foco per canales fluxerit in catinū. Altero, cùm in singularis foci catino æs à quo plumbum & argentum fuerint separata, colliquatum fuerit, &c.*) Potest & granulatione auri confici.

PVLVIS SATVRNI ET IOVIS.

Laminæ minutim concilæ macerantur acri aceto, dum fiant friabiles, idq́; tribus diebus, mutato aceto indies. Scobs siccata in marmore læuigatur. Bulcasis plumbeo mortario infundit aquam, & terit cum plumbeo pistillo, donec nigrescat. Hanc effundit, & subsidere permittit, siccatq́ue.

Alius modus fit per fusionem, idq́; multipliciter, & vocant granula. Fuso plumbo vel stáno sal in miscetur, ita vt particulatim iniiciatur, & sedulò agitetur, subigaturq́ue cum spatha. Loco salis mistura ex sale & alumine sumitur. Cùm in minima discessit, refrigerata massa sal aqua affusa soluitur & eluitur. *Aliter:* Funde plumbum per scopas in aqua locatas: aut per cochlear seu cribrum metallicum angustissimè perforatum, in labrum aquæ, vel eliquatum in trulla funditur in alueolum ligneum pinguedine illitum, cumq́; incipit refrigescere, agitatur alueolus hinc inde, & disijcitur plumbum in grana, quæ cribro excutiuntur.

Est & cùm amalgamantur cum hydrargyro, ingestoq́; sale hydrargyrus per diuaporationem subducitur. Sale eluto remanet puluis.

Porrò metallorum conditionem sequi possunt & quæ metallicam adipiscuntur naturam, prout tamen sunt disposita, vt hydrargyrus induratus, regulus stibij &c. Quidá nescio quid arcani sibi somniant, in occiso suffocatóue per sublimatum hydrargyro. Euadit quidem ille instar pulueris plumbei, sed non amittit naturam. Quia enim vtrumque est diuisibile per minima, vniuntur in minimis, & siccum coërcet humidum, non aliter ac alio puluere minutissimo eliquatum plumbum, vel idem hydrargyrus.

PVLVIS LAPIDVM ET SIMILIVM.

Omnia quæ duriciem saxeam & vitream habent, si friabilia sunt, facilè læuigantur: vt sulphura, lapis cancrorum, &c. Si tenaciora, ignita restinguun-

guuntur aceto, vel torrentur, vel macerantur aceto radicato, succo berberum, aqua cryftalli, & fimilibus, poftea læuigantur. Fufilia poterant etiam
granulari more metallico. (*Et huius loci funt gemmæ, coralia, faxa plæraq; oui
cortex, concharum tegmina, &c.*) Multis fatis eft piftillus, mortarium & cribrum, vel filtrum.

     Huius loci eft comminutio venarum metallicarum, colorum & fimilium
per molas, mortaria aquatica, & fimilia. Exemplũ eft in minio natiuo, quod
ita præparatur. Vena hydrargyri rubicũda, pura, in ligneas immittitur capfas,
inftar mortariorum, fundo ferreo inftructas, pilifq; præferratis vi tympani
aquatici motis, comminuitur, & aqua immiffa quod comminutum eft, traijcitur per laminam cribriformem, posteaque in farinam molitur. Quod
non tranfmeat, denuò fubmittitur pilæ & conteritur: fin admifta funt faxa &
terræ, comminuitur priore modo, fed poftea in alueo vel plano eluitur fe-
cerniturque leuis terra cum lapide à vena graui. Inde quod purum eft cribratur, & mola læuigatur, impurum fegregatur denuò. Operarij inter mo-
lendum veficam perfpicuam ori prætendunt.

     Pulueres lignorum, offium, &c. lima, radula, piftillo, cœlo, ferra, &c.
conficiuntur arte vulgari, quæ ipfa non raro etiam in metallis, lapidibus,
fuccis concretis, &c. comminuendis fufcipitur. In alijs præftat mola in lutis
concretis etiam folutio & per filtrum fufio cum aqua, poft exiccatio, tritio,
& per cribra anguftiffima traiectio, &c.

TRACT. I. CAP. VI.
De Hydrargyro præcipitato.

I N cenfu eorum quæ confiftentiam feruata fub ftantia mutant, eft & argentum viuum cuiuflibet generis. Id cùm fluxum aqueum habeat, coagulatur in folidum varijs modis, idque calida medicina, ex quibus eft & præcipitatio dicta: vnde fit hydrargyrus præcipitatus, facili opera ad viuum reuo-
cabilis. Præcipitatur ita:

*Alia eft eius
fixio, alia in
dnratio,
quanquam
vocabula in
terdum per-
mutentur.*

     Hydrargyrum locatum in cucurbitula, perfunde aqua foluente fatis
acti, ad altitudinem trium digitorum : Claufo vafe admoue calori. Si re-
tufa eft vis aquæ, & adhuc reftat aliquid hydrargyri : pone in loco frigido, & congelafcet folutum : fi non congelafcit, affula frigida, vel etiam
dulci calida parumper falfa, coagulabitur: poftea fepara. Viuo argéto affunde aquam nouam, atque item folue vt antè : idque donec tota quantitas fit
foluta. (*Ita enim nominant ex vfu metallico, cùm potius coaguletur quàm foluatur.*) Solutiones confunde, & in cucurbita cum alembico deftilla aquam fol-
uentem, & fuper igni detine, donec rubefcat: fique conftantiorem requiris
adhibitis cohobiis euadet fixior, & coloratior. Tranfit autem paulatim ex
albo in citrinum, & hinc rubefcit. Itaque etiam, fi vis tripliciter coloratum,
                                                capies.

capies. Nonnunquam ad cinereum & cæruleum deducitur. Notandum quòd differat præparatio prò scopi varietate. Si ad medicinam expetitur, repurgandus diligenter est à sordibus, & spirituum alluuione, nec quauis aqua soluendus, sed vel spiritu salis, vel vitrioli, & similibus, quæ & aliàs suo modo corpori ingeruntur. Cùm item congelauit, eluendus est aqua dulci vel quadam destillata frigida, aut cordiali, antequam ad rubedinem perducatur. Vbi item iam erubuit, iterum eluitur aqua Theriacali.

Si ad rem metallicam expetitur, aqua fortis satis est, quam item adhibemus, si ad vlcera & similia externa conficitur, sed ita tamen vt eluatur ab acrimonia, ne in vsu dolorem excitet. (*Præcipitatur etiam in sublimato, exitq́, albus puluis elutis per aquam salibus.*)

Ne quis desideret aliorum autorum modos, quosdam adiungendos censui. Et primum quidem moneo, si tantum spectetur simplex præcipitatio naturæ gratia, non spectato vsu, quemlibet posse capi hydrargyrum: sed ad medicinam internã, hydrargyrum auri vel argenti, aut etiam vtriusq́ simul. Quanquã enim destructa est natura istorum metallorum: tamen analogus est illi. Postea & hic eligendus, in quo illa metalla sunt soluta philosophicè. Si & hic deest, queratur is qui iuxta auri & argenti metalla, aut etiam ex horum venis & marcasitis educitur, & depuretur per corium, per destillationes crebras, per lotionem ex acida muria, vel aceto destillato, in quo solutus sit sal ammonius sublimatus, vt omnis nigredo secedat, ipseq́, reluceat tanquam clarissimum speculum, aut cœli summa serenitas, qui color cœlestinus nominatur. Nihil etiam pigrarum fecum, quæ plærumque in fine destillationis cernuntur in alembico facie plumbea hærere, cum ipso est relinquendum, & licet inter destillandum sæpius prodeat cum fuscedine, tu memineris eandem etiam sæpius esse detergendam, filtratione & lotura. Sed iam ad modos: Aqua soluentis libra vna, hydrargyri triens: soluantur vnà, & destillentur quoad rubescat hydrargyrus. Rubeum rectifica spiritu vini affuso & incenso donec consumatur: postea elue aqua rosacea, tertiò iterum spiritu vini corrige.

Aliter: *Aquæ soluentis libra: hydrargyri sesquilibra, ponantur in cucurbita, vel phiola longi colli, obtorti tamen: soluantur super prunis, aqua abstrahatur destillando, rubra placenta exemta, tritaq́, eluatur aqua oxalidis & plantaginis per noctem infusa. Eam diuapora postea in vase argillaceo, subinde agitando per bacillum. Commendatur ad Gallicam per sudorem, ad pestem, quartanam, maniam, lepram sanabilem, venena, hydropem, vulnera, vlcera, fistulas, Iliacam, colicam, &c. dando à granis duobus ad septem cum mithridatio, vino, cordialibus, tabulis, &c. Sed mihi videtur illa laus esse hyperbolica, nisi artificem in vsu solertem nanciscatur, qui etiam venena salubriter queat in multis adhibere, additis tamen & cæteris quæ ad curam pertinent.*

Aliter: *Destilla aquam fortem ex vitriolo & sale petræ, pelleque spiritus in receptaculum, in quo sit sexta pars hydrargyri: post destillationem effunde in cucurbitam rectam, & destilla cum cohobijs, vsque dum rubeus euadat puluis,*

q

quem

quem corrige prius lotione ex fontana destillata, postea aqua melissa & borraginis.
Dantur grana 5.8.vel 10.pro robore patientis, cum Theriaca, & mithridatio. A-
qua fortis intra corpus suspecta est. Praferendus semper aliquis spirituum simpl.
cium est, ut salis, vitrioli, sulphuris, &c. In dosi esto circumspectus: non enim facile ascendendum ad semiscriptulum.

Dornesij ni
fallor.

 Aliter: Aluminis, salis, singula sescuncia, vitrioli quadrans, salis petra
quincunx, destillentur in aquam fortem. Hydrargyrum acida muria a fuscedine
purgatum, in illa solue per partes, donec totus sit solutus. Solutiones destilla ad coagulum. Hoc tere, & affusa dulci stillatitia sapius elue acredinem. Impone in vitrum ad calorem per decendium, ut indurescat. Trito adde aceti quadrantem.
Luto muni vitrum, digere primo ignis gradu per dies quatuor, donec fiat rubeus
puluis, quem lauiga in marmore.

 Aliter: Aruginis, vitrioli, salis trina uncia, affusa aqua coquantur in ferreo lebete, usq, dum soluantur aliquantulum: in colatura coque hydrargyri uncias
tres, & agita per horam. Humiditate effusa hydrargyrus rubesit. Abluitur aqua
dulci, donec albescat. Induratur in cella frigida.

 Aliter: Mortifica hydrargyrum cum albumine: uncia eius uni affunde a-
qua aluminis selibram, digere, destilla per cineres cum cohobiis, donec fiat puluis
quem prabent à tribus granis ad sex.

 D. Zvvingero tribuitur hac descriptio:

 Mercurij aceto & sale ter quaterve abluti dua uncia, olei rubei vitrioli uncia tres, salis vitrioli sescuncia. Commista in cucurbita vel phiola seu matratio ponantur in arena per diem naturalem. Materiam albam exime, tere, aqua calida
affusa coque, defunde & elue ter quaterve, super cinere calido exicca, & erubescet
ut aurum, elue iterum cum frigida, & sicca. Dosis grana tria, vel usq, ad quinque
cum Theriaca in Gallicis. Si adijcis auri calcinati drachmam unam, diaphoreticum sit, nec purgat. Recenset Monauius in epist. ad VVeidnerum.

 Aliter: Hydrargyrum purgatum aceto & sale, solue regia. Solutum elue a-
qua dulci. Pone in vitro ad calorem per dies decem ut coagulet: tere, adde aceti
uncias tres, in vitro lutato digere igni lento per decendium, acetum destilla ad
siccitatem. Fiat puluis rubeus in marmore terendus.

 Bapt. Porta ad artificia mineralia ita concinnat: In aqua extincti ferri fabrorum solue salem ammonium & æruginem, dupla ad hydrargyrum quantitatis.
Infunde hydrargyro in caffide ferrea, & coque ad duriciem: si aqua inter coquendum deficit substitue nouam. Exime, & quod nondum induratum est, per
coriam separa, & priore modo coagula, elue aqua fontana usque ad clarum,
pone sub dio per triduum, & conglaciat. Idem fit si globo aneo cum puluere arsenici crystallini & tartari ad aquales imponatur. & omnibus spiramentis obstructis, ad ig. excoquatur per gradus: usus ad as tingendum.

 Apud Paracelsum est descriptio pracipitati diaphoretici dulcis, & mercurij corallini, sed ista est eius fixio quadam. Itaque & alio pertinet, quemadmodum &

dum & quod Turbith minerale vocant, quanquam & hac voce abutantur pro precipitato. Nonnulli commiscent hydrargyrum cum vitriolo, sale petra, arugine, similibusq, & inde sublimant. Sed non est vt cuiusque figmenta persequamur. Non ignotum est in mineralibus sæpe variis modis ad vnum peruemiri, &c. in quo tamen magna varietas & delectus.

Præcipitatus dulcis ad vlcera & vulnera ex Chir. Parac.

Argentum viuum absque sublimatione & calcinatione, per aquam ouerum supra suam calcem, in qua mercurius extinctus sit, dest . . . . . . rubicundum puluerem reducatur, quæ praxis est difficilis intellect . . . . . balsamus dulcis potius quàm præcipitatus: & negatur esse hæmatina . . . . . . hydrargyri, negatur item per aquam fortem fieri.

Tract. I. Cap. VII.

De magisterio fixorum.

MAgisterium fixorum est, cùm corpora volatilia & spirituosa figuntur ad constantiam.

Fixum opponitur inconstanti & volatili, & æstimatur vtrumque propriè ad ignem, cuius vim quod sustinet, fixum est, quod non, volatile, si quidem ex eo fugit, & veluti spiritus aut fauilla euolat. Illi vicinum est, quod è molli induratur: itaque & hoc eodem comprehenditur titulo.

Sunt porrò fixorum gradus nonnulli. Absoluta fixitas in auro perfecto est, constantissimum enim in igni est, ita vt integra substantia quam minimum perdat etiam vehementissimo exagitatum, nisi quid corrodens & rapax addatur.

Intelligenda hæc fixitas non tantum de mansione corporis est, sed & virtutum, & totius adeò substantiæ. Aliàs nihil nobilitatis in auro est præ ferro, amiantho, silicibus &c.

Itaque & vna ex auri prærogatiuis est fixio, ad quam examinantur reliqua. Minor constantia est argenti, minor adhuc reliquorum, minima mercurij & similium, quæ ob id spiritus vocantur: qui tamen si vsque ad excandescentiam sustinent ignem, quodam fixionis gradu donata esse iudicantur.

Nota verò huius loci esse, cùm tota figuntur sine separatione partis volatilis: quod si sit, ad alios accedunt ordines florum nempe, & Turbith.

Congruit hoc magisterium varijs quidem mineralibus, nonnunquam & animalibus vegetalibusq; sed tunc potissimum, cùm ad mineralium naturam perducuntur: *nisi quod in multis est respectiua duntaxat fixitas, veluti si quis spiritum vini & quintam essentiam, aut etiam oleum iuniperinum maximè volatilia, ad quandam constantiam deduceret, quæ tamen ipsa ad metalla relata & similia, inconstans est & fugax.*) At maximè illustria sunt magisteria fixorum metallorum, hydrargyri, sulphuris, salium, & quæ his sunt affinia.

q

Et vſurpantur horum gratia cementationes, macerationes in aquis fixatorijs, ſublimationes crebræ, calcinationes, miſtiones, proiectiones elixyris fixi, quibus coniuncta quandoque eſt tranſmutatio, & aliæ gradationes. Indurata tum per illa poſſunt fieri, tum etiam vaporatione, extinctione,
vſtione, ſeu reuerberatione, &c. conficiuntur.

FIGERE METALLVM IN VENA,
vt poſſit excoqui.

Fiat lixiuium fixatorium è marcaſita ferrata, alumine, gypſo, talco,
chalcantho, vena ferri, & ſimilibus, cum aqua extinctionis ferri aut æris:
vel ſi natiua fixatoria præſtò ſit, hæc acceptetur. In hoc vena tuſa maceretur, & cùm iam aliquem ignem ſuſtinere poteſt, etiam extinguatur. Inde
excoquatur in plumbum, & fulminetur, ſi quidem aurea vel argentea eſt:
reliquæ ſuis tractentur modis, quanquam in his rarò deſideretur hoc magiſterium.

     Loco lixiuij in pauca quantitate, fit aqua gradatoria è chalcantho, alu-
mine, calce talci, corticum ouorum, albuminibus, &c.

     Eſt & oùm cementum tale præſcribimus. Pars vna venæ fugacis, ſtibij
& ſalis petræ partes binæ, tritæ commiſcentur, & in catino fuſorio bene loricato & clauſo ponuntur in reuerberio, & per gradus vſq; ad horas viginti
quatuor detinentur. Effuſa excoquuntur.

     Res fixatoria è quibus eiuſmodi ſeu aqua ſeu cementa fiunt, ex ſequentibus
apparebunt exactius. Caue ne furacibus ſpiritibus & corrumpentibus vtaris: &ſi
quid tale addendum eſt, ferri ſcobe damnum antenerte, &c.

AVRVM MOLLIVS FIGERE.

Eſt quoddam aurum non iuſtæ maturitatis, vnde magnos ignes, ſtibij
item examen & ſulphuris, & cætera acria non ſuſtinet. Id figitur in hunc
modum:

     Aurum ſolet fugere non tantum quia nondum ad iuſtam maturitatem
peruenit, eſtq́, adhuc humidius & tenerius, ſed & quia ſecum habet ſpiritus fuga-
ces, aliasq́, impuritates, præſertim ſulphureas, mercuriales, &c. idq́, in eo ſit quod
purum è chryſoplyſijs extrahitur. Nam quod ex venis excoctum eſt, ſi tale fuit, da-
mnum iam eſt paſſum. Attendendum itaq; prius ad cauſſam erit.

     Fiat aqua regia fixatoria ex ærugine, chalcantho, alumine, lapide cala-
minari, &c. quæ exaſperetur ſale capitis mortui. In hac vel ſoluatur aurum,
vel diu eius ſcobs, aut folia macerentur, donec ignem pati diſcat.

     Vel. Lamellæ eius ſæpius ignitæ reſtinguantur in aqua ferrata, traiecta
per talcum calcinatum, & corticum ouorum &c. cineres.

     Alij cementant in hunc modum ſæpius:

Stibij

Stibij, florum æris singulæ selibræ, hydrargyri fixi quadrans, mista im-
bibútur oleo antimonij rubeo, donec tota massa rubescat, id quod sit repetita opera. Fiat cum auro elimato stratum in igni fusorio, per diem naturalem, in catino firmo benè loricato. Regulus per stibium fundatur, & postea per boracem expurgetur. Hoc modo etiam coloratius & grauius e-
uadit.

AD FIGENDVM ARGENTVM.

Quod immaturum est (*quale item solet in eo genere inueniri quod pu-*
rum eluitur, aut in fodinarum partibus rupibus annatum, insidensue aut excre-
tum, vel confluxum congregatum colligitur siue iam sui sit coloris, siue plumbei,
&c.) figitur duodecies cementando cum talco calcinato & sale communi,
alijsque fixantibus.

Quod maturum est iamque ignibus excoctum, tincturæ præparatur
eodem magisterio. Auro enim ignobilius est, fixione & colore potissimũ
aiunt artifices. (*Cedit ei etiam subtilitate substantia quæ in auro præstantior est,*
vnde etiam extenditur amplius; deinde deficit pondere, nec tam est amicum hy-
drargyro, &c. quæ omnia ei vix præstabit fixatio sola.) Itaque creditur in aurum transire, accepta fixione & tinctura. Fixionem ita describunt:

Salis nitri libræ duæ, vitrioli Vngarici sesquilibra, aluminis, laterum Res fixato-
tritorum singulæ libræ. Hæc mista colloca in retorta. Deinde calcis viuæ torias nota
triens, florum æris, tuthiæ Alexandrinæ, cinabaris, æris usti, scobis ferri, si- & ex ijs a-
licis calcinati, stibij, sulphuris (*fixi*) boli armeni, lapidis calaminaris, alu- quam, cuius
minis plumosi, singulæ vnciæ. Trita & commista ponantur in receptacu- Vsus potest
lo. Destilla aquam fortem de more. Absoluta destillatione, exime è rece- esse etiam
ptaculo omnia, & alij retortæ immitte, & destilla denuò, dum omnes spi- in præce-
ritus exierint. In hac aqua solue argentum sæpius, & reducito. Si præmi- dentibus.
seris cementum lunæ proprium, constantior erit fixio. Affundenda autem
aqua est ad quartum digitum, & in digestione menstrua in clauso vase vnâ
ponenda. Tandem inuenies in fundo calcem nigram, quam exem tam e- Argent. pu-
lue aqua pluuia, inque concha seu patella ad ignem candefacito, vt spiritus rũ ponitur
alieni secedant. Partem huius vnam misce cum triplo argenti fulminati, cum calce in
per confusionem (*hoc est, quartare, seu per quartationem probare, sicut aurum* catino ad i-
ab argento separatur) massam colliquatam extende in laminas, è quibus fi- gnẽ, vbi fun-
ant fistulæ, quas iniectas aquæ separatoriæ (*factæ ex vitrioli Romani libris* duntur &
duabus, salis nitri libra, scobis ferri selibra per destillationem aquarum fortium) cõmiscentur
examina more quartationis auri. Pars argenti fixa, non soluetur: itaque e- vncino, po-
am purifica per fulmen. Quod verò solutum est, id adhuc est volatile, quod test addi a-
reductum priore modo figes. liquid plum-
bi, vel bora-
Sunt plures fixionis modi, quos infra requires in transmutatione. cis, & vtrũ-
que fulmi-
nari, &c.

FIXIO FERRI, PLVMBI, STAN-
ni, cupri, &c.

PEragitur per cementum crebrò repetitum, quale est:
Salis, stibij, singulæ libræ, metalli mollis limati selibra. Fiat stratum
super stratum, & instituatur cementatio gradatim, crebra. Regulum vel
scorias reduc cum plumbo & fulmina in testa (*non in copella cinerea ne absor-*
beatur.

Vel: Stibij libra; salis petrę libræ duæ, salis cōmunis, salis tartarei, singu-
gulæ selibræ: commisceantur & cum laminis, vel limata scobe metalli in
catino clauso probissimè, fiat cementatio, adhibendo lenem ignē per horas duas; postea fortiorem vsque ad horam duodecimam, qua sit fortissimus (*ratione metalli*) Regulum vel scorias reduc vt antè. Repete cementationem & excoctionem tertiò vel quoad satis.

Alias sæpè liquata fu-sæq, cũ sul-phure, vel et iam sine hoc induratur: item saltem tosta aut usta, &c.
  Hæc fixio potius est induratio; & peragitur etiam alijs modis, vt de ferro.

Ferrum ignitum restinguitur in liquore eo, qui dum acetum destillatur, vltimò exit, quod vocant acetum radicatum: vel in succo verbenæ, addita vrina virili: vel mistura ex aqua aluminis & vrina, quam oportet esse
frigidam: vel in succo raphani: vel sinapismo ex aceto: vel lotio humano
cocto ad rubedinem: vel succo apij, & resina: vel aqua destillata ex cochleis
tusis cum sua testa, in qua ferrum oblitum mistura ex sulphure & arena, posteaq; candefactum restinguitur. Fit & puluis ex testis cochlearum, osse se-
piæ, & borace nigro, in quem ignitum intruditur. *Aliter:* Decocto dracon-
tij & verbenæ frigido, axungia porci eliquata infunditur, siniturq; in summo concrescere. Postea immittitur per pinguedinem in decoctum ignitum
ferrum. Restingui item solet aceto destillato, vrina destillata, aceto solutionis salis ammonij: aqua salis petræ & ammonij: aqua viuæ calcis: aqua talci: aqua hydrargyri sublimati & eiusmodi innumeris.

(*Observatum experientia est aquas minerales ex aluminosis, ochrosis, gy-*
pseis, &c. profluentes, indurare stabilius & potentius alijs, &c.)

Stannum & plumbum sæpius granulata item indurescunt: veluti,
plumbum per scopas fusum & granulatum misce cum sapone in massam.
Funde. Fusum duc in lamellas. Has granula iterum, & cum sapone funde
vt ante, idq; repete tertiò, donec non amplius liquescat. *Vel*: granulatum
in catino ampliore ad ignem ponitur, & continua agitatione à fluxu prohi-
betur, donec absumta humiditate eò indurescat vt igniri queat. Id facilius
assequemur, si præmacerentur granula aceto restinctionis ferri, vel infusionis talci & similium.

FIXATIO ET INDVRATIO HYDRARGYRI.

Fit modis varijs. Cum per medicinã perfectam in proiectione, simul
transmutatur. Itaque de hoc suo loco. Ita cum volatile segregatur à fixo, sitque

que turbith minerale, item ſuo capite præcipitur. Nunc autem ex præcipitato conficitur, per aquas fortes fixatorias ſæpius affuſas, iterumq; ab ſtractas: & dicitur præcipitatus corallinus fixus, cum vnà colorem rubri coralli acquirat;

Alius modus eſt per fumum Saturni, qui ſic habet: in eliquato plumbo, cum iam concreſcere incipit, fouea per lapidem impreſſum efformetur: in hac diſpone linteolum, cui immitte hydrargyrum, & colloca in cinere calido quoad indureſcat. Induratum in minutas partes confringe. Coque ex aceto acerrimo per horæ quadrantem: *vel in ſucco buglossi cum aceto pauco & oleo: vel oleo & aceto deſtillato, ſæpè mutatis aquis, & foret oleum ſulphuris conuenientius, aut oleum Martis, &c.*) coctum inijce in aceti ſeſquilibram, in qua ſolutæ ſint duæ vnciæ ſalis ammonij. Digerantur per octiduum, vt extrahatur cruditas. Exemtum in catino pone ad prunas in fornace anemia, ita vt ſenſim augeas igné, quo incipiat candeſcere, & crepare. Præterea incluſum ſacculo linteo ſuſpende ſuper fumo ſulphuris in olla, locata in cineribus calidis, vt paulatim lento igni incaleſcat, & fumus mercuriū afflet. Repete hoc ter tribus diebus: (*quidam tricies.*) Finis eſt, ſi malleo extenditur, funditur, & cum cupro miſceri poteſt. Huius enim dealbandi gratia quæritur.

Alius modus: Cinabaris quadrans, vitrioli Romani libra, ſalis nitri ſelibra. Miſceantur & in aquam ſoluentem deſtillentur, ita vt tres ſeorſim aquas capias ſuis coloribus & conſiſtentia diſtinctas. Tertiæ aquæ tribus vncijs infunde hydrargyri vnciam, & ſolue. Solutum indura (*per frigus*) induratū ſulphure fumiga. Vel in media aqua ſolue argentum, & ſolutioné proijce ſuper hydrargyrum iſtum, repetito labore affuſionis & ab ſtractionis donec figatur totus.

Figitur & compoſitione per cinabarim, & ſalem ammonium. Eſt & in arcano philoſophico quædam fixio, quæ perficitur odore, non Saturni, ſed metalli perfecti, idq; per incerationis, ſeu nutritionis modum, & coctioné diuturnam, quin & per fermentationem; id Hermeti eſt à cœlo in terram deſcendere, &c. Hic etiam permutantur volatilitas & fixio; vt ipſe requirit, iubens fieri volatile fixum, & fixum volatile ſubtili ingenio, &c.

FIXIO CINABARIS.

Peragitur cementatione cum ſcobe lunæ, de qua ſuo loco. Poteſt & figi cum ſtrato Veneris cementando; vel Martis. Aliàs ſæpè ſublimando induratur; vel coquendo in lixiuio fixatorio ſæpè: cum autem ſublimatur ſæpius, etiam rubini inſtar vel eleciri tralucidum euadit, commendatū ad morbos, & coloranda metalla.

FIXVM SVBLIMATVM.

Sublima hydrargyrum cum ſale ammonio. Poſtea miſce cum vitriolo, lo, fale communi & fale petræ, & iterum fublima, hocque repetè quater, femper additamentis renouatis.   Hoc labore pèracto, fublima eum per fe folum. Pars fixa manebit in fundo. Huic adde probèque mifce partem vo- latilem, & fublima iterùm, idque tam fæpè donec totum fit fixum. Hoc fi- xum potes augere in infinitum, addita femper parte fublimati volatilis ; & maximè fi calx lunæ accefferit. Vfus huius eft in tingendo cupro conftan- ter.

FIXVM SVLPHVR.

Infundatur aquæ forti fixatoriæ (*qualis fit ex ftibio, ærugine, chalcan- tho, alumine, cinabari, &c.*) Maceretur per fuum menfem crebro agitando. Deftilletur. Aqua noua reponatur, digeratur & deftilletur vt antè, idque et- iam tertiò vel fæpius, poftea eluatur aqua dulci, macerando & deftillando, donec cedat acrimonia. Id fulphur vafe claufo reuerbera vt ftibium. Ita pri- mum albefcet, poftea citrino tingetur, tandemque rubefiet. Vfus eius eft ad argentum tingendum, præfertim fi prius cum auri calce fuerit permi- ftum, aut eius folutione nutritum.   Eft alia fixio fulphuris, per fublimatio- nem crebram, &c.

ALVMEN ET CHALCANTHVM
fixum.

Deftillantur: aqua quæ exijt refunditur fecibus tritis, facta maceratio- ne fua, deftillatio repetitur, idque cum cohobijs, donec nihil exeat hu- moris. Hæc nominatur horum fixio. Chalcanthum ita tranfit in colcotar.

SAL AMMONIVS, ARSENI-
cum, &c.

Figuntur fublimatione, vt fulphur, & hydrargyrus. (*Vide titulum de turbith, vbi fixio eft floribus feparatis, quæ eft particularis.*)

Porrò quæcunque alia figere volumus in mineralibus, ad exemplum prædictorum parabuntur, pro cuiufque natura facta electione, vt in mar- cafitis, gemmis, & fimilibus.

Eft & fixio quædam fpirituum, quam coagulationem nominamus, veluti cum mercurius in cryftallinam fubftantiam redigitur, aut induratur; item cum olea per vrinam deftillatam, aut aquæ fortes coagulant, aut con- ftipantur frigore, qualia multa paffim funt obuia.   Huc autem reuocari poffunt ea exempla quæ nec ad indu- rationem, nec congelationem pro- priè fpectant.

Vnguenta oleorum per vrinæ fpiri- tum, inuen- to Zuingeri.

TRA-

TRACT. I. CAPVT VIII.
De magisterio volatilium & emollitorum.

MAgisterium volatilium est, cum è fixo fit volatile. Ei affine est mollitum, quod tractabile ductileque aut etiam fluidum (nam paulò latius accipitur molle quàm apud physicos) efficitur è rigido, duro, & intractabili. Artificia quibus hoc perficitur sunt extinctiones, macerationes, incerationes, sublimationes, solationes & similia. Ferè enim hîc quæritur restauratio humoris absumti vel deficientis, aut sublatio asperitatis commistæ, &c. in volatilitate verò, vt spirituum naturam induant, attenuatione essentiæ, &c.

Præstant autem hic metallorum, gemmarum, & similium fixorum, volatilitates; postea etiam emollitiones eorundem, & insuper cornuum, concharum & his affinium.

VOLATILIA METALLA.

Ea quæ fixa sunt (vt aurum, argentum, ferrũ &c.) calcinantur. Calces adiectis salibus alijsve rebus volatilibus sublimantur, eo processu qui scribetur in floribus.

Alius modus est per solutionem in aquis fortibus crebrò affusis; sed quæ sint factæ citra res fixatorias, & salibus potissimum. Hæ crebrò destillantur, ita vt tandem particulatim metallum per alembicum educatur, quãquam in fine pro aqua forti vini spiritus exasperatus conueniat. Hoc peracto resiccantur in puluerem alkalibus respondentem.

Alius modus est cum redactione in hydrargyrum & sulphur, de quibus suo loco. Alius cum in liquores ex calcibus inhumatis soluuntur, de quo item caput suum est. Sunt enim eiusmodi volatilitates coniunctæ cum alijs seu magisterijs, seu extractis. *Ita ego ʋidi aurum in sua substantia cũ mercurio eleuatum: ʋidi & eleuatũ ex mercurio*

Peculiaris modus est inceratio cum hydrargyro in auro, argento &reliquis familiaribus. Fit amalgama, quod ad suum mensem digeritur. Postea destillatur mercurius, & redditur per nutritionis modum, donec euadat metallum molle & fugax vt cera. Est & arcana quædam volatilitas in artificio lapidis, quæ absoluitur per malagma cũ mercurio philosophorum. Adhibetur putrefactio in calore fimi. Qua absoluta corui caput euolat & ascédit in cœlum, sitque fixum volatile secundum Hermetem; vnde ea res & auis Hermetis nominatur. Restat autem de hac volatilitate terra duntaxat. Vna pars aqua facta est; altera ignis, cum quo est aër, propter quorum naturam etiam volatile factum metallum dicitur. *specie capitu corui.*

Porrò metalla dura, rigida seu aspera, quæ sub malleo franguntur potius, quam extenduntur, & fusa dissiliũt instar vitri, &c. emolliuntur in hũc modum. *Malleo ductilia & extensilia redere.*

modum. Confidera diligenter, num quid commiſtum ſit terreum & fragile (vt in cupro cui nimia cadmia miſta conciliat aſperitatem) Tunc qui miſturam ſetuatam cupiunt, addunt plus metalli teneri, quod notabis etiam in proiectionibus & tincturis. Qui non; ſeparationem inſtituunt, ſecundum proceſſum magiſterij ſeparatorum.

Sin deficit humor, aut tenacitas, fit aqua ex ſale ammonio, ſale petræ, ſale tartari æqualibus coctis cum pluuia ad ignem lenem. In hoc decocto macerata metalla (*quidam addunt & vitra*) molliuntur. Sal enim certo modo adhibitus tenacitatem inducit. (*Nonnulli ſalem alcali, boracem, ſalem communem præparatum & ſanguinem hirci omnia trita miſcent lacte vaccino colato. Miſturam coagulant in puluerem, cuius ſemunciam miſcent libra metalli duri, & vnà fundunt, dicuntq; etiam vitra & cryſtallos ita fieri malleabiles.*)

Argentum aſperum peculiariter ita fit tractabile: ſalem petræ, tartarum, ſalem vulgarem, æruginem, coque ex aqua ad conſumtionem humiditatis. Affunde vrinam & coagula iterum vt ſit olei conſiſtentia. Hoc proijce ſuper argentum liquatum. Vel per cementum: cementa lunam cum ſale gemmæ.

Reſtingui etiam ſæpius poteſt in oleo lini vel ſimilibus, aut etiam in prædicta aqua, & fit ductile. Eadem ratio & auro congruit.

Ferrum molleſcere conſpicimus (ita ſcilicet, vt ſit ductile & tractabile) ſi oleis, & aquis dulcibus, pinguedinem & lentorem quendam habentibus, reſtinguatur ſæpè.) Præterea molleſcit ſi maceretur per dimidium menſem in lixiuio ex cinere clauellato & calce viua; (*quale lixiuium etiam è calcinatis marcaſitis conficitur præſertim plumbeis, quibus etiam in pultem redigitur.*) Alij extinguunt in decocto chamæmeli, geranij, & maluæ: vel ſebo & butyro, vel oleo, cera & aſa fœtida, vel ſulphure, argilla, & oleo &c. Quæ miſtura plumbi molliuntur, ſunt magiſterij miſtorum.

EMOLLIRE LAPIDES ET VITRA.

Hoc aliàs fuſilibus congruit, ſitque ignea virtute colliquante. Sed ad fragilitatem duriciamq; mox redeunt frigore. Itaque ſi fingendi ſunt eiuſmodi lapides ad modiolos, typoſve, & ducenda vitra, vrgeantur flamis quoad molleſcant, ſed intra fluxum. Sint verò & typi candentes, aut aliàs ſat fernidi. Nonnunquam mollitiem appellant, cum tenuiora fiunt, & ad fundendum promtiora, ita vt etiam duci in filamenta poſſint, è quibus fiunt cirrhi, ſeu cryſtæ pilorum, non rigentes ſed nutabundi, nihilominus tamen retenta fragilitate. Id aſſequimur maceratione, & coctione in liquoribus conuenientibus, vt lixiuio ex cinere clauellato, vel ſodæ, &c. Promittunt aliqui molliciem lapidum è viſcidis humoribus natorum & victorum, ſi efferueſcant in ſucco ſenecionis & ſanguine hirci: vel; ſi macerentur per noctem

ace-

&ceto radicato, cui miftus fit fanguis tauri & adeps veruecis: vel: & fanguinis hirci, cinerum vitri, ana. mitte in acetum , & deftilla: In deftiliato macera vitrum, fietq; plicatile, &c. aiunt. Vel: fang. anferis, fang. capri, ficcentur, aganturque in puluerem, affunde lixiuium cineris clauellati vel fodæ,
coque benè. Adde parum aceti fortis. Impone lapidé, calefac & mollefcet.

(Fiunt aquæ fortes fatis , quæ fat diu feruantur organis vitreis citra eorum
molliciem talem. Et fi fint fortiffimæ, corroduntur frangunturá, citius, quàm
plicatilia euadant. Diligenter itaq, inquirendum in iftas artificum fententias.
Vitra adeò mollefcere, vt fragilitate amiffa, duci malleo queant, femel dicūt com- Plin. Lulli-
pertum , artemá, cum fuo autore interiffe , quanquam aliqui id virtutis afcri- us & alij.
bant lapidi philofophico, fed fine fpecimine. In manufcripto libro Herdenij dicitur
idē fieri, admifto quodā puluere, & vnà fufo, cui° compofitio paulo antè eft pofita.)

Affines lapidibus funt conchæ, & teftæ ouorum, quæq; funt fimilia
ex lentore animalium concreta, quæ aceto macerata in pulticulam aut fimi-
lem lentorem difcedunt iterum. Neque in aceto tantum, fed & cognatis liquoribus, vt lixiuijs, vrinis, &c. & certis rebus, certoq; paratis modo. Ita
Cleopatra aceto foluit fuas margaritas inter cœnam, quod peculiare aceti
genus, aut faltem quàm tenerrimos vniones fuiffe neceffe eft; cum nobis
experimentum tàm facilè non refpondeat. Vtiles in hunc finem funt vrinæ acerrimæ deftillatæ; & acetum exafperatum per alkali cryftalli, vel fale
fanguinis hircini, aliarumq; terum faxifragarum : *(ita enim aut fimili modo*
præparare oportet, cum abfurdum fit tam graues autores mendacij accufare) poffunt & fpiritu fulphuris, fpiritu falis ammonij, aut gemmei, falis fodæ & huiufmodi faxifragi liquores intendi, vt ab ignea natura parum abfint. Coral-
lia fucco berberum ita molle fieri dicuntur, vt fingi poffint ad libitum.

(Sic confentaneum eft vim tabefacientem ita difpofita, (nam quædam et-
iam alicubi in mare demerfa lapidefcunt) effe marinis aquis, cum intra fe mollia
enutriant coralia, quæ foris indurefcunt. Et obferuatum eft nonnunquam ab
affumtis faxifragis proceffiffe vifciditates colliquefactorum lapidum , nifi eludere
fententiam velis materia ante concretionem expulfa, &c.)

OSSA, CORNVA, DENTES ET SIMI-
lia emollire.

Ad ignem affando mollefcunt cornua, vt poffint intrufa in modiolum
ferreum, dirigi, & prelis formari. Alius modus eft macerationis: fucci mar-
rhubij albi, fucci apij, myriophylli, raphani, chelidoniæ maioris, aceti for-
tiffimi q. f. mifce, in liquore macera cornu fub fimo per dies feptem. Vel:
coquatur ex lixiuio cinerum papaueris.

Scobs in paftam redigitur hac arte:

Salis alcali, calcis viuæ fingulæ libræ; aquæ libræ tres; coquantur ad
tertias refiduas. Explora acrimoniam per pennam plumatam, quæ fi plu-

mas ponit intincta; fat aspera est, alias coque amplius. Facto sedimento clarum effunde. Immitte scobem cornu per biduum. Exemtam subige manibus oleo madefactis, vt sit massa, quam formis ferreis finges ad libitum: vel: alkali de anthyllide, calx viua: Fiat ex his lixiuium in quo scobs macerata tractabilis euadit. Potes addere liquorem tingentem pro arbitrio.

Ebur emolliunt coquendo cum radice mandragoræ per sex horas.

Id euenit
nonnunquã
quib. hydr.
colliquate
rebrum &
humores ibi
subsistentes,
aut qui Co-
porib nimiū
Crüium, &c.

(Cum magna diuersitas sit ossium & cornuum, memineris de dispositis sermonem esse, cum in hac parte naturæ multum hallucinetur ingenium artificum. Est & aliquid prodire tenus, &c. Mollescere autem & flexilia fieri essa, etiam historijs morborum notum est, sed insinuante se penitus humore, & humectante compagem daxanteq;)

SVCCINVM MOLLITVM.

Id cera liquata, aut etiam oleo assequimur. Simile iudicium de similibus est, vt pice, bitumine, sulphure, &c. Sed aduertendus est animus, ne anticipet fusio. Admistione verò ceræ ista mollire, vulgaris est noticiæ.

In succino emollitio tum ad alia facit, tum ad ferruminandas minutias & fragmenta vnienda.

TRACT. I. CAPVT IX.
De Magisterio ponderis.

MAgisterium ponderis est, cum pondere res exaltatur.

Id autem potissimum in auro & argento requiritur, est́q; vna ex notis perfectionis, cum inter metalla aurum sit grauissimum, & ideò etiam externo valori in monetis adiectum pondus est. Quod si deficit, compensatur arte. Massa aurea vel argentea iusto leuior, coquitur in vrina cum præcipitato corallino; vel affricatur hydrargyrus auro argentoue consentaneus & concolor factus: vel coquuntur in lixiuio concinnato ex sulphure & calce viua: vel cementantur cum sulphure aur præcipitato fixo, vel hoc Recipe puluerati salis semunciam, tantundem lateris triti, colcotaris quadrantem. Misce. Auri lamellas illine albumine; asperge calcem lunæ, sicca. Cum priore puluere fac stratum super stratum, & cementa vel in pixide, vel inter tegulas. Aurum inde solet albescere. Induc ergò coloritium, & prehensum forcipe in igni tene donec excandescat. Post extingue in vrina.

Quomodo pondus per admistionem, aut compositionem augeatur, vel etiam tincturam elixyris, in suis magisterijs explicatur, modo notum sit, qua re mista crescat, nempe hydrargyro fixo & calcibus metallicis, &c. siue solis, siue adiectis mineralibus vt in sublimato, vsu fure, &c.

Ponderi aucto apponitur diminutum, soletq; fieri aurum & argentum lo-
uius iusto, etiam signatum, illęsa signatura: sed hoc non est praestantius facere: De-
cipere est, & degraduare. Est & augmentum ponderis imposturęq; obnoxium: sed
bonis artibus non satis ab abusu caueri potest. Hęc scribuntur, non sceleratis, sed
uiris bonis.

TRACT. I. CAP. X.

De Magisteriis quae fiunt circa propria sensuum, & primum Tactus.

D Ictum de magisteriis qualitatum manifestarum materiam propius at-
tingentium est: sequitur de his manifestis, quæ sunt formaliores : in
quibus potissimum excellunt sensilia propria. Itaque magisterium circa hęc
est, cùm (seu rem spectes, seu vsum) ad praestantiam excellentiorem graduantur in illis ipsis res suæ.

Hoc est: *Magisterium sensilium propriorum est, cùm res qualitatibus sen-*
silibus propriis exaltantur.

Id fit vel in sensu primo, qui est necessitatis animalium, vel in his qui
sunt melioris gratia.

Sensus primus tactus est. Itaque tactilium qualitatum primarum, quæ
sunt, calor, frigus, humiditas, siccitas, magisterium inde existit.

Calorem exaltamus alteratione in reuerberio, cementatione, digestione, circulatione, imbibitione & similibus: estq; hoc coniunctum cum attenuatione substantiæ, qua partes dispositæ ad igneum spiritum adducuntur
propter naturam agentis, passum sibi assimilantis quantum potest. Ita aurum cementatione cum calidis euadit actuosius. Ita veteres multa vstione,
tostione, &c. praepararunt, vnde æs vstum, & squama ferri vsta, quod fit inter duas tegulas seu lateres excauatos, constrictosque, & in reuerberio ad
tempus suum locatos. Dioscorides æreos clauos, lamellas, aut scobem, cum
sale, sulphureque alternis sternit, & in fictili crudo spiramentis lutatis, in
furno figuli reuerberante, donec erubescant, cementat, quod alij solo sulphure adiecto, alij aceto, alumine, sulphure, &c. perficiunt.

Plumbi laminæ aceto maceratæ cementantur, vel cum sulphuris mutuo strato imponuntur.

Pari ignis ope & terræ, luta, lapides, & similia euadunt calidiora.

Magisterio caliditatis coniunctum plærumq; est & siccitatis, cùm eadem agens caussa vtramque vim obtineat. Cauendum in eiusmodi est, ne, si
quæ spiritus nobiles habent, studio caloris & siccitatis, ibi pereant, vt fit in
magnetis ignitione, tostione aromatum, & similium.

Nonnulla macerantur quinta vini essentia, posteaq; iterum exiccan-

tur,

tur, aut etiam in ipsis incenditur aqua ardens. Alia per commiſſionem exaltantur calore. Alia per abſtractionem caloris actum impedientium. Itaque & extractiones huc inclinant, niſi quod ſuo in loco ſint relinquendæ. Procuratur calor vberior in plantis & animalibus nonnunquam per nutritionem, & locorum delectum, & quibus calor inualeſcit.

Magiſterium refrigerationis interius quidem peragitur diſſipatione ſpirituum calidiorum in reuerberio, & poſtea elutione crebra rei comminutæ in aqua frigida. Ita non calor tantum, ſed & acrimonia tollitur, euaditque res frigidior. Sic veteres calcinabant aut vrebant metallica, & alia mineralia, vt cadmiam, æruginem, &c. poſtea eluebant.

Nam frigus q. priuatio eſt caloris, qui eſt tanquam forma cumqua generatio, ibi corruptio poſſim.

Sed hoc magiſterium ratione vſus duntaxat rem exaltat: id quod ſpectatur etiam in his quæ gulæ gratia, aut aliàs actu externo refrigerantur, veluti vinum niuibus, glaciei, frigidiſſimis fontibus, aquæ ſolutionis ſalis petræ, &c. per vaſa immiſſum. Valet & hic cómiſtio frigidorum per imbibitiones, compoſitiones, &c. quibus cognata eſt nutritio per frigida moderata.

Quæ per naturam frigida ſunt, extractione ad exercendum actum ſuum euadunt agiliora. Sed & his ſua eſt claſſis.

Humiditas extollitur in viuentibus quidem per nutritionem ex humectantium copia: atq; ita naturæ opere interdum abutitur artifex: in alijs verò per vaporationem, incerationem, imbibitionem, quin & extinctionem in aquis humectantibus, quæ res coniuncta eſt cum mollicie, de qua ſuprà. Itaque ad humidas cellas, balnei vaporem, fimum, ſcrobes, puteos, &c. collocantur res, vbi ita humeſcunt, vt etiam diffluant quædam, vt ſales, &c. Alijs inſtillamus rores, ſeu aquas certas per imbibitiones &c.

Huius loci eſt ars Meſua, Auicennæ, & aliorum, qua ex aridis rebus ad códiendum fiunt ſucculentæ. Exemp. gr. Mirabolani aqua plurima perfuſi inſolentur diebus octo, poſtea colloca in dolio vel ſcrobe ſeiunctim inter arenas humidas multas, atq; ſepeli. Hic ſæpe perfundantur aqua, & quaternis diebus arena mutetur, donec humefacti intumeſcant.

Siccitas exaltatur humiditatis ablatione, aut prohibitione. Itaq; quæ viua præparare volumus, vt poſtea nobis exhibeant partes ſicciores, ea nutrimus minus, idq; rebus poteſtate ſiccis: & eſt plærumq; coniunctus calor, quanquã & frigus exiccet. Valent hic eadem artificia, quæ in calore, cementatio ſcilicet, vel omnino reuerberatio, ſub qua eſt vſtio, toſtio, &c. poſtea etiam abſterſio humiditatis, & cuiuſlibet modi humoris abſtractio. In calore tamé notandum, quod ſi per eum ſiccamus, neq; tamen coniunctum aut manentem volumus, vt aut modico vtamur, veluti ſit in lenta expiratione, coagulatione, apricatione, euentilatione &c. vel fomenta caloris, ſpiritus acres eluamus. Sed facilius eſt ſiccitatem exaltare, quàm humiditatem.

Porrò primas illas qualitates exaltatas comitantur ſecundæ. Itaq; & hę ſimul per illas magiſterio huic ſubiungũtur. Dictum autem de his eſt in materialibus.

Ita molle sequitur humectationem:durum,exiccationem & calorem,& fri-
gus.Ita est de subtili,spisso,lubrico,aspero,&c. quanquam etiam aliis artificiis
quædam ex illis possint conciliari,& diuersos gradus,diuersosq́ vsus seu accommo-
dationes qualitatum diuersa sequuntur affectiones.&c.

TRACT. I. CAP. XI.
De Magisterio exaltati coloris per tincturam proiectilem.

Magisterium coloris est,cùm rei cuiusq; color ad optimum summumq́ gradum in genere quæsito perducitur.

Neq; vero tantum color præsens è gradu inferiore ad superiorem exal-tatur,sed & qui in potentia est,seu in abdito,in actum vel manifestum euo-catur:nonnunquam etiam peregrinus inducitur ad exemplū eius quod præ-stabile est in suo genere.Si color simul fixus & constans est, magisterium est nobilius.

Est & cum saturum spissumq́ quærimus,est cùm dilutum, & cum per-spicuitate certa cōiunctum, qualis nempe est in definitis corporibus puris-simis terreis vel aqueis. (*Nam magisteria omnia consistentiam terream vel a-queam habent,propter conseruationem:aërea & ignea non expetitur,nisi aliquan-do in vsu ipso,cœlestem autē similitudine cogitamus potius,quàm obtinemus.*)Ita-que vbi perspicuitas simul exoptatur, studendum non tantum tincturæ est sed & attenuationi & exactæ puritati,prout est perspicuitas. (*Multa .n.sunt, vt gemmea,vitrea glacialis,&c.& in his admodū varia intensione & remissione.*)

Porrò coloris magisterium variis absoluitur modis, (*siue rem homoge-neam spectes,vt talis ipsa maneat,de quo potissimum hic sermo est,siue eius mistu-ram,de qua alibi.*)inter quos excellunt,primum coloratio per proiectionem tincturæ formalis:postea per imbibitionem tingētis liquoris:tertiò per ma-nifestationem occulti, efficacia caloris sicci:insuper per ablutionem, tandē per tincturam externam,vt sic,quanquam plurimi possint esse alij modi:(*vt mistio coloris,imbibitio,vstio,tostio,exterso,politura,extinctio,cementatio, in a-liquibus nutritio per succos commodos,quo pacto aiunt pilos mutari quibusdam a-nimalibus esu & potu certarum rerum:ita nutritio corpus succulentum etiam bene coloratum reddit, qua res ad Medicos spectat,&c.*)inter quos vsus istos excellē-tiores notauit,tamen omnes reuocentur ad colorationē internā & externā.

Coloratio interna est, cùm tota substantia penitus tingitur,nō externa tantum superficie,sed & intus secundum minimas,qualis primum est, quæ proiecta medicina spirituali absoluitur. Hæc interdum alias quoq; perfecti-onis prærogatiuas introducit, & tunc censetur naturam rei transmutare,de quo peculiari præcipitur capite. Frequentius duntaxat colorem substantia manente perficit,etiam sine notabili pondere,quanquam vix fieri possit,vt planè nullum introducat,cùm corporeum quid sit.

Sed

Sed eius ratio non habetur, quia ita spirituosa est, vt se per minima immisceat, dilatetque per totum corpus.

Adhibetur talis coloratio potissimum in fusilibus, veluti metallis, gemmis, vitris, & his affinibus, maximè tamen in metallis exquiritur ad præstantiam auri & argenti. Vnde & hîc duæ sunt tincturæ, rubedinis scilicet &albedinis: illa ad aurum, hæc ad argentum. Itaque & non conuenit ipsi auro & argento, nisi hæc tantum tinctura rubedinis, sed inferioribus metallis pro vt quodque dispositum est ad rincturam suscipiendam, veluti cupro & ferro potissimum, deinde etiam hydrargyro, sed cui fixio cum fluxu est simul concilianda.

In gemmis, vitris, &c. etiam plures sunt tincturæ, prout nobiles expetimus, &c. ad imitationem Iaspidis, Hyacinthi, Smaragdi, &c. De his in transmutatione.

Nam elixyr rubeum fixum ad transmutationem pertinet. Tincturæ rubedinis sunt, auri tinctura aperta, vel aurum ad Rubini colorem cementatum, quæ duo plærumque alijs miscentur: præcipitatus rubeus fixus, crocus martis, oleum martis, flores stibij rubei fixi, liquor stibij rubeus fixus, sulphur rubeum fixum, & huius oleum.

Hæ sunt in hoc genere præstantissimæ, & congruunt argento, stanno, hydrargyro fixo, cupro item & ferro, sed difficilius. Postea etiam massæ gemmarum crystallinæ fusæ vel emollitæ, &c. Coniunctio fit per proiectionem: cui nonnunquam addenda est subactio & immistio per vncos, &c. obseruata legitima quantitate. Proiectionis vicem sustinet solutio vtriusq; in aquam, & reductio in corpus metallicum, (Nam quæ fit per extinctionê, sequêti capiti subiecimus) sed stabilior erit vnio, si adiecta sit calx solis, cum qua tinctura prius fortiter est vnita. Sunt & leuiores tincturæ ex non fixis, vt minio, præcipitato volatili, croco indico, oleo vitellorum, & similibus: sed rarò ab artificibus petuntur, (*nisi ioci gratia fortassis. Nam qui imponere imperitis ita satagunt, facilè redarguuntur.*)

Elixyr albũ pertinet ad transmutationem. Tincturæ albedinis ad ferrum & cuprum potissimum, postea etiam ad plumbum sunt: hydrargyrus sublimatus fixus: flores stibij albi fixi: calx stanni, mercurius antimonij, arsenicum album fixum, albus mercurius induratus & fixus, Thutia, cerussa, quin & stannum ipsum, & argentum: quibus accedit & sal ammonius fixus. Etiam hæc fidelius hærent, si cum calce argenti prius fuerint per minima vnita: quod fit, si illa in liquores redigantur, & in his soluatur argentum, posteáque vtrumque simul coaguletur. Ge*Exemplum mox indicat modum.*berus etiam vtrumque soluit in liquorem, & reducit, & sic non tantum medicinam efficit coagulando, sed & loco proiectionis colorationis magisterium perficit, reducendo, vt in tinctura rubea.

Nonnunquam multa coniunguntur, cuius exemplum erit tale.

Argenti, hydrargyri crudi, hydrargyri sublimati, singulæ semunciæ Thutiæ Alexandrinæ drachma. Soluantur in aqua forti (nonnunquam etiã

in

in calces, & hinc in liquores rediguntur, & postea coagulantur. Interdum
in destillata vrina argenti calx per retortam agitur , & in liquore soluuntur reliqua. Est & cum illa ipsa argento immiscentur liquato, & postea pro
medicina vsurpantur): coagulentur in lapidem, cuius partem vnam proiice
super quatuor eliquati cupri, & diligenter immisce.　　*Vel*:

Tartari, arsenici, salis vulgaris, calcis viuæ, singulæ libræ. Fac pultem
cum albumine. Vre in reuerberio, donec appareat flauus fumus. Proijce
postea super Venerem.

*Studiose attende, vt conditiones metalli etiam alias præter colorem assequa-
ris, ne nimis indurescat aut fragile fiat, ne color alienus aut intensior fiat, &c. Dictum autem de his est suo loco.*

Tract. I. Cap. XII.

De coloratione per haustum liquoris ingredientis.

FRequens admodum colorationis modus est per liquidam tincturam,
quam res colorandæ potare, seu penitus combibere coguntur. Id fit pro
natura earum diuersè. Quæ rara & porosa sunt, macerantur in tinctura liquida: vel etiam coquuntur vnà, aut irrigantur perfundunturúe sæpius, re-
siccationibus interpositis, donec color placeat. Ita vulgò tingunt vellera, li-
namenta, serica, pannos, & reliqua, quæ tota sunt penetrabilia. (Nam si superficies tantum coloratur, aliò pertinent) Quædam tamen etiam comminuuntur, sed quibus restitui soliditas possit, vt cornua.

Quorum compages solida densáque est, ea comminui oportet in scobem, puluerem, calcem, &c. postea nutriuntur paulatim tinctura instillata,
vel etiam in eam infunduntur, coquunturúque pro natura cuiusq;, & coloris
modo. Sunt in his quædam fluxilia in humore, vt sales, &c. Horum imbibitio colorans est accuratior. Tantum enim liquoris semel immittitur, vt consistentia sit pulticulæ crassioris, & postea sit ad calorem leuem coagulatio,
ne vitietur color.

Quæ ignitionem sustinent, in laminas extenduntur, aut quouis modo
attenuantur, & postea in tingente liquore restinguntur. Veruntamen etiam hìc arbitrium artificis, & aliæ circumstantiæ variant : possunt enim &
calcinari, &vnà solui in tinctura, indéque reduci, &c. Excellunt in hoc genere metallica, quorum coloratio ad imitationem præstantissimorum maximè expetitur. Itaq; & eodem modo vt in præcedente classe, tincturæ rubeæ
& albæ hic concinnantur.

Liquores in metallicis rubificantes fiunt ex cinabari, minio, ærugine,
sulphure, stibio, ferro, hydrargyro &c. in olea per destillationem, vel liquores per calcinationem, & solutionem, aliosque modos redacta. Oportet tamen tincturam latentem in plærisque in actum prius educi, veluti cùm fer-

f

rum

rum in crocum mutatur, ftibium in flores rubeos, &c. Ingeniofius eft artificium eorum qui aquam folis conficiunt, quæ vnà etiam figere poteft. Ea vel
liquor folis eft, vel oleum ex auro vel lapide, &c. de quibus fuo loco.

Liquores
e alcium fo-
lutarum,
metallorum
folutorū in
aquis acutis
faliu ṽ folu-
torū à fubli-
matione ṽel
depuratione
tinctura ſtil
latitiæ, olea,
aqua foluen
tes, &c. de
quibus fuo
en loco.

Liquores metallica dealbantes parantur ex fale ammonio, tartaro, lythargyro, in lac virginis redacto, ceruſſa, & fimilibus, in quibus præualet a-
qua lunæ, quam nonnulli Dianam vocant, & excellentiores etiam funt reliquæ, fi in eis calx lunæ eſt foluta. Poſtea hydrargyri fublimati, aut etiam con-
gelati liquor nobilis eſt, item oleum eius album.

Ex his etiam compofitiones gradatoriæ fiunt. In hunc modum calx hydrargyri, vel Veneris, vel aliorum metallorum imbibitur fenfim aqua lunæ,
vel folis, factaq; coagulatione vnà figitur & reducitur in metallum.

Moneta argentea contrahit aureum colorem, fi reftinguatur in tali a-
qua: Recipe acetum album bonum : immifce calcem viuam, fulphur viuum
falem philofop. & vitriol. Rom. vt foluantur bene. Iniice poſtea limaturam
de ferri fexies vel fepties in ferrea trulla calefactam : foluatur: deftilletur omnia
in aquam fortem.

Ita cupri lamina reftincta fæpius in aqua mercuriali, lunari, folari, tingitur adeò excellenter, vt etiam pro auro argentoúe fe gerat. Sed oportet e-
am admodum purgatam & teneram eſſe. Minus nobilis color eſt, cùm re-
ftinguitur in aqua deftillata ex fale ammonio, & albo ouorum, vt Mizaldus
habet.

Nonnunquam hæ tincturæ non funt actu liquidæ, fed tantum eliqua-
biles, in quas ignitæ tabulæ vel ramenta immiſſa fimul colliquant, & com-
bibunt. Eiufmodi eſt fulphur, arfenicum, & fimilia. His affinis eſt infinuatio
pulueris fluxilis in laminas candentes infeminati, qui fit ex hydrargyro, auro, argento, &c. adeò tener vt inftar butyri liquefiat, & irrepat coloretque
vndiquaque; quanquam & foluatur in oleiformem confiftentiam, & inftil-
letur; & fi fixus eſt, etiam illinitur ante ignitionem. Conficitur incerando, vt
in tincturis dicitur.

Porrò aliarum rerum tingentes liquores fiunt coctione tincturas pof-
fidentium in aqua, vel lixiuio, vrina, oleis & fimilibus : aut etiam deftillatione, expreſſione, & alijs modis aptis: & funt illi liquores non rarò faltem vehicula tincturarum. Nonnunquam penetrationis, vel illuftrationis gratia,
admifcentur alumina, fales & fimilia acria.

Lorum horum & fucci craſſiores nonnunquam fuftinent, veluti funt
qui ex fructibus exprimuntur, excoquuntur, &c.

Affinia his funt, quæ tincturam ex potentia in actum productam com-
bibunt, dum infunduntur: quo pacto fit acetū æruginofum infufum cupro:
aqua calcis mifto fale ammonio, fi infundatur peluiorichalceæ, cæruleæ-
uadit, quam oftentant in fuis officinis barbitofores. Ita eſt de aliis acutis (mirum eſt illam aquam non violafcere, fi alumen vnà iniiciatur.) ita exalatur
color

color vitrioli diluti, si aqua soluatur, & in lebete cupreo addita pauca vrina puerili, coquatur mediocriter quousque placeat color. Inde coagulatur denuò. Aqua rosacea, in qua solutus fuerit sal ammonius, affusa coraliis praeparatis, euadit caerulea. Vide infra in tincturis productis.

Tract. I. Cap. XIII.
De coloratione per calorem solum.

Hic modus colorandi est, cùm è potentia in actum, seu ex occulto in manifestum color protrahitur adhibito calore duntaxat alteratorio.

Neque solum principali exaltationis fine hoc fit, sed & inseruit tincturis arcanis.

Calor autem subministratur modò ex ignis viui foco, modò per caustica potentialia: vnde discerni haec operatio potest. Vtrobiq; tamen magnae est industriae nosse, & attendere gradus caloris adhibendi, & dispositiones agentium, patientiumq;, quae si ignotae sunt, non exaltatur, sed deprauatur potius opus. Quaedam lenissimo calore longo tempore quasi maturescendo, coloris perfectionem acquirunt, exemplo rerum naturalium: Quaedam mediocrem poscunt, nonnulla violentum, eumq; non tantum ex actualibus ignibus, sed & potentialibus, & id diuersis temporibus, aut etiã simul. Nonnulla sunt eiusmodi, vt diuersis regiminum modis diuersimodè proficiant, eueniatq; aliquibus additametis, vt quod calor simplex tardissimè assequeretur, id paruo tempore emergat. Interdum longa serie per multos colores ad vltimum iter est: interdum intercedunt pauci: quaeritur potissimè in metallis is, qui fixus & constans est, qualis est auri & argenti, tametsi aureus tãdem in rubini tincturam exaltetur, videaturque hic color terminus esse in classe ista igniédorum, propter similitudinem flammeae rubedinis, ad quam naturaliter etiam contendit ignis.

Cera, mel, & alij succi apricando saltem colorantur.

Diphryges primùm sit è luto Cyprio arefacto ad solem, & postea sarmentis ad rubedinem tosto. Tertium item paratur ex pyrite eroso reuerberato ad rubricam. Quartum ex lapide factitio metallicorum septies reuerberato.

Ita in lapidis magisterio leuissimo calore, qui etiam frigus censeri possit ad reliquos gradus, nigrescit materia, sitq; caput corui instar fuliginis caminariae, cum lentore tamen & grauitate metallica (itaq; & sulphur nominari solet). Ab hoc iter est in albedinem pauló intentiore, ita vt è nigro plũbeus euadat color, & cinereus, post albus, ex quo iter est per caudam pauoninam, seu varias colorum multiplicium scintillas, in citrinum & rubeum, in quo terminus est qué assequimur calore gradus tertij, aut etiã reuerberãre.

Albae metallorum calces, vt cerussa &c. ex albedine citrinescunt, post rubescunt, tametsi plærumq; si quid sulphureorum halituum adhæret, statim ab albedine fuscentur. Et sic fit plumbago lutea corpulenta, & sandyx ex cerussa, quæ tamen differunt à croco eiusdem nominis subtilitate elaborationis, vt infra dicitur. Patina caua(inquit Agricola) in prunas imponitur, inq; eam friata cerussa coniicitur, rudicula agitatur, dum traxerit ruffum sandaracæ colorem. Fit & minium secundarium ex lapide plumbario & arena plumbaria per reuerberium, donec rubeant. Inde teritur, cribratur, & molitur. Sic hydrargyrus præcipitatur in album vel cinereum, ex hoc flauescit, postea rubescit, sed & conuertit se, nisi fixus est, & mirè splendentem albedinem, nonnunquam & flauedinem scintillantem ex se reddit.

Eius naturam imitatur stibium, sulphur, & similia, quæ miris modis variantur, nonnunquam tamen cum iactura substantiæ, vnde etiam euadunt perspicua.

Chalcanthum Romanum & Vngaricum solutum & reductum leui calore albescit, inde mutatur in citrinum, & rubeum tandem calore aucto: quod colcotar appellant.

Stibij flores è nigro producti albent igni eliquante & spiritus suscitante: inde flauent rubentq; , & hoc in metallicis, alijsq; quibusdam mineralibus solenne est.

Quædam cum additamentis reuerberantur, veluti quæ cementantur cum puluereribus, vel pasta coloritij. Ita aurum sæpius cementatum tantã acquirit rubedinem, vt non amplius pro auro agnoscatur. Ita corrigitur nigredo cupri, & argentum coloratur rubeo.

In nonnullis crebra excoctio fusoria idem præstat, quæ tamen res cõiuncta est cum expiratione halituum infuscantium, propter sulphur impurum, & immaturum.

Ignes potentiales sunt in aquis fortibus & stygijs, quæq; aliàs acredinem ad certas res determinatam obtinent, & non tantum aquæ, sed & pastæ coloritij liquidiores præstant idem.

Ita argentum in lazureum resoluitur (de quo videndum est in calcibus & crocis, &c.) ferrum in ruffum puluerem, vel etiam cupri colorem acquirit ab aquis vitriolatis, cuprum virescit, &c. Nonnullis adiuncta est cohobatio & nutritio. Nam eadem aqua sæpius abstracta refunditur, & color paulatim exaltatur, vt in chalcantho, stibio, & similibus. Stibium etiam statim in album calcem abit ab aqua forti, sed ea per cohobia erubescere discit concurritque tunc etiam ignis actualis. Ita sulphur aqua forti per cohobia alteratur, ita hydrargyrus præcipitatus, estque idem etiam cum fixatione: (plures enim operæ & scopi interdum concurrunt.)

Nec è potentia tantum producitur color diuersus, sed & idem illustratur per hunc modu. Ita aurum per stibiu sæpius fusum, & postea cum plumbo

Inde fit hamatinus seu sanguineus, aut corallinus: quæ vocatur rubedo hamatina mercurij &c.

fulminatum, euadit colore admodum illuftre; ita argentum fulminando extergetur. Quin & fi pars cum parte (id eft, pares argenti & auri portiones confufæ) cementetur cum pari ftibij tinctura, repetaturque labor; color, qui erat auri pallidi, ita intenditur, vt aurum confummatum appareat.

Ex auripigmento fit fandaraca, fi inclufum catinis in furno per horas quinque reuerberetur citrà expirationem. Sumuntur autem mediocres particulæ. Eft autem & alia fandaraca foffilis, inuenta in venis auripigmenti, quippe naturali chymia ex eo facta.

Quæ coqui poffunt, alterantur interdum folo coctionis proceffu, veluti præfilium in lixiuio coctum è rubore tranfit in nigritiem, & inter hæc cæruleum euadit. Itaque quem colorem quæris, eius tempus & perfectionem attende.

TRACT. I. CAPVT XIIII.

De coloratione per ablutionem.

COloratio per ablutiones eft, cum fufcedines fpiritales, aliæve fordes, colorem obfcurantes mutantesve, aquis acribus eluuntur, itaque color illuftratur exaltaturve.

(Nota autem hic non intelligi illam philofophicam, & modificatam ablutionem, qua dicunt lotonem ablui, hoc eft, per nutritionem paulatim è nigredine dealbari, accedente fimul coagulatione, & alteratione caloris; fed quam & exterfionem per aquas nominare queas.)

Hæc ablutio ne fuperficialis fit, fed intima penitus, requirit, vt vel in minutiffimam calcem res foluatur, aut in liquorem. Itaque & cum metalla fufcantur à fulphureis halitibus pinguibus & aduftis, in calcem (*vel pultem*) foluuntur pofteaque eluuntur aquis falfis, vel aceto, vel vini fpiritu exalperato & fimilibus; maximè tamen aqua falis tartari, aut etiam fpiritu eius. Ita plumbi, argenti, auri, electri, &c. granalia, aqua falis ammonij vel tartarei macerantur, & abluuntur fæpius; vnde plumbum ftanni æmulum euadit, &c. ftannum verò argenti, poftquam funt reducta. Granula cupri item exaltatur aqua falis tartari, euaditque tenerum metallum & colore præftans. Memineris autem falium acrimoniam tollendam effe aquæ dulcis deftillatæ elutione.

Hydrargyrus acida muria eluitur donec non amplius nigrefcat; & eft in hoc peculiare etiam id, quod eluatur per arenas nonnunquam; filtretur perque corium exprimatur, & fic colorem pulcherrimum acquirat, nitefcatque inftar fpeculi. Solet & deftillari & colari deinde; folet cum fale ammonio, vel vitriolo, &c. in fublime agi, pofteaque inde reduci.

Sales & reliqua quæ foluuntur in humore, vbi foluta funt, crebrò filtrantur & coagulantur, iterumque foluuntur. Succi tenaces foluti etiam

aqua pura, nonnunquam albo oui adiecto, colore exaltantur, quod ipſum
non rarò etiam in meris liquoribus defœcandis ſpectatur , vbi concurrit
magiſterium ſeparationis, & colorationis.

    Quædam inſolando ab humectatione tinguntur, vt lintea, pili, fungi,
&c. idſque non ſuperficietenus tantum, ſed & penitus. Vulgares elutiones
per aquas ſaponatas, lixiuia &c. lotricum officinæ ſunt relictæ. Paulò interius eſt & occultius, cum infecti maculis panni per aquam calcis , vel è fungis piperatis ſtillatam colori priſtino reſtituuntur; (quanquam ſi interius
penetrarit macula, videatur ars fullonum certior eſſe; illæ autem aquæ for-
ſan duntaxat externas notas à pingui, &c. tollunt, & ſic ad ſequens caput recidit labor)Singulare eſt quod ſpiritus vitrioli rubeſcat ſi per emporeticam
chartam traijciatur.

Tract. I. Capvt XV.
De coloratione externa.

COloratio externa eſt cum ſuperficietenus duntaxat color exaltatur.
    Id ſit varijs modis, quibus aliter atq; aliter diſponitur ſubiecti faci-
es externa ad lumen diuerſimodè terminandum, vnde oritur color diuer-
ſus, (iſque vel in eadem ſpecie illuſtrior & veluti interpollis, vel obliterata
priore ad diuerſam nobilior, vt & ſuprà.)

    Operationes quibus id perficitur, ſunt diuerſæ. Excellunt gradationū
ſpecies, item maturationes, calcinationes, coadunationes vel illitiones, &c.
quædam item præparatoriæ vt coctio, exterſio, expolitio, lotio, &c. de quibus in exemplis.

    Ita metalla, & gemmæ potiſſimum exaltantur ad ſplendorem & gra-
tiam externam, ſeu mundiciem & ornatum (quanquam malitiæ plus nimio
dantes in fraudem & fucum inhoneſtum, vt alia, ita & hoc artificium con-
uertant vulgò.) Eſt autem nitoris conciliandi modus vulgaris iſte, vt tripela
terra vel in adamante puluis eiuſdem, (in cryſtallo tamen etiam cotes adhibent) inſpergatur orbi plumbeo quem continet alius ligneus : artifex ſiny-
ſtra admoueat gemmam, dextra verſet orbem, atq; ita affrictu mutuo expe-
ctet polituram, quæ fit abſolutior cum idem lapis poſtea etiam corio Alces
extenſo in orbe ligneo afficatur , veteres coribus naxijs vtebantur. Metallica quo pacto cotibus olearijs, aquarijs, ſalinarijs &c. poliantur, notiſſi-
mum vel vulgò eſt. Sed & gradationes eis conueniunt ad idem efficien-
dum.

    Aurum graduatur colore proprio foris duntaxat in numiſmatis, & ſi-
milibus, ſi coquatur in vrina vel aceto, cui miſtus ſit ſal ammonius & ærugo:
aut in aqua mellis; aut ſtercoris humani ſtillatitia; aut lixiuio facto ex ſulphure & calce viuis; aut ſal ammonius ærugo, tartarus ſoluuntur in aceto, in quo coquitur aurum : aut ſulphuris ſublimati quadrans ſoluitur in
libra

libra aceti, & in solutione coquitur aurum. Aliquando maceratur in aqua salis tartari per diem naturalem. Postea eluitur dulci, & linteo puro extergetur. Ita solent lamellæ auri post stibium perpessum, post fulmen item & dilatationem à malleo purificari antequam amalgamentur in hydrargyro philosophorum parando.

Est & coloritium auri, quo vtuntur aurifabri postquam colorem perdidit inter ignes; id plærumque conficitur ex salis ammonij semuncia, aut etiam vncia; vitrioli, æruginis singulis semuncijs, salis petræ didrachmo quæ cum aceto vel vrina in pastam compinguntur, cum qua illita, & siccata ignitur; postea excoquitur aqua tartarisata, & extergetur. Aliud Alexij, cum quo cementatur aurum: crocus per acetum è Marte factus; vitriolum Vngaricum, Ferrettum Hispanum, sal amm. & sulph. commiscentur.

Mizaldus: Chalcanthi, nitri, laterum farina cum vrina inpultem miscentur, quæ auro inducta reuerberatur lento igni: vel sale amm. ærugine, tartaro & aceto fit liquor in quo aurum coquitur. Si item altius coloratum est, macerari solet aliquot diebus vrina, & postea super candente ferri lamina bis versari.

Argentum fit splendidius si coquatur aqua solutionis salis tartarei, qua & cementi & fulminationis halitus extergentur: vel: salis ammonij, aluminis liquidi, aluminis plumosi, salis gemmæ, tartari, vitrioli: q. s. misce pulueres & aqua fontana solue : in solutione argentum coque. Coloritium eius fit ex ijsdem è quibus auri pasta, nisi quod dimidia vel tertia aut quarta duntaxat pars ammonij salis sumatur, & loco aceti vel vrinæ simplex aqua vsurpetur. Fit aliud ex sale amm, nitro, farina laterum & vrina: vel sale ammon. ærugine & aceto.

Est & cum restinguitur candefactum in tali aqua: acetum album forte misceatur calce viua, sulphure viuo, sale philosophorum, vitriolo Romano. Facta solutione in ea restinguatur limatura ferri candens quinquies, vel sexies. Quiescant donec soluta sint omnia. Destilletur aqua, in qua restinguatur argentum in laminas ductum. Eiusmodi compositiones plures est inuenire passim.

Cupri color exaltatur lotione in aqua vitriolata adiecto aceto; post qua extergetur. Ferrum politura potissimum enitescere, atq; etiam specularem leuitatem acquirere; notum est. Inseruiunt ei terræ tenerrimæ, aut etiam lutum, vt creta, terra alana, melitensis &c. præter asperiora illa quibus è rudi præparatur, &c. vt sunt cotes, &c.

Mutatur color externus in aliū, vt ferri in aureum: aquæ communis libræ 3. aluminis vnciæ 2. vitrioli Rom. auripig. singulæ vnciæ, salis gemmę quadrans, æruginis drachma, mista coquuntur, & cùm incipiunt bullire adduntur tartari, salis com. singulæ semunciæ. Ebullire permittuntur. Ablata ab igni ferro illinuntur, & resiccantur, &c.

Item calcionis, calx pumicis, calx Vitri, cineres & similia.

Fit

Fit & cementum ad idem pro lapidibus & metallis : salis ammonij, vitrioli albi partes quaternæ, salis gemmæ, æruginis partes ternæ, pulueratæ miscentur. In puluere sepelitur res tingenda, & per horam in igni detinetur per catinum. Extracta extinguuntur vrina recente, abluuntur, & extergentur.

Ad rubea metalla dealbanda conficiunt talem aquam : foliorum argenti scrupulus, salis ammonij sesquidrachma, salis nitri didrachmum cum drachma media. Mista in catino clauso, relicto tamen paruo spiraculo, reuerberantur inter prunas donec cessent spiritus : puluis exemtus, læuigatusque miscetur cum aqua solutionis salis communis, tartari, & aluminis. In hac aqua coquuntur lamellæ cupri seu alius metalli.

Cuprum etiam in hunc modum foris dealbatur. Puluis mercurij saponi inclusus affricatur cupro: vel : salis ammonij, salis nitri singulæ vnciæ, argenti limati drachma media. Mista, inspersaque cupro incenduntur. Vbi fumus cessauerit fricatur cuprum digitis nudis, vel saliua madefactis. Vel : fac pastillum ex tartari & salis ammonij puluere cum aqua forti solutionis argenti adhuc inexistentis : vel misce salem tartari, salem communem & calcem lunæ, misturam affrica cupro. (*Si quis his in fraudem vti velit, is sciat se redargui coctione talium in vrina, vel aceto & similibus, vel candefactione & restinctione, &c.*)

Si creta oblitus, siccatusq; ad ignem ponatur, tingitur aliter.

Sapphyrus adamantis colorem asciscit, si cum ferri scobe cementatus reuerberetur : vel scobs prius excandescat, & postea sepeliatur in ea sapphyrus.

Crystalli colorem in rubeum vel hyacinthinum mutant ita: stibij selibra, auripigmenti triens, tuthiæ duæ vnciæ, arsenici crystallini, sulphuris singuli quadrantes. Commisceantur in puluere, in quem immergatur crystallus, & in igni horis quinque vel circiter dimittatur, vt excandescat. Refrigescat spontè. B. Porta.

Sunt quæ halitu duntaxat afflata colorantur, vt ferrum politum industriè inter flammas versatum. Gemmæ quasi nube tinguntur à fumo ferri metallico, aut etiam cupri; & sic etiam bracteæ metallicæ gemmis substernendæ, qualia plura inueniuntur, apud Agricolam, Portam, Cardanum, & alios scriptores.

Rationem bractearum talium paucis expedit Agricola. Massa, inquit, primò conflatur ex auro, argento, ære. Deinde in tenuissimas bracteas ducitur. Tum hæc si forcipe tenentur, vt ardentes carbones non attingant, sed paulum sublatæ, eorum excipiant ardorem, qui illas varijs imbuit coloribus, prout mistura est dictorum metallorum.

De capillitio tingendo admodum accuratæ inueniuntur apud diuersos præceptiones, &c.

Debent & pictores & cosmeticæ muliebris concinnatores multum
huic

huic artificio. Sed ceruſſatæ facies caueant ſibi à ſumo ſulphuris quo deni-
grantur. Eſt & luſus in tali tinctura, cum per flammas ſulphureas, & ſimiles decolorantur præſentes, &c.

TRACT. I. CAPVT XVI.
De magiſterio odoris.

MAgiſterium odoris eſt cum res odore exaltatur; idque artifices potiſſimum moliuntur in operibus, quibus inter elaborandum aliquid ingrati odoris accidit, vt in empyreumatis oleorum, aquarum & ſimilium; deinde etiam in his quæ aliàs per naturam odorem paruum, moleſtum, vel etiam nullū habent; cum tamen ad gratiam in vſu eiuſmodi nota ſint exaltāda.

Empyreumata, & aliàs etiam quidam ingrati odores, (vt rancor vnguentorum, oleorum, reſinarum, &c.) tolluntur modò crebris ablutioni-
bus ex aceto odorato, aqua roſacea, vel alijs ad vſum aptis, nonnunquam
etiam pura frigida: modò inſolatione in libero aëre, nidor paulatim ſinitur
expirare, idque potiſſimum fit in oleis & aquis deſtillatis, quæ ſuis vaſis contenta ita obſtruimus, vt relicto ſpiraculo fuga ſit ſpiritui igneo: quod ſi ſolem non tolerant; ſaltem ita in opaco relinquuntur quouſque corrigantur.
Idem præſtat nonnunquam repetita deſtillatio, nempe in his, in quibus o-
dor fœtidus aut moleſtus in craſſiori parte & feculenta hæret; ſicut fit in o-
leis è cranio, lignis, &c. per deſcenſum factis. Eſt tamen hoc magiſterium
coniunctum cum ſegregatione, atque ita extractis coincidit. In aliquibus
compoſitionis magiſterium concurrit. Quædam vnà incoquuntur, commacerantur, aut etiam inter deſtillandum vel in alembico ponuntur, vel in
vaſe, aut receptaculo, vt præteriens ſpiritus vel liquor odoré ſuſcipiat, idq́;
non tantū fit in prauis corrigendis, ſed & inodoris odore bono inſtruendis.

Eſt & cum ante extractionem res extrahendas alteramus per appoſitionem, vel ſtrata mutua. Ita amygdalæ prouinciales inciſæ minutim ſternuntur viciſſim cum floribus odoratis, vt iaſmini, roſarum, &c. item cum a-
romatibus, &c. idque fit frequentius quouſque ſat odoris eſt combibitum.
Inde extrahitur liquor per expreſſionem.

Nonnulla aquis odoratis conſperguntur, vt chirothecæ, chiromactra,
crines, veſtes, &c. Alia ſuffumigantur, aut etiam accubitu odorem imbibunt, vt quæ ambari & moſcho adiacent, &c. Nonnullorum odor in ſua
ſpecie intenditur, quo pacto aiunt moſchum ſuper latrina ſuſpenſum odo-
ratiorem fieri.

Aqua ſimi bubuli elaboratione euadit odorata inter deſtillandum.

*(Patet hic locus etiam adulterijs, vt cum hœdinus ſanguis quadruplex, cū
moſchi vna parte componitur, & pro moſcho venditur, ſicut docetur apud Portã,
ſed ex fractura lucida agnoſcitur impoſtura. Viri boni eſt ab eiuſmodi artib. alienum eſſe.)*

TRACT. I. CAPVT XVII.

De Magisterio saporis.

Magisterium saporis est, cum in sapore fit exaltatio. Itaque & pharma-copœia & coquina, cellaque hinc instrui potest.

Potissimum autem Chymicus hoc vtitur in acrimonia corrigenda, & empyreumatis gustum attinentibus tollendis.

Ita faciunt dulcem præcipit.tu per aquam albuminũ sepius abstractum.

Acrimoniæ eluuntur primum digestione, macerationeve in vini spiritu, qui sæpe abstrahendus renouandusque est, donec nihil secum euehat acredinis: postea etiam dulci stillatitia, aut pluuia, item sæpius infusa, & abstracta denuo. Inseruit itaque hoc magisterium tum alijs magisterijs per acria præpatatis, tum essentijs nonnullis corrigendis.

Pari modo acor rerum aceto maceratarum seu tollitur, seu reprimitur. In quibus plane aufferri nequit; mistura cum liquoribus lenientibus succurrit, si quidem vsum spectes; & sic acres spiritus corpori salubriter possunt ingeri.

Empyreumata gustûs conueniunt cum correctione in odoratu. Valde etiam vicini sunt hi sensus. Ita reuerberatarum calcium acrimoniæ igneæ abluuntur, &c. Vinum alijque potus & cibi, afflatis, incoctisve saporibus, aut in maceratis, immistis, &c. varie alterantur, quæ res ad œconomiã, & pharmacian spectat: & in primis vinum sapores etiam vasorum suscipit. Vnde quod stetit in vase maluatici recens effusi, maluaticum quid sapit, &c. Mizaldus acidum vinum iubet corrigere olla aquæ bonæ plena, immissa vino per triduum, obstructa tamen. Chymicus ad id olea sua, & essentias porrigit. Ita si acotem minatur, oleo sulphuris corrigitur, vel vini quinta natura, aut spiritu eius aromatisato, quod aliqui putant se obtinere posse radice brassicæ: quæ alterandi ratio in multis quoque alijs potissimum medicinis præstari potest; & conuenit cum coloratione per proiectionem spiritualis tincturæ, quæ citra corporis euidens augmentum, virtutem intendit. Idem singulari sublimationis modo per aquam tractum saporē mutat, vt sit vsui congruus: sed & vim sulphuream, tartareamq́; ponit. In acetum abit putrefactione; quanquam hæc corruptio potius fit quàm exaltatio, nisi respectu vsus, qui acetum vini poscit, non vinum.

Quorundam sapores in sua specie exaltantur, vt acetum fit acrius, primum aquositate per destillationē subtracta; postea procurata putrefactione per calorē externum, insuper medicinis infusis, vt hordeo tosto, pisis, sale tosto, fermento, pipere, pyrethro, proprio sale & crystallis, &c. Inijciuntur & lapides igniti: vel pars eius quinta coquitur, & additur reliquæ, insolaturq́; inijciunt & radicem rubi, vstas glandes, testas ignitas, & alia. Salis sapor intenditur crebra solutione, filtratione & coagulatione, donec æquositas sedat; id q́, & tostione, acquiri potest, & destillatione &c.

Quæ-

Quædam sua natura insipida, solutione fiunt sapida, vt plumbum in calcem vel liquorem deductum, dulcescit.

Est & cum hoc magisterium coniunctum est cū separatione ; vt in spiritu vitrioli acido, euenit, cuius aciditas abstractione perit, relicta dulcedine sulphurea. In alijs sapores displicentes elutione, coctione, tostione, reuerberatione, &c. pereunt, inductis nouis: sæpeq; plures operæ sibi succedūt mutuò, veluti cum vitriolum mordax calcinatur, & postea eluitur, itaq; fit insipidum &c. quæ est exaltatio ad vsum. Elutioni percolatio interdum cōiuncta est, vt in cineribus. Eadem etiam in his valet quæ percolando malos sapores deponūt propter feces relictas, vt cū vinū per silices defecatur, &c.

Ill. ad insipidū deductio item est impropria exaltatio, & sum dunta-xat spectās.

Porrò quia sensui gustus implicatus est sensus tactus; transfertur hoc magisterium non rarò etiam ad tactum, veluti in medicamentis vulnerū, vlcerumq; in partib' teneris & sensu exacto præditis, quæ cum gustus mitia pronunciauit, eiusmodi etiam ad tactum fore æstimantur. Possunt ergò p communibus haberi ea quæ sunt huiusmodi, vt cum præcipitatum ab acrimonia liberamus eluendo, non ad gustum respicientes, licet illo exploretur, sed ad tactum, ne dolorem suscitet in vlceribus, &c.

Tract. I. Capvt XVIII.
De magisterio soni.

SOnus quoq; à chymico corrigitur, & magisterium soni appellatur.

Id fit potissimum in mineralibus, in quibus aliqua præstantiæ nota ex sono capitur, vt in metallis, aut quæ in ignib. periculum minantur propter spiritus vehementes cum sonitu erumpentes, obuiaq; displodentes. Itaque & præparatorium est hoc magisterium, vt eò facilius eæ res artificijs chymicis tractari possint.

Ita stannum in argentum transformandū, stridore se prodit. Hic corrigitur magisterio soni, calcinando in reuerberio, & calcem reducendo. Argentum vt sit idonea materia elixyris rubei, quia plus iusto tinnit, quod in auro non obseruatur, ita præparatur. In spiritu vitrioli forti solue salem ammonium tantum quant⁹ solui potest. Adde tantundem sulphuris viui. Obtura probè, & manibus vitrum agita. Incalescant super cineribus. Operculo remoto impone alembicum cum adaptato receptaculo. Commissuris obstructis, & loricatis vasis destilla aquam totam. Postea excipulum remoue, nareque alemb obstructa sublima. Sublimatum argento eliquato misce, agitans cum bacillo ligneo, ita vt tres portiones ordine inseminet. Si nigrescit argentum, magisterio coloris per coctionem in solutione tartari & salis, rectifica.

Hunc finem quærit Porta in mutādo stanno in plumbum.

(Eiusmodi apparatum requirit sophistica potius argenti tinctura, quàm elixyr rubeum; estq; diligenter attendendum, ne dum sonitum corrigere volumus, substantiæ duriciem & fragilitatem inducamus.)

Sal fusus. Salis in igni stridor tollitur per tostionem vel fusionem, vnde sal fusus appellatur. Soluitur in vino albo. Filtratur vsque ad clarum. Coagulatur. Coagulatus in catino testaceo operto ad ignem funditur fortiter. Fusus effunditur in conum, vel fistulam, aut canalem fusorium. Isto est sal fusus.

* Eodem arificio corrigi & salis petræ stridor potest.

Nonnunquam & mistione opus est, vt puluis pyrius chrysocolla, & butyro debitè mistus, in globis mittendis non tonat. Sonus huius intenditur aucto halinitro, aut etiam maceratione in aceto, &c.

Quæ præ mollitie sono carent, induranda sunt figendaque, vt plumbum, hydrargyros, bismuthum, stibium, &c. donec sonorem metallicum acquirant.

Hic itaq, se- Ligna attenuantur in asseres: humida siceantur: alia etiam forma ex-
dem habet terna mutantur è plana in concauam, &c. Ita sunt plura magisteria quæ de-
ars fistula- bita receptione & accommodatione sonos intendunt, & multiplicant, vel-
rū, & omnis uti per tubos & concamerationes, &c.
generis in-
strumento- (Hinc Baptista Porta docuit instrumentum eminus audiendi, sicut perspi-
rū musicorū cilia è longinquo aciem iuuant; suadens nempe fieri compagem quandam sinuo-
cilia è longinquo sam instar auris asininæ, è vasto introitu in acutum desinentis, & per multos an-
fabricando- fractus concauos sonum multiplicantis.)
rum.

TRACT. I. CAPVT XIX.

De magisterijs substantiæ, vbi primum de metallorum transformatione.

Magisterium qualitatis ita fuit. Sequitur magisterium substantiæ, cum substantia, quæ est per se, remotis saltem sordibus, tota mutatur, absque notabili quantitatis, quoad fieri potest, iactura.

Ita enim differt magisterium hoc ab extractione, quod occupetur in toto elaborando, scopo sui primo & per se competente, absque extractione essentiæ. Et licet interdum separentur, aut componantur partes, vel etiam aliquid obiter secedat, aut ratione vsus negligatur; tamen non desinit esse magisterium, quod requirebat elaborationem totius in substantia.

Magisterium substantiæ fit vel genesi, vel catalysi.

In Genesi est cum ex substantiam habente fit aliud vnum. (Ita enim voce geneseos iam docendi caussa vtimur, quanquam alia etiam generatio sit cū ex vno fiunt plura, quæ tamen διάκρισις; seu διάλυσις & corruptio quædam est potius, licet nomine corruptionis abstinēdum sit in doctrina huius magisterij, qua nobilius quid in substantia quæritur per exaltationum ingenia.)

Et est duplex: transmutationis scilicet & compositionis: (ita enim naturam ars imitatur, dum aliud facit vel transmutādo, vt sit in elementis, vel symmixi, vt in mistis.)

Magiste-

Magisterium geneseos in transmutatione est, cùm simpliciter ex vno fit alterum re analoga (*seu symbolica*) ad aliam substantiam transmutata. Et id quod transmutatione factum est, nobilius est, siue natura per se spectata, siue vsu. (*Itaque hic etiam à Physica hæc ars discedit, cùm illa simpliciter substantiam in simplici generatione spectet, hæc verò etiam vsum, ratione cuius res exaltari dicitur, quanquam id Physicus appellaret non substantiam, & modum eius corruptionem, seu generationem secundum quid.*)

Transit autem alterum in alterum, vel seruato genere proximo, vel mutato. (*quanquam alias Physicum sit contraria genere conuenire & materia, vnde & motu è contrario in contrarium non debebat facere heterogeneum, nisi generatione æquiuoca, sed non semper id est proximum.*)

Genus proximum seruatur, cùm species in se transmigrant, eidem proximè subiunctæ, vt cùm ex elemento fit elementum, veluti ex aqua aër: Item ex lapide lapis alius, ex metallo metallum, ex argento aurum, &c.

Variæ sunt eiusmodi transmutationes: (*Nam in tota natura falsissimum est, quod aiunt quidam, species rerum non transmutari, vel ipsis coquis indies videntibus ex aqua fieri aerem, ex pinguibus aereis ignem, ex ligno cineres, ex caseis vermes, ex his muscas, ex melle formicas, ex ouo auem, ex putribus varias bestias, &c.*) Sed maximè excellunt transformationes metallorum, & gemmarum, quanquam non omnium nobis in tanta rerum vastitate abstrusitateque & circumstantiarum varietate sit possibilis, nec quoduis migret in quoduis.

In transmutatione metallorum pro scopo est absolutè quidem, id quod præstantissimum est, aurum scilicet, postea verò etiam argentum, & tandem reliqua quæ nobilitate excellunt transmutandum. Et est in metallis eò facilior transformatio, quia inter se principio proximo (Mercuriali scilicet liquore & halitu sulphureo coagulante) ambigunt, & distare videntur non tam substantia, quàm accidentium absolutione : vnde & in natura eadem massa metallica diuersas habet partes, quarum perfectissima est aurum, aliæ argentum, plumbum, ferrum, &c. quæ exeunt in sua forma imperfectionis per segregationem. Studet autem artifex inuenire differentiam & gradum imperfectionis, eaque introducere quæ desunt, seu gradationum modis, seu mistura. Eligit ea quæ natura dedit optima & purissima: alia, quæ adeò sunt impura, & degenerarunt, vt oleum & operam sit perditurus, omittit.

Perfici potest transmutatio in omnibus metallis, atque etiam hydrargyro, & quæ ad hunc reduci possunt communiter ad aurum vel argentum, &c. si ad communem materiam, mercurialem scilicet liquorem redigantur, & vt in natura sit, anima sulphuris afflante coagulentur figanturque: (*quod sulphur ad aurum ex auro producendum est, & viribus actiuis ad seminalem vim effectiuamq́, naturam exaltandum, quo materiæ motum ad simile addat*) Ad argentum sumitur ex argento, & sic de alijs, licet non facilè instituatur in alia

tranſmutatio,quod in optimo maius fiat operę precium,reliqua aliàs abundent,agente foris calore determinato in matrice ſua ſeu vaſe diſpoſito, vſq̃;
ad tempus ſuum.Sed hæc mutatio recidit ad heterogeneam, explicaturq̃;
in hydrargyri in metallum transformatione.

Alia communis ratio eſt per proiectionem elixyris perfecti ſuper metallum eliquatum.Tunc enim ingreſſum prębet,&mercuriali liquori conſiſtentiam obtinet ſimilé, aſſumitq̃; ex eo mutandum id quod diſpoſitũ eſt.
Vix mutat totũ vndiquaque,cùm partes diuerſimodè coctę inſint,niſi prius
ad homogeniam exactam,per gradationes,depurationes &c. ſit redactum.
Si ergo totum non eſt vndiquaq; mutatũ,ſegregatio inſtituenda eſt,& pars
nobilis ab ignobili ſeparanda,quod fit per fulmen,aquas fortes & ſimilia.

Quæ metalla igniri poſſunt,in laminas ducta etiam illo puluere conſperguntur,vel ſi in oleum aut liquorem ſit redactus,in eo extinguuntur,aut
nutriuntur.

Ex quibus patet non ſemper neceſſariam eſſe in primam materiam ſolutionẽ,
quo pacto & Picvs ait, ſe vidiſſe trium horarum ſpacio ex luna factum ſolem,
nulla præcedente in mercurium conuerſione.

Sunt porrò etiam peculiares conuerſiones ſingulorum ab auro vel argento deſciſcentium.

ARGENTI IN AVRVM SPECIALIS
conuerſio.

ARgentum optimum ab auro deficit fixione & colore,cum quibus coniunctum eſt pondus (*Teneritas enim ſubſtantia & dilatandi ratio conue-*
nire debet,quæ ſi nondum adeſt procuranda particulatim eſt, quemadmodum a-
lia in quibus defectum patitur).Itaque ſi commiſcetur cum medicina fixa põ-
deroſa,rubea,perfectionem auri æquat. Talis autem eſt aliqua earum quæ
ſuprà ſunt dictæ in coloratione per proiectionem,vt rubedo ſtibij fixa,præ-
cipitatus fixus,ſulphur,vel auripigmentum fixum,aut horum olea fixa, &c.
Attende verò ingreſſum fieri melius & conſtantius, ſi illa cum auri calce vel
liquore fuerint contemperata. Quod ſi argentum imperfectius occurrat,elaborandum eſt donec perfecti notas adipiſcatur,eo ordine,ne poſte-
rior opera irritam faciat priorem, quam particularem tranſmutationem
nominant.

Duo enim ſunt particularia,vnum in argento, alterum in hydrargyro, ſed
plerumque tam ardua eſt perfectio, vt nihil fiat niſi ſophiſma,quod vitatum cupi-
entes philoſophi,potius commendant vniuerſale magiſterium, in quo vna medici-
na perfecta omnes nota abſolutionis complétur. Illo autem pertinent medicinæ pri-
mi & ſecundi ordinis apud Gebrum.

Alius modus : Scobem argenti elimati aſperge teſſellis cinabaris fixi
(pla-

(plerumque coquunt in lixiuio fixatorio, & allinunt album oui, quo fidelius hæreat limatura) & reuerbera: vel ftrata vicaria vnà cementa. Inuenies argentū
nigrum & fpongiofum. Abrade hoc vel collige, & excoque in plumbum in
tefta, excoctum fulmina, fulminatum per quartationem fegrega. Inuenies
aurum. Potes eundem puluerem etiam addito borace & auripigmento fundere, fufumq; aqua forti explorare. Si quid non fixum adeft, id reducito, & i-
terum cum cinabari cementa, donec totum fuerit mutatum.

    Hac opera fimul conficitur argentum è cinabari, de quo fuo loco. Sunt au-
tem huius teftes fideles Picus Mirandulanus, Baptifta Porta, Hieronymus Ru-
beus, &c. Videturq idem etiam innuere Dornefius, dum ait, cinabarim mederi
pudori philofophorum de lapide, &c.

    Hunc finem fpectare gradationes Paracelficæ videntur, ex quibus hæc
non eft ignobilis:

In pugna he-
rofca: Flores
martis pur-
purei, ad
fummū per-
ducti rubo-
rem, & tin-
ctura folis,
Vel fermen-
tum folis dul-
ce, cementā-
tur cum lu-
na diligēter
per fulmen
purgata.

    Sublimati fixi libra, florum Veneris, florum martis, fulphuris, ftibij, fin-
gulæ vnciæ mifceantur pro puluere cementi: (*vel in aquam foluantur, in qua*
maceratur argentum.) cementa cùm argento in reuerberio. Regulum
malleo extende, denuoq, cementa, idq; quoad fatis eft. Adde tertiam auri
partem, (*ad rubedinem fummam cementati*) & vnà fulmina. Mifturam quarta,
fi quid nondum fixum eft, redde operi.

    Attendendum eft, ne fragile euadat argentum, & vt illi flores fummè depu-
rati & fixi, penetrantesq fumantur. Loco auri accipitur item eius tinctura, vel fer-
mentum, & incoquitur argento cementato in tefta per colliquefactionem. Loco fi-
xi fublimati vtile fit cinabarim fixam aut præcipitatum ponere fixum, &c. Alij
lunam cum triplo mercurio amalgamant ad ignem. Duas partes denuò abftrahūt.
Addito pari falis am. & fulph. reuerberant vt eleuetur mercurius per horas duas.
Argentum hoc coquunt in duplo aqua deftillata ex vitr. Rom. p.j. chalcitidis Cyp.
p.ij. halinitri triplo, æruginis p.iij. cinabaris fexta. Coctio durat diem naturalem:
tandem aucto igni aqua tota auffertur, caput mortuum reducitur cum chryfocolla.

CVPRVM, FERRVM, STANNVM, PLVMBVM,
in aurum & argentum.

Amalgamantur cum hydrargyro, & proiecto elixyre auri in hoc abeunt. Alia ratio eft, cùm calces reductiles mifcentur medicinis rubedinis fixæ per minima. Poftea adiecta tertia auri parte, reducuntur. Eædem
etiam nutriuntur aqua aurata, tandémque cum auro reducuntur, vel in
hac crebro reftinguuntur, aut commacerantur in pultem, quæ reducitur
per fluxum. Nominatim ferrum & cuprum cementantur cum calcibus
& tincturis rubeis fixis, quales funt ex auro, ftibio, præcipitato, corallino
fixo, & fimilibus: inde fulminantur cum auro, & aqua forti comproban-
tur.

Eadem

Eadem est ratio mutationis in argentum, si pro auri medicinis sumuntur argenteæ, quales sunt elixyr argenti, aqua argentea, quam Dianam nominant, sublimatus fixus, &c.

Plumbum peculiariter in aurum transire scripsit Lagnouerus in hunc modum: Redige plumbum in mercurium, affunde ei oleum solis (est aurum potabile per aquam fortem) colloca in phiola in arenam per gradus ignis, ita vt ad medium vsq; sepelias, donec fiat materia cinerea. Postea immerge profundius aucto igni per horas quatuor, donec citrina euadat. Tandem penitus obrue, auctoque igni fige. Fixum reduc cum borace, & aurum erit.

Vide c.i. li.5.
magia.
Stannum in argentum mutat Porta, peculiari hoc modo: Calx stanni maceratur aceto, & soluitur, coagulatur & reducitur per plumbum in copella. Argentum ait plumbo innatare: iniectis pisulis ex calce & sapone ad fundum demergit, quod fit etiam per salem petræ, & sulphur. Inde procedendum est ad fulmen.

Verum hoc argentum esse non potest, sed duntaxat stannum induratum: quo tamen euadit ad malleum fragilius. Et solet promte calx inter reducendum vitrescere: vide ergo an non potanda sit prius aqua argentea. Eiusmodi occultationes occurrunt & in aliis. Non temere periclitari quenquam iusserim, sed nec ausim ex arte exturbare, quæ tantis artificibus placuere. Fruatur qui potest, & interim ad vniuersale illud maximè decantatum peruenire studeat.

FERRI IN CVPRVM MVTATIO.

Scobs ferri minuta maceratur in aqua vitriolata, aut in ea coquitur, donec ad constantiam coloris & teneritatis peruenerit.

Aliter; Florum æris (*aeruginis*) vitrioli, salis ammonij quantitas analoga commiscetur, vt fiat puluis, qui coquitur in aceto forti per mediam horam. Inde statim immissa ferri limatura vnà coquitur: cùm respondet color & consistentia voto, reducitur:

Paracelsus ita etiam aliter: Scobis ferrea libra vna, hydrargyri selibra: ponuntur in lebete ferreo, & affusis aceti mensura, vitrioli quadrante (vnciis tribus) salis ammonij sescuncia, coquuntur cum continua agitatione per lignum. Si deficit acetum, instauratur adiecto etiam alio chalcantho. Inter coquendum quod è ferro in cuprum abijt, irrepit in hydrargyrum, qui post horas 10. vel 12. separatur expressione per corium: reliquum diuaporatur, scobs reducitur.

Aliter ex Porta: Fuso ferro asperge sulphuris viui paulatim quantum possit capere. Effunde in virgas, eritque friabile: solue aqua forti in calcem, quam reducito.

Cementantur etiam laminæ ferreæ cum vitriolo calcinato, vel oleo vitrioli restinguuntur.

Qui negant metallorum transmutationem omnem, hinc euidenter redarguuntur. Vulgo enim constat hac mutatio per aquas vitriolatas, & ad montem Car-
pathum Vngariæ solennis est illa conuersio, cuius descriptio sic habet:

Georgius.
Vuernherus
de Vngaria
dis.

Aquà ferrum corrodens est ad Smolniciam, quod oppidum ad arcem Zepu-
siensem pertinet, intra montes, vnde quondam metalla eruta sunt. Extrahitur aũt
haustro, quod ab aqua supernè illabente impulsum, circumactu & tractu funis, cui aquã mirã-
implicati sunt crebri nodi coriacei, implet fistulas, per quas funi meatus est, quibus
adiuncti canales effusam aquã excipiunt & emittunt sub diũ in alueolos in terrã
defossos, quibus ferrũ siue vetus siue nouũ imponitur. Quæ minora sunt ferramẽta,
citius adeduntur. Solea ferrea equi cõsumitur intra horas 24. Quæ verò sunt crassiora, qualia sunt quæ in vicini montis ferrariis hunc in vsum fiunt: postquam per
aliquot dies aquæ immersa iacuerint, ceu limo quodã obducuntur adesa, eoq̃ statis
temporibus abluuntur, & purgantur, vt in id quod superest ferrum, aquæ vis efficacius penetret Quod pereso ferro manet luto simile, cuprum est, (ipsi cementũ vocant) id in fornace conflatur in massam, & deinde per aliam fornacem eliquatũ sit
purius & purgatius, & ad omnes vsus non minus vtile, quã quod sit ex metallo cuius multæ sunt fodinæ eo in loco. Non dubium est autem quin aqua hanc vim à venis metalli trahat, præsertim à pyrite æris, &c. Parac. in Chir. mag. Ferrum in cuprum, Venerẽ in Saturnum mutari nemo est qui ignoret. Idem Agricola, Baccius
& alij testantur: & nominatim Agricola modum exponit duplicem quorum vnus
est per aquam Smolnicensem, alter per Chrysulcam veterem.

Ferrum in plumbum mutare docuit Paracelsus, nempe fieri id, si quis scobem
ferream cum æquali fluxu, eoq̃ optimo in catinum iniectam ad fornacem ahenia
reuerberet, cemẽtetq̃, ita per horam sine fusione, tandem verò igni fortissimo bene
fundat? In catino per se refrigerato inueniri ait regulum plumbeum in imo.

Ferri in stomoma seu aciem transmutatio poterit fortè etiam annumerari
mutationibus in qualitate, sed cùm species sint vt numeri, & quidam diuersas species esse dicant, huc referatur. Ferrum durum, ductile ante folles cum fluoribus eliquetur acri igni: Liquatura agitetur sæpius, vt ferrum mollescat vt massa panis.
Massa illa extracta dilatetur super incude, perfundaturq̃ frigida in eam proiecta.
Frangatur malleo: fragmenta cum noua materia recoquantur, agaturq̃ vt prius,
& fiet acies.

Idem & cuprum vertit in plumbum hoc modo: Hydrargyri sublimati, arsenici fixi æqualis miscentur cum eliquato cupro, vt fiat corpus album instar argẽti
Hoc granulatur, additur par quantitas fluxus reductorij. Cementatur primum sine fusione, post funditur: regulus exit plumbeus.

Regulus stibij videtur genus plumbi duri esse, sæpe eum fundunt, & restinguunt in aquis, succisq̃ mollientibus, vel pinguedinibus, donec plumbi acquirat
molliciem postea verti in stannum elutione potest.

Nam plumbum in stannũ transit, si sæpius calcinetur, vel granuletur, eluatur lixiniis salium, vitrioli, &c. & reducatur. Testes sunt Agricola, Paracelsus, cũ
N
omni-

omnibus Chymicis metallicísq́, peritis. Potest & cementari in laminas ductum,
per strata vicaria cum sale ammonio. Cementatum funditur, idq́, repetitur, ce-
menti ratio fit pro plumbi natura, & mollicie. Transit & stannum in plumbum.
calcinatione crebra, & in reductione observato igni conuenienti, sine tamen lotio-
ne, ita infuscatur. Potest etiam feruens restingui aquis mollientibus.

Ita metalla in se transeunt mutuò.

Gemmæ in se transmigrant potissimum accessu tinctura, induratione, colo-
ratione, &c. de quibus suo loco.

Natura quoque docuit, quomodo species chalcanthi in mutuas transeant, ob-
seruatore Galeno. Sory enim in chalcitin, hæc in misy transformatur, cùm vide-
antur non tam substantia, quàm colore & partium crassitie tenuitatéq́, differre.

Eadem ratio est & sulphuris, quanquam & huius species credantur sub-
stantia indistincta esse, & tantum magisterio colorationis transmutari, dum è ci-
trino fit nigrum, vel epaticum, vel rubeum, &c.

Cuiusmodi transmutationum exempla non in mineralibus tantum occur-
runt, sed & vegetalibus & animalibus.

TRACT. I. CAP. XX.
De transmutatione ex genere diuerso, vbi primùm
de his quæ per genesin & nutritionem
naturalem fiunt.

TRansmutatio heterogenea vnius in vnum est, cùm id quod per trasfor-
mationem euadit, alius est generis ab eo ex quo est transmutatum.

Huius immensa varietas capitibus quibusdam distingui potest. In primis insigne est artificium transmutationis, in quo natura seminali, & nutri-
tiua potentia vtuntur artifices, atque ita commissis agentibus cum patienti-
bus ex genere diuerso aliud producunt.

Et fit hoc in genere animalium, plantarumq́; non tantum, sed & mineralium, in quibus & ipsis est seminalis quædam virtus.

Hoc modo commissis asino & equa gignitur mulus, equo & asina,
hinnus, mulus item ex tauro & equa, musmus ex caprea & ariete, hybrides
ex sue syluestri & domestico, cinirus ex oue & hirco, &c.

Huius loci est, cùm ex equo in stagnis putrefacto producuntur anguil-
læ, vel in sicco crabrones, è cadauere leonis, vel tauri, apes, è melle formicæ,
è luto variè disposito ranæ, mures, lumbrici terræ, &c. Ita ex putredine lignorum emergunt cossi, in mari etiam vermes, è quibus postea genus a-
natum, quod fit item ex fructu quodam in mare decidente, ita con-
chylia ex lentore marino ollis demissis excepto, &c. Quæ omnia etsi
etiam aliàs simpliciter per naturam fiunt, tamen ad artem transmutatoriam
transeunt, accommodatione artificis ingeniosa : quo pacto Virgilius arti
ascri-

aſcripſit inſtaurationem apum, & licet natura aliàs putreſcere res poſſunt, tamen artifex ad putredinem eas diſponere poteſt, & certis limitibus gubernare, vt celerius melius aliterúe proueniat quod futurum eſt, & eſſe hic aliquam vim artis, certum eſt. Natura enim principium duntaxat ſeminale præbet, ſi iam artifex diſpoſitam materiam, locum, calorem, regimen, &c. adhibeat, acceſſu nutritionis ex certo ſucco, producere certa forma & vi inſtructam rem poteſt. Itaq; vinū facit ex aqua, mediante vi ſeminali in ſemine vel propagine vitis, quam poſtea nutrit & educit artificioſè. Ita ex ouis profert volucres etiam abſq; incubatu, ſolo calore diſpoſito adminiſtrato.

Neq; tamen id in omnibus fieri poteſt, nam in homine, & grandibus beſtiis deſtituitur aptis locis, aliisq́; neceſſariis, etſi ſemen eorum habeat.

Vide Ariſt. de terrigenis & Caſalpinum.

Hac arte alienis locis & temporibus item vti poteſt, vt ex ſucco & terra aliena vel ipſa hyeme educat per ſemen varias plantas, &c.

Ita ex oleribus aliiſq; cibariis producit carnes, lac, ſanguinem, ope nutritionis, in quo artis opera ſpectatur, potiſſimū circa peculiares vires, quas inducere poteſt. Certum enim eſt nutrimenti vim in nutrito quodammodo ſeruari: vt veneno nutritæ puellæ, venenatos ſpiritus, ſputa, aliàque habent: capræ ſcolopendrio paſtæ, lac præbent ſcolopendriatum: vites Theriacali ſucco certa arte nutritæ, vuas & vinum præbent Theriacale, &c. Incidit autem hoc magiſterium cum ſuperiore, quo occultas qualitates diximus mutari.

Nec eſt nulla hic ſolis & lunę periodorum obſeruatio, quanquam magica ſuperſtitione Chymicus naturalis debeat abſtinere. Ita in conchyliis lunæ incrementa & decrementa prodeſſe aut nocere deprehenſum eſt. Qui fungos arboreos producere cupiunt, aquam decoctionis fungorum, aut ſimilem arboribus aſpergant, luna ad plenum properante. Ita Tarentinus fermentum aqua reſolutum, caudici populi nigræ prope terram conciſo affudit, & fungos ægiritas produxit. Ea arte & Dioſcorides corticem albæ populi & nigræ per ſulcos ſternit ſtercoratos, & fungos edules naſci curat, &c. Vide Portam, Ariſtotelem, Plinium, Dioſcoridem &c.

In mineralibus compertum eſt, metallicos vacuam biſmuthi venam è fodinis egeſtam apricaſſe aliquandiu, & poſtea argentum excoxiſſe. Eodem modo in ſcrobibus Styriæ ex ſucco ferruginoſo producunt ferrum, ita ex locis vrina conſperſis, gignunt nitrum, ſeu ſalem petræ (vt vulgus nominat). Narrat Matthesius, in Ioachimicis lacteum ſuccum è pendente ſpecus parte deſtillantem, tandem in argentum coagulaſſe, quod ipſum monet artifices, eiuſmodi naturæ ſuccos, iam ſeminalem metallorum vim habentes, item poſſe in metallum verti, ſi porrò regant naturæ impetum vſq; ad abſolutionem.

Tales ſucci ſæpe pro hydrargyro vulgari habentur, miſcenturq; illi, cùm deberent exactè dignoſci, & per digeſtiones maturari.

Tract. I. Cap. XXI.

De Hydrargyri & similium artificiosa in metallum transmutatione.

VBi non naturæ potissima virtus est, sed artis elucet industria, excellit transmutatio argenti viui, cinabaris, stibij & similium in metalla.

Argentum viuum variis modis in metallum coagulare, & figere docent artifices. Eo autem nomine designatur primum succus ille mineralis, de quo in præcedente capite, qui est proxima metallorum materia; & nulla re eget, nisi afflatu sulphuris dispositi ad coagulandum, in calore & matrice debita. Postea mercurius artis, quem ex metallis educunt, quem eodem modo reducere possumus, vt priorem coagulamus : sed & in aliud metallum transformare, eo modo quo & vulgaris mutatur. Et de tali Picus ait, se sæpe vidisse mercurium plumbi & æris in aurum & argentum transformari.

Paracelsus item inquit: Mercurius Saturni vel Martis cum suo Realgare in reuerberio calcinatur. Regulus reductus abit in perfectum metallum.

Tertio loco est argentum viuum vulgi, quod Plinio est hydrargyrum.

Distinguit is inter argentum viuum & hydrargyrum hoc modo, vt dicat Lib.33.cap.6 *illud esse vomicam liquoris æterni, lapidis cuiusdam in venis argenteis Hispaniæ inuenti, quod venenum sit rerum omnium : exedat & perrumpat vasa* Cap.8. *permanans tabe dira, cuius vsus sit in repurgando auro, & ære inaurando, &c. Hoc ex minio secundario excogni aut parari ait, dum vel minium æris mortariis pistillisque ex aceto teratur, vel patinis fictilibus impositum, ferrea concha caliceve coopertum argilla super illata, dein sub patinis accensum follibus continuo igni, atque ita calicis sudore deterso, &c. Hodie inuenitur in cadmia argentifera quam cobaltum nominant, è qua exudat, aut etiam excutitur, vel excoquitur è sua vena, veluti cinabari natiua. Nonnunquam & in lacus confluit, vnde exhauritur. Inuenitur & in fluminibus, cloacis, &c. Forte illud est liquor ille lacteus Mathesij, & potestate argentum, hoc argentum viuum vulgi, &c.*

Hoc autem argentum viuum interdum solitarium est, interdum metallis mistum, veluti cupro, ferro, plumbo, stanno, atq; ita ad transmutationem venit. Huius ratio primum hæc est:

Mercurij purgati partes mille in catino incalescant, donec incipiant fumum emittere. Hoc apparēte, elixyris rubei perfecti partem vnam rubræ ceræ inclusam proijce, & tecto catino ita ad ignem aliquantisper sine : vbi coagulatum senseris, follibus ignem intende. Sine refrigescere, & massam explora ad malleum, num respondeat naturæ auri. Quod si fragilis

est,

est, adde plus calcis &c. Notandum est quod pro fortitudine elixyris plures
paucioresve partes mutentur. Est quod septem, est quod decem, centum,
&c. partes duntaxat transformat, prout perfectum est, vel minus.

Fit autem perrubeum elixyr aurum, per album, argentum, ex quouis
mercuriorum genere. Solent tamen artifices ad aurum immiscere scobem
ferri: (hinc est pugna Martis, der Ritter Krieg) ad argentum verò stannum.
Neque verò elixyr ingressum habet, nisi prius sui generis metallo mistum.

Arnoldus:) *Si non misces de ipso corpore super quod vis facere proiectionem
elixyris, (vel in elixyr) & non mitigas, non diliget corpus spiritum* : Lullius:
*Super quale corpus vis proiectionem facere, debes in eo ponere; item pone de eius
spiritu in elixyr.* Paracelsus: *Per vnionem mercurij cum metallis vt fiant fluxa,
multa parantur elixyria ad metalla transmutanda, &c.*

Itaque non tantum materiam transmutandam, debito modo compo-
nendam monent; sed & ipsum elixyr cum calce eius metalli millecupla, vnde est extractum.

*(Elixyris istius veri loco, aliqui talem concinnant liquorem aut puluerem,
(nam vtrumuis fieri potest) salis nitri, & sulphuris viui quantitas æqua in vitro
calcinatur ad albedinem. Adijcitur par pondus salis ammonij, & vnà teritur,
trita mistáq; sublimantur per gradus. Sublimatum remiscetur capiti suo mortuo
tuso, iterumque eleuatur, idq; repetitur sexies, vel quousque figantur. Sed non
semper reddendum fecibus sublimatum est. Sufficit si à tertia vel quarta sublimatione per se sublimetur, atq; semper pars fixa in fundo parti volatili iungatur,
donec & hæc sit fixa. Tritum hoc postea soluitur per deliquium. Liquor stillatur super ducatum aureum, vt fiat oleum seu liquor oleosus, quem coagulant. Coagulo illo aiunt mutari hydrargyrum in aurum.)*

Modus alius est per aquas aureas vel argenteas, quibus figitur in aurum vel argentum. Praxis præscribitur huiusmodi secundum Mizaldum.
Cinabaris tres vnciæ, vitrioli Romani libra, salis nitri selibra, destillatur a-
qua fortis, eaque triplex. In media quæ exit, soluitur argentum. Solutio
proijcitur super hydrargyrum, & dicitur coagulare in argentum.

*(Sed nisi figatur, paruum est operæ precium. Potest id fieri aqua sæpius
abstracta & reddita; & tandem addito argento cum quo reducatur in metallum,
nisi mauelis coagulatum hydrargyrum debere nutriri ista solutione, & postea cum
argento per boracem reduci.)*

Alius modus eiusdem operæ: calx argenti miscetur pari præcipitato.
Mistura imbibitur aqua aurea, vel argentea (pro scopo transmutationis)
tanti ponderis, quanto est vtrumque. Vase clauso digeruntur vnà quousq;
aqua sit imbibita, & incipiat materia sublimari. Sublimata cum est, inuertitur vitrum, finiturque in alteram partem denuò eleuari, quæ opera repetenda est, donec fixa maneat. Fixæ affunditur aqua noua, & proceditur vt

*Nota: Alij
ita ad arge-
tum: Rec.a-
qua fortis ex
vitriolo &
sale per Vnc.
4. mercurij
ter à sale &
prius vitriolo, &*

u 3

quartò per se sublima- ti, argenti puri calcina- tibinas ün- cias, &c. Sublimatur ter à Vitrio- lo & sale, quartò per se.

prius donec facta sit purpurea. Huius pondus certum prò libitu reducitur per boracem in argentum, isque addita portione argenti vt sit præstanti-us. Reliduum augetur accessione hydrargyri sublimati à vitriolo & salibus, facta imbibitione per aquas argenteas, aureasve vt ante. Aurea aurum profert, argentea argentum. Si tamen aurum quæris, præcipitatus coralli-nus sublimato substituendus est, & pro calce argenti, calx auri sumenda.

Est & cum hydrargyrum odore saturni induratum figimus in metal-lum sui generis, quod argentum repræsentet, vel etiam addita aurea tinctu-ra aurum. Paracelsus autor est, per sulphur hydrargyri eundem coagula-ri, fierique metallum malleo extensile, quodque igniri queat.

Redigitur & in turbith fixum corallatum per aquarum fortium co-hobia. Postea cementatur cum pulueribus fixatorijs debito ignis gradu, veluti leni per horam, post auctiore per horas quatuor. Inde excoquitur in plumbum & fulminatur. Cementum fixatorium Paracelsi tale est: Bo-racis vnciæ duæ cum dimidia, salis ammonij didrachmium, florum æris, flo-rum croci Martis singulorum sex drachmæ, vitrioli calcinati, aluminis cal-cinati, hæmatitæ, boli singula didrachma. Trita miscentur cum vrina in pultem instar coloritij, quæ mutuo sternitur cum hydrargyro coralli-no, &c.

Mufetus ad Monauiü: Merc. Vicies sublimatus, præcipitatq9, coagulatus & penè fixus iterü recru-descet in ar-gen. Vinum, cum exigua aut pöderis aut substan-tia iactura Vide ergò quantü Se-lü tribuere bis transmu-tationibus.

(Eiusmodi mutationem dixerim fieri in metallicam quandam substanti-am, seu metallum sui generis quod ad aurum vel argentum accedat, nisi artificium noueris veræ transmutationis. Ita Lagnonerus præcipitatum oleo solis seu auro potabili potat, & digerit per octiduum dum siccetur. Deinde imbibit oleo tarta-ri, iterumque digerit per octiduum. Postea reducit. Si non sal tractabile istis modis fit metallum; augendum auri vel argenti additamentum est. Notandum est in mutatione hydrargyri in metallum plurimum momenti esse in vitriolo & sulphure, quæ tria videntur ad constitutionem eorum concurrere, & potiores tri-buerim vitriolo, quod etiam in sulphure inesse arguit acidus spiritus qui inde e-ducitur, nihil differens ferè à spiritu acido vitrioli. Est tamen etiam in vitrio-lo sulphur, quod arguitur oleo dulci quod egreditur. Præterea è singulis ferè me-tallis vitriolum educitur promtius quàm sulphur; & in vitriolo vis est quæ fer-rum in cuprum transit. Est & fixatorium. Vnde cum hydrargyrus figitur ha-litu metallorum, eum vitriolatum & sulphureum esse consentaneum est. Ita-que si tanquam materia metallorum à vitriolo & sulphure saleque sæpius subli-metur, & postea cum his ipsis cementetur, ad metallicam naturam aptior euase-rit. Veruntamen dirigendus est ad certum metallum per fermentum auri, vel argenti, alteriusve quod facere consilium est. Ars nihil promittit impossibile, sed accedat industria & exerci-tatio pronida.)

CINA-

CINABARIS FACTITIA IN
argentum.

Hydrargyri transmutationi vicina est cinabaris factitiæ conuersio. Cū enim facta sit ex sulphure & argento viuo; sulphur autem cum vitriolo vim habeant metallicam materiam figendi, quæ postea ad certam formam proficit seminali sua virtute; parum admodum differt hoc artificium à præcedente, vbi figebatur prius per aquas vitriolatas, vel sublimatione à vitriolo & sale; postea vi seminali adiecto metallo perfecto donabatur, quanquam aliquando & simul fiebat vtrumque. Hic autem fixus per sulphur est in quo tanquam matrice comprehensus latet: animatur autem & planè figitur tum halitu vitriolato argenti, tum anima huius seu spiritu fœcundo. Praxis hæc esto.

Hydrargyrus purus cum puro sulphure sublimetur in vsum, seu cinabarim. Hæc fracta in tessellas, includatur sacculo, & suspendatur in ollam ad medium. In imo contineatur puluis vitrioli, aluminis, & salis tartari, vel etiam vitrioli solius. Subijciatur flamma, finaturque cinabaris probè imbibere spiritum vitrioli. Loco pulueris sicci, potes vti tali lixiuio: Aluminis vitrioli singulæ vnciæ, tartari vnciæ duæ, calcis viuæ quatuor, cineris querni septem, aquæ ferratæ quantum satis. Fiat lixinium quo vaporetur cinabaris, vt ante dictum est, vel etiam in ipsam aquam immissa per manicam, ita ne attingat fundum & latera, sed in medio pendeat; coquatur donec probè figatur.

Exemtas tessellas macera per biduum in aceto in quo sit solutū chalcanthum Vngaricum, vel coque ex oleo (sulphuris, &c.) Exicca coctas, & oblitas oui albo volue reuolueque in scobe argenti optimi subtili, vt vndique densè adhæreat: potes & includere argenti folijs, vel lamellis, aut mutuò sternere vt in cementis. Immitte in catinum fortem & vndique claude. Clauftris resiccatis inter arenas reuerbera per gradus ignis ad triduum, vel quousq; perfecta res sit. (Si enim egeris rudius, septem, aut etiam duodecim dies requires, vel mensem integrum.) Si tamen cineres placent præ arena, diutius reuerberandum est. Vbi sponte vas refrixerit, effringe id, & ab exemtis tessellis argenteum puluerem, qui erit niger, exuceus, spongiosus, per pedem leporinum cautè abstrahe. Ex hoc puluere aurum elicies, vt supra dictum est. Nam vt argenteus spiritus hydrargyro communicatur in sulphure concluso, ita vicissim sulphureus tingens & vitriolatus figens argento. Detersis tessellis adijce plumbum & in hoc excoque argentum. Massam fulmina, & argentum in copella remanebit.

Huius

Huius transmutationis autores sunt, Hieron. Rubeus, Picus Mirandulanus, Baptista Porta, Euchyon, Dornesius, quidam innominatus, & alij fortè plures. (*Illud tamen argentum quò foret constantius, sigerem amplius per sua cementa, aut adijcerem tertiam natiui argenti partem, &c. Notabis autem ad eundem quidem scopum contendere dictos autores, veruntamen singulos nonnihil variare, veluti Euchyon ita describit: Cinabari affunde aquam fortem in qua argentum sit solutum, atque commacera, (vel imbibe vt moris est) destilla postea ter, aut quater, vt sic restet cinabaris alba. Hanc in tessellas fractam sterne mutuò, cum elimata argenti scobe, vsque ad vasis (quod debet esse ferreum, vel ex argilla forti fundi plani) plenum sepeli in cineribus, & lentum ignem admoue per biduum. Postea intende eum vsque ad septimum; postrema nocte sit validissimus. Vbi refrixit, in plumbum excoque & fulmina. Nonnunquam etiam in oleo vitrioli per octiduum maceratur. Postea exiccatus puluis immiscetur argento fuso ea quantitate quam capere potest. Reuerberatur in igni, vt suprà, & tandem reducitur.*)

STIBIVM IN METALLVM.

Stibium adiectis ferri lamellis, sæpius funditur per salem petræ in regulum plumbeum, (*quem aliqui vocant marcasitam, & videtur parum differre à plumbo cinereo duro quod bismuthum nominant.*) Hic eluitur, & emollitur, vt suprà dictum est, donec metallicam naturam perfectius sortiatur. Nonnunquam immiscetur stannum.

Paracelsus autor est etiam crystallinum arsenicum mutari in formam metallicam corallinam, marcasitam.

Ita & colcotar subitò leuiterque fusum, deponere regulum cupreum, dicitur: (*hoc ipsum arguit efficaciter cognationem metallorum. Fit enim colcotar ex vitriolo. Hoc educitur ex auro, argento, ferro, cupro, &c. Itaque illa per vitriolum abeunt in cuprum, & cuprum ipsum reciprocam mutationem sustinet. Collige postea hinc quoque quantam vim in metalla habeat chalcanthum.*)

Porrò metalla omnia transformata in calces, quæ rediguntur in liquores perspicuos, atque ita planè in aliud quiddam, cum hinc reducuntur in metalla; posse autem reduci luculentè testatur Geber in commistionibus & repurgationibus metallorum, ad hanc classem recidunt.

(*Nonnulli promittunt & sulphuris in metallicam naturam transmutationem, per aquas fortes crebrò commaceratas, abstractas, & redditas. Sed iudicauerim requiri metalli additamentum, vt animam metallicam accipiat, &c.*)

Molybdæna & lythargyros ex plumbo inter fulminandum facta, reducuntur in ipsum plumbum recoctione in sua fornace.

TRA-

Tract. I. Capvt XXII.

De metallis in mercurium soluendis.

POst transmutationem aliorum in metalla, præstat couersio metallorum in hydrargyrum, quem artifices mercurium vocant, conformem nempe succum argento viuo vulgari. Fit hoc tum aliàs cum separatione sulphuris, pertinetque ad magisteria principiorum; tum totali conuersione, non aliter ac si calore funderentur ad fluxum, sed hoc non sine hydrargyro conuertente eorum substantiam sibi penitus analogam, in sui naturam; è qua tamen reducitur, tanquam non mutata, sed occultata in illo duntaxat fuissent. Id facilè est videre in plumbo, stanno, auro, argentóque : difficilius euenit in ferro, & cupro, propter horum terrestrem alienitatem à colcotaris, seu chalcanthi copiam. Fit itaque ex metalli scobe, vel laminis, aut folijs & hydrargyro copioso, nonnihil attenuato & exasperato, aut quasi ab humiditate aliena exiccato, ita tamen vt fluorem retineat suum, amalgama, quod in sua digestione relinquitur aliquandiu, & indies magis magísque terendo attenuatur, donec planè vna eadem aqua currens, licet tardius & cum cauda, euadat. (*Hinc etiam agnoscas talem mercurium ex tardo scilicet & caudato fluxu; sed & si per corium traijciatur, remanet aliquid metallicæ calcis; quæ item resistit in fundo, cum destillatur.*)

Hoc modo nominatim Bapt. Porta vertit plumbum in hydrargyrum. Plumbi & stanneæ marcasitæ libræ singulæ, eliquantur; liquefactis & lignea rude permistis, infunditur duplum hydrargyri calentis, alio vase nempe calefacti, ne dissiliant frigido occursu. Agitantur & permiscentur parumper, & postea illico in frigidam proijciuntur nec coagulat. (Nam aliàs à plumbi odore indurescit hydrargyrus.) Ita reponitur totum & diuturnitate temporis fit fluidius. Nonnulli laminas plumbi vicissim cum sale sternunt, sepeliuntque in catino sub terra per nouendium, quo tempore vertatur in mercurium.

Apud Paracelsum eiusmodi est processus: laminæ metalli mercurio vaporentur, vt ad fragilitatem friabilem perueniant. Inde potentur adiecta pari quantitate eiusdem hydrargyri; & hic vicissim per sublimationem inde abstrahatur, reddatúrque capiti mortuo & cum hoc conteratur quousque iterum vniantur. Sublimetur denuò repetito labore, donec ad candelam fluat metallum in star ceræ (*& hactenus est opus incerationis.*) Ponatur in digestione humida, & diffluit in mercurium. Nonnunquam etiam reducit id metallum à quo mercurius sæpè est sublimatus, per boracem; aitque item liquescere ad candelæ ignem, &c.

Eodem modo, vel etiam per amalgamationem calidam, efficitur aqua

mer-

mercurialis philosophorum, quæ postquam sulphur (*mihi videtur colcotari nigro vicinius esse, cuius color facile per aquam fortem in rubeam lacertam transit, plane ad colcotaris rubei similitudinem*) abstractum fuit, appellatur mercurius duplatus, aut lac virginis.

Meditantur artifices illud ipsum per aquas alias minerales, quas item appellant mercuriales, aiuntque subitò ijs conuerti metalla in hydrargyrum, (*G. B. Penottus nuper promisit de hac conuersione tractatum integrum*) sed hoc vix fiet fine separatione, de qua infra.

Affinis est huic loco reductio præcipitati fimplicis in hydrargyrum, quanquam non fit metallum. Ea autem abfoluitur per retortam, ex qua vi ignium agitur in receptaculum aqua frigida semiplenum. Potest & reduci per defcensum fi cum oui albo in globulos coniiciatur, vel deftilletur, quo pacto Plinius docet è minio hydrargyrum confici. Nonnulli idem moliuntur per acetum calens, in quo teratur diu.

TRACT. I. CAPVT XXIII.
De magisterio vitrificationis metallorum & fimilium.

E Pluribus rebus vitra confici & conflari poffe, vulgaris est notitiæ, veluti funt cineres, fales, & potiffimum fodæ, feu kali, quam anthyllin vocant, lapides vitrarij, filices, cryftalli, arenæ vitrariæ, magnes, varij lapides fodinarum, fcoriæ, lythargyrus, &c. Potiffimam autem operam vitri gratiâ artifices ponunt in metallis, & quæ vicinitate nobilitateve vfus ad ea accedunt.

Metalla præfertim imperfecta, calcinantur, reuerberanturque fortiter, donec fufionem vitrariam accipiant, humiditate nimirum tenaci vtplurimum abfumta, idque ftudio non œconomiæ tantum iuuandæ, qui tamen finis gloriæ potius est, quàm neceffitatis, fed & quod est præftabilius, ad gemmas formandas, medicinámque ampliandam.

Ex argento fit ita: foluatur aqua forti, calx reuerberetur forti igni, transítque in vitrum fmaragdinum.

Vitrum ftanni affumtû purgat. E ftanno fit: puluis vel calx huius per aquam fortem, aut ignes cementatorios cum fulphure facta, per triduum in fornace vitrariorum detineatur, ignibus validis vim addentibus. Euadit vitrum hyacinthinum. (*In libro manuscripto docetur confici ex calce addito borace de tartaro & ol. tartari, igni valido quidem fed tardo, aut etiam non valido. Calx ftanni dicitur abire in vitrum aqueum, plumbi in citrinum.*)

E plumbo fit, fi calcinetur per falem, vel granuletur fæpè: indeq; vratur. Ex confequente fit & ex ceruffa, minio & lythargyro, minio autem eo quod fandycem appellant, & è ceruffa vfta faciunt. Ita & ex galæna, plumbagineq; confici poteft.   Cuprum

Cuprum vel in ícobem redactum aut íquamas facilè vitrefcit, vt notũ
eſt etiam figulis, qui eo vtuntur ad virides colores ollis inducendos,&c.

Ex conſequente verò etiam poſſunt vitreſcere omnia penè metallicã
naturã habẽtia, & inter excoctionẽ eorum facta, vt ſcoriæ,realgar & ſimlia.

Horum naturam ſal imitatur, ſed forti eget fuſione. Poſtea arſenicum, quod reuerberant,ſoluunt,ſolutum circulant in circulatorio arundi-
neo per aliquot hebdomadas. Inde fit vitrum rubeum conſiſtentia cryſtalli.

VITRVM ANTIMONII.

Stibium ſeu antimonium pro varijs ſcopis in varia tranſit vitra. Prima
ſecundave fuſione cum ſale petræ ſtatim poteſt vitreſcere, ſi probè ſinas liquefieri, & effundas in peluim. Sed hoc vitrum nigrum eſt primo aſpectu,
tritum erubeſcit. Aliquando ſi elotum prius diligenter antimonium eſt,et-
iam mox integrum erubeſcit. Vim habet diaphoreticam, poteſtʠ; inde extrahi tinctura rubea. Si ſæpiꝰ vras calcineſʠ;,vt ſpiritus infuſcantes ſecedãt,
etiam perſpicuum & purgans, ſed modò citrinum, aut aureum,modò rubicundum,modò ſubobſcurum,ex parte virideſcens,&c. euadit. Vidi & nigrum ferè, & cinereum adiaphanum, quod item purgat. Hoc ſi amplius e-
laboretur, tam miteſcit vt ſaltem ſudorem mouere poſſit.

Vitrum autem purgans vulgare, quanquam multis fiat modis (quiuis
enim ferè ſua nititur experientia & in re mutabili admodum, ipſe quoʠ; ſe
mutat,ne cum alijs videatur conſentire,ſed aliquid præſtantius ſcire)tamen
hoc potiſſimum à peritis ſolitum eſt concinnari.

Stibium habens venas ſubtiles,oblongas,ſpiſſas,lucidas,in ruptura ád
citrinum declinantes,abiecta parte ſpumoſa,tritum in puluerem ſubtilem
maceratur aceto aliquoties mutato, ita vt exiccetur irrigatũ, irrigeturʠ; viciſſim. (*Poteſt etiam elui muria aliquoties , & tandem aqua dulci, vt à fumis
noxijs probè purgetur.*) Ita præparatum conijcitur in lebetẽ quadrangularem
fundi plani, vel ollam non vitratam (*poteſt ex argilla formari eiuſmodi catinus
planus quadratus,*)vt tertia tantum pars expleatur. Locatur ſuper tegulis cõ-
ſtanter ſeu immobiliter, ita vt ſubtus adhibeatur ignis: (*fornax extempora-
ria ita componatur vt inferius ſit focus,in ſummo lebes in morem reuerberatoriæ,
vel fuſoriæ.*) Adminiſtrari verò hoc debet ſub dio, vt fumus in liberum exhalet aërẽ: (*vel ſi flores vnà expetis,diſpone ſub galeis vel ollis deſuper imminenti-
bus,aut modicè ad latus inflexis,quo poſſit fumus ingredi.*) Da ignem initiò paruum,mox maiorẽ. Sit ad manum rutabulum ſeu ſpatha,in extremo reflexa,
prolixi manubrij, vt ea eminus vti poſſis. Hanc immitte in puluerẽ, & cõti-
nuò agita verſaʠ; hinc inde, caues tibi à fumis ſulphur. arſenicalib. hydrar-
gyreis,qui ſolẽt plæruʠ; vna eſſe.(*Vt ſis tutior præbibe hauſtũ vini in quo Zed-
aria ſit infuſa.*) Agita donec cõcreſcat in nodos. Tũc remoue ab igni,& à vaſe abrade,tere iterũʠ; ad ignẽ pone,ꝓcedens vt antè.Hũc laborẽ repere 10.

vel citciter, donec micantia corpuscula amiserint splendorem suum, nec
amplius stibium calcinatum super igni fœteat aut fumiget, etsi prunis in-
spergatur: vel donec simile sit cineri subalbicanti (*alij: subrubicundo*) vel:
funde illud & immisso bacillo ferreo explora eius vitrificationem, & splendorem, num videlicet transplendeat more vitri, colore rubente vel aureo,
prout placuerit. Quod si nondum placet, nec diaphanum est (*quanquam
non semper, perspicuitas curetur, modò compactum sit & veluti ferrugineum*)
redditur igni & agitatur vt antè, donec signa quæsita appareant, seu instar
albi cineris euadat. Tunc etiam solet inter versandum subitò fumum emittere, eúmque supprimere vicissim. Elue tunc aqua feruente tertium, vt
sal secedat. Si quid innatat, abstrahe. Puluerem sicca super igni paruo. Huius partem vnam inijce in catinum fusorium ignitum, (*nonnulli addunt ad selibram praparati stibij chrysocolla factitia semunciam, vel salis gemmæi drachmam*) funde fortiter, vt sit instar aquæ igneæ, neque tamen comburas. Catinus autem sit tectus, stetq; super pedamento laterito firmiter, cum mobili operculo, vt eo remoto inspicias num satis fluxerit. Si respondet iudicio tuo fluxus, effunde statim super peluim æneam, vel marmor circa o-
ras obuallatum; & vitrum erit. Hoc si non pellucet ad libitum, tere, iterumque funde, vt antè, idq́ue poteris vel secundò & tertiò repetere, quoad placuerit. Ignem autem validum requirit fusio. Fit enim pertinax
more aliorum vitrorum. Quò diutius in igni manet, eò rubicundiorem
accipit tincturam. Ita etiam diminuitur quantitas, vt ex libra vna vix super-
sint vnciæ quinque. (*Quanquam enim ratio magisterij totius mutationem requirebat, eáq́; fieri fere poterat; tamen propter vsum non curatur damnum.*) Hoc
diaphoreticum euadit, si puluratum maceres sæpè aceto, sæpéque fun-
das: vel si læuor eius aliquoties abluatur aceto destillato; tandémque aqua
pluuia, & resiccetur, non purgat vehementer nec vomitu nec aluo, ita vt
pueris dari possit tutò. Inter fusionem dum fluit; nonnunquam scoriæ
absistere solent; eæ semouentur, & cum sale petræ calcinantur iterum, donec liquescere in cella queant.

（*Nonnulli inter duas ollas quater eliquant, & in vitrum fundunt. Aliqui
fundunt cum sale petra, quem tunc potissimum addunt cum difficulter fluit. Interdum vbi cineris faciem assecutum est, inijciunt ad selibram stibij, chrysocolla & crudi stibij singulas vncias. Alij sacharum candi immittunt iam fluenti,
vel salem vulgarem, &c. Est qui calcinat ad caniciem, donec non amplius fumet. Puluerem macerat spiritu vini ad duos digitos affuso per horas 24. Spiritu
per lacinias subtracto calcinat iterum ter vt antè. Post adiecta vncia boracis
ad calcem quæ è libra stibios superest, in catino cum pertuso operculo eliquat, de-
spumat cum rubeo cupro & fundit. Si non tralucet, denuò fundit. Caterum illa
collecta sunt ex descriptionibus quæ extant apud Matthiolum, Euonymum,
VVeckerum, &c. Reusneri quoque modum communicauit Zacharias Brænde-
llius*)

*lius Profeſſ. Ienæ, nonnulla etiam experientia ſuppeditauit, &c. Doſis gnana tria
vel circiter. Tutius vacuat, ſi infuſum & colatum ius detur, &c.*

Tract. I. Cap. XXIIII.
De magiſterio lithoſeos.

Agiſterio vitrificationis affinis eſt mutatio in lapides, ex genere quodam alio.

Lapideſcunt autem quædam per ſe, quædam inſinuante ſeſe aqua mar-
morea, calcoſa, gypſea, & ſimilibus.

Metalla, præſertim ignobilia, in ſcorias abeunt lapideas, vt & ſtibium
per combuſtionem in reuerberio. Sic plumbum in lithargyrum tranſit, qᵈ
conficitur concrematione, quam reuerberationem apertam nominamus,
ex arena plumbaria, lapide plumbario, laminis plumbeis, miſtura plumbi &
argenti, miſtura plumbi & auri, miſtura plumbi, argenti & auri, ſemper tamen auro & argento ſaluis. Æs ſi miſtum fuerit, vnà plærumq; mutatur, &c.
Eſt autem lithargyrus reductilis in plumbum.

*Eſt hæc corruptio Phyſicis non generatio ſed Chymicus eam petit propter v-
ſum in medicina, potiſſimum externum, &c.*

Lapideſcunt verò etiam metalla excocta ad purum, ſi tempore diuturno ſub terra contineantur, vnde aliquando nummi lapidei ſignati inueniū-
tur, quorum materia fuit metallica: ita & in venis tandem corrumpuntur.
*In aqua ſimplici ſeruantur diutius, vt teſtatur hiſtoria fontis Niderbronnæ in Al-
ſatia, ex quo argentea & ærea moneta ſuperioribus annis ſunt extracta, quas inſcri-
ptio indicat ab Antonio Triumuiro, ante natum Saluatorem fuiſſe iniectas, quanquam cuprum per ſe ſit diuturnius reliquis ignobilibus metallis.*

Nobiliſſima huius generis tranſmutatio metallorum in gemmas eſt,
quæ fit illis calcinatis, & per aquam mercurialem, in ſuccos reſolutis. Praxis
deſcribitur pluribus infra.

Quæ lithoſis per aquas marmoreas fit, communis eſt metallis cum lignis, cortis, oſſibus, herbis, & ſimilibus, inuentæq; ſunt vel integræ arbores
lapidifactæ.

Artifex Chymicus lixiuiis calcoſis facilè rem imitatus fuerit, ſi ex vſu
ſit, ſed vtilius vel ex natura habentur. Et licet materiam gemmarum præbere poſſint, non tamen ſolet ideo experi tale magiſterium. Ad morbos quoq;
externos præſtò ſunt alia, conductáq; prior modus, niſi forte ad caput vul-
neratum deſideres lapidem argenteum, qui vix fiet priore modo, ad cor, aureum, &c.

Lapis Philoſophorum res alia eſt.

Succi viſcidi ingeſta calce lapidea, per coagulationem facilè tranſeunt
in lapides ad vlcera & vulnera, fracturaſque non inutiles. Et nonnulla talia

*Vide de his
Agric. in fi-
ne 7 foſſil. A-
tem Bacciū
de Thermis,
& alios.
Poteſt ex in-
fodere ẽ bni
aquæ ſunt e-
iuſmodi, &
in Vngaria,
Italia, &c.
vel aquas
inde petere
ad hoc opus,
ſi tali magi-
ſterio eget.*

ad gem-

ad gemmas quæruntur, de quibus infrà. Indurescit etiam ipsa visciditas per
se, digestione sicca, lentáq;. Quædam ob acquisitam duriciem lapidifacta
dicuntur, de quibus in magisterio indurationis. Lapilli nominantur & succi concreti ex aceto, similibusq;, de quibus suo loco inter essentias.

Metallorum calces irreductiles, & quilibet alij pulueres terrei, etiam
in lapides coagulari possunt, per compositionem cum quodam glutinante.
Sed & hoc est sui fori. Sic cùm aurei lapilli fiunt cum aqua forti, ad mercurium auri, alibi exponitur. Quæ incinerari possunt mediante cinere lapides-
cunt, vt in soda, &c. Hæc adeò possunt in locum lapidum transmutatorum
è metallis, aliisúe, non tamen sine delectu ad vsum, substitui, si quid tale requiritur.

TRACT. I. CAP. XXV.

De magisterio calcium.

Fiunt porrò per transmutationem totius heterogeneam etiam calces,
croci, cineres, & similia alia.

Calx est magisterium heterogeneum calcinatione effectum. Consistentiam habet interdum puluerulentam, interdum solidam, quæ tamen
in pulerem redigi potest, propter vinculum continuans abolitum. Nec rarò cum pulere est res eadem, artificibus interdum abutentibus vocabulo.

In effectione eius scopi diuersi sunt attendendi, cùm petantur aliæ
ad solutionem in humorem, aliæ ad tincturam, aliæ aliàs, &c.

Et calces essentiales vocantur quæ per certa menstrua exaltantur, at-
tenuanturque ad summam subtilitatem, vt etiam solui in humore possint,
vel saltem sint ad vsum tenuissimæ. Itaq; & essentiæ solent nominari. Tales
fiunt materia liquorum, tincturarum, quintæ essentiæ, & aliorum arcanorum. Itaque & vna opera præparationes talium in liquoribus & reliquis
docentur.

Calces sunt mineralium potissimum, in quibus excellunt metallicæ &
gemmeæ.

Vide vt discernas inter metallorum pulueres, calces, crocos, flores, fauillas seu
cineres, & scorias, &c. Pulueres facile reduci possunt in metallis & simplicius fiunt:
calces discesserunt longius à metallica natura, quanquam & hæ nonnunquam
redeunt, &c.

Metalla perfecta, (aurum scilicet & argentum) in pulueres potius,
quàm calces veras rediguntur. Itaque & pro calcibus frequenter sunt Alcoolia per aquas soluentes facta, addita postea reuerberatione, sed intra vitrificationem.

Quod

Quod si veræ calces vel cineres eorum petuntur, vitrificatio intercedit, aut solutio in liquorem, vel similia artificia.

Est vna res quæ verè destruit aurum & calcinat, sed calcinatione occulta, nempe mercurius philosophorum per putrefactionem. Calx tamen inde emergens, alia habet nomina.

Imperfecta metallatum corrosiuis calcinantur reuerberanturq; tum etiam ignibus suis comburuntur, vel mediatè per olea, liquores, vitra, &c. eodem perducuntur. Combustio item vel in solis fit, vel cum additamentis, vt sulphure, nitro, resinis, &c. Singulis autem plures modi pro vsibus diuersis conueniunt.

CALX AVRI.

Huius nomen sustinet plærumque eius puluis, factus per aquam regiam, aut cementum, quorum modum suprà posuimus. Sed propius ad calcem accedit ille ipse puluis ita reuerberatus, vt respuatur ab hydrargyro, & difficillimè reducatur.

Penottus nuper hunc publicauit: Soluatur aurum in aqua regis. Solutio descendatur instillatis guttis aquæ solutionis tartari calcinati, vt sic calx auri subsideat.

Monet hic, oportere vas solutionis esse amplum, & parum aquæ tartarisatæ instillari, aliàs futurum vt totum enolet, quod ego puto attentionis excitandæ gratia additum, sicut & quod de tonitru mirabiliter deinceps fingit.

Calcem aqua calida perfunde, & elue. Exicca postea in vase ligneo mundo, politóque, (quale esset ex lænigato buxo, &c.) paulatim sine vllo calore (aliàs creparet subsiliendo instar pulueris pyrij, cum maximo sonitu, inquit) versáque inter siccandum lignea spatula. Vbi siccata est, adde ei sulphur commune pro arbitrio. Contrita simul (cur hic non incenditur?) pone in crusibulo lutato, additóque operculo cum foramine paruo pro fumo sulphuris, circulari igni cementa, donec exuratur optimè, assequaturque colorem puniceum lucidum, & teneritatem summam.

De hac calce ait Penotus, quod à mercurio solis non sit assumta, neq; verò etiam ab alio assumetur, si calx vera est.

CALX ARGENTI.

Sæpe intelligitur argenti puluis reductilis per aquam fortem, aut cementum factus. Ad proprietatem calcis accedit is qui irreductilis est. Cape argenti puluerem per cementationē salis gemmei, &c. factum. Cementa eū adhuc ter cū sulphure & sale gēmæ, donec non amplius queat reduci (*magis an cōbustile argentum est quàm aurū, itaq; reuerberante igni facilius calcinatur*)

calcem

Eueniet hoc si cementes imprudēter cum sale am monio. Ait sibi euenisse id ter, vt flamma concepta cū tormētario sonitu auolarit, cùm versaret super tabula vitrea argēteo cochleare. Cemēta per gradus, tandemq; reuerbera.

calcem hanc elue, cementa denuo ter cum duplo sale, ita tamen ne fluat, aut vitrescat, moderato igni. (*si placet in figulina fornace reuerberare, colloca in tabulato superiore, vt aliquantulum sit extra ignis violentiam.*) Tandem & húc salem elue. Solet interdum huius calcis materia esse puluis per aquam fortem, aut liquorem salis gemmæ factus, & pro prima cementatione, quater noua aqua calcinatur. Hæc calx solui aceto potest.

Nota quod calx solis imbibita aqua colcotaris, quæ dicitur sanguis terra, vel æruginis crocea, transeat in calcem solarem, quæ in aurum mutari facile potest.

CALX MARTIS.

Pro hac sæpe crocus Martis acceptatur. Ferreæ lamellæ cementantur cum sale in reuerberio. Squamæ abradantur. Residuum cementetur iterum donec totæ in squamas abierint. (*Hoc ferrum vstum est*) Squamæ denuò inclusæ excauatis tegulis reuerberentur igni vehementissimo, inde lævigentur in calcem. Calcinatur & per aquam fortem. Calx reuerberatur, sitq́; croco conformis.

CALX VENERIS.

Æs vritur inter lateres in reuerberio, vt ferrum, vocaturque æs vstum quod lævigatum pro calce est. Si eò vsque vritur, vt puluis fiat instar croci Martis, crocum appellant. Vel scobs æris vsta restinguitur aceto, & denuò vritur penitus in cinerem metallicum. Vel: Stibium & cuprum colliqua in vnam massam (*Potes liquato cupro tantum vel plus stibij ingerere*) ex qua fiant laminæ, quæ inter tegulas reuerberantur per gradus ignis, in vitraria fornace per septendium.

Aut cementa in hunc modum: Salis gemmæ vnciæ quatuor, salis petræ vnciæ duæ, salis ammonij sescuncia, cum elimato cupro fiat stratum super strato in pyxide cementatoria. Reuerbera per dies nouem vase clauso. Calcinatum tere & elue.

Fit & si liquato æri arsenicum album vel sulphur purgatum immisceas, & in igni detineas, donec cesset fumus: Hic modus potest etiam puluerisatio dici. Cementantur & laminæ cum sale. Quod vstum est, abraditur, repositis laminis cum sale nouo, donec totæ sint calcinatæ. Abrasum quod est, lævigatum lauatur aceto, donec non amplius id nigretur. Cæterum cauendum est inter calcinandum, ne vitrescat.

Pro calce nonnunquam habetur & ærugo per aquam fortem, aut acetum radicatum facta, corrosa tota substantia.

Aliter: Laminæ illinantur pasta, quæ sit facta ex sale & aceto vini forti. Siccentur & igniantur in catino magno super fornace ventosa per horæ

horæ quadrantem citra fluxum. Ignitæ restinguuntur aqua salsa. Hoc repetitur vsq; ad consumtionem laminæ. In fundo aquæ calx Veneris est, quæ separetur ex arte. Restinctio fit etiam in aceto, in quo aliquid salis ammonij sit solutum: Plærumq; squamæ existunt in lamella, quæ sunt aufferendæ. Acetum tandem coagulatur.

Admodum affines sunt modi praparationum, quibus fit puluis, calx, flos, crocus, &c. & vires cognatas hac ipsa habent. Itaque euenit vt apud artifices nomina permutentur, & flos nominetur tum puluis, tum aerugo & crocus, &c. veruntamen non sunt sine discrimine, consistentia, virtutis atq; etiam praparationis, vt suis in locis apparet, prout tamen artifex in praparando industrius est, aut non.

Solet autem calx cum chalcantho facta dealbari ad lunam, & rubificari ad solem. Illud fit: si addita aqua salis alcali & boracæ tartari fundatur, hoc, si potetur aqua colcotaris & lapidis calaminaris, vt colorem acquirat cinabarinum.

CALX IOVIS ET SATVRNI.

Calcinantur stannum & plumbum per aquas fortes, vel ignes reuerberantes in cerussam.

Notabis calcem plumbi dulcem etiam pro dulcedine eius haberi quæ est magistralis. Fit per aquam fortem comminuto plumbo affusam vase in aqua frigida locato. Fit instar crystallorum. Forti defusa, adiicitur fontana dulcis, vnde soluitur in dulcedinem.

Vel : Laminas istorum immerge spiritui vitrioli acri rubeo, suspende de funibus ad aërem, aut etiam aprica, donec cerussa appareat. Hanc abrade & opus repete, donec totæ sint calcinatæ. Vel: laminas suspende in olla ampla luto armata ad fornacem calentem posita, in qua olla sit acetum cum sale ammonio soluto. Huius vapore corrosæ lamellæ cerussam exhibent.

Bulcasis in olla orificij amplioris ponit parum aceti vini cum sua fece, imponit huic vuas albas bene maturas. Suspendit laminas è gausapino panno filo astrictas: tegit operculo, sepelit in fimo, vt vna tertia emineat. Debent autem vuæ pertingere ferè ad medium ollę, &c. Cerussam abrasam eluit sæpe donec alba fiat, &c.

Alia calcinatio peragitur aceto stillatitio acerrimo, in quo scobs Saturni vel stanni maceratur. Et plumbum calcinatur etiam per lithargyrum, quod soluitur acri aceto in lacteum liquorem, qui abstracta humiditate relinquit cerussam. *Lac Virginis ad cerussandam faciem*

Est & calx cum induratione, qua occasione putant eam inseruire trasmutationi. Laminæ plumbi albi vel nigri subtiles conciduntur minutim, & cū calce viua mutuis stratis reuerberantur cementanturq; per noctē. Plumbum album inde collectū funditur igni, fusum inijcitur in liquorem, factum ex aceto & lixiuio calcis cinerifq; farmentitij. Tertia repetitione acquirit duriciem lunæ. Sed plumbum nigrum fusum quadragies restinguendū est mistura aceti & aqua salis communis præparati, inde tritum siccatur, inclusūmq; ollæ, clibano immittitur per horas 24. calenti, & abit in calcem viridem pondere auri.

Calces Iouis & Saturni reduci possunt cum borace ex tartaro & oleo tartari, sed igne magno & subito, alias in vitra abeunt.

Plærumq; autem hi modi diuersis medicinis inseruiunt, quarum modus est attendendus, vt calx eluatur ab acredine, vel etiam sinatur pro diuersitate. Ad vsum figulorum etiam è cinere plumbi conficitur. Est alius calcinandi modus è granaliis Saturni. Pone hæc in fictile non vitratum, & ad ignem candefacito, seu sine vt incalescant quantum possunt. Restingue aceto acerrimo aliquoties, postea eliqua seu funde, & cum ferrea rude agita, dum in spumam attollatur tota fusio. Spumã igni coque, quousq; albedinem subcitrinam acquirat. Hæc calx aptior est medicinis, atque etiam potest diffluere.

Agricola ita conficit cerussam: Ligna vel sarmenta disponit super aceto in dolio fictili. Eis laminæ plumbi librales imponuntur, vas clauditur operculo, & luto obstruitur, ne expiret. Aestate locatur in sole, hyeme super fornace vel balneo (fimo) decimo die abraditur cerussa, reliquum reponitur, donec totum plumbum sit absumtum opera repetita. Quidam per mensem ibi relinquunt, nec radunt, sed expectant donec totum plumbum simul sit confectum. Liquor purus colando separatur, Glutinosum in fundo subsidens, in alio vase apricatur. Mola teritur vel alias comminuitur excernendo per cribrum, donec totum sit comminutum.

Plumbi puluis elimatus diu in mortario ex aqua lotus & agitatus, nigritie abiecta, migrat item in cerussam. Quæ ex albo plumbo fit, album Hispanicum vocatur, & paratur ita: plumbum candidum vrina destillata calcinatur. Calx depleto liquore exiccatur, comminuitur, cribratur.

Cerussa verò est materia calcis. Nam funditur in catino, agitatur cochleari. Emergens calx auffertur, donec tota cerussa sit calcinata. Calx reuerberatur.

CALX MERCVRII.

Prò hac est eius præcipitatio alba, seu corrosio in album puluerem, qui tamen est reductilis. Aliàs non facilè calcinatur nisi sit fixus. Tunc autem alia habet nomina.

CALX ANTIMONII.

Calcinatur promtè per aquam fortem: sed caue tibi à fumo, & vase amplo vtere. Postea etiam alius modus est. Commiscetur nimirum eius puluis púluis cum pari sale petræ, & in catino eminus eliquatum versatur, cùm concreuit, teritur iterum, iterumq; eliquatur, donec in calcem albam abierit, vel subcitrinam. Transit & in terram cineream vel croceam:

Calcinatur & in reuerberio more marcasitarum. Alius modus est per difflationem,

CALX MARCASITARVM, ET simiium.

Marcasitæ vnciæ quatuor, colophoniæ selibra, *(id est, vnciæ sex)* resinæ abiegnæ decem. In latere cocto posita ter incenduntur, vel circiter, donec resina & pix conflagrauerint & marcasita restet alba, quam eluendo purgant. Bulcasis cum melle reuerberat comburitque. Est & hic locus aquis fortibus. Cæterum stibio & marcasitis multum abscedit inter calcinandum, quod tamen exceptum vasis dispositis pro floribus est.

Vocabulo marcasitarum varij lapides minerales designantur, & nonnunquam etiam venæ metalliferaces, vt cadmia, cobaltum, bismuthum crudum, talcum, galena, pyrites, magnetis, magnes, Zinckum album & rubeum de natura cupri, item gelsum, quæ est marcasita pallida, &c. ex quibus tamen nonnulla etiam peculiarem calcinandi modum habent.

CALX LAPIDVM CALCARIORVM.

Fit vulgari arte in fornace calcaria igni reuerberante. Lapides diffluunt irrigati, vel ad aëremhumidum relicti, quod antequam fiat, calx dicitur viua, seu asbestus.

CALX TALCI.

Talcum cum duplo salis petræ mistum pone in olla per quatriduum ad ignem reuerberij: tere postea, & aqua pluuia salem ablue. Puluerem exiccatum inuolue panno, vt fiat globus vel pila. Panno induc lutum crassum, & sepeli in tartaro crudo locato in catino vel olla, ita vt globus ille medium obrineat. Reuerbera per dies quindecim. Tere, & solue in aqua vitæ. Solutum coagula.

Calcinatur aliter in furno calcario vel vitrario, vt gypsum. Aliter cum metallis, vt argento, vel ferro, vel stanno, in vitraria fornace incensa, per quatriduum reuerberatur.

Corrodi & aqua forti potest. Vel:

Recipe acetum stillatitium, solue in eo salem, vel calcem tartari,

Lapis mineralis est nonnunquam natura metallica tenacis, & in folia fissilis, per spicua albedinis, &c. interdum intelligitur glacies maria dicta.

& tertiam partem aquæ vitæ adde. Talcum tritum in catino sine excande-
fieri, & asperge tunc præscriptum acetum, vt vna Talci libra aceti tres vncias combibat. Calcem deinde ab igni ablatam laua. Restinguunt & liquore
tartari.

CALX TARTARI.

Includitur fictili crudo, & reuerberatur in fornace figulorum, donec
albescat penitus. Massa semel calcinata abraditur, & teritur, si non respondet, iterum imponitur. Potest & catino includi, & reuerberio calcinari.

CALX CHALCANTHI.

Ita & spu-
ma maris.
Colcotar è
vitriolo.

Chalcanthum in catino forti simpliciter potest calcinari. Aliàs pro
calce eius est colcotar, quod fit vel destillando ab eo sæpius phlegma, donec
erubescat, vel coquendo in olla cum versatione continua, donec rubedo
placeat, quæ debet esse exata. Olla in latus sternitur.

CALX ALVMINIS.

Est alumen fortiter vstum, & velut in terram redactum.

CALX SALIS.

Sal vulgaris includitur panno, & contrahitur in pilam. Hanc loricant
luto denso, & in reuerberio vrunt, & est potius sal vstus, quàm calx salis. Ita
verò consueuerunt artifices loqui. Bulcasis tam diu vrit, donec non amplius
crepet. Aliàs calx salis gemmæ ita paratur: Reuerbera salem in catino lento
igni, donec candeat, nec amplius crepet. Solue aqua pluuia, filtra sæpe. Coagula, coagulatum reuerbera in rubedinem.

CALX ARSENICI.

Pro hac est Turbith arsenici, de quo suo loco. Calcinatur item reuerberatione simplici: vel cum triplo tartari vicissim strato cementatur. Ceme-
tatum coquitur in aqua, puluis subsidet albus, qui collectus, ad fistulas vsurpatur.

CALX PVMICIS, SILICIS, &c.

Hi lapides vsti quinquies, toties restinguntur aceto & teruntur. Silex
item maceratus aceto per septendium euadit fragilis, teritur, & reuerberatur in calcem.

CALX

CALX CONCHARVM ET SIMILIVM.

Aceto mollita in puluerem teruntur; qui reuerberio calcinatur, vel aqua forti corroduntur, & igni vruntur, vel etiam statim comburuntur in ollis suis. Idem modus est & calcis ouorum. Ita enim Bulcasis in olla tecta calcinat in figulina vsque ad albedinem calcis, quæ si primo conatu non prodit, laborem iterat. Conchæ margaritiferæ prius coquuntur ex lixiuio acri donec possit abradi crusta externa. Inde calcinantur dicto modo.

CALX VITRI ET SIMILIVM; ITEM GEM-
marum vitrearum, vnionum, coralio-
rum, &c.

Plæraque hæc cum sale nitro reuerberantur, teruntur, lauanturque. Quæ durioris sunt consistentiæ repetito labore calcinantur, & post singulas calcinationes restinguuntur maceranturque aceto, vel succo limoniorum aut berberum alijve saxifragis.

Nonnunquam in aqua mellis, vel aceto acri & similibus macerantur, donec in puluerem frientur. Hic reuerberatur in calcem simpliciter: & post læuigatur. Quod si exacte læuigari non possit, eluitur subtile, crassius iterum maceratur, reuerberaturque donec totum euaserit calx exacta. Attende verò in elutionibus, vt istæ fiant cum aquis purissimis. Nam eiusmodi calces non rarò accipiunt naturam alcali, & soluuntur in aquam. Itaque elutum quod est, à crassis sordibus filtrandum est, & coagulandum per diuaporationem.

Vitra etiã solent in pala igniri, & frequenter restingui aqua tartari vel aceto, vt puluerentur. Post reuerberantur.

Crystallo nonnunquam additur duplum mastichis, tantundemque colophoniæ & sulphuris. Ita reuerberatur. Sed & post reuerberationem aceto potest restingui, posteaque elui; obseruandi verò sunt diuersi scopi non minus hîc vt in alijs.

Calx lap. Lazuli Seuerini Göbelij communicante Camerarió. Pone lapidem Lazuli in catino ad ignem reuerberantem. Instilla aliquot guttas olei vitrioli, & arenosæ crudæq; partes secedunt: segrega, elue acredinem; pollinem tenuissimum serua.

In coralijs notandum, quod si tincturam petimus ex calce, ita calcinanda sint, ne pereat natiua rubedo; & potius sine nitro id fiat.

Margaritæ aceto præmaceratæ & friabiles factæ, potissimum tamen limonum destillatione, rectius calcinantur iusto igni reuerberij, in quo interdum etiam ad rubedinem vsque detinentur, indeque in læuorem ducuntur.

Alia-

Aliarum rerum calces ferè ad aliquem dictorum modum reuocentur, veluti:

CALX CLIMIÆ, ID EST SCORIARVM.

Scoriæ in catino in igni ponuntur, & cum efferuere incipiunt, reftinguuntur in vino, vel aceto, pro fcopo. Bulcafis. Poffunt & reuerberari in calcem exactam, quæ poftea extinguitur & eluitur aliquo liquore ad vfum conueniente. Idem autor fcoriam argenti cementat cum melle in pyxide, cuius operculum fit vno foramine peruium, &c. Cum exit fumus albus, iudicat perfectam calcem, cum niger, nondum. Exemtam reftinguit vino, abl'uit & ficcat. Scoriam ferri tritam macerat aceto, & poftea ficcatam reuerberat.

TRACT. I. CAPVT XXVII.
De cineribus.

Cinis eft magifterium per incinerationem factū. Et nonnunquam item calcis nomine intelligitur, cùm & incineratio comprehendatur calcinatione generica.

Cinis alius mineralis eft, àlius vegetalis. Ille è rebus mineralibus conficitur, nec eft planè fimplex. Nam calce & fauillis, & cineribus carbonum remiftus eft. Nonnunquam & lapidibus, qualis eft cinis metallicus, quo vtuntur fullones ad tingendum. Colligitur autem in caminorum præfurnijs, vel pauimentis, cameris, lateribus, &c. Nominant iftum cinerem fpodon, quanquam hoc nomen etiam flori cuidam fit commune, vt huc tantum pertineat illa fpodos, quæ grauiot lateribus adhæret, vel in pauimentum delapfa colligitur, & à carbonibus alijfque impuritatibus per lotionem feparatur. Aliud cineris metallici genus cadmia fornacaria eft, quæ fit ex venis ærarijs, pyrite, cadmia foffili, metallica, pyrite plumbi nigri & argenti, &c. Placitis cruftofa eft & parietibus fornacum infidens coagulatur, cruftis modò denfioribus, modò tenuioribus, pluribus, paucioribus. Alia zonarum inftar, zonitis appellatur, cui venæ onychis diuerficolores funt, onychitis, plærumque tamen cærulea in fuperficie, intus duntaxat varia in fracturis. Eft & oftracitis confiftens in humilioribus fornacum locis, dura terrenaque teftarum inftar, quanquam tenuium & nigrarum. Botrytis è parte leuiore in altum fublata & vuarum fpecie concreta nafcitur. Itaque & ad flores accedit aliquá ratione. Solet & haftis ferreis in fummo difpofitis infidere, quod ex curuitate agnofcitur. Cadmia capnitis, à flore rudi nihil diftat; quanquam verè chymica fiat arcana per repetitam elaborationem & feparationes effentiales. Eft & cineris metallici fpecies id quod cinerem plūbarium vocant Chymici, qui vel eft plumbaginis in foco fulminatorio cinereo

nereo

nereo ex combibito à cineribus plumbo factæ, pars inferior, magis mista
cineribus, vel cerussa cinerea, quæ fit ex cerussa trita, & in catinis vsta, donec cineris calorem acquisiuerit.

Cineribus cognata sunt recrementa, & diphrygis ea species quam re-
gem cupreum vocant, item spumæ & similia.

Cinis vegetalis ex quibuslibet cremijs vegetalibus per cõbustionem
seu reuerberationem conficitur, & si alkali petitur, inclusæ res ollis calcinantur: sin aliæ sunt fines, etiam aperto loco comburi possunt.   His affines sunt cineres qui fiunt ex succis mineralibus combustilibus vel potius
inflammatilibus, vt sunt sulphur, arsenicum, succinum, bitumen, &c.

Ossa, cornua, testæ animalium, conchæ, &c. etiam peculiariter inci-
nerantur more calcium   Feruefacta enim ossa restinguuntur aquis salsis,
vel aceto, &c. iterumque reuerberantur.   Teruntur, reuerberantur denuò: læuigantur, eluuntur, crassior pars iterum vritur, donec totum in
extractum cinerem sit combustum.   Ad vsum probationum ita docente
Fachsio præparatur.

Ossa equina vel vitulina probè excoquantur vt pinguedo tota secedat.
Deinde reuerberentur ad albedinem exactam. Duc in puluerem lçuem super marmore. Elue per aquam dulcem, vt abscedat acrimonia.   Calcina
denuò in figulina. Elue iterum, sicca, tere & læuiga. Hic cinis est pars vna
materialis catillorum cinereorum. Alius in pollinem redigendus ita: Ti- *Germanicè*
bias animalium secundò combure in figulina. Tere, elue, vt præceden- *Röchrei*
tem, quousque tota secedat acrimonia. Affunde aquam, & turba. Partem *pollen os-*
subtilissimam cum aqua per sacculum, seu filtrum, aut manicam Hippo- *sium com-*
cratis funde, & si non promtè transit, agita cum bacillo. Ita leuissimus pol- *bustorum*
len transibit. Exiccatum hunc amplius in marmore læuiga.   Hoc polline *elutus, vel*
conspergantur catilli cinerei. Conducit & cinis ossium ex piscibus. *lanor.*

Est & insignis cinis clauellatus, quem aliqui sodam appellant, aliqui
similiter è sarmentis factum: nonnulli elutum & repurgatum, qui ad focos
& catinos cinereos expetitur: quem & recoctum vocant, quod in aqua coquendo omnem tollant acrimoniam, &c.

(*Cum iubemur lixinium facere ex cinere clauellato, elutus non potest intelligi, sed soda qua ad vitra vtuntur, quæ fit ex querni ligni putrefacti clauellis
incensis super scrobe combustísq in cinerem. Agricola in salibus alcali ad pro-
bationes venarum conficiendis intelligit illum cinerem quo infectores vtuntur ad
Isatidem, vnde Germanis est* Weyde Aschen. *Est autem confusum quid ex lapidibus, carbonibus, cineribus, id est soda quædam species in fistulam confusa, &c.
in qua lapilli sunt inutiles. Adhibetur lixinium eius ad colorem Isatidis confir-
mandum & pinguedines abluendas, &c.*

(*Sumitur autem vel spodos marginalis inter fulminandum ad extremitates furni eiectus; vel quilibet alius cinis, & repurgatur traiectione per cribrum,*
elutio-

*élatione crebra, vt tota acrimonia secedat; quo facto, noua aqua affusa turbatur,
& pars turbida superius natans transfunditur per cribrum aut filtrum setaceum,
idq, repetitur donec arenositas mera sit in vase priore. Traiectus cinis exiccatur
abstracta aqua, & cogitur in globos, qui reuerberantur in figulina denuò, vt carbones penitus in cinerem abeant. Reuerberati eluuntur denuò, & siccantur, re-
seruanturq, ne quid vrinæ, micæ panum aliaue incidant, &c.)*

Fiunt & cineres ex capitibus mortuis, postquam extractæ sunt essentiæ.

TRACT. I. CAPVT XXVIII.
De croci metallici magisterio.

CRocus metallicus est magisterium corporum metallicorum in puluerem croceum redactorum.   Et possunt illa quidem eò adduci tota,
quia igneam intus naturam possident, sed vsus gratia etiam quadamtenus
in superficie subsistimus, vnde eum abradimus. Hinc fit vt eum flore, &
calce sæpenumerò confundatur. Requiritur etiam color croceus aut etiam violaceus, qualis est ferri veluti purpurei, aut citrinus (*cognati enim
sunt croceus, rubeus, ruffus, citrinus, purpureus, &c.*)in eiusmodi pulueib.;sed
cum vsus potest esse contentus leuiore apparatu, etiam intra illũ subsistim⁹.

CROCVS AVRI.

Lamellæ vel bracteæ auri suspenduntur super vrina puerili, mista recrementis vuatum expressarum, in matula vitrea, obstructo benè orificio.
Vas ita comparatum collocatur in cumulum gigartorum calentem, per dies quatuordecim vel plures, quousque in lamellis puluis subtilis conspiciatur, qui pede leporino cautè est detergendus, seruandusque. Lamellæ reponuntur ad eandem vaporationem, donec totæ, vel quantum libet, in
crocum abierit.

*Hic crocus nihil differt à tinctura citrin. Sed si aurum purum est, totum est cro-
cum.*

Elici iubetur & per aquam caphuratam, aut salis gemmei, qua corroditur aurum, & ex corrosione per spiritum vini crocus elicitur. Loco huius calx, puluis, tinctura, flos, &c. esse potest.

CROCVS ARGENTI.

Hoc nomine intelligitur Lazureus eius puluis vel calx; attamen si verè crocum debet æmulari, reuerberandus est citra fluxum & vitrificationem, donec croceum vel congenerem, aut sat lucidum repræsentet puluerem.

Lazurium argenti.

Crocus autem Lazureus ita fit: pulueris argenti per aquam fortem
facti vncia, salis ammonij drachmæ duæ & dimidia, aceti ad tres digitos.
Mista ponantur loco tuto, donec subsideat materia. Acetum sensim deple-
tor. Sedimentum in vitrea cucurbita optimè obstructa, fimo sepeliatur circiter

citer dies viginti ; & erit crocus Lazureus : qui verum croci colorem induet reuerberando cum sale donec erubescat.

Fit & aliter illitis lamellis aceto solutionis salis ammonij, & suspensis *Hermes &* in cucurbita sub fimo posita. Vel calcina laminas cum sulphure; calcem a- *Albertus.* ceto irriga & fermenta.

Paracelsus illinit bracteas hydrargyro, suspenditque in olla vitrata in qua sit acetum decoctionis piscium, quas auratas nominant, solutus item sal ammonius, & tartarum calcinatum. Ibi sinit lamellas donec in crocum abierint. Tale Lazurium spiritu vini affuso digeritur, tandemque reuerberatur ad croci conditionem. (*Conuenit hæc descriptio ferè cum ea quam ponit Agricola: In vasculum quernum infundunt tres aceti acerrimi libras, in quo sal. ammonij factitij quadrans sit solutus. In medio huius vasis à baculo suspenduntur laminæ argenti, rimulis hydrargyro oblitis plenæ, ne tamen acetum tangant. Clauditur vas operculo ne respiret; & ponitur in fimo vel sub terra. Post dies viginti abraditur cæruleum, & reponuntur lamellæ reliquæ, donec deficiant, semper ita calcinantur; repositis etiam nouis si opus est. Collectum cæruleum paulum uritur in catino vitrato. Refrigeratum eluitur aqua pura. Siccatur in sole & reponitur.*)

CROCVS MARTIS.

Frequenter coincidit cum calce ferri. Differunt quod laboriosior sit *Ferrugo.* crocus, & purpureum, seu subuiolaceum colorem habere debeat. Inde & *Rubigo.* subtilior agiliorque virtute est; nec non deliquio vicinior. (*Nomen autem etiã tribuitur aquæ seu liquori cuidã ex colcotare vel ærugine reuerberata facto.*)

Ita facit Bulcasis: Limatura ferri in lebete ferreo quadrato plani fundi in fornace anemia fusoria excandescere sinitur, & igni benè vrgetur. Postea effunditur in mortarium ferreũ, & teritur laboriose. Quod tritum est eluitur, vt subtilis pars cũ aqua separetur. Crassior exiccata reponitur ad reuerberium, iterumq; calcinatur. Teritur denuò vt ante, idque repetitur decies vel amplius quoad tota limatura fuerit in crocum læuigata, qui pertinaciter adhærens tingit.

Aliter: Lamina ferrea tenuis candefacta, aceto forti è vino sæpè extinguitur, quousque acetum rubeat. Coagulatur in crocum, qui reuerberandus est in catino. Solet autem acetum illud prius colari, vt subtilissima pars relictis squamis sola transeat.

Aliter: Limata ferri scobs aceto immergitur aut sale affricatur, atque ita alicubi relinquitur; donec rubiginem contrahat. Hæc eluitur ex scobe, & coagulatur ex aceto, reuerberaturque.

Aliter: Laminæ cementantur cum sulphure & tartaro. Crocus efflorescens abraditur.

Vel: Bacilli ferrei aqua salsa consperguntur, quo pacto ab anchoris marinis colligi solet. Crocus insistens detergetur, vel abraditur. Nonnunquam

z quam

quam ijsdem solo igni vruntur, & quo purius ferrum est, eò pulchrior crocus absistit.

Ad tincturas metallicas, aliaque externa ita parari consueuit: limaturæ ferri selibra, aquæ aluminis sesquilibra, aceti destillati selibra. Digere
per mensem. Crocum ablue & reuerbera.　　　Vel:

In vrina clarificata abiecto sedimento soluuntur salis triti manipuli
tres. Colantur despumanturque diligenter inter coquendum. In decocto
soluuntur vitrioli triti, salis ammonij ternæ vnciæ. Coquuntur iterum cùm
despumatione. In decocto infunditur limatura chalybis, & coquitur donec
indurescat, & possit teri. Puluis in sartagine ferreo plano, igni validissimo
reuerberatur, versaturque diligenter cum rutabulo, donec instar lucidissimæ violæ appareat.

Alij conficiunt pultem ex libra elimati ferri salis communis l bris ꝰ. &
aqua q. s. ponuntur in digestione per mensem, posteaq; eluto sale reuerberatur puluis.

Nonnulli limaturam abluunt primùm muria, post fontana. Deinde
in aceto acerrimo ad digitos quatuor in sole corrodunt, mutato semper a-
ceto quoad satis. Corrosum reuerberant vase aperto donec placeat color.

(*Variæ sunt præparationes propter scopos varios. Plerumq̃, enim per id conficitur quod ad morbū, vel rei cui adhibendus crocus est, aptum inuenitur. Ita ad
colicam coquunt laminas in aqua vitriolata, crocum abradunt opusq̃ repetunt,
&c. Penotus vocat sulphur vitriolatum.*)

CROCVS VENERIS.

Verus fit ex ærugine reuerberata in rubrum colcotar, & soluta in liquorem, iterumque coagulata.

Pro hoc est ærugo, Arabibus Ziniar, quem & florem appellant. Ei est
color viridis. Sed reuerberatione albescit vt thutia & porrò etiam rubescit
instar colcotaris, & hoc possumus verius crocum Veneris appellare. Paracelsus iubet conficere per reuerberationem, sicut fit crocus ferri, ex squamis vel laminis. Alij vocarent æs vstum. Modus hic est: lamellæ æris malagmate ex sale & forti vini aceto, oblinuntur, & in fornace ventosa, magno
carino vruntur, ita ne fluant laminæ. Candentes restinguuntur aceto, in cuius libra, semuncia sal. amm. sit soluta. Acetum seponitur. Lamellæ iterum
oblinuntur & reuerberantur extinguunturq; vt prius, ita vt si quid squamarum exoriatur in eis, id decutiatur. Tandem acetum coagulatur in lapidem,
quem crocum Veneris vocat. Illo ipso nomine appellat & tincturam æruginis per acetum destillatum extracta & nouies elutam aqua calida. Alij crocum Veneris faciunt ex cineribus æris per acetum & reuerberationem.

Porrò vt crocus Martis variè conficitur, ita & ærugo.

Bulcasis ita: In vase latioris orificij quàm fundus est, sit acetum forte,
quod miscere potes gigartis vuarum, vsque ad medium. Hoc sepeli vsq; ad

*Ærugo, Zi-
niar.*

terti-

tertiam partem prominenté in fimo ouillo, loco concluſo & tuto à ventis.
Fiant ex ære rubeo laminæ medium palmum latæ; duas tertias palmi longę,
craſſæ medium digitum, quæ ſuſpendantur ordine per fila è panno gauſapi-
no, ſeu piloſo, ita formato vt poſſit adaptari ollæ, & laminas demittere 30.
vel 40. numero, pro ollæ capacitate. Panno appoſito inſterne aliud operculum, lutoq́; muni commiſſuras. Ita ſine per decendium. Æruginem factam
abrade, lamellaſq́; redde ollæ, donec conſumtæ ſint. Hunc modum Bulcaſis Hiſpanis vſitatum ſcribit. Sunt porrò varij modi etiam apud Dioſcor. per
acetum vaporemq́; huius, autinhumationem in recrementis vuarum, &c.

Apud Chymicos alios hiſe offerunt apparatus. Laminæ æris corona-
rij immerſæ aceto acerrimo, vel radicato, aut etiam acerrimo vitrioli ſpiritui ſuſpendantur ad aërem, donec ærugo enaſcatur, qua abraſa irrigatio repetitur vſque ad finem. Vel:

Mellis & aceti partes æquales cum ſale ſufficiente in paſtam conijci-
untur, qua illitæ laminæ cupri ſuſpenduntur ad aërem opacum. Abraſa æ-
rugine, item repetitur emplaſtratio. Vaporantur item aceto ſalſo: interdum
aqua roris, aqua mellis, ſputo acri & ſalſo, quin & humido aere reſoluuntur. Vel: ℞ laminarum cupri libram, botri immaturi libras 5. ſalis ammonij
ſemunciam, aceti libram. Digere clauſo vaſe per menſem (modo eo, quem
Bulcaſis indicat.) Ablue æruginem, & crocum ſepara. Agricola vas æneum
applicat dolio aceti occluſis ſpiramentis, & poſt ſuum tempus abradit æruginem. Verſari etiam in aceto ait ſcobem aut lamellas æris, donec viride cõ-
traxerint, &c. alij malunt ſcobem cum aceto in mortarijs terere, &c.

Ad opera metallica & ſimilia fit etiam cum aquis fortibus corrodendo ſquamas, laminas, limaturam, &c. Aut: Cementantur laminæ cum
ſale, ſulphure, & tartaro miſtis, ſtratiſque mutuò, & reuerberatis per horas
viginti quattuor, ne tamen liquefiant laminæ. Poſt cementationem exponuntur aeri, vt innaſcatur ærugo.

Aurifabri ad aurum ferruminandum æreo mortario infundunt acetum acre, vel vrinam puerilem, ſubiguntque piſtillo cupreo, donec craſſe-
ſcat vireſcatque. Id coagulant.

(Ærugo Scolecia compoſitum quid eſt, de quo Dioſcorides lib. 5. cap. 45.
& Bulcaſis, item Plin. lib. 34. cap. 12.)

Fit & ærugo ex orichalco, eaq́; lucidior. Eſt & crocus citrinus, quem
ex ſolutione æris in aqua forti ſegregamus.

CROCVS STANNI ET PLVMBI.

Pro croco Iouis & Saturni, eſt ochra plumbaria & ſandyx ſeu miniū, *Dioſcorid.*
illa flauet, hoc rubet, fiuntq́; ad ignem è plumbi puluere granulato vel pol- *lib. 5. cap. 53.*
line, qui mediocri igni in ſartagine verſatur ſubinde citra fluxum, donec fla- *Trita ce-*
ueſcat, fiatq́; ochra ſeu plumbago, quæ vlteriore calore tranſit in minium. *ruſſa pa-*
tiniū 30.

Z 2 (Agri-

uis super pru-
næ ponitur
et ferulacea
rude moue-
tur donec co-
lore similis
sandaracæ
fiat. Quæ ita
parata est
sandyx à
quibusdã di-
citur, (alijs
scandyx)
quod est mi-
nium offici-
narum.

(*Agricola ita explicat: Ochra plumbaria fit ita: plumbum in ampullam vitream oblongam conijcitur, eáq; in fornacem, quali vtuntur Chymistæ, impo-nitur. Deinde subiecto igni coquitur vsque dum ochra traxerit colorem.*)

Quanquam autem totum plumbum & stannum possint ita mutari; non tamen semper id quærunt artifices croci nomine; contenti scilicet ce-russa tenuiori quæ à superficie abraditur, & postea igni coloratur, spiritu vini maceratur, læuigatur, tenuiórque euadit: itaque ferè cum flore con-uenit.

Potest & fieri è scoria in quam plumbum sit redactum.

Est & stibij crocus, cum ipsum per macerationes in lixiuio acri ex tar-taro calcinato, calce, & sale ammonio, deinde & iustas in igni coctiones in flauum rubeumve puluerem transit. Nonnulli crocum metallorum ap-pellant vitrum cinereum pulueratum antimonij, &c.

TRACT. I. CAPVT XXIX.

De magisterio liquorum, & vnà calcium essentiali-um quadamtenus.

EST aliud transmutationis genus, quo terrea corpora tota in liquores aqueos vertuntur, (*quanquam negat Plato terram in aliud elementum transire.*)

Liquor est magisterium rei terreæ per totius deliquium in humorem perspicuum resolutæ.

Hoc vt fiat, necesse est vt ipsa res liquabilis seu fluxa euadat per terreæ crassæque substantiæ attenuationem, quam vis ignea procurat. Et vno hy-drargyro excepto, omnia eiusmodi adducuntur ad naturam salium alkali (vel aluminis, vitrioli, &c.) qui in aëre vapido promtè in aquam diffluunt: quod cum fiat per calcinationum & cinerationum modos, euenit vt mate-ria proxima liquorum sint, læuores, calces, croci, & similia, quæ licet dif-ferat ab alkali, ratione elaborationis; tamen ob congruentiam item alkali solet nominari, & ipse liquor alcalisatus.

(*Nominant aliqui etiam essentias, quia alcali sunt essentiæ, quorum natu-ram ista assequuntur: quin & multæ essentiæ possunt eodem modo dissolui, vt tin-cturæ quædam, alkali, flores, lapilli &c. Liquores ipsi etiam appellantur olea non-nunquam, item metalla, gemma & res aliæ potabiles, &c. tantum propter vicini-tatem consistentiæ, cum aliàs differant. Et liquor apud Paracelsum non rarò succum denotat. Et notabis pro calcibus & liquoribus sæpe dici magisteria, vt magisterium tartari, magisterium perlarum.*)

In liquorem igitur aqueum redacturi quid, primum ab omni alieni-tate id separamus, vt totum euadat in se homogeneum. Postea omnibus partibus æquabilem inducimus consistentiam, eáque subtiliamus macerando

rando in liquoribus acribus, quales sunt acetum acre, succus limoniorum,
vini spiritus, & alia solutoria pro natura cuiusque & vsu, postea calcinando
vel reuerberando, cementandoue, læuigando quàm laboriosissimè, eluen-
doque. Et si vna opera non succedit omnium partium subtilitas, repetitur
crebrò. Nonnulla etiam sublimando attenuantur, vel cum certo menstruo
per alembicum agendo. In plærisque mineralibus studendum est, vt calces
quàm læuissimi & siccissimi euadant. Ita enim siue inhumentur locis vaporosis ad suum tempus, siue aliàs disponantur ad deliquium, facilius combi-
bunt humiditatem & dissudant. Non autem debet commisceri peregrina
humiditas, præter eam quæ ab aëre vapido assumitur. In vsu tamen, vbi aliàs liquor assumi sine alio non potest, parum refert, siue calcem liquabilem
statim admisceas, siue prius soluas, nisi forte ad solutionem longum requiritur tempus.

Porrò calces præparatæ ad liquorem etiam per se vsurpantur & vocantur essentiæ, sicut & liquores ipsi iterùm coagulati.

His affines sunt illæ calces essentiales, quæ licet non sint ita attenuatæ vt dif-
fluant, tamen eadem via sunt confectæ, vnde & essentia nominari solent.

Est autem hoc magisterium potissimum in mineralibus, & quæ ad eorum naturam rediguntur, expeliturq́; maximè ad medicinam ex metallis,
gemmis, salibus, & huiusmodi. Est tamen eius vsus etiam in tingendis &
transmutandis metallis & gemmis.

Notabis artificij huius præcepta non deberi Paracelso, sed esse sumta ex Ge-
bro de medicina argentifica tertij ordinis, vbi inter alia sic habet: Lapidem notum
per separationem purifica: purissimum solue, si quid ex eo solubile est: quod non fue-
rit solubile, calcina, & hinc solutionē repete: seruetur hic ordo, donec maior soluatur
quantitas. Deinde omnia quæ ex solutione emerserunt, confunde, misce, coagula,
tandem leuiter assa, &c. & solue in deliquio. Eadem ferè præcepta sunt in inuesti-
gatione veritatis, vbi apertè docetur quomodo in liquorem sint soluenda mine-
ralia.

LIQVOR SOLIS.

Salem ammonium aqua solutum, & ad purum filtratum, coagulatum-
que misce cum pari sale communi, eodem modo præparato. Misturam sublima, vt euadat purissima. Cum hac *(tripla, vel quanta satis)* contere & commisce auri puluerem per regiam factum *(vel etiam tincturam croceam, aut*
calcem) probeque elotum & edulcoratum. In pyxide cementatoria inclusa
vnà, probeque munita luto, & resiccata, cementetur in reuerberio per horas quinque, vt excandescat pyxis, quasi purpurata: *Vide ne rumpatur à spiri-*
tu ammonij, & omnia instar à tormento discutiantur: cuius vitandi gratia par-
uum foramen relinquendum est, & à cementatione cessandum, cùm inde spiritus
puniceus exurgit) sine refrigerari sua sponte. Exime puluerem, & læuiga exa-

&c,

ctè ,, vt fiat quafi tactu ἀναίδθ. Elue eum in concha munda quàm puriffi-
mè , vt fal fecedat totus. Calcem relictam exicca fuper cineribus calentibus,
Optimè reficcatam include acetabulis ouorum , vel quouis commodo artificio folue per deliquium , fi non diffluit totus, repete cementationem quoufque neceffe eft. Hæc aqua eft valde pellucida.

Aliter: Calcem folis fublima cum fale ammonio, vel fpiritu vini alcalifato macera, deftillaque vt exeat per retortam, quod laboriosè admodum
fiet per multas repetitiones, antequam totam ita attenues. Potes tamē fub-
fiftere, fi ea exiit quantitas, quæ fatis eft ad vfum præfentem.

Aliter, quod & aurum potabile verum nominant. Calcem folis purpu-
ream folue aqua ardente, exafperata fale tartari, vel fpiritu huius *(folet autem
alcarifari per commiftionem & deftillationem fortem, quoad totus fal in fpiritum
irrepferit)* ita vt fiat aqua perfpicua. Affundenda aqua eft ad tres digitos,
& bene commifcenda calci, & locanda in phiola ad digeftionem balnei per
fuum menfem, indiefq; mouenda. Vbi fpiritus retufus eft, effunditur, reponiturque alius.

Si calx difficulter foluitur, reuerbera eam cum fale, & læuiga in marmore quàm exactiffimè. Salem tamen inde per elutionem viciffim abftrahe. Porrò folutionem *(fpiritum vini in quo calx foluta eft, quique effufus à digeftione in fe habet folutam)* digere in balneo per menfem, vt paulatim è vino calx feponatur, & fubfideat. Spiritum leniter deftilla, calcem ficca, ficcatam in fimo folue per deliquium, folutionem coagula, folue iterum & co-
gula, quoufque non amplius coagulet, fed liquor conftans maneat.

*Ad vfum poteft & à prima ftatim folutione adhiberi, fed fit fubtilior repeti-
to opere. Alij calcem per amalgama & fulphur factam ita elaborant: Alij auri florem, vel crocum cum fpiritu vini exafperato digerunt deftillantq, per retortam, ex
qua prodit aqua crocea, quam coagulant in alkali folis folubile per deliquium.*

Paracelfus aurum calcinat per fpiritum falis gemmæ: calcem abluit diligenter aqua calida : elicit inde crocum per vini fpiritum exacerbatum fecularum fale. Crocum cum fale ammonio quinquies fublimat, fublimatum
ablato fale in cella foluit.

LIQVOR LVNÆ.

Puluerem argenti cum duplo fale petræ ter reuerbera in figulina intra fluxum fubfiftendo. Salem ablue diligenter, puluerem ficca. Affunde a-
cetum deftillatum, & exafperatum falibus, ammonio & tattareo. Infunde
in cucurbitam (vel retortam) & deftilla cum aceto, vt per alembicum exeat.
Et fi femel non exit, repete opus intercedentibus digeftionibus, quibus
puluis attenuatur amplius. Deftillato infunde vini fpiritum, digere vt præ-
cipi-

cipitetur puluis ad fundum. Abstracto aceto calcem coagula, elue acredinem per stillatitiam dulcem. Elutam & resiccatam solue per deliquium.

Poteris & crocum laxureum, seu puluerem aqua forti factum, cum sale ammonio sublimare, & sublimatum soluere deliquio, vel reuerbera per cementum, exactissiméq̧, lauiga, idǫ si opus est, repete. In scrobe humida diffluet.

Paracelsus ita. Laminarum argenti tres vnciæ, salis gemmæ duplum. *Nota verò* Fiat S.S.S. Reuerbera per horas 24. gradu quarto. Extrahe alcali cum spiri- *cementatam* tu vini digestione triduana. Digestum effunde, spirituque mutato, age vt *calcé prius* prius. Quòd non soluitur, calcina denuò, & extrahe, solutiones coagula, *purificandá* coagulatam calcem solue in deliquio. *& lauigan-*
dá esse, quas
Reuerberari & calx lunæ solet cum cemento tartari dupli. Calx cementata *minutias in* soluitur, seu extrahitur per vini sp. & aq. Chelidoniæ, & c. in reliquis prior est pro- *omnibus ta-* cessus. *libus obser-*
uandis arti-
fices omit-
tunt.

LIQVOR MARTIS.

Fit ex croco Martis sæpius reuerberato & læuigato, positóq; in aceta- *Ita fit & ex* bulo albuminis, vt eliquescat. Vel: *tinctura cro-*
Crocus factus cum aqua aluminis, vel aceto destillato, adiecto sale am. *ci Martis.* monio, septies aut nouies sublimatur, abstractoque sale soluitur in cella, solutum eluitur aqua dulci, iterúmq; coagulatur & soluitur.

In eiusmodi attenuationibus plurima vis est salis ammoniaci, quem non immeritò clauem artis nuncupauit Euchyon.

LIQVOR VENERIS.

Calci vel puluri Veneris mundo adiice acetum & salem vulgarem, vt fiat instar pulticulæ, quam exicca, tere, & reuerbera in vase aperto per triduum. Extractum læuiga subtilissimè, & ablue etiam aceto, donec omnis *Hic vide ne* nigredo cesserit. Sicca, adde dimidium salis ammon j. tere quousque pul- *prætermissa* uis euadat impalpabilis, solue in fimo vel balneo per deliquium. Quod *sit sublima-* non soluitur, reuerbera denuò, & solue. Geberus. *tio.*

Iste Geberi modus congruit etiam auro, argento, & ferro, si maximè spectes *tincturam & transmutationem metallorum, gemmarúmq̧. Alias è floribus Ve-* *Vsus est ad* *neris ex ærugine per sublimationem factis, & aqua calida nouies elutis siccatiǫ,* *tingenda vi-* *& in cella ad liquescendum positis, fit liquor huiusmodi: aut alkali æruginis in lo-* *bro alba* *cum istorum substituitur.* *metalla.*

LIQVOR IOVIS.

Calx stanni munda reducatur cum vitro, vel sale petræ, & borace,
& fu-

& fusione ignis descendatur, vt fiat purum metallum, sed cauenda vitrificatio est inter descendendum. Id calcina denuò cum sale ammonio puro per sublimationem. Sublimatum tere & læuiga, soluetur in marmore. Vsus est ad cuprum dealbandum, si in eo laminæ eius ignitæ restinguantur.

Aliter: Stanni pulueratilibra, salis vnciæ quinque, cineris fabarum selibra. Mista reuerberentur vt fiat lythargyrus. Huius vncias decem solue in vini alcoole, vt est artis. Solutum coagula in alcali, quod resolues per deliquium.

Vel calcem extrahe cum forti aceto in fimo. Quod in acetum non transit, calcina denuò, extrahe, coagula, solue.

LIQVOR SATVRNI.

Calcem cum aceto stillatitio factam siccatamque, solue spiritu vini tartarisato (qui quater destillatus per se, sale tartari misceatur, & destillando vniatur) vtrisq; vnà commaceratis. Solutionem transfunde, & spiritum muta, donec totum attenuatum in spiritum abierit. Coagula solutiones in sacharum, & solue per deliquium.

Sacharum est cerussa attenuata dulcis. Inde parant quod oleum plumbi vocant. De saccharo seu dulcedine plumbi notabis, quod alia sit magistralis, alia essentialis, quæ relicta parte crassiore, extrahitur vt vitriolum vel alkali. Fit & liquor plumbi, cùm cerussa maceratur aceto & destillatur: post in eo etiam coquitur ad horas duas vsq; ad consistentiam mellis. Sed hoc rectiùs plumbum solutum, vel cerussam solutam instar auri potabilis vocos.

Fit & eodem modo quo liquor Iouis, è calce plumbi rubea, hoc est, croco seu sandyce per sublimationem cum sale ammonio, &c. Vel cerussa extrahitur aceto forti, repetitis macerationibus & calcinationibus, donec tota sit attenuata. Acetum in salem coagulatur, edulcoratur, filtratur, coagulaturque iterum, & tandem deliquio resoluitur. Vsus potissimum ad fistulas, anthracas, cancros, tubercula dura, & alia.

LIQVOR ANTIMONII ET MARcasitarum.

Calcem aceto extrahe vt in præcedentibus, & refractaria iterum calcina & extrahe. Coagula in alcali, & solue. Si calcinasti cum sale petræ, etiam extrahere potes cum exasperato vini spiritu. Aliàs puluis stibij cum aceto radicato exasperatoque sale ammonio extrahitur. Quod si extractus puluis non difflueret, reuerbera eum, vel attenua per sublimationem cum sale volatili. Ita fit & ex flore sublimato & reuerberato.

Quidam

Quidam agyrta ita facere se dicebat. Erat autem liquor rubeus valde mordax. Squamarum ferri unciæ quatuor in catino igniantur: iniice pulverati stibij libram, admistis salis petræ unciis tribus, funde, cùm bene fluxerunt, effunde in conum fusorium ex ære, illitum pinguedine, & calefactum. Impelle marginem, ut regulus subsideat, sordes innatantes abijce, regulum pondera, adde dimidium stibij crudi, & tantundem salis nitri, funde iterum ad ignem in catino: ubi fluxerunt, effunde in conum ut prius, & pulsa ad regulum. Hunc ponderatum denuò eliquà, & ubi fluxit, dimidium salis nitri iniice, qui si detonuit, iamque purè fluit, effundatur in conum, & pulsatione facta emerget Regulus stellatus. Stellam funde, adde salem petræ, & assurgit in spumam, instar scoriarum. spumam abstractam serua. Opus repete, ut totum in spumam vertatur. Hanc tere in exactissimum leuorem. Asperge aliquantulum vini spiritus, vel aqua, & pone ad deliquium, solueturque in liquorem. Potes & extrahere spumam per spiritum vini, coagulare, siccare, terere, & soluere. Usus ad fistulas & vlcera fœda, &c. Contrahit autem aliquid acrimoniæ à sale unà manente. Itaq, vix videtur purus antimonij liquor esse. (marginal: Stella antimonij.)

Fit & in hunc modum: Stibij crudi, tartari, calcis viuæ, ana q. s. Trita in catinum includantur, cui insit operculum cum respiraculo. Calcinentur exactè, calx læuigata in cella soluatur. Usus huius dicitur esse ad argentum colorandum.

Aliter: Stibij, colcotaris, florum æris, ana quantum vis. Cementa in reuerberio. Extrahe per vinum rubeum in alcali solubile. Usus ad vlcera.

Hi liquores sunt compositi pro varijs scopis in medendo. Quod cùm attenderis, imitari facilè potes. Qui offenditur breuitate artificiosa, sciat inspicienda esse exempla superiora, & generales praxes, inde facilè se expediet. Artificibus autem talia sunt plana, & nauseam pariunt nimia loquacitate.

LIQVOR MERCVRII.

Crudus hydratgyrus laboriosissima repetitione per vasa sua inter prunas candentia traijcitur in receptaculum, ibíque paulatim in limpidam abit aquam. Quod non est attenuatum, eximitur, iterúmque traijcitur.

Sceuasiam repræsentauit Hieronymus Rubeus. Alij vas lapideum amplum, instar ollæ undique clausæ, præter duos canales, alterum sursum, alterum deorsum spectantes, inter prunas candefaciunt, & hydrargyrum traiiciunt, sed commodior videtur apparatus Rubei. Nam in magno vase spiritus facilè dissipantur. Fieri autem id per extenuationem ignis violentam, promptum est videre, cùm alias ex terreo luto non possit spiritus igneus produci, qui mox frigore in aquam coagulat.

Aliter

Aliter fit ex calce præcipitata per aquam fortem. Infunditur ei vini spiritus rectificatus, digeritur, & cùm acer factus est, effunditur, reposito alio, donec acrimonia sit eluta, & ipsa calx etiam magis attenuata. Postea extrahitur subtilitas per acetum stillatitium toties mutatum, donec totus puluis in eum abierit, sicut ante factum est in metallis. Quod si non intrat acetum, aqua forti calcinatur denuò.

Acetum in balneo diuaporatum relinquit album puluerem, qui correctus cum aqua Chelidoniæ, & siccatus inhumatur ad liquescendùm.

Paracelsus hunc præscribit modum. Hydrargyrum septies à vitriolo, nitro, & alumine (*quibus immistus sit in pastam, cuius gratia illa solent solui aceto, vt crassa tamen sit consistentia, hydrargyrus immiscetur, vt non appareat, postea pasta exiccatur (sublima) redditur antè quod sublimatum est semper fecibus tritis & solutis vt ante.*)

Est & descriptio mercurij diaphoretici apud Paracet. in Chir. mag de lue Gall l. 2 c. 11. quare infra in oleis.

Huius sublimati libræ tres, salis ammonij ter sublimati, clari albique sesquilibra, conterantur vnà in alcool, & sublimentur in arena horis nouem, sublimatum puluerem abstrahe cum penna, & cum reliquijs sublima vt prius. Repete hoc quater, donec non amplius sublimetur, sed in fundo resistat instar massæ nigræ fluentis vt cera. Refrigeratam exime, tere, & loca in patina vitrea. In hac imbibe sæpius liquore salis ammonij, atque ita nutri seu incera, sine spontè coagulare, seu siccari, & iterum imbibe, idque repete decies, donec non coaguletur amplius ferè. Hoc tere subtiliter, & in marmore solue per deliquium.

Ex hac aqua destillari potest spiritus per retortam, quo metalla in hydrargyrum soluuntur. Alias & vulgaris sublimatus tritus, & parumper irrigatus in liquorem diffluit, vel sublimatus per octiduum, in mediocri reuerberio tostus soluitur in balneo, sed probè lænigatus esse debet. Nota & hoc quod inde puluis concipi possit, quo item metalla in mercurium vertantur, per coagulationem nimirum spiritus, de qua infra.

LIQVOR TARTARI.

Calcina in figulina vel alio reuerberio ad exactam albedinem. Irriga parumper, & ad cellam in marmore, vel sacculo, vt eliquescat, pone. Hoc non totù abit in liquorem, propter terrestres feces coniunctas. Quod si totum solui cupis, extrahe, vt in calcibus metallorum dictum est, reliquias calcina iterum, & sic procede vt supra. Quæ planè sunt aliena, abijciantur.

Alij includunt linteo, macerant in aceto forti, coquunt sub cineribus vsq; ad nigredinem, terunt, soluunt per deliquium in patina perforata, quod intra octiduum non fluit, exprimunt.

Vel: Tartari libra, salis nitri selibra, puluerata in olla vel testa vitrata super

pru-

prunis locentur, donec incipiant crepare. Semoueatur, & agitentur versen-
turq; crebro, donec satis albeant. Iniice in vesicam bubulam, suspende in a-
qua calente, donec incipiant mollescere. Immitte in sacculum, & super vitro
in cella pone, liquor effluit, qui sanè compositus est.

Hic modus extrahit tantum salem inexistentem, non totum mutat, nisi pro-
cedas vt supra, ita & fit, cum calcem linteo inclusam aqua pura iniiciunt, sol-
uuntq; salis naturam habentia, solutum coagulant, coagulum eliquescere per se si-
nunt: alij in vesica super balneo vaporant.

Aliter: Calcem tartari infunde spiritu vini, destilla ad siccum, ita vt
cucurbita candeat. Affunde alium spiritum puluerato capiti mortuo. Macera & destilla, donec nulla acrimonia cum spiritu exeat. Tartarum probè
reuerbera & solue. Spiritum extractum coagula in salem. Hunc solue, &
iunge solutioni illi.

Liquor tartari dulcis ex Paracelso: Tartarum calcinatum reuerberetur horis viginti quatuor, dulcoretur per aquam culiculæ: exiccetur, affundatur vinū rectificatum. Destilletur 15. vel 16. vicibus. Resoluatur in marmore in aquam dulcem non pinguem, vocat mumiam.

LIQVOR SALIVM.

Sales calcinati in reuerberio, soluuntur in vapido aëre, seu cellæ, seu
balnei. vel coquuntur in foliis caulis sub prunis, siccati puluerantur, & super marmore soluuntur, solutio filtrata seruatur. Soluuntur item intra
raphanum, &c.

Sal ammonius etiam sublimari solet ante solutionem, vel vino coctus,
filtratur, coagulatur & soluitur.

Aliquoties item sublimatur per tartarum, & postea in marmore soluitur citra acrimoniam. Facit ad vulnera lauanda.

Sal gemmæ soluitur in duplo pluuiæ, destillatur per retortam factis
cohobiis, donec tota substantia exierit cum aqua. Quod exiit, coagulatur
per diuaporationem. Coagulatum soluitur per deliquium.

Sal petræ purificatus liquatur, puluevatur, & in vesicam coniectus a-
qua calida soluitur.

Quidam dum in prunis eum fundunt, iniiciunt parum sulphuris, vel
spiritus vini, donec comburatur. Coquitur aliter in aceto vini vel vrina in
aheno mundo ad medietatem. Decoctum effunditur & colatur in vas mundum. Sal in fundo aheni restat, sal petræ in colatura hæret: ex hac coagulatur, resoluiturq;, & repetitur hoc vsq; ad mundiciem.

Cum hac operatione coincidit separatio.

Sales imitatur alumen. Nam & hoc calcinatum soluitur.

LIQVOR TALCI.

Calcem albam validissimo igni factam, tritamque, & veficæ bubulæ
inclufam immitte in puteum vel locum humidissimum, diuq; ibi sine, donec soluatur. Poteris tamen fæpe recalcinare & læuigare.

LIQVOR ARSENICI, REALGARIS,
& similium.

Arfenici crudi albi felibra, falis nitri duplum, falis gemmæ femuncia,
Puluerata, comburuntur fub dio per horas 24. Ardent per tres horas in i-
gnem impofita. Caue tibi à fumo: liquefcit item materia, quæ fi bene fluit,
effundatur in aquam, quam coagula in morem alcali.   Coagulum folue in
cella.

Vel: Auripigmenti vncia, tartari calcinati vnciæ tres, mifce, & fac S.S.S.
Calcina quarto gradu reuerberij per diem naturalem. Exemtum tere, inq,
aqua coque, & albus defcendet puluis, qui eft calx arfenici, quam in vitro
folue per deliquium, in marmore, vel vefica fuper balnei vapore.

Paracelfus vtrumque facit ex butyro quod foluit, fublimat, & in aquam
pinguem deducit. Vocat autem magifterium in Chirurgia. Et eft toleranda illa
iactura propter venenum, quod fi manet, in vfu ad vlcera magnum excitat dolo-
rem, quod experiuntur ij qui crudum imponunt cancrofis vlceribus, & ægros ex-
carnificant.

LIQVOR CRYSTALLI.

Calcem cryftalli cum triplo falis ammonij fublima fexies, femper mutato fale. Hoc fublimatum octuplo aquæ communis deftillatæ folue, & coagula in alcali, quod per fe refolue in cella. Si non foluitur, deftilla per retortam cum cohobiis, donec tota materia exierit cum aqua, quam coagula diuaporando. Coagulum per fe folue per deliquium. Loco aquæ communis
fumitur liquor nitri & aluminis, cum quibus facta digeftione triduana deftillatur, deftillatum coagulatur, coagulum foluitur, fed hic coniunctum
manet magifterium nitri & aluminis, nifi fepares.

Præparatur etiam more metallorum. Calcinatur cum fulphure vel nitro, euaditq; cæruleus. Calx aqua ftillatitia eluitur, & ficcatur. Affufo fpiritu
vini, fubtilitas extrahitur, repetitis affufionibus, & digeftionibus, donec totum in fpiritum abierit. Quod non affumitur, calcinatur denuò, & extrahitur. Solutiones coagulantur, coagulum foluitur deliquio.   Hic modus
communis eft alijs gemmis, lapidibus, vitris, &c. ad cryftallum accedenti-
bus, nifi q duriores validius & frequentius calcinentur cum nitro, fulphure
vel etiã tartaro, quæ additamenta plærúq; funt dupli ponderis, & fi fieri poteft, abftrahutur à calcibus opere peracto, nifi fortaffis ad vfu nihil interfit.

Sed

Sed & calcinata macerantur spiritu vini alcolisato, & per retortam aguntur, vt superius dictum est. Loco vini spiritus accipiunt aquam senecionis vel vrticæ, vel mellis, &c.

Variat aliquantulum descriptio Gabrielis de Bentis medici Bonon. quam communicauit vir clariss. Ioach. Camer. pater: Cryſtallum calcinatum cum pari nitro aqua ſtillatitia ablue, donec nihil ſalſedinis maneat. Affuſo vini ſpiritu macera: extilla. Quòd in fundo manet denuò calcina. Laua. Extrahe cum vini ſpiritu per deſtillationem, donec totum colliquerit. Tandem balneo ſepara menſtruum. Calx ſoluitur in liquorem loco humido.

Nonnunquam cryſtallinus liquor è compoſitis fit ad certum vſum, qualis eſt hic Paracelſi: cryſtalli pallentis, ſalis fuſi ſenæ vnciæ, boracis ſeſcuncia, ſalis gemmei vnciæ quatuor. Facto S.S.S. calcinantur in reuerberio gradu ignis quarto, per horas duodecim. Ex calce extrahitur alcali per aquam ſuam, vel vini ſpiritum. Refractaria calcinantur denuò, &c. vt iam aliquoties eſt expoſitum.

LIQVOR PERLARVM.

Margaritas macera aceto forti donec fiant friabiles. Tritas cum oui albo compone in globulos, quos calcina in reuerberio. Subtilitatem extrahe per vini ſpiritum. Quòd non exit, calcina denuò. Spiritum abſtractum coagula in alcali, quod ſolue per deliquium; & vt ſoluatur facilius, torre ad ignem probè, poſteaque læuiga exactiſſimè.

(Variant artifices admodum in magiſterio perlarum. Quidam acetum deſtillatum exaſperant ſale ammonio. Hoc pulueri perlarum affundunt ad quatuor digitos. Locant in balnei digeſtione. Inde deſtillatur acetum. Affunditur aliud vſque ad oſtiduum. Deſtillatur. Puluis edulcoratur. Sed hic vt liqueſcat calcinandus eſt, quanquam ab alijs etiam ſine calcinatione per ſpiritum duntaxat vini extrahatur particulatim de more; & quod non exit, id corrodunt iterum aceto ſubtiliantq, donec totum pondus traductum & attenuatum ſit, abſtracto per deſtillationem lentam ſpiritu, toſtus puluis læuigatur, & ſoluitur. Paracelſus dicitur peculiari cum aceto, quod radicatum dixerit, in hunc modum confeciſſe: è tartaro calcinato per acetum deſtillatum extrahe alcali. Extractionem deſtilla per retortam bis in arena primum mediocri igni, donec aquoſitas exierit. Si materia quaſi intumeſcit, mutato receptaculo auge ignem. Prodit radicatum. Hoc margaritis affunde ad duos digitos. Solue. Solutionem coagula. Puluerem læuiga & per deliquium in cella ſolue. Antequam autem læuiges, quater edulcora eum aqua ſtillatitia fontana. Thomas Moufetus in epiſtola ad Monauium improbat calcinationem per acetum, quòd eius vis nequeat elui. Sed ſi addatur calcinatio per ignem nihil virium eius poterit remanere, præſertim cum etiam empyreuma eluatur. Ipſe præſcribit talem modum: Tuſas margaritas in puluerem

impalpabilem læuiga. Extrahe vini spiritu nobilissimo ad quinque digitos affusi, & digere in balneo per mensem, donec coloretur spiritus. Tunc transfunde eum, reponeq́, alium, & procede eodem modo donec non coloretur amplius. Coagula, & coagulatum aqua destillata ter ablue. Hæc potius est extractio essentiæ quàm magisterium. Consultius autem est si perlæ sunt puræ & nobiles, magisterio vti & totas exaltare. Neq́, enim videtur opus esse extractione essentiali, cum sint extractum naturale, nisi tamen impuritates adhæreant.

Pro aceto vsurpant alij succum limoniorum destillatum, vel berberum clarificatum, vel aquam salis gemmæ, vel spiritum vini alcalisatum. Sed vt diffluant in liquorem, calcinatione & læuigatione opus erit. Illæ in pulnerem duntaxat rediguntur.)

Liquori cognata est essentia perlarum per salem aut aquam Guaiaci cófecta in hunc modum: Lignum Guaj. destilla per retortam in liquorem; quem per chartam madidam filtra, vt ab oleo segregetur. Liquoris libræ vni infunde perlarum tusarum vnciam. Digere donec soluantur. Solutionem destilla in cineribus. Remanet essentia Guaiaci cum perlis. Phlegma exit. Affunde aq. melissæ, aut Valerianæ; & rubeus liquor euadit, cuius guttæ quindecim bis dantur indies ad paralysin, podagram, epilepsiam, nephritin, &c.

MAGISTERIVM SEV LIQVOR Coraliorum.

Trita misce cum nitro, & calcina in reuerberio. Postea sale abluto, læuiga, & extrahe cum vini spiritu, ageque vt cum perlis. Solent nonnunquam componi cum alijs rebus pro vsu certo; & vna calcinari, soluíque in liquorem. Sed hoc est penes Medicum. (Coralia promtius in liquorem abeunt in oui indurati albumine. Nonnulli rectificant, alkali per aqu. stillat. appropriatam digerendo per aliquot dies & destillando. Vide commentaria.)

MAGISTERIVM ET LIQVOR CARABES.

Succinum album vel citrinum purissimum tere, & in exactissimum duc læuorem, vt fiat alcool impalpabile. Macera in vino circulato per sex dies, vt attenuetur amplius. Cum vino hoc subtilitatem transfunde. Repone aliud, & perinde age, vt cum perlis, attendendo vt quod crassius est, læuiges denuò. Coagula in alcali igni leuissimo, ne liquescat. Coagulatum solue intra albuminis indurati capsulas: Solutio caphuræ fit, si ipsa trita minutissimè inclusáque vitro obturato ponatur in pane feruente recens è clibano extracto. Si vera caphura est, statim abit in oleum.

LIQVOR SVLPHVRIS.

Hoc sublima. Sublimatum læuiga. Macera aqua salis tartari donec subtilitas ingrediatur per mutationes & læuigationes crebras. Procede
postea

postea vt cum carabe. Aliter: sulphuri affunde aquam fortem ad digitos quatuor. Macera. Destilla ter vel quater vt nigrum & fixum absque foetore reddatur, nec inflammetur. Edulcora autem aliquoties aqua communi. Inde reuerbera donec erubescat. Pone in marmore ad soluendum. Ex Thoma de aquino. Resoluendum autem ita totum est. Aliàs si essentia subtilis saltem exit, pertinet ad oleorum arcanum.

LIQVORES CADMIÆ, THVTIÆ, LAPIdis calaminaris, hamatita, &c.

Hi communem habent praxin cum gemmis solidis, de qua in crystallo. Ad peculiares verò vsus, vel vt fortior euadat vis eorum, solent etiam componi. Veluti:

Cadmia calcinatur cum duodecima parte ferruginis in secundo gradu ignis per sex horas. E calce fit alcali, more solito.

Thutia ita. Thutiæ vncias quatuor, salis fusi, calcis viuæ vncias senas stratifica mutuo in cemento & reuerbera in calcem ex qua fac alcali.

Lapis calaminaris vnciali pondere adiectis colcotaris, & viui sulphuris singulis sescuncijs cementatur gradu ignis quarto per diem naturalem. E calce alcali colligitur, & soluitur.

Hæmatiten cum bolo armeno & luto orientali æquali addito aceto & gummi tragacanthæ in pastillos cogunt, quos reuerberant in calcem, ex qua alcali extrahitur per aquam plantagnis, repetitis calcinationibus & digestionibus quousque placet.

(*Hæc sunt Paracelsica, inseruiuntq̃ chirurgia, & frequentius vsurpantur forma sicca alcali, quanquam facili opera possint resolui.*)

Lapis Iudaicus calcinatur per se, & extrahitur cum vini spiritu, repetitis calcinationib. partium crassarū de more. Fit alcali, quod si placet, solues. Huius vsus est internus ad calculos. Ita & terræ lutūq; medicum, item lapides cancrorum & similium possunt aceto macerari, calcinari, læuigari, extrahi, coagulari, solui prout libet.

VEGETALIVM QVORVNDAM LIQVOR.

Rediguntur in puluerem subtilissimum, & spiritu vini extrahuntur. Quod refractarium est, calcinatur suo modo in reuerberio, iterumq; digeritur, dum abierit in vinum, quod in alcali coagulatur. Alcali soluitur.

Hoc modo crocum præparant, item caphuram & similia, caphura tamen præmaceranda aceto est, sicut terebinthina coquenda, vt fiant læuigabiles. Destillantur etiã cum spiritu vini, vt exeant per alembicum. Sed eiusmodi res melius per modos essentiarum concinnantur. Possunt enim pulueres læuigari in oui albugine indurata solui, quo pacto fit oleum myrrhæ, vel destillatione in olea attenuari, aut tinctura parari, vel incinerata in alcali cogi, quod soluatur, &c.

Quæ pinguia sunt, quæque tota in pinguedinem liquidam dissoluuntur, hanc classem habent communem cum oleis. Itaque diuerso respectu magisteria sunt & essentiæ, veluti si succinum, myrrha, &c. ita pararentur, vt tota in oleum secederent, &c.

TRACT. I. CAPVT XXX.

De alijs quibusdam transmutationibus promiscuis.

PRæter dictas classes, in varijs naturæ generibus eueniunt transmutationes promiscuæ, quas ad artem quoque reuocare nonnunquam solemus.

Succinum è terebinthina (*& vitellis*) conficiunt (*aut potius imitantur, mentiunturve*) in hunc modum: Terebinthina coquitur in oleo oliuarum in sartagine donec fiat instar pultis crassæ. Effunditur in typos vel modiolos quosllibet, & figuratur. Ad solem apricando digerendoque in succini æmu-

Hoc pertinet ad magisteriū compositionis. lationem concrescit. (*Vitelli sedecim concussi agitatiq, spatha, cum vncia Arabici & alia cerasiorum gummi commiscentur. In vitro forti insolantur sex diebus, & succinum repræsentant.*)

(*Hæc mutatio ex magisterio indurationis profluit.*)

Oleum transit in sulphur coagulatióne diuturna ignis lentissimi, vt humiditas secedat.

Vinum mutatur in acetum calore abstrahente spiritum. Itaque coquitur & ad putrescendum ponitur, præsertim addito fermento, vel hordeaceo pane recente, &c.

Ex aqua fit acetum si commisceatur succis pomorum, vt mali, pyri, pruni, sorbi, palmulæ, persici, gigartorum, cornorum, mororum, &c.

Idem fit si incoquantur frumenta, vt hordeum, triticum, &c. vt in vulgari cereuisia. Item si mel, vt in mulsa, &c.

(*Ita Syluius ait, hydromeli quod soli exposuerat in acerrimum acetum abijsse, quod solem non habuisset liberum, nec vas post feruefactionem & insolationem fuisset operculatum.*)

Ars etiam elementa in se mutat, vt aërem facit ex aqua; aquam ex aëre, & terra. Vnde si quis aquam ex aëre petat, includere salem petræ globo vitreo potest; & ponere in aëre vaporoso calidiore. Coagulat enim ad frigus, perinde vt anhelitus ad speculum frigidum concrescit, & hyemis tempore aer calens vaporariorum circa fenestras foris frigore alteratas densatur.

Eiusmodi verò transmutationes frequentes sunt in essentijs, vbi halitus ignei extrahuntur ex terreis corporibus, & coagulant in olea, puluerles igneos, &c. Ita olea adeò attenuantur, vt videantur ipse ignis, facilimèque
inflam-

Inflammentur perinde ac naphtha. Sic ipsas terras soluimus in liquores, hos coagulamus iterum in terras, lapidesue, &c.

Tantum de Genesi transmutationis.

TRACT. I. CAPVT XXXI.

De Genesi compositionis, vbi primum de metallis inter se miscendis.

Magisterium in genesi compositionis est, cum ex pluribus integris depuratis chymica fiunt composita.

Itaque materia horum potissimum sunt magisteria alia, quouis modo artis præparata, (*nonnunquam tamen etiam extracta cum integris componuntur ob aliquam circumstantiam, sicut in artibus variæ fiunt rerum accommodationes*) vt inde fiat substantia chymica, eáque siue primariæ nobilitatis; siue seruilis. Ita enim hoc magisterium distingui potest, vt sit aliud primarium; aliud seruile: quanquam & illud nonnunquam alienum sustineat officium, & dominatu posito ministret, cuius tamen gratia per se non erat factum.

Magisterium compositionis primarium est, quod fine sit principali, vt sit ipsum in se perfectum.

Fit autem compositione duplici: mistura nempe, vel appositione, quam ferruminationem dicunt.

Vtrobique innumera est varietas. In arte tamen potissimum insignes sunt compositiones metallorum, gemmarum, succorum, & nonnullorum promiscuorum, ingeniosiorum tamen; idque fit vel in homogeneis inter se, vel in heterogeneis; & emergit item vel substantia generis eiusdem, vel generis diuersi, veluti cum ex succis metallicis & mineralibus fiunt gemmæ, &c. quo pacto ex elementis mista.

COMMISTIO METALLORVM INTER SE.

Varijs fit hæc modis. Integra colliquantur in testa, vel catinis, aut alterum alteri immergitur, &c. Nonnunquam verò etiam in pulueres, vel calces, vel liquores soluuntur indéq; reducuntur, quæ mistura est exactissima. Porrò inde fit multiplex massa pro analogia & varietate miscendorum; illustres sunt pars cum parte, electrum, æs corinthium, stannum, pagamentum; & in his aurum fabrile, argentum fabrile, plumbum candidum fabrile, &c.

(*Hæc adeò ars commiscet. In natura verò maior adhuc varietas est, vtpote vbi plura etiam metalla confusa inueniuntur; vnde aurum argentatum, plumbatum, &c. similiter argentum auratum, &c. Item in vna vena continentur sæpè argentum, plumbum, cuprum: vel ferrum, aurum, plumbum album: aut argentum, ferrum, plumbum album: aut ferrum, cuprum, plumbum album: item*

b b   *aurum*

aurum & cuprum; cuprum, argentum: ferrum argentum; argentum & aurum: plumbum nigrum & album cum cupro, ferro, & argento, &c. Eiusmodi mistura à prædominante nomen habent, cui adijciuntur reliqua, vt ferru auratum, argentum æratum, &c. Auri tamen & argenti mistura natiua electrum fossile seu natiuum vocabatur.)

Apud mone-tarios est au-rum duode-cim caracta-rum simi-lium argen-tum est.

Pars cum parte vocatur cum æquales auri & argenti in testa adiecto plumbo vel etiam fluxibus colliquantur, & fulminantur.

Electrum est cum impar est portio, & auri quantitas dupla vel tripla ad argentum. Olim aurum cum quinta portione argenti. electrum vocabatur teste Plinio, lib. 33. cap. 4.

Moneta lib 9 esset circiter &iginti cara-ctaru auri.

(*Electri vocem alias succinum signare notum est. Tribuitur autem etiam compositioni cuidam ex cupro & arsenico, vel magnete similibusq̃, dealbantibus per cementationem proiectionem & similia artificia facta. Lagnouero tribuitur mistura quædam ex argento & auro, sub titulo partis cum parte, de qua dicitur quod duæ portiones argenti, cum vna auri, adiectis medicinis quibusdam totam massam auream faciant, cuius iudicium ex compositione facile est. Ita verò habet: Argenti puri elimati drachmæ duæ, florum æris drachmæ quinque, salis ammonij tres. Puluerata sublimantur per horas quinque, idq̃ repetito opere, si videtur. Exemtum ponderatur, & si non æquat drachmas decem, tantum addendum est ammonij salis vt expleantur. sublimandumq̃ iterum & tertiò si est opus. Sublimatum commiscetur rubea cera, finguntúrq̃ ciceris instar pilulæ, quarum vna post alteram proijcitur super drachmam auri puri (tincturam potius auri) fusi in catino, & diligenter commiscetur cum bacillo ligneo donec omnes sint ingressæ & fluant optimè. Inueniri dicuntur auri tres drachmæ, quæ cementantur cum pul-uere facto ex æruginis semuncia, vitrioli Romani, sal. ammon. nitri, laterum tri-torum singulis didrachmis, estq̃ regale cementum.)*

Porrò electrum & pars cum parte fiunt medicinæ gratia potissimum. (*Optima enim ex electro confici dicitur ad venena & varios morbos alios, quem-admodum ex Plinio & alijs constat electro venenum poculentum deprehensum esse, quod commune esse aiunt orichalco. Multò autem efficacior est pars cum parte, propter auri maiorem copiam. Et vocatur interdum & hæc compositio ele-ctrum, præsertim facta compositione interuentu hydrargyri philosophorum, qua altiorem medicinam inueniri negauit Paracelsus.*)

Æs Corinthium mistura est ex conflatu auri, argenti, cupri, stanni &c. cuius inuentio fortuita è conflagrante Corintho. Plinius eius tres species recenset; argenteum, in quo argentum præualet, aureum, in quo aurum, & æqualis contemperationis, &c. Potest hoc ad medicinam peti, sed præ-ualet vsus externus ad pocula, monetas & alia. Sophistæ miscent æs deal-batum argento, & pro argento puro capitali delicto vendunt. Miscetur et-iam æris iam ad purum cocti & penè iam indurescentis centussi gemina plū-bi nigri libra, ita vt per forcipem, in superficie eius adhibitum & paula-

tim

cùm liquefactum combibatur. Id autem æs tractabilius eſt. Æs bombarda- *Pagamen-* riùm conflatur ex viginti æris & vna plumbi candidi. Pagamentum quod- *rum, tempe-* vocant aut ſpecies quædam iſtius æris eſt, aut affinis miſtura, quæ pro varijs *ratura, liga,* monetis eſt varia. Cóſtat aút ex auro & cupro, vel argẽ. & cupro, vel auro & *aloyſatio,* argẽ. vel auro argẽ. & cupro, ſiue natura miſcuerit intra venas, ſiue artifex. Fit *idem, &c.* aút monetarum gratia. Eius loci ſunt & acus exploratoriæ ad coticulá, qua- rum ordines poti ſsimum quatuor recenſet Agricola, quorum primus eſt ex auro & argento; ſecundus ex auro & ære, tertius ex auro, argento & ære, & hi ad caractorum & granorum pondus miſcentur; quartus eſt ex argento & ære, vel ad 12. denarios factus, vel ſemuncias 16. Budelius ad vſum reſpiciẽs; ſecundum iungit quarto, quem ratione ponderum facit duplicem. Primum omittit. Tertium ita concinnat, vt argentum miſtum ſubduplo æris ad aurũ purum ſumat. Itaq; hic pro caractarum numero fiunt acus 24. in alijs 12. aut 16. Sed de his alibi.

  Eiuſdem ordinis eſt aurum & argẽtum fabrile, quo fabri aurarij ad va- ſa aliaq; ſua opeta vtuntur, quanquam conceſſum illis ſit aliquid liberalius vltra ligam ſeu pedem monetariorum. (*Eſt autem pes aurifabrorum* 14. *loto- num vel* 10. *den. & gr.* 12. *quod merum argentum negetur vaſis ita conuenire. Itaq, vncia vna cupri vel plumbi candidi, quod argento admiſcent, ſubeſt. Pes moneta- riorum in florenis eſt* 14. *lot. & 16. gr. iſq, in argento: aureorum Rhenanorum pes eſt* 18. *caract. gr. 6. ibi cupri eſt vna ſemuncia cum gr. 8. hic caract. 5. gr. 6. ſeu cu- pri, ſeu cupri & argenti, &c. de quibus conſulantur libri monetales & probatorij.*)

  Miſcetur & plumbum candidum decima parte plumbi nigri, quod eſt *Adijciunt* ſtannum fabrile, vt vulgò loquuntur. Olim argentarium plumbum dictũ, *& regulum* & tertiarium, ex duabus nigri & vna albi. Stannarij pro ſonitu & malleatio- *ſtibij, quam* ne vaſorum miſcent triceſimam ſecundam partem cinerei candido; vel ma- *marcaſitam* iorem quantitatem. Stannum aliàs miſtura eſt ex ære & plumbo candido. *vocant, po-* Plinius ait incoctile vocatum tertia æris addita plumbo candido, cui poſte a *tiſsimũ pro* & argentum addidere ad ornamenta. Ita ſpeculorum metallicorum materia *fundũ can-* eſt ſtannum ære miſtum, quanquam fiat & ex argento, ſulphureq; viuo pa- *tharorum* ribus & tertia parte æris, vt ait Plinius, &c. Item ex argenti duabus & vna *& typis li-* plumbi nigri. Sunt qui omnia metalla commiſcent, & illis addunt hydrar- *terarũ, &c.* gyrum. (*Veluti ſeptem planetarum vires in vnum conciliaturi, ad neſcio qua magica effecta, de qua re Paracelſius.*

  Ex auro, argento, æreq; conſtant etiam bracteæ gemmis ſubſternen- dæ, ait Cardanus, diuerſa proportione, vt quæ carbunculum ſunt exceptu- ræ, ex ære cum vigeſima quarta auri fiunt, &c. Æs ſtatuarium Plinius miſtũ ait ex centum æris, & duodecim cum dimidia plumbi argentarij: vel plumbi nigri decem, argentarij viginti, æris centum partibus.

TRACT. I. CAPVT XXXII.

De miſtura metallorum, cum alijs minera-
libus, &c.

COmponuntur poſtea metalla cum alijs mineralibus, aut naturæ eorum affinibus, in quo genere excelluit olim æs Babylonium, ſeu Indicum, noſtro verò tempore orichalcum, electrum quoddam ſophiſticum, & quæ ad auri argentique æmulationem pro ornatu conficiuntur maxima varietate, quibus accedit miſtura quædam pro ſpeculis, &c.

Æs Babylonium ſpecie auri ſimilima creditur conſtare ex cadmia gleboſa, vel luto quodam citrino ſui generis tenerrimo, argento, & ære coronario.

Æs Caldarium conficitur ex ære luteo quod ex ramentis lotæ cadmiæ, ſcorijs & recrementis æris ad purum excocti paratur, & cadmia quadam ærea, quæ naſcitur ex recrementis æris toſti ad purum excocti, ſi ea cum alijs vilioribus recrementis recoquantur in panes quoſdam. Commiſcentur autem vel vna æris lutei, & duæ cadmiæ, vel viciſſim huius vna, illius duæ partes. Agricola.

(Cardanus: *Aurichalcum fit nobiliſſimum auro pulchritudine par. Calaminaris lapis ſeu magneſia, argentum & æs Cyprium, vel illius loco æs addito vitro. Superponitur vitrum, ne magneſia euaneſcat, nec ſemel addidiſſe contentus eris vitrum & magneſiam. Hic argentum pro albo plumbo, magneſiam pro cadmia, Cyprium æs pro communi ære ſubijcimus, repetimuſq; magneſiam & vitrum, &c. Nonnulli putant illud æs fuiſſe aurum chymicum è lapide ſuper æs proiecto factum. Sed & fieri poteſt varijs modis alijs aurum ſophiſticum ſeu per tincturas ſeu admiſtionem corporum, &c. de quibus ſuo loco.*)

Lib.34.ca.2.
Hor.in arte.
De natiuo
tamen Agri
col.dubitat.
Orichalcum (*quod Plinius contra Horatium primam corripientem, aurichalcum, vt & Cardanus, ſcribit*) natiuum olim, poſtea artis opus euaſit, de quo Plinius: Marianum æs cadmiam maximè ſorbet, & aurichalci bonitatem imitatur, in ſeſtertijs dupondiarijſque Cyprio ſuo aſſibus contentis, &c. Hodiè vſitata miſtura eſt ex quatuor æris, & vna cadmiæ gleboſæ, quæ alternis ſtratis compoſita incoquuntur vnà peculiari fornace, ollis ſeu catinis oblongis magnis, aſperſo felle vitri trito. Fieri & per cementationem factis mutuis ſtratis poteſt. Agricola talem quoque modum habet: catinus fuſorius luto armatus intus illinitur melle puro. In eum mittuntur tenues æris bracteæ melle item oblitæ, aſperſo puluere facto ex æqualibus cadmiæ foſſilis, tartari & carbonum tiliæ: quo & catinus aſpergitur. Operculo perforato impoſito, ignis ſubijcitur. Materia mouetur ſtilo per operculi foramen immiſſo. Coquitur donec fumus luteus exeat.

Pſeudargyros ſeu argyrochalcum fit ex magnetide & ære eodem modo.

do.Eam autem alij talcum vocant, si lapidosa est, argenti colore, erustas tenuissimas habens.(*non intelligendus est lapis Herculanus per magnetin, vide A-*
gric.lib.5.fossil.

Est & præstans mistura specularis,quam Porta ita describit : Accipia- *Lib.17.ma-*
gia,cap.23
tur olla noua igni contumax, & intus luto inducatur, vt firmius perduret.
Resiccari curato,idque bis teruè repetas.Igni appone, & in ea binæ tartari
libræ liquefiant,& totidem arsenici crystallini. Vbi fumare conspicies,inij-
ce libras quinquaginta æris antiqui,atque vsu attriti(*Plinio fors collectaneum* *Lib.34.ca.9.*
est,vel ex vsu coëmtum)& septies vel sexies liquescat vt purgetur defæcetur-
que,mox addes viginti quinq; libras stanni anglici, & simul liquescant pa-
tiaris. Paululum ex mistura extrahes ferramento aliquo, & experimentum
capias,si fragilis vel dura sit:si fragilis, æs adde, si dura,stannum,vel coqui sinito,vt aliqua stanni pars euanescat,cùm ad optatum temperamentum peruenerit,proijcito supra binas vncias boracis; & sinito quousque in fumum
soluatur,deinde in typum inijcito.Hæc ille.

Sed Chymicorum deliciæ magis sunt euidentes,in æmulatione auri&
argenti,per compositiones quasdam artificiosas. Et aurum quidem ita stu-
dent ad viuum exprimere.

Calx ferri & cupri per sulphur facta,reuerberantur per octiduum,ce-
mentetur reuerberatum cum duplo lunæ stratis mutuis factis.Regulus cementationis soluatur aqua forti. Quod integrum manet, pro auro habetur.
Alij calce martis seu croco tincturam solis miscent, atque ita augent. Cum
hac cementant lunam,idque igni diuturno,vel cemento sæpius repetito. I-
dem fit si luna cementetur cum croco martis : sed crocus seu calx illa debet
esse fixa,& cementum validi ignis, vt probè vniantur.Vel: Tertia pars lunæ,
duæ mercurij corallini fixi, tantundem auri quod illa duo exæquet,adiecto
sale & laterum farina vnà cementetur.

Aut: Calcina cuprum cum sulphure, reduc cum plumbo,duc in laminas calcina vel cementa denuo cum sulphure,& reduc cum plumbo, dicuntur libra exire vnciæ octo, quibus dimidium auri adijcitur, & colli-
quatur.

Aliter : Solue calces citrinantium, seu tincturarum rubearum in li-
quores:solue & calcem auri. Misce liquores hos cum liquore cupri vel alterius metalli,quod placet in aurum vertere. Reduc vnà in metallum per de-
scensionem metallicam.

Aliud sophisma:Calcis solis sublimatæ cum sale ammonio, & reuer-
beratæ,calcis Veneris,croci martis,colcotaris singulæ vnciæ : mista inceretur cùm liquore salis ammonij sublimàti,vt fiat massa,quam siccatam tere,i-
terumq; eodem liquore incera,quod repete,quoad non exiccetur amplius.
Solue per deliquium,solutum coagula, puluerem coaguli imbibe liquore
salis ammonij vt ante.Solue & coagula denuò, idque quousq;libet,repete.

Quò saepius hoc fit, eò nobilior euadit medicina. Huius partem vnam proijce super liquatae lunae partes decem vel plures, prout videbitur. Misce bene, & postea fulmina, aurum artificiale videbis.

Aliud: Colcotar, scobs ferri, argentum sigillatim soluuntur aqua forti, solutiones confunduntur, eo liquore inceratur aerugo trita. Adde calcem solis per plumbi fumum factam, & salem ammonium sublimatum. Fiat pasta, quam solue per deliquium, imbibe iterum, & sicca, idq; repete aliquoties. Solutum tandem coagula, & partem vnam proijce super lunae partes decem.

Aliud: Cinabaris drachmam cum Mercurij sublimati vncia sublima, & postea misce cum solis calce, cú qua ingressum habét. Misce verò soluta per deliquium, vt exactè vniantur, & coagula. Coagulum hoc proijcitur super liquatam lunam.

Nonnulli amalgama solis ex Mercurio & Sole conspergunt sulphure: incendunt hoc, & comburunt, idq; repetunt, donec puluis fiat rubeus. Huic trito additur mercurius sublimatus & sal ammonius item saepe sublimatus, Medicina parata miscetur argento. Interdum fixa cinabaris, vel praecipitatus corallinus super quatuor lunae partes proijcitur, ita tamen vt prius fuerit potata illa oleo solis, & stibij. Mistura fulminatur.

Haec & eiusmodi ad aurum sunt potissima.

Ad argentum artis, liquores rerum dealbatium miscentur cum liquore lunae. Mistura reducitur per descensum metallicum, & si fragilis est reductio, additur plus lunae.

Vel: Mercurio quater à vitriolo, sale petrae, & alumine sublimato, adde calcis argenteae partem quartam. Mista optimè sublima, sublimatum redde capiti mortuo, vnà terendo, sublima iterum, idq; repete, quousq; totum fixum maneat in imo. Adde huic tres partes sublimati non fixi, vel vnà parté fixi misce cum tribus non fixi, & fige per sublimationem vt antè, idq; in infinitum valere dicitur. (*Vide tamen ne calx argenti deficiat.*) Si proieceris super Venerem & Martem, argenteam misturam accipies.

Alij sublimatum argento commiscent, & ingerunt in cuprum fusum, vnde emergit argentea massa. Alij duplo cupro mercurium fixum adijciunt. Omnino res dealbantes, vt arsenicum, hydrargyrus, vtrumq; scilicet sublimatum & fixum: mistura ex tartaro, arsenico, sale vulgi, calce viua, incorporatis cum albumine, & reuerberatis: sal ammonius, calx stanni, pyrites stanni, alumen, lithargyrus, cerussa, &c. vel per fusionem commiscentur, cupro, ferroúe, vel cementationem.

Eiusmodi artificio facilè assequemur illa veterum τεχνήματα, qua Plinius scribit interiisse, aeris nimirum Corinthij, Deliaci, Aeginetici, &c. item Chaldaici, &c. Ego verò huc transtuli exempla, non ignorans ab alijs referri inter magisteria transmutationum, aut colorationum, de quibus supra. Et est certè aliqua transmu-
tatio

ratio & coloratio coniunɛta,ſed quam pro vera nondum agnouerim. Quodſ quis communia illis & huic capitibus velit eſſe exempla,cum eo non pugnauerim. Non enim tam tranſmutationem & colorationem hic reſpexi, quàm miſtionis exempla,qua diuerſa ratione diuerſis capitibus poſſunt accommodari.

TRACT. I. CAP. XXXIII.
De compoſitionibus Hydrargyri, & primùm
de Cinabari.

METallicis miſturis affinis ea eſt,quæ cum hydrargyro fit, quod non tã-tum mater metallorum putetur eſſe,ſed&ſeptenarium eorum nume-rum impleat.Componitur autem cum metallis primùm duplici modo,cru-dus nẽpe ſeu liquidus,& coagulatus. Illud fit in amalgamationibus pro va-riis ſcopis, de quorum vno diɛtum eſt in mutatione metallorum in hydrar-gyrum.Eſt & alius in pondere addendo explicatus, qui impoſturæ plus ha-bet quàm attis,alij ſuis exponentur locis,vt cùm de auro vitæ &c.agetur. Id tamen monendum eſt,cùm conſtanter à ferro diſſideat,eiq; iungi nolit,ar-te quadam conciliandam amicitiam eſſe, quæ poſtea valde eſt ſtabilis. Aſſe-quemur hoc per ferri repurgationem,de qua ſuo loco.

Hoc,vnio ſcilicet coagulati cùm metallis,in colorationibus,tranſmu-tationibus,ſophiſmatis ingenioſis,&c.eſt vt plurimum declaratum.Cum a-lijs deinde rebus componi ſolet mortificando,veluti, cùm pro vſu miſcetur pinguedinibus &c.quæ ratio ad pharmacopœiam ſuam pertinet. In Chy-mia excellunt duæ potiſſimum per ſublimationem miſturæ, quarum vna fit cum ſulphure ad artificioſam cinabarim , quam vſifut aut zinzifur vo-cant,altera cum ſale ammonio,& ſimilibus ad Mercurium ſublimatum.

DE CINABARI FACTITIA.

Cinabaris factitia eſt magiſterium compoſitum ex hydrargyro & ſul-phure vnà commiſtis,& ſublimatione in maſſam ſanguineam vnitis.

Id ars excogitauit ad imitationem minij natiui ſecundarij, ex quo Plinius ait excoɛtum hydrargyrum,quod tamen præter ſulphur & hydrargyrum, lapidem continet,&c.

Proportio miſtionis eſt varia,vnde etiam color modò lucidior, ſplen-didiorq; eſt,modò minus, quanquam & caloris modus varietatem inducat.

Agricola:*Minium deterrimum faciunt, qui æquant portiones ſulphuris & hydrargyri:optimum qui id ex ſolo argento viuo conficiunt.(At non fit ex ſolo) ratione iam explicata. Alij in catino ſtatim duas argenti viui, & vnam ſulphuris in catinum coniiciunt ſine miſtura.*

Interdum duabus ſulphuris citrini miſcentur tres hydrargyri ſecundũ pondus.Nonnunquã vna ſulphuris cõponitur duplo vel triplo argẽto viuo.

Præci-

Præcipiunt alij decem fulphuris ingerere tres hydrargyri. Sed & æquales fumuntur,& nominatim ad vfum pingendi plus fulphuris accipitur, vt rubedo fiat illuftrior.In aliis,præfertim ad fumigandos Gallicanos(cui vfui ferè in medendo hodie addicitur)iudicant fatis effe vncias tres fulphuris, aut etiam quatuor, ad libram hydrargyri.　Apud Paracelfum etiam fal adijcitur.

Quæcunque fit proportionis ratio, fulphuri eliquato in fartagine, (*vel olla*)immifcetur paulatim hydrargyrus calefactus, (*vel etiam mercurio in panno collocato ingeritur fulphur fufum, & comprimitur*)donec in vnum corpus coierint ambo.Hoc teritur,poniturq; in aludele feu vitreo lutato, feu lapideo,vt quarta duntaxat pars fit plena. Adaptatur ei alembicus cæcus, cum foramine in vertice, per quod tum humidi fpiritus emittantur , tum quantitas fublimati & color iudicetur. Id autem conum habet mobilem, vt poffit recludi pro libitu,in quo cauendum eft,ne conglutinetur adhæfu fublimati,quod fiet fi moueatur vertaturúe fæpius. (*Veteres etiam fine alembico in cucurbita longa angufti oris faciebant*.) Datur ignis lentus per tres horas, finiturque euolare humiditas per foramen apertum. Cùm fpiritus ficci fcádunt,quod deprehenditur ex eorum adhæfu, & gladio polito (*vel lamina*) halitu humido non amplius tincto,clauditur foramen, & ignis augetur.

Agric. Coquitur igni lento, donec iã amplius nullus argétiui ui motus auribus percipitur.

Qui maiores maffas vno opere conficere cupiunt, vafis refpondentibus,per infundibulum fubmittunt materiam copiofioré,poftquam fentiunt priorem ferè effe euectam.Sed vna vice non plus duobus cochlearibus demittendum eft,ne vas rumpatur. Eius etiam gratia foramen fæpius liberandum eft,vt fit aditus tubo infundibuli. Securius ages, fi minores feceris maffas,quibus perfectis,alembicum amoueas,eafque eximas, poftea verò fuppeditata noua materia,procedas vt ante. Cùm per fpiraculum apparet fumus ruber, *(primò enim exit luteus,poftea cæruleus, poftremò ruber)* finis adeffe iudicatur,id quod vno vel pluribus fit diebus, prout induftrius eft artifex,& copia magna.

Si ad medicinam expetitur,(*vt ad vlcera, item intra corpus, quanquã nulla neceffitas videtur id fuadere,cùm aliæ fuppetant medicinæ fatis felices*) cauendus eft hydrargyrus impurus ex plumbo.Itaque purificandus eft per deftillationem,aut fublimationem, & expreffionem per corium: per lotionem item ex acida muria, donec cryftallinus feu cœleftis euadat, vel lunam non amplius inficiat.Alij philofophicam purgationem requirerent. Qui in aliquo impuro fuit opere,fimiliter improbatur.At quem ex auro,argento,aut ferro faciunt,vtilis quidem foret,fed rarus eft,& nimio conftat.Alterari poteft cum auro & argento in eodem folutis,aut ex venis iftorum metallorum peti,& repurgari. Sulphur quoque mutari debet floribus fuis bis aut fæpius fublimatis, poft macerationem in fpiritu vini Theriacato,vel quouis alio liquore. Maximè verò præftant hi, qui ex marcafitis auri & argenti funt extracti,

tracti, aut à calcibus horum eleuati. Nonnunquam addi possunt flores, vel tinctura stibij, calx coraliorum, & similia, cum quibus item ad vsum componi ipsa cinabaris ita præparata queat.

Cinabarim factitiam exitiosam & venenatam ex sententia Plinij iudicant. Non diffitendum id est, si arsenicum sulphuri commistum sumatur, quod sæpe in venis euenit, aut hydrargyrus plumbatus, maximè verò si malo vsu prostituatur, sed si principia corrigantur, venenum per se non est, & peritè adhibitum non rarò iuuat. Alibi diximus cinabarim factitiam nostram nec Plinio, nec Galeno, nec Dioscoridi fuisse notam. Itaque non sunt dicta de cinabari ipsorum ad nostram trahenda. Venenositatem ipsi suæ ascribunt, non nostræ artificiosæ.

Nusquam peccatur frequentius, quàm in fumo, qui longè nocentior est præcipitato. Extitit nostro tempore impostor quidam, qui suam quandam compositionem titulo magni arcani vendidit, & certum est, à plurimis citra noxam sat multam quantitatem sumtam esse, neq; tamen etiam cum aliquo leuamine. Aliquibus etiam profuit, sed fortè fortuna conspirante vsu cum eo quod res exigebat. Neq; enim ille empiricus multum sani in vsu suo habet. Quod si medicè detur, ex artis præscripta, idq; adiunctis competentibus, non dubitandum est, quin vtiliter possit adhiberi.

Factum periculum est in cinabari vulgari, ad ignem tamen tosta. quo spiritus graues & fœtentes secesserunt, & postea adiecta elutione in aqua Theriacali & compositione cum croco, & puluere perlarum. Hæc data multis est citra omnem noxam etiam minimam, quæ sentiri potuisset. Neque verò hæc dicuntur, vt imperitorum audaciæ aliquid incitamenti, aut patrocinij suppeditetur. De natura rei & vero vsu aliquid monere, nihil habet ab officio nostro alieni. Verus vsus etiam venena in adiumenta salutaria mutat, quem qui ignorat, is periculosis aut dubiis abstineto.

CINABARIS CÆRVLEA, SEV LaZurij species.

Fit & cinabaris cærulea item ex sulphure & hydrargyto, hoc triplo, illo duplo, sed adiecta vna parte salis ammonij factirij, idque in hunc modum descriptione Agricolæ: Sulphur pulueratum in catino lithargyro obducto liquatur. Mox adiicitur sal tritus, & hydrargyrus. Permiscentur omnia probè per bacillum. Mistura refrigerata teritur, & immittitur in cucurbitam vitream luto duorum digitorum loricatam, adiecto alembico cum vertice perforato. Vbi exiccatum lutum est super tripode ferreo ignis è prunis additur lentus. Spiritus humidi per laminam ferream foramini oppositam explorantur. Cum his cessantibus sicci apparent, obstruitur foramen luto, & ignis augetur per horam, indeque iterum augetur,

cc tur,

Paracel in chir mag. sublimat cū tato sale petra quanta est mistura sulph & hydrar. ad summum luis Gallicæ.
Lib. 33 c. 7.
In vsu vulgari est sulphuris vena que sulphur viuū appellat Galeni authoritate prolata. Sed magna quæstio est fueritne Gale. viuū sulph. viuū sulph. lapide vena adeo impura vt in officinis habetur. Constat sociari nostratibus venis perniciosos spiritus. Videant itaq; medici quid agant dum istis vtuntur crudis.

tur, donec fumus appareat cæruleus. In vitri refrigerati fundo (*inquit Agricola*) re fidet cæruleum.

Liber vetustus 200. annis ante Paracelsum in Germaniam Venetijs illatus, sulphuris unciam liquat in sartagine, admiscet salis ammonij semunciam, & hydrargyri uncias duas. Massam frigefactam terit, positam in vitro vel olla lutata igni lento adhibet, lamina foramini obiecta ad spiritus humidos explorandos. Post auget ignem per horam cum spiritus sicci apparent. Inde inténdit dum fumo citrino cessante cæruleus exit, in fundo est laZurium.

TRACT. I. CAP. XXXIV.

De Hydrargyro sublimato.

HYdrargyrus sublimatus est magisterium compositi argenti viui cũ sale, vitrioloq; potissimum per sublimationem, ad speciẽ coagulati crystalli.

Sales potissimum volatiles, & in his maximè ammonius cum atramento sutorio hanc compositionẽ ingrediuntur. Nonnunquã verò etiam addũtur alia, sed minus principaliter. Variat itẽ proportio misturæ. Interdum enim æquales sumuntur, interdũ minus hydrargyri. Vsus sublimati præcipuus est in metallicis tincturis. Aliàs ad noxia animalia perimenda (*ut mures, & tunc iungi solet arsenico albo, muscas, &c.*) nonnunquã ad externa corporis humani vitia, vt scabiem, &c. (*idq, in unguentis vel aquis certis*) item ad mangonia faciei v. surpatur, sed quàm cautillimè.

Penetrat enim statim totum corpus, & virosum quid in lingua sentitur, etiamsi extremis pedibus, cruribusve illinatur. Intra corpus eum nemo adhibuerit, nisi improbus. Corrigi malignitatem posse per rectificationes Chymicas, & præsertim fixiones non negauerim, sed nulla necessitas cogit in tam suspecto medicamento ad hunc finem elaborare. Iusserim etiam abstinere à vasis his, quæ facta sint ex cupro per sublimatum dealbato. Effectus plerumq, sapit caussam.

Ratio compositionis à Chymicis hæc traditur. Sal ammonius quantus libet (*æqualis vel amplior*) conspergitur aceto & teritur in pastam cui mistus vndiquaq; hydrargyrus exiccatione facta sublimatur.

Vulgariter adijcitur vitriolum, vel sal comm. cum pari vitriolo, ut utrumq, fit subduplum ad mercurium. Sunt qui cadmiam fornacariam ex are addunt, & stibium cũ alumine. Eximitur cum filo ferreo, teritur cum fecibus quod sublimatum est, iterumq, sublimatur. Tertiò abiectis fecibus cum sale communi tantum eleuatur fortiter, nec scandit altè. Vel:

Libra vna hydrargyri, salis ammonij, salis vulgaris, vitrioli albi quaternæ vnciæ teruntur eo ordine, vt pulueres primum misceantur, affusoq; aliquãtulo aceto in pastam redigantur, cui paulatim ingeritur mercurius, & exactè permisceetur, ne appareat vspiam. Euadit autẽ nigra massa, quæ siccanda est ad calorem blandũ ne effumiget mercurius. Hæc siccata iterũ in marmore teritur, & aceto potatur, siccaturq; vsq; dum hic labor septies sit repetitus.

Tan-

Tandem probè reficcata massa in puluerem ducitur in marmore, & in sublimatorio igni lento per horas quatuor admouetur, donec humidi spiritus
euanuerint. Inde augetur ignis per horas duas, & sublimatur secundum artem. Si sublimationem repetas, perspicuus euadit instar crystalli: & nominatim ad opera metallica quod sublimatum est, redditur capiti mortuo, vnà
teritur & sublimatur quater eodem modo.

Signum perfectionis iudicatur, si prunis inie[c]ta pars non fumiget. Interdū tamen quinta vice absq; capite mortuo per se quod purū est sublimatur.

Alia sublimatio: Hydrargyri, salis cōmunis, vitrioli, par quātitas ad ignem
blandum in massam redigantur, ducantur diu super marmore, puluerataque
sublimentur in vitro per horas 14. igni per gradus dato.

Alia: Hydrargyri, vitrioli, singulæ libræ, salis fusi vnciæ septem cum dimidia, capitis mortui de aqua forti vncia, misceantur agitando, siccentur, tri-
taque in sublimatorio primum igni blando imponantur, vt humidi spiritus
abeant. Hoc facto, augeatur ignis, fiatq; sublimatio per horas 12. sublimatū
teratur cum sescuncia vitrioli, & vncia salis, denuoq; sublimatur, quæ opera
repetitur vsque ad septimam. Valet ad metalla.

Alia: Hydrargyri, salis communis singulæ libræ, colcotaris libræ duæ, salis petræ selibra, salis ammonij quatuor vnciæ, cum aceto commisceantur,
ne appareat hydrargyrus. Lento igni prolecta humiditate, postea fiat sublimatio ad validiorem.

Ad rem metallicam nonnulli ita parant : Recipe cerussæ, salis nitri, singulas selibras, sal. alcali libram, mista sublima, sublimato immisce mercur. &
vnà iterum aliquoties sublima. (*Magna prædicant de illo sublimato. Aiūt enim
mercurium inde fieri tractabilem malleo, sublimatum istud solui in catino calido,
aqua eius dissolui metalla, &c.*

Ad cerussandam faciem Alexius ita facit: Hydrargyri libra, salis cōmunis selibra, nitri triens, aluminis vsti tritiq; sesquilibra, addito aceto, in quo
parum nitri sit solutum, cōmisceantur: fiat sublimatio ex arte, si vis eximere,
vas bene munda, & caue ne quid aljeni incidat. Frange deinde & extrahe,
quod in fundo restat, ex eo potes salem conficere per solutionem, filtrationem, coagulationem, cuius vsus est in sublimatione secunda, potes enim
quater opus repetere, cum nouo semper sale & alumine, fitq; valde præstas,
quo pacto crystallinam accipit perspicuitatem sæpe sublimatus mercurius
cum sale ammonio. (*Hanc perspicuitatem intelligunt quidam cum volunt in
materia lapidis debere hydrargyrum exaltari cum aquila expansa, id est, sale ammonio volatili, & deduci ad crystallinam puritatem.*

Agricola ex hydrargyro & vitriolo solo ita conficit : Æquales argenti
viui & atramenti sutorij affuso aceto teruntur in mortario, donec hydrargyrus non appareat. Misturæ intra duas patinas fictiles trium horarum spacio
coquitur. Tum auffertur, & cum patinæ refrixerint, ex eis eximitur tā liqui-

dum,

dum, etiam solidum, rursusq; in marmore teritur aceto subinde aspersum &
coquitur. Quæ eadem iterantur, donec omne argentum viuum in operculum sublatum ignis calore concreuerit.

Huius loci est & arsenici factitij tam lutei quàm crystallini, confectio,
quam Agricola his verbis expediuit : Sunt præterea duo auripigmenti factitij genera, quorum vtrumq; splendet, sed alterum album est, quod venis
in albo subluteis, aut in eodem distinguitur subrubris: alterú luteum, quod
variatur nigris subruffis plus minusúe luteis venis: quorú vtrumq; ex crustis
auripigmenti fossilis conficitur, ad quas quidam tantundem salis fossilis adijciunt. Hæc trita in duobus fictilibus vasis patellarum instar latis, nec admodum profundis, intus plumbo illitis, & qua committuntur obturatis luto, coquuntur vsq; dum totum auripigmentum in sublime sublatum supe-
riori vasi adhæserit. Dein iterum ac sæpius teritur, & coquitur, donec candidum fiat. Luteum verò tanti laboris non indiget. Hæc ille. Indicat æquales
auripigmenti & salis gemmæ commistas debere in sublimatorio eleuari vasis clausis, luteum prima secúdaue sublimatione fieri, album pluribus, semper nimirum, eo quod sublimatú est reddito fecibus, & denuò eleuato, vsq;
ad crystallinam perspicuitatem, planè vt sublimatum sit crystallinum. Inde
etiam luteum nocentius esse aiunt albo, & vtrisq; aureum seu auripigmentum, quod album sit elaboratius.

TRACT. I. CAP. XXXV.
De gemmis ex mistura.

MAgisterium compositionis etiam attingit gemmas, potissimum autē
lapideas, quæ in metallorum matricibus, aut aliis terræ seminariis inueniuntur, quibus similes ars exprimere certarum rerum mistura annititur,
Hoc fit dupliciter. Per mistionem & appositionem, vt & in metallis. De hac
suo loco. De illa nunc.

Mistura euadunt gemmæ primùm adulterinæ, seu potius ludicra gemmarum idola, qualia ars vitrariorū ex tinctis variè vitris concinnat, in quibus
vix est externæ speciei simulachrum quoddam. Eiusmodi est & externa tinctura per fumos & ignes. Sed nobilior & Chymico dignior est constatura secunda, in qua non tantū facies externa ad viuū tentatur, sed & virtus interna,
quandoquidē cognitum est, ferè analoga esse seminaria gemmarū & metallorum, quod non tantum sæpe in iisdem inueniātur mineris (vt adamas, magnes ferrum, &c.) sed & gemmæ in se metalla contineant (vt lazurium auri
puncta, &c.) & postea frequentissima sit circa metallifodinas fluorum inuē-
tio adeo vicinorum gemmis, vt saltem fixitate videantur distare. Præterea
etiam eadem crescendi ratio est in gemmis, metallis & fluoribus, viden-
turáque principium rude seminalis virtutis, qualis in plantis perfectior est,
in se habere. Itaque & ad certam vel in libero aëre tendunt formam.
Imò

De hiс vide Portam & alios.

Imò & metalla facilè in gemmarum materiam vertuntur, & poſſunt reuocari ad claſſes mutuas, ſicut & marcaſitæ. Inde Lazurium argentum, ſeu electrum refert, magnes ferrum, rubinus aurum, &c. Hæc itaque compoſitio non pro impoſtoria habenda eſt, ſed pro proxima naturæ imitatione. Cum enim principia ſint analoga, ita vt videantur eadem ſubſtantiâ, at aliter duntaxat affecta metalla gignere, aut gemmas: ars reuocat metalla ipſa & ſimilia item ad ſubſtantiam illam, diſponitque aliter miſcendo, alterandoque. Et ſic virtute eſſentiâque gemmas producit, quas efficaces eſſe nemo negabit, cui conſtat metalla & eorum calces non ſine viribus eſſe.

Duo porrò modi huius artificij maximè ſunt comprobati. Vnus communi maſſæ incoquit metallorum & mineralium aliorum virtute præpollentium calces aut tincturas: alter ſuccos miſcet.

(Hos duos modos maximè illuſtrarunt duo artifices, Bapt. Porta ſcilicet, & Dornæus. Quæ Paracelſus tradidit, videntur ineptiæ eſſe, &c.)

Maſſa illa communis, aut cryſtallus puriſſimus eſt à natura acceptus, aut è ſilice ſimilibuſque ita comparatur. Silices fluuiatiles calcina in reuerberio, & redige in puluerem impalpabilem. Huius partibus duabus adijce ſalis tartari, ſalis alcali partes ſingulas. Subige cum aqua in maſſam, quam exiccatam in reuerberio torre donec igneſcat, neque tamen fluat.

(Alij albumina ouorum præparant, vel ſimilia in mucores reſoluta, & fixa. Inuenitur aliquando ſilex candidus & perſpicuus in auri & ſtanni fodinis, ad opus iſtud non ineptus, qualem memini Slaccevvalda effoſſum. Fluores niſi figantur prius, aut ſaltem ingenioſè eliquentur, vix conducent, præſertim autem periculum fieri poterat in pyramidibus ſexangulis adamantem repræſentantibus, quas radios, Gtrahlen, vocant, &c.)

Tincturæ, quæ ſunt altera pars compoſitionis, è metallis extrahuntur, aut magiſteria calcium & liquorum in earum locum veniunt, nonnunquam etiam metalla integra miſcentur. Et ſi requiritur perſpicuitas, ita prius elaborantur vt tranſluceant, veluti cum calces metallorum ſoluuntur & filtrantur ad puriſſimum, &c. In alijs mineralibus potiſſimas habet hydrargyrus fixus, ſulphur fixum & ſimilia quæ propè ad metalla accedunt.

Conflaturus itaque gemmam primi modi, ſint in promptu colores metallici ingenioſè lecti & præparati ſecundum rationem gemmæ quam exprimere cupis. *(Imitamur autem potiſſimum nobiliſſimas, cum ignobiles operæ precium non exhibeant, & alias abundent, vel etiam nouam aliquam meditamur.)* Maſſa illa communis fundatur in catino, quem prius madefeceris aqua lotionis plumbi vſti, ne maſſa ita concreſcat illi vt vix poſſit abſtrahi, attende autem, vt tam diu in fluxu ſtet, dum planè depuretur, fiatque vndiquaque ſibi conformis, citra omnes bullas, vel veſicas, quæ poſſint gemmæ continuitatem lædere. Deinde adijce tincturas, ſeu colores metallicos debita pportione, & cum delicuerint, exactè permiſce. Sine tandē ſponte re-

Nota verò
ideò etiam
misceri de-
bere quia cò
lores graues
sundum pe-
tunt, Porta
*pracipit & *
etiã post tin
cturas inge-
stas per 6. ho
ra coquan-
tur, & mate
ria iterum
clarescat, si-
quidem ob-
nubiletur
iniecta colo-
rum.

frigerari. Gemmam exemtam expoli. Potes autem massas grandes paruas-
que fingere pro libitu. Si molliores sunt iusto, suspende eas super aqua fixatoria ad tempus suum, quo figantur & indurescant. Ea autem fit ex liquore talci, in quo tantum vitrioli solutum sit, quantum capere potest. Hæc v-
nà destillantur. Aqua ista vsurpatur. Vel etiam super primæ misturæ vaporem suspenduntur : aut ex aqua illa destillata cum farina hordei fit massa,
qua gemmæ factæ obducuntur, & in furno pistorio donec panis sit excoct⁹,
locantur. Si non sat duræ sunt ab vno opere, instituitur repetitio.

(*Destillant & fixatoriam ex talco, cadmia glebosa, vel lapidosa (ex qua fit*
orichalcum) alumine, vitriolo, ouorum albumine, calce ouorum, calce viua, gy-
pso, ferro, &c.)

Ita Rubinus fit ex massa illa, & plumbo vsto, minio, æris squama, cinabari.

(*Per massam intellige crystallum.*)

Vel : ℞ salis sodæ vncias quatuor, pulueris crystalli vncias tres, squamæ æris, (*vel florum*) semunciam, foliorum auri grana sex. Mista colliquē-
tur in catino clauso igne reuerberij. (*Plerumque vitraria fornaci inferuntur*)
vbi refrixêre exime.

(*Rubini frequentes sunt circa montem piniferum, vbi & auri vena. Con-*
sentaneum est principia auri ibi degenerare in hanc gemmam. Ex tinctura auri
rubea in liquorem seu oleum soluta, & crystalli liquore potissimum, non incommo-
dè fieri posse iudicauerim. Effoditur aliquando ex argentarijs scaptensulis vena
argenti rudis rubei tralucentis. Rubinum natiuum dicerem pellucidum. Exco-
quitur ex ea argentum, licet non pro quantitate. Putant sulphure pellucido fu-
isse mistam. Sed nil obstat quin fluoris tralucentis, sulphuris & hydrargyri mi-
stura partim corporalis partim spiritalis fuerit. Pellucet & mercurius cum sale

Porta. Vitri
libra, croci
rite sublimatus, qui si tingatur rubei sulphuris spiritu, eandem representabit faciem, &c.

Martis zij
minu tantil
Topasius conflatur ex croco Martis, minio & massa additis auri
lum seu vn
folijs.

cia z. prius
positio minio.
Smaragdus ex ære, croco Martis. & massa : vel ex sale alcali depurato,
crystallo, & flore æris colato : viret, in star segetis.

Est gemma
Viridis.
Sapphyrus è lazurio argenti & massa.

Porta pro ea
habet Vitrũ
(*Porta quandam Zapharam habet & vitrum, &c. Est terra quædam cæru-*
leo colore tingens vitrum.)

ex calce ar-
genti con-
Chrysolithus ex massa & ære.

flatum.
Li. 6. mag.
Gemmam Plinius vocat aurei coloris micantem. Cardanus vult esse vete-
cap. 4. & 5.
rum topaZium verum. Porta negat differre nisi maiore nitore. Itaque plusculum
Card. lib. 5.
æris addit ad misturam topaZij, vt aliquantulum vireat, & sic simulat chrysoli-
de subt.
thum.)

Hyacinthus ex coralio, massa & auri folijs.

(*Porta*

(*Porta pro eo habet vitrum plumbi.*)

Cyaneus lapis ex ære côbusto & massa. Debet aũt æs teri in exactissimum lęuorem: & quantitas sit prout dilutum colorem, vel spissum poscis.

(*Porta pro singulis libris vitri singulas drachmas satis esse ait.*)

Amethystus conficitur ex massæ libra, & terræ sydereæ quam manganesi vocat Porta, drachma. (*Cardanus ait ea tingi vitrum cæruleo, appellatq, manganensem.*)

(*Affinis his est carbunculus ementitus Porta, quem ita conflat: Quatuor auripigmenti uncias tritas in vase vitreo lutato, obstructoq, sublimat, donec iustã quantitatem in sublimi accrescentes pila acceperint, quæ tamen tandem decidunt, nisi caueas. Fracto vase auellitur cultro, quod adhæsit. Parua frusta possunt uniri, si frusto vitri liquefacto immisceantur, &c. Hanc compositionem non omninò iudicauerim absurdam. In auripigmento enim seminarium auri esse indicat Cai principis conatus, de quo Plinius refert, quod magnum eius pondus insserit excoqui, & fecerit aurum planè excellens. Preciosus itaque carbunculus fiet ex massa crystallina, auripigmenti tinctura extracta per sublimationem, & auri fermentum rubeum.*) Lib.33.ca.4.

Est & alia ratio huius conflaturæ, non multum differens à priore, quã quidã sic describit: calcis silicum impalpabilis partem vnam; minij de plumbo à sordibus pųrgati partes tres pone in catino ita vt non impleas ad summum. Consta arte vitraria, fietque rubinus. Si velis Topasium, adde folia auri, (*at non eadem temperatura*) atque ita si hyacinthum. Sin smaragdum, appone aliqd rasuræ chalybis (*æruginis*) si sapphirum, vel amethystum, aliquid de vero Lazurio. Funde in reuerberio absque fumo. Sine refrigescere, & poli.

(*Vix assequetur hæc nisi qui lapidum istorum naturam probe calleat, sitq in temperaturis & ignium modo exercitatus, &c.*)

Secundus modus comprobatus à Dornæo descriptus est in proprio tractatu, cuius summa ferè hæc est,

Calces metallorum sigillatim solue in aqua mercuriali: metallis autem accense & hydrargyrum: & quidem ad rubeas gemmas solutio hydrargyri corallini conducit, ad albas, crystallini. Itaque mercurius duas solutiones præbebit, cætera metalla quodq; vnam pro se. Solutiones singulorum filtratas sigillatim destilla in balneo vsque ad siccum. Destillati liquoris partes duas serua, tertiam fecibus à fundo abrasis & tritis redde, inq; phiola sepeli in fimo (*vel terra*) extante collo. Ea vocatur aqua terrea: (*quia scilicet mista est cum metallorum corpulentis liquoribus, & gemmarum etiam corpora figit.*) Duas partes puras, seorsim seruatas, in suo vitro ad aërem loca per annum, & caue ne quid violenti patiantur. Hæc aqua vocatur aërea. Sic habebis sex aquas metallorum terreas, & sex aëreas, præterea etiam ex mercurio duas terreas, & duas aëreas.

Ex

Ex aëreis gemmæ fiunt certa mistura cum terreis, vel etiam solis, Est enim duplex ratio.

Porrò fit tibi concha vitrea, vel globus sectus & complicatilis, constans ex duabus partibus inter se commissibilus. Huic infunde aquam terream seu fixatoriam eius metalli de cuius natura vis gemmam confingere. Impone ei cymbiola cærea, vt leuitate sua innatent per horæ quadrantem clauso vase; itaque combibant vim fixatoriam ab aqua. Hoc facto immitte in illas nauiculas particulam aquæ aëreæ eius metalli cuius erat & aqua fixa, iuxta magnitudinem quam experis. Si simplicem gemmam requiris, solam illam aquam impone; (*& tunc recidit operatio ad transmutationes*) sin ex varijs tincturis compositam; præmisce iuxta suam temperaturam, & postea impone. Iniecto liquore vas claude, & sinestare per aliquot horas, donec videris liquorem in cymbiolis coagulatum esse. Cognito hoc, aperi globum, & cymbia inuerte, ita vt gemma aquam fixatoriam tangat. Relinque in vmbra, quousque indurescat in lapidem.

Secundum hunc processum ex septem metallis lapis vnus componitur, si scilicet septem aëreas misceas & in cymbijs ponas, septem verò etiam terreas mistas in globo. Ita prima ratio misturæ ex solis aëreis constat.

Altera ratio miscet aëreas & terreas pro varietate gemmarum variè, vt:

Carbunculus fit ex mistura aquæ aëreæ solis, & eiusdem terreæ.

Adamas ex aerea & terrea Lunæ.

Sapphirus ex aerea lunæ, & terrea Iouis.

Smaragdus ex aerea Veneris, & terrea Lunæ.

Topazius ex aerea Martis, & terrea Solis.

Hyacinthus ex vtraque Martis, & terrea Solis.

Heliotropius ex vtraque Martis, terrea Lunæ, & aerea Veneris.

Alamandina ex vtraque Martis.

Pallax ex aerea & terrea Lunæ cum æquali terrea Solis.

Berillus ex Lunæ & Iouis aereis, addita terrea Lunæ.

Margarita ex vna parte vtriusque Iouis, & quinque partibus aereæ argenti.

(*Hæc ex Dornæo sunt extracta. Non tantum autem de aqua mercuriali soluente solicitus debes esse, sed & de aquarum legitima præparatione, & administratione. Liquores calcium metallicarum resoluti absque ignis vi vix in vitream consistentiam ducuntur. Cogita itaq; quanta vis debeat esse in inhumatione, & ad aerem collocatione, si res caret anigmatis. Infra docebitur de lapillis inhumatione emergentibus, &c.*

Cæterum iubet & Paracelsi. Mizaldi, &c: lusus parumper perstringere. Paracelsus facit Succinum ex albugine clara tincta croco.

Gagaten ex eadem & fuligine.

Tur-

Turcesium ex albo oui & ærugine.

Sapphyrum ex albo & lazureo.

Rubinum ex albumine & præsilio.

Amethystum ex eodem & colore purpura.

Alabastrum ex oui albo & cerussa.

Margaritas ita: Album oui exprimatur per spongiam. Addatur calx talci albissima, vel conchæ margaritiferæ, vel hydrargyri cum stanno coagulati & in alcool lauigati misceantur in spissam pultem. Siccentur ad calorem, formentur perlæ, formatæ perforentur seta, indurenturq̃. Foris illito albumine splendent.

Coralia ita parat: album oui & cinabaris terantur in marmore, siccentur, formenturq̃, rami, qui indurati illinantur oui muco. Sapphyrum etiam gignit ex oleo viridi vitrioli, & oleo argenti viui inter se coagulatis.

Mizaldus coralia fingit ex scobe cornu hirsini macerati in lixiuio fraxineo per dies quindecim, & postea admista aqua solutionis cinabaris. Hac lento igne coquit ad spissamentũ, formatq̃ coraliorum ramos, quos siccatos albo oui perlinit. Margaritas fabrefacit ex testis concharum fluuiatilium, vel margaritiferis coctis in lixiuio donec cortex niger secedat. Splendens pars lauigata cum rore Maio destillato in margaritas conformatur, quæ apricando siccantur. Si non splendent, oui albo illinuntur.

Idem succinum nothum conficit ex crystalli lauigati puluere aqua ouorum, & croco commistis, quam misturam vesica vel vitro coquitur in aqua feruente ad duriciem; postea expolitur.

Tandem solent etiam ex paruis gemmis, vel fragmentis fieri magnæ per resolutionem in pultes & commistionem. Fragmenta vel paruæ gemmæ soluantur aceto radicato, in quo sit solutus sal proprius & vnà destillatus ad purissimum. Solutio in modiolos inijcitur & comprimitur data figura pro libitu. Suspenditur postea gemma illa super aqua albuminis, & figitur eius vapore. Si colores libet addere, solutæ calces metallorum instillantur.

Tract. I. Capvt XXXVI.

De compositione aliorum quorundam ex varijs mineralibus, &c.

Nvllum penè finem sibi inuenit misturarum è mineralibus præportio. Post metalla tamen & gemmas non ultimum locum obtinent colores quidam & similia; veluti Scyricum Plinij, ærugo scolecia, & huiusmodi. Postea etiam Smaltum nuncupatum, Lazurium mistum, Vltramarinum, purpurina, Rosagallum, violetum, & si quæ sunt alia huius generis in picturis frequentissima: quanquam & tincturis chymicis quædam, nonnulla item medicinæ inseruiant.

dd   Tradit

Lib.35.ca.6. Tradit Plinius Syricum olim factum esse ex rubrica sinopide, & sandice mistis. Ita & psoricum fiebat ex chalcitide & cadmia fornacum, paribus vel imparibus portionibus adiecto aceto vel vino tritis. Mistura ad solem torretur aestuosum, vel in simo per mensem, 40. dierum relicta, post reuerberatur vsque dum rubescat.

Dios.li. 5.ca.
45.
Pli.li.34.ca.
12. Æruginem Scoleciam Dioscor. ita componit: In mortario, inquit, cyprio dimidiam heminam aceti albi acrisque pistillo cyprio conterito, donec strigmenti crassitudinem imitetur. Deinde aluminis rotundi drachmam vnam cum salis fossilis translucentis, aut marini quàm albissimi, solidíque aut certè cum nitri pari pondere terito in sole aestuosissimis dieb⁹ sub sydus caniculæ, donec colorem æruginis contrahat & concretu strigmentosum fiat. Vbi autem se in vermiculorum Rhodiacis similium speciem coëgerit, recondito.

Santerna
ad seruilia
relata est. *(Huiusmodi compositiones videntur quidem vulgaris artis esse, & nihil ad chymiam attinere; neque verò etiam sunt huius loci, si nulla industria, vel enchiria chymica fiant. Adducta verò sunt tum vt exemplorum loco sint, tum quia facili mutatione per artificia alchymica confici possunt, atque etiam ex magisterijs purè fieri debent, veluti sinopidem & sandycem facile miscuerit vel quiuis, sed hic artis ministeria sunt adhibenda primum in depurandis istis per lotiones, reuerberationes & alia cuique congrua; deinde mistio ita instituenda est, vt alterum solutum in alterum penitus ingrediatur, eoq, imbibatur, seu nutriatur, vt loquuntur artifices. Inde siccata summè laeuigantur. Alias non mistio foret, sed appositio. Ita accipienda res est etiam de scolecia, & similibus.)*

Smaltum, quod & encaustum & terram Saracenicam appellant, mistura quaedam est ex massa gemmaria (*è silice vel crystallo facta vt suprà*) immistis coloribus, consistentia vitri adiaphani & tincti, cuius vsus est ad ornandum aurum potissimum. Nonnunquam conficitur ex albumine, chalcantho, sale alcali & vitro. Sed variæ sunt miscendi rationes.

Lacteum smaltum ita iubent comparare: Calcis plumbi pars vna, calcis stanni duæ; vitri duplum. In reuerberio fundantur, cumq; benè fluunt spatha ferrea exactè permisceantur.

Nigrum tale est: Libra crystalli, coloris purpurei, & lazurei singulæ drachmæ. Componantur per fusionem, & ingestionem.

Viride: crystalli pars vna, æris vsti dimidia, aut etiam florum æris.

Rubeum: crocus Martis, & crystallus.

Smaltum amethystinum parant ex purpura & crystallo.

Ita Porta docet smaltum rosei coloris concinnare, quod Rosaclerum dicit nominari.

Vnam minij & crystalli decem partes colliquant, commiscent spatha, & exemta in aquam praecipitant, idq; ter repetunt. Additis calce æris, cinabari, vitróque stanneo, per confusionem fit massa rosea.

Miscent

Miscent & plura smaltha in vnum varicolor, cui misturæ non raró vitrum circumfundunt.

Vicina his est vitrorum conflandorum, præsertim cum suis tincturis, ratio. Fiunt enim & ipsa plæraque ex pluribus commistis, vt lapide arenario certi generis, vel glarea vitrea, silice, crystallo, additis cineribus, sale alcali, magnete & alijs, veluti: ⁊ pulueris lapidis vitrarij, vel sabuli partes duas, salis alicuius (*vt nitri, salis comm. &c.*) partem vnam. Mistis adde particulam magnetis purgandi gratia. *Vel:* vna pars arenæ vitrariæ duplo cineris querni aut fagini cum pauco sale muriæ & particula magnetis commiscetur. *Vel:* crystalli triti duplum, salis alcali pars vna, cum pauco magnete pro materia vitri est, quæ in fornace funditur & repurgatur, post in alia recoquitur. Ita possunt calces metallorum commisceri, inque vitra metallica composita conflari, quæ adiecto vitro stibiato etiam vim purgantem acquirere possint, si infundatur liquor per certum tempus.

Lazurium mistum sit hoc artificio.

Lazurium vulgare officinarum eum aceto tere in pastam. Hanc illine argenti lamellis. Pone super olla plena vrina, quam collocaueris in cineribus calentibus, vel prunis. Ita miscetur factitium natiuo. *Mizaldus.*

Fit & in hunc modum: salis ammonij tres vnciæ, æruginis vnciæ sex. Trita cum aqua tartari commiscentur in pastam, quam inclusam phiolæ sepeli in fimo per octiduum, & fit color cyaneus.

(*Vicina hæ compositiones sunt colorationis magisterio. Aliàs de laZurino verè composito dictum supra est cap. 34.*)

Vltramarinum Alexij tale est: calcis argenti per aquam fortem factæ vncia; salis ammonij vnciæ duæ cum dimidia; aceti quantum satis. Miscentur. Quiete sedimentum expectatur, quod effuso aceto digeritur per dimidium mensem.

(*Et hoc fit potius alteratione. Nominant Indicum, quod aliàs est color quidam ex India limo adhærescente arundinum spuma, inquit Plinius, quod nigrū est cum teritur; at in diluendo misturam purpurá caruleiq; mirabilem reddit. Aliud faciunt tinctores ex flore nigro adhærescente ære in cortinis.*)

Purpurina color quidam aureus est, picturis scripturæque aptus, & fit secundum Alexium ita: Stanni fusi libræ immisce hydrargyri vncias octo, salis ammonij & sulphuris item singulas libras. Misturam tere in mortario ligneo vel lapideo. In catino vel cucurbita lutata in fornace pone & coque per gradus ignis, agitaque subinde cum baculo, donec flauescat. Exemtam laua, tereque in lixiuio vel vrina adiecto pauco croco. Lotio fit ita: agita eam digito, & probè macera. Postea imple vas vrina vel lixiuio, & sine subsidere. Liquorem muta, & macera iterum donec euadat pura. Abstracto humore crocum immisce.

Nonnihil variat Cardani defcriptio, quæ eft: plumbo albo foliato fe-
libræ pondere mifce tantundem hydrargyri. Poftea falis ammonij, & fulphuris quartas fingulas. Fiat maſſa, quam deftilla vafe vitreo. In imo eft
purpurina aurei coloris.

(Phlegma educendum eſt, & fi non refpondet color, refunde id, macera &
iterum abſtrahe.)

Huius loci eft & rofagallum dictum, quod fit ex arfenico & auripigmento confufis, & in tabulas redactis. *(Baccius rofagallum nominat rubrũ*
arſenicum ex arſenici materia vehementius ignita factum. Alij riſam galli ſcri-
bunt.) Alij vnà fublimant.

Ita variæ mifturæ fiunt ex fuccis vegetalium & terris lutove minerali;
veluti violetum ex decocto violarum purpurearum aridarum in cretam in-
fuſo. Purpuriſſum olim fecerunt ex creta argentea fucco purpurarum
potata. Indicum adulterarunt creta Selinuſia vero Indico nutrita. Plinius
etiam Sil ita confici tradit, inquiens, tinguitur omne Sil & in fua coquitur
herba, bibitque fuccum.

Inuentum Chymicum eft & puluis pyroticus ad cuius imitationem
plura alia ars excogitauit. Eius defcriptionem exhibuit Porta: falis nitri à
fale repurgati, item à pinguedine & terreis partibus liberati libræ quatuor,
fulphuris, carbonum falicis vel tiliæ, fingulæ libræ. Tufa, & per cribrum
excuſſa, commifcentur granulanturque. Validior efficitur aucto fale petrę,
vel fi maceretur in aceto & reficcetur.   \

Ignem Græcum olim concinnarunt ferè fimiliter: falignus carbo, fal
petræ, aqua ardens, fulphur, pix, thus, caphura, filamenta lanæ mollis, cõ-
mifcentur, recenfente Porta.

Eft & lapis vomens ignem fputo vel gutta frigidæ iniecta. Magneti
mifcent libras quatuor picis, fulphuris vnam. In olla vitrata luto munita leuiter die primò funduntur, fecundò ignis augetur, tertiò reuerberatur vt
excandefcat maſſa, quæ fponte refrigerata vfurpatur.   /

Componunt & faces vento inextinctas è fulphure, cera, colophonia,
ellychnioq; quod fit coctum in aqua ardente folutionis nitri.

Omninò compoſitionum talium eft infinita varietas, & plæręque fiunt ex puluere pyrio, fulphure, naptha, oleis fubtiliſſimis, colophonia, caphura, aqua ardente, calce viua, cera, pice, falenitri, carbone, terebinthina, bitumine, gagate, fuccino, ftercore columbino, adipibus, maftiche,
thure, vernice, maltha, limo, piſſafphalto, &c. è quibus bituminoſa etiam
fub aquis ardent.

Medici Chymici in pharmacopœia fua etiam illas vulgatas mi-
ſturas huic loco debent, quales funt fachara miſta, vnguenta, &c.

TRA-

Tract. I. Caput XXXVII.
De magisterio miſtionis liquidorum.

Commiſcentur præterea etiam res liquidæ per artificia Chymica admodum varie:ex quo genere præclara ſunt quæ ex melle, ſaccharo, aceto, vino, aqua muria, &c. fiunt, vnde apud veteres, atq; etiamnum plęraq; hodie œnomeli, melicratum, oxymeli, oxyſachara, oxalme, & his affinia.

OEnomeli ita Dioſcorides deſcripſit: Duabus vini veteris auſteríque metretis miſcetur vna mellis, vel ſex muſti, mellis vna. Confunduntur, coquuntur, deſpumantur. Cognatum huic eſt melitites ex quinque partibus muſti, vna mellis, & ſalis cyatho, qui paulatim inter coquendum inſpergitur. Si vinum ſit ex vuis acerbis, & triplo addatur mel ſimplum, omphacomeli appellant.

Melicratum fit ex vna mellis, & duabus, vel octo aquæ. Coquuntur ferè ad abſumtam tertiam.

Melicratum vocant quidam recentem miſturam, que verò cum fermento & aromatis confecta eſt, & ferueſcendo inſtar muſti repurgata, mulſum, ſeu hydromeli.

Oxymeli ſic eſt: Quinque heminæ aceti, pondo ſalis marini, decem mellis, aquæ ſextarij quinque coquuntur vt decies ebulliant, & deſpumantur.

Vel: Mellis duæ, fontanæ quatuor, aceti vna: aqua cum melle coquitur & deſpumatur, inde addito aceto coquitur ad perfectionem.

Eſt & alia proportio miſturæ, ſi mellis libræ quatuor, aceti è vino & aqua binæ, acetum ſcylliticum, quod oxymel appellant ſcylliticum, ita fit: Seſcuplum mellis coquitur cum aceto ſcyllitico.

Porta talem dedit deſcriptionem: Nouem aqua dolia, viginti libræ mellis, coquuntur in ahenis ſtannatis, ſinuntur diu feruere, & agitantur ligneis rudiculis. Spuma tolluntur ſcopis, adijciuntur duæ libra tartari rubri, coquuntur donec ſoluantur, poſtea admiſcetur pars octaua dolij aceti, & tandem duo vini optimi dolia. Sinuntur reſidere, & tandem colantur.

Libra ſacchari, bes ſucci granati, triens aceti, cocta ad ſpiſſitudinem ſyrupi, oxyſacharam conſtituunt, ſicut acetoſum ſimplicem facit miſtura aceti librarum trium & quinque ſachari per coctionem vnitorum, &c. Ita tres aquæ, duæ ſachari hydroſachar præbent, leui coctione debitè inſpiſſata.

Tales miſturæ non rarò aromatibus alterantur, & pro aquis ſimplicibus ſumuntur deſtillatæ, vt in iulepis. Illo modo fiunt potiones Hippocraticæ, Claretæ, &c. maceratis coctisue aromatis in vino, cui poſtea additur ſacharum, & incoquitur filtraturá.

Acidam muriam ſeu oxalmen faciunt ex ſolutione ſalis & aceto, co-

cta ad

cta ad iuſtam ſpiſſitudinem depurantur per filtrum. Si mel accedit, mellaci-
da muria vocatur.

Thalaſſomeli veteres ex æquo melle, aqua marina & pluuia, vel dupla
marina, melle ſimplo conficiebant, &c.

*Chymici non ſunt frequentes in eiuſmodi compoſitionibus, niſi cùm eſſentiae
ſuas pro vſu miſcent liquoribus integris, vel etiam extractis. Seruit interdum haec
confuſio eſſentiarum extractionibus, &c.*

Affinia his ſunt quæ ignibus aut humoribus ſoluta confunduntur è
genere vegetalium maximè, vt pinguedines, pices, & ſimilia: ita cùm ſales
quoque raphano ſoluti, & in muriam redacti commiſcentur, &c.

Tract. I. Capvt XXXVIII.

De magiſterio appoſitionis ſeu ferruminationis.

Magiſterium compoſitionis per appoſitionem eſt, cùm abſq; totorum
commiſtione res extremis duntaxat vniuntur.

Itaque huius vſus eſt in incremento dando, fractis diſtractiſue reſtitu-
endis, inducendo alterum alteri copulando, & ſimilibus.

Fit iſtud ſæpius quidem interuentu glutini ſeu ferruminis: Non raró
tamen etiam fit extremorum colliquatio, attractio & ſimilia.

Ita valorum fractorum partes non raró glutinat Chymicus per empla-
ſticas illitiones, vbi colliquefactio locum non habet. Extremitates fiſtularũ
nonnũquam etiam colliquat, aut arctiſſimè comprimit, vt in ſignatura Hermetica vitrorum. Sed multiplex eſt talium varietas. Præſtantes ſunt metallorum conglutinationes, inaurationes, inargentationes, gemmarum iunctu-
ræ, & ſimilia.

Conglutinantur partes aureæ vel argenteæ, eædem vel diuerſæ, per
boracem, Chryſocollam, & ſimilia, ita vt committantur extremitates arctè,
ijſq; aſſeminetur ſcobs vel ramenta, aut particulæ metalli ſui, poſtea fluxus
circum ponatur. Prunis adhibitis ſcobe fluente iunguntur.

*Plinius aurum argentoſum ferruminari ait per ſanternam, auro & ſeptima
parte argenti, additis vnáq́, conuitis, ſignumq́, eſſe ſi addita ſanterna niteſcat. Ae-
roſum verò dicit ſe contrahere, hebetariáq́, & difficulter ferruminari &c.*

Ferri partes diuerſæ glutino cupri ſolidantur aſperſo vitro trito, vel ſimili fluxu.

Vel. Cupro liquato immiſce ſeſcuplum arſenici albi vel alterius fluxus,
& hoc glutine ferrumina ferrum, aut cuprum. Potes & ferrum frigidè vnire
per fluxum potentialis ignis, qui humore madefactus feruet, & ferri extrema iuncta colliquat.

Orichalcum integratur miſtura boracis & limatæ ſcobis orichaleeæ.

Plumbi extrema committuntur oleo, vel alio pingui, cum ſtanno. Stannum item oleo.

Plinius: *Iungi inter se plumbum nigrum sine albo non potest, nec hoc ei sine* Lib.34.c.16.
oleo, ac ne album quidem secum sine nigro.

Inaurantur metalla, ligna, vitra, coria, &c. Metalla potissimum per a-
malgama. Ex hydrargyro & foliis auri fit malagma: id inducitur argento quá
subtilissimè, & vase calefacto atctè illinitur pectiturque, vbi hæret, dissipatur diuaporatione hydrargyrus, & color illustratur.

Apud Agricolam triplex est argenti inaurandi ratio: 1. cùm bractea tenuis tenui per malleum iungitur: 2. cùm auro argentum suppositum vnà di-
latatur: 3. cùm vni parti auri concisi iunguntur sex argenti viui, & factum a-
malgama inducitur per instrumentum ferreum. Sed oportet argentum prius candefactum restingui in aqua decoctionis tartari & salis, deinde filis ori-
chalceis colligatis emundare, iterumq; ad ignem calefieri & exhalare.

Nonnulli oui albo, & similibus vtuntur.

Ferrum inauratur vel candenti imponendo folia, & cum læui hæmati-
te æquando impingendoq;, vel inducendo malagma, ita tamen vt locus vel
aqua forti extergeatur prius, vel tali mistura: Tartari vncia, salis ammonij,
æruginis singulæ semunciæ, salis communis parum, coque ex vino albo, &
illine per setaceum ferro polito, postea induc amalgama, resiccato.

Vitris, pergamenis, &c solet viscidus liquor præsupponi, vt ex minio
diluto cum aqua gummata, &c.

Cuprum inargentatur ita: Tartarum, alumen & salem in alcool redige, adde folia argenti vnum atque alterum: infunde in ollam vitratam, affu-
faq; aqua cuprum iniice, & sine aliquando. Depecte postea diligenter cum
scopis ferreis.

Agric.eadē
habet, sed
prafracta:
lubet tarta-
rum, alumē
& salē trita
cum argentī
foliū in cote
terere, in ol-
la lithargy-
ro vel liqua-
to plumbo il
lata ponere,
aqua affun-
dere, vna ar-
gentandum
immittere,
vnà cale-
facere, &
postea pecte-
re.

Cardanus ita: *Ollam argenti spuma illine, inde argenti bracteas tennes cum
alumine, sale & fece vini in arida cote tere, & in vas cōijce, ignibus eliquata effunde in aquam. Quod argentare cupis, aceto in quo sal ammonius sit solutus, laua sedulò, postea argento viuo vel albo plumba illito, adde massam predictam in aqua.
Argentum vuum vel plumbum ignibus diuapora.*

Cuprum aut ferrum &c. stanno argentoúe inducitur, si prius maceretur
acida muria ad calorem, vt fiat purum, postea affricatur pix flaua, & stannum
liquatum infundendo inducitur, extergetur tandem stuppa canabina.

Qui sumtuosius oblinunt, eluunt ferrum, æs vel orichalcum, aceto solutionis salis ammoniaci factitij. Mox in argentum, vel stannum, vel plumbum candidum liquefactum immittunt, & breui mora obducuntur. Fabri
ferrarij sebum addunt liquato albo plumbo, & ferrum duntaxat politum
immittunt. (*Alij inducunt stannum per ferrum candens: & picem harente stanno diuaporant.*)

Vitra inaurantur si locus prius obungatur aqua forti boracis, & post imponatur aurum, vitrumq; arena impletum super ferrea tabula vratur: alij a-
qua gummata, addito pauco oleo lini idem faciunt.

Lapi-

Lapides inter se conglutinantur ferrumine ex calce, gypso, squama ferri, vrina, vernice, glutino taurino, similibosúe commistis, & nonnúquam coaceruantur plura.

Testæ ollarum, & fracturæ etiam ferruminantur vehementi fusione, allitæ pastæ ex ferri squama, vitro trito, ære, cum muria vel vrina mistis, &c. Reliqua sunt vulgaris notitiæ.

Huius loci est glutinatio arenarum per resinam vel vernicem, vnde fit lapis cui includere per iocum solent (*nonnunquam etiam seria res est*) nummismata, literas, &c.

Lapis tunditur in mortario in pollinem, miscetur albumine, oleo lini, & vernice seu gummi iunip. & fit durior, si multum gummi additur, citius concrescit & siccatur, si multum albuminis.   Agricola.

Mastix & Tragacantha glutinant testas ouorum & chartulas etiam indeprehensa machinatione.

Vnde docent Itali fallere signa, & oua integra venenare, &c.

Compinguntur & tabulæ gemmarum, vt fiat, quas dupletas nuncupant. In locum verarum successerunt simulachra quædam, ex tabulis crystallinis colore sublito.

Cùm vere gemmæ tabula est, vt Balagij, &c. fundamentum è secto politóque crystallo conficitur, ea arte vt sibi respondeant, postea mastichis granum in cuspide cultelli liquefit, vt sit instar lucidissimæ margaritæ. Imponitur crystallo, & statim tabula adaptatur imprimiturque, & sic conglutinantur citra perspicuitatis iacturam.

Simulachra verò fiunt ex vtraque parte crystallina, adiecta tinctura quam volumus, veluti Smaragdina dupleta: Recipe mastichis, æris florum, seu æruginis subtilissimè leuigatæ, olei q. s. adde ceram paucam, commisce, síque opus est, adijce aquam. Hac mistura tabulam agglutina fundamento, & foris circa commissuras laterales appone eandem, vt lacunæ expleantur.

Agricola: Carbunculum præstantissimum faciunt ex carbunculo carchedonio, & crystallo illo superiore, hoc inferiore interlita tinctura. Plinius ait, Sardonychen è ceraunijs glutinari gemmis. Quidam perforantur & implentur cinabari, &c.

Rubini dupleta ita fit : Gummi arab. alum. sacharini, aluminis rupei, singulæ partes coquuntur in aqua communi, addita aliquantula portione vercini minutim incisi, & aluminis catini q. s. (*ne multum sumas, nam color alias obscurabitur*) Hac mistura tinge lachrymam mastichis. Fundamentum in pala ferrea calefacito. Mastichen solutam ad ignem, ei impone, & applica tabulam calidam. Commissuræ lacunas explo.

Ad imitationem harum fiunt & aliæ ita tincta mastiche, vt requirit gemma. Cùm includuntur capsulis annulorum, poculorum, &c. subiiciuntur cur bracteæ metallicæ ex argento albiue, quæ nonnunquam certo colore imbuuntur. Inde resplendet gemma illustrios, vt lux item in rubino quasi scintillet modo, modo velut opaca sit, pro diuersa receptione luminis, fundamento in parte inferiore ad quatuor latera lacunæ insculpuntur, sed citra perspicuitatis damnum.

Porrò ad glutinationis magisterium pertinet etiam granorum argenti rudis plumbei, absq; coloris iactura compactio, quæ fit per salem ammoniū, nitrum, boracem, & similes fluxus, quod ad ornamenta, & ostentationem artis videtur pertinere, & nonnunquam eiusmodi massæ etiam signantur.

TRACT. I. CAP. XXXIX.
De compositionibus seruilibus.

COmpositiones seruiles sunt, quæ variis artis operibus ministrant, hoc potissimum fine institutæ, vt illis inseruiant.

Ministratoriam functionem habent quidem etiam alia interdum, siue magisteria, siue extracta, sed hic non est finis eorum principalis, & potissimū etiam in se sunt simplicia. Itaq; in suo manent loco. Huc pertinent mera seruitia, eaq; Chymica, quæ compositione fiunt è corporibus integris quidem at magisterio suo præparatis, in quo genere sunt illa frequentiora, Lutum sapientiæ, ferrumina fracturarum & iuncturarum, fluxus, cementa, coloritia, &c.

LVTVM SAPIENTIÆ VARIVM.

Hoc potissimum fit ad loricanda vasa vitrea, incrustandasq; fornaces, aut etiam compingendas earum partes, & commissuras claudendas.

Varia constat contemperatione.

Ad ignes mediocres: Fimus equi elutus (*vel etiam coquendo despumatus siccatusq;*) lutum pingue fornacarium, tomentum & muria: subigantur.

Vel: Argilla, fimus asini, tomentum, farina, albumen oui, cereuisia, &c.

Vel: Argilla, tomentum, equi stercus siccum, puluis vitri, aqua salsa.

Ad vitra validum ignem expertura: Argilla, lutum fornacarium pingue, vitri farina, squama ferri, arena vitraria, &c.   *Vel:*

Argilla, cinis ossium, scobs ferri, sal vulgaris, cerussa, cinis clauellatus, calx, farina laterum, subacta omnia aut plæraque cum muria.

Lutum tenax: Figulina pinguis, sanguis draconis paucus, tertia boli, calcis viuæ subduplum ad argillam, glutinis vulgaris, q. s. oui album, sanguis tauri, tertia pars tomenti.   *Vel:*

Farinæ laterum, squamæ ferri, arenæ subtilissimæ, singulæ libræ, argillæ pinguis libræ tres. His commistis ingere tomenti libram, & cum ferreo baculo bene subige.

ee   Lutum

Lutum in aqua durans: Album oui redige in aquam quassando, & saepe exprimendo per spongiam. Misce ei vnciam polentae, (*pollinis*) Boli armeni, sanguinis draconis singula didrachma, medullae casei abiecto cortice vnciam: muriae q. s. Fiat mistura liquidior, quae excepta linteis inducitur & siccatur in vase.

G. Anton. Guerthaeus vernicem liquidum miscet cum calce, & cerussa conterendo calidè in lapide, quae mistura non admittit aquam.

Lutum pro incrustandis intus fornacibus probatorijs, & similibus: Luti non pinguis valdè, siccati & cribrati partes sex: tomenti, arenae minutae semel tusae ana partes tres, scobis ferreae vnam cum dimidia, argillae pinguis dimidiam, tantundem fimi equini despumati, aquae q. s. Misce & subige cum ferrea fuste.

Ad testas, seu catillos fictiles: Pinguis argillae elutae, & siccatae partem vnam, Ipseae Bauaricae (*vel pulueris catinorum fractorum*) mediam, silicis triti, vitri triti singulas octauas. Tusas per cribrum vnà traijce & commisce, iterumq; cribra, & addita aqua lutum ad testas finge.

Fit & compositio peculiaris ad catinos fornacum metallicarum. Terra enim seu lutum fuste ferrea probè subactũ, miscetur cum farina carbonum, excussa per cribrum, cogiturq; in massam cum humore.

Ad crusibula: Cineris clauellati diligenter eluti libras triginta duas: ciossium vncias sex, argillae praeparatae vncias tres. Mistas pulueratasq; per sacculum excute, subige cum fluuiali: Alij optimos faciunt cinereos catinos ex cinere scobis, è coriis detracta, & cornu ceruino vsto.

FERRVMINA COMMISSVRARVM ET
rupturarum.

Maltha aliàs vocantur.

Cretae, farinae triticeae, vitri Veneti, singulae vnciae, farinae laterum, semuncia, tomenti è panno cotoneo parum, albuminis q. s. Fiat pasta quae inducitur per pannum. Conducit in destillatione spirituum acrium.

Vel: Lithargyri, pollinis vitri ana libram vnam, farinae tritici lib. ij. conterantur, misceanturque oui albo. In madido panno illita puls imponitur commissuris, & vbi siccata fuerit, iterum illinitur foris.

Ad orificia obstruenda fac pultem ex aequis boracis, vitri Veneti, & carabes cum aqua calida, conterendo minutissimè: impone orificio vitri laminam vitream vt tegatur. Alline pultem, admotaque pruna sufla ore, & colliquescet.

Leuior mistura est ex farina adorea, & oui albo, quae inducitur per chartas, lintea, vesicarum taenias, &c. vel etiam illis splenium è vesica bubula imponitur.

Vel: Minij, farinae vitrariae, an. q. s. subige cum gummi iuniperi, & pauco oleo lini, vt fiat puls, quae inducenda est rimis per lintea, & postea ad solem siccanda, (*In aquis fortibus vsurpatur.*) *Vel*:

Vel: Vernix liquid. bolus & cerussa.

Vel: Vernix liquid. & aerugo.

Vel: Minium, cerussa, calx viua, vernix scriptorius, & ouorum albumen.

Vel: Alcool lithargyri, & vitri singulae librae, farinae tritici librae duae, oui album q.s. Fiat puls mollis linteis inducenda.

Maltha metallicorum ad fissuras catinorum in fornacibus, fit ex calce viua, sanguine bubulo, & polline.

Maltha ad aquaeductus & viuaria conficiebatur olim ex calce viua vino restincta & tusa cum adipe suillo, & ficu vel pice.

Lithocolla ex puluere marmoris & glutine taurino, vel puluere lapidis ferruminandi, & taurino glutine, addito albumine vel pice interdum.

Lithocolla gemmariorum ex puluere laterum & pice.

Maltha ad cortinas saxeas fit ex calce viua vino restincta, ferri squamis & vmbilicis tusis, & oleo albuminibusque mistis.

Fornacum commissurae solidantur mistura ex gypso, squama ferri, limatura ferri, farina laterum, vrina. Trita illa cum hac misceantur in pastam liquidiorem.

Vel: Limus, fimus equi, tomentum, palea, charta, scobs ferri, gypsum.

CERAE OBTVRATORIAE.

Colophonia, cera, resina: misceantur.

Vel: Vernix liquidus, & pix.

Vel: Cera noua, colophonia, mastix, thus: colliquantur, & immiscetur farina laterum.

Vel: Sulphur, pix, cerussa.

Vel: Cera & lacca.

Vel: Propolis, mel, cerussa, resina.

Vel: Pix per stramen fusa, cera per stramen fusa dupla. Commisceantur.

Vel: Cerae, resinae, ana vncias septem, Terebinthi vncias duas, drachmas duas, solue & misce ad ignem.   Haec inseruit inferendis surculis, tegendisque.

FLVXVS COMPOSITI.

Ad nobilia metalla: Lithargyri partes duae, silicis albi tusi pars vna. Fundantur ad ignem in catino, in imo regulus erit, in summo scoriae, quas detrahe, puluera & vsurpa, praesertim in explorationibus exactis: nihil enim rapiunt.

Nota interdum, si tenera sunt metalla aut vena, quod scobs ferri addenda sit, ne consumatur illorum substantia, sed vis fluxus in hanc vertatur.

Vel: Cineris clauellati, calcis viuæ, salis, absynthij, vrinæ, singulæ partes. Tartari, salis petræ, dimidiæ singulæ. Tusa coquantur cum aqua in aheno, sedimento facto aqua effundatur in vas peculiare. Illud insternatur colo lixiuiali. Aqua prior affundatur traijciaturque sexies. Coaguletur in lapidem, in sicco seruandum. Facit potissimum ad auri grana rudia examinanda,

Vel: Salis petræ, tartari, partes quaternæ, boracis duæ, misceantur trita. *Vel:*

Boracis vna, salis nitri calcinati, salis vulgaris binæ, Tartari tres, misceantur. *Vel:*

Tartari duæ, nitri vna in olla imposita pruna incendantur & conflagrent. Tere cùm adhuc parumper calent, & serua : cùm vti voles, impone momentum salis vulgati.

Ad ignobilia metalla, aut venas: Sal fusus, borax, sal petræ, fel vitri album : misce.

Alius : Salis nitri quatuor, sulphuris duæ, Tartari vna : misceantur.

Vel: Stibij triens, fellis vitri, & salis singulæ vnciæ, tres partes huius misturæ vni metallorum iunguntur.

Vel: Fluorum mineralium, scoriarum eiusdem metalli, arsenici, sulphuris, nitri, &c.

Horum pars vna, illis pluribus commiscetur, addita farina carbonum dupla. Ita eliquantur venæ contumaces.

Vide tamen diligenter vbi sulphur & arsenicum locum habeant, nam valde sunt furacia.

Fluxus qui vino vel aqua madefactus efferuescit, vtilis ad ferri partes vniendas.

Salis ammonij, salis vulgaris calcinati, æris caldarij seu stanni, singulæ vnciæ, stibij vnciæ tres : trita includantur panno instar pilæ. Foris eam lorica luto ad digiti crassitiem : sicca, include globo figulino, & ad ignem teuerbera primò lenem, postea auctum, vsq; dum excandescat globus. Exemtam materiam tere.

COMPOSITIONES BORACIS.

Aurifabrorum ingenia ad ferruminandum aurum, argentumúe, varias inuenerunt chrysocollas, quas boraces appellant, quorum qui per congelationem fiunt, suo capite in essentiis exponuntur. Huc tales compositiones referri possunt.

Alu-

Alumen, & fal petræ foluuntur aqua, folutiones commifcentur, & coagulantur. Coagulo adduntur liquores oleofi.   *Vel:*

Amylum, maſtix, euphorbium, coquuntur vnà ad ſpiſſitudinem ex vino. Digeruntur in fimo ad maſſam. (*Vetus compoſitio eſt: amyli, maſtichis an. p. j. euphorbij p. ij. Puluerata coquantur in lacte ad ſpiſſum. Hoc in pelicano in fimo ponatur per menſem vel diutius donec fiat borax. Ex libro Herdenij.*)

Vel: Lixiuium tartari filtratum, mifce fale communi, & coagula.

Vel: ℞ falis ammonij, falis nitri, calcis tartari fingulas vncias, gummi Arabum, falis communis binas vncias, maſtichis, aluminis rochæ fingulas femuncias. Pululeratas infunde vrina, coque & coagula. —

Lib. 33. ca. 5.

Huius loci eſt Plinij Santerna feu chryfocolla notha, ex Cypria ærugine, nitro & vrina pueri, quæ teruntur in mortario Cyprio, piſtillo eiufdem generis ad craſſitiem.

(*Eſt quædam compoſitio item apud Plinium ad aurum lignis glutinandum, quam appellat Leucophorum, & fit ex finopidis pontica felibra, filis lucidi libris decem, melinæ Gracienſis duabus, quæ mifcentur inter fe & teruntur per dies duodecim.*)

CEMENTA ET COLORITIA MISTA.

Cementa miſta ad cementanda metalla, pro varijs fcopis fiunt varia, forma pulueris, vel pultis; & regalia vocantur quæ faltem ammonium habent, tantumque auro parcunt, cætera abfumunt. Huius defcriptio eſt huiufmodi:

Æruginis femuncia, vitrioli Romani, falis ammonij, nitri, farinæ laterum fingula didrachma. Mifceantur, fiat puluis, vel cum aceto paſta, &c.

Vel: Salis ammonij, florum æris, vitrioli Rom. finguli quadrantes, boli armeni duæ vnciæ, capitis mortui de aqua forti vncia. Fiat paſta ex puluerratis cum vrina. Adhibetur etiam pro auri coloritio.   *Vel:*

Puluis laterum, vitriolum Romanum, fal vulgi, ærugo, fal ammonius, acetum ſtillatitium. Hæc per folutiones, filtrationes, coagulationes, depurato fummo ſtudio; vitriolum etiam calcinatum, commifcentur.

Aliter: Vitrioli, aluminis, falis petræ, fulphuris viui, fingulæ libræ. Salis ammonij felibra. Contrita coquuntur in lixiuio parato ex cinerum, calcis viuæ fingulis partibus, cineris fagini quadruplo: cum aqua, Cocta defpumantur, & coagulantur in lapidem.

Cementi regalis vim affequitur etiam hoc: pulueris plumbi vncia, fulphuris vini, falis petræ, fingulæ femunciæ, arfenici crudi, falis communis binæ vnciæ. Mifceantur.   Horum vfus eſt ad feparanda metalla inconſtantia à fixis, fed cum interitu plærumque illorum. Ita etiam fpectantur & explorantur perfecta.

Cementum mitius ad argentum: falis communis vncias octo, vitrioli

Romani vnciæ fex, calcis viuæ vnciæ octo, limati chalybis fefcuncia. Fiat puluis.

Vel: Ol. fulphuris, ol. antimon. olei croci Martis, ol. Veneris, fingulæ partes, mifceantur cum falis comm. partibus duabus. Hoc cementum ad colorandam Lunam facit, ficut & hoc: croci Martis vncia, hydrargyri fublimati quadrans, calcis Lunæ vnciæ quinque.

Cementum dealbando cupro: arfenici albi vnciæ duæ, falis nitri fefcuncia, tartari albi vncia, cretæ fefcuncia. Fiat puluis.

Dealbando orichalco: arfenici albi, tartari albi, fal. com. q. f.

Ad plumbum: æris vfti, vitri triti, q. f.

Coloritia ex rebus ijfdem fiunt, diuerfa tamen pro diuerfis metallis, potiffimum ad colores exaltandos, quanquam etiam ad iudicia perfectionis, veritatis, & adulterij adhibeantur. Auri coloritium fit ex multo fale ammonio, nitro, ærugine, vitriolo, fale capitis mortui, vel ipfo capite mortuo ex aquis fortibus. Argenti coloritium minus habet falis ammonij, vel etiam nihil, vt & falis capitis mortui. In paftas rediguntur, illud cum aceto vel vrina, hoc cum aqua fontana.

Affinis porrò feruilibus compofitionibus eft paftillus plumbargenteus, (*Agricolæ ftannum vocatum*) qui fit in excoquendo argento, vel etiam auro, è venis aut maffis impuris, aut his ab alijs metallis liberandis. Inferuit enim duntaxat elaborationi, cum mox fulmine facto fegregetur. Fit colliquatione cum venis, vel maffis, fed diuerfis modis pro diuitijs venæ, metalli, &c. Exempli cauffa: fi vena auri vel argenti diues excoquenda eft, ipfa quidem in fornacem imponitur cum lapide, lythargyro, molybdæna, fluoribus, &c. at in catino ante fornacem illiquatur in plumbi centenarium: fin pauper eft, in libras quinquaginta. Detractis fcorijs & lapide, relinquitur ftannea miftura. Minus additur plumbi fi vena ipfa eo inftructa eft. Ita fi æs habet aurum aut argentum tam in vena quàm in excocto, fuus eft modus prout intra libram argenti valor eft, vel libram excedit, de quibus fuo loco.

TRACT. I. CAPVT XL.

De magifterijs catalyfeos, & primùm per repurgationem.

Magifterio Genefeos abfoluto, fequitur de catalyfi, cum totum in partes integrales diffoluitur, ex quibus compofitum erat.

Catalyfis fit dupliciter. Aut enim repurgatio fit fubftantiæ, aut feparatio.

Repurgatio fubftantiæ fit, cum à fuperfluitatibus alienis fubftantiæ adhærentibus repurgatur. Neque intelliguntur hic ea quæ nafcendi necef-
								fitas

sitas pro adminiculis requisiuit, quæ tollútur per extractiones, sed quæ foris circumstant, & pro impuritatibus externis habentur, mera substantia nihilominus suæ extractioni relicta, si quidem adhuc est integra. Nam & essentificata cadunt ad hoc magisterium, si quid in apparatu illis accessit peregrini, propter quod sunt rectificanda. Inseruiunt huic magisterio potissimum abstractionum modi; deinde etiam alij, qui illis parum valentibus substituuntur, veluti excoctiones, abscessus, extractiones, &c.

Illustres in hoc magisterio sunt repurgationes mineralium, vt metallorum, hydrargyri, salium, &c. Deinde etiam humorum, & his affinium. Mineralia aut statim nascuntur sua, licet non omninò pura, aut diffusa sunt per venas, à quibus tamen item abstracta non semper sunt ab omni alienitate absoluta.

Vtraque emundationis ratio chymici est artificij, (*sed propter laborem officinarum sordidum, à venis abstractio, & elaboratio per seruos administrata est, & postea excoctoribus alijsq́, relicta. Sed nihilominus scientia philosopho digna est, & magna industria, eaq́, subtilis remansit etiam in probatorum familia.*) De separatione itaque à venis primò præcipiendum est; postea de emundatione.

DE VENIS METALLICIS.

Quibus venis steriles adhærent mineræ, ab his segregantur delectu, lotionibus, nonnunquam etiam tostionibus & similibus, (*sunt enim in præparando vsitata, vstio, tostio, crematio, comminutio, lotio, cribratio, discretio, eaq́ue plures vel pauciores, varia quoque pro minerarum diuersitate*) quibus sales volatiles, mercuriales, arsenicales, sulphurei & alij spiritus facilè abscedút, quorum tamen præsentia vel vsu prænoscenda est, vel diligenti examine: quandoquidem elaboratio non parum variat præsentibus, absentibus. Ita habenda ratio est etiam diuitum, & pauperum. Simul enim eadem fornace vno igni non excoquuntur, nisi cum diuitum damno, & diuersa requirunt additamenta, regiminaq́ue ignium. Præterea vniformisne sit tota, an varia contineat metalla: multum an parum plumbi, &c. item refert: sicut & fixumne insit metallum, seu duritia sua perfectum, an molle & volatile. Debet & furnus ita parari ne vllibi hiet rimis actis, aut quid humidi sentiat à quo excutitur metallum.

His & similibus diligenter obseruatis, præparatio instituitur & eliquatio seu excoctio.

Venæ diuites, & alioquin mites, si sunt vnius generis, excoquuntur simul. Duræ & intractabiles additamenta fluxuum tritorum, & cum carbonum puluere probè mistorum requirunt; discrepantia tamen, prout magna vel parua est contumacia. Ita & ignis, & directio operis variat. Metallum dines nobile, aut mineris mistum acribus, excoquitur in furno clauso vsque

ad

ad iustam copiam & maturitatem. Inde oculo reserato emittitur liquor.
Venæ pauperes & molliores ignobiliorumque metallorum, seorsim excoquuntur in fornace descensoria cum suffurnio, vel etiam præfurnio, vt res
requirit. In catino segregantur iam eliquata, & seorsim est metallum, nempe loco inferiore; optima parte ad medium tendente, seorsim item lapis &
minera quæ tunc scoria, seu recrementum, &c. vocari solet, abstrahiturque
vncis, palis aut similibus instrumentis. Ad copiam venæ imponendæ quod
attinet, non debet esse nimia, & cum multa eliquanda est, submittendæ sibi partes suo tempore.   Cum præfurnium impletum est, effunditur in foueas, scobes, aut lebetes ferreas, fiuntque pastilli. Ita cum suffurnium in
fornace curua refectum est, oculo facto emittitur in inferius locatum præfurnium, &c. Hæc adeò generalis obseruatio est. Sed & in singulis peculiaria sunt præcepta, quæ magistri probatorij, Zygostatæ, monetarij, in summam contraxerunt, è quibus facile quid in magnis excoctionum operibus
fieri debeat, dilucidum euadit.

(*Maxima est varietas & venarum, & artificum. Itaque hic non scribitur quid quisq, & quàm multum coquat, sed quid conueniat ad finem præstabi-
lissimum. Circumstantiæ quid addendum, quid omittendum sit, satis moue-
bunt.*)

DE AVRO E VENA EXCOQVENDO.

Auri & argenti dites venæ plærumque eadem excoquuntur arte, in
furno scilicet clauso, prius calefacto seu per carbones tantum, seu per li-
quationem scoriarum, aut lapidis, aut fluorum, &c. Post imposito lapide
facto ex pyrite & in panes fuso, inde vena ipsa cum lythargyro, plumbagine
fluoribus, &c. tandem carbonibus, vt impleatur fornax vsq; ad summum.
Ita excoquuntur ad iustum tempus, quo præterito, reserato oculo decurrit
igneus riuus in præfurnij catinum plumbo liquato instructum, exeuntque
scoriæ primùm, postea lapis, tertiò metallum, & in catino vice versa subsidet metallum, scoriæ innatant, lapis in medio est; vnde separantur. At in auro peculiariter.

Elige diligenter veram venam, & grana eius, cum facilis sit à similitudine mineralium quorundam error. Grana autem auri fœcunda sunt cinerea, vel lazurina in fractura Galænam repræsentantia, aut dentibus dilatabilia &c. Hæc si mitia sunt, meráque, excoque in plumbum, addito fluxu
leni cum carbonum puluere. Si item valdè tenerum esset aurum, limaturam ferri appone, ne à fluxu dissipetur. Sin mineralia rapacia, intractabilia,
aut montes inanes sunt inspersa; mitiganda vena est lotionibus, tostionib',
eliquationibusque cum fluxu, & tunc in plumbum facilè intrat aurum. Est
tamen in diuersis diuersa obseruatio.

Si aurum esse in cadmia, ferrugine, ochra & similibus, non tamen
planè

plane syluestribus & contumacibus deprehendis: partem eius vnam misce
cum duplo fluxus lenis, & in catino paulatim calefacito, tandemq; eliqua,
quo facto submitte plumbum quindecuplum & excoque paulatim. Scorias à prodeunte liquore abstrahe: massam sulurina. Potes & plumbum vnà
imponere, prout res feret.

Marcasita auri ferax, *(quod cognosces si ignita & restincta in vrina puerili*
bis terve, colorem non perdit) quæ est mera, non mista alijs mineris, tunditur,
assatur probè vt candefiat; restinguitur vrina, idque repetitur sexies vel o-
cties. donec inter assandum fumus exurgat nullus. Additur duplum fluxus,
& octuplum limati ferri. Eliquantur. Adiecto fluentibus plumbo aurum
suscipitur. Scorijs abiectis pastillus fulminatur.

Quod si alia mineralia sunt commista: tusa vena torretur, postea eluitur de more metallorum, vt mineræ inanes secedant. Assatur & in fragmé-
ta saltem comminuta, & restinguitur vrina. Inde teritur & eluitur. Eluta assatur iterum *(quanquam hoc non obseruetur ab omnibus)* & misto fluxu cum
limatura *(quam & ipsam vulgò negligunt plæriq, tantumá probatoribus relin-*
quunt.) funditur & in plumbum excoquitur, vt antè.

Granata aurifera paupera tusa eluuntur, & excoquuntur vt paulò antè. In maiore tamen opere si magna copia venæ est, eaq; pauper, excoctio fit
in furno patentis oculi cam gemino catino, tantum addito præmissóq; lapide ex pyrite. Inde facti panes aliquoties cremantur, & in plumbum excoquuntur. Nonnunquam adduntur fluxus viliores. Sin ditia sunt, elaborantur vt marcasita aurifera syncera: hocq; item in fornace si copia magna est,
in catino verò extra fornacem, si parua. Nonnunquam lenta vena est, & e-
bullit in fornace. Huic addendus est sal fusus, & sufflandum. Nec alius modus est glareæ auriferæ, ex fluminibus aut fontibus extractæ.

Nonnnulli ad separationem adhibent argentum viuum, quod amal-
gamando aurum combibat. Sed nòn sat fida operatio est. Aliquando ipse
hydrargyrus in specubus, vel fluminibus inuenitur auro prægnans. Separatio fit per corium, & diu aporationem residui hydrargyri ad ignem. Excoquitur deinde per plumbum, seu fulminatur ad puritatem.

DE VENA ARGENTI.

Vena argentaria mitis & mera excoquitur statim in plumbum septu-
plum, nisi ipsa secum habeat plumbum, aut venam eius. Nam augetur &
diminuitur plumbum prout adest venæ vel abest. Imponuntur & ordine
scoriæ, postea pyrimachus fusus, ex marcasita rudi factus, inde vena cósper-
sa lythargyro, plumbagine, plumbo, &c. stratis mutuis, idq; in magno igni,
nare follium præmunita valuula. Sed hæc variant circumstantijs. Separatis in præfurnio, scorijs & pastillis factis, fulminatio instituitur, vt in auro.
Si vena est pertinax & immitis *(vt marcasita, cadmia, &c.)* plus additur plú-
bi, & nonnunquam etiam præfurnio imponitur, vt recreetur facta reserati-

one oculi. Quin & si venæ sunt asperæ & combustiuæ, non expectato secundo puncto, exhauriendus liquor est, & nouum plumbum catino imponendum. Reliquus processus est vt ante. Quædam venæ sunt adeò degeneres, vt nolint plumbo argentum reddere. His addenda quarta pars fluxus est, idque potissimum in minore igne, in magno verò secundum analogiam. Quædam in bullam seu vesicam exurgunt. Quod si obseruatur in probatione, etiam requirit additamentum fluxus. Solet autem id fieri cum spathum, aut fluores sylue stres sunt coniuncti.

Nonnullæ sunt lentæ & tenaces: his addendus sal acer est, vt de capite mortuo aquæ fortis, vel huiusmodi.

Omninò additamenta & ignis regimen debitè singulis accommodatum in hoc magisterio operæ precium faciunt. Et huius gratia sæpenumero furnus prius incenditur & calefit cum cineritio & præfurnio, eliquatis scorijs in eo, vt postea eò rectius excoquantur venæ, & citius fluant. Similiter & alia procurantur, quæ venarum aliarumque rerum conditio requirit, & peritiæ artificis relinquuntur. Sine plumbo quoque per boracem vel salem petræ in mensa potest excoqui vena mitis læuigata, cum diuitias eius explorare & demonstrare libet. Vena argenti egena excoquitur in pyriten, vt pauper vena auri, vel plumbum nigrum.

VENA PLVMBI.

Ea plærumque est Galæna, aut pyrites cobalti instar. Si mera est, duplum fluxus cum aliquátulo scobis ferreæ adijcitur & vulgaris salis momento, quod est inspergendum. Excoquitur paulatim, cauendo ne carbones cineresve in catinum incidant, & scorias multiplicent. Cum feruere incipit, ignis augetur, sed breui, ne diffletur plumbum. Ita cauendum est ne quid humoris incidat cum in præfurnio feruet.

Quæ immitis est, & rapacia mineralia secum ducit, tusa torretur, donec fœtidum halitum non amplius emittat, vbi cauendum est ne fundatur calore nimio. Postea excoquitur vt mitis.

Notandù verò venâ plumbi, vt & alias pauperes & ignobilioru metallorú, excoqui fornace semper patente, nec clauso oculo, cù duplici præfurnio seu catino, ita vt sæpè triduo idem opus duret. Nonnunq̃ proprius eius focus est ita concinnatus, vt lignis imposita vena cum scorijs ferri, vbi eliquata fuerit, decurrat in catinum subiectum, vbi scoriæ abstrahuntur, plùbum verò effunditur in foueas.

VENA PLVMBI ALBI SEV STANNI.

Grana mera cum duplo fluxus & pauco sale excoquuntur, sicut plumbum nigrum.

Quibus mons, vel impuritates peregrinaq; mineralia adhærent: eorum fragmenta seu frusta torrentur, seu vruntur prius vt mitescant, idq; in

magno

magno cumulo fit peculiari foco, cuius apparatus est instar calcarij. Vsta moluntur in suis mortarijs , eluunturq; saepius, vt grana exeant pura. Haec postea iterum vruntur in clibano, donec foetidi halitus cessent. Tandem cū fluxu & sale excoquuntur absq; limatura. Non opus est confluxum in furno ipso expectare, sed igneus riuus decurrit aperto oculo subinde. Inter vrendum cauendum est ne nimio igni calcinetur, aut vitrescat. In praefurnio separantur recrementa. Venae plumbariae pro examine etiam talis est elaboratio: venae subtiliter tritae, & homogeneae, separatis scilicet peregrinis, pondo cum fluxus è sale vulg. sale petrae, tartaro & ferri scobe parte quarta, commiscetur, & in catino recente tecto statim magno igni liquatur. (*Nam lento anolat*) per se sinitur refrigescere , & eximitur regulus plumbeus.

VENA CVPRI.

Vena cupri selecta & mitis excoquitur cum duplo fluxus & carbonū puluere (*fluxus hic plerumque est fluor mineralis, vel scoria cypria vetus, item molybdaena, lythargyrus, ramenta elota cadmia fornacariae, &c.*) nonnunquam & sale adiecto. Caetera ferè fiunt vt in argentea vena fornace clausa, nisi quod ignis ita temperandus sit , ne excessu de struatur metallum. Itaq; cum strepere incipit fluxus, ignem intendunt, sed non diu.

Immitis vena, & mista spiritibus sulphureis, &c. torretur ante coctionem igni modico, & si opus est, tostio repetitur donec feritas secesserit cessante foetore, & colore puniceo apparente, cùm facili laeuigatione. Adiecto fluxu postea excoquitur, vt prior. Quaedam adeò sunt contumaces, vt prius absumatur fluxus, quàm excoquantur. His adijcitur fel vitri, vel tartarum crudum. Quibus mons additus est iners, eae elaborantur lotione metallica adhibita. Lapis fissilis Islebianus nec argentum nec cuprum reddit, nisi praeparatus singulari modo. Is niger bituminosus, aerosus, primum ex puteis extractus in aream effunditur in tumulum. Eius inferior pars circundatur sarmentis, in quae similiter inijciuntur id genus lapides. Sarmentis incensis ignem concipiunt etiam lapides iniecti, à quibus incenduntur proximi & sic ordine caeteri. Si in ardentes mediocris pluuia decidit, magis ardent, citiusq; mollescunt.

VENA FERRI.

Quae pura seu mera est, excoquitur cum additamento scoriarum, ferruginis, & similium. Quod si spiritus minerales coniunctos habet, torretur. Si insuper etiam montes, & mineralia peregrina, eluitur. Eliquatū quod est, malleis ligneis cogitur. Chalybs & stomoma medulla ferri est, & cōfluit circa inferiorem partem furni, vel saepius excocto & repurgato ferro cōflatur, duraturq; aquis in quibus restinguitur. In parua quantitate modò è puluere per magnetem separatur ferrum, & ad purum coquitur, modò vritur vena seu ignitur, teritur & eluitur per alucolum.

Vena nonnunquam aqua limosa conspersa est maceranda. Furnus in
quo excoquitur, respondet illi ferè in quo ad purum redigitur æs. Est enim
focus cùm catino magno sine muris turritis. A latere oculum habet, ex quo
cum catinus plenus est, scoriæ emittuntur in foueam subiectam. Massa verò ferri vncis contisque euoluitur, & malleis ligneis solidatur.

SCORIÆ METALLIFERÆ.

Vix fieri potest vt in magnis operibus sint planè metalli expertes scoriæ: si tamen minus insit quàm vt compenset sumtus, pro additamentis
plærumque vsurpantur, aut negliguntur. Si operæ precium sunt facturæ,
tunduntur, eluuntur, torrentur, & postea excoquuntur secundum artem.

VENA PLVMBI CINEREI SEV
Bismuthi.

Hæc quia admodum venenata est, auersis excoquenda est, vento secundo, in patente loco. Itaque in loco decliui fossa fit strata lapidibus & luto carbonibus misto farcta, in cuius decliui exitu locatur fouea instructa vt
catinus.   Imponuntur ligna fossæ decussatim transuersimque: his inijcitur vena: quæ liquata profluit in catinum, vnde exhauritur in catinos, fiut-
que panes. Potest & excoqui in furno simili ferrariorum, si in eius foco ante folles, conformetur catinus luto farctus, ex quo foramen exeat cum canali in catinum inferiorem. Fit excoctio cum carbonibus & lignis, si fossitia
est vena, sin elota, tantum carbonibus.

(Est & non contemnendus hic modus, qui fit in capsa quadrangula oblonga, impleta arenis & instrata lateribus, quibus imponitur crates ferrea eiusdem
longitudinis. Crati inijciuntur ligna, lignis vena. Illis incensis hæc in focum defluit scorijs relictis.   Opere absoluto euertitur crates; scoria in cumulos congeruntur, & plumbum conuersum scopis eliquatur in panes. Debet hæc capsa super palo
versatilis esse, vt ad ventum dirigi queat.)

VENA STIBII.

Excoquitur per descensum coniunctis duabus ollis sepultis in foco a-
renario, & adhibito igni circulari superius. Olla inuersa duplo debet esse
maior quàm inferior. Opere absoluto tollitur superior, eximiturque refri-
geratus panis.

VENA HYDRARGYRI.

Tusa excoquitur in clibano concamerato. Sudor concrescens in te-
studine, vel dispositis arborum folijs in concauum pauimentum decurrit.
Foci autem venam cum ollis continentes sunt intus ad parietes fornicis; &
orificia foras exeunt, vbi & accenduntur. Diligenter autem spiracula totius con-
con-

Vide Plin.
& Dioscor.

conclauis sunt munienda. Ex ollis apertis exhalat hydrargyrus. Olim in catinis patella tectis coquebant, in summo hærentem liquorem detergebant.
Si pauca est quantitas, apparatu destillationis aut sublimationis separatur,
potestque fieri destillatio per ascensum, inclinationem & descensum, aqua
posita in excipulo. per descensum autem si sit, puluerata vena in pastillos cū
oui albo coniicitur.

*Vulgares excoctores in area quadam lata tanquam foco, circumposita lapi-
dibus, ordine collocant duo vasa composita, quorum summum est matulæ instar,
inferius vt pixis plana. Infoditur vtrumque, commissuris luto firmatis in terram
mistam polline carbonum, vel aliam, ita vt superius palmum emineat. Lapidibus
in circuitu sitis imponuntur tigna, & his arida ligna, quæ incensa deorsum præcipitant hydrargyrum. Obstruitur autem os superioris musco. Alij si vena est pauca, destillant per alembicum pilei seu campanæ instar, cuius rostrum committatur
receptaculo, & farè duo ita iunguntur, vt vno excipiantur, &c.*

VENÆ ALVMINIS, SALIS, CHAL-
canthi, &c.

Terra aluminosa, vel pyrites chalcanthosus coquuntur aqua, donec reso-
lutus sit humor.

Hæc transfusa coagulatur ad consistentiam crassiorem. In hac ponuntur lignei bacilli, vel funes, in cupas ligneas infusa. Accrescit vitriolum, de
qua re infrà in lapillis. Nam extractionis modus cum hoc ipso incidit. Venæ
salsæ, vt soda, terra salsa, cineres, &c. aqua perfusæ in lixiuium rediguntur,
quòd vt muria coagulatur. Ita est & de nitro, cuius tamen apparatus etiam
concurrit cum chalcantho, &c.

Terra sulphurea, vel lapis pyrites sulphureus, fusoria descensione sulphur reddit. Fieri tamen id potest etiam per sublimationem.

TRACT. I. CAP. XLI.
De Repurgatione metallorum à venis se-
paratorum.

Metalla (*& his finitima alia mineralia*) siue absque mineris inueniantur
statim sua, siue excoquantur, non simul ita sunt pura, vt requirit exaltatio legitima. Itaque per magisterium separationis (*quod item sit citra extractionem*) alienitas adhærens est auferenda. Fit hoc in his quæ læuigari, calci-
nariue possunt, lotione in acribus, puris tamen humoribus; veluti lixiuiis, a-
ceto salso, muria, aqua tartari, &c. vel etiam calces soluuntur in liquores, &
filtratione repurgati reducuntur: nonnunquam & ignibus torrentur: sca-
buntur & aliis artificiis tractantur. Quæ pura effodiuntur, aut è glarea flumi-

num

num eluuntur, folent à liquatoribus per fornacem non tranfigi, fed demergi
in igneam offam præfurnij, & deinde vnà fulminari. Fit idem etiam in his,
in quibus parum venæ, idque volatile fpectatur. In excoctis vulgò adhibetur vſtio, cementatio, interdum & fulminatio, fi quibus competit. Sed cùm
fua penè fit ratio fingulis, ordine quæ artifices de iis præcipiunt, recenfe-
bimus.

PVRGATIO AVRI.

Varijs hoc emundatur attificiis, pro fcoporum multitudine. Propriè
ei competunt cementum regale, quartatio, antimonium. Cementum fit ita:
vt aurum cùpro confufum, & in laminas ductum, viciſſim fternatur cum
miſtura cementi regalis, & reuerberetur, idque, fi opus fit, repetatur. Maſſa
cementata incoquitur plumbo & fulminatur: tandem aqua falis tartari abluitur, & ſtillatitia dulci rectificatur.

Per antimonium repurgatur triplicata fufione. Stibium triplum liquatur in catino: Ei admifcetur auri pars fimplex, atque finitur probè coqui
& fluere. Poſt effunditur in conum fuforium pingui illitum: pulfatur ad regulum. Hic decutitur & ponderatur, fi quid reſtat in ſtibio, id inde extrahitur confumto eo, vel rufo & eloto. Repetitur hoc quoque tertiò: inde extenfum in laminas eluitur. Alij per plumbum fulminant, & tunc in laminas extenfum abluunt: Alij in teſta ignifaciunt, vt ſtibiati ſpiritus auo-
lent.

Quartatione purgatur, fi tribus argenti partibus confufum foluitur a-
qua regia quicquid in eo eſt alienum, folo auro reſiſtente. Sed non oportet
regiam nimis eſſe acrem, aliàs & aurum corroditur. A quartatione fulminatur, & aqua tartari ablutum dulcoratur fontana.

Hi modi etiam ex eo feparant confufa metalla, vt infrà dicetur. Qui
lapidis ſtudio tenentur, purgant cemento primùm, poſtea antimonio, &
tandem regia foluunt in calcem.

Hanc ſpiritu vini miſto fale tartari macerant, & tandem aqua dulci abluunt. Veruntamen etiam fatis eſt antimonium cum fulmine, fale tartari,
vel liquore falis communis, & tandem dulcoratione & exterfione per linteum mundum.

*Vocant hanc caput corui. Illa puritas non eſt exa-
cta, deduci-
tur enim tá-
tum ad 15.
femuncias,
& grana 12.
cum puriſſi-*　*Ego reuerberatum puluerem folai aqua regia, folutionem reduxi, & elui,
ſucceſſitq, putrefactio Phyſica, qua in multam nigritiem fuit corruptum.*

ARGENTI PVRGATIO.

In officinis maſſæ fulminatæ traduntur Zygoſtatæ, qui curat eas tor-
rere ad purum.

Chymici ad fcopos fuos cementant cemento leuiori, veluti fulphure,
fale petræ, &c. poſtea fulminant cum plumbo, inde dilatant in lamellas feu
bra-

bracteas, quas maceratas aqua tartarea abluunt: praeterea edulcorant fonta- *mum sit 16.*
na, & probè tergent. Est & cùm per aquas fortes in calcem redigitur & li- *semunc. Po-*
quorem, quae repurgata reducũtur vt in auro. Etiã calx ipsa sine vlteriore so- *test tamen*
lutione reuerberatur, reducitur cum fluxibus, & per plumbum fulminatur, *illa tostio de*
indeq; extenditur & lauatur. Laminae etiam coquuntur in aqua salis & tar- *duci &q; ad*
tari soluti per horae quadrantem, donec non amplius ductu lineam nigram *defectum õ-*
relinquat. *nius denarῢ*

Plinius miratur lineam nigram ab argento relinqui. Sed id fit ab impuro,
quòd crudi mercurῢ & sulphuris non fixi aliquos spiritus adhuc secum habet. Ea-
dem modo & hydrargyrus obnigrat digitos, licet sit albus aspectu. Tostionis ratio
in argento est, vt massa in frusta comminuta cum cineritia testa in furnum impo-
natur anemium, & si placet, cupro vel plumbo addito, per tres horas coquatur ad
iustum valorem. Potest & sub tegula torreri.

PVRGATIO CVPRI.

Cùm eliquatum in massas est, & separatum à commistis metallis, excoquitur, donec purum fiat, quantum potest, id quod coronarium vocant,
si est rubicundum, aliàs regulare. Adiiciuntur nonnunquam scoriae, & alῢ
fluxus, praesertim si parua quantitas est, magistrales. Nonnunquam in scobem redigitur, quae ter mutato lixiuio coquitur, & secedit sulphur alienum.
Habet & communem calcinationẽ, solutionem, filtrationem, reductionẽ.
Cuprum regale calcinatur praeterea: calx ignifacta extinguitur aceto salso, &
bene teritur lauaturq;, quod item fit in aqua vitriolata. Edulcoratur tãdem,
& extergetur. Interdum cum sale gemmae cementatur in regulum, qui abluitur in laminas ductus, in aqua chalcanthina, vel caphurata per horas sex,
vel octo. Inde extergetur. Macerant nonnulli, lauantq; lixiuio acri foris, intus garo piscium, halecum, & sale, vel aceto salso.

Orichalcum in laminas ductum, maceratur aqua tartarisata, vel
etiam in ea coquitur. Postea raditur & extergetur, quae est externa mun-
dicia.

Dum in laminas per malleos ingentes tunditur, vel etiam ducitur in fila, ni-
grescit planè. Ea nigredo rasuris & lotionibus tartareis est extirpanda.

FERRVM.

Recoquitur cum fluxibus, separatisque diligenter scoriis, & sacco, in
purum chalybem abit. Aliàs limatura eius eluitur acèto, deinde aqua pura,
quoad omnis nigredo secedat. Ita praeparatus vel calcinatur, vel in puluerem ad medicinam teritur. Ferrugo & maculae eius delentur aqua salis
tartari. Vel: Candentes laminae restinguuntur in aceto, in quo ebullierint sal vulgaris & alumen, idque repetitur crebrò. Terunt & limaturam
cum

cum fale in mortario, mutato fale, donec non amplius infufcetur. Vel lauatur aceto, lota tunditur cum fale, aqua dulci eluitur, & ficcatur exter-
gendo.

Alius: Tartari calcinati libram, falis ammon. æruginis, fingulas feli-
bras coque ex vino albo, in colatura macera ferri fcobem, & elue diligenter,
donec tota fit pura. Edulcora eam & ficca: ita repurgatum non refpuit amal
gama, fi rectè egeris.

Alius: Mars debet in fuo balneo bene incalefcere, defudare, & ficca-
ri, tunc fit familiaris hydrargyro.

STANNI PVRGATIO.

Liquato iniiciunt febum, vel ceram, aut mel, donec hæc comburantur: effunditur in aquam, & ficcatur. Vel granula eius lauatur aquis acribus,
vel calx per hydrargyrum facta, eodem tractatur modo, donec argenteam
puritatem acquirat.

Ita & plumbum funditur in trulla ferrea, inijcitur cera, finiturq; comburi (*quantitas eius fit faba*). Effunditur in aquam claram & granulatur. Grana abluuntur. Liquefactum etiam extinguitur aceto acerrimo, & poft iterum aqua Chelidoniæ, tertiò aqua falfa, quartò in aceto folutionis ammonij: tandem funditur.

PVRGATIO HYDRARGYRI.

Varia eft pro fcopis variis. Lauant eum aqua Terebinthi, vel fucco
malorum fylueftrium expreffo, & clarificato, calefactoque. Vel oleo omphacino, quo remoto, affunditur aqua deftillata, in balneo maceratur, & lauatur, donec nihil impuri appareat, præfertim fi eo ad calida vti volumus.
Ad frigida, emundatur aqua abfynthij, & vino aftringente.

Traiicitur & per alutam aut pannum denfum fæpius, vt relicta nigredo abiiciatur.

Melius purgatur aceto deftillato calido, vel aceto puro adiecta aqua,
cum quibus in ligneo mortario teritur, fæpius renouato liquore, donec
nigrities ceffet. Ita pingues halitus fecedunt & detergentur validius.

Nonnunquam cum fale albiffimo teritur, qui cùm eft fufcatus, abftrahitur, reponiturque alius. Et nonnunquam muria affunditur vt fal folutus remoueatur. Aliàs non fat expeditè totus è fale educitur.

Qui vti eo volunt ad magifterium tranfmutationis, fublimant cum fale ammonio, vel à vitriolo, vt fuprà dictum eft. Nominatim autem fummè
purgati dicút, fi à fale & vitriolo cum aceto miftis, quibus ingeritur hydrargyrus, fublimatus reducatur, & cum nouis iterum componatur fublime-
turq; repetendo hoc nouies.

Reductio est si cum parte calcis viuæ, & parte dimidia tartari mistus per
retortam agatur, & postea per aquam abluatur, &c.

Est alia repurgatio per destillationem. Miscetur calx viua cum puluere
laterum, & marmorum calce paribus. Huic misturæ ingeruntur duæ libræ
hydrargyri, donec liuidus fiat puluis. Destillatur per retortam, ita vt primùm sinantur exire humidi spiritus, & his cessantibus receptaculum apponatur, validóque igni hydrargyrus exigatur.

Solet & per alembicum destillari septies, sed quia impuritas vnà ascendit, post singulas destillationes est colandus, atq; etiam si opus est, acida muria abluendus. Cùm tenuissima pars ascendit, solet tandem crassa quædam
instar thromborum assidere alembico, cum colore plumbeo. Ea crassities
potest remoueri: Vbi ita septies est destillatus, & attenuatus, calce viua &
tartaro crudo puluerato eum permiscent, & agunt denuò per retortam : Ita
purgatum censent ad transmutationis magisterium.

Euadit & valde splendidus, si per ignitam ollam, vel cacabum traiicia-
tur sæpius. Comburuntur enim spiritus sulphurei, dum soluitur, iterúmq;
coagulatus in excipulum defertur.

Nonnulli sublimant eum à sale nitri, sed tum incōsultum hoc videtur, tum
periculosum, nisi scias vas rectè ad ignem accommodare. Eminus enim, & paulo
altius est locandum in cineribus, donec spiritus sublimati coagulauerint, alias vas
frangunt, vt puluis pyrius, & hoc notabis etiam alias.

TRACT. I. CAPVT XLII.
De Repurgatione aliorum quorundam mineralium, & similium.

POst metalla alia quoq; mineralia repurgatione exaltari requirunt, cùm
necipsa in officinis vulgatis ita elaborentur, vt requirit vsus Chymicus.
Quæ in humore solui possunt, vt sales, alumen, chalcanthum, & calces
solubiles, dissoluta ad puríssimum filtrantur, & iterum coagulantur, & si solutio coctionem requirit, veluti in saccharo, melle, &c. Ipuma exurgens tollitur, subsidens etiam arenosa grauitas, seorsim relinquitur, transfusa puritate. Hic itaq; modus congruit etiam succis, resinis, & similibus. Nonnunquam tamen sui candidum adhibetur.

Et in hunc modum etiam purgatur sal, cùm adhuc est in muria. Aut e-
nim ouorum albumina iniiciuntur, aut sanguis taurinus, vel hircinus, vel vi-
tulinus mistus cum aliqua muriæ parte.

In coagulando, attendere iubet Geberus, vt sal vulgaris Cyprio vel
plumbeo vase coaguletur, sal petræ vitreo, sal gemmæ terreo vitrato: chalcanthum alias, & sal petræ etiam cadis ligneis sinuntur concrescere post depurationem.

gg Sed

Sed sunt & peculiares quorundã repurgationes, veluti sal ammonius, & alij, volatiles sæpius sublimantur, & tunc fiunt flores essentiales. Sal vulgi reuerberatur ad albedinem exactam, si quidem nil est corporeæ sordis, vt terreæ, remistum. Tunc enim soluitur prius, filtraturq; & reducitur.

Sal petræ soluitur, filtratur & coagulatur in vase Cyprio aliquo vsque, seu ad mediocrem spissitudinem, quæ despumata crebrò, transfunditur, manente circa fundum vasis sale peregrino. Aliquando in vase terreo non pingui, super prunis sinitur paulatim liquefieri: spuma tollitur ligneo cochleari, vbi totus fusus est, inijcitur parum spiritus vini, vt deflagret. Sed flammam vita.

Alumen triplo vrinæ puræ soluitur, filtraturq; sæpissimè. Vrina abstrahitur destillando, vel diuaporando, vt restet alumen niueum.

Alumen plumosum irrigatur vino albo, eluitur & resiccatur in aere. Coquitur etiam in lixiuio sacculo inclusum, & postea eluitur aqua dulci. (*Ita paratur ad fila ducenda.*)

Vitriolum aceto soluitur: & per colum Chymicum chartæ emporeticæ traijcitur sæpius.

Lutum quoduis, calx non solubilis, terra, & similia repurgantur per elutioné: Quædam tamen etiam reuerberantur prius, & ignita in liquoribus restinguuntur. Nec semper liquor est aqua simplex, sed interdum etiam destillata, vt rosarum, melissæ, &c. pro vsu.

Venæ metallicæ tusæ eluuntur per alueolum, vel tabulas, &c. contumaciores prius torrentur, & post lotionem etiam repetitur tostio.

In hunc modum purgantur etiã ea, quibus venenati spiritus sunt coniuncti, vt arsenicum, sulphur viuum, &c. Quodq; enim torretur suo modo, & postea tritum abluitur. Sic stibium, cinabaris vulgi, cadmia, chalcanthũ, &c. in sartagines imposita, postquam scilicet sunt puluerata, super igni versantur eminus, quoad satis, & deinde in aquam melissæ, & similes præcipitantur lauanturq;. Cadmia glebosa (*lapis calaminaris*) cùm ad oculos paratur, tosta restinguitur aqua fœniculi, euphrasiæ, &c.

Quædam etiã decoquuntur aquis multis, & potissimum vegetalia; vt elleborus, esula, &c. venenatorum carnes assantur, &c. Nonnulla aceto vini (vel *Theriacali*) macerantur post coctionem, vt Thymelæa, &c. interdum coquuntur in pomis, atque ita varijs modis repurgantur à spiritibus venenatis.

Succi, lachrymæ & similia etiã aliquid peculiare nonnunquam habét, vt aloe, non tantum aqua pura soluta præparatur generaliter, sed & aqua rosacea cum sescuplo aceto rosaceo diluitur, filtratur, & coagulatur, nonnunquam crassitie circa fundum segregata ad alios vsus. Gummi soluuntur aceto, si sunt acria & feruentia: aliàs etiam vini spiritu, vel vino ipso, prout scopus est. Solent interdum macerari, post coqui leniter, vt soluantur, inde calida

In succis nõ opus est aqua multa, & sæpè sunt liquidi, absq; additumento colantur frequenter & fiant purissimi.

lida

Fida colari: colatura coagulari aceto diuaporante cum agitatione continua. Resinæ liquidæ eluuntur fæpius aceto vel alia aqua,&c.

Euphorbium aceto rofaceo in balneo vaporofo deftillato foluitur, filtratur, coagulatur, foluitur iterum aqua rofacea, &c.

Vinum defecatur oui candido, vel inie&is filicibus, aut glarea,&c. indepuritas traducitur.

Aquæ deftillantur, vel coquuntur, & co&æ per glaream traiiciuntur mundam, & poft quietem à fedimento liberantur. Nonnullis addunt polentam, vel amygdalas amaras,& fimilia.

Acetum quoq; etfi filtrando poffit repurgari, tamen deftillatur quoque, & modò eius phlegma vt appellant, vfurpatur, modò ignium vi è matrice expreffus liquor,&re&ificatus, prout vfus poftulat. Ita & vrinæ emundantur.

Cineres, & quæ funt huiufmodi, per cribrum traijciuntur, poftea per faccum rarum excutiuntur. Quod fi falem abftra&um vnà volumus, poft cribrationem coquimus in multis aquis, fpumas tollimus, traijcimus per lintea, ficamus, reuerberamus, terimus, iterumque coquimus, donec perfe&è fint purgari. Ex lixiuiis filtratis ad purum redit pars altera, & vocatur alkali. Ita & feparantur,& depurantur fimul.

Eft & depuratio concharum fluuiatilium, margaritiferarum,& fimilium, quibus foris cortex niger adhæret. Abfcedit hic, poteftq; abradi, fi præcoquantur in lixiuio, vel per medium menfem in aceto acri macerentur.

Tract. I. Cap. XLIII.

De Catalyfi depuratorum, feu merorum in fua componentia,& primùm de metallis confufis fegregandis.

QVando ipfæ fubftantiæ diuerfæ inter fe commiftæ vnitæue fegregantur, nulla ratione habita externarum impuritatum principali (quanquam vnà effe & harum feparatio poffit) magifteriũ catalyfeos in mera fubftantia eft. Spe&atur in hoc, vt quælibet pars componés totum per fe in fua natura homogenea exeat, fegregeturq; à reliquis: quod in aliquibus ftatim fit vltimò, in aliquibus diftin&æ fegregationes ordine fe fequuntur vfq; ad vltimam.

Excellit hîc primùm metallorũ confuforum fegregatio, deinde eorũdem cum mineralibus compofitorum redu&io, infuper compa&orum diftra&io, quibus accedit & hydrargyri compofiti, aquarum ferinarum, vrinarum,&c. fegregatio. Atq; hæc vnius funt generis. Alterius fynt, quæ in elementa & principia diftrahuntur.

In metallorũ cõmiftorũ feparatione plures adhibétur operæ, vt cemétatio, fulminatio, corrofio, defcenfio &c. fed nõ omnes omnino feruãt partes,

Itaque qui feruatas fingulas cupit, operationi competenti ftudeat. Interdū autem ignobiliores negligimus, quòd non multi fint ad vfum momenti, aut quòd difficilima fit conferuatio, aut non pura fegregatio.

SEGREGATIO AVRI A RELIQVIS
metallis confufis.

Mifcetur aurum pluribus, paucioribus, idque diuerfa admodum pro-portione, tum in natura ipfa, tum arte. Si aurum exuperat, tantumq; eft cum argento, (*quod vocant aurum argentatum, quanquam omnino auri nomen ha-beat maffa, fi exuperat duas vncias in miftura, reliquum nuncupatur argentum auratum, in quo eft aurum à tribus denariis vfq, ad duas vncias, fecundum mar-cas computando*) quartationem inftitue, & argentum per aquam fortem fub-trahe.

Hic lis eft artificum, poffitne aurum ad fummam puritatem per aquam for-tem redigi, an non. Fachfius ait relinqui duo circiter grana argenti, prout tamen aquæ virtus eft: Budelius in 10.16.20. &c. marcis fatetur relinqui quatuor grana aut circiter, in minoribus tamen maffis planè depurari poffe affirmat, vt aurum fit exactè 24. caractarum. Quidam aiunt per aquam fortem figi aliquam argenti partem, & non folui. At fixione accedit ad auri naturam. Itaq, fortè parum referet etiamfi aliquid maneat. Opera etiam danda eft, ne fortior iufto fit aqua, & ali-quid auri abradat.

Ex aqua forti argentum reducitur, aurum verò cum fluxibus funditur & fulminatur ad purum, aut per antimonium ducitur, & ignitione in tefta fibi reftituitur. Nonnunquam quartatione omiffa, fcobs vel fiftula iftius au-ri ftatim foluitur aqua forti. Sed non eft tā accurata hæc fegregatio, vt prior.

Alia fegregatio per antimonium perficitur.

Recipe, Stibij libras duas cum dimidia, fecum vini (*tartari*) libras duas. Coque vnà in fictili, & permifce: cum huius maffæ triplo confunde au-rūm argentatum in catino ad ignem fuforium. Fufa omnia probè, & com-mifta effunde in conum fuforium pinguedine illitum. Pulfa ad regulum, vel in margine coni, vel iuxtà in pauimento: concuffu aurum fubfidet, argentū ftatim infiftit. Separa per auulfionem: num totum ex ftibio prodierit, co-gnofces per libram, fi fcilicet argentum & aurum habent pondus prius. So-let tamen plærumque aliquid decedere argento, quòd fit auro mollius. Si cognofces aliquid manfiffe cum ftibio, excoque id in plumbum: plumbum fulmina.

Hic modus communis eft etiam argento aurato.

Hæc monet etiam Agri-cola lib. 11. de re metallica. Alia ratio: Sulphur in lixiuio coctum ad fixitatem, donec iniectum prunis non fumiget, proijcitur fuper maffam metallicam eliquatam, & finitur vnà fundi. Effunduntur in conum vt ante. Per fulphur enim

volunt

volunt leuius metallum sursum trahi, vt innatet graui. Itáque & sulphuris sublimati vnciam inspergunt fusis, inque igni detineat donec combustum sit sulphur.

(Necesse est hic præsciri misturam eiusq́, modum, maximè in quartatione. Cognitio est vel ex præcognita artis mistura, vt in monetis vsualibus, vel consuetudine vena eiusdem in qua semper vna esse deprehensum est, vel ex probatione, in qua vtuntur collatione massæ cum linea certarum acuum, vel coloritio quod linea satis lata in lapide ductæ illinunt, perfectum metallum resistit, reliqua eroduntur. Si integra maneat linea, totum purum est. Quidam in altero modo simplex stibium capiunt. Sed id plus argenti absumit, quam cum tartaro mistum. Cemento non potes vti, nisi cum damno argenti. Alij amalgama massæ pulueratæ vsurpant, sed in hydrargyrum argentum item intrat.)

In argento aurato quartatione non est opus, sed duntaxat aqua regia. Puluis auri inde residuus edulcoratur affusa calida dulci, vel coquitur in ea. Hac remota, lauatur per frigidam. Inde exiccatus in testa paulatim, ignitur probè, vt ex fusco vel purpureo redeat color natiuus. Quod si grana auri relicta sint ab aqua forti, potes ea fulminare per plumbum, vel cum borace excoquere: id quod etiam fit si calcem velis solidescere.

Si aurum, argentum & æs simul sunt, vt in numismatis aureis, & quibusdam etiam natiuis massis: in fistulam redige metallum, vel scobem subtilem. Affusa aqua forti, resoluentur argentum & cuprum, aurum manet, quod exime, vel ab eo liquorem effunde, & in vase cyprio, vel alio, iniecta tamen lamina plumbea vel cypria, descende per aquam salsam, & seque strabitur argentum. Restantem liquorem in aliud vas immitte, & vel destilla vel diuapora. In fundo erit cuprum cum sale, quod in reductione cupri perit. Quod si cum argento desideret etiam cuprum, reduc vtrumque simul, massam cementa cum sulphure, & sale, & cuprum exit manente argento. Cementum elue, & cupri puluerem inuenies, quanquam fortè diminutum ob fugacitatem. Si tantillum est cuprum vt parui sit momenti, poteris argenteam aquam *(solutionem illam)* destillare, & calcem per plumbum reducere, & fulminare. Tunc enim cuprum perit. Ita si monetæ mistæ cemententur cum sulphure & sale, argentum & cuprum educitur, ipsa moneta integra & illæsa etiam signatura manente, licet fiat leuior. Argentum verò & cuprum reducuntur ex cemento.

(Hac ratione deprehendes furta aurificum illæsa poculi aurei forma. Si enim pedem suum excesserint, leuius iusto euadet, sin minus, leuius quidem, sed ad pedis mensuram.)

Idem modus est segregandi aurum à cupro minore. Nam aqua regia facilè cuprum consumit, sicut & cementum.

Quod si in magna cupri quantitate sit aurum minus, seu solum, seu cum argento, excoquitur cuprum cum plumbo multo, fiuntque placentæ;

Si cuprũ est
refractariũ,
nec libenter
miscetur cũ
plumbo, ad.
de fluxus,
vel per tosti-
one purifica

quæ in furno ſegregatorio cum tabulis inclinatis debito calore dato, ne fluat cuprum, ſed tantum plumbum quod aurum & argentum aſſumſit, ſeparantur. Plumbum profluens in paſtillos redigitur (*infuſione ſcilicet in lebetes,*
vel tirullas, vel ſcrobes.) Paſtilli fulminantur. Maſſa reliĉta adhuc habet aurum
& argentum, quæ ſegregantur vt ſuprà. Idem fit ſi argentum ſolum ſit miſtum, & tamen minus cupro.

Porrò ſunt & aliæ rationes cupri & auri ſeparandi. Fluxum quendam
mitiorem, qualis eſt è lixiuio faĉtus, &c. (*Nam acriores in quibus eſt ærugo,*
vitriolum, &c. vel aurum inficiunt, vel faciunt vt aliquid de metallo adieĉto in
aurum irrepat; inquit Agricola.) miſce cum maſſa metallica. Eliqua in catino, & poſtea in conum fuſorium intus pinguefaĉtum infunde, & pulſa ad
regulum. Innatans auro cuprum auelle.

Vel: Salis vulgaris, ſulphuris, ſalis petræ & auripigmenti ana, miſce.
Hanc miſturam proijce per metallum eliquatum. Protrahitur cuprum,
ſubſidente auro.

Alia ratio eſt per coĉtionem. Monetam vel quoduis aliud miſtum ex
auro, argento, cupro, vel ære & argento, vel ære & auro, redige in laminas
tenues. Has ignitas (*vel etiam calefaĉtas*) coque in aqua in qua chalcanthi,
ſulphuris & ſalis (*ſi aurum eſt, vrinam capere potes*) pares ebullierint & ſint
ſolutæ. Coĉtio durat ad horas. 5. vel 6. q. ſ. Æs ſecedit ſpecie calcis. Argentum craſſius eſt inſtar furfuris triticei. Calx æris ſeparatur per anguſtũ cribrum eluendo, & poſtea reducitur. Argentum & aurũ toſta fulminantur.

Si exuperat cuprum, fiat furnus deſcenſorius cum cineritio, & oculo
à latere, qui obſtruatur cono, ita vt ſuo tempore poſſit remoueri. Impone
cuprum cum duplo plumbi. Coque. Scorias abſtrahe, vt purum ſit metallum. Proijce tandem ſuper id præſcriptam miſturam; aurumq; ſubſidebit.
Oculo aperto, ſine decurrat cuprum. Regulus erit aureus, quem in plumbũ
incoque, & fulmina. Si in minutiſſimam ſcobem redegeris maſſam per hydrargyri fumum, etiam amalgamatio ſegregat. (*Solent & duplum plumbi mi-*
ſcere, fundere & in placentam ſuper cineres planos in lebete effundere. Hac diſpo-
nitur ſuper bacillis ferreis in fornace crenata decliui, vel trunco viridi crenato.
Plumbum liquatum effluit & ſecum trahit aurum & argentum. Poſtea fulmi-
natur. Æs verò excoquitur ad perfeĉtum.)

Plumbum vtrumque commiſtum auro argentoue pluri, fulminatione poſt incoĉtionem in plumbum iuſtum facilè exeunt, & in molybdæna
& lythargyro quanquam cum damno, inueniuntur. Fieri idem etiam poteſt per aquam fortem, & ſulphur, vt in prioribus. Item per cementum.
Sed delectus eſt habendus ratione argenti, quod non ſuſtinet vim eam quã
aurum. Itaque ſi ſolum eſt cum plumbo, paretur talis aqua ſoluens, aut tale
cementum quod argento parcat.

(*Corrodi ſtannum ſolet aquis acribus veluti ſpiritu vitrioli argento præteri-*
to. Eſt

30. Eſt enim hoc iſto durius. Itaq́, non abſurdum eſt ſeparationem talem tentare, ſed non ſine induſtria. Si argentum aurumve minus eſt in plumbo, quàm vt ſumtus ferat magnos, exaltatio vulgò negligitur. At Docimaſtæ & Chymici in paruis maſſis nihil intentatum linquunt.)

Plumbum album à nigro ſegregatur per excoctionem cum fluxibus certis: vel cementum lene. Conſtantius enim eſt album nigro.

Aurum cum ferro excoquitur quidem ad purum, ſed cum ferri interitu, (*inquit Fachſius*) Id autem fit cum plumbo & fulminatione, ſine fluxib⁹.

Argentum autem à ferro ſeparatur, ſi par limatura & ſtibium in catino clauſo ante folles in regulum excoquantur. Regulus cum pari plumbo fulminatur, & relinquitur argentum.

(*Quæſtio eſt an non plumbum ex ferro ita aſſumere poſſit aurum, ſicut ex cupro, vt poſtea in furno ſegregatorio illo relicto deſcenderet? Negatur miſceri ferro aliud metallum, quia in ferreis ſartaginibus monetariorum in quibus alia metalla liqueſcunt, ipſum maneat integrum, & ferri fruſtum plumbo liquato iniectum, non funditur. At cum fluxibus ferrum erat prius eliquandum, deinde plumbum immiſcendum. Elimatum quoque facilius fluit, &c. In parua quantitate* Chymici *ſuas fortes vſurpauerint, & calcem* Martis *reduxerint, ſi non in ferrum, at in cuprum, vt in* Hungaria, &c.)*

Miſtura cupri & ferri admodum eſt contumax. Aut interit alterum, aut damnum ſentit. Vaſtis enim ignibus excoquuntur. Tentetur cementū, & aqua fortis. Ferro manente cuprum corroſum reducatur. Vtuntur & amalgamate hydrargyri, in quem cuprum facilius intrat quàm ferrum, ſi tenuis ſit limatura.

Tract. I. Caput XLIIII.
De ſegregatione metallorum & mineralium ab arte miſtorum.

QVæ metalla artificioſè cum mineralibus commiſta ſunt, veluti cū cadmia, vnde orichalcum, cum calcibus tartari, magnetis, &c. item cum ſalibus, hydrargyro, ſulphure, de quibus ſupra, cum plærumq; ex ignobilib⁹ fiant ad imitationem nobilium, adiecta nonnunquam parte etiam horum, ſi quidem corpoream habent tincturam, facilè reſoluuntur per aquas fortes, per cementa, antimonium, quartationem & alios modos. Ita ſi cum plūbo fulminentur, facilè innoteſcit compoſitio, ſed minerale, niſi fixū fuerit, in fumum magna ex parte abit. Poſſunt & in calces ſolubiles redigi. Sales facilè fluunt, & in liquorem excoquuntur. Puluerata item ſublimantur. Si ſal, vel hydrargyrus, cinabaris, ſulphur, &c. non fixa commiſta ſunt, eleuātur, præſertim additis volatilibus.

Venis auri & argenti nonnunquam ſulphur, cadmia, arſenicum, &c. rapacia nimirum & admodum noxia mineralia ſunt coniuncta. Hæc non
tan-

tantum separantur perdita, sed & seruata, idque per decoctionem venarum prius læuigatarum & elutarum per alueolum in lixiuio alcalisato, quod sic fit: ex cinere coluruo fac lixiuium forte, quod sæpius filtrando clarifica. Adde ei vrinæ humanæ & aceti ana pares. Salis item communis bonum pondus. Coque in cortina, clarifica & serua. In hoc macera venam elutam donec cuticula appareat, semoue eam, & procede macerando quousq; nulla amplius appareat. Tunc exiccatam venam excoque cum plumbagine.

(Est & alius modus per coctionem, de quo in epistolis, Deo volente.)

Si tinctura spiritalis est, eaque non fixa, aut affrictus mercurius, incoctus sal &c. metallum ducatur in laminam, & candefactum per forcipem restinguatur in vrina, vel muria, vel vitriolata aqua, aceto aut similibus. Secedit tinctura, nec seruatur facilè. Sin contumacior color est, inducatur coloritio auri vel argenti, reuerberetur, & denuò restinguatur. Potest & in sulphur vel antimonium eliquatum lamina ignita intrudi.

Nonnunquam adeò firmiter commista sunt mineralia, vt pauciorib' ignibus separari nequeant.

Fulminentur ergò, & cum acribus fluxibus eliquentur sæpius. Nihil decedere debet, si aurum purum est. Neque argentum deperdit multum.

Interdum quod pro argento offertur, addito vero argento eliquatur. Minerale commistum secedit in spumam. Addendum autem & plumbum est, & fulmen procurandum.

Ferri puluis arenis mistus separatur per magnetem.

Auri puluis item mistus arenis vel similibus, segregatur per hydrargyrum, vel elutione per alueolum.

Huic separationi affinis est cinabaris, & sublimati hydrargyri reductio.

Cinabaris trita cum oui albo redigatur in pastillos. Destilletur per descensum, & hydrargyrus in ollam subiectam defertur, restante sulphure. Sit autem aqua in olla. Aqua etiam regia in lauore cinabaris calcinat hydrargyrum sulphure relicto. Potest & in catino, vel cochleari in ignem admoueri, accommodata desuper galea ferrea ampla. Mercurius subuolans ibi colligitur, sulphur autem comburitur relicto albo cinere. Et per retortam pelli potest.

Cinabarin alij cum tartaro calcinato vel nitro miscent sublimantque, vnde segregatur in sua principia, seu membra, ex quibus fuit constituta.

Sublimatum factum ex hydrargyro, sale & vitriolo, reducimus coctione in aceto vase vitreo sæpius mutato, aceto. Nam in hoc sal cum vitriolo diffunditur manente mercurio. Potest & aqua feruente vitrea in concha elui, frequenter mutata eadem. Redit autem non forma viua, sed albæ calcis, quæ reducatur denuò quo pacto solet præcipitatus. Nonnulli sublimant

mant cum tartaro calcinato, vel digerunt cum spiritu terebinthinæ, aut per retortam è calce viua & tartaro destillant, posteaque abluunt aqua. Sed respondet experientia felicius, si præcedat elutio salium.

TRACT. I. CAPVT XLV.

De ferruminatorum & mutuò assistentium foris segregatione.

QVæritur non rarò & hoc in artificibus, quod quædam non sine industria possint separari. Ea elucet potissimum in inauratis, argentatisq̃, vbi operæ precium habet separatio.

Aurum itaque in picturis (*veluti cum mediante minio inductum est statuis, literis & similibus*) abradatur cum suo fundamento quàm tenuiter. Amalgametur cum calente hydrargyro, à quo aurum assumitur relictis sordibus. Separetur iterum mercurius per corium, & diuaporationem. Aurum in plumbum excoquatur & fulminetur. Aliqui ante abrasionem aquã fortem inducunt.

Si est in laminis metallicis, vt poculis, &c. potissimum argenteis, fumiga partem inauratam sulphure accenso. Pone in calefactum hydrargyrum, & hinc inde versa. Post abrade cum setaceo ferreo. Segrega mercurium per corium, vt prius. Locum verò argenti cãdefacio, & coque aqua tartarisata, restitueturque suo nitori.

(*Aliter: Tartari calcinati, boracis singulas libras, salis ammonij vnciam cum duabus drachmis puluerata in olla pone & affunde calidam. Poculum inauratum candefactum in illa solutione extingue, & sol decidit remanente argento, quod si coxeris ex sale & tartaro, nitorem recuperat. Aurea verò ramenta reducuntur cum borace.*)

Vel: Salis ammonij vnciam misce cum sulphuris semuncia, vt fiat puluis subtilissimus. Auratam partem oleo irriga, & puluerem asperge. Postea cum forcipe tene super prunis, donec optimè calefiat. Tunc suspensum vas super paropside cum aqua loca, & malleo in aduersum impelle. Ita puluis decidet cum auro iã aquam. Collectum excoque cum borace.

Alij extinguunt duntaxat in aqua. Decidit puluis cum auro.

Si in cupro est aurum, in frigidam immergatur vas; postea igniatur, & iterum frigida restinguatur. Abradatur aurum per setaceum.

Eodem modo argentum quoq̃ à cupro & ferro abstrahitur: vel puluis subtilissimus vitri Veneti misceatur cum hydrargyro in catino calefacto; illinatur parti argentatæ. Ponatur super prunas, & cum penna deradatur in concham. Hydrargyro expresso argentum reducitur cum sale petræ.

Nonnunquam in fodinis inueniuntur inargentati lapides aut ligna,

h h &au-

& auri ſubtiliſſima filamenta interdum accreſcunt illis. Separatio per hydrargyrum hic quoque eſt commoda.

Cera roſa-
*cea.*In genere plantarum floribus, folijſve mel aëreum & cera inſiſtunt. Cera per ſublimationem facilè ſegregatur, quod mihi in roſis euenit inſtrumento figulino, cum pannis refrigerantibus. Putauerim & mel ſegregari

Tales ſunt
fl. roſar. tri-
folij, melilo-
ti, thymi, ti-
*lia, &c.*poſſe per macerationem in aqua deſtillata, & poſtea ad conſiſtentiam mellis coagulata. Sed flores eligendi ſunt tunc cum maximè eis apes inſiſtunt, aut iudicium eſt mel aëreum cecidiſſe: & illi, qui decerpti nihil afferunt detrimenti. Requiritur etiam induſtria in macerando.

TRACT. I. CAPVT XLVI.

De variorum mineralium commiſtorum ſeparatione.

INueniuntur in mineris etiam præter metalla variæ variorum commiſtiones, eæq; naturarum diuerſarum. Segregantur nonnulla per ſolutionem in aqua, vt ſales, chalcanthum, alumen, &c. commiſta lapidib², arenis, &c. Quædam per eliquationem, vt ſulphur ſaxis incluſum; aliqua per ſublimationem, vt volatiles ſales, ſulphur, &c. Sunt & quæ per elutionem alueoli ſecedunt, vel alias lotiones, vt arenæ à pingui luto, &c. in quibus omnibus natura commiſtorum eſt attendenda.

Segregare ſalem ab halinitro poſſumus per ſolutionem in aqua, & coctionem in lebete. Sal enim fundo adhæret. Nitrum cum aqua effunditur, & coagulatur.

Eſt & vitriolum cum alumine. Ea ſeparantur ita: Pyritæ (*nam in atramentoſis plerumque concurrunt.*) vſti ſoluuntur aquis. Solutio coagulatur in cortinis plumbeis ad liquorem ſpiſſum. Hic transfunditur in cupas, vbi in ſuperiore parte alumen congelat, in imo chalcanthum. Seorſim exciduntur. Vt autem ſeparentur & diuerſa loca occupent, affundenda vrina eſt. Ita in terra & lapidibus aluminoſis ferè eſt atramentum. Itaq; vrina vel ſtatim additur ad dilutum, vel poſtea cum clarefactum recoquitur ad ſpiſſitudinem. Et quidem cum in cortina eſt coctum, ſtatim ſubſidet chalcanthū innatante alumine. Itaque & ſuperior pars in peculiaria vaſa funditur, inferior item in peculiaria vbi coagulantur.

Vicina huic modo eſt vulgarium compoſitionum ſegregatio, veluti vnguentorum, electuariorum & ſimilium, quanquam quædam eiuſmodi ſint vt ſeparari amplius non poſſint, vt pinguedo pinguedini confuſa, ſacharum ſacharo, &c. quorum natura homogenea tota eſt, non aliter ac ſeparari nō poteſt aqua eiuſdem generis ab aqua, hydrargyros ab hydrargyro.

Ita & in metallicis & alijs mineralibus fruſtrà aurum ab auro, argentum ab argento colliquatis, ſegregare tentabit artifex. Eſt enim ea tantùm heterogeneorum.

TRA-

T r a c t. I. C a p v t   XLVII.

De segregatione eorum quæ aquis sunt commista, atque etiam diuersorum inter se liquorum.

SOlent mineralium calces adeò exactè aquis commisceri, vt nullum oculis discrimen appareat. Solent & succi, & aquæ diuersarum naturarum. Segregatio institui potest in his quæ non sunt omninò homogenea, veluti cùm hydrargyrus aut metallum aquæ forti commistum est, vel sal, chalcanthum, & similia, cum item aqua fortis aquæ simplici, spiritus vini aquæ, aqua vino, &c.

In quibus ergò succus vel calx coagulabilis est, ea destillatione, vel diuaporatione ab humore separantur, sed igni lento. Restans materia si difformis est, separatur more siccorum per sublimationes & alia.

Nonnunquam liquorem descendimus per filtrum chymicum. Postea lentè decoquimus quod transijt ad tertias residuas. Has effundimus in cadum ligneum, & stipulis iniectis coagulationem expectamus: idque tunc fit potissimum, cum nitrum vel chalcanthum aut alumen commistum esse suspicio est. Si quid in filtro hæsit, id iudicatur ex suis signis, quidnam sit, & quale. Nonnunquam tamen sine stipulis vel bacillis in vitro lentam expectamus coagulationem.

In nonnullis, vt quæ sunt succi crassioris, veluti vrina, &c. primum destillamus per lacinias vsque ad spissitudinem aliquam. Postea lenissimo balneo quod reliquum est aërei liquoris exugimᵘˢ, adhibitis refrigeratorijs, vas transfertur deinde in cineres, mutatóque excipulo elicitur aqua crassior, simplex tamen vsque ad consistentiam olei, si quidem talis esse potest. Hinc mutato recipiente in arena destillamus, & humorem totum abstrahimus, data opera ne caput mortuum comburatur, quod vitabimus si non vserimus vsque ad plenam siccitatem, sed aliquantò interius substiterimᵘˢ. Reliquum lenta exiccatione tolli potest. Singula ita separata per naturæ experientiam iudicabuntur; atque ita patere potest mistura thermarum, acidularum, amaridularum, vrinarum, &c. ad quæ exactè cognoscenda, pluribus opus est artibus, potissimum physica, & medicina.

Vinum ab aqua separatur per cissimbium hederaceum, *inquit Sylvius.* Vino enim perfluente manet aqua. (*Nonnulli idem per iuncos & medullam sambuci tentant, quibus aquam credunt attrahi. Mizaldus scirpo siccato ad idem vtitur.*

Aqua fortis & spiritus vini à communi aqua facilè segregantur destillatione balnei commoda. Exit autè in aqua præcipitatoria destillanda, primum aqua dulcis, postea fortis; & potes experiri eas in lamina ærea. Cum fortis apparet, tantum effunditur.

Aquam aurisabrorum segregare, vel reductio aqua fortis.

hh 2   Ex

Ex aquis acutis in quibus metalla vel gemmæ folutæ funt, facilis eft feparatio per aquam ealidam falfam : vel etiam per deftillationem.

Idem tamen etiam artificiosè fit per puluerem, ita vt vis aquæ æutæ irretufa nihilominus foluat fi quid denuò inijciatur. Puluis ille fit ex arfenico & halinitro in vitro angufti orificij, feu geranio loricato fuper prunis calcinatis, donec fumus exeat albus. Tunc teritur, inijciturque de eo aliqua portio in aquam folutionis, & calx lunæ præcipitatur, quo facto, noua luna poteft inijci, &c.

Ita fi aceto lythargyros fit refolutus, coagulatio fit per lixiuium in hūc modum. Vncia lythargyri triti maceratur per biduum in aceti vncijs tribus indies agitando. Acetum effunditur fine turbatione, vel per manicam aut laciniam deftillatur. Si inftilles guttam in lixiuium cineris querni, proportione obferuata, lac efficitur, in quo fit fegregatio per fedimentum. Idem euenit fi in decocto aluminis, falis, &c. foluas.

Lixiuium quoduis etiam coagulat ab aqua dulci, vel deftillatione, & diuaporatione.

Vinum fulphuratum vidi lactefcere ab aqua theriacali, fedimento facto fegregatio eft.

Infufio ftibij in lixiuio calcis, fegregatur aceto immiffo.

Decoctum præfilij feruet ab iniecta creta, ftatimque fecedit. Solutiones gemmarum in aceto, iniecta medicina quadam puluerem ftatim reddunt.

Liquores calcium metallicorum, quæ olea vocant, ita fe habent: vt oleum plumbi coagulat ftatim in cerufiam, gutta cuiufdam liquoris impofita. Exhalat enim fpiritus aquofus.

Decoctis herbarum fi infuderis aquam fortem, fecedunt, & fi poftea dulcem, amplius craffefcunt ; quod fit etiam coctione, & deftillatione.

TRACT. I. CAPVT XLVIII.
De elementis exprefforum fuccorum & fimilium.

MAGifterium elementorum eft cum mifta in fua refoluuntur elementa.

Et funt elementa naturæ, vel artis, quorum illa per putredinem naturalem, vel violentam corruptionem facta, à chymico principaliter non expetuntur, nifi quod cum aliquibus operationibus incidant, poffintque etiam in medicina vfurpari, quia non quoduis corrumpitur in quoduis, eftque difcrimen inter elementa nondum mifta, & ex miftione reducta.

Elementa artis naturæ elementis funt analoga, & operationibus artis è mifto educuntur : vbi notandum quod artifices in his quæ perfectè funt mista (*vt gemmis, metallis, plantis, animalibus*) quinque naturas inueniant, quatuor nempe, quæ cum elementis conueniunt, & quintam, quæ est cœlestis naturæ æmula. Itaque & elementa huius capsulæ vocantur. In magisterio elementorum quinta illa natura non educitur seorsim, sed cum aliquo elementorum, quo potissimum valet mistum, manet. Quanquam ergo etiam in extractionibus essentiârum fiant phlegmata, corpora terrea seu capita mortua, quæ elementa videntur repræsentare, non tamen hæc sunt eadem cum illis. In quo verò elemento potissima virtus essentialis est, illud pro nobilissimo habetur, & maximè vsurpatur, licet & reliqua non sint planè expertia eiusdem. Hinc videbis aliorum commendari terram, aliorum ignem, aliorum aquam, aliorum aërem : & illud ipsum quod ita ob essentiam coniunctam præstat, penè in locum essentiæ poni, & vocari oleum, tincturam, & similia, prout ad quæq; accedit.

Elementa artis sunt duplicia, succorum, quæ est rudior secessio, & substantiæ, quæ est interioris misturæ distractio.

Succi, decocta, & similia, cùm diuersas indigestásque habeant partes (*non intelligitur succus essentialis, de quo in extractis, sed crudus & elementalis*) digestione, circulatione, & similibus artificiis segregantur, & partes secedentes per modos abstractionum separantur.

Id fit in vino, cereuisia, & similibus calidis locis positis. Nam frigore potest inhiberi secessus (*vt fit inhumatione, vel demersione in puteos*). Itaque si & citius segregationem volumus, calorem debito modo augemus, vt in musto cuiuis constat Oenopolæ. Partes autem elementares ita separantur: imposito alembico super orificium vasis in quo vinum vel cereuisia feruescit, excipitur pars aquea & ignea, quæ separantur destillatione. Feces terram repræsentant, & quædam expumant, quædam subsident, eductóque vino eximuntur, quanquam aliquid maneat, quod tandem in tartarum concrescit. In vino ipso est aërea natura cum essentia. Verùm enimuerò etiam in fecibus restare aliquid essentiæ, ostendit extractio, &c.

In oleo non ita manifestæ sunt partes quatuor, cum amurca, spuma, & oleum appareant saltem. Vis ignea & aërea in ipso potius manet.

Eadem est ratio Terebinthinæ recentis. Manifestæ enim per macerationem feces, medulla, & aquositas secedunt, vt etiam depleri possit.

Lac secedit per coagulum vitulinum, acetum, & similia in partem terream, & phlegmaticam. Cremor innatans abstractus antè in butyrum cogitur, quod habet partes aëreas & igneas.

Eiusmodi separatio contingit etiam in excoctis venis. Nam quod terrestre est, plærumque subsidet in imo præfurnij: sequitur medulla, cui insistunt lapides & spumæ, vt sic possint segregari facilimè.

Sic in stibio secedunt spumæ, aerei & ignei halitus, & relinquunt partem meliorem, quæ in regulum transit non rarò.

Sanguines animalium, præsertim venales, in aquam secedunt, modò biliosam seu igneam, modò phlegmaticam: in imo est nigrities crassa, in medio portio rosea, quæ, si sanguis valde est cacochymus, etiam insistit, & in summo spectatur non rarò spuma phlegmatica vel mucus, aqua ignea, rosea concretio, & subtus nigredo &c. Eiusmodi autem naturalia artis sunt documenta ad similiter agendum.

Tract. I. Cap. XLIX.
De elementis substantiæ.

Elementa substantiæ sunt magisteria elementis naturæ analoga, dissolutione interioris misturæ facta.

Interior autem mistura est hîc quam elementarem & corpoream Chymici vocant, vt sit discrimen inter hæc & præcedentia, quæ videntur exterioris commistionis elementa.

Est hic quædam discessio Chymiæ à Physica. Hæc enim in homogeneo perfectoq́; misto omnia mista agnoscit, & omnia tandem soluit in elementa, ita vt nihil maneat quod non sit elementaris naturæ, & ad hanc simplicem queat redire. At Chymia corpus quidem elementare in mistis compositum concedit, sed in corpore quintam essentiam repositam, à mistione & resolutione excludit. Sed alibi hæc sunt satis declarata. Cæterum illa elementa duntaxat sunt analogica, & in multis tantum raritate, seu tenuitate substantiæ differunt, quam tamen etiam sequitur virtutis diuersitas in agendo. Ita quædam partes elaboratæ magis, quædam minus, quædam excoctæ magis, cum aliquibus quinta essentia & balsamus magis est, &c. Inde ergo vt qualibet accedit ad elementa naturâ, ita appellatur.

Hinc Parac. etiam ipsa elemēta natura simplicia in alia quatuor diuisit.

Vtilitas huius magisterij non est parua. Medicinas enim exhibet diuersis virtutum gradibus ad diuersa mala commodas, & ostendit cui parti plus faueat quinta essentia, vnde de eius natura possit syncerius iudicari, & qua essentiæ forma debeat educi per se, spectari.

Fit maximè per macerationes, digestiones, putrefactiones &c. deinde separationum modos, in quibus excellit destillatio &c. sed cauendum est, ne ad putrefactionem vltimam descendatur.

In vsu euenit nonnunquam, vt quædam elementa negligantur, quia præstantiores sunt ad idem medicinæ. Itaq; nonnunquâ videas artifices nó admodum solicitos esse de omnibus in separatione seruâdis: ita in lapidibus quærunt potius elementum terreum, in lignis aereum, in herbis palustribus aqueum, in resinis, metallis, &c. igneum, pro cuiusq; tamen natura. Nam & in herbis inuenire est ignem excellentiorem, & in lapidibus &c. Iuxta hoc consilium sepenumerò instituunt etiam praxin.

Cæterum ipsa elementa non tantû collatione cum externis elementis distinguuntur, sed & comparatione virtutis mutuæ, & colorum. Vnde phle-

gma

gma eſt elementaris aquoſitas, coloris aquei, ferè etiam ſaporis, &c. Aer coloris citrini eſt, & virtutis penetrantis: ignis rubei & incidentis mordicantiſq; efficaciæ, terra nigri, vel cinerei, aut, prout ignem ſenſit, albi, rubei, &c. Sed hæc non ſunt in omnibus eadē, vt dictum eſt, variante rerum natura. Ita aer ferè citrini olei inſtar eſt, ignis rubei olei, terra vt alkali. Per phlegma ſæpenumero educuntur elementa reliqua. Eſt enim aptum ad naturam ſeruilem, miſtis tamen rebus congruis, ſi ipſum per ſe non ſatis valet: alioquin etiam in medicina vſum habet, vt phlegma nitri, vitrioli, &c. ad vlcera humida in lue Gallica. Quæ deſtillatione ſeparantur facta putrefactione & digeſtione debita, plerumq; pro diuerſitate elementorum diuerſis receptaculis colliguntur, quorum ſi occaſio non eſt, poſſintq; elementa à capite mortuo ſeparata facilè ſegregari, etiam vno contenti ſumus. Sed in mutatione vaſorum attentione opus eſt.

Variat operatio ſecundum tenacitatem, aut facilitatem materiæ. Itaq; aliquot claſſes ſeparationis elementorum ſunt conſtitutæ, quarum vna eſt metallorum, lapidum, vitrorum, &c. alia plantarum, & carnium, &c. alia humorum, alia ſuccorum concretorum, quarum vnicuiq; ob vicinitatem ſubſtantiæ accedunt plura.

ELEMENTA METALLORVM EX PARACELSO.

Metallum potabile per aquam fortem ad oleiformē conſiſtentiam redactum, perfunde duplo aquæ fortis, quæ reſpondeat cuiuſq; metalli naturæ, & ſatis ſit valida. Incluſum vitro forti, in fimo digere per menſem, poſtea deſtilla leni cinerum igni, &abſtrahe aquam totam: quod in fundo reſtat, de auro, aurea marcaſita, hydrargyro & cupro, ignis nominatur, cum quo tamen eſt aer: de argento, & argentea marcaſita, aqua, cum qua eſt aer forma cærulea: de ſtanno aer inſtar olei citrini: de plumbo terra, cum qua eſt aer: de ferro oleum obſcurum rubeum. Cæterum hoc ipſum quod ita de ſingulis remanſit, reſoluitur iterum, ſitq; potabile cum aqua forti, & in hac forma ſeruatur.

Quod deſtillatione in receptaculum prolapſum eſt, elementa dicitur continere diuerſa, quæ ſegregentur per balneum, cineres vel arenam: veluti de auro & affinibus terra & aqua exijt: in arena exit prius aqua, terra ſequente. De argento prodit terra & ignis. In balneo ſeparatur terra primùm poſt ignis: de plumbo ignis & aqua ſequeſtratur, quorum hæc præcedit in ſeparando, ille ſequitur agnoſcendus colore ſuo. E ſtanno aſcendit aqua, ignis, & terra, quæ in balneo eodem ſeparantur ordine.

ELEMENTA MARCASITARVM SEORSIM.

Marcaſitas potabiles cum aqua forti digere per menſem. Segrega fortem.

tem. Reſtat puluis, quem forti denuò affuſa in oleoſitatem redige. Facta digeſtione abſtrahe fortem, & ſpiritum vini affunde: commacera, abſtrahe, idq́; ſæpius. Tandé etiam aqua dulcí fiat idem. Aqua fortis abſtracta ſecum vexit elementa quædam. Segregetur illa in balneo, reſtant elementa duo, quæ ſepata per arenam, & edulcorata ſerua. Conueniunt autem elementa cum metallicis.

Huc pertinent & elementa ſulphuris, quæ à veteribus ita fiunt: Sulphur coquatur in pari oleo lini, ne exundet, ſpuma rubra apparens deprimitur & remiſcetur cochleari, vaſe ab igni tantiſper amoto, coquitur vt fiat inſtar maſſæ: quam fractam recoque in pari oleo lateritio per duas horas, coctum in vitro igni triduano ellychnij imponitur, vt in oleum abeat. Hoc de ſtillatur, exitque 1. aqua paruo igni: 2. oleum rubeum igni duplo vſque ad vltimum. Caput mortuum reuerberatur in calcem, quæ eſt terra. Aqua rectificatur ſepties deſtillando: cum oleo rubeo eſt ignis & aer. Deſtillatione elicitur oleum clarum. Ignis manet in fundo, vt ſanguis. Oleum aereum rectificatur ſepties deſtillando.   Vſus eſt ad rem metallicam. *Ex libro Herdenij.*

ELEMENTA GEMMARVM ET LAPIDVM
ſeorſim.

Calcinentur cum duplo ſulphuris per horas quatuor, donec combuſtum ſit ſulphur. Trita calx eluatur & ſiccetur. Soluatur aqua forti, ſolutio deſtilletur ad oleoſitatem, quæ eſt gemma potabilis. Affunde huic nouam fortem, & digere in ſimo per menſem. Liquorem deſtilla: quod reſtat, eſt elementum vnum, deſtillatum ſepara in balneo, & exeunte aqua forti, remanent elementa duo, quæ ſegregantur in arena.

Congruunt & hæc metallicis, referendo gemmas puras abſq; albo vel cinereo ad aurum: albas, cinereas, cæruleas, ad argentum: alabaſtrum ad plumbum: marmor ad ferrum: ſilicem ad ſtannum: tophum ad hydrargyrum.

ELEMENTA VITRORVM SEORSIM.

Calcinata cum ſulphure eluantur, & addito pari ſale petræ, deſtillentur: liquor ſeruetur. Caput mortuum ſoluatur aqua forti, ſolutioni addatur prius deſtillatus liquor. Digerantur, deſtillentur vſque ad oleoſitatem, quæ eſt vitrum potabile. Hoc digere cum noua aqua forti per menſem: deſtilla ad ſiccum. Quod exijt, balneo ſepara, vel factis cohobiis elice elementa coloribus ſuis diſcernenda.

Ego ſoluerem iſta in liquores, hoc digererem ſpiritu vini, deſtillaremq́; ordine per gradus ignis, & diuerſas eſſentias ſeu partes ita eductas analogica elementa
dice-

dicerem, inquit quidam. Nam ista Paracelsica praxis nihil habet aliud quàm di-
stinctionem partium diuersarum, quæ exeunt per alembicum, vel non exeunt.
Videtur etiam operosior res quàm vtilior, multisq́, aliis artificiis inferior.

Alius modus: Quæ fixam consistentiam habent, calcinantur cum sale
petr. Calces sublimantur cum sale ammonio, repetitis vicibus donec iusta
sit copia. Sublimatum soluitur deliquio.

E solutione extrahuntur ordine elementa agnoscenda coloribus suis.
Adhibetur autem ignis per gradus, sitque destillatio primùm in alembico,
postea in retorta.

ELEMENTA PLANTARVM, CARNIVM, & similium.

Duo sunt hi potissimum processus:

I. Rem herbaceam, carneam, vel similem, si succulenta est, cum suo
succo, si non, cum vino aut alio liquore, tusam, putrefacito ad suum terminum. Destilla in balneo, & exibit elementum aqueum, seu phlegma. Feces
tunde, affusóque iterum phlegmate quantum satis, macera vase clauso per
septendium. Destilla per cineres, & ascendit liquor aureus, in quo est aer
& aqua. Separa in balneo, & aqua exeunte, remanebit aer instar olei
aurei. Caput mortuum tere, & affunde quatuor partes phlegmatis. Digere per dies septem, destilla igni fortiori, exibit primùm phlegma, postea liquor rubeus, qui est ignis, quæ si vno recipiente excepisti, separa in
balneo: Terra nigra manet in vesica, seu cucurbita, & vocatur caput mortuum, quod poteris purificare à sordibus. Elementa singula ita elicita rectificantur septies, propéque accedunt ad quintam essentiam circulando.

II. Recentia tundantur, & succus exprimatur, si non recentia, macerentur in aliquo liquore: exprimantur, expressum coquatur ad mellis
crassitiem. Hic succus in balneo destillatur, & exit phlegma, quo cessante, vas transfertur in cineres, oleúmque aereum exigitur. Fortiori demum igni mutato receptaculo prodit ignis, terra manet. Rectificatur
quoduis illorum destillatione sua: terra repurgatur.

Hic modus assumit extracta rudia, quæ aliàs inter essentias solent referri.
Sed tamen praxis est magistralis.

Nonnulli ex his vna eademque opera quatuor in vno vase conficiunt. Res
continetur in matula rectè in catino collocata. Eius collo adaptatur alembicus
cum rostro recto. Hoc inseritur vitro amplo tribus aliis lateribus rostrato,
seu fistulato, ita vt vnicuique suum recipiens adaptetur. Aqua deorsum
cadit. Aër pellitur ad latus è regione rostri alembici. Ignis ascendit, & reflexo va-
se excipitur. Alij alia fingunt vasa.

ii   Spe-

Speciatim de saluia & chelidonia. Saluiam tusam putrefac in fimo, destilla in balneo, & exit ignis (*vt in terreis & igneis fieri solet, iuxta Paracelsum*) postea mutatur aquæ consistentia, & sequitur terra, cuius pars fixa manet in fundo: cum terra est aqua. Insoletur ergo totus liquor per dies sex, destilletur in balneo, exit primò ignis, deinde aqua, vltimò pars terræ. *Paracelsus.*

Hic ait in aereis & aqueis herbis aerem præcedere, sequi aquam & ignem.

Chelidonia : Chelidoniam tusam per quindecim dies digere in fimo vitro clauso. Destilla lentè vsque ad siccitatem. Tunde hanc, & aquam abstractam redde, vt excedat quatuor digitis. Putrefac in balneo per octiduum. Destilla in cineribus per gradus donec nulli exeant spiritus. Ita comparatus est aer & aqua quæ separentur in balneo.

Caput mortuum calcinetur per aliquot dies igni leni. Calx imbibatur phlegmate seruato: Putrescere sinatur in balneo, destilletur per alembicum donec appareant albi lapilli. Hi soluantur in aqua propria, & coagulentur vicissim donec fiant crystallini. Puluerasos solue affuso aëreo, & aqueo elemento. Circula donec oleum appareat, quod est ignis. Separa.

Hi duo modi dissentiunt nonnihil ab vniuersali præceptione, quod tamen arti nil incommodat. Nam saluia & chelidonia singularium artificum arbitrio sua habentes, nihilominus elaborari possunt ad præscriptum generale. Quis verò omnium, suas quasdam rationes sequentium, varietates lege communi comprehenderet?

Crato de chelidonia, vt est in epist. à D. Scholtzio editis, ita præcipit: Mense Maio Chelidonia florens è locis aridis tota pondere IX. librarum colligitur. His additur salis torrefacti libra, in destillatorio capace per dies 15. putrefieri sinitur in fimo. Postea imposito alembico, lutoq́; munito in balneo abstrahitur aqua. Idem vitrum transfertur in cineres, & prolicitur aer: in arena aucto igni exit ignis croceo colore. Terra in imo est.

ELEMENTA HVMORVM MISTORVM, VT
vrinæ, aceti, vini, &c.

Destilla vrinam totam. Feces tere. Affunde aquam ad tres digitos, & macera. Destilla iterum: (*potes hoc & quartò repetere*) & exibunt duo elementa, aqua nempe, & aër. Separa in balneo: caput mortuum irriga phlegmate, & pone in cella donec crystalli gignátur. Exime eos, reliquum destilla, quod restat in fundo, iterum irriga phlegmate, vt lapilli emergant, idq́; donec nulli amplius existant. Hos lapillos ablue per aquositatem: puluera, & destilla, extrahesq́; ordine partem aqueam, aëream, & igneam, terra in imo manet. Aqueam & aëream coniunge prioribus aqueis, & aereis.

Paracelsus ita: Vrinam totam destilla, & ignis in imo manet. Confunde omnia iterum, digere, destilla, idq́, quater repete. Quarta destillatione exit aqua, inde aer, & ignis. Terra in fundo est, aerem & ignem excipe vase peculiari,

& in

*& in loco frigido emergunt cryſtalli, qui ſunt ignis, & fiunt interdum etiam_*
deſtillatione. Aquam abſtrahe, & deſtilla per balneum. Terra in imo ſubſi-
det. Quod deſtillauit, putrefac ad ſuum tempus. Deſtilla per balneum, & primò e-
xit aqua, ſecundò ignis.

E vino primum exit ſpiritus igneus, poſt aëreus, inde phlegma. Feces
phlegmate irrigantur & expectantur cryſtalli, vt in prioribus.

ELEMENTA TARTARI, CHALCANTHI,
ſalium, & ſimilium_.

Puluerata deſtillantur in retorta, donec phlegmate deſinente ſpiritus
ſequantur.   Mutato recipiente ſpiritus ſeorſim excipiuntur, & igni aucto
proliciuntur vſque ad rubedinem, qua apparente, mutatur recipiens iterum, & plenè extrahitur. Terra eſt in fundo, quam repurgabis, aut ea ſublimata portionem ſubtiliſſimam excipies.

In receptaculo ſpirituum plærumque aqua ponitur. Quod ſi factum
eſt, poſtea ſeparanda aqua ab illis ſeorſim eſt: quanquam conſultius ſit phlegma relinquere, & vno excipulo vtrumque capere, poſtea verò ſeparare
ſeorſim.   Phlegma etiam cineribus deſtillando educitur, reliqua igni
nudo.

Terram aiunt adhuc quatuor habere elementa. Hæc ſeparantur, &
ſigillatim ſuis adduntur, vnde accipiunt acumen, veluti caput mortuum, ſublimatur cum ſale ammonio, ſoluitur deliquio, liquor per retortam deſtillatur, exitque primùm dulce phlegma, poſtea ſpiritus, hinc o-
leum: terra in imo manet.

Sales ſublimantur calcinanturú: ſoluuntur in deliquio, & eodem modo ſeparantur, qui iam eſt dictus.

TRACT. I. CAP. L.
De Magiſterio principiorum.

PRæter ſeparationem miſtorum in elementa, alia quædam eſt in PRIN-
CIPIA, ideo inuenta vt potiſſimæ miſtorum vires exactius cognoſce-
rentur, in qua nempe parte latitarent magis, quæque & quomodo poſſent
ad vſum transferri. Ita hìc conſpicitur etiam materia patiens prima, cauſſa
informans, & procreans, ſeu primum motum in quouis genere ſuppedi-
tans.

Magiſterium principiorum eſt cùm principiatum compoſitum in
principia reſoluitur denuò.

Principia verò ſunt quibus primis res in quolibet miſtorum genere eſt
facta, quæ quia inſunt, etiam certam materiam ſibi ſubſtratam habent, in
qua vigeant, & cum qua educi poſſint.

Mani-

Manifestum ex definitione est alia hæc principia esse ab Aristotelis, & non prima omnium intelligi, sed in quouis genere prima, quanquam illis sint analoga. Principiorum autem vires tum in elemētaribus partibus, tum cœlesti fundantur. Itaque quodammodo & hæc ad elementa accedunt, quodammodo ad essentias. Vox compositionis hic non materialiter tantum sed & formaliter, & effectiuè accipitur; concurrit enim materialis compositio propter principiorum virtutes. Ipsa tamen non materiatenus omnia intelliguntur, vt patebit.

Principia sunt tria: Mercurius, sal, & sulphur.

Paracels. li-
quor in chir.
mag.

Mercurius est principium materiale, vaporosum, naturæ aquæ, subiectum nimirum generationis, cui per vim formantem imprimitur forma, & absolutio adest.

Sal est principium terreum cum virtute terminante coagulanteque, & sic etiam conseruante. Itaque & proximum est materiæ, & facilè cum ea conspirat.

Sulphur est principium formatiuum, aereum partim, partim etiam igneum, & æthereæ naturæ particeps, per quod virtus, & vita inest rebus. Quare & balsamus naturæ appellatur.

Parac. Sul-
phur est re-
rum siccarū
liquor humi-
darum, sal
coagulat &
trumq. lie
humidū est
liquor, quod
ardet, sulph.
quod rema-
net post &sti-
onem, sal. I-
tem, sal est
vita necuq
balsamus.

Ita sal terminator est sulphur informator vim plasticam habens, Mercurius vapor vnctuosus est, qui ab illis patitur. Formam essentialem Chymici relinquunt Physicis considerandam. Alij ista principia ita describunt: Quæuis viua, mobilis & spirituosa species, quæ in halitum attenuari potest, est mercurius: sicca, conseruans, & acuens est sal: vrens, calida & purissima est sulphur. Notabis hic peculiarem significationem vocis Mercurius, quam non potes conuertere cum hydrargyro, vt alias. Ita vita hic non est illa Galenica aut Aristotelica, sed Chymica, quæ respicit crasin, vnde sunt facultates & vires. Paracelso non rarò crocus & oleum, & balsamus, &c. quod his formis educatur principium vita, seu sulphur, &c. quanquam ei & sal nomine balsami nuncupetur in Chirurg. mag. quin & liquor mercurialis lib. 5. partis 3. Chirurg. mag. quod ei familiare sit delirare. Sic aliud est sulphur hoc, aliud sulphur vulgi, atque etiam in alijs artis partibus, quanquam illi qui disciplinæ morem ignorant, hanc diligentiam rideant, non concedentes Chymicis, quod vulgatæ officinæ.

Quanquam autem ista principia secundum artem è misto segregata, sint summè in suo genere exaltata: tamen nomina nonnunquam accommodantur etiam ijs quæ istis sunt cognata, sicut & viciffim accipiunt ab alijs, veluti mercurius phlegma vocatur, sal, terra, vel nomine essentiali, alkali, sulphur, oleum, crocus, anima, tota natura (sed alienius.)

Nota princi-
piis succeda-
neas esse es-
sentias has:
aquas, olea,
alkali.

Principia hæc singula viciffim distribuuntur in mineralia, vegetalia, & animalia, secundum classes mistorum, quia ex illis segregantur. Sunt tamen illarum rerum quædam magis mercuriales, quædam saliares, quædam sulphureæ magis, ita vt aliquando admodum paucum sulphur inuenias & sic de aliis.

Segre-

Segregantur plærumque vna praxi. Itaque & coniunguntur; priores
ſunt mineralium, & in his metallorum.

(Notandum eſt quod non rarò prætereamus principium ſalis, interdum
& ſulphuris, tantumȹ, contendamus ad hydrargyrum; interdum verò etiam potius ſulphur petamus, propter diuerſas circumſtantias.)

DE PRINCIPIIS METALLORVM.

In metallis artifices mercurium & ſulphur potiſſimum indagarunt,
nonnunquam & ſolum mercurium: ſalem rarius. (Vnde & Paracelſus pu-
tauit veteribus eum fuiſſe ignotum. Qui hunc ſequuntur pro ſale metallico habent vel calcem reſolubilem, ſed falsò; vel ſalſam concretionem quæ ex mer.ſtruo
metallorum ſolutorum ſeu ſeparatorum colligitur, ſed fallaciter: cum ille ſal potius ſit ſpirituum ſoluentium, quàm metallorum ſolutorum, exceptis venis cum
quibus eſt nitrum plærumque, &c.) Non adeſt autem ita corporaliter, ſed ſpi-
ritualius, & inuenitur in metallorum crocis & chalcantho.

Principia ſolis vel lunæ: (in quorum praxi & reliqua locum habent ſecundum analogian.)

Sol vel luna reſpergatur aqua mercuriali; (quam aliqui etiam in puluerem coagulant, & hoc vtuntur eodem modo.) calore admoto diſcedit in ſulphur & mercurium. Sal ſe miſcere creditur menſtruo, vnde reducunt.

Paracelſus ita: Aquæ mercurialis vnciæ octo. Impone laminarum ſolis vel lunæ ſeſcunciam. In vitro clauſo loca ad digeſtionem cinerum cali-
dorum per horas octo: vel in menſa ad ſolis radios è ſpeculo reflexos. Videbis corpus in ſubtilem vaporem abijſſe, qui eſt mercurius, innatante ſulphure. Vbi ſolutum totum eſt, ſegrega aquam deſtillando.

(Picus ait: Vidi ego non ſemel minus decima parte horæ diſijci metallum, **Teſtatur &**
ſic vt ſulphur alta petiuerit, mercurius ſpecie hydrargyri, ima; quod ipſum & Pa- **Eraſt9 ſe vi-**
racelſus ſe vidiſſe teſtatur, & quidam amicus noſter, Penotus, cum hæc ſcribe- **diſſe auri**
remus, policebatur tractatum de aquis eiuſmodi mercurialibus, quem vbi editus **mercurium.**
fuerit, poterunt conſulere rerum chymicarum ſtudioſi.)

Penotus ex nobili quodam talem ponit praxin, nominatim ad aurum.
℞ ſalis nitri partes duas, vitrioli ad flauedinem calcinati partem vnam.
Fac inde aquam fortem. Ad huius libram vnam adde ſalis ammoniaci vncias quatuor, vt in illa ſoluatur fiatque aqua regis. Sal ammoniacus autem
prius ſit per ſalem communem fulum ſublimatus, vt aurum eò citius aggre-
diatur, & ſoluat. In hac regis aqua ſolue auri quantum placet. Poſtea aquam
abſtrahe ad medietatem vſque, & ſine vas refrigeſcere cum materia. Ita fient cryſtalli. Adde cryſtallis parem quantitatem ſalis communis fuſi, & cô-
tere. Affunde aquam regiam nouam, & extrahe iterum, quò ſæpius, eò
melius, donec aqua debilis fiat, & ſuas vires amittat. Tunc abſtrahe totam
aquam ad ſiccitatem vſque. Deinde affunde quintæ eſſentiæ vini, quæ ex

ii 3   tar-

tartaro calcinato rubedinem extraxit, quantum fatis. Sine in digeſtione, quò diutius, hoc melius.　Tandem abſtrahe paulatim, & ad extremum vehe mentiſſimo igni pelle; & aſcendet pulcherrimus puluiſculus flaui coloris, qui etiam reuiuiſicatur. Si huius vna pars miſceatur cum duabus tartari cal cinati, & ſublimetur, aſcendet auri mercurius verè viuus.

(*Hic negliguntur duo principia, ſal & ſulphur. Congruit autem deſcriptio cum ſententia Geberi. Alius quidam ita habet: aurum per antimoniū aut quar turā ſummè purificatū ſolue in aqua regia. Phlegma ſubtrahe per deſtillationē vſ_q ad oleoſitatem. (Geber coquit ad tertias, & poſtea in cella locat aliquot dies donec oleum deponat) ponatur in loco frigido humido, donec cryſtalliſiant. Hos per pu trefactionem & ſublimationem redige in mercurium viuum. Vſus huius mer curij videtur fuiſſe ad tincturam particularem. Nam eum præcipitauerunt vſ_q*

Sed adden- *ad purpureum, donec in lamina argentea ſine fumo fluxerit, & ſic in ſolem con*
dum metal- *uerterit. Augent autem eū cum dimidio ſimplicis hydrargyri in infinitum; &*
lum eſt. *cum volunt marcas 7.8.10. &c. reducunt.*)

Eodem videtur tendere & hæc operatio: calcinatum metallum per aquas fortes ſublimatur cum ſale ammonio ſæpius. Sublimatum coquitur ex aceto, & reuiuiſcit. Oportet autem eò deduci aurum, vt aſſumat naturæ cryſtallini ſublimati. In aceti effuſione quærunt ſalem, & ſulphur.

(*Nonnulli calces coquunt in ſpiritu tartari per dies 36. dicunt_q abire in mercurium.*)

Aliter per aquam vitæ: In ſeſquilibra aquæ fortis ſolue ſelibram am monij ſalis. Inijce hydrargyrum vt item ſoluatur. Colloca in phiola clauſa in fimo per dies decem & quatuor, donec aqua fiat cærulea. Deſtilla per alem bicum leni igni, vel conficiatur in hunc modum.

In aqua forti facta è vitriolo ſeu ſale nitri, ſolue ſubtriplum ſalis amm. & dimidium hydrargyri.　Tertio loco adijce duplum ſpiritus tartari. Con fuſæ aquæ ſubſideant per triduum. Clarum effunde citra fecem agitationē. Cape calcem metalli per aquam fortem factam. Infunde in ſpiritu tartari. ſicca, iterum & tertiò infunde.　Huic calci ita paratæ affunde aquam prius deſcriptam ad altitudinem culmi lati, quâ latus. Loca ad calorem fornacis vaſe benè clauſo. Aqua ferè abſumta, affunde aliam, & agita crebrò donec calx abeat in mercurium.

(*Calx illa etiam ſic præparatur: Scobem metalli tere cum ſale in alcool. Sa lem elue per aquam. Puluerem ſiccatum ter ſpir. tartari imbibe, & ſicca ſuper pru nis. Siccatam in phiola perfunde ſpiritu tartari (intellige ſalis tartarei) denuò ad duos digitos, & digere vaſe clauſo per octiduum. Spiritum demum cautè effunde, calcem ſicca.*)

Eſt & cum per acetum philoſophorum acerrimum ſulphur elicitur nigrum aſpectu, at in receſſu puniceum. Sed indiſtinctus manet cum aceto mercurius, quia ſimile ſimili confuſum non recedit. Sit aurum optimè re

pur-

purgatum per antimonium. Moliatur cum aceto præparato. Puls in catinū candefactum inijciatur, statim imposita pyxide tereti oris æqualibus, vt fumus aceti excipiatur. Hic postea ex illa pyxide detergeatur & reddatur priori in catino. Quiescat ita puls, donec ascendat sulphur nigrum, quod elutione massæ in pura aqua facilè abscedit, & fundo conchæ lęuis insidet, à quo affusa aqua, vbi siccatum est, facilè colligitur cum penna. Porrò quia non semel euocatur totum, repetendus labor sæpius est. Acetum illud tandem per corium agitur, estq; mercurius duplatus. Vix poteris totum exhaurire. Cohæret enim compages arctissimè. Vide ergò quando velis cessare. Si calcinatum prius aurum fuerit, diuersis modis sæpius, facilius soluitur.

Nonnunquam loco illius sulphuris, tinctura extrahitur, & residuum album corpus vertitur in mercurium per digestiones in aqua salis tartari, acetoq; è mulsa adiecto sale & per destillationem vnito. Sed hæc non est vera separatio: cum illa tinctura nihil sit aliud quàm auri nucleus, & adhuc aurum in sua substantia. Non negem tamen per tincturam faciliorem ad sulphur viam esse.

Nonnulli sulphur auri ita parant: Ex salis ammonij & petræ paribus destilletur spiritus fortis. In hoc solue aurum per antimonium repurgatum, & in laminas extensum, id quod fieri solet octiduana in fimo calente mora. Solutionem destilla per alembicum igni leni seu mediocri, ne aurum ascendat. Cum rubra gutta apparet, ignem amolire. Liquamen in fundo erit, quod in cella solues in liquorem ex quo existunt crystalli in concha vitrea. Affunde aquam prius destillatam. Digere & destilla per arenam. Sulphur salis exit per alembicum.

(*Ita destruendum hic est aurum vt planè formam suam amittat, sitq́; sulphur irreductile in aurum, sicut & mercurius, nisi reductio fiat per transmutationem mercurialem. Hoc itaque attendendum est, & per analogiam reductionis cinabaris eò veniendum. Fixa autem requirunt longè fortiora, quàm non fixa, & difficienda sympathia, &c.*)

Porrò solent metalla & in crocum deduci. Crocus coquitur aqua pluuia. Sulphur, *inquit Paracelsus*, ascendit, & abstrahitur cū penna, vel cochleari. Aqua facto sedimento effunditur, & coagulatur in salem. Sedimentum soluitur in mercurium per sublimationem cum sale ammon. vt suprà.

Mercurius solis facere traditur ad lepram & eleph. item Gallicam cum epilepf. Hydrargyrus lunæ commendatur ad Gallicam cum catharris. Mercurius martis ad Gallicam cum ictero. Mercuris Veneris ad Gallicam cum gonorrhæa.

(*Non conueniunt hæc principia cum his quæ alijs eliciuntur modis. Et ex aqua aliàs chalcanthum conficitur. Dura res erit ex croco mercurium facere.*)

De merc. plumbi peculiariter etiam ita præcipiunt: laminas plūbi tenues sterne cū sal. com. in vitro. Tege optimè, & sepeli sub terra per dies 9. Inuenitur mercurius, *inquit Fallop.*

Sal

Sal & ſulphur hic prætereuntur, poſſunt tamen ex reliquijs peti.

Vel: Plumbi granulati libras duas, ſalis tartari, ſalis communis, antimonij ſingulas ⚫cias. Contunde & miſce poneque in retorta loricata cum receptaculo amplo ad dimidium lymphato. Da ignem lenem per horas duas. Poſtea auge vt vas excandeſcat, itaque vrge per horas quatuor, & exibit hydrargyrus in receptaculum; ex libra ſc. vna, vncia vna, vel amplius. Quod collo hæret, commotione vaſis excute. *Porta.*

(*Hâc via extractionis eſt. Sed facilè poteſt accommodari ad principiorum ſegregationem, habita ratione ſulphuris quoque & ſalis, & vt plus exeat hydrargyri: veluti ex hoc: particularum plumbi lib. 10. ſalis petræ, calcis tartari ſingul. lib. ponantur in olla vitrata, affuſoq, ſpiritu vini optimo locentur ad vaporarium ſalidiſſimum per ſex dies; dicuntur inueniri ſeptem libræ hydrargyri.*)

Hic mercurius, ſal & ſulphur nonnuquam ex vena diuite colliguntur, & quidem potius cum in excoctis metallis potiſſima vis ſalium & ſulphuris, quæ in ſpiritu erat, abſumta ſit. Ita verò conficiuntur ex vena Saturni:

Galænam redige in cryſtallos. Adde his parem ſalem ammoniacum. In vitro locatis affunde acetum radicatum ad duos digitos. Putrefac in fimo per dies quindecim, donec purpuriſſet materia repræſentans pulticulæ conſiſtentiam. Adde farinam frumentaceam: forma globulos, quos exicca. Cape cucurbitam, vel ollam, & pone in eo ſtratum ex cinere ſarmentitio cribrato & calce: ſuper hoc ſtratum globulorum loca, idq; viciſſim donec tertia pars ſit impleta. Reliquas duas muſco ſicco infarci. Hâc cucurbitam inuerſam pone ſuper alia, quæ tertia ſui parte frigidam contineat. Deſtilla ita per deſcenſum per gradus ignis. Mercurius cum ſulphure in vas ſubiectum rorabit. Separa vtrumque artificioſa ſublimatione. Sal ex phlegmate coagulatur cum quo cryſtalli ſunt facti.

(*Interdum cryſtallos venæ plumbariæ terunt cum ſale ammonio: ſublimant, ſublimatum coquunt in aqua dulci, voluntq, in hydrargyrum abire. Alij parant cum aqua boracis, aqua forti, oleo rubro vitrioli perfuſi aceto ſtillatitio, &c.*)

Mercurius ſtanni ex ſua vena: Fit aqua fortis ex ære vſto, ærugine, ſale communi, arſenico albo, vitriolo, ſulphure, calce viua, tartaro loto, cinere ſaligno, ad æquales commiſtis, deſtillatione cauta adhibitis cohobijs. In hâc locata minera ſtanni loco humido, intra tres menſes dicitur abire in hydrargyrum, cuius vſus ad tranſmutationes.

Aliàs calx ſtanni per ſulphur facta, ſoluitur aqua regia. Aqua deſtillatur, affuſaque alia digeritur per dies viginti ad calorem leuem. Deſtillatur. Calx affuſo aceto vini ſtillatitio maceratur per dies viginti. Abluatur benè & ſoluatur, Inueniuntur grana arenoſa, quæ in pixide lignea adiecto aceto ſaleq; citò teruntur & agitantur vt coëat mercurius. Hic tandem colatur, abluitur, & ſiccatur.

Metal-

Metallorum rationem sequitur & stibium.   Destillatur ex eo aqua fortiter. Hanc coagulant in salem. Caput mortuum sublimant in quartum alembicum, & inuenitur sulphur inflammatile.   Regulus soluitur in hydrargyrum per tartari spiritum, more auri.

(In hoc principia sunt euidentiora, vt & in venis metallorum.)

Principia vitrioli: Destilla spiritum fortiter. Abstrahe phlegma: quod est pro mercuriali principio. Salem quære in capite mortuo. Spiritum cum aqua ardente digere & destilla sæpius, quousque exeat dulcedo, quæ est pars sulphurea, quæ etiam sua sponte enatat ad superficiem diuturna maceratione. Spiritus coagulatus præbet partem mercurialem & salem.

Talis processus est & in tartaro, & similibus.

Iubent coquere vitriolum in aqua. Sulphur innatans specie pinguedinis abstrahitur.

Salem vitrioli Zvingerus etiam nominat eum, qui ex capite mortuo spiritus destillati exit.)

Penotus coquit vitriolum in aqua & imponit ferri laminas, donec rubedine obducantur, qua abrasa reponit illam, colligitque nouam, vsque ad finem.

Aliqui sulphur vitriolatum vocant si coctum purgatumque calcinetur, oleo misceatur, iterum calcinetur fortissimo igni, &c.

(Hic iam disceditur à natura hydrargyri longius, & pro mercurio habetur quod aqua qualitates habet. Sed & tertium principium sal scilicet, cum terra mistum est, salisq̃ naturam habet propinquius quàm sal metallorum, quem forte rectius vitriolum, aut ex hoc alcali appellaueris. Ita & sulphur cum externo congruit magis quàm in metallicis, vbi in excoctis ob fixitatem suam ab externo discedit longius.)

Principia lapidum & gemmarum: Redige in calces solubiles. Solue. Destilla lento igni. Exit aquosus humor pro mercurio. Reliquias maceta spiritu vini. Destilla spiritum. Refunde, & cohoba sæpe. Tandem extrahes sulphur forma olei, quod à menstruo separabis, & in suam formam si placet, coagulabis. Sal in menstruo & capite mortuo inuenitur.

DE PRINCIPIIS VEGETALIVM.

Digere seu macera ea in suo menstruo. Destilla aquam, quæ est mercurialis. Feces tusas imbibe aquæ parte & macera, seu putrefac in fimo per mensem. Exige oleum, quod in suam formam coagula. Cum capite mortuo sal est: quem depurabis reuerberando, soluendo, &c. vt alcali. Ita nominatim chelidonia & similes herbæ separantur.

kk   Prin-

Principia piperis: Pulueri piperis affunde aquam alnorum ad tres digitos. Aptica in menſe Auguſto per dies nouem. Cola. Colaturam deſtilla. Refunde deſtillatum capiti mortuo. Macera denuò per nouendium. Deſtilla. Primam aquam ſeorſim excipe. Cum ſignum mutationis vides: oleum excipe vaſe alio, quod, ſi vis, coagula in ſulphur. Si aliquid aquæ ſecum vehit, id ſegregatum adde priori. Aquas confuſas deſtilla ita vt duæ partes exeant, vna manente. Sine hanc ſtare per menſem in cineribus calidis vaſe clauſo. In fundo erit ſal piperis ad cruditates ventriculi vtilis.

Alia ſalis pars extrahitur ex capite mortuo reuerberato, &c. Elementum coniunctum pro ſordibus habetur.

(*Multa ſunt in his quæ phyſico non ſatisfaciant. Mercurius eſt aquoſitas elementaris, quæ cum in ſiccis ſit abſumta aliena humiditate eſt compenſanda; at hoc non eſt in principia ſoluere. Deinde dici poſſet, ſalem iſtum non eſſe principium ſubſtantiæ, ſed tranſmutationis, &c. Sicut & oleum eſt eſſentiæ quintæ magis, vt tota ſeparandi ratio potius eſſentialis quàm magiſtralis videatur. Sed eiuſmodi difficultates in ſuperioribus partim ſunt ſublata, & dandum eſt aliquid artis conſuetudini, quanquam non omninò placeat phyſico, qui ne ſua quidem volet caſtigari ad aliena artis arbitrium.*)

Principia Guaiaci: Teſſellas Guaiaci deſtilla. (*vt nucis moſchata ramenta ad oleum.*) Deſtilla aurem aquam. Hac abſtracta, per deſcenſum ſecundo gradu ignis circularis reſinam elice. Reliquias calcina, & ſalem extrahe cum aqua.

Exire poſſunt ex libra vna ligni, aquæ vnciæ tres, gummi vnciæ ſex, ſalis drachmæ quinque: vt de impuritatibus ſit reſiduum.

Nonnulli præmacerant ſcobem in balneo, deſtillant aquam. Macerant iterum in aqua ſua antè paulò abſtracta, & oleum prouocant. Caput mortuum calcinant ad ſalem.

Principia olei oliuarum. Libras quatuor olei coque in lebete, donec incipiant redolere. Vbi refrixit, immitte in cucurbitam cuius orificium obſtrue ſpongia denſa, beneque luta. Impoſito alembico commiſſuris exactè obturatis, deſtilla igni lentiſſimo æquali. Exit aqua rubicunda, cui ſi videris innare aliquid olei, ceſſa deſtillare. Appoſito alio receptaculo extrahe oleum totum, ne tamen nimis fluat, quod ſi accidat, ignis eſt minuendus. In fundo reſtat materia craſſa. Hanc perfunde aqua fontana in concha munda, vt ſi quid olei reſtet, id enater, & ſeparetur totum. Aquam deſtilla. Deſtillatam coagula vitro forti. In fundo ſal eſt coloris purpurei, leniter purgans.

Aqua rubicunda dari poteſt ad calculum, ſed inſuauis eſt, & facilè putreſcit.

Eſt

Est & alia ratio huius. Oleum in parua cucurbita deftillatur, vt edat ſpiritum phlegmaticum, poſtea aëreum, in fundo eſt ſulphur craſſum, quod & balſamum nominant, in quo proportionalis ſal eſt, extractaque craſſitie inuenitur. Reſpondent autem hæc etiam elementis.

(Ita proximè acceſſum eſt ad eſſentias, vt non multum interſit ſiue pro eſſen-
tijs ſiue magiſterijs illa habeas, cum depurationem nanciſcantur debitam.
Tota claſſis principiorum videtur parte metallica magiſtralis
eſſe, parte vegetali eſſentialis, &c.

TANTVM DE MAGISTERIO.

Finis Tractatus primi libri ſecundi.

242

LIBRI SECVNDI AL-
CHEMIÆ

TRACTATVS SECVNDVS

DE EXTRACTIS.

CAPVT I.

De ente primo.

HYMIÆ tractatus secundus est de extractis.

Extractum est quod è corporea concretione, relicta crassitie elementari extrahitur.

Estque hoc quasi medulla & pars nobilissima substantiæ totius in elementis producta, & quasi seminata, in quorum quoque una conseruata est, & ad nobilitatis suæ perfectionem innutrita. Habet quidem radicem quadamtenus ab elementis; vnde & exiscit familiaritas congenerationis & sustentationis: sed principaliter à vi creantis Dei & per cœli occultos influxus porrò etiam in natura conseruantis depender.

(Non ita factæ sunt gemmæ, succinum, plantæ, &c. vt ex arenis compactis lapis arenarius, sed vnumquodq, pro se à benedicente Deo substantiæ suæ principiū, progressum & perfectionem in materia elementari accepit, ne putemus adeò ludicram & puerilem rem esse mistionem naturalem, &c.)

Hinc extracta, præsertim nobiliora, æthereæ & cœlestis naturæ dicuntur æmula, beneque præparata, & dextrè ad salutem humanam adhibita, Deo simul benedicente, multum in re medica possunt.

Nota verò hac non ita accipienda esse vt Stultra Paracelsitarum secta intelligit, exhibilans ea in occasione omnem philosophiam Aristotelicam Cum verò etiam ab elementis seu matricibus suis plæraque quam exactissimè liberentur (nam inæqualis & in his est elaboratio) constat inde quomodo à magisterijs differant cum quibus elementa potius manent (nisi interdum negligatur quiddam, aut inter depurandum secedat) veruntamè exaltantur ad æmulationem extractorum; deinde etiam quantas habeant in celeriter iuuando ob subtilitatem essentiæ penetrantem corpora tota, prærogatiuas.

Cæterum illa crassities elementaris quæ relinquitur, modò corp⁹ nominatur, modò caput mortuum, modò fex, recrementum, elementa, &c.

non

non quod nullas in se penitus habeat vires, sed quòd aut nihil præsentis extracti, aut non magni momenti. Aliàs elaborari, & per se ad aliud quiddam potest. Istis autem appellatur nominibus, non quòd planè ad elementa non pertineant extracta, sed quod in collatione cum parte crassa, nobilis altera videatur, anima, ballamus vitæ, essentia purissima, & coelestis natura esse (*quanquam nonnihil etiam à coelo habeat, vel secundum materiam si his aliqua fides est, qui in segregatione coelestis lucis à terra obscura, non omne abscessisse æthereum ex Platone putant, aut saltem postea in ortu mistorum aliquid inde repetitum, idq́; comprobat ratio agentium è coelo corporum in hæc inferiora, &c.*)

Extractum postea est: Ens primum, & essentia.

Ens primum est extractum minerarum, quæ nondum attigerunt vltimam perfectionem, suntq́; seminalis potentiæ foecundiores.

Hinc nominari solet & materia prima, quæ est cuiusque generis, & vim ad id proximam habet, ex qua primùm motus naturalis ad substantiam existit.

Petitur primum ens è mineralibus potissimum. Hic enim venæ metallorum & gemmarum actu quidem illis vacuæ, at potentia foecundæ inueniuntur. In vegetalibus quæritur ex plantis, cùm adhuc sunt in herba, vel immaturis fructibus. Animalium classis non multa præbet, nisi è sanguine conficere velis, & ouis. Ita & ranarum similiumq́; spermata ad hunc vocantur vsum.

Nonnulli è cibo potuq́; producere conantur, quod his nutriatur substantia potestate eadem existentibus. Itaq; pro humano ente vini & panis extractum faciunt, quod hic sit cibus humanus sed non considerant, quod vtrumq; remotiore sit potentia, quàm vt humanum ens faciant, quandoquidem viroq; aluntur etiam sues. Nec ad propinquum adduci possunt ignibus externis, qui de humana natura habent nihil, & non minus præparant porcis quàm hominibus.

In medicina magnum dicitur habere momentum ens primum. Nam instaurationem virium, & renouationem creditur præstare, quasi sicut noui metalli, gemmæ, alteriusúe rei principium natura inerat: ita etiam motus ad nouas vires in homine.

Sed vide ne dispar sit ratio ad gemmam habere motum, & ad hominem renouandum à radice. Considera item, an quod in natura erat, maneat à vi artis. Spiritus exiles natura & crasês vix ita poterūt seruari, vt ostendit magnes, ferrum, vitriolum, galla, &c. & quod in natura profecisset ad gemmam, in homine ad morbum proficeret, &c. Si vis vti eiusmodi phantasticis non innitere, sed medicorum regulis & experientia. Alioquin cum venis coniuncta sint varia partes minerarum, atq; etiam excrementa, quæ adeò exactè non licet separare, quin magna parte maneant, aut vna vis prolifica pereat: facilè etiam de his concluderes, quòd sua motu corpus impellant, & immutare conentur, &c.

Fiunt

& Galenicâ & nominū poteta sine sensu, magica superstitiona fundens.

Materiæ prima.

Vox primi entiū non conficta à Parac. primum est, sed longè ante fuit in & su. Vt Vetusti libri testatur.

Fiunt porrò prima entia ex suis matricibus per digestiones in suis menstruis, solutiones, coagulationes: interdum & sublimationes, & destillationes, conuenitq; praxis nonnunquam cum succis extractis, nonnunquam
cum essentiis quintis & tincturis, nonnunquam cum magisterio liquorum.

PRIMVM ENS METALLORVM.

Terram metallicam, mineramúe in qua experientia docuit aliàs nasci
metallum, & nasciturum, si relinquatur vsque ad suam maturitatem, con-
iecturæ certæ monstrant (*veluti si ferruginosam illam Styriæ terram aut suc-*
cum sumeres, vel venam illam bismuthi, quæ initio vana argenti, postea multum
generauit)repurga ab adhærentibus sordibus & alienitate diligenter, studiosè obseruans, num quid venenati adhæreat, aut etiam penitus se insinuaue-
rit(*quod etiam in muribus, & muscis, experiri potes. Si enim hæc animalia mo-*
riantur inde, arsenici, vel cobalti venenati suspicio est). Tritam bene elue per
alueolum, aut quo pacto terræ solent lauari. Elutam læuiga subtiliter, &
affuso vini spiritu alcalisato, vel aceto stillatitio, vel salis liquore (*prout res*
& vsui postulauerit) pone in digestionem suam. Vbi combibisse spiritum
aliquid entis iudicaueris (*quod facilè æstimatur ex colore & consistentia mu-*
tatis)transfunde, & adiice nouum, idq; repete dum iudicabis radicem puram extractam esse: spiritum extractionis postea coagula in balneo. Coagulum dulci stillaticia ablue, postea etiam aqua rosacea. Exiccatum serua, & est
ens primum eius rei, cuius mineram imposuisti.

Quidam elaborant amplius, sublimant, aut adiecta caphura per alembi-
cum exigunt, vt acquirat naturam quintæ essentiæ. Sed non confundendi sunt ar-
tificiorum termini.

Paracelsus ita: Mineram tritam perfunde quadruplo salis circulati, & v-
Hac est exalta *digere in fimo per mensem, vt transeat in aquam. Separa purum ab impuro: pu-*
tatio entis *rum coagula in lapidem. Hunc calcina cum vini spiritu rectificato, seu circulato,*
magistralis. *calcem solue super marmore, solutionem circula in digestorio.*

Ita & ex minera mercurij, stibij & similium extrahitur.

In omnibus penè mineris inuenies coniunctum chalcanthum, vel nitrum si
placet, potes hæc seorsim excipere in prima lotione.

PRIMVM ENS GEMMARVM.

Subtilissimum puluerem mineræ gemmarum aceto stillatitio macera,
vt quod solubile est, suscipiat. Solutionem transfunde, adiecto ad reliquias
Hac est oxal aceto nouo, itemq; digere, & separa vt antè. Acetum abstrahe: affunde vini
tatio vlteri- spiritum, digere per mensem suum: destilla cum cohobiis, donec exeat per
or. alembicum, vel etiam sublima. Essentiam ita extractam & coagulatam, si
placet, solue per deliquium, & circula in mellis consistentiam.

Para-

Paracelfus nominatim in Smaragdo: Mineram Smaragdi in alcool reductam, calcina per falem folutum, donec albefcat, & foluatur. Solutum pone in phiolam, & adhibe ad ignem nudum, vt materia à fundo fublimetur, idque tamdiu, donec fpiritualis natura abeat in corpus, & relabatur ad fundum, ficut liquor mellis.

PRIMVM ENS SVLPHVRIS,
& fimilium.

Venam fulphuris macera in fale foluto, & facito vt in aquam fecedat quod purum eft. Aquam deftilla quater, & exit albedo, in qua eft primum ens fulphuris.

Paracelfica defcriptiones tyronibus funt valdè obfcuræ. Si quis affequi nequit, poteft hoc modo procedere. Nolumus enim interpretari Paracelfica, ne futilibus hominibus occafionem rixandi demus, quafi autorem non fimus affecuti, quæ tamen & ipfi alius fic, alius aliter declarant, & nefcio qua quifq, fibi in illius verbis myfteria quærat. Venam fulphuris à venenis liberam tere, & elue diligenter. Tritam læuiga, affunde fpiritum vini cum fale tartari exacerbatum: pone ad digeftionem ad fuum tempus, quo videris colorem & confiftentiam vini mutatam: effunde repofito alio, & fic procede vt fupra more tincturarum. Abftrahe poftea vini fpiritum deftillando. Ens primum edulcora, fi exaltare vis: affunde nouum fpiritum, fed non exacerbatum, circula, & deftilla aliquoties, donec exeat per alembicum. Exibit facilius cum caphura, &c.

PRIMVM ENS HERBARVM.

Herbam tufam in pultem include cucurbitæ Hermeticè obfignatæ: digere in fimo per menfem: ex hoc colloca in arenam item per menfem, fepara purum ab impuro per colatorium: puræ parti in cucurbita affunde falem folutum. Claufa diligenter digere ad folem per menfem. In fundo liquor erit fpiffus: fal innatans feparatur. *Paracelfus.* *Eft ferè Via extracti fucci.*

PRIMVM ENS ANIMALIVM.

Fœturam ranarum, (*oua formicarum, oua auicularum, &c.*) contunde probè, & fuccum exprime. Fiat fedimentum per quietem: Aquam modicè effunde. Reliquiis mifce falis puri quantum fatis (*parum*) digere per menfem, affunde vini fpiritum, beneque moue, & macera: deftilla per alembicum cum cohobiis: deftillatum coagula. *Cur non & teftes animalium?*

Ita & è fanguine petitur: è vino & pane fit per putrefactiones, expreffiones, digeftiones, deftillationes, &c.

TRA-

Tract. II. Cap. II.

De essentia, & primùm, de succis extractis.

ESsentia est extractum simplex, è rebus totâ suâ natura perfectis produ-
ctum.

Et nominatur essentia ideo, quòd in elementaribus loculamentis nata
& comprehensa, totius substantialis misturæ pars sit perfecta, matura, & essentiali ratione virtutéque instructa.

Potest fieri ex omni mistorum genere, minerali, vegetali, animali, magno cum prouentu.

Ridiculæ illæ contentiones de forma viui & occisi sunt repudianda. Cer-
tum est Chymicum per rhabarbari essentiam non intelligere formam vegetabi-
lem actumq̃, vitalem, qui interit dum moritur, sed essentiam misti, qua certo mo-
do est mistum, &c.

Essentia est duplex: succus, & mysterium.

Succus est essentia proximè è corpore consistentia chyliformi extracta.

Hinc vicinior magisteriis succus est, & nonnihil corpulentiæ secum
vehit, quin si cum mysterio conferatur, corpus dici poterat, cùm non ita
sit elaborata, sed adhuc rudior essentia, & non rarò mysteriorum est materia. Habet secum aliquid humidi, plus minus, pro rerum natura. Id autem
cùm sit vaporabile, aut exhalabile, facilè fieri potest, vt succus liquidior
paulatim per digestiones inspissetur, aut concrescat: vnde succus concretus
vel inspissatus nominatur. In mineralibus & affinibus etiam in alkali sui generis, hoc est, calcem essentialem abit, quod alieno humore sit contempe-
ratus.

Si non ad siccitatem cogitur, sed consistentia mellis crassioris relinquitur, solet Viscus nuncupari, maximè tamen, si ipsæ herbæ sint tenacis
lentoris, qualis est in cotyledone, baccis visci querni, semperuiuio, portu-
laca, &c. Ex animalibus viscositas gluten dicitur: vt taurinum, ichthyocolla,
&c. Nonnunquam idem ex concretis succis recoctis fit, vt vernix, &c. vel
solutis, vt aquæ gummatæ, &c.

Paracelso viscum non est extractum peculiare, sed quiuis lentor, veluti cùm
in experimentis iubet caseum in viscum præparari ad excipiendos pulueres. Cum
herbis tamen est quædam extractio. Nam succus vel decoctum sumitur ad lento-
rem redactum, abiectis crassamentis, &c.

Cæterum dum succi inspissantur, solent nonnulli frequentius colari,
& adiecto sacharo coagulari cum perspicuitate. Aliquid etiam aluminis interdum additur, facilioris πήξεως & coloris lucidioris gratia. Talis inspissa-
tio lento fit calore. Succi robustiores, etiam ad spissum coquuntur in ahenis,
vel cortinis aut lebetibus cum agitatione assidua, ita tamen vt subsistatur

ante

ante ficcitatem vltimam. Quod fi quid fuperfluæ humiditatis adhuc habent
id lentè diuaporare finitur.

Nonnulli non infpiffantur, quorum fcilicet vfus liquidus eft commodior, & coniunctus cum duratione, veluti vinũ, &c. quod tamen aliquibus
in locis, vbi diu durare non poteft, vel apricando, vel fumando cogitur. Aliqui aliquatenus duntaxat denfantur, vt nihilominus fuperfit liquor, vt muftum: vnde fapa.

Pauci funt è mineralibus, plurimi ex vegetalibus. Ex animalibus qui extrahuntur, ferè ftatim vfurpantur, cùm pauci fint durabiles.

Omnis deniq; fuccus extrahitur mediante liquore fiue counato, fiue foris adiecto actualiter, vt cùm menftrua adduntur, vel potentialiter, vt cùm
vaporantur, vel fepeliuntur in humidis, vel finuntur tufa in fe colliquefcere.

Modi extractionum funt varij, & non rarò vnus idemq; fuccus multis
poteft comparari. Valent in eis comminutio, expreffio, maceratio, filtratio,
diuaporatio, coagulatio, deftillatio, &c. & funt res fimplices vel compofitæ.

Modus fuccorum primus.

Hic fit per vulnerationem viuorum. Sauciatur in plantis potiffimum
cortex, inde exudat fuccus miftus parte alimentaria & elementari humiditate, vehens fecum nonnihil balfami iam perfecti. In nonnullis & radix feu
præciditur, feu inciditur. Præciduntur aliquando & rami: Ita balfamus olim
fiebat, & noftris etiamnum temporibus fucci multi ita colliguntur, veluti è
betulis, palmitibus, nuce Indica, &c. in quo genere telum vulnerans non
eft vniufmodi. Cortex balfami eburno cultello aperitur, cùm ferrum ferre
nequeat, &c.

Sinitur autem ille fuccus vel concrefcere circa vulneris locum, appel-
laturq́; δάκρυον, quod poftea auellitur, vel colligitur fuppofitis, appenfis aut
alio modo admotis vafculis corneis, argillaceis, lapideis, &c. pro cuiufq; natura. Poftea depuratur, ille quidem prius folutus vino, aceto, vel alio cõgruo,
poftea innatantibus abiectis, filtratur aliquoties, aut etiam oui candido agitatur, inde foluente aqua reducitur. Qui per fe fat liquidus eft, non eget ac-
ceffione, nifi forte alterationis gratia.

In radicibus carneis vaftis, peculiare quid fit, fcrobe nempe intra ipfas
effoffa, vt humor in ea commeet, poffitq́; per cochleare exhauriri, aut per
lacinias. Ita in raphano maiore, bryonia & fimilibus coaceruatur.

Quidam è cortice exudans interiore fubfiftit in veficulis corticis exterioris, vt refina abiegna, qui modus etiam in animali valet, vnde colligitur mofchus.

Affinis huic modo eft collectio fuccorum in cauitatibus naturalibus
fructuum quorundam, qui in medio fui vel perpetuitate naturali locũ dant
fucco, vt melones, citria, &c. vel abfceffum faciunt, quomodo nonnunquam refinas intra pruna, &c. inuenimus.

ll   MO-

MODVS SVCCORVM SECVNDVS PER
contusionem & colaturam.

Res succi plenæ potissimum in suo mortario (*ligneo*, *lapideo*, *&c.* *pro rei natura*)vel simili instrumento comminuuntur.   Minutal in fiscella, manica, filtro,&c. positum paulatim sinitur succum suum destillare in vas subiectum, & si lentius succedit,calor admouetur, vt in Telephio, &c. si magis fluxilis est liquor, etiam per lacinias transfertur. Accedit nonnunquam expressio,& reliquiarum ablutio,veluti in musto: interdum & separatio elementaris.

MODVS TERTIVS SVCCORVM
extrahendorum.

Quæ res recentes quidem sunt,at succi parcioris,comminuuntur,posteaque exprimuntur & colantur vna opera. Inde crebrius depurantur per filtra succi, & ad perfectionem pleniorem, prout volumus, perducuntur. Est interdum irrigatione opus,interdum calefactione.

QVARTVS.

Herbæ,flores,& aliæ res teneriores contunduntur cum sacharo ad vniformem misturam.Affusa postea aqua fit solutio, filtratio, & coagulatio, quousque placet,sed sacharo manente.

Ingeniosior hæc ratio est,simulq; exhibet tincturam,si rosis,violis,vel Chary.op.coronariis,&c.in matula positis affudatur aqua soluti per vini spiritum super eo accensum,sachari, & postea affixo alembico cæco insolentur,donec extractus sit succus.Aquositas ascendens in limbo colligitur,indeque euacuatur.Absorpta tinctura exprimitur liquor. Si placet, in eodem possunt res nouæ etiam quarta vice infundi, vel ex rosis contusis,suaue in aqua maceratis,succus expressus commisceri. Alij expressum succum vulgari modo statim fundunt in sacharum coctum clarificatum, & adhuc tepens:coquunt ad spissitudinem. Pulpa cydoniorum cum melle vel sacharo subacta & inspissata loco humido, succum melleum reddit cydoniorum.

Affinis huic est vnguentorum quorundam confectio. Recentes herbæ,flores,radices, &c.incisæ contunduntur in mortario. Tusis adiicitur buccella butyri,vel alius pinguedinis:conteritur,donec non appareat.Submittitur alia portio & immiscetur, donec herbam totam pinguedo cepit. Fit maceratio biduana,quæ tamen vrgente necessitate potest omitti. Postea coquuntur in lebete ad humidi aquosi absumtionem.   Vbi refrixêre mediocriter,per colum exprimitur succus cum pinguedine.Nonnunquam radices præmacerantur aut præcoquuntur vino,sicq; etiam ex siccis potest succus ad vnguenta extrahi.

QVIN-

Si res ficciores fint, quàm vt fuccum poffint iftis modis reddere, extrahuntur per macerationem in aliquo menftruo ad calorem temperatum folis vel fornacis. Signum eft, fi menftruum tingatur rei colore aut confiftentia. Effunditur, & nonnunquam reponitur nouum, quoufque extracta fit pars optima.

Menftruum vel totum, vel particulatim cum effentia combibita fegregatur à fecibus, factifque aliquot filtrationibus ab effentia, vel per deftillationem feparatur, vel vaporationem, &c. idque ferè ad ficcum, feu craffitiem mellis, vt poffit è vitro eximi. Nonnunquam tamen fi fimul vtile menftruum ad vfum eft, adiecto facharo, ad fyrupi formam coquitur.

In hoc modo magna eft variatio, pro diuerfitate rerum & vfus. (*Maceratio in rebus raræ compagis, menftruo mediocris penetrationis, eft breuior, vt quæ fex, duodecim, 24. horis, &c. duret. Si folida eft miftura, triduum, dies 14. 27. menfis, annus, &c. requiritur. Et eft plærunq; fpiritus vini menftruum, tum fimplex & integer, tum qui ante in aliqua extractione non noxia, fuit: interdum & vinum, aqua, oleum, acetum, aqua deftillata, præfertim aqua roris Maij fexies per prolixam cucurbitam deftillata, &c. vfurpantur. Eft & cùm in eodem menftruo plures infufiones facimus, interdum contra vnum plura requiret menftrua: fic fyndon, aut petia interuenit modò, modò non, &c. fi poft coagulationem ingrata qualitas menftrui remanet, rectificatur fuccus infolatione, vel fi fpir. vini refipit affufa aqua deftillata, maceratur aqua iterum deftillando abftrahitur quoad fatis.*

Crato, vt defcriptum exhibuit Camerarius, in vino fepties deftillato res macerauit, vafe diligenter claufo loco calido ad tempus cuiufq; fegregatum in balneo deftillauit fiq; fuccus nimis craffus euafit, affudit paululum aqua mentha, quæ extrahendi ratio in calidis ficcis locum habet, & non tantù aqua mentha, fed & quælibet competens poteft adiici. Nonnulli macerant res in aquis deftillatis quatriduo poft exprimunt torculari, filtrát, infpiffant in diplomate, & interea fuccos lubricos pro rei natura iniiciunt. Inter coquédum feu infpiffandum tegitur vas charta madefacta, ne quid de effentia diuaporet. Si per fpiritum vini extracta hunc redolent, additur parum aqua cinam. card. ben. & foenic. Mifta iterù in diplomate ad mellis modum infpiffantur. Donzellinus iuffit ficcam herbam pulueratã infundere in fua aqua ftillatitia feruente, nec coquere. Colatura facta nouas res imponit quoad fatis. Tandem coagulat.

SVCCVS ELLEBORI NIGRI.

Herbam vel radices recentes tunde, macera in aqua propria prius deftillata ex alia iftius herbæ portione: vel in radicibus idé fac per vini fpiritú. Vafe claufo in fimo pone ad menfem fuum, cuius finis per colorationem craffam intelligitur. Segrega impurum per filtrum. Cola fæpius, fi placet, & deftillãdo coagula. Si vis, potes poft primam colaturam nouam infundere herbã, & plus fucci vno menftruo elicere.

(marginal note: Obiter clarioris lucis gratia ex I. lib. repetita.)

SVCCI BACCARVM MYRTI.

Baccæ nigræ cùm iam flaccescunt, tundantur, & adiecto vino macerentur per mensem suum, iudicio artificis definiendum, post fiat expressio
& colatura. Hanc coagula, hoc est, inspissa succum. Si relinques, myrtites vinum habes. Vtere pro libitu quæ forma erit congrua.

SVCCVS SCYLLÆ.

Taleolæ flaccidæ infunduntur aceto acerrimo , perque mensem ad
solem ponuntur: post facta expressione mutantur folia in menstruo eodem
quoad satis. Relicto aceto, factum est acetum scylliticum. Potes autem etiam abstrahere, & ad siccum coagulare.

Per acetum fit etiam extractio guaiaci, sed aqua dulci est rectificandum. Item aceto destillato extrahuntur radices Ari modicè siccæ maceratione quatridui in fimo. Corrigitur spiritu vini.

Extractum Gratiolæ Cratonianum à Ioach. Camerario traditum.

Siccæ Gratiolæ mundæ electæq; affunde vini spiritum. Macera, separa à fecibus, per filtrationem cum expressione. Liquori infunde rem nouam, & age vt antè: postea misce cum aqua infusionis Rhabarbari. In balneo aquositatem cum spiritu destilla ad consistentiam tamen adhuc liquidam. Hanc addita pauca mastiche, coque ad spissitudinem, seu diuaporare
permitte.

EXTRACTVM TVRPETHI.

Puluis infunditur vini spiritui ad tres digitos. Maceratur per horas viginti quatuor vase clauso ad teporem. Exprimitur cum colo, & si quid adhuc virium inest fecibus, affunditur spiritus nouus, itemque maceratio
instituitur vt ante. Menstrua postea per destillationem abstrahuntur, i-
ta vt in cucurbita fiat destillatio ad mellis consistentiam , postea affunditur
aqua destillata, & commiscetur, finiturque in digestione per horas sex.
Inde destillatur, & si opus est, odoróq; spiritus vini non cesserit, repetitur infusio: destillatur vsq; ad consistentiam priorem, qua adhuc fluat, possitque
à vase separari: planè verò siccatur in concha ad solem. Eiusmodi res quæ a-
liquid secum habent noxæ , solent extrahi per menstrua prius correcta,
veluti si fieret extractio per aquam cinamomi, vel anisi, & c. vel spiritum vini
cum quo ante extractum erat Zingiber, macis, nux moschata, vel quid simile. Nonnunquam tamen antequam coagulentur penitus, essentiæ corrigentium adduntur, vt oleum anisi, macis, cinamomi, & c. liquor perlarum,
calx vel tinctura coraliorum, tinctura croci, & c.

Qui

Qui modus eſt in turpetho, is & congruit agarico, ſennæ, rhabarbaro, polypodio, mechiocanæ, aloë, ſemini fœniculi, calamo aromatico, galangæ, & ſimilibus, menſtruo affuſo ad tres vel quatuor digitos, & a-liquoties mutato donec virtus nulla ſit in fecibus ad eſſentiam præſentem ſpectans.

Talibus extractis ſolet adijci inter inſpiſſandum aliquis ſyrupus, & v-nà coagulari, vt ſi extracto ſucco rhabarbari vel ellebori immiſceres ſyrupum roſatum ſolutiuum. Nonnullis adijcitur ſacharum, &c.

EXTRACTVM ABSYNTHII ET SIMILIVM.

Deſtillatæ aquæ ex abſynthio miſce abſynthium nouum conciſum vel tuſum, addito aliquantulo vini ſpiritu. Macera, exprime, cola. Colaturæ infunde abſynthium nouum & procede vt antè. Coagula ſuccum in balneo. Feces calcina, ſalemque inde extractum miſce cum ſucco. Paracelſus merum vini ſpiritum accipit.

EXTRACT. RADICIS CHELIDONIÆ.

Conciſæ minutiſſimè affunde vini ſpiritum, & loca in balneo, donec coloretur. Defunde ſine expreſſione, ſiq; opus eſt, muta ſpiritum. Coagula effuſum lento calore.

Sic Alexius lac mahalebum facit extrahendo cum aqua roſacea, cum qua tunditur in pultem & exprimitur.

Hoc modo & vina fiunt medicata, vt vinum ceraſiorum, vuis, ſcapiſve impoſitum, vina aromatica, per aromata herbaſque infuſa, &c. Sed non fit coagulatio. Et imponuntur aromata per ſacculum, alia etiam per ſe. Ita per muſtum fiunt eadem. Herbæ vel aromata ſternuntur viciſſim in dolijs cum ſegmentis coryli vel fagi, vſque ad ſummum; poſt infunditur muſtum, ſiniturque deferbere. Si abſumitur potum, compenſatur vino alio, &c.

SEXTVS MODVS.

Res comminutæ (tuſæ craſſius vel conciſæ aliterne fractæ) coquuntur cũ liquore competente, & colantur cum expreſſione. Quod colatum eſt, ſi placet coagulatur. Sin minus, cum liquore relinquitur ad vſum ſeu totum ſeu aliqua parte, ſoletque & hic adijci ſacharum, mel vel ſimilia.

Coctio fit varijs modis, ex quibus excellit ea quæ in duplici peragitur vaſe, quod diploma vocant, ſeu in balneo. Olla vel cantharus coquenda cõtinens, obſtruitur operculo. Commiſſuræ oblinuntur maſſa frumentacea vel ſimili, ſiccantur. Poſt vel in aquam ponitur, vel feruentis vapori accommodatur, ſiniturq; ibi ad ſuum tempus. Quædam enim diutius coquũtur, vt triduum, biduum, diem, &c. quædam breuius, vt horas 3. 4. 6. diem medium, quouſq; conijcimus vim & eſſentiam in ius eſſe depoſitam.

ll 3 EX-

EXTRACTVM PVLLI VEL CAPI.

Capus deplumatus, euifceratus pinguedineque liberatus conciditur, tunditurque cum offibus; coquitur in diplomate ex aqua competente (*interdum ex vino, &c.*) per triduum vel circiter. Colatur cum expreffione forti & coagulatur fi placet. Nonnunquam afpergitur fale gemmæ, & includuntur aromata pro vfus diuerfitate.

Ita fit extractum panis, hunc benè confectum coquendo in maluatico aromatifato, vel iure aquave quæ placet, & poftea colando per pannum craffius, & coagulando fi libet.

EXTRACTVM CARNIVM VIPERARVM.

Viperas Iunio captas capite, cauda, inteftinis, leberide, abiectis concide. In olla loca ad balneum vel fimum calidiffimum vt venenatus vapor exhalet per triduum, à quo debes tibi cauere. Poftea infunde vini fpiritum ad digitos octo. Digere vafe claufo in fimo per dies duodecim donec caro contabefcat. Feces fegregatas abijce. Liquorem coagula. Coagulatum circula cum fpiritu vini charyophillato per dies decem. Vinum fepara, remanetq́; extractum carnis, cui adde fi placet, effentiam cinamomi, croci, margaritarum, &c.

EXTRACTVM ELLEBORI GERMANICI, ESV-
la, Mezerei & fimilium ex Euonymo.

Radix ellebori purificata maceratur in aqua per noctem (*mezerei folia, &c. etiam aceto*) poftea coquitur. Spúma innatans abftrahitur eú cochleari, & fi clara eft aqua, feu fatis defpumata, effunditur in ollam fuam. Reponitur alia coquiturque itidem vt antè, idq́; repetitur nouies, vel quoufque guftus iudicet radices non amplius amaras effe. Decocta confufa coagulantur, fub finem addendo ad libram vnam drachmas duas maftichis, vt fit iufta confiftentia ad formandas pilulas.

EXTRACTVM RHABARBARI.

Coquunt in aqua anifi rhabarbarum concifum, exprimunt & coagulant igni lentiffimo.

Cordus ita : ℞ rhabar. electi concifi lib. j. fucci depurati, borrag. bugloff. an. lib. ij. macera per horas viginti quatuor. Coque ad ignem lentiffimum, donec confpiciatur rhabarbarum eminere abfumta humiditate. Exprime fortiter per colum laneum. Colaturam coque ad mellis fpiffitudinè adiectis geminis fachari vncijs, in diplomate.

Ita maffæ pilulares macerantur in aqua pluuia per octiduum adiectis fuccis borraginis & fœniculi. Poftea coquuntur, filtrantur, & coagulantur.

EX-

EXTRACTVM CORTICVM ELLEB. NIG.
ex Andernaco.

Cortices ellebo. nig. tufas macera in aqua anifi per diem naturalem. Bulliant vnà poftea donec aqua ferè fit abfumta. Exprime validè per colum, coque cum fyrupo rof. folutiuo ad iuftam fpiffitudinem. Repone in vitro. Ita & rhabarb. extrahit, fed cum aqua cinamomi.

Periculofa purgantia, vt elleborus albus, efula & fimilia, prius coquū̄-tur in aqua vt tabefcant, aqua prima abijcitur. Poftea reponitur alia aroma-tifata tufis. Coctioneque facta fit expreffio & colatura. Colatum coagula-tur & affufa quinta effentia vini aromatifata circulatur.

EXTRACT. MOSCHI.

Inclufus fyndoni mofchus coquitur ex fpiritu vini, cum quo fuit ex-tracta meliffa, aut faltem illi infufa. Exprimitur quodammodo, exemtaque petia ad fpiffitudinem ftyracis liquidæ coagulatur.

EXTRACTA AROMATICA LIQVIDA
Syrupi confiftentia.

Aromata infundantur per menfem in vino maluatico adiecta tertia parte fpiritus vini. Poftea coquantur leniter. Exprimantur per colum. Co-laturæ additur facharum, fitque diuaporatio ad iuftam confiftentiam. Dum autem in infufione ftant aromata, agitanda funt indies, cumque effentiam depofuerunt, mutanda.

EXTRACTA FRIGIDA.

Fiunt per aquam violarum, rofarum, acetofæ vel etiam fontanam & fimiles, ita vt puluerate res vel tufæ, veluti rofæ incifæ tufæve, vel violæ, vel feobs fandalorum, &c. primum commacerentur, poft leniter coquantur, & exprimantur. In expreffo res nouæ infunduntur coquunturq; item len-tiffimè. Tandem adiecto facharo fit diuaporatio vel coctio in diplomate ad iuftum.

Nonnullis tufis adijcitur agrefta vt femperuiuio, portulacæ, &c. ad lenem ignem finuntur incalefcere, & parumper coqui, tandem exprimun-tur, & coagulantur ad placitum.

Extrahuntur & fimi, veluti equinus, afininus, caprillus, &c. Coquun-tur cum fpiritu vini & aqua prunellæ vel fimili competente ad vfum, poftea colantur & coagulantur ad requifitam confiftentiam magmatis, vt pultis inftar poffint foris applicari ad anginas, laterum dolores, &c.

Ita nidus hirundinis, album græcum, ftercus pueri, &c. poteft præ-parari.

Colicis

Colicis extractum fimi fuilli prodeft.

Fimi erinacei cum aqua mellis extractum vulnerum fpiculis medetur.

Equinus, caprillus, leporinus, &c. cum aceto extrahitur ad hæmor-
rhagias.

Poffunt autem hæc etiam macerando fine coctione extrahi, verùm
quia in præfens tempus fiunt, & decoctio maturat macerationem : (nam cū
non licet diu expectare, coctio fubftituitur digeftioni, & breui tempore
peragit id quod illa longo) itaq; plærumque extrahuntur coquendo.

Fiunt eo pacto & vina medicata, & potiones Hippocraticæ. Ita ex a-
qua cum aceto decoquuntur paffulæ maiores ; vel fegmenta cydoniorum
& fimilia. Sic cereuifia efficitur. Si elenij radix coquatur in mufto vfque ad
fapam, nectar fit, quod mifcent poftea fapæ fimplici, faciuntque vinum e-
lenites. Ita Arnoldus facit vinum ebuli, cuius baccas in mufto coquit ad
tertias abfumtas. Coctum digerit per noctem, exprimit & in muftum con-
ijcit, cum quo finit deferuefcere, & clarificat oui albo & fale.

EXTRACTVM GVAIACI, SARSÆ PA-
rilia, chinæ, &c.

Guaiacinæ fcobis efficacis vncia maceratur in vini libra. Si difplicet vinum, aqua conueniens fumitur. (*Quidam malunt acetum, fed tunc cum ex-*
tractum eft infpiffandum. Eluitur autem aceti vis aqua dulci.) Maceratione
peracta coquitur, vt pars vna abfumatur, duæ maneant, fi quidem pro potu
effe debet; fin ad fudandum, duabus abfumtis tertia feruatur. Poftea colatur cum expreffione. Colatura diu aporari poteft ad confiftentiam electuarij. Quidam etiam deftillant ad ficcum. Gummi in fundo colligunt nigrum & amarum mirè olens, quod tractabile eft vt cera, foluitur in aquis,
vel fingitur in pilulas cum facharo ad fudandum, quanquam & foris illinatur. Coctio fit in olla vitrata diligenter obftructa ad ignem lenem. Sarfæ vncia etiam ferre poteft tres libras aquæ, chynæ optimæ item duodecim.

Monardes farfam ita extrahit: felibra farfæ minutim concifę maceratur aqua. Deinde diu in mortario tunditur donec in lentum quendam fuccum foluatur, quem colant cum expreffione & cyathum abforbent. Poteft
& infpiffari.

OSSIVM EXTRACTVM.

Offa, & fimilia dura per limam rediguntur in fcobem, quæ aqua fua
coquitur & maceratur, pofteaque colatur cum expreffione & coagulatur. Vt:

℞ rafuram cranei, coque cum aqua meliffæ vel betonicæ. Decoctum
effunde, repofitaque aqua alia & repetita coctione quo ad extracta effentia
eft, opus idem perage. Tandem liquores effufos coagula. Coagulatum di-

gere cum vini ſpiritu per dies quatuordecim. Deſtilla & cohoba tertiô. Separato vino circula.

Ita os cordis ceruini cum aqua chelidoniæ, cornu cerui cum aqua
hyperici, ebur & monoceros cum aqua meliſſæ extrahunt.

GVMMI, RESINÆ, &c.

Hæc ſunt naturalia extracta. Itaque non egent niſi tantum depuratione per ſolutionem, filtrationéq; crebrâ & coagulatione. Quod ſi non pura
exierint, ſed craſſas feces habeant, etiam extrahi poſſunt per olea, vini ſpiri-
tũ, lixiuia, &c. In quibus coquuntur, coctum depletur, colatur & inſpiſſatur. Nonnullis acetum adhibendum eſt, alijs aqua vel ſimile menſtruum.
Si elaboratur amplius, fit ex eis quinta eſſentia, tinctura, oleum, &c.

Quæ cum oleo extrahuntur, ſi ſucculenta ſunt per ſe inijciuntur & coquuntur ad tabem. Exprimuntur & recoquuntur ad ſpiſſitudinem quæ placet, vel ad humidi aquei ſeceſſum.

Alijs adijciendus eſt ſuccus quidam vel liquor, vt vinum, &c. præmittitur & maceratio, &c.

SEPTIMVS EXTRAHENDI MODVS.

Quæ pulpam habent, eamque cum liquore proprio, vt ceraſia, pruna, &c. In aheno coquuntur cum diligenti verſatione, quoad inſtar pultis
euaſerint. Poſtea per anguſtum cribrum vel filtrum tranſiguntur, vt cuticulæ & lapilli ſecedant. Pulpa reponitur ad ignem, & ad ſpiſſitudinem iuſtam
coquitur, cauendo per motionem aſſiduam ne aduratur.

Nonnunquam tamen & his additur aqua cum qua decoquantur. Interdum cum recoquuntur ſacharum, mel, aromata, &c. adijciuntur.

Ita fiunt ſuccagines multæ ſeu apochyliſmata ex moris, baccis ebuli,
ſambuci, iuniperi, quibus aqua addenda eſt; ita ex pyris, pomiſq; conficiuntur ſucci ſpiſſi.

℞ baccas ericæ bacciferæ (Mehlbeer vocant Germani) imple ahenum,
& lento igne primum coque agitaque cum lignea ſpatha, & exudant ſeu
ſoluuntur in multam aquam. Traijce poſtea per cribrum anguſtum, vel pã-
num, vt lapilli ſecedant. Succum coagula. Euadit ruber, & acidum quid ſa-
pit. Poteris addere tertiam mellis & aromata. Vſus eſt ad malaciam, anore-
xiam, ventris fluxus, menſes nimios, dolores laterum, &c.

℞ baccas iuniperi, tuſis in mortario aquam affunde, coque cum verſatione, cola, & recoque ad ſpiſſum. Adijce ſacharum & aromata, ſi placet, &c.

℞ cydonia conciſa vel etiam radula comminuta; coque ex fontana ad
ſpiſſitudinem mediocrem. Traduc per pannum, & pulpam collige, quam
ſacharo condire potes.

Sili-

Si liquidius relinquis deco&um, ita vt colatura sit dilutior, frequenter potes colare ad perspicuitatem, postéaque addito sacharo, paucáque ichthyocolla & aluminis momento inspissare instar syrupi crassi. Succum si infundas vasis ligneis, per se postea densescit.

In extrahenda cassia satis est vapor aquæ bullientis, vt pulpa euadat liquidior, possitque abstergi per attritum ad cribrum, vel pannum, vt placet.

Ita nonnulli etiam cydoniorum aliorumque malorum segmenta probè depurata per vaporem duntaxat emolliunt, indéque segregant per cribrum, aut filtrum.

MODVS OCTAVVS.

Ea resina pro sulphure interdum accipitur. Hoc comparantur resinæ ex lignis, radicibus, scapisque ferulaceis. Inclusa eiusmodi ollæ vndique obstru&æ igni circulatorio torrentur, quo pa&o per descensum etiam destillare solemus. Resina prolicita abstrahitur. Obseruandum tempus est, vt intra combustionem subsistamus. Ignis ab olla distet palmum, sitque lentus. Vas seu olla commodior est forma tubuli cum infundibulo & receptaculo subie&o.

Nonnunquam taleolæ etiam soli exponuntur crassitiem habentes digiti. Lachryma exiens colligitur. Per tostionem ex carnibus etiam pinguedines extrahuntur; (*& hæ sæpe composita ex animalibus sartis.*)

MODVS NONVS.

Multæ res inclusæ pomis excauatis, vel etiam infixæ cydonijs, aut medullæ panis, cum his ipsis extrahuntur.

Hoc modo fit sanguis satyrij & symphyti. Radices purgatas subige cum medulla panis pari, (*adde plus panis, inquit Paracelsus*) include vesicæ bubulæ vel porcinæ, quam ar&è liga. Macera in fimo calente in cremorem rubicundum. O&onis diebus materiam contemplare, ne diutius iusto maceretur. Exprime validè. Fecibus adde panem nouum, & fac vt prius, donec virtus tota sit exhausta. Fit inde succus lentus, quem digere in balneo per aliquot dies. Aquam abstrahe destillando. Succo potes addere salem secum, vel melissæ.

(*Paracelsus etiam vlterius elaborat ad essentiam destillans in cineribus, & ab eo quod exijt phlegma abstrahens per balneum.*)

Sic Alexius thus includit pomo, coquitque sub cineribus. Exprimi hinc succus potest. Ita aliàs repletur melle rosaceo, & coquitur. Succus datur infantibus tussientibus.

Eodem modo res vermibus aduersantes includuntur malo aurantio, coquuntur & exprimuntur.

In radice raphani succus ellebori nigri extrahitur: in cydonio scammonium, vnde sit diagridium. In cepa extrahitur theriaca, & similia.

Con-

Conſeruæ ſunt extractiones per ſacharum, mel, vel ſapam, ſed imper-
fectæ. Nam ſi ſoluuntur liquore competente, extrahuntur cum placet, &
perficitur extractum. Vt:

Eſula macerata aceto, tuſáque incorporatur cum ſapa ad conſiſtentiam electuarij. Ita ſeruatur, cum vti volumus, adiecta aqua fontana extrahimus.

Butyrum vel ſacharum coquitur in limone grandi excauato. Expreſſo
ſucco lauantur manus, vt tenereſcant.

*(Huius loci ſun: Cardani extractiones per mel, ſi quidem eæ autoritatem me-
rentur. Res tuſas in puluerem miſcet melli puro, & per ſexaginta dies digerit mi-
ſcetá, in vmbra. Mel demum expuit totum quod miſtum eſt in ſpumam, qua
ſublata remanet ipſum purum, cum virtute tamen, vt vult, illius.)*

MODVS EXTRACTORVM DECIMVS.

Hic peculiaris eſt rebus mineralibus ſolidis, quæque horum naturam
imitantur, ſuntque ab alienis & matrice ſua repurgata, maximè gemmis a-
lijſque lapidibus, item margaritis & coralijs. Perficitur via tincturarum &
primi entis per menſtruum acre, quale eſt vini alcool, aqua mellis, ſpiritus
ſalis, ſpiritus vitrioli, ſpiritus ſulphuris, ſpir. tartari, acetum radicatum, &c.
Leuigatæ res aut calcinatæ merguntur in menſtruo ad duos digitos; ponú-
tur in digeſtione calida, quoad ſubtilitas eſt exhauſta. Effunditur liquor:
menſtruum abſtrahitur, puluis edulcoratur aq. ſtillatitia pluuia, interdum
etiam cinamomi aqua, vel phlegma aceti, aut ſpiritus vini adhibetur. Et ſi
tale quid ſumitur quod appropriatum ad vſum eſt, non exiccatur totum, ſed
vel relinquitur vnà totum, vel ad medias, oleoſamve conſiſtentiam redigitur. Tale eſt extractum lapidis Iudaici, coraliorúmque & ſim. in hunc modum.

EXTRACT. ESSENTIA LAPIDIS IVDAICI.

℞ calcem lapidis Iudaici, ſolue in vini ſpiritu, vt combibat tenuiſſimã
eſſentiam, quod fiet ſi octiduo in calore detineatur vaſe tecto. Effunde liquorem vaſe inclinato. Refunde ſpiritum nouum, vel ſi opus eſt, exicca reſiduum & calcina denuò, vt tota ſubtilitas à craſſis partibus & refractarijs
exugatur per vini ſpiritum. Vbi extraxeris eſſentiam omnem, coagula menſtruum per deſtillationem balnei. Datur cum vino ad calculum. Nota verò
ſi denuo calcinare vis, ne impuras arenas, terras, aut partes contumaces có-
minuas ſimul. Aliàs magiſterium erit, non eſſentia.

EXTRACTVM CORALIORVM.

Coralia in læuorem adducta ſpiritu vitrioli ad duos digitos perfunde,
& ebulli at. Cum ceſſat feruor, ſpiritus lacteus relinquitur, quem effunde,

relictisque craffis partibus, hunc deftilla in arena ad ficcum. Effentia illa eluenda eft aqua deftillata, vt euadat dulcis. Exicca in fole. Liquefcit in ore vt butyrum. Hoc modo præparare & alias gemmas potes.

ESSENTIA VNIONVM.

Solue partem fubtiliffimam fucco limonum deftillato, vel alio aceto acetrimo. Solutionem coagula. Affunde aquam acetofæ. Digere vt abfumatur ferè medietas. Adde aquæ cinamomi correctæ q. f. circula per dies quatuordecim. Serua liquorem totum in vitro.

ESSENTIA LAPIDIS ARMENI, LA-
zuli, &c.

Lapides hos in pala vel catino candefactos reftingue vini fpiritu, idq; fexies repete. Contere & in marmore læuiga. Elue aqua dulci quomodo folent terræ ablui, ita vt inter lauandum abijcias craffas & contumaces partes, ficut & innatantem leuitatem alienam. Poftquam eluifti, exicca, affunde vini fpiritum & extrahe effentiam. Extractam coagula. Coagulatam aqua meliffæ per digeftionem rectifica.

(Quercetanus contentus eft lotione, caterum eloto prælueri affundit aquam meliffæ, aut buglof. Digeftione facta diuaporat calore leni. Exiccato iterum addit vini fpiritum, inq; balneo circulat per dies viginti. Eo per calorem lenem feparato, effentia addit extractum margaritarum, coraliorum, croci, ol. cinam. & charyoph.)

In omnibus porrò dictis modis etiam compofitiones valent. Perinde enim eft praxis fiue fimplicia, fiue mifta fumas, nifi cum diuerfum tempus requiritur in infufione propter diuerfitatem fubftantiæ, cui tamen interdum præparatio medetur. Tunc artis eft vt firmioris compagis res præmittantur, poftea in extractis liquoribus totis infundantur ea quæ funt raræ confiftentiæ & debilioris naturæ. Inde coagulantur vnà ad iuftam fpiffitudinem. Si quæ effentiæ tunc vel etiam integra funt addenda, immifcentur ante vltimam confiftentiam; vel fi liquida funt, interdum vnà macerantur, circulanturque. Interdum diuerfis vtimur menftruis, & cum copiofa funt fimplicia, ea feorfim extrahimus, attingentes naturam elixyrium. Interdum idem menftruum in varias diuifum partes feorfim flores, feorfim radices, lapides, &c. exhaurit, iterum vt in elixyre. Sed ille modus huius lo-proprius eft.

Ita fit vinum chalybeatum mercurialis ad tympaniten:

Vini albi libræ decem, aquæ cetarach libræ duæ, rad. afplenij, capparū fingulæ vnciæ: foliorum cetarach, cichorij, agrimoniæ finguli manipuli, ellebori nigri vnciæ duæ, epithymi vncia vna, cyperi, cinamomi, macis fingula didrachma; bulliant in diplomate ad fextæ partis abfumtionem. Digere
gere

gere per noctem:exprime,infunde chalybis præparati libram,in vitro obturato per dies decem,calido loco macera,& in dies moue.

Diaphoreticum Paracelsi. Zingiberis libra,piperis longi & nigri singulæ semunciæ,tantundem Granorum paradysi,tres drachmæ cardamomi
omnia trita infunduntur in vini spiritu & obsignata in vitro digeruntur in
arena.Aqua soluens separatur.Locantur in digestionem fimi per mensem.
Circulantur per hebdomadam,exprimuntur & seruantur.*(cùm ad digestio-*
nem ponis,potes affundere quintam vini essentiam, & circulare post expressionem,
adiectis salibus rerum earundem. Perfectius fiet,si postquam exemisti ex arena
exprimas,& tunc spiritu vini separato addas quintam essentiam, & digeras: quo
item abstracto,circules cum alia essentia quinta additis salibus,&c.

Aliud: Cornu ceruini scobem infunde spir.vini q.s.exprime:in huius libram
j.macera scobis Chynæ, guaiaci, angelicæ,rad.petasitæ,zingib.piperis ana
vnc.ß. exprime; & res muta si placet:tandem adde Theriacæ vnc.ß.succi el-
leb.nig.nostr.drach.ij.pul.Charyoph.nucis mosch.macis an.drach.j. stent
in digestione vase clauso per dies aliquot, postea cola ad purum, & coagula
addito sacharo vel melle,si placet,vel etiam syr.nucis mosch.aut cinam.

ACETVM BEZOARTICVM
Beyeri.

Recipe Rad. Chamæleont.alb. Chelidon. maj. ana vnc.iij.scorzoner.
dictamni albi,zedoariæ an.vnc.ß. Angelicæ,o strutij,vincetoxici,gentianæ,
tormentil.petasitæ,morsus diaboli,pentaphylli,aristol.rot.ver e,aristol.lon-
gæ,elenij,pimpin.an.drach.iiij.fol.scordij Cretici,dictam.Cret.Hyper.cum
flor.saluiæ min.scabios.card.ben.tanaceti,rutæ hort. bacc. lauri,iunip. cort.
Arant.citri an.drach.ij.infusa aceti vini acerr.lib.ix. coquantur in vitro di-
plomatis clauso ad medias. Digerantur postea horis 24.colata per filtrum
densum reponantur.

Extractum compositum purgans: Recipe spiritus vini, aquæ cinna-
momi stillatitiæ ana selibram.Sp.elect.diamb.semunciam, macera per dies
aliquot clauso vase indies mouendo. Cola, colaturæ infunde rad.ellebori
nigri vnciam, Turpethi, Agar.rhabarb.ana semunciam, diagridij drachmas
duas,fol.sennæ vncias duas, Tartari albi tres drachmas,coniecta in sacculum
stent in infusione per dies 14.(vel coquantur in diplomate)indies semel ex-
primendo.Infusum postea cum tertia parte sachari adiecto extracto cinam.
sem.fœniculi,anisi, macis, charyoph. q.s.coagulatur ad iustam consistentiam.

Diacydonium purgans: Pomum cydoniorum carnosum repurga à ma-
trice:imple locum puluere cinam.zingib.an.scrup.semis.diagridij drach.j.
coque sub cineribus. Coctum & mundatum tunde in mortario affusa aqua.
cinam.

cinam. vel decocto Zingib. q.ſ. exige per colum, & coque ad ſpiſſitudinem.

Aliàs pulpam cydon. cum tertia parte minæ coquunt ad ſpiſſitudinem, &
inter coquendum inſerunt pulueres Diagridij, charyophyll. cinamomi, Zingibe-
ris, maceris, vt ſit par quantitas aromatum & diagridij, vel illorum paulò minus.
Monauius ita: *Recipe fol. ſennæ purgat vnc. iiijß. Rhab. electi ſeſcunc. inſunde*
in vini Maluatici lib. iiij. ſucci cydon. depurati lib. ij. vbi bullierunt, exprimantur
fortiter. Expreſſo adde pulpæ pomorum redolentium per coctionem extractæ libras
vl. brodij Zingiberis lib. vnam: minæ cydoniorum ſelibram. ſacchari tres libras, co-
agula ſub finem addendo manna calabra maluatico ſolutæ ſex vncias, in capſulas
poſſunt diffundi, & aliqua pars exaſperari ſeu acui cum diagridio. Doſis vſque ad
vnciam.

Extractum confortans: Maluatici lib. ij. Quintæ eſſentiæ vini ſelibra,
macis, nucis moſch. Charyoph. ſingulæ vnciæ, Sp. diambræ, Aromatici charyoph. ſingulæ ſemunciæ. Sp. diatrion ſant. ſeſcuncia, Sp. dianthon, pul.
roriſmar. an. drach. iij. ſtent in digeſtione per menſem *(vel ſi in præſens paran-*
dum eſt fiat decoctio in diplomate per aliquot horas, exactè clauſo vaſe). Exprime
fortiter, & cola ad purum. Adde decoctionis capi libram vnam, ſyrup. nucis
moſch. acetoſitatis citri ana ſelibram. Miſce optimè & coagula, ſub finem
inſpergendo ambaris triti, ſolutiíque aq. roſ. ſcrup. ſemiſ. Potes coagulare,
quoad placet, deſtillando, ne pereat ſubtilis ſpiritus inde exhalans, cuius vſus
erit ad alia .

Ita extractum ad abſumtos poteſt fieri ex capone, perdicibus, paſſer-
culis, el. reſumtiuo, diaſatyrio, amygdal. zyzyphis, ſtrobylis, 4. ſem. frigid. addito cinam. croco, charyophyll. q.ſ. ſi aues eoquantur ex aqua roſ. & bugloſſ.
hæc macerentur in vino generoſo, veluti Pucino, & poſt filtrationes commiſta coagulentur addito ſyrup. de borrag. bugloſſ. cydon, &c.

Ita ad aſthmaticos extrahi poteſt tuſſilago, chyna, ſcilla, gentiana, gly-
cyrrhiza, elenium, cum ſpiritu vini, cum quo prius extracta fuerunt ſemina
aniſi, poſtea addito oxymelite ſcyll. compoſ. oxymelite elleborato, &c. fieri
coagulatio quouſq; placet.

TRACT. II. CAP. III.
De Myſterijs, & primùm de Quinta
Eſſentia.

MYſterium eſt eſſentia interioris naturæ, totius ſubſtantiæ vires in ſubtili recondiráque materiæ parte vehens.

Vnde à ſucco tantum diſcedit, quantum ſuccus à corpore; & quia in
intimis receſſibus materiæ corporeæ latet, ſubtilémque admodum habet

natu-

naturam, mysterium vel arcanum nominari solet. Excipitur autem vel ex i-psis rebus statim, premissa tamen præparatione debita, vel etiam ex magisterio interdum, & succo.

Est duplex: Quinta essentia, & arcanum specificum.

Quinta essentia est mysterium ad æthereæ naturæ puritatem, viresque præstantissimas exaltatum. Inde solet appellari cœlum & cœlestis substantia in qua purissima syncerissimáque crasis hæret, & radix substantialis tanquã esset defluuium ætheris, vel radius firmamenti, voce creatoris per ima dispersus, animæq; mundanæ ἀπογέννημα.

Negatur ea etiam corrumpi posse, & affici à corporeis qualitatibus elementorum. Itaq; & seminarium mundi appellatur, & in naturalibus corruptionibus spiritus ille cœlestis est vel ad ætherem subuolans, vel aliam substantiam ex putrefacto producens, vt ita æterna sit natura tota.

Quinta essentia penetrantissima est omnium, & quibus permiscetur, ex ijs assumit suæ naturæ familiaria, relictis indispositis, vel si disposita sunt etiam reliqua, perficit ea & in suam naturam verrit.

Hinc compendium accessit arti, vt per quintam essentiam è rebus sine alio labore tantummodo operatione extractorum succorum, & addita circulatione, eliciantur quintæ naturæ cuiusque: soletq; tunc potissimum nominari menstruum cœleste, vel cœlum, vel clauis philosophorum, & quæ per id extrahuntur, astra cœli, vnde postea infusio & digestio dicitur affixio astrorum in cœlo philosophorum.

Ea astra ita tenuia sunt, vt cum menstruo cœlesti ascendant, exeantq; per alembicum, quod post circulationem debitam separatur, nisi vsus vnà esse suadeat, quod si fit, elixyria aliquando ob præstantiam (*licet vox hæc a-lias essentiam vel speciem compositam significet*) dicuntur.

Notandum est quòd sæpe tincturæ & olea subtilissimè elaborata pro quinta essentia accipiantur.

Modi apparatus sunt penè in omnibus digestio, destillatio, circulatio, eæque repetitæ quantum necesse est. In aliquibus accedit forma extractionis succorum & tincturarum per depletionem, expressionem, filtrationem.

Nobilissima est quinta essentia vini: post gemmarum & metallorum: inde sequuntur odorata preciosa, aromata, crescentia, cremabilia, animalia, &c. quæ generibus suis distingui possunt, mineralium, vegetalium, animalium.

TRA-

TRACT. II. CAP. IIII.

De quinta essentia mineralium.

Qvinta essentia mineralium est, quæ ex mineralibus conficitur. Excellunt hîc quintæ essentiæ metallorum & gemmarum, &c.

PRAXIS Q. ESSENTIÆ METALLORUM
in genere.

Metallum potabile per aquam fortem factum viâ magisterij, spiritu vini optimo perfunditur, digeriturq; ad mensem suum in fimo. Post destillatur vsque ad siccum, ita vt aliquid de metallo exeat per alembicum. Quod in fundo est coagulatum, soluitur denuò in oleositatem, cum qua prior opera repetitur, donec nobilissima pars metalli sit exhausta, & per alembicum ducta, quanquam & totum possit repetito labore elici. Quod extractum est, digere in fimo per mensem, destilla igni lento, & prodit menstruum. Muta receptaculum, & valentiore calore vrge, exitque liquor metallicus ferè bicolor. Pars enim albet, pars colorem sui metalli obtinet: quiescant in recipiente, & Q. essentia ad fundum secedit à parte albida materiali: separa, albam reducere vel in mercurium vel metallum potes. Quintam essentiam in peculiari phiola digere cum spiritu vini, & circula sæpius, donec amissa acrimonia, summam tenuitatem adipiscatur. Quod si acredo nondum cesserit, aquam bis destillatam affunde, macera & destilla quoad satis.

Metallorum rationem imitantur marcasitæ. In alba tamen & bismutho vtraque pars albet: attende ergo vt bene separes.

Nota quintæ essentiæ est, si proiecta super lamina candente non fumat, sed irrepit. *Paracelsus.*

Aliter fit quinta essentia ex metallorum tincturis & oleis per digestiones in quinta vini essentia, destillationes &circulationes, adeò vt non tantum vinum destilletur inde, sed & essentia metalli exeat denuò aliquoties.

Sunt & descriptiones metallicarum essentiarum peculiares, vt:

QVINTA ESSENTIA AVRI.

Aurum per stibium purgatum, calcina per vaporem plumbi: calcem cum sale ammonio reuerbera vsque ad rubedinem: ablue salem per stillatitiam dulcem. Calcem sicca. Affunde spiritus vini misti cum liquoris resinæ abiegnæ stillatitij parte decima; quantum sufficit ad eminentiam digiti vnius vel duorum. Digere donec coloretur aqua, & suscipiat tincturam, quam effunde, reposito spiritu alio, quo pacto tincturæ solent elici.
Solu-

Solutiones in vnum collectas destilla per retortam cum cohobiis, donec essentia vnà exeat. Mestruum separa in balneo leni. Essentiam cum vini quinta essentia circula ad nobilitatem summam.

Alij describunt ita. Aurum purissimum aqua regia solue, solutum digere per mensem gradu ignis tertio, destilla ad siccitatem. Aurum ita solutum & siccatum digere in liquore stillatitio Terebinthinæ & resinæ pineæ, vel vini spiritu alcalisato. In arena per mensem digere, & extrahe tincturam more solito. Collectas aquas digere loco calido, donec tres partes sint absumtæ, & restet quarta vase optimè clauso: destilla, aquam destillatam fecibus redde, macera, destilla, idáq; repete quinquies, donec apta fiat materia ad scandendum. Tunc valido igni pelle, & in receptaculum exit quinta essentia, quam circulando exalta.

Est alia quinta essentia auri, quæ fit per sublimationem Physicam in aqua philosophica, in qua dum maceratur seu putrescit aurum, enatat specie nigra cuticulæ, quæ abstrahenda est per pennam. Aqua verò halitu dissipanda, & relicta essentia, cum quinta vini essentia circulanda. Illam aquam philosophicam quidam nominant acetum sublimatum, quidam vinum circulatum, alij aquam perennem non madefacientem manus, &c.

QVINTA ESSENTIA ARGENTI.

Extrahe argentum ex cinabari secundum praxin magisterij : Extende in folia, quæ ablue aqua tartari & sicca. Affunde acetum destillatum, digere per mensem, donec cæruleum contrahat colorem. Effunde liquorem, reddito alio, donec tinctura cærulea tota sit abstracta. Caphuræ dimidium ad pondus argenti solue in aceto eodem, addéque liquoribus prioribus: Misce, & destilla per gradus ignis, donec aqua appareat punicea, quam mutato recipiente excipe, & tandem vrge igni validissimo, & in vitro inuenies quintam essentiam, instar cereuisiæ puniceæ crassæ, acrem gustu, quam circula cum vini spiritu, seu quinta essentia. Aquam priorem coagula, & habebis salem viridem.

Aliter: Aceto optimè destillato inijce tartarum pulueratum, salem ammoniam, & calcem lunæ: claude ollam statim Hermeticè. Pone in balneo vel fimo calido per dies octo: destilla, & exit initio acetum, postea essentia quinta lunæ, quasi non scandit, cohoba.

Aliter : Solue lunam in sua aqua forti, digere, phlegma abstrahe à calce vsq; ad oleitatem. Huic affunde aquam vitæ, digere per decendium. Effusa hac, refunde aliam, idáq; repete tertio: destilla tandem fixam oleitatem per cohobia, donec aqua appareat flaua. Muta receptaculum, & igni aucto elice quintam essentiam lunæ, quam circula loco calido.

n n QVIN-

QVINTA ESSENTIA VENERIS.

Calci Veneris per sales factæ adde vrinam, putrefac per mensem in vitro clauso. Phlegma abstrahe & refunde, factis cohobiis primo ignis gradu, donec eat albedo. Cùm flauescit, ignem intende vsq; ad rubedinem, quam mutato excipulo, expelle igni validissimo.

QVINTA ESSENTIA MARTIS.

Calx Martis maceratur vrina destillata per mensem, vel etiam aceto indies mouendo. Destillatur phlegma cum cohobiis, donec tandem fortissima flamma exeat rubedo, quæ circulatur cum quinta essentia vini rubei.

Alij crocum Martis infundunt aceto salso, & innatantem cuticulam colligunt, vocantq́ quintam essentiam. Sed potius est tinctura, quæ transire in essentiam quintam potest elaboratione per vini spiritum, ita vt cum eo per alembicum exigatur & circuletur.

QVINTA ESSENTIA STANNI.

Calcem Iouis subtilissimam digere in forti vini spiritu per dies triginta sex, vt indurescat in star lapidis. Destilla totum phlegma tertio ignis gradu ter cohobando seu reddendo aquam abstractam calci. Intende postea igné, quousque sanguineus ros prodeat, quod triduo fit. Primam autem aquam seorsim cape, rubeam item seorsim, quam seruabis nomine quintæ essentiæ Iouis.

QVINTA ESSENTIA PLVMBI.

Calcem Saturni macera in aceto stillatitio per biduum in cineribus, & soluetur in acetum tenuis substantia, effunde, reponeq́; aliud, & sic perge, quoad tota subtilitas est extracta. Coagula acetum collectum in salem. Huic affunde spiritum vini circulatum, aut alcalisatum. Circula per dies aliquot, destilla vt essentia exeat per retortam. Hanc edulcora, & est quinta Saturni essentia, quam & sacharum vocant.

Sacharum plubi quintessentiale.

Potes & absque egressu per alembicum tantum exaltare circulatione in spiritu vini crebra. Quidam calcem plumbi cum sulphure factam, vel cerussam lotam aqua rosacea, & filtratam soluunt aceto destillato, ponendo in fimum ad dies quadraginta. Phlegma destillant vsque ad olei consistentiam. Aqua refunditur ad caput mortuum, & destillatur secundo ignis gradu, idque repetitur tertiò, donec dulcescat. Tandem igni forti eliciunt essentiam quintam.

Andernacus citrinam plumbi calcem in aceto ad duos digitos affuso ebullire

bullire finit. Vbi spumare leuiter ceperit, ab igni remouetur, & subsidere per-
mittit. Acetum modicè defundit in ollam vitratam. Refundit aliud, & procedit
vt ante, donec dulcedo sit extracta. Acetum coagulat in balneo, ita vt inde ex-
istat purpurea materia, quam coquit aqua pluuia destillata, quoad albam spu-
mam attollat, quam semper segregat, seruatque, donec cesset. Reliqua negligit,
spumam colat, affuso vini spiritu digerit in balneo, spiritum separat. Albe-
dinem soluit aqua forti, destillat, refundit aliam ter vel quater. Tandem edul-
corat per aquam pluuialem sexies mistam & abstractam. Hac essentia soluitur
in liquorem. Potest etiam per alembicum exigi.

QVINTA ESSENTIA STIBII.

Tincturam vel calcem stibij solue aceto destillato: digere, & destilla cum cohobijs, donec forma olei rubicundi exeat per alembicum. Rectifica id abstracto phlegmate, & circula cum vini spiritu. Si opus est, etiam edulcora.

QVINTA ESSENTIA MERCVRII.

Sublima à vitriolo & sale ammoniaco, solue in aquam; quam septies
destilla. Nonnulli cum vitriolo sublimatam partem soluunt per acetum
ab eo, & seorsim per secessum collectum dicunt esse quintam essentiam,
cuius vsus in fistulis, canctis, &c.

Sublimatio autem perficitur ita: Sublimatum miscetur aqua forti,
& soluitur in pultem, addito sale comm. macerantur donec Mercurius in
aquam abeat. Destillando postea extrahitur aqua fortis, inde eleuatur quinta essentia vitrioli & hydrargyri simul. Sublimatum denuò aqua forti soluitur, idque etiam tertiò peragitur semper sublimando, donec feces in fundo
nullæ maneant.

Vel: Mercurium purga cum tartaro calcinato. Sublima à vitriolo, sale
nitri, & alumine, affunde vini spiritum exasperatum & correctum, digere,
donec in mucosam transeat pinguedinem. Hanc destilla per retortam igni
fortissimo, donec humor exeat lacteus. Redde hunc retortæ, iterumq; educ
liquorem forma olei albissimi fragrantis. Circula id cum vini quinta essentia ad iustam subtilitatem.

In Gallica etiam intra corpus datur pauca dosi, & foris adhibetur. Aliter fit ita: *Recipe salis artis partem vnam, salis gemmæ duplum, misce Mercu-*
rium cum his, & subige in massam, quam septies sublima. Sublimatum solue lixi-
uio forti: destilla aquositatem per alembicum. Refunde destillatum ter, terq; ite-
rum elice. Cùm omnis aqua est abstracta, pelle fortiter ignis gradu quarto, & se-
quitur oleum ad scabiem Gallicam vtile.

Nomi-

Nominatur & quinta essentia incredibilis efficaciæ puluis ille, quem ita parant: Mercurius sublimatur cum sale & vitriolo, aliquoties sublimatus reuerberatur igni mediocri octiduano, vase clauso. Teritur in marmore, soluitur deliquio in balneo: solutio destillatur per alembicum, & dicitur lac virginis id quod egreditur. Hoc coagulatur lentissimo calore, sicco vase clauso.   Quod si in lacte virginis soluas salem ammon. decies sublimatum & coagules, nihil erit valentius.

QVINTA ESSENTIA SALIS.

Salem volatilem sublima: fixum verò calcina in reuerberio, solue per deliquium, destilla per retortam in spiritum. Hunc per mensem in fimo digere. Destilla per balneum aquam dulcem, quam neglige: coagulum loca in fimo, vt colliquescat denuò. Coagula, & repete hoc eousque, donec nulla dulcedo inde exeat.

Aliter: Salem tostum ne amplius crepet, in canalem ferreum plicatilem, vel catinum validum iniice, & probè obtura. Reuerbera, ne tamen vitrescat, puluerulatum solue per deliquium, coagula, vre iterum, solue & coagula, & repete quousque aqua dulcis inde non exeat inter coagulandum.

Potest & fieri citra destillationem in spiritum, si calcem solutam sapius coagules & soluas, repetitis digestionibus, &c.

QVINTA ESSENTIA VITRIOLI, ALVMI-
nis, & similium.

Calces horum sublima, aquam quæ inter sublimandum exit, serua. sublimatum solue per deliquium, solutioni adde aquam priorem, digere vnà per mensem, destilla aquam dulcem, coagulum solue, digere, itemque coagula, & sic procede vt in salibus. Destillatum autem liquorem per se coagula. Essentiam hanc coniunge illi.

Compendiosior & euidentior ratio est, si flores colcotaris ter à capite mortuo sublimatos ad duplicem alembicum in fimo soluas, solutum destilles per alembicum in arena, destillatum lenta coctione balnei coagules, coagulum læuigatum per deliquium soluas, & filtratum reponas: Est nobilis dulcedo ad spasmum, podagram, calculum, lepram, &c.

Alij colcotar rubeum probè exiccatum exigunt per alembicum, dicuntq́; exire crassam humiditatem, ex qua per retortam pellunt oleum in receptaculum. Refrigerato huic adiiciunt spiritus de sale nitri gutt. iiij. ol. de sarmentis gutt. v. destillant iterum, aiuntq́, dulcescere instar mellis.

Aliter: Sublima vitriolum cum hydrargyro, sublimatum solue in aceto destillato, vel alio purissimo sæpe mutato. Secedit enim essentia vitrioli in aquam: Hydrargyrus subsidet: acetum abstrahe, affunde acetum aliud,

in quo

in quo reftinctum fæpius fit ferrum candens, & coagulatur in rubedinem,
deftilla per lacinias, aut filtra. Coagula ad ignem. Defpuma detraheque nigram cutem. In fundo effentia vitrioli erit ad morbos vtilis, & nominatim ad vulnera. Plura de dulcedine vitrioli in commentarijs.

QVINTA ESSENTIA ARSENICI.

Sublima id ter cum fale præparato, colcotare & chalybis fcobe. Sublimato adde falem fufum, & folutum. Macera. Deftilla per gradus ignis horis 24. Deftillatum redde capiti mortuo iterumque deftilla, repetens hoc
donec puluis maneat albiffimus. Hunc elue aqua calida vt fal fecedat. Coagula, reuerbera per diem. Solue per aquam calidam & elue, vt albiffimus
reftet puluis, quem folue per deliquium & deftilla per retortam. (Quercetanus reuerberat cum pari oleo talci, &c.)

QVINTA ESSENTIA GEMMARVM.

Quæ tincturam reddunt, ex eis eliciatur per acetum radicatum, illaq;
cum fpiritu vini digefta exigatur per alembicum.

Alias. Solue cum aceto radicato vt puls fiat. Ex hoc extrahe quintam
effentiam cum alio aceto vel etiam fpiritu vini, vt craffa materia reftet. Extractiones coagula, & edulcora.

(Hæc operatio eft vicina magifterio calcium, nifi quod ibi tota res foluatur
in calcem repetitis reuerberationibus; hic tantum fubtiliffima pars extrahitur.)

Aliter: ℞ fucci limoniorum, fucci berberum æquales. Deftilla fenfim
nouies bene lutatis vafis, & vix quarta pars exit colore citrino. In hac aqua
folue calces gemmarum vitrearum, qualis eft cryftallus. Solutiones deftilla fere vfque ad ficcum, feu vfque ad olei confiftentiam. Tandem igni forti
quintam effentiam forma olei prolice, quam cum fpiritu vitrioli digere, &
circula.

Aliter: De cryftallo: pulueri lævigato affunde fuccum limoniorum in vitro forti angufti colli. Merge in cineribus calidis vfque ad materiæ fummum.
Stent per dies quadraginta primi gradus calore. foluetur in aquam craffam. Adde aceti ftillatitij pares cum fucco limonum. Digere per dies quadraginta. Exime, deftilla iuncturis bene claufis, nec tamen nimis feruide ne empyreuma contrahat. Aquam quæ effluxit, coque in vitro ad medias. Refiduam partem deftilla
lente donec aqua fiat aurea. Excipe eam alio receptaculo donec pura flaua prodeat. Cum incipiet craffa, muta receptaculum, & fi non amplius deftillat, refrige-
fcat. Oleum flauum innatans aquæ receptaculi, fepara fubtiliter, ne quid aquæ
vna trahas. Hæc eft quinta effentia. Ex tribus aquis fal coagulat ftipulis iniectis,
fi in cella ponas per dies quadraginta.

QVINTA ESSENTIA PERLARVM.

Eadem penè methodo cum gemmis extrahitur quinta essentia margaritarum & coraliorum.

Vniones triti soluuntur in spiritu aceti, seu aceto nouies destillato, ita vt acetum indies effundatur, reponaturq; aliud, quoad tenuissima substantia sit exhausta, quæ quidem in acetum ingreditur. Si vsque ad crassa seu feces peruenris, cessa. Et collecto aceto inijce parum caphuræ vt defecetur. Postea destilla per alembicum, & quinta essentia vnà exit, quod si non tota exiret, repete destillationes refuso aceto ad caput mortuum tritum, cũ quo ster in digestione parumper. Si exijt tota, acetum lentissimo balneo segrega. Reliquijs affunde vini spiritum, digere, & abstrahe aliquoties. Tandem edulcora eam aqua stillatitia. Potes eam etiam per retortam exigere forma olei.

NB. de caphura. Alij ad mensurā Vnã caphurā semunciā ponunt, ideo & eo facilis per alembicum exeant perlæ, à caphura sublata cum sit multa volatilitatis.

(*Vniones quia sunt extractum quoddam & quinta essentia naturalis concha margaritifera, per modos quintæ essentiæ ita elaborari etiam tota substantia possunt, vt totæ fiant quinta essentia. Videtur enim illis tantum deesse exaltatio ad tenuitatem & virtutem summam. Hinc magisterium perlarum seu calx solubilis, in aquam potest solui per deliquium, eaq́ repetitis solutionibus & coagulationibus, elaborari vt sales: vel potest per alembicum exigi, aut cum vini spiritu circulari. Huc tendit etiam talis descriptio.*

Perlæ ex vino calido lotæ solæ aceto destillato tenuissimo in sole, ita vt indies renouetur acetum priore effuso & seruato. Hoc repete donec tota perlæ sint solutæ. Solutiones confusas destilla lento igni, ita vt cum parte essentiæ acetum extrahas. Quod in fundo est, perfunde aceto nouo, & macera. Postea destilla ita vt aliquam partem iterum de essentia elicias. Semper enim pars vna ascendit & prodit. Debes autem acetum ita per partes extractum confundere & seruare. Vbi essentiam extractam conijcies, vel etiam totam exegeris: in destillatum acetum illud in quo est essentia, inijce parum caphura, & defecabitur. Destilla per lacinias, & essentia à fecibus separatur (vel destilla per alembicum aut retortam, vt prodeat essentia cum aceto puro) acetum ita destillatum diuapora in vitro ad ignem vsque ad vicesima partis remanentiam. Hanc in alia cucurbita destilla sensim donec profluens liquor incipiat flauescere. Muta receptaculum & auge ignem incessanter totamq́, flauam expelle. Exibit quinta essentia instar mellis. Ex aqua priore coagulata salem paucum excipies.

QVINTA ESSENTIA CORALIORVM ET
perlarum per vicem magisterij & tincturæ.

Goralia vel perlas minutissimè trita læuigataque impone vitreo vasi & destilla. Reliquias calcina ad albedinem, vt fundus vitri excandescat. Exime & immitte in acetum destillatum potens. Digere per octiduum indies bis

mouen-

mouendo. Vbi tinctum est acetum colore rei, effunde reponeque aliud,
cum quo iterum digere quousque tingatur; & sic procede donec extraxeris
id quod subtilissimum est (*nam non debet totum corrodi vt in magisterio.*) A-
cetum abstractum per partes in alembico destilla lento igni, vsq; ad liquorem crassum (*alij exigunt per alembicum etiam essentiam seu cum aceto, seu per
se formae olei.*) Hunc effunde in concham, & modicè diua pora ad siccitatem,
quo pacto coagulantur sales. Siccum puluerem ablue sæpè cum aqua calida, vt aceti acrimonia secedat. Exiccatum denuò per aliquot septimanas super cineribus calidis detine vel reuerbera, & vertitur in puluerem albissimum, qui diffluit vt alcali. (*Hunc si soluas, solutionem cum vini quinta essentia circules, propior erit quinta nature. Potest tamen etiam sublimari in florem, &
flos circulari, &c.*) Zvvingerus.
Coralia aliàs etiam, vt crystallus, elaborantur.

QVIN. ESS. CARABES.

Magisterio carabes puluereo affunde spiritum vini. Macera, destilla
per cohobia, donec quinta natura exeat per alembicum. Quod exijt circula, & coagula ad formam olei vel pulueris, vt placet.

QVINTA ESS. SVLPHVRIS.

Est tinctura ex floribus extracta, & per quintam essentiam summè e-
laborata. Ita de cæteris.

QV. ESS. TARTARI.

Calx tartari perfunditur vini alcoole: & per dies sex in fimo ponitur.
Post destillatur cum cohobijs: vt ferè totum exeat.

TRACT. II. CAPVT V.

De quinta essentia vegetalium.

QVinta essentia vegetalium est quæ ex vegetalibus eorúmque partibus
extrahitur.
Fit hæc potissimum ex succo extracto. Primas hic obtinet quinta essentia vini, quam & mercurium vegetabilem nominat Lullius, alij aquam
primi entis, cœlum & clauem philosophorum.

QVIN. ESSEN. VINI.

Spiritum vini ex nobilissimo vino extractum & iam quarta vice destillatum, adhuc destilla septies vel vsque ad summam subtilitatem, intercedentibus semper digestionibus suis, vase ita munito, vt nullus possit exire
halitus. Postea circula in pelecano. Hic si quid nubeculæ vides, repetenda
est destillatio, donec ætheris purissimi instar pelluceat.

Signa

Signa perfectionis sunt: 1. Si tota comburitur sine relicto vestigio in pelui stannea munda. 2. Si nullum accipit sedimentum. 3. Si sapit oletque suauiter. 4. Si penetrat in gustu quasi sine qualitate notabili caloris aut acredinis. 5. Si in candente lamina in auras euanescit absque bulla. 6. Si in linteo comburitur sine huius noxa. 7. Si olei gutta, vel pilus ex supercilio iniectus statim petit fundum. 8. Si succinum ardens immissum subinde ardentius euadat. 9. Si in manu penetret euanescatque.

Alij primò extrahunt spiritū, qui videtur ipsis esse quinta natura, postea vini alcool, inde remanet cruditas ex qua fit acetum.

(E vino destillantur tres liquores ferè similes, primus est aqua ardens; secundus spiritus; tertius quinta essentia, de qua hic præcipitur. Destillatur varijs modis, varia artificum industria.

Paracelsus vinum generosum putrefacit sub fimo vel humo per mensem. Postea vehementissimo frigore aquositatem sinit congelascere. Quintam essentiam incongelabilem segregat. Sed hæc est materia potius quintæ essentiæ. Nam & aqua ardens & spiritus, non congelat. Hinc itaq, non distant à quinta natura.

Nonnulli secuti Paracelsum per quatuor menses vinum in cucurbita cum cæco alembico digerunt. Hinc sinunt conglaciare. Quod liquidum mansit destillant, ita vt subtilissima duntaxat pars excipiatur. Neque verò tantum ad calorem destillatio perficitur, sed & glaciem vini circumponunt cucurbitæ, & quod spiritu intus posito eleuatur, exitq, ante fumos crassos, id pro vero vini spiritu, seu quinta essentia habent. Quidam quod ex glacie collectum est, iterum atq, iterum glaciant, donec nihil restet glaciabile. Sunt qui inserant calamum, asserentes spiritum ingelabilem in medium calami sese recipere.

Alij ita conficiunt: Aquam ardentissimam ex vino pone in phiola, ita vt tertia vel media pars sit plena. Obstrue os cera pertinacissima ne spiritus possit subterfugere. Pone in fimo ad mensem inuersè vt fundus sit in summo. Ita separatur essentia à fæcibus. Vbi hoc factum est, sensim exime phiolam, cauens ne perturbes. Fora ceram, & fæces, emitte vsque ad puritatem quam detine in vitro. Aquam illam puram circula in pelecano vsque ad perfectionem suam. Huic solet innatare quædam essentia oleiformis, quæ abstracta seorsim seruatur.

Spiri. destillationis per canales refrigeratorios, &c. quæro suo loco.

Baptista Porta etiam diligentius elaborat. Vinum generosum in amplis ampullis ita obsignatis vt nihil planè possit expirare, in fimo sepelitur vt putrescat per duos menses. Postea destillando inde abstrahitur spiritus quem ille præcipit diuidi in partes duas. Omisso hoc spiritu & seposito aliquandiu, destillantur reliquia donec fæces vt mel vel pix residere conspiciantur. Hæ locantur in cella quousque deponant crystallos, sicut fit in aceto. Crystalli eximuntur abluunturq, per phlegma paulo ante destillatum, sed celeri manu ne liquescant. Siccatos solue in aqua destillata. Fæces reliquas quæ non abierunt in crystallos, calcina in cineres albissimos. E calce extrahe salem per aquam phlegmaticam, & elabora eum soluendo, filtrando, coagulando, donec in candente lamina positus liquescat & diffumiget, quod in particula potes experiri. Addit tandem hunc salem aquæ, in qua

sol-

soluisti cryst allos. Inijce totum in vitream cucurbitam, cuius os obstrue primum_ subere, postea charta pergamena tenera. Impone alembicum, & commissuris oc-clusis sicca. Subijce ignem & destilla. Dicit ille salem penetrare ad alembicum per suberem & pergamenam, aqua immota manente. Collige salem istum, & misce cum vini spiritu primum destillato, & circulatione exalta in quintam essen-tiam_.

Vlstadius vinum generosum macerat per mensem; 2. destillat aquam ar-dentem relicto phlegmate. 3. aquam hanc macerat iterum in fimo per dies viginti & vnum_. Destillat partem subtiliorem igni leniore. Hanc digerit denuò per dies quindecim_. Digestam destillat per spongiam oleo madidam, collocatam in orifi-cio cucurbitæ, (potest & per pergamenam) *ita factus est spiritus vini, quem_ digerit per octiduum, & destillat igni leniore. Quod exijt quatuor dies macerat_, destillatq̧. Hoc digeritur per biduum, & tandem prodit quinta essentia qua cir-culando exaltatur. Semper autem crassiores partes remanent in cucurbita, quæ se-orsim ad suos vsus pro aqua ardente, vel spiritu vini possunt vsurpari. Phlegma primum in acetum bonum vertitur, ex quo fit acetum destillatum, & crystalli.*

Hæc quinta essentia postea est cœlum, & quasi communis materia astro-rum, in qua si maceres aromata vel alia, statim deponitur virtus subtilissima, ad vsum præsentem_. Quia verò laboriosissimè conficitur, plerumque quartæ destil-lationis spiritus pro ea sumitur. In aliquibus etiam oleum terebinthi seu spiritus exaltatus, in mineralibus aqua fortis, & mercurius philosophorum in metallicis quibusdam, illud officium subeunt_.

Paracelsus etiam aliam descriptionem habet, nempe talem in quinta essen-tia potabilium. Recipe vinum. Digere in pelicano per mensem. Separa per balne-um (destilla) *quod exit, serua.* (Est spiritus) *inde pone in cineres destillaq̧, & e-xit alia substantia. Tertiò loca in arena & destilla, exitq̧ tertia. Has duas poste-riores digere in balneo vel fimo, & destilla postea, & exit plus spiritus, quod adde priori. Digere iterum & destilla, & sic omnes spiritus relicto solo phlegmate potes elicere. Spiritus hos circula & destilla vicissim, abibuntque in quintam essen-tiam_.)*

Ad hunc modum vini congruunt omnia similis naturæ, vt cereuisia, & quiuis succi potabiles; quin & acetum eò tenuitatis peruenit, vt quin-tam essentiam æmuletur.

QVINTA ESSENTIA VEGETALIVM CON-sistentiæ corpulenta.

Succum extractum perfunde vini spiritu. Digere. Effunde spiritum iam coloratum pro succi natura. Refunde alium, idque quousque non co-loretur amplius. Spiritus collectos coagula lentissimo balneo: vel etiam cum cohobijs exige per alembicum quintam naturam, & postea coa-gula.

oo   (Huic

(*Huic modo congruunt & animaliumpartes, quæ in elaborationibus talibus pro vegetalibus habentur sui generis. Non enim extrahi possunt quà animalia.*)

Aliter : Res molliores (*vt crocum, turbith, agaricum, &c.*) include cum
suo correctorio syndoni albæ, vt sit petia. Hanc intra alembicum colloca,
adaptáque limbo, vt à spiritibus attingatur. Spiritum verò vini, vel aliud
menstruum infunde in cucurbitam. Vapores ascendentes coagulati præ-
tereundo materiam subtilissimam partem secum vehunt in receptaculum.
Quod si exijt, coagula balneo lenissimo, destillando per spongiam. *Gesnerus.*

Paracelsus prolixius describit, cum repetitis infusionibus ita: Herbas,
flores, folia & similia tusa putrefac per mensem (*si recentia scilic. sunt in suo
succo, sin arida, in aqua sua prius inde destillata, aut analoga alia*) destilla per
balneum. Feces exime & in marmore tere. Redde illis aquam prius abstractam. Digere per octiduum. Destilla cum cohobijs, & quinta essentia exit
per alembicum.

(*Hic si cesses, coagulari potest, & circulando exaltari.*)

Destillato liquori infunde aliam materiam. Digere per sex dies. Separa per balneum. (*Hæc planè sunt distorta & deprauata*) & corpus exit, essentia in fundo manente (*quod impossibile est in nouo infuso.*) Itaque præcipere voluisse videtur, quod essentia prius per alembicum extracta sit circulanda, & postea separanda per balneum aqua, quæ possit adhiberi ad infusionem nouam.*) Hanc
à fecibus separa per prelum. Digere per dies quatuor, & habebis essentiam
spissæ substantiæ. Destilla per alembicum, & essentia exit, quæ est alcool
vini, &c.

(*Ordo postulat, vt primùm extrahatur sucus maceratione & filtratione.
Succus digeritur, destillatur ad feces. His tusis aqua destillata permiscetur : digestione facta destillatur, vt essentia exeat per alembicum, quod vt plenè fiat, sæpè
cohobandum est. Tandem circulatione facta, coagulatio instituitur. Aqua abstracta vel menstruum segregatum potest ad nouum opus adhiberi. Quod si feces
caleÂnes, & inde crebrò abstrahas menstruum, vnitur ei sal, vnde vocatur liquor
alcalisatus, &c.*)

Alij putrefaciunt cum decima salis parte per mensem. Destillant ad
siccitatem. Fecibus lęuigatis iterum affundunt destillatum, digeruntq; per
dies viginti & vnum. Destillant, refundunt, macerant per dies quatuordecim, destillant cohobantq; quartò digerentes per dies 8. Tandem circulât.

Aromata, vt cinamomum, zedoaria & reliqua eodem extrahuntur artificio. Nam puluis maceratur vini spiritu per decendium ad tres digitos affuso. Destillatur ad siccum. Feces lęuigantur in marmore. Redditur eis destillatum. Maceratur, destillatur, idq; donec essentia exeat per alembicum.
Si quid olei vnà prodijt, id separatur. Reliquum diuaporatur lentissimo calore, oleum imbibitur coagulo.

QVINTA ESSENTIA CREMABILI-
um & oleorum ex Paracelso.

E lignis, scapis, & quæcunque resinam sudant, igni circulatorio extrahe succum. E resinis & gummi iam coagulatis fac pastillos cum puluere silicum & oui albo, & destilla per descensum. Terebinthinam prius coque ad siccum, posteaque destilla.

Hæc extracta liquida macera in fimo per mensem. Destilla totú quod
destillari potest. Macera amplius & destilla, quousque nulla exeat humiditas. Quinta essentia est in fundo.

(Fit ergò talis essentia ex oleis destillatis descensu. Sed & ex expressis potest cō- *Vide infra*
fici, ad exemplum olei oliuarum, vel vt supra dictum est de sale. Ita oleum lini *in oleu, &c.*
reducitur ad quintam essentiam summa industria, tam crebrò per retortam destillando vt rapacissimum fiat ignis, omni aquea humiditate segregata, & adeò
tenue vt etiam in aerem euanescat. Muniendum vas diligenter est inter destillandum, ne vas calefactum intus ignem concipiat, & dissiliat. Sic extrahitur
succinum liquidum, item petroleum. (Nec alia fere res est oleum philosophorum,
nisi quod singularis præparatio accedit per restinctionem, qua fit tenuius & pene-
trantius.) In oleo oliuarum vel oleo terebint. vel laurino, vel rorismarinato pule-
giato & alijs, restinguuntur silices vel laterum fragmenta candefacta, quantum
bibere possunt. Affunditur & calci viuæ oleum, & ossibus candentibus, & ollis,
vel per ollas candentes traijcitur, vel marcasita candente item restinguitur, aut
metallis. Destillatio fit per retortam vel alembicum in arena per gradus. Elicitur
oleum duplex vel triplex. Vocatur oleum benedictum. Adduntur interdum
cohobia.)

QVINTA ESSENTIA PVRGANTIVM,
vt ellebori & similium.

Extracto succo per aquam anisi vel pulegij, affunde vini spiritum ad
digitos quatuor. Digere in balneo per biduum vel triduum. Clarum effunde, affuso nouo spiritu, digere. Et sic procede quousque tota subtilitas more tincturarum sit extracta. Solutiones coagula. Coagulato adde quintam
vini essentiam. Circula. Abstracto vino potes forma olei vel alia seruare, aut
etiam per alembicum exigere. Vsus potissimum ad acuendum succos extractos. Nam quintæ essentiæ ad purgandum non valent.

Tʀᴀᴄᴛ. II. Cᴀᴘᴠᴛ VI.
De quinta essentia animalium.

Qᴠɪɴᴛᴀ essentia animalium est, quæ extrahitur ex partibus animalium
ratione mistionis naturalis & vegetabilis.
Itaque & praxis parum differt à vegetalium apparatu.

QVIN-

QVINTA ESSENTIA MOSCHI, ZIBE-
thæ, & similium.

Misce moschum vel zibetham oleo amygdalarum dulcium, & in vitro clauso aprica, vt crassescat instar pastæ. Hanc exprime. Affunde spiritum vini mistum aqua ter destillata. Macera per dies decem. Destilla per cineres, & cum aqua exit quinta essentia, oleo manente in fundo. Vinum & aquam abstrahe per balneum lenissimum, & quinta essentia in fundo manet specie olei.

QVINTA ESSENTIA CARNIVM, SAN-
guinis, lactis & similium.

Sanguinem è vena hominis, vel alterius animalis sani recens extractũ sine coagulare. Aquam innatantem abijce. Adde decimam partem salis. Macera in fimo vase clauso per dies quadraginta, donec sanguis in aquam vertatur. Et fimum sæpè renoua. Destilla aquam vsque ad siccum. Feces in marmore læuiga, & misce cum sua aqua. Digere. Destilla cum cohobijs vt essentia cum aqua prodeat per alembicum. Aquam hanc cum essentia diu circula. Postea segrega phlegma, & relinquitur essentia quinta.

(*Nonnulli pro quinta essentia habent extracta carnium, vt pullorum, caponis, &c. In maceratione postquam abstracta est aqua ichorosa, affundi potest vini spiritus aromatizatus, & vnà digeri. Ita & carnes debent redigi ad quintam essentiam, nempè vt earum extractus succus vini spiritu, vel aqua melissa, borraginis, &c. & aliorum irrigetur, & digeratur adiecto momento salis. Post fiat destillatio cum cohobijs, vt in sanguine dictum est.*)

QVINTA ESSENTIA CRANII
& similium.

Rasura infunditur spiritu vini saluiato ad sex digitos. Digeritur in balneo vase clauso per dies quatuordecim. Destillatur per retortam per gradus ignis, vt aquæ fortes. Liquor ter redditur fecibus tritis, & commaceratur semper per octiduum. Tandem circulantur omnia per aliquot dies, & menstruo separato quinta essentia in fundo est.

(*Potest circulatio etiam cum nou menstruo fieri. Si loco scobis sumas magisterium cornu, ossiue, & cum spiritu vini maceres destillesq́, per cohobia & circules, nobilior quoque fiet essentia.*)

Alij ita detrahunt ossa: extractum ossium (*succus extractus, vel magisterium*) soluitur vini spiritu. Circulatur. Vino abstracto refunditur aliud, circulatur, idq́ue repetitur quousque ad subtilitatem iustam peruenerit. Sublima tandem, vel cum spiritu vini per retortam age, & separa menstruum.

TRA-

Tract. II. Cap. VII.
De arcano specifico : & primùm de tinctura,

ARcanum specificum est extractum naturæ interioris, cuiusque speciei substantiam referens propius, vt in illa agnosci queat.

Itaque & ea industria elaborandum est, ne crasis substantialis pereat. Inde enim & specificum dicitur, & dissentit ab essentia quinta, quæ propter summam subtilitatem nobilitatemq; videtur penè à sua specie ad æthereorum classem defecisse. At arcanum specificum mistorum substantiam formamq; & differentiam specificam ex corpore penetrali productam exhibet propinquius.

Arcanum specificum est duplex: vnum formalius est, & appellatur astrale, alterum materialius.

Specificum formale est, quod speciem per formales proprietates saltem refert.

Licet itaq; & materiales virtutes concurrant; formales tamen excellunt, & illæ potissimum elaborando respiciuntur.

Et est Tinctura & oleum.

Tinctura est arcanum specificum, cum essentia qualitatibusque formalibus etiam colorem rei habens, vt in sui similem naturam tingere possit.

Hæc si optimè elaborata est, in valde tenui & perspicua substantia apparet, tanquam esset aer perspicuus quidem, & purus, at coloratus certo modo, colore perspicuitatem non prohibente. Itaq; & sine sedimento longo tempore durare potest.

Neq; verò tam colorandi gratia petitur, quàm efficaciter ad sui naturam immutandi, quantum dispositio rei patitur. Itaque in medicina plurimum ad valetudinis restaurationem & sanitatem firmandam adhibetur, ita vt ob validam virtutem etiam renouandi potestatem habere dicatur, cùm omnia membra, sanguinem, spiritus & calorem reddit vsu sui vegetum & valentem.

Modus extractionis frequentissimus est per digestionem in certo aliquo menstruo, in quo infunduntur ea quæ tincturam habent: quod si tinctum est colore rei, & virtutem cum essentiali parte attraxit, depletur, seu per inclinationem vasis effunditur tinctus liquor, reponiturq; aliud, quod item manet in digestione, vsque ad colorem imbibitum, & sic proceditur, quousque tota tinctura est extracta, relicto corpore decolore, & vsque ad salem, mortuo. Depletiones postea circulantur debito modo, & coagulantur menstruo abstracto, quousque placet. Quædam enim ad siccum reducuntur, quædam oleiformi consistentia relinquuntur: interdum, vbi men-

ſtruum eſt acre,requiritur ablutio per aquas dulces deſtillatas. Nonnunquam edulcoratione facta,affundimus aquam cinamomi,roſaceam,aut ſimiles,& tincturam ita liquidam pro vſu conſeruamus.

Quædam etiam vberius elaborando, induunt naturam quintarum
eſſentiarum,&c.Quorum tinctura eſt firmior, ea etiam deſtillationem ſuſtinent & coctionem.

Notandum eſt, menſtruum cum tinctura obſcuriore, ſiquidem cla-
reſcere poteſt,eſſe ſæpiſſimè filtrandum,donec ab omni craſſa fece liberet,
ita erit tinctura purior.In aliquibus tamen,atque etiam certo conſilio,per-
ſpicuitas negligitur.

TRACT. II. CAP. VIII.
De Tinctura aperta.

Tinctura eſt duplex:Aperta & producta. Aperta eſt,quæ in ſuperficie
ſponte naturæ ſe conſpiciendam offert:qualis eſt frequens in mineralibus & vegetalibus.

TINCTVRA AVRI APERTA.

Aurum foliatum,vel in ſcobem adductum,aut calcinatum per hydrargyrum,digere in aqua regia ad tres digitos. Coloratam deple, refuſa alia vſque ad album corpus.Depletiones coagula vſq; ad oleoſitatem, quam præcipita cum vini ſpiritu circulando,ſæpiuſque inde deſtillando.Et habes tincturam citrinam.

*Loco aqua regia vulgarem fortem accipe,exaſperatam ſale amoniaco puro,
vel aquam mellis.*

TINCTVRA AVRI EXALTATA EX PA-
racelſ.Chirurg. mag.

Aurum per ſtibium repurgatum,malleoq; in laminas vel folia extenſum calcina per aquam ſalis gemmæ,ſeu potius ſpiritum eius. Calcem elue
diligenter per aquam dulcem, donec ſalſedo nulla percipiatur,ſit autem inſtar alcoolis ſubtiliſſimi.Huic affunde ſpiritum vini ad palmi altitudinē.Ob-
ſtrue vitrum optimè,ne quid expiret,& pone in balneo per menſem. Color
intrabit ſpiritum remanēte puluere albo.Spiritum à tinctura ſepara per deſtillationem,& reſtat in fundo. Funde hanc,& mutabitur in aquā metallicā.
Huius ſpiritus diuaporētur iuxta artem.In fundo erit liquor optatus. Hunc
immitte in retortam iuſtæ magnitudinis,&gradua quinquies, hoc eſt,bis,
quater,&c.Fiet commodiſſimè per eleuationem quæ valde attenuat.

*Præceptio obſcura eſt.Aliàs ita eſt:Tinctura cum ſale amm.ſublimetur(quin-
quies.)inde ſoluatur per deliquium,ſolutio cum ſpiritu vini circuletur aliquoties,
deinde deſtilletur vt exeat per retortam item ſæpius:tandem ſpiritu ſeparato liquor
optatus*

óptatur reſtat. Illi numeri, bis, quater, &c. videntur ſignare, quod bis ſit ſublimanda, & quater circulanda cum ſpir. vini, vt tandem ſequatur ex retorta. Hoc facto labor reſtat nullus, niſi ſeparatio à ſpir. vini, &c.

Tinctura lunæ alba fit per deſtillationem, & vocatur tūc etiam oleum aut quinta eſſentia, ſoluitur aqua forti, deſtillatur per dies 12. ad calcem, calx reuerberatur, læuigatur in marmore, & eluitur, ſiccatæ affunditur acetum camphoratum, digeritur, deſtillatur primo aqua, poſt in receptaculum mutatum decurrit albus ſpiritus, qui colligitur & rectificatur.

TINCTVRA GEMMARVM ET VNIONVM.

Gemmas fractas perfunde aceto radicato ad quinq; digitos, perq; méſem in fimo digere, vt materia liqueſcat. Hanc miſce alio aceto deſtillato, ſineq; in digeſtione ſtare, & colorabitur, coloratum effunde repoſito ſemper alio quoad ſatis: effuſiones coagula, coagulatū dulci aqua deſtillata perfunde, macera, & abſtrahe tam ſæpe donec dulceſcat. Mutanda autem ſemper aqua eſt. Ex vnionibus tinctura prodit lactis craſſi inſtar, eaq; eſt aperta.

De gemmis notandum eſt, quòd prius laborioſe admodum calcinentur cum ſale gemmeo in foco anemio ante folles, idq̃, bis, poſtea eluantur ſexies aq. cinam. deinde ſemel phlegmate aceti deſtillati: tandem extrahuntur aceto radicato. Plenior autem ratio explicatur in commentariis Chymicis.

TINCTVRA CORALIORVM RVBEORVM.

Coralia calcina tanta cum induſtria, ne color pereat. Fieri id poteſt in reuerberio ſecundi gradus, calcē læuiga in marmore exactè. Affunde ſpir. vini alcaliſatum (*vel acetum ſtillatitium, quod peculiariter ita fit: aceti menſur. ij. immitte in cucurbitam, addeq̃, ſalis manip. ij. tart. trientē, deſtilla igni lēto, vel aq. ſalis etc.*) ad octo digitos, digere in balneo in vitro Hermeticè clauſo, extrahevt in gemmis dictum. (*Obſeruauit Zuingerus nonnunquam etiā tincturam exire per deſtillationem ex alembico, ſi coralia calcinata legitimè digeras in vini ſpiritu, & nonies deſtilles, vltimò fortiter pellendo, vt aqua flaua, & poſtea rubea exeat.*)

TINCT. CORALIORVM EXALTATA EX PARAC.

Coraliorum rubeorum alcool ſubtiliſſ. digeratur in vini ſpiritu, & color abſtrahatur. Hic ſublimetur ſedecies, & tandem in balneo mariæ ſexies à fecibus oleum abſtrahatur, & ſeruetur.

Alij ita præcipiunt, faciuntque tincturam formā olei rubei, quam & oleum coraliorum rub. nominant : Recipe coraliorum rub. ſelibram, pulueratam pone in cucurbita, affunde aceti peculiariter pro coraliis deſtillati menſuras duas, impone alembicum, luto muni, adhibe igni lento, ita vt acetum ſuper coraliis bulliat, idq; in arena. Dimitte ita per dies 4. vel 5. quo uſq; coralia ſint ſoluta, ſine refrigeſcere, acetū effunde in cucurbitam aliam.

Deſtil-

Deſtilla liquorem: in fundo reſtabit puluis albus, læuiga hunc in marmore bis terúe, & ſicca, pone in alembico. Affunde ſpiritum vini, digere in calore fornacis donec ſanguineum contrahat colorem, deſtilla in balneo vſque ad craſſitiem olei. Non enim tota exhaurienda eſt humiditas. Poteſt tamen, ſi ad ſiccum compellatur, reſolui in vapores.

Obſeruandum eſt quoſdam negare tincturam hanc è coraliis per ſe fieri, vt ſit eorum propria. Ruborem autem dicunt eſſe ex eſſentia tartari adiecta, vel ſpiritus vini phlegmate affuſo. His enim color ruber eis dicitur reſtitui.

TINCTVRA FLORVM RVBEORVM, VT ROSArum, chariophyllorum coronariorum, fl. Arantiorum. punicorum, amaranthi, &c.

Folia roſarum rubearum in minutas partes forficibus concide. Proijce in aquam vitæ, colore poſito poſt tres horas exprime: repone alios in aquam eandem, quouſque fiat coloratiſſima. Tandem coagula, & ſi vini odorem ferre non potes, inſola, vel elue cum dulci, &c.

In talibus nonnunquam tinctura elicitur cum aqua propria per deſcenſum, vel flores locantur in alembico, & à prætereunte vapore tinctura aſſumitur, vel phiola cum floribus adaptatur matulę alios flores continenti &c. vel repetitur deſtillatio ſuper rebus nouis in aqua maceratis.

Poteſt & fieri ex ſacharo roſaceo vitriolato per aquam ſimplicem.

TINCTVRA CROCI, RHABARBARI, & ſimilium.

Tuſum crocum, inque ſyndone ligatum merge in vini ſpiritum, ita vt in medio pendeat vitro: digere per diem, (*vel donec color extractus ſit*) ſíque alba ſubſtantia eſt in ſyndone, eam exime, & nouam impone materiam, idque donec ſat coloris habeas, poſt coagula. Quod ſi vno menſtruo non poſſit extrahi totus color, plura adhibe per vices, acrimoniam elue aqua ſtillatitia. Coagula verò igni leniſſimo ſine iactura coloris.

TINCTVRA PRÆSILII RVBICVNDA.

Coquitur ex aqua vel vino, iniectoque pauco alumine tincturam ponit in aquam, quam filtratam coagula.

Solet & cum alumine per triduum macerari in vrina: exprimi, filtrari, coagulari.

Fit & ſine igni: Præſilij raſi manipulos duos inijce in ollam vitratam, quę dimidium menſuræ capiat. Affuſo aceti quadrante macera per noctem. Adde aluminis tuſi vnciam, miſce, poſtea inſperge cretæ tuſæ vnciam, & cū

baculo

baculo paulatim immifce.Inde effetuefcet,& exundabit. Itaque ollâ debet
in paroplide ampla ftare,vt redundantia excipiatur. Vbi quieuerit,refunde
& dimitte per diem naturalem. Liquorem effufum difpone in alueolos
varios vel conchas,fine refidere,clarum effunde in vas aliud,idque repete,
donec fedimentum relinquatur nullum:coagula. Potes & filtrare fæpius
ad purum.

TINCTVRA VIOLARVM, FLORVM BVGLOSSI,
Borraginis, & fimilium fugacium.

Hæc contufa macerentur in propria aqua, vel liquore fachari, qui fit
ex facharo puro clarificato,fuper quo vini fpiritus non diu arferit, & expri-
mantur.Expreffum coletur frequenter, & poftea ad calorem leuiffimum
coaguletur. Non enim poffunt ferre acria,& calorem intenfiorem. Potes eadem ad Alembici roftrum ponere,vt propria aqua deftillata præter-
labendo euehat tincturam.

Quædam fimpliciter cum fucco fuo expreffo & depurato per filtra relinquuntur,vt tinctura vermiculorum,fanguiforbæ,conchyliorum,&c.

TINCTVRA SANTALI RVBEI, GVAIACI,
ligni Aloës, & fimilium.

Scobs infundatur vini fpiritui,donec tingatur, coloratum effundatur
repofito alio,quoad fatis. Spiritus tincti colentur diligenter , & coagulentur. Infolando perit odor fpiritus:vel aqua ftillaticia macerando.

Ita extrahuntur radices chelidoniæ abfque aqua purgatæ. Non debet fieri expreffio colorati ; fed duntaxat effufio. Menftruum eft vini fpiritus.

Is modus competit & folijs rotismarini viridis,euaditque tinctura
virens.

TINCTVRA SERICI GRANO TINCTORIO
infecti.

Cape ferici fucco granorum tinctoriorum recenter infecti ,libram v-
nam. Succi pomorum dulcium, & aquæ rofarum fingulas fefquilibras. Macera horis viginti quatuor. Deinde paulifper coque donec liquores rubeant. Exprime, & cum facharo redige ad confiftentiam. Ex Mefue antidotario. Fit alia ex panno purpureo, quem Tornam folis nominant.

Tomenti purpurei libram coque in lixiuio donec coloretur, & fi non ex-
trahitur vna vice,muta lixiuium.Cola cum expreffione. Colaturam calefac ad
ignem fine ebullitione Adde aluminis triti & aqua calida diffoluti vncias quin-

que. *Craßescit inde tinctura & sedimentum facit. Itaque cola, & aquam ca-*
lidam tamdiu traijce, donec non amplius coloretur. Tinctura subsidens eximitur,
Vocatur Laca ab Alexio.

VIRIDIS TINCTVRA RORISMARINI.

Extrahitur per vini spiritum repetitis affusionibus de more, ex
foliis.

TRACT. II. CAP. IX.
De Tinctura producta.

TInctura producta est, quæ à centro ad superficiem producitur & extrahitur.

In plærisque enim alius in occulto recessu color virtusque est, quod
aliàs dicunt in potentia esse, vnde per exaltationum modos est producendus, antequam extrahatur.

Nobilissimæ hîc sunt tincturæ metallorum, quædam etiam in vegetalium censu reperiuntur.

AVRI TINCTVRA PRODVCTA, COLORIS
rubei instar Rubini.

Multis hæc fit modis. Vnus est per cementationem. Recipe farinæ laterum subtilissimæ & siccissimæ q.s. Salem vulgi purificatum per solutiones
filtrationes, coagulationes, & postea fusum pulueratumque: Adde vitriolum solutum in vini rubri aceto destillato, coagulatum, & in colcotar redactum, insuper misce æruginem solutam aceto stillatitio filtratam, coagulatam & vstam: tandem salem ammonium solutum per acetum vini rubri
non destillatum, filtratum, & coagulatum. Coge hæc in massam cementi
cum vini aceto, in quo sal ammonius erat solutus. Cape & aurum, & confunde cum cupro, vt moris est. Extende in lamellas quas macera aceto vini per
horas viginti quatuor. Has postea vicissim in cementatorio sterne cum
cemento præscripto, & repete laborem septies. Tandem in puluerem redige aurum, quem subtilissimè læuigatum extrahe cum spiritu vini exasperato seu alcalisato. Coloratus spiritus effunditur refuso alio, more vsitato,
donec tinctura sit elicita. Hæc diffluit in liquorem, potestque etiam argen-
vel cū succo tum tingere.
limonū, vel 　　　*Alius modus:* Aurum cementatum calcina cum aqua salis, calcem reuer-
spir. rubeo bera cum sale, elue ab omni acrimonia per aquam dulcem stillatitiam, affun-
vitrioli ad- de spiritum vini alcalisatum Stent in maceratione fimi per mensem, quous-
dito spir. sa- que tingatur, &c. Tincturam coagula.
lis gemma.

Cal-

Calcinatur etiam per Saturnum vel hydrargyrum: calx affusa aqua forti, vel in re-
& subinde abstracta per destillationem, præmissis digestionibus ad puniceum colo- uerberio &
rem redigitur. Inde extrahitur per acetum stillatitium, aquam mellis, aut vini spi- ritur ad ru-
ritum. Extractiones colliguntur, si non amplius tingitur liquor, calx residua iterū bedinem.
reuerberatur ad rubicundum , idq́, quoad tota tinctura extracta est. Solutiones
confusæ coagulantur, coagulum soluitur vini spiritu, circulatur per mensem, coa-
gulatur iterum in puluerem, quem inhumando possis in liquorem soluere. Ita fit a-
malgama ex solis drachma cum sex hydrargyri drachmis. Soluitur aqua forti,
quinquiesq́, eadem abstrahitur & refunditur. Quod volatile est sublimatur. Tur-
bith in fundo reuerberatur ad puniceum, quod per vini spiritum extrahitur. Hæc
autem tinctura est composita, nam aliquid de Mercurio fixo habet.

Alius modus: Fiat aqua regia ex sale petræ, ammonio, cinabari, alumine, vitriolo. In hac solue aurum per stibium purgatum, solutiones destilla vsque ad calcem. Hanc cum sale reuerbera per triduum, vt fiat punicea, tere
subtilissimè, salem elue, aquam fortem prius à calce destillatam affunde denuò. Digere, destilla primo ignis gradu vsq; ad olei consistentiam , apposito
receptaculo alio ignem vrge, & vi caloris exit rubea tinctura pellucida & pura, quam circula cum spiritu vini, vel quinta essentia.

TINCTVRA PHYSICORVM
ex Auro.

Hoc est secretissimum arcanorum in tota Alchymia, sæpe quidem propriè ex-
positum & nominatum ab autoribus, sed decepto lectore per sermonis tenorem.
Quasi enim in digressione aliò respicientes, de eo loquuntur, &c. Et duplici ap-
paratu conficitur, ad medicinam scilicet & transmutationem. De illo hic præ-
cipitur.

Accipe nigrum auri sulphur, vel quintam essentiam sublimatione
philosophica per hydrargyrum factam. Affunde spiritum vini nobilissi-
mum, vel quintam eius essentiam. Misce probè, & macera per mensem
suum. Abstrahe per destillationem, & refunde, quousque puluis spectatur exactè purpureus. Circula hanc cum quinta essentia, & si vis, extrahe, & habes tincturam quintessentialem. Si reuerberes eam, potes soluere
in liquorem.

Nominatur illa nigredo aliàs etiam caput corui, & per aquam fortem quā-
dam quæ dicitur aqua vegetabilis & vita, item elaboratur sæpius circulando de-
stillandoq́, & tandem edulcorando. &c.

TINCTVRA PHYSICORVM EX ELECTRO.

Electri partes studiosissimè repurgatas & anatica (vt loquuntur) proportione iunctas, incera cum mercurio philosophico, vt totum in aquam

mercurialem abeat. Hanc phiolæ inclufam pone intra pyxidem quernam, ita ftent in putrefactione per menfem Philofophicum quadraginta dierum. Auge aquam per quinos, & emerget caput corui verum. Hoc abftrahe cum fua cuticula, & feorfim ferua. Cùm nihil amplius fublimatur, inhuma caput corui, & ablue, hoc eft, imbibe fua aqua, vt eam deuoret per partes, tamdiuque moderato calore in cineribus decoque, quoufque ex nigro fiat album albedine obfcuriore. Hoc exaltatur circulatione operis repetiti, poftea diuiditur in duas partes, vni adijcitur fermentum rubeæ tincturæ, alteri fermentum albæ.   In vitris diuerfis adiecta aqua Mercuriali, denuò coquuntur, donec è nigro per pauoniam caudam illa pars citrinefcat, & vltimò fummam acquirat rubedinem, hæc verò albedinem illuftriffimi argenti fortiatur.   Ita abfoluta eft tinctura electri proceffu vero, fed ingeniofo.   Etiam alba tinctura, vlteriore coctione citrinefcit, rubefcitque: Itaque fi fermento rubeo deftitueris, potes vti compendio fermenti albi, & fic fumtibus parcere : fed tamen fpes eft prolixior. Hæc res quidem tota tinctura appellatur : veruntamen vini quinta effentia extrahi poteft inftar croci, vt fiat pellucidiffima, & rubino clarior.

Hanc operationem confirmant omnes philofophi, quicunque vnquam de tinctura Phyficorum fcripferunt : inprimis autem, quos Rofarius Philofophorum & Turba enumerant. Item Arnoldus, Bernhardus, præfertim in epiftola ad Medicum, &c. Thomas de Aquino ad Reinaldum, Lullius, Alanus, Richardus, Iohan Dec, Paracelfus, & plures alij, qui licet ambagibus verborum, & alijs atque alijs vocibus vtantur, rem tamen fignant eandem.

Vide & tabulam Smaragdinam Hermetis, & Gebrum in medicina tertij ordinis: quanquam eam non vno in loco defcripferit, propterea quia eius elaboratio pertinet ad capita plura inter fe diftincta. Nuper etiam Penotus edidit axiomata Riplei, & canones, qui item continent medullam artis.

Vfus huius tincturæ eft ad medicinam, & ad tranfmutationem, cuius apparatus fuo loco defcribitur: Debet tamen prius præparari ad ingreffum, & multiplicari.

TINCTVRA STIBII RVBEA.

Flores ftibij rubeos conficito, vel reruerbera ftibium in calcem rubram, vel funde in vitrum rubeum. ex his extrahe rubedinem, quæ eft tinctura ftibij. Menftruum in floribus & calce eft fpiritus vini, vel acetum deftillatum, in vitro lixiuium tartari, vel calcis & cinerum farmentorum: & folet hic rubedo innatare inftar cuticulæ, quam abftrahere penna poffis, & poftea circulando per vini fpiritum elaborare.

Solet

Solet & alijs pluribus modis confici, veluti: Stibium eliqua feu funde in catino, & paulatim infunde in ollam in qua fit acetum ad medias vfq;,
donec tres vel quatuor libras ita inieceris. Exime iterum & liqua, iterumque inijce, septies eundem laborem repetendo, reftinguendoque fufum
ftibium. Innatans rubedo colligitur. Si minuitur acetum, fupplendum eft.
Abfolutis reftinctionibus, coquitur acetum vt diuaporet ad confiftentiam
olei, vel etiam deftillatur in cineribus. Id oleum poftea dulcoratur aqua
ftillatitia. Quidam etiam exigunt per retortam.

Paracelfus iubet in reuerberatorio claufo alcool ftibij reuerberare per
menfem, donec ex albo, luteo, & rubeo, purpureum euadat. Lilium huius
feu florem extrahit per fpiritum vini, ad viginti digitos affufum.

VVolfius verò fublimando flores parat, extrahitque eos cum aceto
ftillatitio, quod rurfum deftillat ad oleofitatem. Ab hac per vini fpiritum
prolicit tincturam denuò, eamque rectificat iterum bis affufa effentia vini
quinta.

Nonnulli calcinant ftibium cum pari tartaro in reuerberio. Inde tincturam extrahunt per acetum crebrò mutatum. Extractiones coagulant.

Falloppius septies calcinatum ftibium in manica Hippocratis ponit,
traijcitque acetum.

Alij acetum radicatum affundunt ftibio puluerato, quoufque coloretur macerantes. Effufo priore reddunt aliud, quoad fatis. Colorationes
diuaporant vfq; ad olei confiftentiam, quam in fimo circulant per dies quadraginta.

Calcinatur nonnunquam per aquam fortem. Calx reuerberatur ad
puniceum. Ex hoc læuigato, elicitur tinctura per vini fpiritum. Huius vfus
in medicina quoque eft, quanquam rectius in folo reuerberio præparetur,
vt Andernaco & Dornæo placet.

Quercetanus fublimat eius partem puriffimam tertiò. Sublimatum
reuerberat per gradus ignis vafe claufo fortiter vfque ad rubeum. Extrahit
hoc cum vini fpiritu alcalifato (vel aceto deftillato) affufo ad octo vel viginti
digitos, &c. Extractam tincturam circulat in pelicano ad gradationem perfectam: quam circulationem ita peragunt: coagulant tincturam ad oleofitatem: affufa quinta effen. vini diluunt & digerunt per dies quadraginta ad
olei formam.

Alia defcriptio: ℞ falis tartari quadrantem, ftibij optimè triti femun-
ciam, aquæ felibram, coque modicè. Aquam claram poft factum fedimentum effunde. Hæc refrigerata dicitur rubefcere. Adde aceti ftillatitij parum, & rubedo ad fundum fecedit. Humorem effunde, & rubedinem e-
dulcora.

(Hæc tinctura eft aurea, & prodit etiam fi ftibij puluis maceretur in lixiuio
calcis, vel tartari calcinati. Nec femper apparet antequam acetum infundas.

PP 3   Sunt

Sunt qui sulphur stibij appellent cuius vsus sit in phagedænitis, quanquam rubeus indicet in corpus immitti dimidio grano. Faciunt lixiuium acre ex soda & calce viua, vel tartaro calcinato. In hoc coquunt stibium per horam. Liquori effuso addunt aliquid aceti, vnde coagulat. Reliquum puluerem coquunt denuò, & sic procedunt quoad nullum appareat sulphur amplius. Collectum rectificant & resiccatum seruant.

Aliqui ad transmutationem sophisticam quærentes tincturam, coquunt liquorem stibij in lixiuio calcis donec coloretur, effuso lixiuio hoc, refunditur aliud, &c.

Nonnunquam exigitur per alembicum aut retortam, extracta tinctura cum aceto stillatitio, &c.)

TINTVRA SVLPHVRIS.

Sulphur eousque sublima vel reuerbera, donec rubeum efficiatur. Inde elicitur tinctura per liquorem tartari & vini spiritum.

Quercetanus extrahit ex floribus cum spiritu vini terebinthinato factis digestionibus. Tincturam rubeam circulat cum vino alcolisato. Nominat balsamum.

Aliter: Sulphur viuum miscetur cum pari aqua salis tartari. Coquitur donec coloretur aqua. Filtratur, coagulatur in sanguineam massam.

Penotus tincturam eiusmodi vocat balsamum simplicem sulphuris, extrahitque per vini spiritum ex floribus sulph. mistis oleo terebinth. super cineribus horarum decem spacio, &c. Vide commentaria.

Mizaldus: ℞ salis ammonij correcti drachmam, hydrargyri didrachmam. Cum lignea spatha super igni paruo agita, donec acquirant colorem puniceum, cauendo ne efferuescant. Impone in orbem ligneum humectatum, & dicitur euadere cæruleum. Tritum pone in cucurbitula & affunde vini spiritum rectificatum, & aiunt abire in colorem sanguineum. Hoc vinum sublimatum extrahit colorem sulphuris sine igni. Adijce ergò sulphur. stent in hypocausto per diem naturalem donec subsideant. Vinum defunde, & serua.

Paracelsus ex reuerberato extrahit cum vini spiritu. Reuerberat autem ita: Sulphur vulgare puluera, affunde aquam fortem, macera, destilla, idque repete tertiò & nigrescet. Affunde aquam dulcem, abstrahe iterum, & sic dulcora dum non redoleat sulphur. Reuerbera tandem hoc vase clauso vt stibium, & primò albescit, post flauet, tandem rubet vt cinabaris. Huic affunditur vini spiritus, vel salis, vel olei terebinthi ad digitos quatuor (*quanquam negent quidam tincturam reddi nisi per spiritum salis tartari, quibus aduersantur alij, potiores tribuentes spiritui terebinthinæ*) vix est facilior & compendiosior via, quàm si ex sententia Penoti, sulphuris flores soluantur spiritu terebinthinæ per coctionem. Affusus enim spiritus vini illi solutioni, quæ præ rubore denso nigram refert picem, vt primum calefacta vtraque
agi-

agitantur, ſtatim aſſumit tincturam & fit croceus amiſſa perſpicuitate, adeò vt chartam inficiat aureo crociue colore.

Alij inijciunt ſulphur pulueratum in vrinam veterem, & ordine tincturam extrahunt. Coagulant. Coagulatum cum aceto in magno vaſe ponunt ad ignem lentum. Si quid pingue innatat, id tollunt cum penna. Tincturam remanere volunt inſtar clari auri.

Eodem modo elicitur tinctura ex auripigmento, arſenico & ſimilib'.

Fit cærulea tinctura ex cryſtallo, ſi calcinatus cum nitro fuerit, quouſque appareat ille color. Extrahitur autem per acetum acerrimum. *(Cærulea porrò ex orichalco per aquam ammoniatam conficitur, vt ſuprà in magiſterio colorum eſt dictum.)*

TINCTVRA HYDRARGYRI.

Conficitur ex præcipitato corallino fixo per oleum vitrioli rubeum. Nam cum aqua forti in cryſtallos redactum, perfunditur oleo vitrioli, ſoluitur, deſtillatur, cum repetitionibus donec erubeſcat. Affuſo vino alcoliſato digeritur, donec rubeſcat, idque fit per vices vſque ad abſolutionem. Tinctæ aquæ coagulantur, ſeparato vino per balneum. Dant guttas tres vel quatuor in lue Gallica & podagra.

TINCTVRA MARTIS.

Fit ex ferro redacto in crocum per aquam ſalis, vel ſpiritum vitrioli, idque ad externa. Aliàs per vini ſpiritu elicitur. Praxis integra ita deſcribitur: Recipe vrinæ veteris defecatæ aliquot menſuras, ſolue in ea ſalis triti manipulos tres. Filtra. Coque benè & deſpuma. Poſtea adde vitrioli triti quadrantem, ſalis ammonij triti parum. Coque & deſpuma. Infunde huic ferri limaturam elutam. Coque donec poſſit teri. Tritum puluerem reuerbera igni aperto valido, agitãdo ſemper cum ferreo baculo, donec color violæ lucidiſſimæ appareat. Ex hac tincturam elice per ſpiritum vini, vel acetum deſtillatum.

TINCTVRA VENERIS.

Calcinatæ affunde acetum ſalſum, & extrahe virorem quantum potes, ſepara menſtruum in balneo. Solue per deliquium. Affunde ſpiritum vini & circula. Deſtilla. Affunde alium donec acrimonia ceſſerit, coagula.

Vel extrahe ex ærugine cum aceto ſtillatitio indies in digeſtione agitando. Effuſos liquores coagula ad ſiccitatem per deſtillationem cinerum. Puluerem elue aqua dulci donec ceſſerit acrimonia.

Ita ſi ex argento tincturam lazuream quæris, calcinandum eſt in puluerem lazureum, &c.

Tales tincturæ etiam in vegetalibus inueniuntur.

Ita

Ita fit atramentum ex vino, galla & vitriolo, vel ferramentis & fuccis frumentorum aut pomorum, aut eorum decoctis, &c.

Si vercinum coquas cum aqua ad confumtionem tertiæ partis, fit rofeum, quod extrahere potes.

Si aquam calcis cum fale ammonio ponas per noctem in pelui orichalcea, cærulea euadit, quam potes coagulare, & fale abftracto dulcorare, &c.

Si vercino rofeo adijcias parum aquæ calcis, puniceum colorem accipis. Si alij parti lixiuium, violaceum erit, & fi parum aluminis catini feu falis tartari, violaceum erit obfcurius. Debet autem vercinum effe tepidum. *Alexius.*

Ex præfilio item potes facere colorem blauium, & nigrum, fi coquas in lixiuio fagino vel calcis, interuallis iuftis adiecto alumine. Modica coctura puniceus eft color, vberiore cæruleus, tandem nigrefcit. Attendendæ itaque funt variæ præparationes & gradus ignium, & commifturæ.

(*Ita mirè prodit ex chelidonia macerata deftillataq; poft aquam limpidam cærulea, vt & ex aqua mentha: rof. rubea lucidum calorem acquirunt à vitrioli fpiritu, &c.*)

Eft & tinctura fachari rubra ex occulto producta. Sachari tufi libræ mifcentur duo cochlearia aceti optimi in cucurbita vitrea fpatha lignea. Digeruntur vnà vitro claufo in cineribus per feptendium, quoad fachatum euadat rubicundum. Oportet autem ignem effe lenem. Ex hac per vini fpiritum extrahitur effentia rubra in balnei digeftione. Spiritus abftrahitur vfque ad oleofitatem, quæ in loco frigido abit in lapillos.

E margaritis quoque elicitur tinctura rubea, ad modum coraliorum, atque etiam aliter.

De varietatibus autem eiufmodi confulantur commentarij Chymici.

TRACT. II. CAPVT X.
De Oleis.

OLeum eft arcanum fpecificum, radicalis pinguedinis forma totam rei fubftantiam comprehendens.

Balfamus itaque naturæ pinguis oleum eft, caloris infuper & fpiritus naturalis fedes aut vehiculum: quocirca & æthereæ, vel aëreæ, igneæve naturæ eft particeps: adeò cognatum aëreæ igneæque fubftantiæ, vt in aërem fe infinuet promtè, & ignis rapax fieri poffit, illique præbeat commodum nutrimentum.

Oleum interdum eft cum tinctura & quinta effentia. Inde ergò euenit, vt hæc tria non rarò indifcretim nominentur, fintque eadem numero, effentia. Ita oleum in elementorum magifterio pro aëre eft & igni: & cum

duplex

duplex pené ex omnibus eliciatur, alterum dilutius, alterum aerius, facilè pro elemento aeris & ignis se gerunt. Ex eo fit sulphur per coagulationem, & eius gratia nonnunquam totus liquor oleosus, sulphur nuncupatur.

Extrahitur oleum verum ex omnibus pinguibus & inflammatilibus, in omni genere rerum. Sunt tamen plurima mineralium, quæ vt nihil sulphuris habent & balsami, ita & nihil olei.

Quædam admodum exile obtinent, & in nonnullis ex potentia prius in actum deducendum est. Quæ pinguia non sunt, & nihilominus consistentiam olei habent, oleositates appellantur, præsertim si artificio oleorum fiunt.

Quædam ex quibus oleum insitum difficilimè elicitur, aut in quibus nullum est, oleo externo imbibuntur, quod virtute eorum alteratum, postea pro oleo earum rerum se gerit, & nominibus eorum appellatur. Solent autem ignita, vel calefacta in oleo oliuarum, vel terebinthi vel lauri, vel alio quouis extingui & macerati, donec legitimam quantitatem combiberint.

In omni balsamo porrò est oleum, & licet appellationes permutentur interdum, tamen balsamus tunc potius dicitur, cum consistentia est tenacior & crassior, oleum verò cum est liquidior.

TRACT. II. CAPVT XI.
De oleo stillatitio per ascensum.

OLeum deinde est destillatum, aut secretum.

Oleum destillatum est, quod per destillationem extrahitur: idque vel ascensu, vel descensu, siue insitum sit, siue combibitum. Et quidem combibitum omne elicitur destillatione sola. Insitum verò etiam secernitur alijs modis.

Olea stillatitia maximè fiunt ex vegetalibus & animalibus: quæ si per ascensum fiunt ferè communi possunt confici via, per macerationem in méstruo suo, & destillationem per refrigeria cum cohobijs crebris, si difficulter oleum elicitur. Cauendum autem est, ne menstruum ebulliat in vase & ascendat ad alembicum, &c. Oleum prolicitum à menstruo abstrahitur, & rectificatur insolando vel denuò destillando. Res siccæ comminuuntur in puluerem, & plærumq; vncijs tribus affunduntur fontanæ 6. lib. vel libræ pulueris adijciuntur li. 10. aquæ, loco aquæ nonnunquam vinum sumitur, quòd celerius penetret & resoluat, vt possit exire oleum; & tunc calor moderandus est diligentius, ne vini spir. scandant sine oleo. Aliàs aqua commodior est. Est & dum aqua stillatitia vel herbæ ppriæ, vel fontana, vel aqua vino mista, & adiecto momento spiritus vini vsurpatur. Stant aut in digestione vsq; ad tabem, vel etiam putrefactionem. Quæ res humorem coniunctú habent, tunduntur, exprimuntur, inq; suo humore macerantur. Pinguia & resinæ soluuntur in suo liquore (*vino, vini spir. aceto, &c.*) additoq; silicum puluere destillantur.

Eſt & delectus vaſorum habendus. Quæ tenuis ſunt ſubſtantiæ & facilè oleum fundunt, balneo bulliente deſtillantur. Alia in arena. Vulgare
eſt ex veſica cuprea cuius tertia pars ſit vacua, immediatè per refrigeria &
ſerpentinas multiplici errore & anfractibus repentes, mutata ſemper frigida cum aqua incaluit, prolectare.   Cum ſtillæ non amplius ſapi-
unt rem impoſitam, ceſſandum eſt.   Quod ſi flatuoſa res eſt, inſtrumenta
adhibentur ampliora, & alembicus vaſtus quidem, ſed roſtri breuioris (*quod
tamen nonnunquam negligitur.*) Subtiles & calidæ exigendæ ſunt per longos
proceſſus.

Sed in ſingulis penè claſſibus vſus notauit aliquid peculiare, & eſt etiam in ſingulis varietas operationũ, dum vnum elaborari poteſt vijs plurib.

Sunt autem claſſes ſex potiſſimum. Prima continet res aromaticas:
ſecunda reſinoſas: tertia herbaceas ſucculentas & carneas: quarta liqui-
das: quinta mineralium oleoſitates: ſexta olea compoſita & balſamos.

TRACT. II. CAPVT XII.
De oleis aromaticorum.

AD aromata pertinent res calidæ, ſiccæ, odoratæ, potiſſimum ex genere
radicum corticum, lignorum, herbarum, ſeminum, fructuum ſicco-
rum & quæ his ſunt affinia.

Ex his deſtillatione per aſcenſum oleum elicitur duplici modo.

Primus, aromata craſſius fracta tuſave macerantur aqua bis aut ter deſtillata, ita vt tenuior pars ſemper accipiatur, poſt per ſerpentinas per frigidam tranſmeantes exiguntur. Liquor primum manans capiti mortuo trito bis terve affunditur, & vna maceratur, donec oleum quod cupimus ſit
redditum.   Notandum autem quod ſi quid olei primum cum liquore eſt
egreſſum, id ſeparandum antequam reddatur capiti mortuo. Loco macerationis prolixæ, potes vti decoctione in diplomate in aliquibus, &c. Nonnulli non reddunt capiti mortuo, ſed per veſicam deſtillant oleoſos & vapi-
dos ſpiritus, ſimul adhibita aqua vel liquore copioſo. Separatur tandem o-
leum ab aqua in furno digeſtionis. Liquoris preportio eſt, vt ſex menſuræ
ſint ad vnam libram ſpecierum.

Secundus: Aromata minutim tuſa macerantur in vini ſpiritu, vel maluatico, vel aqua ſtillatitia ſubtili, coloratus liquor defunditur, affuſo nouo,
planè vt in tincturis procedimus. Vbi non amplius coloratur, abiectis fecibus, aquæ per deſtillationem abſtrahuntur, vſque ad olei conſiſtentiam.
Hæc poſtea exigitur per retortam, vel etiam inſolando ab humiditate ſu-
perflua liberatur. Retorta autem vel in cineribus aut arena locatur, vel in
balneo, quod conſultius, quanquam & primò ſtatim non tantum per alembicum ſeu cucurbitam rectam, ſed & per inclinationem in retorta balnei
deſtillatio poſſit inſtitui, & tunc cohobandum eſt aliquoties, pro rei natura. Men-

ta. Menſtrua, quæ ab oleo ſeparantur, ſeruanda ſunt ad vſus extractionum, & accipiunt plærumque nomina ab aromatibus; vt cinamomiſatum, aniſatum, pulegiatum, &c.

(Notabis etiam in hoc modo, aliquos in duplo aquæ ardentis tantum per octiduum macerare res; & effuſum poſtea liquorem deſtillare donec guttæ citrinæ appareant, quæ ſunt olei indicium.)

OLEVM CINAMOMI, ET SIMILIVM
per aſcenſum.

Cinamomi puluerati libra vna maceretur in fontanæ tertia deſtillatione exceptæ libris quinque (*velſi odor non diſplicet, roſaceam, aut cydoniorum, aut vinum album accipito.*) Deſtillentur. Deſtillatum redde capiti mortuo tuſo, & iterum exuge quouſque appareat oleum. Aquam ſegrega : oleum inſolatione rectifica, vel per ſe deſtilla, & euocabis ſubtiliſſimam partem maximéque precioſam. Pro vt egeris, ex libra extrahes drachmam, vel didrachmam. Deſtillationem primam potes peragere in aheno determinatæ proportionis, vel lutata cucurbita: ſecundam in vapore bullientis aquæ: vel per retortam balnei. *(margin: Vid. inf. de nuce meſchatæ.)*

Solet & tritum cinamomum in ſacculo poni, & ad vaporem aquæ feruentis ſuſpendi, donec imbiberint eum ad inſtar paſtæ, poſt deſtillatur oleum & aqua.

Crato. Quidam adiecto vitrioli ſpir. macerant, & plus olei ſpectant.

Notandum autem quod non rarò in liquore lacteo abſcondatur, ſicut idem etiam rurſus ſuæ aquæ immiſcetur. Tunc itaq; inſolatione coagulandum eſt.

Aliter: Cinam. lib. j. tartari vnc. ß. vini q.ſ. infunde per dies octo, adde ſachari ſemunc. & deſtilla. *Vel:* cinam. electi lib. j. tuſam infunde in aquæ font. menſur. iij. in cucurbita. Adde ol. vitr. q.ſatis ad acorem. Macera triduo in cinere calido. Deſtilla. Spiritum ab oleo ſepara.

OLEVM CHARYOPHYLLORVM.

Libram vnam puleris macera in decem libris aquæ deſtillatæ per triduum, deſtilla ex vitrea cucurbita cum alembico ſtanneo: vel ita vt cinamomum. Factis cohobijs vt eſt artis, ex libra extrahes vnciam. Si per retortam balnei agere libet; quater ferè cohobandum eſt, & aquæ minus addendum.

(Deſtillant & hoc modo : libram vnam charyophyllorum electiſſimorum tuſorum in ollam vitratam immitte, & affuſa aqua feruentis mediocri quantitate, macera per triduum. Pone poſtea in cucurbitam vitream, vt dimidio ſit plena. Deſtilla per alembicum & roſtra ſtannea, lutatis benè commiſſuris, & addito igni gradatim. Oleum exiens cum aqua in fundo apparet, caue ne aduras.

Aliter: Charyoph. groſſe tuſorum li. j. infuſa aq. calida q.ſ. macera per noctem in loco calido, adde tartari vn. ß. deſtilla per alemb. & habebis olei vnc. ij. Quidam adijciunt ſpiritum vitrioli donec aceſcat.)

Eodem modo destillantur macis, piper, & semina anisi, fœniculi, coriandri, angelicæ, rutæ, rorismarini, petroselini, anethi & similia.

Notandum ex aniso quoque exire aquam lacteam, quæ posita ad solem tum demum reddit oleum plenius, licet aliquando quoddam etiam innatare cernatur. Et diutius macerandum est anisum, veluti per dimidium mensem.

Alij tamen paulo secus præcipiunt, vt anisi libra in decem libris aqua stillatitia vel spiritu vini maceratur aliquot horis. Destillatur per vesicam aheneam & refrigeratoria : exeunt drachmæ duæ, &c.

Oleum eius hyeme consistit, vt oleum oliuarum.

Si fœniculum & anisum sint recentia maturáque, plus præbent olei: plærumque vncia prodit ex libra seminis fœniculi.

Coriandri item semen recens & maturum plus exhibet, quanquam id sit paucum respectu aliorum, & labore constet difficiliore.

Est & hoc notandum in seminibus, quod vaporosa, quale est anisi, &c. si in cucurbita simplici destillentur, igni admouenda sint sine alembico. Nam spumam excitant, quæ rudicula debet diuerberari, donec euanescat, quo facto statim imponendus alembicus & agglutinandus, destillandúmque donec nihil manet. Nec solent artifices vna vice plus selibra seminum imponere, eorúmque crasse puleueratorum, nisi tamen proportio vasorum copiam maiorem requirat.

(Variant artifices in talibus mirifice. Quidam affundunt aquam sextuplam, alij decuplam, nonnulli vt quatuor digitos excedat. Quidam quassata semina in fimo macerant. Interdum etiam donec putrescant. Post affundunt spiritum vini & ex arena dant ignem lentiorem, quam in aromatibus. Nonnulli tusa in cucurbita vitrea cum aqua calida macerant per octiduum; post destillant. Alijs placet frigida. Admouent etiam ignem primò lentum, secundò validiorem, cum iam procedit destillatio, & eo gradu seruatur vsque ad finem. Nonnunquam mutant receptaculum. Primum enim oleum, quod est subtilissimum & optimum, seorsim excipiunt. Inueniuntur qui non tantum semina, sed & quæuis aromata in duplo terebinthinæ sæpius lotæ per aquam rosaceam, infundunt digeruntq́ vna per medium mensem. Post destillant igni lentissimo, ne exuberet terebinthina. Cum citrina gutta apparent, mutant receptaculum ad optimum oleum excipiendum. Cum exeunt nigra, item mutant, destillantq́ ad siccum. Si prius oleum terebinthinam olet, destillant denuò, & flauis guttis prodeuntibus, cessant. Aliqui seminibus siccis tusísq́ affundunt aq. quadruplum, (ad lib. j. libras iiij.) iniciunt salis vsti & triti vnciam, & fæcum vini cochlearia quatuor, destillant statim sine maceratione ex vesica igni initio moderato, paratio est aromatum. Ita alij promittunt ex libra seminum fœniculi vnciam, alij semunciam, &c. quæ variatio est à rei diuersitate & industria. Sic quidem selibram vna vice imponunt, alij duas libras, nonnulli sex, quibus affundunt aquam vt excedat. Ani-
sum

sum deſtillant quidam hyeme propter ſubtilitatem, vt eò facilius coagulet, deſtil-
latum ſegregant per filtrum, &c.

OL. CIMINI ROM.

Tuſum ſemen Cymini Romani, poteſt per ſe in balneo deſtillari, exitque colore albo.

Vel: In cucurbita duodecim menſurarum capace, pone ſeminis craſſè
tuſi q.ſ.affunde aquæ & vini æquales, quouſque duæ partes ſint plenæ, tertia vacua (*vel primum liquorem ad eam menſuram immitte poſt ſemen*). Bene
occlude & macera per horas ſex vel ſeptem, impone alembicum, rimiſque
lutatis, ignique adhibito, è bulliente bene aqua extrahe oleum cum aqua
per ſerpentinas & dolium frigidæ. Oleum in digeſtoria fornace ſepara per
cochleare argenteum. *Tabernam.*

Deſtillatur item vt aniſi ſemen ex libra ſemuncia, in cineribus.

Ita comparamus oleum baccarum lauri, & granorum iuniperi, quæ
tuſa macerantur aqua pluuia, vel vino veteri. Ita fit oleum frumenti.

Oleum aniſi & aliorum ſeminum vulgariter ita fit : Recipe ſem. aniſi ſub-
tiliter puluer. lib. j. tart. crudi drach. ij. fermenti acris vnc. ſemiſ. miſce & pone in
cucurbita addita vini albi opt. menſ. j. aqua pluu. menſ. ij. Fermentum prius ſit diſ-
ſolutum vino & aqua. Deſtillentur in cucurbita vel veſica leni igni. Vel ad libram
ſeminis tuſi adde tartari calcinati vnc. ij. ſalis tuſi manipulum, vini albi menſur. j.
aquæ duas. Alembicum firmiter affige cum luto: macera triduo in tempore, deſtilla
leni igni è cineribus (nam in arena turbatur oleum) aquam ab oleo ſepara.

OL. CNICI ET CATAPVTIÆ PVRGANS.

Semina cnici, vel cataputiæ contunde, & in retorta per arenam deſtilla. Potes ea aſpergere aliquantulo ſpiritus vini, & commacerare.

Oleum rutæ fieri quidem poteſt ex ſeminibus & herba, ſed facilius
ex calicibus, per macerationem in propria aqua, & deſtillationem.

OLEVM NVCIS MOSCHATÆ
liquidum.

Oleum expreſſum miſce cum arena, & deſtilla per retortam, vel tuſas nuces aqua macera & deſtilla item per retortam in arena. *Vel:*

Nuces tuſas in ampla cucurbita irriga aqua vitæ vt humeſcant. Digere
& deſtilla igni lento dum aqua exierit, poſt fortiori ad oleum. *Alexius.*

Deſtillant & more aquarum fortium.

Aliter: Cape nucem moſchatam (*vel cinamomum, vel chariophyllos, &*
ſimilia) libralem. In cucurbita poſitæ affunde aquæ fontanæ menſuras tres.

Adiice de spiritu vitrioli tantum vt acescat, imposito alembico digere in
balneo vel cineribus calidis per triduum. Destilla, & exit spiritus cum oleo.
Separa.

Aliud oleum album ex nuce mosch. & charyoph.. Nucis vel charioph.
opt. libram tere, in cucurbita affunde fontanę mens.iij. vini muscatell. boni
vnam, tart. calcinati vnc.ij. salis manip. j. lutata cucurbita digere triduo in cinere calente, postea destilla leni igni, donec nihil exeat, ne tamen iustum ex-
cedas modum. Alembicum semper refrigera cū linteis madidis, in frigida &
expressis. Oleum ab aqua separa.

Vel: ℞ spir. vini quinta destillatione facti ex vino Cretico, impone cinam.
vel nucem mosc. tusam aut incisam, ita vt duos digitos vinum exuperet, macera per triduum in balneo, apposito cæco alembico. Effuso vino affunde a-
liud. Effusiones coniunge, & lentissimo balnei igni spiritum separa, vt ad nouem tactus vna gutta cadat. In fundo est oleum.   *Euonymus.*

In herbis *(& floribus)* aromaticis siccis *(quæ si arida non sunt, parumper*
siccanda sunt, vt teri possint) obseruatur hoc, vt sex libræ aquę affundantur vni
herbarum, & commacerentur. Loco ipsarum totarum, sumitur **extractus**
succus per spiritum vini factus.

Oleum Maioranæ, Rorism. & aliorum ita fit: Maiorana tota exiccata,
mediocriter tunditur, & in lixiuio ex aqua pluuia triduo maceratur. Adduntur salis gem. tartari vsti an. vnc.ß fecum vini tria cochlearia, aquæ comm.
lib. 4. Destillantur.

Oleum ellebori fit ex vino infusionis ellebori repetita destillatione,
in fundo manente oleo.

De radicibus: exemplum est Angelica ex Tabernæmont.

Recipe rad. Angelicæ opt. recentis, siccatæ libram vnam, incisam minutim, tusámque colloca in vitro, vel figulina forti, affunde fontanę mensuras tres vel quatuor *(vel libras sex stillatitiæ, seu simplicis, seu herbæ angelicæ)* occlusa diligenter maceta per dies sex, destilla per arenam gradatim, & receptaculum bene muni. Cùm exiit aquæ mensura, auffer eam, & bene custo-
di, ne spiritus euanescant. Est aqua angelicæ cum oleo. Appone receptaculum aliud, & sesquimensuram prolice: & est item aqua cum oleo. Has aquas
sine quiescere, & oleum segregatum abstrahe.

Aliàs destillantur eodem processu, qui dictus est de aromatibus per
cohobia.

Quin & aromata similiáq; ad processum dictum præparantur, & commu-
niter præcipiunt, vt vesica area capax 10. aut 15. mensurarum aqua vel vino, vel
mistura horum ad duas tertias impleatur, res crassius tusa infundatur per sex ho-
ras, alembico imposito coquantur cum forti ebullitione, spir. aquei & oleosi per can-
nas refrigeratorias in receptaculum agantur, deinde totum digeratur loco tempe-
rato in patina, vt oleum secedat ab aqua, & argenteo cochleari separetur.

                                                              DE

DE FLORIBVS AROMATICIS SICCIS.

Etſi horum quoque analogia eſt ad herbas, ſemina, aromata, &c. tamen peculiares deſcriptiones extant apud artifices.

Et interdum per ſe ſoli deſtillantur cum ſuo menſtruo, interdum adiectis
ſurculis, frondibus, locuſtis, & aliis ſimilis naturæ.

OLEVM CROCI.

Croci opt.ſelibra mediocriter tuſa oui albo miſcetur in pultem, cui additur tartari vſti, ſalis gemmæ ana vnc.ſemiſ.& aq.mellis q.ſ.ad incorporan-
dum. Macerantur in arena per triduum. Adiectis ſpiritus vini tribus vnciis
lento igni deſtillatur in oleum aureum.

OL. EX FLORIBVS ROSARVM,
ex Guerthæo.

Roſas rubeas in vmbra ſiccatas pone in cucurbita vitrea, affunde aquę
ſtilatitiæ earundé vt madeant: digere in balneo per dies duodecim. Appoſito alembico per cineres vel arenam, temperato calore elice aquam oleum-
que vnà. Expone ſoli donec ſeparentur. Separa per balnei lentiſſimum calorem. In fundo reſtabit oleum rubeum.

Adhibentur hic nonnunquam cohobia.

Ita fit & oleum anthinum, florum citriorum & ſimilium, quod ſi non
bene diſcernitur ab aqua, inſolando ſecedit.

Alius modus ol.roſacei à Ioach.Camerario ſuppeditatus: *Roſa odora-*
ta in ligneo vaſe contundantur, ſeruenturq́, vtcunq, compacta tectaq́, ad hyemem
in vaſe fictili, ſicq́, benè macerataſtent per ſemeſtre, deſtillentur igni lento, donec
exierint duæ menſuræ in balneo. Has deſtilla iterum in eodem ad vnam, & tunc
porrò ad dimidiam, quam in cucurbita longi colli deſtilla, & exibit primùm o-
leum.Fit & aliis modis, de quibus aliàs.

OL. SPICÆ, LAVENDVLÆ, RORISMARINI,&c.

Flores hos tuſos macera per menſem ad ſolem bene clauſo vaſe. Adde
aquam propriam, vel ſtillatitiam fontis, aut pluuiam, &c.deſtilla, cúmque
cohobiis ſi opus eſt.Exit oleum cum aqua, loca ad ſolem diu, & paulatim
colligitur oleum, quod cùm apparet, ſemper ſegrega. Flores ſpicæ macerati etiam vino reddunt oleum.

In floribus roriſmarini variatio eſt, vt & in aliis, Guerthæus eadem via
cum roſis deſtillat. Alij affundunt oleum amygdalarum dulcium, macerant in
ſimo diebus quadraginta, deſtillant, rectificant apricando, & ſi empyreuma eſt,
tribus

tribus foraminibus paruis perforant membranam vitri. Fit item oleum rorismarini per segregationem ex aqua eius stillatitia. Segregatio vero per apricationem peragitur, qua consistit. Quidam cucurbitam plenam per trimestre in fimo putrefaciunt, destillant postea & insolant, semper segregando id quod purum est, & effundendo in vas peculiare. Alij flosculos per se macerant in vino veteri, & destillant per refrigeratoria, &c.

OL. FLORVM RORISMARINI CVM
surculis.

Recipe flores & frondes rorismarini. Macera in aqua rorismarini, vel fontana stillatitia, (*aut etiam tusos in vino macera*) pone in retortam in balneo, igni succenso primò fluit aqua, post oleum fragrantissimum aureum: (*vel destilla per refrigeria igni lento, & post circula ad solem.*)

Idem processus est florum, rosarum, & citriorum.

OL. EX CORTICIBVS ET LIGNIS.

Cortices Arantiorum, limoniorum, vel aliàs Euchyon macerat in oleo communi per dies septem. Destilla ter.

Euonymus macerat in humore quodam (*vino vel aqua still. &c.*) destillat per cucurbitam vitream, vel vesicam æneam cum refrigeriis, vt oleum cinamomi. Oleum albicans odoratum colligit.

Cortices citri. Porta in scobem redigit, per decendium macerat sub fimo (*in aqua competente pauca*) destillat.

Alii recentes concidunt tunduntque minutim, & affusa aqua fontana maceratas per dies aliquot, postea destillant per vesicam.

Oleum è corticibus nucum iuglandium ita parant: Arefactas tere in mortario, pone in retortam lutatam, & igni mediocri extrahe oleum & aquam. Separa in balneo. Oleum rectifica ter aut quater, destillando per arenam. *Euonymus.*

Oleum ligni Guaiaci. Scobis libram irriga aqua fumariæ, macera, destilla per alembicum. Oleum ab aqua segrega per balneum.

Quidam reliquias ab extracto succo destillant lento igni in arena vsque ad carbones, ex quibus incineratis salem postea conficiunt.

Nonnulli per se scobem destillare iubent absque menstruo.

Ita ligna cupressi, iuniperi, & alia, lima in scobem raduntur, macerantur in sua aqua vel fontana ad solem per mensem. Destillantur per cineres, cum cohobiis.

Eodem pertinent ramusculi & tori arborum, vt & herbarum scapi crassiores.

Oleum ex lineis pannis conficiunt cum puluere vitri Veneti, ita vt viciffim cissima sternantur tanquam in cementatione vsq; ad summum cucurbitæ. Destillatio sit in arena:aiunt oleum prodire ad vulnera efficax.

OLEVM EX FRVCTIBVS SICCIS.

Etiam hi reuocantur ad praxin aromatum, tametsi variatio sit in aliquibus. Sunt autem fructus sicci, qualis nux cupressi, baccæ iuniperi, lauri, hederæ, sabinæ, &c.

Nux cupressi in puluerem redigatur. Maceretur cum aqua betonicæ, vel vitium, quæ vere effluit ex incisis propaginibus. Oleũ separatur. *Andern.*

Oleum tritici & frumenti alius: Triticum decorticatum destilletur in diplomate: *Vel:* Digere frumentum cum spiritu vini per octiduum, destilla per retortam gradatim, vltimò ignis validus detur. Capiti mortuo redde destillatum tertiò. Rectifica oleum digerendo & destillando. *Quercetanus:* ad Gangrænam, Cancrum, &c.

Mesue ita: *Triticum excorticatum in vase sublimationis seu destillatorie ponatur, & destilletur oleum.*

Ol. baccarum iuniperi: Elige nec recentes nimis, quæ parum præbent, nec vetustas, quæ oleum rancidum exhibent, maturas tamen. Tunde in pultem, affunde fontanam, vt operiantur optimè. Macera per triduum vel quatriduum, destilla ex ahenea vesica per aquam frigidam, vel retortam aheneã stannatam cum serpentinis: ignis initiò sit lentus, post intensior, donec nihil exeat olei.

Receptaculo vtere grandiore, quod capax sit quatuor mensurarum: vbi tantum exiit liquoris, quantum est impositum, igni remoto simul amoue receptaculum, ne contrahat empyreuma. Separa oleum ab aqua. *Euonymus, Andernacus.*

Euchyon tusas macerat per septendium, & destillat primò aquam, postea oleum pallidum, de quo ait, quod sit venenum potu. Quidam in vesicam semiplenam vini fecibus ponunt, & destillant post triduanam macerationem.

Aliter: Grana iunip. tusa pone in vase, & digere in terra. Postea exprime, expressum succum destilla in balneo. Licet & sine expressione destillare. In destillato pone alia grana, inhuma per mensem vitro optimè clauso. Destilla lento igni.

OL. EX OSSIBVS PER ASCENSVM.

Affinis est praxi oleorum ex aromatibus, præsertim autem lignis & corticibus, processus olei comparandi ex ossibus.

Ossa enim puluerata irrigantur aqua modica, vel etiam coquuntur, postea destillantur igni luculento per retortam. Oleum fœtidum rectificatur affusa aqua calente, & destillatione in cineribus aliquoties repetita. Sic fit oleum ex maxillis equorum ad podagricos dolores. Item ex rasura cranei

ſ ſ   homi-

hominis suspendiosi, quae macerata sit vini spiritu, destillatur autem cum triplici cohobio: spiritus cum oleo digeritur, separaturq́;.

Est autem & propria elaboratio.

Cornua ceruina elimata in scobem coquantur aqua. Hanc abstrahe per balneum, scobem exime, & mistis laterum frustulis, per retortam destilla. Rectifica.　　*Euonymus.*

Alius modus est, cùm ossium extracti sueci vel magisteria, in oleo maceratione spiritus vini & destillatione rediguntur.

Aliter: Ossa confracta ponantur in olla, & torreantur donec rubesiant vt lateres perfundantur oleo tanto, quantum possunt bibere, aut etiam iniiciuntur, & v.us statim clauditur, ne expirent. Destillantur ter per retortam.

Ita fit oleum ex craneo interemtorum, praesertim occipitis, ad epilepsiam, arthritin, &c.

Et hic processus pertinet ad caput de oleo liquidorum extracto.

Tract. II. Cap. XIII.

De oleis lachrymarum, resinarum, gummi, pinguedinum, & similium.

Solubilia soluuntur aceto, vel vino, vel aquis, vel per deliquium, &c. pro rei natura & vsu: digeruntur in hoc ipso liquore, & destillantur ordine per gradus. Diuersa olea diuersis recipiãtur vasis, & rectificantur. Idem fermè processus est & resinarum humidarum. Reliqua teruntur, additoq́; sale vel silicum &c. puluere, per retortam destillantur igni leni gradatim: destillata segregantur in balneo vel cineribus destilládo, ita vt primùm aquositas secedat, postea oleum subtile. Quod relinquitur crassum, vsurpatur nomine balsami, vel amplius destillatur in arena. (*Memineris omnibus pinguibus & flatulentis magnam cucurbitam conuenire.*)

His modis, accedente industria in regendo igni, dandisq́; additamétis, omnia possunt destillari, sed nihilominus magna est varietas etiam eorundem.

OLEVM TEREBINTHINÆ ET STY-
racis liquida.

Terebinthina addito pauco tart. vsto & sale gemmæ, vt ad lib. iiij. illius, horum an. drach. ij. leuissimo balneo destillatur, omnibus commissuris obstructis, ne expiret, alembico refrigerato pannis madidis. Cauendum ne rapiat flammas. Quidam destillant in cineribus:

Vel. Libræ vni misce cinerum vel arenæ quadrantem, aut libris tribus manip. salis. Destilla per cineres.

Aliqui addunt spir. vini paucum, & aquam fontanam, destillantq́, vt ad alterum rerum tactum gutta cadat, per retortam. Alij silices iniiciunt, & duas spongias digitales. Nonnulli vitrum tusum, arenam, silices, lateres admiscent. (vt:Terebinth. lib.j.salis lib semis.pul.silicis vnc.iij.destillatio fit in arena igni lento, & oleum prodit citrinum)

Quidam ne exundet Terebinthina inungunt cucurbitam oleo, aut infusam terebinthinam, effundunt iterum, & sic latera obducunt.

Sunt qui restinguunt in ea silices vel lateres candentes. Est & cùm sola in fimo maceratur, & affusa aquaforti, cum spiritu vini coquitur, digeriturq; donec appareant olea diuersa, quæ separantur destillando, vel colando. Euchyon lento igni primùm exugit aquam claram, postea pallidam, tertiò rubeam: feces in fundo sunt pro balsamo, vel coquuntur, aut etiam in arena penitius destillando exuguntur.

Paracelsus in vesica ponit aliquot libras, additaq; aqua destillat spiritum. Ex relicta pice exugit oleum ad vlcera, adiectis lapillis. Cum finis adest, collum refrigescit. Non desunt qui pastillos forment ex puluere saluiæ & terebinthina, & destillant per retortam. Alij in furno acesiæ eliciunt. Cordus per retortam ex arena prouocat oleum clarum, postea aureum, tertiò rubeum, & seorsim singula capit.

Oleum album ita excipiunt alij: Terebinth.alba pura libram, salis manip. ij. aq.font.mensur.ij. destilla igni lento donec nihil exeat. Oleum ab aqua separa.

Album & citrinum sed compositum ita fit: Terebinth.lib.ij conorum abiegnorum concisorum manip.iij.impone alembic.& bene luta, destilla ex arena per horas tres. Exit oleum album primò: inde flauum, quod destilla donec cesset.

Cæterum oleum Terebinthinæ copiosum vno die elici potest, si alembico vtaris capace cum duobus rostris, & vesica seu matula, aut olla, in qua continetur terebinthina, habeat tubulum, vt aqua semel exhausta possit instaurari, quæ semper debet esse dupla ad terebinthinam: cum huius enim vaporibus facilè scandit spiritus. Separatur ol. ab aqua, siq; placet, rectificatur destillatione repetita.

Styracem liquidam Alexius aqua rosacea duobus vel tribus diebus macerat, postea destillat.

Resina abiegna liquida iniecto sale & silicibus agitur per retortam blando igni, aut etiam per cucurbitam rectam. (Vulgus hoc oleum vocat Templinum, &c.

OLEVM E LASERE, STYRACE, CALAMITI-
de, caphura, ladano, sanguine draconis, myrrha, succino,
& similibus.

Omnia penè eiusmodi destillantur per retortam, adiecto sale vel simili materia, ita vt diuersa olea colligantur, fiatque destillatio, vel vsque ad balsamum crassum, vel piciformem substantiam. Plæraque etiam præmacerantur maluatico, vel vini spiritu, &c.

Laser vel Benzoin aqua præmaceratur, vel etiam per se imponitur. Fallopius tritum Benzoinum miscet cum vini spiritu, destillatq; primùm aquã in cineribus per retortam, postea igne validiore oleum, quòd excipitur vase alio. Vltimò exit inſtar mannæ, gummi. Solet & cum roſacea deſtillari, ſicut & ſtyrax.

Modus hic eſt. Laſeri miſce roſaceam, macera in arena cum amplo receptaculo, deſtilla citra feſtinationem & ignem validum. Lenta flamma exit aqua: itenſiore, citra tamen vſtionem, oleum. Ignem eo gradu rege, donec feces exiccentur. Hoc modo & ſtyrax liquidus deſtillatur. Item ol. myrthæ, quæ confracta miſcetur cum dimidio ſucci roſ. & per cineres elicitur primò aqua, pòſt intenſiore igne oleum.

Laudanum coquitur cum aq. roſacea, & dimidio ol. amygd. dulci, poſt deſtillatur, vel maceratur per medium menſem in vino maluat. aut ſpir. vini, igniq; lento deſtillatur. *Alexius* vel cum aq. roſ. parat, vel roſacea miſta ſubduplo ol. amygd. coquit donec aqua ſit abſumta, inde deſtillat. Coquit & Falloppius. Nonnunquam macerantur Laudanum & Benzoin in ol. tartari & quadrupla aqua roſacea, poſtea deſtillantur.

Caphura ſoluitur vini ſpiritu, & deſtillatur, vel trita miſcetur cum triplo figulinæ. Fiunt globuli, qui exiccati deſtillantur lento igni per retortam, vel miſce cum duplo argillæ, tere, excute per cribrum, & deſtilla.

Alia ratio: Caphuram imbibe ol. amygd. dulcium, & digere in balneo octiduano. Extrahe poſtea eſſentiam per vini ſpir. Abiit enim in oleum: ab hoc iterum eum ſumit vini ſpir. Spiritum ſepara deſtillando.

Fit & in hunc modum: Caphuræ libra miſcetur cum ſpir. vini menſura. Digeritur, deſtillatur in arena tã diu, donec nigreſcere incipiat: vinum ſeparatur. Feces forti igni per retortam pelluntur, exitq; oleum clarum.

De modis per aquam fortem, & acetum ſtillatitium ſuo loco ſequetur. Notandum quod ad macerationem cum ol. amygd. nonnulli apponãt aliquid ſalis, vt eò citius ſoluatur. Quidã etiam cũ ſalibus ita præparãt: caphura ʒij. ſal. comm. ʒij. tart. calcinati ʒiij. terantur optimè, affundaturq́; lac (vel ol. amygd.) vt pulmenti inſtar fiat. Pone in vitream cucurbitam, & macera per triduum. Adde poſtea vini maluat. ʒiiij. fecũ vini opt. cochlear j. deſtilla per retortam in arena (in qua & maceratio fieri debet) lento igni: accipies oleum albicãs, quod ſi purius requiris, deſtilla denuò cũ vini ſpi. quanquã ita euadat debilius. Separari debent ſpir. & aqua, &c.

· *Oleum ſuccini.* Succini libra miſcetur cum tribus manip. ſalis, (vel ad ſucc. lib. j. ſalis ʒiiß.) teruntur ſubtiliſſimè, deſtillantur per retortam in arena per gradus ignis, donec nulla exeat humiditas. Sit aũt aqua in receptaculo, à qua oleum tandẽ ſeparatur: ſi fluit craſſius, de ſtillatione repetita ſegrega ſubtiliorem liquorem. Craſſus qui reinanet, eſt balſamus ſuccini, cui cera poteſt addi ad externos vſus. Deſtillari item ad ſiccum poteſt.

Cordus bene tritum ſuccinũ cum fragmentis ſilicũ imponit retortæ, & ad tertiã partem plenam. Deſtillat igni lento non tangente receptaculũ in quo debet aqua eſſe ad tertias impletas: ignis datur per gradus, oleum ab aqua

ſepa-

separatum, eluitur aqua alia vt purum sit & sine empyreumate, &c. Hoc o-
leum clarificatur si cum aceto stillaticio tartarisato per matulam lento igni
destilletur vsque ad siccum.

Solet & oleum prius aceto calido vel aqua perfundi, & ex cineribus
per retortam à crassa parte destillari subtilior. Nonnunquam frangitur ad
lentium quantitatem, mistisque silicibus leni igni destillatur, in balneo separatur humiditas aquea. Crassum ab oleo segregatur per cineres affuso a-
ceto, &c.

(Alij vesica imponunt panis crustam. Deinde injiciunt succinum: tandem
affundunt acetum, macerant & destillant. Pro aceto & spiritus vini sumitur, &
exit spiritus loco priore, &c.)

Olei succini aliter: Destilletur prius acetum tale: mellis optimi lib. media in patella figulina vitrata super igni liquefiat, quo facto immisceatur salis tusi tosti triens. Coque ad spissitudinem pulmenti donec nigrescat. A-
gita semper cum spatha lignea, vt fiat puluis citrinus. Huic in cucurbita affunde aceti optimi mensuram vnam. Destilla per alembicum ad siccum. Ex
postea calcis viuæ selibram, succini vncias decem crassè tusas: arenæ silicum
duas vncias, aceti iam destillati vncias sex. Destilla per retortam igni primū
leni, post valentiore. Oleum exit cum aceto in star crassi vernicis. Pinguedo
aceto innatat. Separa per infundibulum. Separatam (quæ ferè est septem
vnciarum) adiecto salis manipulo in retorta per arenam destilla, proditque
aurea citrinitas cum ingrato odore, qui euanescet si cellam, vel ad auram
ponatur, vt empyreuma tollatur.

(Nonnulli destillant cum aqua rosacea ita: Libra vni affundatur rosacea
sextarius medius. Destilla per alembicum & dolium refrigerans. Nec festina ni-
mis. Frangit enim vitrum & incenditur. Quod exijt ei affunde plus aquæ sim-
plicis, & destilla in balneo feruente, & prodibit oleum clarum. Quod remanet
in vitro, destilla in arena vsque ad siccum; hoc erit puniceum. Separa aquam.
In summo alembici sal crystalli instar adhæret, quem colliges seorsim. Si absque ro-
sacea per se destillas, oleum exit nigrum. Ex annotatis D. L. Doldij.)

Valet ad frigidos affectus capitis potissimum apoplexian, intus forisque adhibitum, epilepsian item, incubum vteri strangulatum, calculum,
partum promouendum, secundinas eijciendas, &c. Vtuntur & in colica.
vocatur balsamus Europæus.

OLEVM THVRIS, MASTICHIS, OPOPANACIS,
Bdellij, Galbani, Sagapeni, & similium.

Hæc vel sub humo per deliquium solui solent, vel in aceto, interdum
etiam per se in cineribus lento igni destillari. Si soluuntur, purificantur per
filtrum ante destillationem.

Quidam macerant vino, vel eius spiritu. Omninò penè idem modus
est

est omnium, nisi quod diuersis magistris alius atque alius seu notus fuit, seu certo consilio plus placuit. Itaque & succinum, laser, caphura, cum prædictis etiam huc referri possunt.

Facilè autem eiusmodi gummata exundant. Itaque mandant aliqui, vt retortæ torso imponantur prunæ donec satis incalescat: (*quod & in melle obseruatur.*)

Oleum thuris ex Euonymo & Andernaco. Thuris (*vel succini*) pulerati selibram pone in matulam. Orificio matulæ adapta calicem vitreum, ita vt ex media dependeat continens aquam calidam, non ita plenus vt possit exundare. Alembicum applica in summo foratum, vt possis supplere defectum aquæ per infundibulum, quod si epistomio versatili instructum est, vt paulatim fundat guttas in calicem, ingeniosius est. Debet autem calida refundi & caueri ne exundet, commissuris oblitis ignem succende. Ita cum vapore thuris & aquæ prodit oleum igne leni per rostrum in receptaculum. Separa.

Oleum mastichis. Mastichis pulueratæ libram macera in aqua vitæ & communi stillatitia pari, ad quatuor digitos affusa in vase vitreo, in fimo per aliquot dies. Destilla gradatim ex arena. Primò exit oleum flauum cum menstruo. Excipe id seorsim, separato menstruo oleum serua ad vsus internos. Aucto igni prosilit oleum rubicundum ad externos affectus. Si iterum intendas, prodit crassum cum empyreumate, quod rectifica cum spiritu vini circulando & destillando. Omnibus rectè paratis ex libra prodeunt decem vnciæ.

Aliqui affundunt vini spir. ad digitum latum. Digerunt in balneo horis 24. in cucurb. clausa, alemb. cœco. Massæ exemtæ commiscent arenam in cucurbita lutata, addito denuò spir. vini ex arena destillant per gradus ignis, vsque ad vehementiss. Exit 1. spiritus vini, 2. ol. rubicundum: excipiuntur vno alembico. Digeritur totum in balneo triduano. Destillantur feruentissimo balneo, vt oleum cum spiritu ascendat. In receptaculo oleum erit coloris aurei, quod separatur à vino per infundibulum.

Is modus congruit & euphorbio, benzoino, gummi hederæ, myrrhæ, sarcocollæ, laccæ, stiraci calamitæ, &c.

(*Alias mastiche etiam sola destillatur per retortam lento igni. Gradatim tandem Euonymus suprà & infra carbones adijcit.*

Nonnulli cum aceto soluunt in pulmentum & destillant.

Alij coquunt ex vino, macerant triduo. In cucurbita recta lutata, igni nudo eliciunt oleum cum aqua, quam segregant balneo. Oleum rectificant per cineres: crassities exugitur per arenas, quod hinc exijt, insolatur.)

Oleum Bdellij. Temperatum aceto destillato bdellium per horas duodecim finitur, donec soluatur totum. Colatur per setaceum purum, locatur in retorta, addito puluere silicum calcinatorum dimidia quantitate. Datur ignis gradatim per horas duodecim.　　　　　　　　Aliàs

Aliàs soluitur aqua, vel vino destillato, maceratur multos dies, colatur. Additis silicibus, vel sale, vel limatura ferri destillatur æneo vase per cineres, vel arenam igni validissimo. Oleum exit cum aqua, à qua separatur. Ita & Galbanum, Opopanacum, Sagapenum, &c.

OLEVM SVLPHVRIS, PICIS,
Tartari, &c.

Sulphur ter sublimatum in vitro perfunditur spiritu terebinthinæ, quantus satis ad soluendum. Stent in calore leni quousque colorentur vt sanguis. Affunde optimum vini spiritum ad tres digitos. Relinque donec spiritus vini tingatur. Effunde refuso alio, & extrahe tincturam totam. Spiritum destilla in balneo: quo extracto, mura receptaculum, & igni intensiore exibit oleum sulphuris rubicundum non fœtens. *Penotus à Portu.*

(*Mera tamen tinctura est, si extracto spiritu vini, oleum in fundo sinitur, quanquam etiam non admodum differat si educatur, nisi subtilitate essentiæ. Vocat autem is autor talem tincturam Balsamum sulphuris simplicem.*

Quod dicitur de oleo rubicundo, sciendum id primum, cum aliqua pars spiritus subtracta est, in fundo cucurbitæ apparére, modò innatans vino reliquo, modò subsidens. Cum incipit ascendere, quod sit igne paulo intensiore citrinum ac lucidum est, instar olei è succino falerno, odoris non ingrati; & ille modus certus, facilis ac tutus est præ reliquis obscuris & operosis.)

Aliter: Sulphuris libra infunditur ter aceto. Siccatu pulueratur. Puluis circulatur cum vini spiritu. Destillatur igni balnei, idque ter repetitur. Loco vini spiritus aquam rotis sumere potes. Pulueris tandem libræ misce vnciam spiritus terebinthinæ. Macera donec colorentur in vitro forti. Affunde postea vini spiritum, & extrahe tincturam per triduum vino mutato subinde. Destilla tandem tincturam, & spiritus exibit prior. Auctiore igni excipies oleum rubeum mutato receptaculo: *Fincelius,*

Porta tincturam colligit per aquam salis tartari, & coagulat eam digestione in oleum, non differt à tinctura.

(*Plurimi modi passim inueniuntur de oleo sulphuris faciendo. Quidam per se destillant igni valido; quidam lenissimo.*

Alij addunt præparatum salem petræ, vel calcem tartari. Interdum affunditur ei spiritus vini, & aliquoties incenditur restinguitur, (iniecta arena) post destillatur vt oleum philosophorum, & datur intra corpus. Nota si per sal.petræ vis destillare, ne prope admoueus igni,

Nonnulli extrahunt essentiam per acetum radicatum, & salem tartari. Extractam destillant per alembicum. sed alte in cinerib. loces, donec dissentibus ignem pars.

Euchyon coquit in vrina pueri, donec consumatur ea, postea destillat per gradus, in fine valido igni elicit oleum rubicundum.

Alexius coquit ex oleo communi in massam Epaticam, quam destillat ad vlcera.

Nonnulli reuerberant, reuerberatum macerant aceto. Deſtillant per alembicum. Deſtillatum in fimo digerunt. Acetum diuaporant. Oleum circulant in fimo, vel deſtillant per retortam.

Sunt qui calcinent ſulphur viuum cauentes ne conflagrat. Ex calce deſtillant oleum.

Quidam cum ſilicibus igni lento, vaſto receptaculo, deſtillant biduo per retortam, ut Geſnerus. Pro ſilicibus pumex eſt.

Deſtillatur & cum cera, additis ſilicibus vel ſale. Calx item ſulphuris aceto infunditur per menſem. Deſtillatur igni forti. Quod exijt, per triduum maceratur in fimo. Acetum diuaporatur vaſe aperto. Spiritus & oleum ſulphuris in fundo manet.

Aliter: Sulphuris libram coque ex olei lini libra. Deſpuma. Cum ſpuma apparet rubra, affunde acetum, & porrò deſpuma. Poſt adde colcotaris duas vncias, calcis vncias decem. Deſtilla donec non amplius aſcendat ſpiritus: ſepara.

Coquunt & in formam epatis, & deſtillant lacteum humorem, cui innatet oleum rubeum vtile ad gradationes, &c.

E vulgo aliqui ſulphuris trientem miſcent calcis viuæ duabus vncijs, adduntq́, vnciam ceruſſæ, & deſtillant per alembicum oleum rubrum.

Sed inter omnes modos primus Penoti, & ſecundus Fincelij ſunt feliciores, & in Fincelij deſcriptione vix puto ſufficere vnciam ſpiritus terebinth. ad libram ſulphuris. Potes itaque plus capere, & loco macerationis, coquere in vaſe clauſo. Mihi enim experienti illo modo non ſucceſſit, hoc verò ſucceſſit.)

Oleum picis. Liqua ad ignem. Coque vino bono donec hoc conſumatur. Adde ad libram vnam aluminis calcinati ſelibram, ſaluiæ manipulum. Deſtilla in alembico aheneo igni mediocri. Oleum quod prodit ſepara, & deſtilla tertiò. Vtile eſt ad neruorum affectus.

Aliter in arena per retortam deſtillatur addita farina ſilicum vel laterum. Recaptaculum benè affigitur luto. Exit ol. puniceum.

Oleum tartari. Cum ſale vel ſilicibus ponitur in retorta. Oleum exit fœtidum poſt aquam. Corrigitur denuò deſtillando per cineres. Deſtillatur & per rectam cucurbitam, exitque aqua prior, poſterius oleum gradibus ignis obſeruatis. Vtile eſt neruorum doloribus & podagræ.

(Tartarum tritum ſiccatumq́, in retorta lutata amplo recipiente obturatis rimis (nam facilè expirat) igni primum leni tractatur, & exit aqua, (qua datur Gallicis, hydropicis, &c. cum theriaca.) Poſtea augetur donec ſpiritus nulli exeant. Spiritus exemtus in vitro recta in balneo digeritur. Phlegmate ſeparato oleum reſtat, quod in cineribus vel arena ſeparatur à parte craſſa, exitq́, aureo colore, & dulce: foris ad vlcera, intus ad calculum: ſemuncia ex libra.

Aliter: Tartarum coquitur in vino & in eo maceratur. Deſtillatur recta. Quod exit ſeparatur in balneo. Oleum per ſe deſtillatur in cineribus. Craſſum, quod relinquitur in arena, extrahitur.

Aliter

Aliter: *Calcinatum tartarum solue aqua ardente. Digere in balneo tepido per dies septem. Destilla leni igni primum, post vehementi. Oleum separa in balneo à spiritu. Potes & feces calcinare iterum, digerere, separare, destillare. Et iterum præsto est oleum.*

Alij crudum tartarum spiritu vini per horas 24. maceratum destillant per retortam.)

OLEVM CERÆ.

Cognata res est resinis, & penè eundem etiam habet apparatum, vt oleum reddat. Fit autem ita:

Fauos digere in fimo per menses duos. Cera eluatur olens mirabiliter. *Qui opera compendiû faciunt, ceram cum vino in balneo feruente per horas 12. macerant, & postea solam ceram cum silicibus destillant.* Mel est in fundo instar atramenti. Separa ceram à melle. Liqua. Infunde liquatam vino generoso veteri frigido, & vbi refrigerata est, manibus benè subige & exprime. Id repete septies. Vltimò funde super fractorum laterum, vel lapillorum fluuiatilium manipulos duos vel tres. Misce. Destilla lento igni per retortam (*aut alembicum*) in cineribus. Rostrum aut sit breue si per alembicum destillas. Solet crassa materia hærere in via. Itaque ferro candente ductili expedienda est, vel ignito forcipe, cautè tamen ne vitrum frangatur. Vbi exijt nigra materia & crassa, sequitur oleum purum cùm phlegmate. destillatur donec guttulæ turbidæ cadant. Vltimò muta receptaculum & oleum fuscum excipe. Rectifica olea apricando cum vini spiritu insolando crebrò. Vsus ad vulnera celeriter glutinanda.

(*Exire solet lentum initiò. Itaque destillare septies iubent, donec oleum purum & liquidum fluat. Sed non opus est ista repetitione, si lentum seorsim accipias, & post hoc fluens liquidum item seorsim. Omninò verò attendendum est, ne vllum relinquatur in destillatorio spiraculum.*

Quidam coquunt in vino & lauant. Cum silicibus etiam spongiam apponunt, ne efferuescat. Intendunt ignem post octo horas; & eliciunt primum phlegma citrinum, postea turbidum liquorem. Tertiò citrinum & verum oleum, & ignem augent donec iterum turbidæ guttæ cadant, semper mutando receptaculum mutato liquore: & sic tria olea, & vnam aquam extrahunt.

Sumunt interdum æquales ceræ & aluminis plumosi destillantq, ex arena. Destillatum ponunt in alia cucurbita, & addito manipulo salis cum tribus libris fontana destillant igni lento. Separant destillatum. Est & cum incidunt minutim ceram, fundunt q, in aqua & butyro salso, locantes ad calidam fornacem, donec pulmentum euaserit. Addunt salis ammonij duas drachmas & farina silicis albi cochleare vnum, destillant q, lento igni. Aliqui ad lib. j. adijciunt alum plumosi quadrantem, & destillant. Si adustum est oleum, affunditur calida destillata, circulatur vnà per aliquot dies. Inde destillatur per cineres. Adhibent ad pleuritin, colicam, tumores, vulnera citò sananda spasmum, &c. Sunt qui per retortam destillant. Sed per alembicum efficacius & subtilius euadit.)

Alij ad alti mollem hanc curant.

TRACT. II. CAPVT XIIII.

De oleis per afcenfum ex plantis fucculentis, & carneis, &c.

SI vfum refpicias, extractus herbarum recentium fuccus, indeque facta effentia quinta præftat. Parum enim præbent olei. Sin artis vim, ita oleum folet fieri:

Herba recens contundatur in pultis formam. Maceretur in vino per menfem, deftilletur in balneo aqua tota. Feces ficcæ terantur, refufoq, humore proprio macerentur per menfem. Poft deftillentur per cineres. Oleum fepara ab aqua.

(Eft & alius proceffus: Radix chelid. cum floribus coquatur-ex aqu. fontana, prius minutim incifa, donec aqua confumatur. Reliquia terantur in mortario lapideo. Succus expreffus coquatur ad mellis confiftentiam, qua impletur cucurbita media, abftrahiturᶇ phlegma in balneo. Translato verò inde vafe, in cineres oleum exit, idᶈ duplex aereum & igneum. Hæc ratio congruit cum feparatione elementorum.)

Quod fi recens herba defit, macerantur calidæ in vino vel vini fpiritu, aut etiam coquuntur.

Nonnunquam aqua perfunduntur, donec emollitæ fuerint, poftea eft prior proceffus.

Solet & ex pulte fuccus extrahi, & ex illo demum prolici oleum.

Ita eft de abfynthio, fpica, roremarino, chelidonia, &c. nec herbæ tátum de illis intelligantur, fed & flores, radices, furculi, & quicquid mollefcere poteft.

Huius loci itaq, funt & fructus humidi, vt limones, oliuæ, &c.

Limones conquaffantur, & ponuntur ad putrefcendum per feptendium. Deftillantur ter. Oleum feparatur ab aqua. *Euchyon.*

Oliuæ lento primùm igni exercentur, poft intenfiore per horas quinque in arena, ne tamen incandefcat. Franguntur enim vafa & flammam expuunt. Poteft adijci arena ad id cauendum. Deftillatur intra muros, non in ligneis cafis. Idem modus congruit femini lini quoque & fimilibus.

Affine eft his oleum ex carneis, & ftercoribus, &c.

Ol. ex caftorio. Solue caftorium aceto, vel macera in vini fpiritu. Lento igni oleum extrahe. Extractum corrige cum aceto digerendo, & denuò deftillando. *(Inter deftillandum folet annafci alembico materia inftar caphuræ, quam liquabis admota pruna, vel filo ferreo candente intrufo.)*

Ol. è vitellis per afcenfum. Deftilla coctos vitellos & comminutos per gradus in cineribus. *Vel:* vitellorum affatorum num. 30. vitrioli calcinati vnc. 3. pone in vafe vitrato claufo, & digere fub fimo per menfem. Deftilla peralembicum. *Vel:* centum vitelli exiccati, aut in fartagine fuper prunis to fti & verfati donec oleu fudent, cu aqua mellis per cucurbitā deftillantur.

(Quidam & crudos deftillant ita: Crudorum vitellorum vncias 12. mifce cum falis ammonij vncijs 2. vitrioli vncia. Deftilla. Quidam pyrethrum adijci-unt. Nonnunquam oleum exceptum affundunt pulueri thuris, laudani & cafto-rij, deftillantq, in quartum cohobium.)

Oleum fcorpionum. Menfe Iulio fcorpij fuffocantur in oleo veteri, & macerantur. Poftea deftillantur vel foli, vel cum oleo additis dictamno al-bo, rorefmarino, verbena, abfynthio, betonica, &c. cum quibus poft dige-ftionem oleum euocatur per alembicum.

Oleum mumiæ, vel balfamus mumiæ ex carnibus recentibus. Carnes in-cide, adde parū falis, & fpir. terebinthinæ quantus fatis. Macera claufo vafe, donec putrefiant. Segrega purum ab impuro per colum traijciendo, & ca-ue tibi à fœtore: quod vt facilius fiat, potes aperto vafe dimittere, donec fœ-tor exhalarit. Vbi non amplius fœtet & colaueris, deftilla per retortam vel alembicum rectum. Separa terebinthinæ fpiritum ab oleo, cui potes ad-dere mofchum, & affufo vini fpiritu id circulare.

Alij macerant carnes recentes in oleo oliuarum per menfem. Deftillant in Paracelfus. *retorta. Deftillati libræ adijciunt felibram theriacæ & mofchi drachmam. Di-gerunt per menfem, dantq, ad venena fudore exigenda.*

Aliter: Recentem mumiam fpiritu vini macera per menfem, deftilla quater, & quod fœtidum eft, relinquitur femper cum capite mortuo. Fit & ex tinctura quæ elicitur ex concifa mumia per fpirit. vini terebinthinatū digeftione dimidij menfis. Tinctum menftruum deftillatur, & aquofitas feorfim, feorfim item oleum excipitur.

Oleum ftercoris humani vel vaccini, &c. Stercus rubei hominis vel pu-eri fani, deftillatur in cucurbita vitrea bis. Oleum prodit ad cancrum, fiftu-las, &c.

(Potes digerere cum aliquo liquore, vt terebinthina, &c. & prolicere oleum cum illo, id rectificare repetita deftillatione in cineribus, ne fœteat, &c.)

Huius loci eft & oleum ex vetere cafeo, item ex corijs calceamento-rum, quæ infunduntur vino, vel eius fpiritu, & deftillantur ex arte per re-tottam, aut alembicum. Vfus eft ad perniones, œdemata, dolores arthriti-cos, &c.

Ita oleum conficitur ex glutine de corijs boum, & tendinibus. &c. i-tem ex ichthyocolla. Ita ex adipibus hominis, vrfi, gallinæ, vulpis, &c. item ex fæbo, & butyro.

Deftillantur adipes, vino vel aceto eloti, per alembicum ex ahenea ve-fica, igni lentiffimo, ita vt decem vnciæ prodeant ex libra. Poffunt & præco-qui ex vini fpiritu & digeri: pofteaque deftillari.

Nec alius eft apparatus medullarum.

TRACT. II. CAPVT XV.

De oleis afcenforijs ex liquidis, hoc eft, melle, vrina,
vino, aceto, fanguine, lacte, &c.

HÆc folent digeri in fimo, poftea coqui ad confiftentiam craffiorem,
(quanquam & poffint antè coagulari.) Huic affunditur aqua roris, vel vini fpiritus, vel alius liquor competens. Digeftione peracta inftituitur deftillatio. Quæ flatulenta & vifcida funt, adiecto fale & filicibus elaborantur.
Cauendum ne ebulliant vltra ahenum vel veficam in qua deftillantur.

Oleum mellis. Mel digere in fimo per menfem. Mifce cum momento
falis & puluere filicum. Pone in matulam deftillatoriam, lati fed breuis colli. Orificio appone ftuppam, vt inter mel & eam interfit fpacium duorum
digitorum. Deftilla igni cauto. Exit aqua clara acida primum, poft colorata
quam feorfim cape, eftque oleum ad vulnera & podagram vtile.

(Solet & fauus in fimo poni per menfem, & cera fegregata, niger fuccus mi-
ftis filicibus deftillari, exeunte primò aqua acri, poft oleo rubeo, quod infolando
eft rectificandum.

Quidam mel in fictili vitrato fub terra locant, donec aquam reddat. Hanc
effundunt in vas aliud, & reliquas iterum inhumant, & aquam colligunt, donec
totum in aquam abierit. Hanc deftillant, & oleum feparant.

Alij vas continens mel inhumant ad altitudinem mellis. Extantem partem
luto cruftant & minuunt, dato igni circulari deftillant fine ebullitione.)

Oleum aceti. Deftillat ex aceto phlegma primum. Sequitur liquor a-
cer; & tandem color craffus pinguis, quod eft oleum, & rectificatur deftillatione repetita.

(E fecibus aceti poft elicitam aquam repetitis digeftionibus & deftillatio-
nibus per refufum phlegma, item elicitur oleum ad maligna vlcera efficax.

Alij caput mortuum deftillati aceti vrgent vehementi igni per retortam.

Andernacus deftillat ad fpiffitudinem mellis. Reddito phlegmate in cella lo-
cat ad cryftallos producendos, quos deftillat vt chalcanthum, & fic oleum elicit.

Alij dicunt, oleum aceti effe id quod in deftillatione exit vltimo igni, craf-
fum, pallidum & pinguedine inficiens manus, &c.)

Oleum vini. Digeruntur in pelicano aliquot libræ vini generofi per
fuum menfem (30. vel 60. dierum) donec pingue quid innatare deprehen-
datur. Hoc feparatur (vel penna vel) lentiffimo igni per alembicum; & digeritur per fe. Libra dicitur præbere fcrupulum.

(Poteft & deftillari vinum ad modum aceti facta putrefactione.

Aliter in hunc modum: Vinum optimum in cucurbitam amplam vfq; ad
vnam tertiam vacuam infunde, & appofito alembico per balneum deftilla quan-
tum

tum poterit:poftea per cineres,& iterum per arenam omiffis fecibus. Tandem pone in tetortam,&ignem adhibe,qualis eft circulatorius per horas fex,inde deftilla per alembicum nouum, & fluet oleum praftantiffimum.

Oleum fanguinis ceruini,vel aliorum animalium: Sanguinem digere in fimo. Aquam innatantem fegrega. Adde falem, & putrefac diebus quadraginta,deftilla aquam,refunde eam capiti mortuo,digere, deftilla, idque repete,donec oleum appareat,cuius vfus eft in Iulepo cum facharo ad hecticos. *Guainerius.*

Alij ita pracipiunt: Sanguis recens per retortam deftillatur igne cinerum. Exit aqua,qua ceffante transfertur vas in arenam,& lutatur. Aucto igni elicitur oleum,quod affufa calida rectificatur digerendo,poftea feparatur. Adhibent ad podagram.Alij ita oleum faciunt Antipodagricum: deftilla fanguinem ceruiper alembicum,& phlegma exit,oleum rubeum, quod excipe feorfim,& aucto igni totum extrahitur.Capiti mortuo affunditur aqua dulcis.& fal extrahitur, qui oleo iungendus eft. Solet & alias inter deftillandum fal accrefcere retorta, qui oleo detracto eft abluendus. Nonnulli in fimo macerant per quatuor vel feptem dies. Sinunt refrigefcere antequam aperiatur ne foetore ladantur. Inijciunt in alembicu & deftillant per gradus,& vltimo ducunt oleum. Quidam mifcent aquam quantitatem falis Alkali,& feptem dies in fimo detinent,vt in liquorem abeat. Huic iterum addunt tantum falis,digeruntq, per quinq, dies.Tandem deftillant ad vfum metallicum.

Ol.fanguinis humani ex Arnoldo. Digere in vini fpiritu, abftrahe primum liquorem,affufo nouo fpiritu iterum digere,deftilla liquorem fecundum, ita procede & tertiò & quartò, & fequetur oleum, cuius vfus eft ad pulmonem exulceratum, pleuritin, fluxus ventris, epilepfian, apoplexian,&c.

Hoc artificio poteft & ex fanguine hircino, taurino, & aliis ficcis prolici oleum.

*Eft & oleum roris Maij.*Ros collectus mifcetur cum maffa panis. Hæc coquitur in clibano.Panis fectus deftillatur in oleum,quod cum pauca aloë mifcent.Vocant laudanum ex rore,fed non eft fyncerum ex rore, cùm potiores fint panis.

Oleum lactis. Fit ex cremore eius facta digeftione in fimo, & poftea deftillatione.

*Oleum vrina.*Coquitur ad fpiffitudinem craffi mellis, putrefit in fimo, deftillatur poftea per retortam cum cohobiis gradatim.

Non alia eft ars ex aqua maris, & putrium lacunarum colligendi oleum, & non rarò exudat ex pratis lutulentis & pinguibus liquor quidam adipofus cum fuccino liquido.Is deftillatur eadem induftria, nempe vt aquofitate feparata, fiat digeftio ; indeque per retortam repetita deftillatio.

Aquæ Thermarum pinguium decoquuntur ad tertias igni lento. Digeruntur sub humo vel fimo, destillantur sæpe refuso liquore aqueo ad feces, quantum necesse est.

Euenit autem vt in talibus plus minus sit olei, pro misturæ ratione. Sic experiri possumus in muria natiua, in liquore chalcanthino, in cereuisia, mulsa, & potionibus ex fructibus: in sacharo item liquido, & aliis.

Cùm olea ex oleis extrahuntur, manent quidem in censu oleorum, referuntur tamen etiam inter quintas essentias, si nimirum sæpe destillando ad subtilissimam portionem rediguntur: sin autem duntaxat separatio instituitur partis feculentæ, vel resinosæ ab oleo puro, huius est potius loci.

TRACT. II. CAP. XVI.

De oleositatibus mineralium, quæ & ipsæ solent olea nuncupari.

E Mineralibus non pinguibus diuersi eliciuntur liquores, olei nomine passim appellati, quanquam impropriè. In magisterio metalla potabilia facta olea dicuntur ob consistentiam olei, licet nihil pinguedinis habeant. Cùm calces resoluuntur in liquorem, item in oleum redigi aiunt. Cùm etiam spiritus eliciuntur ex salibus & similibus, eodem nomine afficiuntur. Sic est de elementis aereis & igneis consistentiam liquidam habentibus: nec non de tincturis, & omnibus ea forma donatis. Sed fluor oleosus, qui oleum similitudine repræsentat, oleum non facit, cùm omnes penè essentiæ ea forma possint repræsentari. Huc pertinent ea quæ aliquantò propius accedunt ad oleorum naturam, prædita viscedine quadam quasi pingui, sicut in lixiuio videmus.

Plærumque autem in metallorum genere fiunt ex magisterio potabili præcipitato per spiritum vini affusum, & vnà maceratum, destillatumq́;, ita vt postea in forma liquoris viscidi exeant per alembicum.

Ferè obtinent mediam naturam inter olea & spiritus. Differunt itaque à quintis essentiis elaborationis modo. Oleum enim hoc potest esse materia quintæ essentiæ, & cùm extrahitur per retortam, segregatur duntaxat, nec elaboratur subtilius. Magisteria verò tantummodò fiunt solutione totius ad oleositatem.

Quinta essentia mineralium mista menstruo exeunt, olea stillatitia sequuntur menstruum, olea fixa fiunt per spir. vini. Magisteria sunt solutiones potabiles totorum. Tinctura forma liquida sunt extracta sine fixione.

OLEITATES METALLORVM.

Magisterium metallorum potabile, præcipita per vini spiritum crebrò
affusum

affusum & destillatum, tandem pelle per retortam metalli visciditatem, separaq; à spiritu.

Fiunt & ex mineris seu venis metalloru per modum tincturæ. In hunc modum : Recipe acetum destillatum optimum, affunde capiti mortuo aquæ fortis ex sale petræ, alumine & vitriolo, stet horis viginti quatuor, destilla, affunde hanc aquam mineræ metallicæ pulueratæ ad septem digitos. Macera in fimo per dies nouem, donec menstruum coloretur. Si non sufficit vna maceratio, repete: coloratum destilla in cineribus vsque ad oleositatem sulphuream, affunde ei vini spiritum, circula, exige per retortam, vinum separa.

Vena calcinanda est, si colorem non ponit.

OLEVM AVRI ALITER.

Aquam solutæ calcis auri fige per vini spiritum in oleum, quod exige per alembicum.

OLEVM ARGENTI.

Recipe aceti stillatitij q. s. adde salem tartari & ammonium, destilla, macera in hac aqua argenti calcem per decendium clauso vase. Destilla, & exit acetum, postea igni auctiore oleum argenti, instar argenti viui, quod rectificare potes.

Alij ita: *Solue lunam aqua forti, destilla ad calcem per dies duodecim. Calcem reuerbera, reuerberatam læuiga in marmore, elue & adde siccatæ acetum camphoratum, digere, destilla. exit primò aqua, alio receptaculo excipe album oleum seu spiritum.*

OLEVM MERCVRII.

Sublimato mercurio adijce subduplum stibij præparati, destilla in arena donec alembicus albescat, exit materia alba, cuius vsus ad scabiem. Fecibus affunde vinum destillatum correctum. Macera per horas viginti quatuor, elice in arena primo loco vinum, secundo oleum flauum perspicuum (*cuius gutta duæ etiam potandæ præbentur gallicis, colicis, podagricis, pleuriticis, arthriticis*) rubrum oleum manet in fundo.

Paracelsus in oleitatem ad Gallicam luem redigit per virtutem salis nitri.

Aliter: Præcipitato affunde acetum destillatum, & coque per horas 4. Solutum quod est, effunde in vas vitreum, affunde acetum aliud, coque, & solutum effunde donec totum solutum sit. Acetum in balneo abstrahe, in fundo massa est instar salis: affunde pluuiam quartæ destillationis, in vitro clauso coque per dimidium diem, sine residere, clarum effunde, refunde aliam, & ita potes procedere, donec totum sit solutum. Aquam

deſtilla in balneo leni, maſſam reſtantem digere in vini ſpiritu per octiduum, deſtilla per retortam cum magno receptaculo. Exit primò ſpiritus, deinde mercurius accreſcit lateribus inſtar cryſtalli, & poſt horas duodecim
ſoluitur, tunc collige. Aperto poſtea vaſe, extrahe liquores, & ſepara ſpiritum viñi in balneo. Oleum hydrargyri cinereum reſtat.

OLEVM FERRI SEV MARTIS.

Limaturæ Martis affunde acre acetum, & digere in calore per dies
quatuordecim, effunde acetum, & ſerua, poſtea cum ſale tere limaturam, vt
fiat crocus, elue aqua dulci, & ſic collige crocum ſufficientem per filtrationem aquæ & deſeſſum puluerꝭ. Recipe huius croci libram, aceti prioris ſelibram, ſpiritus tartari vncias duas, miſce, digere & deſtilla per retortam in
receptaculum in frigida locatum. Oleum innatans aceto ſepara, & rectifica
per vini ſpiritum.

Hoc oleum fit & alio modis. Matthiolus calcinatam ferri ſcobem macerat
aceto deſtillato donec rubeſcat, acetum abſtrahit, addit aquam ſtillatitiam, ma-
cerat, ſiltrat, coagulat, coagulum deſtillat per retortam in oleum rubeum.

Aliter: Aqua forti facta ex vitriolo & ſale petra ſolue ferri ſcobem, cal-
cem reuerbera, affunde reuerberata vrinam & vinum: digere, deſtilla, & exit pri-
mo aqua, ſecundo oleum, quod ſecibus tuſis refundunt & deſtillatur quater. Tan-
dem vi ignis elicitur oleum pingue.

Aliter: Limatam ſcobem vrina imbibe, reuerbera donec crocus fiat impal-
pabilis, repetita reuerberatione, ſac paſtam cum vrina, & deſtilla oleum in mo-
dum aquæ fortis per horas 24. per gradus ignis, exit oleum ſpiſſum rubicundum,
vtile ad citrinandum argentum.

OLEVM VENERIS.

Reſolue æs in calcem æruginoſam: hanc reuerbera & deſtilla per retortam oleum rubicundum, ad externa mala.

Solue cuprum in duplo aquæ fortis: affunde vini ſpiritum, vt calx ſubſidat,
digere igni lento per triduum, deſtilla ad calcem, quam reuerbera per horas qua-
draginta, trita affunde phlegma ſuum, digere, deſtilla cum cohobiis, tandem vio-
lento igni exit oleum.

Æs quoque vſtum imbibitur aceto fortiſſimo, & deſtillatur oleum
rubeum & viride per retortam igni fortiſſimo per horas 24.

OLEVM STANNI.

Cryſtallꝭ ſtanni perfunde aceto deſtillato. Macera in balneo, dum
ſoluan-

ſoluantur:coque per horas 12. Vbi refrixerit decoctum, quod clarum eſt effunde & deſtilla.Reliquiis exiccatis affunde aliud acetum, & perge vt antè,
donec ſoluantur omnes.Deſtilla acetum primùm, pòſt oleum.

Potes etiam deſtillare tantum vſq̑, ad mellis conſiſtentiam.Eſt proceſſus ma-
giſterij, quo totum ſubtiliatur tandem ad calcem ſolubilem &c.

OLEVM PLVMBI.

Recipe magiſterium plumbi ſolubile, ſeu ſalem plumbi, pulueratum
per retortam deſtilla igni validiſſimo, vt omnes ſpiritus exeant. Separatur
tandem aquoſitas ab oleo per balneum, proditq̑; ex libra ſemuncia.

Aliter : Plumbum redige in ceruſſam: huius libram in triplo aceti deſtillati bis, coque per horas tres verſando cum baculo:remoue ab igni, & ſine ſubſidere.Filtra,idq̑; repete quoad ſatis:aquam filtro abſtractam deſtilla
in balneo:oleoſitas in fundo eſt, cui affunde vini ſpiritum bonum. Digere
per horas 24. abſtrahe in balneo, & ter refunde, oleum per ſe in cucurbita
retorta leniter deſtilla, & exit oleum pulchrum ad fiſtulas, cancrum, &c.
Crato.

Hoc conue-
nit cum bal-
ſamo plũbi
Paracelſi:
Corpus plũ-
bi exaltatũ
debet in mi-
nium reuer-
berari, Vel
in ceruſſam
redigi per a-
quam ſerpẽ-
tina picta.
Ex hac cum
aceto per de-
ſtillationem
extrahitur
balſamus.
Loco plũbi
etiam cinis
plumbi ſeu
plũbago ſu-
mitur.

OLEVM LITHARGYRI.

Puluerem calefac igni, & verſa continuò, effunde in acetum bulliens
ad ignem in lebete orichalceo, & oleum à lithargyro ſegregatur : quod deſtilla per retortam, acetum verò cola & coque in ſartagine ad mellis conſiſtentiam.

Solet & coqui puluis in aceto forti pluribus vicibus ſucceſſiuè, donec ſolu-
tus ſit.Acetum deſtillatur donec ſeparetur oleum.Alij non deſtillant, ſed diua-
porant ad oleoſitatem, quam aqua calida diſſoluunt, agitant, & per lacinias a-
quam ſeparant. Sed ita non eſt huius loci, pertinetq̑, ad magiſteria.

OLEVM ANTIMONII.

Stibium pulueratum cum æquali ſale gemmæ, miſce, & calcina in fictili donec vireſcant.Tere in marmore, adde aceti deſtillati quantum ſufficit ad pultem.Macera, pone in retortam lutatam cum ampliſſimo receptaculo, locato in frigida, commiſſuras firmiter muni cum albo oui, & calce
impoſitis ſpleniis.Siccatis bene omnibus, deſtilla igni primùm leni, donec
ampulla incaleſcat, inde paulatim intende vt incandeſcat, detine ita ignem
per horas viginti quatuor, exitq̑; oleum rubicundiſſimum cum phlegmate, quod ſegrega.Valet ad putrida vlcera.

Valde prædicant oleum Antimonij ad medicinam & tincturas : itaque
varii ſunt excogitati eius faciendi modi. Flores ſtibij rubei cum pari ſacharo
tt   *cando*

cando imbuuntur vini spiritu, vel aceto. Mistura destillatur per retortam gradatim.

Aliter : *Stibii libram contere cum selibra sulphuris triti, pone in olla, quam undique luta & conclude firmiter. Paulatim incalescant igni, & candefiant, donec sulphur absumtum sit. Postea affunde acetum, coque ad ignem, quousq́, diuaporarit. Destilla in retorta lutata oleum rubeum purgans aluo, sudore, vesica. Retortam & rostrum eius prunis opple vel calentibus cineribus, ne oleum concrescat. In receptaculo sit aqua, quæ postea separatur.*

Aliter: *Stibio læuigato in marmore adde oxymel simplex, & misce donec amittat formam metallicam: affunde acetum destillatum, digere in loco calido per mensem, extrahe acetum manente in fundo stibio instar pultis. Destilla igni valido, & exit oleum rubeum, cuius scrup. j. vsque ad drachm. j. purgat sine noxa.*

Alij ita parant : *Stibij libr. ij. in catino cum borace & sale gemmæ funduntur, idq́ue aliquoties, donec citrinescat eius fluor: Tritum ponitur in forti cucurbita, affunditur lixinium forte, destillatur, additur tartari calcinati drachma, salis gemmæ didrachmum. Destillatur oleum rubrum lutato alembico, (per lixinium etiam extrahi color solet, vt in tinctura, & segregato menstruo, ipse color cum additamentis destillari.)*

Vel: *Stibium coquitur in aceto ex calce & cinere fagino per horas quinque, Filtro abducitur aquositas, affunditur acetum stillatitium ad digitos duos, macerentur mouendo in dies vicies, acetum mutatur quinquies, atque ita fit extractio coloris. Extractiones destillantur lento igni, & demum excipitur oleum rubeum.*

OLEVM ARSENICI, AVRIPIGMENTI,
& similium.

Arsenici butyrum solue per deliquium. Solutionem destilla per alembicum, destillatum cum vini spiritu circula.

Solet & liquor in cella solutus figi per vini spiritum in olei consistentiam.

OLEVM GEMMARVM ASCENSORIVM.

Calcina gemmas cum sulphure, affunde aquam regiam, destilla, elue cum pluuiali destillata macerando sæpe & destillando. Addito postea vini spiritu digere, destilla in oleum clarissimum,

Nonnulli non faciunt mentionem regiæ, sed tusas ter quaterue calcinant cum sulphure toties mutato, aqua dulci calida eluunt, digerunt per mensem cum vini spiritu, & destillant tandem per alembicum.

OLEVM VITRIOLI ASCENSORIVM

Spiritum vini ter destillatum confunde cum spiritu vitrioli acido: digere vnà per mensem vnum vel duos. Destilla in balneo primum spiritum,

dein-

deinde in arena oleum, cauendo ne exundet, quod facilè fieri poteſt. Caue-
tur autem diligenti ignis regimine. Si attenderis fluxum olei, diuerſis receptaculis potes excipere ſpiritum & oleum. Si ſimul decurrerunt in recipientem, ſtatim ſegrega, ne oleum corrumpatur. Serua bene, nam aufugit facile. *Euonymus.*

Aliter fit dulce in hunc modum: Colcotar perfunditur aqua feruente,
extrahiturq́; ſal totus, reliquum deſtillatur per retortam: alij vitriolum tritũ
ponunt in tetortam, cui pro receptaculo apponitur alia parua. Commiſſuris
lutatis fit digeſtio loco calido: hac abſoluta affunditur vini ſpiritus lib. j. ad libram materiæ, digeruntur diebus 40. deſtillantur, oleumq́; innatat vino.

Oleum acre ita conficiunt: Vitriol. Vngar. tuſum loco calido ſiccant,
poſt triduum terunt & ſiccant iterum tecto vaſe per linteum: tandem irrigant vini ſpir. opt. & deſtillant. Porrò de oleo dulci vide ſupra in quinta eſſentia.

*Oleum vitrioli etiam vocatur rubeus liquor ex colcotare, qui remanet poſt-
quam ſpiritus albus eſt ſegregatus deſtillatione. Ita & dulcedo, &c. ſed ad alia capita pertinent.*

Tract. II. Cap. XVII.
De oleis & balſamis compoſitis per aſcenſum.

Variis modis & ſcopis rerum fit compoſitio ad olea eiuſmodi. Balſami
vocantur potiſſimum quando oleum terebinthinæ, vel reſina ipſa, i-
tem abiegna, & ſimiles accedunt. Producũtur autem vt plurimum liquores
diuerſi, quorum primus eſt ſpirituoſus ſeu aqueus, ſecundus oleoſus, tertius craſſus inſtar mellis. Inde primus nominatur aqua balſami: ſecundus o-
leum balſami, qui & verè eſt balſamus: tertius mater balſami, aut etiam balſamus. Nam interdum hic craſſus liquor denuò deſtillatur, & ex eo elicitur
balſamus dictus, reſiduum vocatur mater balſami: ſin vnà relinquuntur, v-
trumq́; obtinet nomen. Moſchus, ambar, zibetta, non ſolent vnà deſtillari,
ſed ſuſpendi in alembico, vel etiam miſceri balſamis. Deſtillationis modus
accommodandus eſt ad aliquam ſuperiorum claſſem, vt vel per rectã cucurbitam deſtillentur, vel per retortam, idq́ue vel more metallicorum, vel liquorum, vel ad quemcunq́; accedit miſtura. Signum boni balſami eſſe aiũt,
ſi gutta in aquam iniecta & agitata, aqua non euadat turbida, ſed clara maneat, aliàs pronunciant adultérium eſſe.

Communis proceſſus hic eſt. Res (*vt aromata, ligna, gummi, herbæ &c.*)
tuſæ comminutæq́; macerantur in vini ſpiritu per dies aliquot, poſt additur
oleum terebinthinæ, deſtillatum item cum vini ſpiritu, locantur in digeſtione per decendium.

*Loco terebinthinæ adhibetur nonnunquam abiegna, larigna, picea, maſtix:
item oleum aniſi cum ſua aqua, & locum ſpiritus vini ſuſtinet aqua, cum qua ex-*

tt 2 *tractum*

tractum est oleum anisi,chariophyllorum,cinamomi,&c. Quod si resina addun-
tur, cautè procedendũ est ne exundent,& silices inijciendi: ni q̃ semper seorsim in
vini spiritu macerantur, sed & in oleo terebinth.cui postea spiritus vini additur.

Quod si solubiles sunt, vt gummi, pinguedines succi, &c. soluuntur.
A maceratione fit destillatio in cineribus secundum artem. Exit primo loco igni len iaqua balsami, quæ & vinum vocatur. Postea igni intensiore o-
leum purum, plærumque croceum, dictum oleum balsami, & si intra corpus vsurpantur, plærumque vomitum excitant illa duo. Dantur autem olei
guttæ duæ vel vna ex vino vel aliis competentibus. Tertio loco prodit o-
leum crassum, & alio excipitur receptaculo. Ex hoc destillatione noua sigillatim exugitur oleum aereum, quod reliquis innatat propter tenuitatem,itaque & nomen balsami habet.

Parac. velor
tum probat,
& si balsa-
mus fit ad
glutinanda
vulnera,iu-
bet subsiste-
re tunc cum
apparet ru-
bicũdior, ne
alienus ac-
cedat color,
odor,sapor,
in chir.mag.

Debet destillatio institui cum refrigeratorijs per retortam, aut per a-
lembicum. Si res inæquales sunt firmitate, primùm fit maceratio in menstruo,& destillatio, veluti si aromata præmacerarentur. Postea exemtis fecibus, destillatum infunditur alembico, & adduntur aliæ res, veluti succi,
styrax liquidus,&c. Digeruntur vnà, & destillantur. In destillato soluuntur
tertio loco gummi vel similia. Quod si menstruum diminuitur, resarcitur
ex eo genere,quod primùm erat sumtum.

Sed & simpliciores sunt balsami,qui fiunt ex oleis destillatis precio-
sis aromaticis,plærumque solitariis,& aliqua pinguedine, quæ saltem corpus præbeat,quam oportet alienæ aut efficacis qualitatis expertem esse,ne
olei vim obtundat,qualis est ea, quæ ex capellarum omento colligitur, vel
cera virginea, vel pomatum & similia,quæ nec rancescunt facilè,nec vim
imminuant.

Ratio mistionis aliquorum iudicio est, vt ceræ drachma vna misceatur,
incoquiturq̃ olei vncia vna. Cognata balsamis sunt etiam olea coagulata per spi-
ritus acres,de quibus supra in magisterio.
Exempla illorum sunt huiusmodi.

BALSAMVS HOLLERII.

Thuris, mastichis binæ vnciæ, xyloaloës vncia, chariophyl. galangæ,
cinam.zedoariæ,nucis mosch.cubebarum, senæ drachmæ, myrrhæ, aloës,
ladani,sarcocollæ,castorij,singulæ semunciæ, baccarum lauri, nucleorum
pineorum, singulæ vnciæ, elemi,opopanacis,benzoini, binæ vnciæ,succo-
rum iuæ,& herbæ paralysis singuli quadrantes, terebinthinæ ad pondus o-
mnium.Destilla aquam,oleum tenue,oleum crassum quasi mel.

OLEVM BENEDICTVM FALLOPPII.

Olei abiegni libra, tantundem albi ouorum indurati. Resinæ pineæ
selibra.

ſelibra, elemi vnciæ duæ. In retorta per cineres deſtillentur, quod fit horis
ſex & triginta.

(Aliàs ole. benedictum dicitur oleum deſtillatum ex lateribus imbutis oleo oliuarum, &c.)

BALSAMVS BERTAPALIÆ ARDENS,
& lac coagulans.

Thuris maſculi vnciæ duæ, terebinthinæ, aloës epaticæ, maſtichis,
charyoph. galangæ, cinam. croci, nucis moſch. cubebarum ſingulæ vnciȩ,
gummi hederæ vnciæ quinque. Puluerata miſtáque deſtillentur lento igni
gradatim 1. aqua alba clara, 2. alio receptaculo, oleum croceum ſpiſſum, 3.
liquor craſſus melleus. *Vſus ad mala frigida, œdemata, odontalgias, venena, &c.*

BALSAMVS BEZOARDICVS.

℞ thuris ſemuncia, xyloal. maſtichis, charyoph. galangæ, cinamomi,
zadurae, nucis moſchatæ, cubeb. ſingula didrachma ſl. ſpicæ, ſchȩnanthi,
croci ſingulæ drachmæ, radicis angelicæ, fraxinellæ, petaſitæ, pœoniæ, ua-
lerianæ, foliorum thimelææ, herbæ paris cum granis, coſti vtriuſque, o-
ſtrutij, meu, fl. hyperici, radic. leuiſtic. vrticæ, ſem. leuiſtici, angelicæ, an.
ſcrupula quatuor. Macerentur omnia in vini ſpiritu ad exceſſum ſeptem digitorum in fimo per menſem.

Rec. porrò theriacæ veteris, mithridatij, electuarij de ouo, aureæ A-
lexandrinæ ſingulas vncias. Myrrhæ, aloës, opopanacis ſtyracis vtriuſque,
bdellij, galbani, ſarcocollæ ſingulas ſemuncias, caſtorij ſeſcunciam. Olei
ſcorpionum, hyperici, ſulphuris, petrolei, guaiaci, iuniperi ſingula didrachma, ſpiritus terebinthinæ, & olei abiegni vtriuſque quantum ſatis ad infuſionem. Ponantur & hæc in fimo per menſem, vaſe optimè clauſo, ita vt indies moueantur, & fimus renouetur ternis diebus. Poſtea filtrata vtraque
infuſa ſeorſim cum expreſſione forti, commiſceantur benè, & denue digerantur per dies duodecim. Tandem deſtillentur more balſami.

ALIVS EX EVONYMO AD PARALYSIN.

Galbani libra, gummi hederæ quadrans. Deſtilla in balneo, deſtillato
adijce olei laurini vnciam, olei terebinthinæ libram. Commacera & deſtilla. Aquam ſegrega ab oleo.

GALBANETVM ANDERNACI EX PA-
racelſo, ad Comitiales.

Galbani ſelibra, gummi hederæ quadrans, trita miſceantur & deſtillentur. Liquori deſtillato adijce ol. terebinthinæ libram, olei lauri & ſpicæ ſingulas vncias. Deſtilla per alembicum primò aquam, ſecundò o-
leum.

AD TREMORES ET APOPLEXIAN.

Rec. faluiæ, rutæ, rorifmar. farſæ paril. corticum fambuci, rad. ebuli,
Irid:s noſtratis, fingulorum duæ vnciæ. Macerentur contrita in vini ſpiritu,
vt digitum emineat, per dies octo. Adde poſtea olei laurini & caſtorij fingulas libras. Contunde vnà probe, & macera per menſem. Deſtilla aquam
& oleum. Oleo adijce olei ſuccini vn. 3. & nucis moſch. feſcunciam. Circula & ſerua.

AD PARONYCHIA BALSAMVS.

Ceram & ſulphur tuſa contunde cum lumbricis vino purgatis. Macera & deſtilla oleum cum ſilicibus per retortam.

Penot.flor.
fulph.℥nc.ij.
caph.℥nc. 1.
oksereb.℥n.
iiij.

    (Eiuſmodi balſamus etiam fit ex ſulphuris floribus ter ſublimatis, adiecto
caphura dimidio, & duplo olei terebinth : Tritis ſulphuris & caphura infundi-
tur oleum in cucurbita oris ſtricti. Occluſis omnibus in arena lento igni coquitur
horis duabus, & poſtea aucto igni ebullire finitur in vitro. Sulphur ita in oleum
vertitur.)

AD IMPETIGINES.

Salis nitri quadrans, olei amygdalar. amararum lib. duæ, ſcillæ ſelibra,
carnis limoniorum libra. Macera vnà & deſtilla aq. & oleum. Separa.

AD GALLICAM MIZALDVS.

Sulphuris citrini, ſalis ammonij æquales. Calcis viuæ partes duæ. Puluerata deſtillantur per retortam in arena.

OLEVM ARDENS PORTAE.

Calcis viuæ, ſalis an. æq. olei comm. q. ſ. formentur pilulæ. Deſtillentur per retortam gradatim vſq; ad oleum. Deſtillatum denuò miſce calce &
ſale. Deſtilla, idq; repete quartò. Adhibe diligentiam ne inflammentur.

AD MORPHEAM EX PARACELSO.

Antimonij opt. triti ſelibra tartari calcinati, aluminis, ana. Miſce hæc
duo, & pone ſtratum primum, cui inſterne ſtratum ſtibij atque ita viciſſim.
Reuerbera gradu ignis quarto. Deſtilla per retortam, & exibit in aquam
receptaculi oleum rubeum ſpiſſum.

AD LEPRAM.

Stibij trita libra aceti deſtillati fortiſſimi lib. 4. tartari albi crudi ſelibra,
puluerentur & commacerentur. Deſtilla per retortam ad oleum rubeum.

ITA AD EFFECTVS EXTERNOS EX
vitriolo.

Chalcantum aqua coquitur & filtratur ad purum. Vritur ad rubrum.
Oleo ſubigitur & calcinatur. Teritur, iterumq; calcinatur igni fortiſſimo.
Imbibitur oleo. Digeritur per menſem. Deſtillatur tandem in oleum.

OLE-

OLEVM MINERALE AVREVM.

Hydrargyri sublimati sesquilibram, salis ammonij per tartarum præparati selibram. Sublima tertiò à fæcibus suis. Quartò per se eatenus donec non eleuentur amplius. Refrigeratum tere. Tritum imbibe aqua sal. amm. & aqua albuminum. Sicca. Tere iterum & imbibe, idq; repete decies. Solue in marmore. Adde solis foliati & lunæ binas drachmas. Digere in balneo. Destilla oleum per gradus, in retorta.

OLEVM ANTIMONII COMPOS.

Stibij triens, mercurij sublimati quadrans, misti destillantur per retortam. Aqua exiens negligitur. Oleum quod sequitur, seruatur, cuius duas vel tres guttas in aurum fusum inijcias ad id digerendum &c.

(Hoc oleum quidem denuò destillant, destillatum præcipitant cum frigida, puluerem præbent ad purgandum; sed est res periculi plena.)

Eiusmodi misturæ sunt infinitæ. Ex dictis exemplis quisque sibi proponere poterit ad imitandum quod volet.

Cognata oleis compositis sunt & imbibita, commacerata, concoctave, quæ postea per retortam potissimum eliciuntur.

Ita fit oleum talci, laterum quod Philosophorum appellant, marcasitarum, scobium metallicorum, titionum seu prunarum, ossium, &c. Olea quæ imbibuntur sunt oliuarum, laurinum, terebinthinum, castorij, rorismarini, &c. Et omnia vulgaria decoctione, infusione, expressione facta, &c.

TRACT. II. CAP. XVIII.
De oleis stillatitijs descensorijs.

OLeum stillatitium descensorium est, quod destillatione per descensum conficitur.

Eiusmodi fiunt potissimum ex lignis, corticibus, folijs, baccis, & alijs: & sunt plæraque resinosa nigra, crassa redolentque empyreuma. Itaque vel foris tantum adhibentur, vel rectificantur per destillationem ascensoriam, per inclinationem seu retortam: aut etiam affuso vini spiritu circulantur, & sæpe inde aliud atque aliud destillatur. Quædam etiam insolando empyreuma ponunt.

OLEVM EX LIGNO GVAIACO
descensorium.

Guaiacum finde in taleolos, vel tessellas, vel rade crassè. Pone in ollā vel cucurbitam vitream lutatam more descensorio, adiectis silicibus tusis grossè: subiecta olla vt decet. Adhibe igné è maiore distantia; & postea propius admoue; & intra horas 4. vel 5. profluit oleum nigrum adustum, cum aqua. Circula id per vini spiritum. Destilla. Oleum à vino separa.

Idem

Idem proceſſus eſt in lignis fraxini, iuniperi, ſambuci, ſparthi, hederæ, coryli, tamaricis, pini, fagi, &c. item corticum guaiaci, ſambuci, iuniperi, arantiorum, citriorum, &c.

In ligno aloës maiori cum ſolertia regendus ignis eſt, vt ſit lenis.

(Oleum hoc deſcenſorium apud Meſuen exemplis ligni iuniperi ex fraxini diligenter explicatur, ſicut & à Manardo Marinoq, comprobatur & Syluio. Apparatum autem iuniperini licet repetere ex primo libro de deſtillatione deſcenſoria.

Addunt interpretes, ita deſtillari etiam ex Guaiaco, ex ligno ſancto, pineo & alijs, praeſertim pinguibus & ſucculentis; item fructibus, baccis, ſeminibus.

Meſuaeus eodem modo parari etiam Gagatinum docet, &c.)

OLEVM DESCENSORIVM EX FOLIIS LAV-
ri, pomorum, arant. limonum, &c.

Inciſa tunde craſſè. Para ad deſcenſum. Deſtilla per tabulam in vitrum, non ſepultum, vt poſſis inſpicere liquorem manantem. Si oleum innatat aquae, quae in vitro recipiente ponebatur, vel ſi tenaces guttae manant; muta recipiens. Et tunc auge ignem.

OLEVM EX FLORIBVS, CINAMOMO, BAC-
*cis iuniperi, corticibus arantiorum, citriorum, amba-
re, moſcho & ſimilibus, quae tenuis ſunt
eſſentia.*

Deſtillantur per balneum deſcenſorium: ita tamen vt ambari, zibetæ, &c. leuiſſimum adijcias ignem.

Oleum baccarum iuniperi, vt & alia grana etiam ſic deſtillantur. Lectas autumno ante meridiem cœlo ſereno, tunde & exprime per ſetaceum ſub prelo, itaque in prelo ſine per diem vt aquoſitas ſecedat, quam ſeorſim ſerua ad ſuos vſus: vel etiam deſtilla in balneo. Reliquias ſicca, & tunde in puluerem ſubtilem. Macera ſub fimo in veſica non impleta omninò, clauſa per menſem, *(vel loca ad fornacem.)* Vbi ſat humida pultis eſt, deſtilla per fornacem deſcenſoriam in receptaculum magnum, vel cucurbitam eiuſdem quantitatis. Exit aquoſitas primum; poſt oleum; quod cum videris, muta recipientem.

E floribus etiam elicitur oleum deſcenſorium, ſi inhumentur inuerſo vaſe per annum,

Sic è nuce moſchata & ouis vis oleum per deſcenſum parare, ignis ſit leniſſimus initiò.

OL. DESCENSORIVM EX OSSIBVS.

Caluariam pulueratam irriga aqua bethonicæ, vel vini ſpiritu. Loca in ca in ollam. In inferiore olla pone aquam pœoniæ, & addito igne deſtilla.

Hoc modo potes & oleum è frumento deſcenſorium parare.

OLEVM DESCENSORIVM EX ANIMA-
lium partibus carneis.

Serpentes inciſos abiectis caudis, capitibus & inteſtinis, torre parumper ſub dio, vt venenati halitus expirent. Poſtea include ollæ deſcenſoriæ, cui ſubijce aliam locatam in aqua feruida. Deſtilla.

Meles excoriatus, item vulpes, catuli, feles, pulli auium, & ſimilia cōciſa: item pinguedines, &c. eadem procurantur arte, & oleo ſpoliantur. Item caſtor integer abſq; pedibus, capite & inteſtinis deſtillatur ſimiliter.

OL. PHILOSOPHORVM DESCENSORIVM.

Vetere oleo potatæ ſilices vel lateres candentes, deſtillantur per ollas deſcenſorias.

(*Meſue ex lateribus veteribus per aſcenſum conficit. Albucaſis ex recentibus, &c. Et nonnulli reſtinguunt lateres in oleo nucum, deſtillant, deſtillatum alijs lateribus ignitis affundunt, deſtillant iterum, idq̃ etiam tertiò repetunt. Vocant oleum laterum. Si oleum oliuarum ſumitur, benedictum appellatur.*)

Oleum rectificari poteſt deſtillando denuò per aſcenſum. Ignis autem debet eſſe lentus vſque ad extremum, & tunc validus eſt.

Ita ſit & ol. talci ad vlcera putrida. Talcum in catino ſuper prunis per horas quatuor incandeſcat. Vbi refrixit, immitte in clibanum, ex quo exemtus iam iam eſt panis. Sine ibi incaleſcere, & iterum modicè refrigerari. Imbibe oleo oliuarum. Deſcende per ollas. Vel talcum calcinatum imbibe oleo caphuræ & deſtilla.

OLEVM SVCCINI, BITVMINIS, GAGA-
tæ, & ſimilium deſcenſorium.

Gagatæ fragmenta & ſilicum puluerem ſterne viciſſim in matula ahenea. Orificio oppone laminam perforatam. Inuerte ſuper ollam cum duobus epiſtomijs, ſuperiore vno, inferiore altero, in qua ſit aqua vſque ad epiſtomium inferius, per quod debet exire. Adapta ſuæ fornaci vaſa: & igni adhibito cum fluit gagates, aquam calidam per ſuperi⁹ epiſtomium infunde. Inferiori ſint iuncti canales tranſeuntes per vas refrigerans in receptaculum. Itaque aqua cum oleo eò perlabitur. Debet autem receptaculum eſſe amplum. Reſina ſubſidet in olla infra aquam. Oleum cum aqua in balneo ponitur & ſeparatur deſtillando. *Euonymus.*

(*Vix vtentur artifices hoc modo, cum alij ſint præſtantiores & faciliores.*

Meſuaus

Mesuaus duplici modo facit oleum Gagata, per descensum & ascensum. In descensu vtitur eo modo quo in lignis.)

OLEVM DESCENSORIVM EX ADIPIBVS.

Includantur adipes sacculo lineo raro; & leuissimo igni in receptaculum destillentur. Quae tenuiores sunt, ad solem destillantur per infundibulum chartaceum in subiectum vitrum.

OLEA DESCENSORIA EX COMPOSITIS.

Fiunt & olea composita descensoria, veluti illud Rogerij ex assulis ligni hederae, granis hederae & gummi. Oleum exit nigrum ad neruos vtile.

Sic fit oleum hyoscyami, si semen, flores, summitatesque tusas ponas in olla perforata, & supposita alia inhumes per annum. Destillat oleum.

Ita si surculos rorismarini iungas ligno guaiaco, & aloës, destillesque vnà leni igni, oleum compositum habebis.

Ita oleum ranarum conficitur: Ranas circa ventrem albas, tergo virides, quadraginta in autumno vel vere lectas, pone in viscella, vt secedat aqua per triduum aut quatriduum. Transfer in ollam vitratam. Affunde oleum iuniperi, vt bibant per triduum. Destilla per descensum ollarum.

Similiter potes oleum scorpionum comparare & lumbricorum &c.

Oleum aromatisatum descensorium: Folia vel res quasuis tusas conijce in sacculum vel etiam lineam. Cape aromata, vt cinamomum, ladanum, styracem, benzoin, &c. q. s. macera in aqua rosacea. Postea pone in catino super igni, & directè appone sacculum priorem vt fumum imbibat. Eum postea inijce in aquam rosaceam cinamomisatam, vel alijs aromatis alteratam. Destilla per descensum in ollis; & primò aqua exit, secundò oleum, tuncque ignis augetur.

Alia compositio: Radices, herbae & alia lota nouies, terebinthina vel abiegna, miscentur, & digeruntur in arena. Destillantur postea per descensum igni modico; & terebinthina prodit primum lacteo colore; post aureo, & cum hic apparet, muta receptaculum, accipiesque oleum rerum per se. Prodit autem duplex, prius melius, posterius deterius, ad externa vtile.

BALSAMVS DESCENSORIVS COMP.
Germanicus.

Scobis iunip. ligni cum corticibus; scobis piceae; item cum corticib. scobis buxi; scobis sambuci, scob. fraxini: bacc. iunip. singuli manipuli: rad. angelicae domest. & syluest. radic. petasitae, pimpinellae, valerianae mediocriter incisarum singulae semunciae: granorum ebuli, sambuci, thimelaeae, lycoctoni, binae drachmae; herbae scordij manipuli duo, fol. thimelaeae manip.

mp. vnus: ista omnia arida : extremitatum tenerarum abietis , iuniperi,
piceæ, singularum recentium manipulus; conorum abietis recentium duo
manipuli; succini cera emolliti libra vna, resinæ abiegnæ & laricea q. s. o-
mnia mediocriter trita incorporentur resinis, & reliquis viscidis. Commisceatur calicum rosarum rubrarum sesquilibra. Fiant globuli, qui destillentur per descensum ex arte. Quod prodijt, rectificetur per retortam.

Tract. II. Capvt XIX.
De oleis expressis è manifesto.

Oleum secretum sequitur, quod quouis alio modo secernendo extrahitur (quàm destillatione.)

Est autem extractio hæc vt facilior, ita rudior, & plærumque secreta
olea etiam destillatione elaborantur.

Olea secreta aut expressitia sunt. & excoctia; aut soluta & fixa.

Oleum expressitium est, quod è rebus comminutis sub prelo exprimitur.

Hoc si est in manifesto ex comminutis facilè exit; si difficulter fluit, res
tusæ asperguntur aliquo liquore, vel in eo macerantur, & postea in sartagine calefiunt, impositaque filtro per prelum calefactum vrgentur. Liquor
autem alienus post expressionem segregatur denuò. Adest tamen aliquibus
propria humiditas, vt non sit opus menstruo externo.

Liquor is est aqua vitæ, aut alius pro rei natura.

Quædam præbent spissamentum cum oleo liquido. Separantur per
sedimentum & transfusionem crebram, quo amurca secedat: potest tamen
& destillatione procurari segregatio.

Oleum ita in manifesto habent & exhibent semina, fructusque pingues potissimum, vt amygdalæ dulces & amaræ, nuclei Persici, & quæcunque his sunt similia. Postea nuces, vt moschata, iuglans, auellana, &c. quibus affines sunt fructus quidam, vt anacardia, nux Indica, &c. quæ intra se
segregant humorem oleosum. Inde sunt semina melonum, cucurbitæ, cu-
cumeris, nuclei pinei, & his cognata. Postea sinapi, semen lini, rapæ, papaueris, hyoscyami, &c.

Ex quibus oleum vel per se exprimitur, vel alteratum aromatibus, floribus & similibus, vnde nonnunquam ipsa olea etiam nomen accipiunt.

De seminibus ita generaliter præcipit Porta:

Semina repurgentur, detractisque pelliculis in marmoreo mortario
ligneo pistillo diligenter contundantur. Postea vini rore leniter irrorentur,
in lebetem plumbatum lati oris relata igni subferuefiant, & lignea rudicula
versentur: donec pingue quid redolere inceperint. Ignem subtrahe & duas
ferreas laminas digitum crassas pedem, longas, & ex altera parte planas leui-

VU 2 garasq;

gataſque, igni calefacito, vt digitus contactum ferat, vel frigida aſperſa paꞏ
rumper ſtrepent. Intra has laminas offam oleoſam linteo madefacto incluꞏ
ſam torculariꞌque adaptatam exprime. Oleum excipe. Reliquias iterum
irrora vino, & ſine combibere per breue ſpacium. Poſtea redde igni, & proꞏ
cede vt ante, donec omne oleum ſit redditum. Quædam tamen etiam ſacculo incluſa & intra ligna expreſſa reddunt oleum. Hic modus congruit etiam nuci moſchatæ & ſimilibus.

OLEVM AMYGDALARVM EXPRESSI-
tium, peculiariter.

Amygdalæ dulces repurgatæ à folliculis conciduntur minutim, & teruntur, ita tamen ne rancorem contrahant. Tritæ paululum torrentur, &
quinta aquæ (*vel etiam vini pro conſilio*) parte aſperguntur, probeꞌque ver
ſantur. Inde incaleſcunt in ſartagine, & incluſæ filtro lineo, vel ex vrticę filamentis facto, aut etiam piloſo, preloꞌq; calido ſubiectæ exprimuntur. Profluit liquor oleoſus, quem ſi placet, deſtillatione balnei vel diuaporatione
lenta ſeparare potes ab aquoſitate. Et ſtatim exprimendum, ne ranceſcat.
Nonnunquam exprimitur tritura ſine calore ignis, aiuntꞌque ſuauius fieri
oleum.

Eodem modo proceditur in piſtacijs, ſtrobylis, nucleis perſicis, &c.
Ita fit oleum amygdal. amararum, vbi loco aquæ ſimplicis, interdum roſacea, &c. ſumitur. Eodem modo efficitur oleum balaminum, papauerinum,
meloninum, cucurbitinum, citrinum, ceraſinum, tabacinum, &c. ex ſeminibus ſcilicet.

Omphacinum ex immaturis oliuis tuſis & expreſſis paratur.

In ſeſamino eſt laborioſa decorticatio. Semen irrigatur parumper aqua ſalſa, & fricatur manibus, iterum irrigatur, ſiccatur, modicè aſſatur, &
aſpero panno confricatur. Poſtea molitur in farinam, & exprimitur vt amygdalæ.

Semen rutæ & naſturtij præmaceratur aceto forti, & ſiccatum tuſumque exprimitur.

Semen pimpinellæ rubro vino præparatur.

Baccę lauri tunduntur & exprimuntur, vel etiam in vino præmaceranꞏ
tur triduo.

Fructus terebinthi, & oliuæ cum ſimilibus franguntur mola, & exprimuntur.

Iuglandes teruntur & prelo vrgentur pari arte, & libra præbet vncias
decem. Oleum harum ſpiſſum eſt. Itaq; à calefactione exprimendum violentius. Ita auellanarum purgatarum libra vncias octo.

Glans fagina decorticata, item caſtanea eodem pertinent. Præbent
oleum ſat copioſum, præſertim fagina.

Semen

Semen lini per se sine irrigatione etiam oleum reddit.

Reddunt & gigarti oleum tusi, calefacti, & pressi. Ita semen vrticæ, semen momordicæ.

Nonnulla macerantur in vino, vel aqua ardente, adiectoque pauco oleo oliuarum exprimuntur, vt baccæ lauri & iuniperinæ.

OLEA EXPRESSITIA ALTERATA ODORIBVS.

Cæterum quæ expressione fiunt, etiam alterari solent odoribus aromaticis, præsertim autem amygdalinum & oliuarum.

Modi sunt varij, in quibus excellit maceratio per mutua strata ante expressionem, postea infusiones, incoctiones, vaporationes, &c.

Si itaque amygdalinum odoratum requiris, repurgatas amygdalas & incisas in senas vel octonas partes, in pyxide plumbea sterne vicissim more cementi cum moscho, ambare, zibetha, iasinines floribus, rosa, floribus arantiorum, & similibus. Stent clausa per sex dies, postea exprimantur. *Bapt. Porta.*

Expresso oleo etiam solet imponi moschus, & similia, & apricari in phiola per dies viginti optimè clausa.

Per commacerationem & infusionem in liquore fieri potest, si oleum amygdalinum cum odoratis gummatibus teratur, macereturque in balneo per mensem, postea exprimatur (*vel etiam destilletur per retortam*).

Nonnunquam antequam sternantur amygdalæ cum floribus, parum torrentur.

Ita concinnatur etiam oleum ex seminibus arantiorum, melonum, citriorum, &c. vicissim scilicet sternendo ea cum floribus arantiorum, & vbi in maceratione flores exoleuerūt, mutantur nouis, quoad satis placet odor. Inde fit expressio. *Alexius, Cardanus, Porta, &c.*

OLEA EXPRESSITIA AROMATISATA.

Chariophylli Indici triti infunduntur aqua rosacea, & maceratio fit donec vires ex chariophyllis in aquam secesserint. Si placet, infunduntur noui quoad satis. In hac aqua amygdalæ dulces purgatæ & incisæ macerantur donec mollescant optimè, extractæ siccantur, siccatæ (*ad solem scilicet*) immerguntur iterum & macerantur, post siccantur, & hic labor quinquies vel sexies repetitur, tandem exprimitur oleum. *Alexius, Euonymus, & alij.*

Hoc modo potest oleum etiam ex gummatibus parari, item ex styrace liquido, moscho, cinamomo, mace. pipere, nuce moschata, &c.

Alius modus est, si cinamomum misceatur cum expresso oleo in pultis formam, quæ vase bene obturato in loco tepido diebus duodecim macereretur, pòst exprimatur fortiter.   Et tunc etiam oleum cinamomi nuncupant.

Oleum omphacinum plerumque alteratur herbis floribusq; frigidis per infusionem crebram & expressionem.

Huc referri possunt olea composita & simplicia omnia, quæ fiunt infusione & expressione.

Ita & ol. sulphuris quoddam. Coquitur enim sulphur ex oleo per triduum, coctione peracta additur tantundem olei tartari, iterumq; coquitur triduo, post separatur.

Porrò peculiariter elaboratur oleum vitellorum, & nucis mosch. cum similibus. Eorum descriptiones sunt huiusmodi.

OLEVM OVORVM E VITELLIS.

Vide in oleu
ex affatione Oua elixantur ad duriciem. Vitelli exemti moliuntur & exprimuntur calidè.

Vel: Crudi in sartagine statim versantur, & vbi coacti fuerint, exprimuntur.

OLEVM NVCIS MOSCHATÆ
expressum.

Nuces moschatæ in parua diuiduntur frusta. Macerantur in vino Cretico ad exuperantiam digiti per triduum Exemtæ siccantur in vmbra biduo in sartagine ad ignem calefiunt, & aqua rosacea conspergantur. Coniectæ in sacculum bene obligatum exprimuntur. Vinum postea separatur. Repeti autem potest tusio, maceratio in vino, & expressio, vt plus olei accipiatur. Plus etiam exit, sed minus iucundum & efficax, si infundantur vino Cretico, insolenturque donec crustam accipiat pasta, postea irrorentur iterum vino, subigantur, siccenturque repetendo hæc donec putrescant.

Talis putrefactio etiam obseruari potest in semine papaueris & hyoscyami, vini loco aquam sumendo. Sed ad vsus externos potius.   Cardanus.

Vnciam dicunt præbere drachmam olei: vinum si plus coniunctum est iusto, tolli potest diuaporatione.

Multæ sunt aliæ methodi idem præstandi. Quidam nucem moschatam fractam ponunt in sacculo lineo, suspendunt in olla, quam locant in ahenum aquæ feruentis, vt incalescat post exprimunt. Nonnulli tusam locant in incude, & lamina candente premunt vt sudet oleum. Alij intra forcipem glandariam calefactam premunt, vt oleum exeat per foramen. Nonnunquam puluis in sartagine calefactus duntaxat exprimitur. Interdum libra dua tusæ nucis irrigantur malnatici vnciis tribus & selibra olei oliuarum purissimi : exprimuntur.

Aliqui

Aliqui ad vnciam nucis addunt semidrachmam macis. Non raro expressi olei vnciæ addunt ceræ drachmã, quod tamen imposturæ affine est. Aliquando macerantur in vino per sex horas, & exprimuntur intra duos orbes per sacculum.

Aliter: *Nucis mosch. tusæ lib. j. pone in olla, & adiice vini boni tantum, vt tegatur: butyri recentis duas libras, misce, pone loco calido per horas quatuor, diuapora humiditatem: cola cum expressione, insola, insolatum cola denuò. Hoc potius butyrum moschatum est seu oleum compositum, &c.*

OLEVM SVLPHVRIS EXPRESSVM.

Id fit Neapoli ex pingui quadam massa, quæ exundat ex quadam lacu statis temporibus. Aliàs per artem sulphur viuum pulueratum immiscetur pani semicocto ex furno extracto, reponiturque donec perfectè coquatur, postea exprimitur torculari: exit succus rubicundus.

OLEA EIVSMODI ETIAM EX COM-
positis fiunt.

Vt: Nuclei persici, sem. cucurb. purgati ana vnciæ duæ, teruntur & exprimuntur fortiter. Vsus ad carbunculos & guttam rubeam faciei &c.

Item: Vitellis induratis misce myrrham & puluerem elleb. albi, tere in sartagine, & oleum exprime, &c.

Ita & oleum sulphuris faciunt miscendo sulphur cum vitellis ouorum, & per tostionem eliciendo. Vide infra de oleis per assationem.

TRACT. II. CAP. XX.
De oleis expressitiis ex occulto.

EX omni re postea cremia, præsertim autem aromatis, quæ aliàs destillatione laboriosa fiant, potest etiam oleum expressione comparari in hunc modum:

Res tusæ minutim macerantur diu in spiritu vini. Hic effunditur, refunditúrque sepius aliud, donec appareat oleum. Loco effusionis, etiam destillatio instituitur, vsque dum oleum conspiciatur. Hoc obseruato, coniiciuntur res infusæ in sacculum, & exprimuntur sub prelo intra calefactas ferri laminas. Reliquiis affunditur extractus spiritus. Maceratur denuò effunditur aut destillatur, & exprimuntur tandem res iterum. Quod si spiritus vini tantum effusus est, quia essentiam secum vehit, coagulatio debet institui. In destillatione verò ignis adhibendus modicus, & est tutior destillatio.

Ita fit oleum croci, *veluti crocum tusum aq. still. vel vini spir. consperge, digere, spiritum abstrahe, refunde nouum, donec appareat oleum, quod exprime inter duas laminas calentes)* chariophyllorum, & reliquorum. *Ryssius, Euonymus, &c.*

Affinia

Affinia his sunt olea, quæ insolando in proprio humore ex floribus fiunt, quæ item tabe inter macerandum diffluunt, & in menstruum deponuntur adhibita colatione simplici.

Ita flores sambuci, verbasci, &c. oleum reddunt. Tusi enim hi flores in vitro apricantur, donec in oleum sint resoluti, postea exprimuntur per linteum. Sic & oleum Hypericinum ex floribus efficitur, quod item inhumando ad tempus aliquod temperatur.

Oleum florum rorismarini. Pone flores tusos in vase angusti colli in fimo, imple verò ad medias: in fimo obstructo vase maneant per mensem, vel donec in aquam abeant. Aquam hanc colando segrega, & ad solem apricando cogitur in oleum, quod in aquam coniectum fundum petit (*vt balsamus & oleum chariophyllorum, &c.*). Potes & guttum floribus implere, & per mensem in arena locare, donec in aquam abeant, quæ exprimitur, & insolatur vt antè.

Oleum mumiæ ex Quercetano. Mumiam è cadauere recente incisam minutim perfunde oleo oliuarum, digere per mensem in vitro clauso vt soluatur tabe. Aperto vase (caue tibi à fœtore) transfunde in vitream cucurbitam, & colloca in balneo sine operculo vt exhalet fœtor. Cùm non fœtet amplius, estq; dissoluta caro, exprime per colum in vas aliud, digere donec abeat in oleum crassum fuscum, huic affunde vini spiritum, & circula in balneo per dies viginti, separato spiritu restat oleum ad venenatos & pestilentes affectus.

Huius loci sunt omnia olea, quæ in magisteriis occultæ qualitatis simul alterantur. Hic autem post macerationem exprimuntur, vt suum succum vnà deponant, vt oleum scorpionum, cantharorum, seu vermium Maij qui viui sunt in oleum coniiciendi, ita vt flauum succum non amiserint, &c.

Eo pacto Chymici etiam olea frigida faciunt, & alia, veluti rosaceum, & chamæmelinum, &c. cydoniorum, myrtillorum.

Omphacino præparato cum aqua ipsarum herbarum (*eluitur crebrò, & purificatur in balneo, donec nullas deponat fecs*) infunde herbas tusas, & adiecto vini spiritu macera in balneo, exprime, & nouas herbas infunde, procedeque vt antè.

In huius omphacini libra infunde rosarum rubearum tusarum in marmore tritarum sesquilibram, putrefac in fimo, vitro clauso per dies duodecim, exprime, & infunde nouas. Ad chamæmelum sumitur oleum dulce &c. *vel oleum omphacinum, aquam rosaceam, & parum spiritus vini, digere in balneo, postea inijce tusas rosas, macera, exprime, repete infusiones*) quod aqueum inest, diuaporetur, vel abstrahatur destillando, &c.

Oleum lumbricorum. Lumbrici purgati tunduntur, & insolantur in vitro, donec in oleum abeant. Ita agitur cum carnibus recentibus, ranis, aliisque: oleum colando separatur.

Quidam

Quidam putrefaciunt,alij componunt ita: Recipe lumbricorum terræ librã mediam,olei rosacei,ophacini libras duas,vini vncias duas,coque in diplomate ad abſumtionem vini,exprime, aliquando incluſi vitro, quod totum maſſa panis ſit obductum ſicut artocreæ,ponuntur in clibano,donec panis ſit coctus, poſtea colantur cum expreſſione,&c.

*Oleum cinamomi expreſſitium.*Puluerem cinamomi ſubtiliſſimum miſce eum oleo amygd.dulcium,addito momento ſpiritus vini, macera loco tepido in vaſe clauſo per dies 12.exprime fortiter.

*Oleum panis.*Panem bene coctum putrefac per menſem in panno inuolutum,poſt exprime intra tabulas ligneas,exit oleum aureũ,ſerua in vitro

TRACT. II. CAP. XXI.
De oleis per elixationem extractis.

OLeum excoctum eſt,quod coquendo extrahitur. Id autem vel per elixationem in humore ſit,aut per ſiccam flammam.

Olea elixata parantur rebus quaſſatis tuſſiſue, in liquore. (*aqua, vino, vini ſpiritu,aceto,lixiuio,aquaforti,&c.*)ad ignem in vaſe competente ebullientibus,quod dum ſit, oleum prouocatum aquæ innatat, & ſublimatur, vnde per pennam aliudúe inſtrumentum abſtrahitur,aut depletur.

Ita plærumque fiunt olea ex baccis,lignis pinguibus,reſinis, &c. quin & axungiis,& ſimilibus:ex quibus nonnulla præter depletionem etiam colatura & expreſſione egent.

BALSAMVS.

Surculi Balſami coquantur aqua. Balſamus depleatur: eodem modo ſit & balſamus Hiſpaniolæ,cùm fructus &ſurculi pingues goacomacis aqua coquuntur.

Ita & oleum pomorum momordicæ. *Cardanus.*

Oleum lauri, ſit ex baccis & corticibus aqua coctis,& prouocatur verbere manuum.Cremor colligitur in cornua. *Dioſcorides,Pallad.Porta,&c.* Coquuntur etiam in oleo.

*Oleum nucis moſch.coctitium.*Nuces fractæ coquuntur ex vino,vel vini ſpiritu:oleum ſeparatur.

Accuratius:*Graues nuces moſch.fractæ infunduntur in maluatico per octiduum,deinde coquuntur in balneo per horas tres,innatans oleum ſeparatur.*

*Oleum lentiſcinum ex Palladio.*Grana in cumulos congeſta flacceſcant, impleantur eius ſportæ, adiecta calida calcentur, vel in cortinis elixentur: calcata vel elixata exprimantur:ex humore qui defluit,oleum innatans colligitur,vel etiam ſtatim ex aheno aufertur.Calida affundenda ſæpe eſt.

XX *Coquan-*

Coquantur in aheno ex aqua, sufficienter cocta sinantur refrigerari, oleum aufferatur, reliquiæ tundantur, & coquantur denuò, oleum denuò abstrahatur.

Matthiolus coquit aqua donec hiscant, & oleum exprimit: & sic simul est elixatum & expressum.

Oleum Ricininum: Maturi ricini torreátur ad solem, donec flaccescant: instrati cratibus insolentur iterum dum cortex decidat. Caro collecta tunditur in mortario diligenter. Coquitur ex aqua in lebete stannato: vbi insitum humorem reddidit, igni subtracto, pinguedo colligitur. *Dioscor. & Plinius.*

Fit etiam expressione.

Oleum Ebulinum: Seminis ebuli permaturi & anniculi (*non vetustioris*) quantum vis, repurga à folliculis & sordibus, tunde in mortario, coque in aheno aqua sufficiente primum leniter, postea impensius, vt spuma innatet, quam separa in vitrum seorsim. Colloca in tepore per biduum vel triduum, donec spuma euanescens oleum præbeat. Si oleum non apparet, recoquendum est semen vt prius. Est viride pellucidum, valens ad arthritin.

Alij duntaxat in aqua per triduum macerant, in dies bis mouendo. In sartagine addito momento aquæ ne vrantur semina, calefaciunt, & per torcular calidum exprimunt, digerunt loco calido, & ab aqua separant.

Pari artificio potest fieri oleum ex gygartis tusis, ex oculis populi, gemmis betulæ, & similibus.

Oleum Androsæmi: Summitates teneras macera in vino bono, coque in diplomate absque respiratione vasis. Exprime, expresso adde res nouas, perge vt ante: coagula in oleum.

Oleum ligni guaiaci: Elige guaiacum, quod pinguedinem sudat ad candelam. Redige in scobem torno, coque in fontana per diem medium. Oleum innatans separa per lacinias.

Oleum ex foliis rosaceis: Coque ex aqua ad pultem, imprime cochleare ferreum & oleum cum aqua excipe: aprica, innatans oleum segrega per pennam.

Oleum sulphuris elixatum: Sulphur viuum tritum coque ex aqua ardente, oleum segrega.

Vel: Fac lixiuium forte ex calce, vt ouum innatet. Coque ex eo sulphur, pinguedinem abstrahe. *Euonymus.*

Oleum butyri: Digere butyrum in fimo per mensem, coque ex vini spiritu per horam dimidiam, digere in alembico cæco per diem: sine quiescere & refrigerari, inuenies olea distincta.

Oleum Ladani Falloppij: Coque ladanum pulueratum in ol. amygdal. dul. & aq. ros. an. paribus, clauso vase. Refrigera, abstrahe oleum.

Oleis his cognatæ sunt pinguedines. Ita œsypus reddit pinguedinem, ita ossa medullosa, adipes, carnes pingues, & alia.

Recipe

Recipe axungiæ porcinæ, radicis altheæ, ana quantum placet. Contuſa bulliant diu in vino, adde cyminum tritum, maſtichen & ouorum vitellos bene coctos. Miſce, coque, cola, è frigidis pingue innatans ſelige. Vſus ad molliciem capillitij.

Eodem pertinent & olea ſublimata per aquam ſortem. Ita *(calcinatum)* talcum aqua ſorti iniectum oleum ſublimat, quod penna vel alio modo abſtrahendum. Ita & oleum ex caphura aliiſq; colligunt.

Sic fit oleum vini à Paracelſo. Vinum digere in pelicano in balneo vel fimo per menſem vnum vel duos, & innatat pinguedo, quam abſtrahe.

Ita ſi oleum vel ſpiritum vitrioli, vel oleum piperis aut ſulphuris ſpiritum maceres, &c. ſimilis enatabit pinguedo, quæ abſtrahitur cochleari, vel penna. Et quidem innatans vitriolo in aqua decocto pinguedo, vocatur ſulphur vitriolatum.

Sunt & affinia his vulgata olea, quæ fiunt per rerum in oleo infuſionem, coctionem, colaturam & expreſſionem, vel etiam coctionem & colaturam tantum. Plærumque duplex adhibetur liquor, oleoſus & aquoſus, ſeu oleum *(veluti oliuarum, vini ſeſaminum, amygdalarum, &c.)* & aqua vel ſimplex, vel ſtillatitia, eaque vel fontis, vel pluuiæ, vel alicuius plantæ, &c. Item vinum, vini ſpiritus, ſucci liquidi, &c. Fit coctio ad abſumtionem humiditatis aqueæ, vt reſtet oleum, quod colatur & exprimitur, & poſtea crebris ſubſidentiis defecatur ad purum.

Oleum florum anethi: Triens florum in libra olei communis per triduum maceratur, coquitur poſtea modicè, exprimitur, in expreſſo fit noua infuſio, &c.

Oleum rutaceum: Folia & ſuccus rutæ coquuntur oleo, id colatur, exprimitur, coquitur iterum ad ſuam conſiſtentiam.

Oleum myrti: Baccæ myrti tritæ immittuntur in duplum vini, & triplum olei. Coquuntur ad vini conſumtionem, colantur cum expreſſione.

Oleum cydoniorum: Caro trita, ſuccus cydoniorum, & oleum commiſcentur, inſolantur, coquuntur in diplomate, exprimuntur, res permutantur, & fit extractio vt prius.

Olea gummatum: Gummi coquuntur in oleo ſeſamino *(vel alio)* & vino ad huius conſumtionem. Colantur, vel ſoluta aceto, aut vino coquuntur in oleo, & excolantur.

Oleum ex animalibus elixatum. Vulpes, feles, viperæ, ranæ, lumbrici, catuli, &c. coquuntur in oleo ad tertias. In oleo lumbricorum adiicitur vinum. Sic Alexius conficit oleum ex cane ruffo: ſic Matthiolus oleum ſuum ſcorpionum, &c.

Faciunt itaque huc & compoſitiones.

Ita

Ita *oleum sulphuris compositum* quoddam est: Sulphuris citrini, terebinthinæ ana tres vnciæ, olei ros. libra, vini quadrans, coque ad vini consumtionem, & cola.

Omninò fit in extractione horum oleorum, quod in hydrargyro metallico: simile enim cum simili extractum, separari amplius nequit. Nihilominus autem, vsus etiam hæc comprobauit.

OLEVM ALEXII EX CANE RVFFO,
est tale:

Canis ruffus inedia trium dierum maceratus, stranguletur, coquatur in oleo ad tabem. Adiice cochleas, lumbricos terrestres, ranas, quot placent: octoginta item scorpios viuos in rabiem actos, super calore in caldario, postea hyperici, altheæ, ebuli ana manipulum vnum, coque, exprime, refrigera, pingue oleum tolle, aquam adiunctam separa, oleum vino laua.

Procedit Alexius etiam amplius additis vng. Agrippæ vnciis octo, medullæ ex perna porcina, ceruina ana libra, olei rosacei scutella, ballire sinit, postea miscet mastichis puluerata quadrantem, elemi vncias duas, cera rubea vncias octo, insolat & destillat.

TRACT. II. CAPVT XXII.
De oleis ex assatione.

OLea per siccam flammam fiunt, cùm res per se absque vllo menstruo igneo calori adhibitæ oleum resudant, quod colligitur quouis modo. Et fit dupliciter, assatione & combustione.

Olea per assationem parantur, cùm res pingues torrentur, donec oleum ex se reddant, vt *oleum vitellorum assatitium*, quod sic fit:

Ouorum vitelli duri in sartagine torreatur, donec humiditas sit absumta, postea aucto igni assantur agitando incessanter, donec rubescant, & vbi videris oleum redditum, imprime cochlear, & auffer, vel etiam effunde inclinato vase, & cochleari perforato retracta materia.

Hoc componitur etiam cum sulphure ita: Sulphuris viui libræ duæ, vitelli ouorum viginti quinque, trita in patella ferrea torreantur. Cùm incipiunt ardere, inclinato vase effunde oleum. *Euonymus.*

Eiusdem loci est & *oleum frumenti*, Rhasis & Mesuæ: item oleum nigellæ. Frumentum ponatur in marmore læui (*vel incude, vel inuerso mortarij fundo*) sursum prematur lamina ferrea læui candente. Oleum exudans collige. Vsus ad impetigines & oculorum dolores.

Mesue nominatim ait: *Pone frumentum super laminam ferream, & super ipsam aliam ferream ignitam, sed non multum & compressu manabit oleum ad impetigines & asperitate cutis efficax.*

Ol. Vitell. ouorum cum sulphure.

Huic

Huic cognatæ sunt pinguedines ex carnibus membranis, aliísque partibus per toltionem in sartagine elicitæ.

Ita quæ aſſatione in veru deſtillant.

Anſer deplumatus impleatur caſtorio, baccis, lauri, iuniperi & ſimilibus. Torreatur, & pinguedo excipiatur. Venter autem debet ab inteſtinis vacuus eſſe.

Eo modo catelli ventrem ſarciunt rebus quas conſilium præſcribit; vt ad colicam, chamæmelo, tartaro, veronica, &c.

Ad iſchiadem ebuli corticibus & ſambuci, verbena, oſſibus medulloſis boum ex clunibus & talis, &c.

Ad podagram : Felem albam excoriatam & exenteratam tunde cum oſſibus: adde quartam partem adipis ſuilli, tres partes ceræ. Miſce. Imple anſerem hac miſtura & aſſa. Deſtillante pinguedine vtere.

Eiuſdem loci eſt & ſanies epatis aſſati ad oculos obſcuros, &c.

Ad tabem : Pulmones cerui & vulpis concide, adde ſulphuris viui parum, rad. tuſſilag: gentianæ, aliquot aſtacas; pingued. anſeris, gallinæ, &c. thuris, gummi ammoniaci, &c. miſta include omento & conſue; torre in ſartagine; & pinguedinem ſepara, qua pectus vnge, & dorſum.

Tract. II. Caput XXIII.

De oleis inter comburendum ſegregatis.

OLeum per combuſtionem eſt, quod ſecernitur inter comburendum ſumis pinguibus coagulatis.

Id plærumque fit cum res tenues æqualiter incenduntur, & per forcipem æquo ſpacio ad politam tabulam, dato interuallo plus minus digitali, applicantur. Nonnunquam tamen etiam imponuntur, vel in ſpiritu vini incenduntur.

OLEVM EX PAPYRO ET LINTEIS.

Fiant cuculli, quorum oræ æquentur forficibus. Conus teneatur ferreo bidente compreſſili, ſeu forcipe. Extrema incendâtur & ſemidigitum à tabula polita, vel læui paropſide ſtannea, aut orbe ſtanneo, teneantur ſemp æquali diſtantia, vt vix fumus perſpiret. Oleum inde exiſtit croceum, & graueolens: vtile ad impetigines, leuiores, lentigines & tenera apoſtemata. *Porta.*

Ita fieri poteſt & oleum ex linteis & pannis. Sed & præcepto Andernaci:

Vas ſit cum aqua frigidiſſima. In hoc pone aliud cum vino rubeo. In hoc porrò concham auream, cui immitte lintea rara & parua. Incende. Sit ad manum alia concha aurea, quæ exactè congruat priori. Vbi incenderis

xx 3 lintea;

lintea; ftatim appone alteram, & fine donec comburantur. Vafculis refri-
geratis, oleum collige. Repete laborem quoad fatis.

OLEVM FOENI.

Pone fœnum fuper prunis, vt fumiget. Impone laminam ferream gla-
bram; & oleum adhæret, cuius vfus ad fcabiem.

OLEVM E SCOPIS BETVLACEIS.

Comburantur ad æneam peluim. Pinguedo abfcedens colligatur.

OLEVM EX RASVRA LIGNORVM.

Concham margaritiferam aqua madefacito, vel in humida cella fine
vaporem alluere per noctem. Sicca poftea, & impone fegmenta lignorum
rafa. Incende: & abfiftet oleofus liquor.

OLEVM SVLPHVRIS E COMBVSTIONE.

Pone fulphur in vino adufto (*aqua ardente*) incende. Oleum innatans
excipe. Sæpè muta vinum.

Eo modo etiam foluitur facharum, vocantque oleum vel liquorem
fachari : nec eft aliud quàm folutio.

(*Fit & aliud combuftione, quod fpiritibus annumeratur, quanquam am-
bigat inter oleum & fpiritus.*)

BVTYRVM CAPHVRÆ, SEV PINGVE-
do caphuræ.

Pertinet et-iam ad flo-res, alij oleŭ vocant. In patellam, palmum minorem altam, colloca caphuram. Impone ei
alembicum cæcum amplum, vt ambiat patellam, habens foramen angu-
ftum in fummo. Admoue prunas patellæ, ita vt caphura fumum craffum e-
mittat. Is confiftit in alembici lateribus inftar albi butyri. Cum vides latera
obducta, muta alembicum, itaque procede deinceps donec fatis. Oleum
collige per pennam, & ferua.

TRACT. II. CAP. XXIIII.
De oleis folutis.

OLea foluta funt, quæ per deliquium partium fubtilium oleofarum fe-
cefferunt.

Itaque plànè eo fiunt modo quo magifteria liquorum, nifi quod magifterio totæ res foluantur in liquorem quemuis; hìc verò duntaxat partes
effentiales internæ in pinguem fuccum relictis partibus craffis. Neceffe eft
autem præparationem procedere, vt diffluere poffint, & ex fe oleofitatem
reddere. Vnde & plærumque modo magifteriorum, vt calcinatione, ma-
cerati-

ceratione, coctione, &c. apparantur, aut etiam via succorum extractorum
& similium, nisi quod extractum sit naturale, eiusque tenuitatis vt facile sine prolixa opera diffluat.

Sunt autem ex his nonnulla quæ quidem oleosa sunt natura, at à magisterijs non differunt, nisi duntaxat exaltatione per macerationes, destillationes. Itaque & diuersis rationibus sunt magisteria & essentiæ, veluti
cum myrrha soluitur in oui acetabulis, vel caphura per aquam fortem. Fit
autem hoc potissimum in essentijs per naturam factis, quæ non egent alia
præparatione, nisi subtiliatione, mundatione, &c.

Solutio autem fit in marmore, in acetabulis ouorum, & alijs more deliquij, asperso nonnunquam aliquo humore, aut combibito vapore, vt pró-
tius procedat fluxus; ille tamen postea iterum separatur.

Ita fit oleum tartari :

Tartarum calcinatum teritur minutissimè, & irrigatur pauca aqua,
(*vel vino, &c.*) positumque in manica Hippocratis in cella defluit in excipulum, quod tenue est, reliquis manentibus. Quod si tamen tardius flue-
ret, ac volumus, vaporari super balneo calido potest, atque etiam exprimi.
Quæ sic per calcinationem præparantur & deliquescunt, cum oleositate
habent comistum salem & substantiam aqueam. Itaque & non raró vlterius
elaborantur per destillationem, fixionem & alias operationes: vel ad modum olei arsenicalis quod sic paratur:

Oleum arsenici : Arsenicum ter sublima cum sale præparato, colcotare
& scobe chalybis. Adde salem præparatum, cum quo vel iterum sublima
solo, vel reuerbera per gradus, fietque massa alba. Solue in aqua calida, &
salem extrahe. In fundo manebit essentia alba, quam exicca & pari oleo talci imbibe. Reuerbera massam per diem. Solue rursus in aqua calida; & puluis dulcis fixusque manebit. Pone in humido loco (*in marmore vel acetabulis ouorum, &c.*) & diffluit oleum pingue, quod foris adhibetur ad dolores,
& cum duplo oleo myrrhæ ad vulnera.

Id conficitur etiam aliter ex butyro arsenici (*seu turbitho*) cum sale petræ sub dio confecto, &c.

Oleum sulphuris : Sulphur vulgare tritum in cucurbita perfunditur a-
qua forti ad digitos quatuor. Digeritur; destillatur quater. Tandem omnis
aqua elicitur; & reliquum ponitur in marmore vel vitro, &c. & soluitur in
oleum, cuius vsus ad tincturas metallicas.

Oleum caphuræ : Coque caphuram in aqua (*vel vini spiritu*) ad friabilem duritiem. Loca in conchula albuminis indurati, & aliqua parte perforati. Oleum defluet in vas subiectum.

Alij duodecies sublimatam, per se igni lenissimo sæpius voluendo vas
in oleum vertunt.

Nonnulli affundunt aquam fortem, & in arena calida modicè calefaciunt, donec soluatur, & innatet caphura, separatur destillatione per retortam congruo calore. Separatum perfunditur vini spiritu vel aceto. Digeritur in balneo. Tandem destillatur. Solet autem hoc tandem iterum coire. Itaque cum aqua forti seruatur. Pro forti aqua interdum acetum destill. aut vini alcool sumitur; & post digestionem in fimo fit destillatio.

Pari modo & mastix præparatur.

Oleum myrrhæ: Myrrhæ electæ selibram, aquæ vitæ quartò destillatæ libram, macera in fimo vitro clauso per dies sex. Abstracto spiritu, residuum puluerem intra oui acetabula solue.

Alij tantum aceto madefactos pulueres ita soluunt.

Sic fit & oleum macstiches, item benzoinum, & c.

In quibus omnibus, si inter deliquium crassæ partes sunt commistæ, filtratio ad purum est instituenda. Facilè autem iterum coagulantur huiusmodi olea.

Oleum mercurij: Extrahe mercurium per sublimationem cum sale & vitriolo. Sublimatum misce cum subtriplo salis ammonij per tartarum præparati. Sublima in lutata cucurbita toties donec non amplius sublimentur, sed fluant in fundo. Refrigeratum tere, & humecta aqua salis ammonij cû aqua albuminum. Exicca. Humecta iterum tritum, & sicca, idque repete decies. In marmore tandem defluet ex illa massa oleum.

(Tartari puluerem cum sale petræ locant in vasculo. Facta fouea, inijciunt prunam. Inde aiunt fieri oleum.)

TRACT. II. CAPVT XXV.

De oleis fixis.

OLeum fixum est, quod è rebus solutis & ad purum filtratis, per abstractionem crebram, spiritus vini potissimum, ad oleosam consistentiam est redactum.

Id enim hîc figere appellamus, è diluta & tenui consistentia aquositate abstracta vel digesta, oleosam & stabilem producere. Ideò autem solui in liquore res necesse est, vt crassis partibus filtratione segregatis, tenues in humorem deponantur, vnde per talem fixionem reducuntur.

Praxis communis est, vt res soluatur in aliquo liquore, adhibitis macerationibus, vel coctionibus, vel deliquio seu solo seu cum alijs, &c. Solutio si quid habet fecum, colatur quoad satis. Postea affunditur vini spiritus, digeritur vnà; & abstrahitur iterum, idque repetitur quousque oleosa consistentia placeat.

Aqua soluentes sunt aqua fortis, acetum, lixinium, spiritus acres, &c.

Vt bene

(Vt bene discernas hanc essentiam à magisterijs potabilibus, notabis hic non studendum esse, vt totum dissoluatur, sed vt tantum eius pars essentialis soluendo extrahatur, quæ postea figitur. Ita à tincturis differt elaboratione fixationis per vini spiritum, &c. siue tinctura sit coniuncta siue non, &c.)

Ita fit oleum myrrhæ & succini: Myrrha vel succinum subtilissimè tritum macerantur in duplo spiritus vini in fimo per medium mensem, seu donec solutio fiat. Colantur soluta, & destillantur in balneo, donec secedat aquositas, vsque ad oleositatem. Nonnunquam & sine filtratione totum in balneo destillatur refuso sepius spiritu, quousque appareat oleositas. Hęc postea per filtrum separatur à partibus crassis.

Oleum ex liquoribus calcium solutarum. Recipe magisterium salis solutione & coagulatione factum. Adde sextuplum spiritus vini. Digere in pelicano per mensem. Destilla, & affunde spiritum alium. Digere, & repete hoc quoúsq; sal mutetur in oleum. Spiritum vini segrega.

Ita fit oleum arsenici ex liquore eius in marmore per fixionem à vini spiritu.

Ita fit oleum margaritarum ex earum magisterio solubili: ita ex quibuslibet gemmis, & coralijs, &c.

Nonnulli tamen gemmas ita parant:

Gemmas cum sulphure calcinatas perfundunt aqua regia, & digerũt. Destillant postea per retortam, vt essentia vnà exeat. Fortem segregant leni balneo. Affundunt vini spiritum. Digerunt, & acredinem sæpè mutato illo tollunt. Tandem edulcorant aqua destillata item sæpè mutata. Essentiam per deliquium solutam figunt in olei consistentiam per vini spiritum, vel acetum.

Oleum lythargyri: Pulueratum coque ex aceto forti pluribus vicibus successiuè quousque sit solutum. Acetum ad ignem diuapora, & restabit oleum nigrum in fundo, quod dissoluatur aqua calida, & agitetur per baculum continuò. Aqua separetur filtro. *Vel*: puluerem lythargyri torre ad ignem, & agita semper cum bacillo. Effunde in acetum bulliens in lebete orichalceo. Oleum à lythargyro segregatur. Acetum excolatur & coquitur in sartagine ad consistentiam olei seu mellis liquidioris.

Sic solutæ tincturæ figuntur in olei consistentiam coquendo, aut etiam destillando.

Eo modo fit & oleum ferri. Redigitur in crocum per aquam fortem. Crocus eluitur aqua calida. Affuso aceto destillato soluitur in balneo. Destillatur vsque ad siccum puluerem. Affunditur aliud. Digeritur, destillatur, idq; repetitur donec oleum appareat in imo.

Ita oleum stibij ex tinctura: Fac lixiuium ex calce & cinere clauellato. Coque in eo stibium per horas quinque. Filtra. Stibio affunde acetum destillatum ad digitos duos. Macera, Moue indies vicies. Effunde acetum re-

fuso

fuso nouo, idque fac quinquies. Effusiones coagula ad olei consistentiam:
Huic affunde vini spiritum, & fige, vt sæpè dictum.

Hoc oleum sæpè fit ante oleum destillatum, vt suprà in oleo plumbi,
stanni, & similium conspicitur.

Oleum vitrioli: Spiritus vitrioli acidus, vel oleum colcotarinum figitur cum vini spiritu, crebrò circulando & abstrahendo donec in dulce o-
leum mutetur.

Eodem modo proceditur & cum spiritu sulphuris.

Similis quædam fixio fit in metallis potabilib⁹, de quibus in magisterio; veluti solutio auri per acetum, vel succi limon. Et destillata vsq; ad oleositatem, affuso succo chelidoniæ & vini spiritu, maceratur, & destillatur postea per balneum, oleo in fundo restante. Eadem fit in tincturis extractis, q̃
tunc iure huc pertinent: veluti si tinctura minerarum, quę descripta est cap.
16. vsq; ad oleitatem destillata vini spiritu tam sæpè circuletur, donec oleum fiat fixum.*

(*Cognatum quidem aliquid est, cum olea iam sua in forma existentia per
vrinæ spiritum, aquam fortem, & similia acerrima incrassantur; sed pertinet ad
magisteria, cum huius loci sint illa tantum, quæ ante fixionem talem non sunt, nec
dicuntur olea.*)

Huius loci est & *oleum croci, maceris & sim*. quod ita fit: Crocus tusus
maceratur in vini alcoole per octiduum in balneo, vitro hermeticè clauso.
Spiritus ad mellis crassitiem. Refunditur idem, seu materia eodem imbibitur; maceratur, destillatur; quod repetitur duodecies. Transit crocus in o-
leum, à quo spiritus est segregandus.

Tract. II. Caput XXVI.
De spiritibus.

Dictum de arcano specifico astrali est. Adest materiale.

Arcanũ materiale est, extractum specificũ materiæ corporis vicini⁹.

Cum autem materia corporum mistorum sit ex duplici elemento humido sc. & sicco: (*aer enim & ignis formalia potius sunt & efficientum habent
rationem.*) Itaq; & hoc arcanum æmulans ipsorum conditionem est duplex;
Aqua stillatitia scil. & coagulum specificum.

Aqua stillatitia est extractum specificum consistentiæ & diuisionis a-
queæ concretione halituum è rebus elicitorum per destillationé productũ.

(*Vnde & à liquorib. per deliquium factis distat, sicut & ab extractis succis
liquidis & oleis, quæ non sunt ita ἄόεισα; illi verò etiam non ex halitib. nati. Itaq̃
licet consistentiam habeant aqueã; liquores tamen & succi nominantur rectius; vt
acetositas limonum, succus vitium betulæ, &c. qui tamen nonnunquam etiã aquæ
nuncupantur ob affinitatem. Differt etiam à phlegmate, quod est elementare magisterium, & principium mercuriale; quod hoc ad externũ elementum simplex accedat proximi, & aut nihil interiorum virium habeat, aut valdè dilutum quid.*)

Aqua

Aqua verò ſtillatitia arcanam rei vim totam contineat, tametſi ſæpè etiam aqua ſpecifica pro elemento habeatur, quia vel hoc exilem illius vim habet, vel aqua coniunctam ſecum vehit aquei elementi portionem.)

Aqua ſtillatitia eſt duplex; ſoluens & ſtillatitia ſimpliciter. (*Quanquã enim omnis conficiatur deſtillando, tamen prior ab officio & fine potiore nomen ſoluentis accipit, diſtatq, à ſtillatitia ſimpliciter acredine ignea penetrante ſeu acumine, & deſtillatione laborioſiore, vt quam minimũ habeant aquei elementi ſimplices, ſed igneum potius fluorem, quaſi eſſent ignes aquei, aquæ ardentes &c. Itaq, & Gebero nominatur aqua acuta, ab alijs etiam clauis philoſophorum, cuius vim in aliquibus aſſequitur à tota ſubſtantia hydrargyrus; quemadmodum & alia interdum idem ſuſtinent munus, vt lixinia, aqua ſtillatitia præſertim mellis, item integra aquoſa, ex quibus extrahitur, vt vinum, acetum, ſuccus berberum depuratus, vrina, &c. Aſſueuit autem & vulgus diſtinguere inter ſtillatitias ſimpliciter ita dictas, & illas eroſiuas.)*

Aqua ſoluens eſt quæ ſubtilitate ignea & penetrante acredineq; in tenui humore reſerare corporum clauſuras poteſt, deſtillatione laborioſiore concinnata, & ab aquoſitate quantum fieri poteſt liberata. Vnde & in medicina eius vſus plurimus eſt in obſtructionibus expediendis, craſſiſq; & viſcidis incidendis, ſpiritib. ſubtiliandis, & omninò cum penetrare volumus & vim medicã citò procurare, ſuo tamen modo, &c. Fiunt aũt penè omnes ex igneis acribus halabilib° ignium vi maximè per retortam euocatæ; nonnullæ etiam rectà eleuantur.

Aqua ſoluens eſt duorum generum; ſpiritus & aqua fortis.

Spiritus eſt aqua ſoluens è re ſimplici & acri producta cum ignei halitus natura. Potiſſima eius pars eſt halitus igneus; miſtus tamen parte vaporoſa. Itaq; & conſiſtentiam obtinet aqueam. In tali ſubſtantia ſpecificã vim rei gerit. Spiritus ambigit inter aquam & oleum, & accedit ad liquorem; itaq; etiam oleum vocatur præſertim in mineralibus. Et ſpiritus quidam ſunt oleoſiores, quidam aquoſiores,

(*Aliàs ſpiritus nominantur etiam exhalationes flammea & concretiones earum, ſicut fumi metallici, item flores ſtibij, ſtanni, flos ſalis, vini, &c.*)

Et ad differentiam vox ſicci additur: ſic metallici ſpiritus integri ſunt, ſulphur, arſenicum, realgar, hydrargyrus.

Inter ſpiritus excellit ſpiritus vini, terebinth., mellis &c. inter vegetabilia. In mineralib. nobilis eſt ſpir. vitrioli, tartari, ſaliũ quorũuis, ſulph. &c.

(*Et hi potiſſimum ſunt ſimplices. Ad compoſita accedunt, qui fiunt additis ſale & fermento, quomodo volunt ex omnib. ſimplicib. poſſe ſpiritus extrahi, &c.*)

SPIRITVS VINI.

Aquam ardentē deſtilla per alembicum, cuius cucurbita ſit in ſummo obſtructa ſpógia vel charta pergamena. Quod trãſmeat, vini ſpir. eſt. Oportet aũt adhibere refrigeratoria & ſerpentinas. Spongiã etiam quidam oleo irrigant.

Spir. Vini eſt ſpirit oleoſior ex Vino prolicitus.

yy 2 *Aliter:*

Aliter: Vinum Græcum è cucurbita recta, *(vel retorta)* in balneo *(vel cineribus)* deſtillatur leni igni, vt tertia pars exeat. Deſtillatum iterum imponitur, & elicitur de ea pars tertia; & pari modo hæc quoque ad tertiam redigitur. Hoc tandem immittitur in cucurbitam longi graciliſque colli tricubitalem, ex qua quartò deſtillatur. Quintò imponitur cucurbitæ orificio membrana pergamena; & addito pileo deſtillatur ſpiritus qui penetrat per anguſtiſſimos poros. Vide, vt vaſorum rimas & commiſſuras diligentiſſimè munias, tæniaſque bubulæ veſicæ inducas & agglutines; & ſicces antequam deſtilles. Adhibe refrigeria. *Porta.*

Hic ſpiritus eò nobilior eſt quò propius accedit ad eſſentiam quintam.

Itaque & aliqui in hunc modum parant, vt Camerariana habent: violam longiſſimi colli, ventris capacis implent vino optimo ad medias, Alembico paruo impoſito, & viola prolixa pro recipiente, locant non in arena, ſed ſuper ea calente, paulatim ſinentes calefieri. Quandiu alembicus non multum ſudat, exit vini ſpiritus verus. Si ſudat, exit phlegma vnà, quod poſtea non facilè ſeparatur.

(Euonymus & alij tertiò vel quartò duntaxat deſtillant, ita vt menſura vini Græci tres deſtillentur, vt exeant duæ; hæ rediguntur ad ſeſquimenſuram; & hæc tandem ad dimidiam.)

Paracelſus in chir. magna vini ſpiritum ſic facit ad tincturas extrahendas :

Recipe vini generoſiſſimi ſextarium vnum. Immitte in pelicanum iuſtæ amplitudinis. Pone in balneum Mariæ ad altitudinem vini. Digere per dies decem diligenter clauſis perſpiraculis. Transfunde in cucurbitam; & deſtilla ſpiritum igni lento; quem tranſijſſe ſuo ſigno agnoſcis, & tunc ceſſa.

Quando vini ſpiritus rectificatur per ſuum ſalem, ſeu potius exaſperatur, nominant vini alcool, vel vinum alcaliſatum.

Poſt extractam aquam ardentem è vino, coque reliquias ad ſiccitatem. Feces calcina. Extrahe ſalem, cuius ſemunciam miſce duabus vncijs ſpiritus vini. Commacera; deſtilla per retortam cum cohobijs, donec ſal totus cum ſpiritu exeat. Digere in cineribus per horas viginti quatuor.

(Alij pro ſale fecum accipiunt ſalem tartari, vel cryſtallorum vini.

Nonnulli ad metallica inijciunt caput mortuum aquæ fortis; macerant & deſtillant.

Quidam deſtillant ſpiritum ex illo capite mortuo cum laterum puluere miſto; & eius partem vnam ſoluunt in partibus quatuor ſpiritus vini.)

Ad exemplum ſpiritus vini, fieri poteſt ſpiritus ex granis iuniperi, glande fagina & ſimilibus igneum halitum præbentibus, veluti aqua ardente quarumuis fecum ſpirituoſarum, mulſæ, cereuiſiæ, &c.

(Ita

Ita grana, baccasve tusas quaslibet infundunt aqua feruente, inq́, dolio clau-
so in cella per mensem plus minus macerant, postea destillant per vesicam, vt aquã
ardentem, vocantq́ spiritum, sed verius sunt aquæ sui generis.

Fiunt & spiritus ex aquis stillatitiis, sicut spiritus vini ex aqua ardente:
vt spiritus rosarum, & c.

Spiritus terebinthinæ. Terebinthinæ affunde aquam claram, destilla in
vase terreo, duabus partibus impleto. Liquor albus cum aqua exit, separa,
liquorem denuò destilla in recta cucurbita per spongiam, & spiritum excipies.

Sicut loco spiritus vini vsurpatur sæpe aqua ardens quater destillata, ita & hic
aqua vel oleum terebinthi. Penotus subsistit in liquore albo. Alij libris duabus te-
rebinthinæ affundunt fontanam ad plenum vasis, & manipulum salis, destillant
vsque ad picem. Nonnulli spiritum vocant partem tenuem, quæ innatat terebin-
thinæ, si in ligneo vase in simo ad medium sepeliatur, cumq́ spumat instar musti,
per infundibulum in phiolam transfundatur, sinaturq́, in digestione per horas se-
xaginta, &c.

Ad hunc modum etiam spiritus ex abiegna, larigna, & similibus conficitur.

Est oleo vicinus, nisi quod dilutior sit, & ad aquæ consistentiam magis in-
clinet: oleum pingue est cum visciditate quadam seu lentore oleoso.

Spiritus mellis est aqua eius aërea sæpius destillata, & per spongiam, aut
pergamenam traiecta.

Fit venenatus ad vsum internum, itaq́ ad vlcera, & aurum soluendum po-
tius valet. Destillatur etiam ex aqua mellis ignea seu rubra, donec iterum citrine-
scat. Vt: cape aquam rubram, digere in vitro donec clarefiat vt rubinus, destilla se-
pties in balneo, donec e rubro flauescat.

Hic spiritus mellis exasperatur sale fecum mellis calcinatarum , sicut
vini spiritus. Feces residuæ à destillatione calcinantur, calci miscetur spiritus mellis, digeritur, colatur, destillatur aliquoties, donec sal solutus ascendat cum spiritu, eiq́; exactè misceatur.

Spiritus vitrioli duplex est, albus & rubeus. Et rubeus quidem est o-
leum colcotaris integrum, vel separato albo spiritu, reliquus liquor rubeus.

Albus ita concinnatur:

Vitrioli libras duodecim solue in aqua, & filtra per chartam, vt clarificetur, coagula & exicca, pone in olla strata in latus super prunis in tripode
vel lateribus. Igni succenso agita diligenter, cauens ne exundet, cauens item
fumum, cùm sit noxius. Ita versa donec erubescat, (vel etiam flauescat) & non
amplius fumet. Si non æqualiter erubuit, illam partem igni redde, postea e-
rige ollam, & prunis iniectis calcina exactè, ita vt penè dimidium quantitatis primæ restet, & in olla fluat instar hydrargyri, & bullas quasi eijciat.

Ita

Ita præparatum immitte in retortam lapideam firmam, bene iutatam, impletam vsque ad medium *(vel etiam saltem tertia vacua)* admoue receptaculum grande *(ampullam vel retortam vastam)* locatum in frigida, & annexam plumbeo circulo, ne attollatur. Eam etiam inter destillandum pannis madidis tege, vel instilla frigidam ex epistomio seu gutturnio: in ipso quoq; pone aquæ vncias sedecim.   Retortæ collum prominere è fornace debet ad sex digitos, eique adaptari receptaculum, ita vt commissuræ cum farinata albugine bene occludantur, & vndiquaq; latus fornacis, & cornu retortæ luto muniatur, ne flamma vel feruor exire possit. Ignem adhibe prunarum initio lenem, & prolicies phlegmaticam aquam. Vbi videris receptaculum impletum albis spiritibus nubilosis, potes mutare recipiens, si industrius es: si nõ,

Vel da igne̅ flammeu̅ re-uerberante̅. memineris post absolutum opus phlegma segregare. Maiorem iam excita ignem aperiendo aliqua foramina, & sensim augendo prunas, & postea claude ostiolum fornacis, & prunas demitte per superius orificium, donec cucurbita penitus excandescat, & albi spiritus in receptaculo clarescant, & possis videre quod est intus, & tunc sine refrigescere per horas 24. cauens ne quid frigidi incidat. Si rimas agant vasa, statim obline succo allij expresso, vel albugine farinata cum linteis & bubula vesica, &c. Hoc opus peragi potest 8. horis, à præparatione colcotaris, quanquam alij triduum consumant, aut dies 5. Peracta destillatione, si phlegma vnà est, abstrahe igne balnei, abstrahe etiam aquam quam in receptaculo posuisti, postea segrega spiritus albos à rubeis in arena, & rectifica seorsim vnumquemq; in arena, vt guttæ cadant sigillatim destillando, serua in vitro forti angusti colli.   *Euonymus, Cordus, Dornæus, &c.*

Bonitas eius diiudicatur, si in frigidam coniectus, veluti ferueat, aut si duæ partes confusæ item feruorem repræsentent, si acorem summum habeat, &c.

Magna est in hoc spiritu conficiendo varietas. Nominãt eum diuersis appellationibus, acidulam seu acetosam mineralem, melancholiam artificialem, aurum potabile, oleum vitæ, &c. & rubeum spiritu̅ peculiariter, sanguinem hydræ, sanguinem terræ, &c.

Volatilitate̅ item arcanu̅ Vitrioli. *Nonnulli vitrioli Romani bene calcinati libras duas, salis ammoniaci vnciam, tartari calcinati semunciam ex arena per retortam cum receptaculo vasto bidui spacio destillant. Sed hoc compositum potius est quàm simplex.*

Paracelsus vitrioli bene purgati libras quinq, iniicit in cucurbitam amplam, ita vt eius tertia pars nõ tota occupetur. Locat in fornace bene composita, addit alembicum magnum & receptaculum amplum, omnes aditus claudit luto, & siccat, dat ignem per gradus, annotatá, spirituum colorem, rationem & guttas. Aquositatem abstrahit priore loco, inde anget ignem donec nihil exeat, quod biduo euenire ait. Destillatum reddit capiti mortuo trito, macerat, destillat per gradus, donec etiam vitrum colliquescat, separat phlegma in balneo: alibi etiam destillat vice

vice tertia. Nonnunquam caput mortuum à separatione elementorum miscet cum sale ammoniaco, & sublimat, sublimatum soluit, & destillat per retortam, spiritum destillatum pro spiritu vitrioli habet, vel sublimat calcem, soluit in deliquio, destillat cum tertio cohobio.

Præcipit alibi ut spiritus extrahatur igni valido recta cucurbita usq; ad nonum alembicum, per dies noctesq̃, in reuerberio.

Alibi vitriolum crudum destillat, aqueum spiritum segregat, & destillando circulandoq̃ exaltat. Hunc à colcotare nouies vel decies destillat, donec igni fortissimo etiam sicci spiritus ascendant, siccos spiritus coniungit humidis, & digerendo vnit.

Summam eius præparationem hanc tradit. Separetur à colcotare, adde vini alcool æquale, impone de pane facto ex furfure siligineo tosto & tuso quantum satis, digere in fimo equino per mensem, destilla, vini spiritum separa in balneo, & vide ne pereat acetositas. Idem autor album & viride oleum elicit ex crudo per descensum: digerit per se, separat in balneo fecem terrestrem, phlegma educit per ignem, spiritum elicit solum, eumq̃ circulat. Colcotarem autem præparat destillatione phlegmatis à crudo vitriolo. Hoc refundit capiti suo, & imbibit, repetendo laborem quoad satis. (dicitur serpens, qui suam caudam deuorat) Alij torrent vitriolum cum sale petræ, eligunt Romanum glebosum vel Vngaricum. Aliquibus placet vitriolum Veneris. Destillant etiam cum lateribus tritis per rectam cucurbitam. Quidam calcinato vitriolo affundunt spiritum vini, ut quodammodo enatet. Macerant, destillant primò spiritum vini: secundò aucto igni phlegma vitrioli: tertiò spiritum. Rectificant in balneo, ut aquositas secedat, & destillant tertiò: alij torrent vitriolum, soluunt in aqua, filtrant, & aquam toties mutant, donec amaror non amplius appareat. Inde destillant coagulatum. Nonnulli vitriolum ponunt statim in retortam, & igne reuerberij destillant, donec rubescat & fiat colcotar: aquam effluentem seruant. Exemtum vitriolum puluerant, macerantque in vini spiritu, destillant per retortam, pelluntq̃ fortiter instar aquarum fortium per gradus ignis. Educunt primò vini spiritum, secundò vitrioli oleum in receptaculum mutatum, inq̃ frigida fundotenus locatum.

Aliqui primò eliciunt aquam claram albam, secundò viridem, tertiò rubram auctis ignibus, & mutatis excipulis: quod si non sit, postea separant.

Sunt qui in spiritu acerrimo soluant argentum, & sic ad usum afferant. Falloppius per dies quatuor spiritum destillat nigrum. Vtuntur quidam furno acesiæ cum canali laterali, perficiuntque opus triginta horis. Aliqui etiam in receptaculum ponunt aliquid aquæ, ut spiritus eò citius coagulent, alij omittunt contenti phlegmate.

Sanguinem terræ ita eliciunt: Colcotarem perfunde aceto destillato triplo, digere per nouendium indies ter agitando. Destilla lentè : si non sat rubet, refunde ad caput mortuum tritum: macera & destilla, pellendo tandem fortiter, quoad placeat color.

Cratonis hac ratio est qui calcinatum puluerat, alkali per aquam educit, coagulat & destillat in oleum. Vide lib. 5. epist. med. à Schol. Xio edit. ad Camerar. Aiunt si ex siccissimo fiat colcotare spiritus fortissimus: eum augeri in vase, in quo seruatur.

Sanguis terræ.

Spiritus Antimonij conficitur ex calce eius, vel sale, eodem modo per retortam agendo. Sed & componitur cum tartaro ita: Puluerem stibij & tartari vna calcina per horas duas in crusibulo. Calcem puluera, & affusa aqua in manica Hippocratis exige lixiuium, quod coagula in lapidem, destilla in arena per retortam gradibus ignis.

Spiritus salis cuiusuis fit ex liquore salis per deliquium soluti, destillando item per retortam. E sale communi etiam ita efficitur: Sali communi vstulato affunde vrinam puerorum, digere per octiduum loco calido. Traiice per filtrum, coagula, solue in marmore, solutum age per retortam triplici luto munitam igne reuerberij. Fracto vase exime caput mortuum, tere, refunde destillatum, digere & destilla, idque potes repetere nouies vel decies: vel salem sublima, solue & destilla: vel in sale soluto per raphanum extingue candentes lateres, quos, vbi sat sunt poti, destilla: destillatum quidam nominant oleum salis viridis. Nonnulli tamen igni eliquant salem, & in eo restinguunt lateres. Salem qui foris accreuit, abstrahunt, lateres destillant. Ad podagras cum oleo granorum ex ebulo.

Oleum salis viridis quod alijs fit ex sale gemmeo.

Sunt qui salem statim imponant & destillent.

Spiritus salis ex Paracelso, quem aqua salis vocat ad auri tincturam. Recipe salis gemmæ (*albissimi à natura*) funde aliquoties, læuiga subtilissimè, solue cum succo raphani, destilla, destillatum misce cum æquali portione succi sanguineæ. Destilla adhuc quinquies.

In chirurg. ita præcipit: *Salem naturalem albissimum per se solue aliquoties, tritum misce cum succo raphani, & solue, solutum destilla, & cum aqua tum sanguinea, tum viridis extitit, admisce iterum ponderibus æqualibus, & destilla quinquies.*

Oleum salis viridis aliter describitur ab Andernaco, ita scilicet: Salis communis lib. tres, terræ luteæ libras sex, salis nitri purgati drachmas duodecim, mista optimè destilla more aquæ fortis receptaculo grandi, destillatum rectifica abstrahendo phlegma per cineres. Hæc est species quædam aquæ fortis. Indies autem magis magisq; viridescit, terra illa seu bolus luteus rubeum colorem acquirit.

Spiritus tartari. Tartarum calcinatum redige in salem, quem solutum destilla per retortam, vt salis spiritum. Vtuntur ad soluenda metalla & tincturam sulph.

Quidam calcinant cum nitro. Paracelsus agit per retortam, & cohobat quinquies. Porta decies, donec sal totus abierit in aquam. Oportet frangere semper tetortam, & exemtum salem puluerare, perfusumq; destillato macerare, &c.

Alij inclusum sacculo macerant in aceto forti. Coquunt sub cineribus, vruntq; ad nigredinem, terunt, soluunt per deliquium, solutum destillant. Quidam salem miscent silicum puluere & destillant vt aquas fortes.

Ques-

Quercetanus aquam tartari circulat cum vini spiritu, abstrahit spiritum deinceps, &c. (*sed tunc potius oleum fiet.*)

Sic fit & spiritus aluminis, & similes.

Sal nitrum cum duplo terræ rubeæ vel luteæ, cum qua Andernacus etiam communem salem destillabat, præparatur eodem modo vt aqua fortis: sed cautè ignis adhibeatur. Rectificatur filtrando.

Spiritus sulphuris, quod & oleum *sulphuris acidum.*

Campana vitrea lutata, vel alembicus vastus rostratus, à filo ferreo suspenditur, aut etiam collocatur super ferreo collari ambituue, in quo sit ostiolum & limbus. Subtus accommodatur paropsis lata, siquidem campana vsurpatur: sin alembicus, receptaculum admouetur rostro. Imponitur concha in strata ferrea lamella. In hanc sulphur collocatum incenditur per ferrum ignitum, operáq; datur vt fumus ascendat rectà: id quod facilius assequêre, si in summo sit angustum spiraculum. Si absumta est pars, sufficitur noua, & spiritus coagulatus defluit. Campana à pauimento tantum debet distare, vt non suffocetur flamma. Alij cubiti mensuram à terra suspendunt, &pro concha cyathum vitreum cum ferrea lamella vsurpant, vel calicem inuersum, in cuius pede locatur lamina. Si sulphur purum est, spiritus decurrit albus: sin impurum, à flamma vitiatur & nigrescit. Potest tamen corrigi destillando. *Ex libr. quinque Six prodit Sina.*

Depuratur, clarescítq; etiam per sedimentum. Nonnulli certa medicina ad fundum præcipitant fuliginem. Alij destillant lentè per retortã paruam, commissam alteri retortæ, admoto calore balnei, vel alio leni. Vsus est ad pulmones, calculos renum & vesicæ ex quantitate cochlearis parui.

Alia præparatio: *Sulphure obducta lintea suspende à filo ferreo in cucurbita ampla, ne attingant fundum. Incêde, impone alembicum cum receptaculo, quod sit impletum spiritu vini ad dimidium, sine ita comburi. Lateribus cucurbitæ & alembici sal adhærebit. Spiritus coagulat in recipiente: si combusta materia est, remoue, & aliam substitue quousque placet. Quod in receptaculo est, transfunde in alembicum & cucurbitam. & salem adhærentem ablue, cola. destilla per retortam per gradus, donec omnes spiritus exierint: separa in balneo. Quod manet in retorta solue per deliquium. Nota spiritus coagulare in oleum, & exire ex libra drachmas duas: itáq; segregare hoc potes.* VVeckerus. *Oleũ in spiritu segregã dum, & & in Vitriel et fibij spiritibus, quod est obseruandũ*

Vsus huius spiritus est ad obstructiones pulmonum, ad gangrænam, fistulas, aphthas, hydropem, dentes infectos, &c. febres ventriculi, calculum, apostemata. Corrodit etiam argentum. Non potari debet, nisi cum iulepis conuenientibus.

Ad spiritus simplices pertinet & hydrargyrus à crassis partibus per sublimationem extractus, & in spiritualem naturam conuersus. Elaboratur autem eo modo per sublimationem, quo & purgatur, nisi quòd hic separatio

ratio

ratio fiat etiam in substantia. Vsus eius est in solutionibus metallicis. Vnde & ignis gehennæ vocatur.

Spiritibus affine est *acetum radicatum (quanquam Crato vocarit acetū radicatum liquōre illum acerrimum aceti, qui abstracto phlegmate in fundo restat.)* quod fit ex crystallis fæcum aceti, destillādo per retortam cum cohobiis. *Vel:* Acetum vini bonum impone in retortam, destilla léto igne phlegma, refunde hoc capiti mortuo sæpius, & digere in fimo, tandem destilla, & primò q̄ exit seorsim cape, quod posterius igni fortissimo prolicitum prodit, est acetum radicatū acerrimum. Quidā statim prima destillatione segregato phlegmate gradu ignis valido exugunt fortes spiritus: quos possumus exasperare sale fæcum aceti calcinatarum, vt in vino alcalisato.

Acetum stillatitium simplex vulgò in hunc modum *(ex Vlstadio)* conficiunt: Aceto in cucurbita imposito, igniq̄; subiecto phlegma subtrahunt, cùm odor acidus saporq̄; acris apparet, mutato receptaculo, excipiūt, quod prodit vsq̄; ad rubeum. Sed ipsi quidē tunc cessant, at non Chymici, qui quærunt acerrimum spiritum. Reddunt .n. fæcibus quod prolectum est, macerant, destillantq̄; denuò aliquoties. Fit hoc acetum ex compositis quibusdā, velut addito sale, tartaro, nitro, capite mortuo vitrioli, aquarum fortiū, &c. & ex similibus, de quibus in coraliis soluēdis aliisq̄; E melleo aceto *(Fit .n. & ex mulsa, & succo, pomorum, &c.)* comparatur acer spiritus ad soluenda metalla. Ita ex succo berberum, & limoniorum &c. ad vniones & metalla.

Huius loci est & *destillatio vrinæ*, à Zuingero descripta, quam mittebat aliquando clariss. Philos. Philip. Scherbius. cum titulo Orionij ad phlegmonas & earum dolores: Vrina puerilis quatriduo vase operto sinitur fermentari. Deinde iniecta in cucurbitam destillatur lento igni. Phlegma insipidū & fœtidum quod primò prodit, abiicitur. Sequens autem humor acris excipitur. Hæc destillatur denuò, & acris liquor colligitur, reliqua quæ incipiunt mitescere, omittuntur. Aqua acris in nouam cucurbitam imponitur destillaturq̄; tertiò. Excipitur & hinc aqua acris & seruatur. Vsus eius est in fomentis phlegmonarum dolorificarum. Eadem etiam olea conquassata coagulat.

Fit & compositione in hunc modum: Vitrioli calcinati ad albedinem libra dum adhuc calet, infunditur in vrinæ puerilis octiduanæ lib. iiij. coquūtur vnà in amplo altoq̄; vase per horas 3. vel 4. macerantur loco calido per octiduum, indies bene agitando bis: postea filtratur liquor cum colatura. Aqua destillatur per alembicum. Solet & iniici tantum vitriolum, donec non amplius efferuescit, spumatq̄; Vsus est idem. Apud Vlstadium destillatur vrina quater vel etiam septies, non tantum ad podagrā, phthisin, & alios morbos, sed & resoluenda metalla: sicut ibidem etiam aceti est præparatio. Perficit autem ille vrinam destillatam circulatione menstrua more Philosophorum. Porrò ex acri aqua vrinæ tertia vice destillata fit spiritus Orionius, qui est veluti liquor gummosus, qui frigore concrescit.

TRACT.

Tract. II. Caput XXVII.

De aquis fortibus.

Caustica, chrysulca, separatoria.

AQua fortis est, quæ ex acribus & corrosiuis certa proportione commistis, violentis ignibus destillatur, igneam vim in corrodendo validam habens.

Gehenna.

Quæ validissima est, stygia vocatur: quæ salem ammonium cum reliquis, vt in ea aurum soluatur, regia: reliquæ diuersis fiunt virtutibus, aucta mistura ex consilio, vt sit certis rebus accommoda.

Gradatoriæ dicuntur, quæ ad gradandũ tincturas adhibentur &c. & fiũt instar fortium ex eadẽ materia, sed additis tingẽtibus, vt cinab. alum. plumoso, ærugine &c. in quibus notandum est quod nulla tingat, nisi facto ad minus octauo vel decimo super feces cohobio, quod aliter non fixentur.

Fortis communis fit ex alumine & halinitro, vel etiam addito illis vitriolo, vel vitriolo & halinitro.

Aliarum materiæ sunt tum illæ res, tũ sal ammonius, & quilibet alius: tum sublimatus hydrargyrus, cinabaris, ærugo, gypsum, calx viua, arsenicũ, alumen plumosum, colcotar, fel vitri, sulphur rubeum, &c.

In destillatione fornax capax debet esse, receptaculum amplũ aliquid fontanæ habens, positum in frigida, retorta firma triplum lutata, rimæ exactè clausæ, siccata omnia antequam detur ignis, qui est adhibendus gradatim, vsq; dum omnia candeant. Admiscemus nonnunquam silices materiæ, & operi aduigilamus ferè per triduum, destillatum semel corrigimus, abstracto phlegmate. Si fortius requirimus, capiti mortuo tuso refundimus iterumq;, & iterum destillamus, donec sal probè misceatur spiritibus. Tandem purificamus iniecta parte argẽti, & soluta, quæ crassa ad fundum secum trahit. Inde effunditur quod clarum est, & seruatur in vase fortissimo exactè clauso.

Quod si obsoleuit virtus, nec tamen plane periit, denuò destillatur abstracto phlegmate, & refunditur ad nouam materiam, vel soluitur in ea sal ammonius, iterumq; destillatur.

Nonnunquam pars materiæ ponitur in receptaculo, pars in retorta, fitq; destillatio. Postea totum quod in receptaculo est, probè mistum infunditur in nouum vas, & destillatur de more.

Bonitas probatur effectu solutionis metallicæ, & erosionis vi in vesicando &c. Item si in frigidam immittitur, ea incalescit, &c.

AQVA FORTIS COMMVNIS.

Recipe vitrioli partes octo, salis petræ clarificati partes quinque, aluminis partem vnam (*quidam pares accipiunt*) vitriolum & alumen calcina, calcinata pondera, vt intelligas quantum secesserit. Comminue in frustula

Zz 2   instar

inſtar piſorum, impone in cucurbitam lapideam, quæ ſtet in cella per octiduum, indieſque ſemel atque iterum moueatur, donec humeſcant res. Poſtea colloca in fornace reuerberij, appoſito alembico vitreo magno, &
commiſſuras bene obſtrue, admoue roſtro receptaculum amplum, in
quo ſit aqua tanti ponderis, quantum vitriolo & alumini calcinatis de-
ceſſit: (alij in ſingulas libras ponunt vncias binas) obduc luto, tantumque
relinque vnum foramen paruum, vt ſpiritus poſſis pro libitu emittere, ne
vas rumpant. Foramini verò intrude ligneum conum exemtilem.

Vbi omnia ſunt ſiccata probè, ignem ſuccende, & deſtilla per gradus,
vt ſub cucurbita ponas prunas lentas, quas paulatim augeas per horas ſex,
donec etiam ſurſum & ad latera aggeras, vel flammam adminiſtres viuam.
Cùm ſpiritus albi & nebuloſi in receptaculo diſparent, & nihil exit amplius, finis adeſt: ſine paulatim refrigeſcere. Aquam exemtam clarifica per argentum ita: Capè quartam partem menſuræ iſtius deſtillati, iniice puri argenti drachmas duas, & ſolue ſuper prunis: ſolutionem infunde aliis tribus partibus, & lacteſcent. Sine reſidere, purum effunde, & ſi non ſatis
eſt repurgatum, repete hoc. Satis autem tunc eſt, cùm non eſt turbida, nec
turbatur in ſolutione, & aliàs non deponit ſedimentum.

Ita ad ſeparationem auri ab argento commoda eſt, ne rumpat aurum.
Fachſius.

*Baptiſta Porta hanc ex ſale & alumine tantum facit: quomodo etiam ve-
tuſtiores parare docuerunt. Nam chalcanthum ſuſpectum eſt propter acrimoniam, qua aurum inuadit. Sed & ex iiſdem rebus fortior aut debilior fit mutata
quantitate, & poteſt refuſa capiti mortuo ſæpe etiam validiſſima fieri, vt ſpiritus
ſalſi bene pellantur in aquam.*

*Sal petra clarificatur ſolutionibus, filtrationibus & caagulationibus cre-
bris: vel ſolue in aqua, purifica per filtrum, coque ad tertias, effunde, effuſum coagula. Sal inde tollitur, nam in fundo prioris vaſis relinquitur.*

*Poteſt idem etiam vri, donec in igni quieſcat, vt præcipit Agricola. Aliàs
niſi induſtrio regimine caueas, vas frangit. Nota arcanum. quod reprimatur cap.
mortuo.*

Alia fortis ſeu ſeparatoria: Recipe ſalis comm. vitriol. an. vnc. iiij. ſalis
petræ vncias duas, æruginis vnam, miſce cum aceto fortiſſimo, & deſtilla.

Aquaregia: Fit ex iiſdem rebus, ſcilicet vitriolo, alumine, nitro paribus,
ſed ſæpius cohobando, vt euadat acerrima.

Vel. Solutio ſalis ammoniaci ſublimati commiſcetur vulgari cauſticæ,
quæ etiam ita fit: libræ vni aquæ fortis miſcentur ſalis communis duæ libræ, & ſalis ammonii triens. Deſtillantur in cucurbita, & aqua dicitur aurum
ſoluere, argento relicto.

Vel. Adde illis tribus ſalem ammonium, & vnà deſtilla.

Vel:

Vel: ℞ falis ammonij, falis gemmę ian. tres vncias, aluminis facharini fefcunciam, falis communis vnciam. Trita deftilla per retortam. *Euonymus ad dentes.*

Aliter: ℞ falis petræ, vitrioli, gypfi, aluminis Iameni an. fefquilibram, cinabaris vnciam, muria fefcunciam. Deftilla.

Paracelfus ait, regiam fieri cum additamento calcis ouorum vel albuminis.

Aut: falis gemmæ, falis amm. an. æquales. Deftilla cum triplici cohobio.

Aut: ℞ falis petræ, vitrioli, falis ammonij ana libras tres, filicis præparati libras quatuor. Deftilla aquam fortem. ℞ huius fextarium vnum. Adde falis mundi exiccati manipulum vnum. In arena diligenter omnibus lutatis & ficcatis deftilla per gradus.

Ignis gehennæ: Paracelfi. Aquæ fortis exafperatæ per caput mortuum libra vna, mercurij fublimati fefcuncia, falis ammonij vnciæ duæ. Mifta foluantur. Adde aquæ mercurialis par pondus & ferua.

Igni gehennæ fimilis eft aqua folutionis hydrargyri fublimati deftillata feu liquor, exafperatus fale ammonio fepties fublimato; præfertim fi coagulatus denuò mifceatur regiæ.

AQVÆ GRADATORIÆ EXEMPLVM
Paracelfi.

Recipe vitrioli, aluminis, falis nitri ana lib. ij. florum æris, croci Martis, hæmatitæ ana tres vncias, cinabari vncias fex, antimonij vncias quatuor cum dimidia, arfenici fefcunciam; omnia funto præparata ad purum. Commifce; deftilla aquam fortem igni vehementiffimo. Clarifica per argentum, & attende, ne quid turbidæ fecis remaneat. Mutare dicitur & in talem.

Aliter: cape hydrargyrum vicies cum fale ammonio fublimatum libralem, florum Veneris, croci Martis, florum fulphuris, florum ftibij fingulas vncias. Mifce. Solue in aquam.

AQVÆ METALLICARVM SOLVTIONVM.

Euchyon ad omnia metalla talem præfcribit: Recipe vitrioli Rom. libram, aluminis Iameni, falis nitri libras binas, cinabaris libras tres, falis ammonij vnam. Mifta deftilla per retortam per gradus ignis; ita vt primus ignis fit paucarum prunarum, cum tribus lignorum fruftulis. Poft auctior. Procedit primò liquor clarus, poftea rubeus, quem potes peculiari vafe excipere, fed cautis naribus, ne offendaris à fpiritu.

AQVA MERCVRIALIS PARACELSI AD
metalla in mercurium foluenda.

Mercurij septies per vitriolum, salem nitri, & alumen sublimati, libræ tres', salis ammonij ter sublimati, clari & albi sesquilibra. Trita in alcool & mista sublimentur in arena horis nouem. Vbi refrixerint, sublimatum detrahe ex alembico per pennam; & cum reliquo sublima vt prius. Hanc operationem repete quater, donec non amplius sublimentur, sed in fundo maneant instar nigræ massæ fluentis vt cera. Exime refrigeratam. Tere. Pone in patina vitrea; & imbibe sæpè aqua ammonij salis per sublimationem & deliquium facta. Exiccari sponte sinito. Tere iterum, pota & coagula, idque repete decies, donec non amplius coaguletur. Tritam subtiliter pastam solue in marmore loco humido. Aquam destilla per cineres, & elabora vt ab omni feculentia sit aliena.

AQVA SOLVENS AVRVM.

Ea est regia ante descripta. Baptista Porta ita concinnat: Recipe aluminis, salis petræ, & vitrioli an. æquales. Destilla aquam fortem per cohobia, ita vt sal benè pelletur in aquam. Si requiris asperiorem, adde ei quæ ex nouem librije exijt, vncias duas salis ammonij. Solue. Macera in fimo per biduum. Destilla per cineres; clarifica per argentum.

Menstruum fœtens Lullij ad aurum soluendum: Recipe colcotaris libras tres, salis petræ libram vnam, cinabaris quadrantem. Mistis affunde quintam essentiam vini. Digere in fimo per dies quindecim. Destilla vt aquam fortem. Clarifica.

Geberi aqua soluens: Recipe vitrioli libram, salis petræ selibram, aluminis Iameni quadrantem; fiat aqua fortis, in qua solue quadrantem salis ammonij.

AQVA ARGENTI SOLVENDI.

Salis ammonij sescuntia, aluminis vnciæ duæ cum dimidia, vitrioli calcinati vnciæ duæ, salis petræ triens, salis communis semuncia, æruginis vncia. Destilla de more. Huius vsus ad mercur. lunæ eliciendum.

In essentia lunæ facienda: Rec. cinab. vnciam, salis ammonij semunciam, aluminis vncias duas, salis petræ selibram, vitrioli libram. Destilla.

In tinctura: Cinabaris, salis amm. aluminis, salis petræ an. æq.

In extractione sulphuris lunæ: Salis ammonij vncia, salis vnciæ quinque. Destilla.

AD FERRVM.

℞ vitrioli albi quadrantem, Vngarici vncias septem, salis trientem, aluminis semunciam, fiat aqua fortis rubea.

Vel:

Vel: Recipe sulphuris rubei semunciam , fellis vitri semunciam, arsenici vnciam, aluminis plumosi vncias duas, vitrioli selibram , salis petræi vncias septem. Destilla cum tertio cohobio. Hæc facit ad turbith ferri.

AD CVPRVM.

Recipe aluminis plumosi vncias duas, sulphuris rubei semunciam, salis de capite mortuo quadrantem , aceti vncias decem, arsenici drachmam, vitrioli albi vncias duas, salis petræ quinque vncias. Fiat aqua fortis , si vis mercurium elicere ex cupro.

Si tincturam: Recipe cinabaris sescunciam, salis petræ vncias quindecim, aluminis vnciam vnam, salis ammonij semunciam, vitrioli sescunciam, calcis viuæ vncias decem, arsenici, hydrargyri sublimati singulas vncias: fiat aq. fortis ter cohobando.

Si sulphur: Recipe salis ammonij selibram, salis petræ vnciam, aluminis sescunciam, salis vncias octo. Fiat aq. fortis.

AD STANNVM.

Si mercurium vis: Rec. vitrioli Vngarici lib. ij. salis comm. salis petræ ana libram vnam, aluminis sescunciam, salis ammonij semunciam , vitrioli albi vnciam. Fiat aq. fortis.

Ad calcinandum : ℞ salis petræ vncias duas, salis ammonij, vitrioli ana sescunciam. Destilla ter.

Ad sulphur; salis ammonij selibram, aluminis plumosi vnciam, aluminis sescunciam, æruginis vnciam, salis vnciæ octo. Fiat aq. fortis.

AD PLVMBVM.

℞ aluminis, vitrioli singulos trientes, salis petræ libram, atramenti rubei vncias duas. Fiat aq. fortis. Collige spiritus rubeos.

Vel: Salis vnciæ octo, æruginis vnciæ duæ, aluminis sescuncia , salis ammonij selibra. Fiat aq. fortis ad sulphur plumbi faciendum.

AD HYDRARGYRVM.

℞ aluminis, salis ana sescunciam, vitrioli quadrantem , salis petræ vncias quinque. Fiat aqua fortis.

Andernacus: Rec. aluminis vitrioli æquales. Destilla per retortam aquam fortem. Huius libram dimidiam misce cum aceti stillatitij sesquilibra, albuminis ouorum induratorum lib. iiij. Destilla bis.

(*Eiusmodi multitudo plærumq́, est sine fructu. Nam ex paucis potest fieri aqua valida & mitis pro consilio, quæ idem præstant quod illæ singula, &c.*)

Aquis fortib. & præsertim gradatorijs, affinis est aqua aurea & argentea ad metalla mutanda in argentum vel aurum. Eius descriptio est talis: *Vocatur Diana.*

Vrinæ

Vrinæ puerorum duodecim annorum libras decem purifica filtrando
fæpè, & decoque in aheno ad confiftentiam craffiufculam. Infunde in cucurbitam firmiter lutatam fatis capacem, vt tertia pars fit vacua. Appone a-
lembicum cum foramine in fummo & cono exemtili, vt fi non tota vrina
caperetur à cucurbita, poffis refiduum fuo tempore infundere.   Loca in
arena penè ad fundum catini. Deftilla igni primùm lento, donec abftraxeris
aquofitatem. Cum videris albos fpiritus difcurrere per cucurbitam & afcē-
dere, muta receptaculum & ignem intende.   Prius tamen pondera, receptaculum, pondufque nota. Aucto igni exibunt guttæ graues coloris punicei, quæ ne concrefcant, fuppone roftro catinum cum prunis. Deftilla fortiter donec ceffent.   Salem album, qui in roftro coagulat, collige. Guttas,
quæ exierunt, tere & pondera.   Adde tantundem aluminis & falis petræ.
Compone in vitro. Claude.   Agita vtraque manu, & foluentur in aquam.
Sine quiefcere. Claufum vas & reficcatum loca in arenam vel cineres, ignē
lenem fubijce. Nam fi validior eft, vas frangitur ; & fat multa arena interfit
inter vas & catinum.   Facta folutione in arena aperi vitrum, & effunde in
retortam lutatam probè. Appone receptaculum grande, & benè agglutina.
Deftilla per gradus, donec receptaculum rubeat à fpiritibus. Intende ignē,
donec cucurbita excandefcat. Sine paulatim refrigefcere. Serua aquam in
vitro benè claufo.

Iam fi vis facere aquam auream, cape partem vnam auri calcinati ; fiu
argenteam, vnam argenti, & duas aquæ deftillatæ.   Mifce, & in cucurbita
vel retorta digere in arena per horas quatuor, cauendo ne vllus fpiritus ef-
fugiat. Vbi benè imbibit aquam calx ; fine refrigefcere. Transfer in arenam.
Adijce receptaculum, beneque iunge. Deftilla lentè, ne vas frangatur. Vbi
benè incaluit, auge ignem, & aqua fpecie fpiritus cum calce foluta afcendit
& exit.   Tandem pelle fortiter ; ne tamen nimium, ne diffiliat vitrum. Si tota calx metalli non exijt vnà ; refunde aquam capiti mortuo trito ; digere v-
nà, & deftilla vt antè, donec calcem totam eduxeris cum aqua ; id quod ex-
perieris fi antequam deftillaueris, ponderes materiam & receptaculum. Si
enim deftillati pondus refpondet impofitis, totum extractum erit. Hæc eft
aqua aurea vel argentea, ad mutandum mercurium in lunam vel folem,

*(Nihil aliud eft quàm aquafortis ex vrinæ fale, alumine & fale petræ, in
qua foluta calx auri vel argenti exijt vnà per alembicum, quales aquas defcripfe-
runt etiam alij autores ; & poteft fieri ex quauis regia, in qua illa metalla foluta
per alembicum exiguntur, & maximè fi hydrargyrus fublimatus ingreffus eft, vel
fi in aqua mercuriali Paracelfi idem facias. Vfus eft vt figatur hydrargyrus
per illam aquam. Fixo adijciatur aurum vel argentum, tan-
quam fermentum, & fulminetur, & per plum-
bum excoquatur, &c.)*

TRA-

Tract. II. Capvt XXVIII.
De aquis simpliciter stillatitijs ascensorijs.

AQuæ simpliciter stillatitiæ sunt arcana specifica materialia, è rebus ita destillata, vt cum vim arcanam in se habeant, tamen mitiores sint (quā *aqua soluentes*) & dilutiorem obtineant substantiam elemento phlegmatico viciniorem.

Vel: Aquæ simpliciter stillatitiæ sunt, quæ mitiores sunt virtute & consistentia dilutiores, destillando simplicius productæ.

Nam elementum phlegmaticum crudius est, & minus tenue, ab externa aqua penè parum differens. Aqua autem simpliciter stillatitia minus ignis habet & plus aquositatis quàm soluens; sed plus ignis & minus cruditatis quàm phlegma aut aqua vulgaris.)

Aquæ simpliciter stillatitiæ fiunt ex halitibus vaporosis magis. Quo fit, vt & leuiore opera parentur quàm aquæ soluentes, & aquositatum plus habeant. Illi tamen halitus non minus ex intimis penetralibus secum vehunt partes essentiales igneæ virtutis participes.

Itaq; & quædam tam propè accedunt ad spiritus oleosiores, vt etiam accendi possint & conflagrare: quæ nominatim appellantur aquæ ardentes seu inflammatiles.

Destillantur plurimum per ascensum rectum. Nonnullæ tamen etiam per descensum, & pro cuiusque rei firmitate in balneo aqueo, aut vaporoso, aut sicco seu stufa sicca, vel cineribus, vel etiam arena; nec tantum ex rebus crassis, sed & tenuib. & aqueis, veluti ex humoribus, herbis, aromatis, succis, carneis, osseis, atque etiam mineralibus quibusdam.

Notandum enim quod aquæ essentiales tantummodo ex illis destillari debeant, quorum essentia potius in aqua est, & in eam promtè discedit. Quæ verò potius oleosa sunt, ex ijs essentiale oleum confici debet; ita quibus est in spiritu, ex ijs quæratur spiritus. In his tamen aquæ phlegmaticæ quæ in plantis & animalibus comitantur succum alimentarium, in mineralibus aquam elementarem attingunt, plærumque sunt vice aquarum. Et omnia aliquando simpliciter pro se destillantur; aliquando certis legibus componuntur. Destillationem præcedit præparatio per macerationem, purificationem & alia. Res succulentæ, vt recentes herbæ, flores, &c. comminuuntur & plærumque macerantur in suo ipsarummet succo per dies aliquot aut horas, pro ratione firmitatis in compage; quædam tamen etiam perfunduntur certis menstruis. Quæ arida sunt; omninò menstruum requirunt suæ naturæ familiare. Aquæ enim stillatitiæ arcanum in humore abundantiori vehunt, qui si deficit in re ipsa, foris addendus est, sed pro analogia rerum.

Præmittuntur etiam a, qua oleorū destillationi, Vnde abstrahuntur peculiariter excipiendo, Vel destillādo.

Orga-

Organa deſtillatoria è vitro commendantur, vel terra figulina. In aliquibus tamen admittitur etiam veſica ahenea, item pilei ſtannei, vel ſtanno ſubtili. In his res ponuntur ad trium partium ferè impletionem, niſi ſint flatuoſæ. Tunc enim vix dimidium impletur. In ijſdem etiam vaſis poſſunt macerari in quibus deſtillantur. Ignis adhibetur lentus. Vaporoſa enim hæc deſtillatio eſt. Vapor autem eleuatur promtius; & cauendum eſt empyreuma; quod tamen ſi contractum eſt, tollitur denuò per inſolationem vel alios modos.

In firmioribus ignis intenſior eſt, cum alembicus nubilus ſit, phlegma exit. Itaque tunc ceſſandum eſt. Quæ aquæ per cineres vel arenam, modico tamen calore pro rei natura, deſtillantur, ſunt diuturniores, quàm quæ per balneum, aut vaporem, quæ plærumque plus habent phlegmatis ſeu aquoſitatis. Plus exit aquæ, ſi pileus ſit cum refrigerante vaſculo, vel pannis madidis frigidis integatur. In ſubtilioribus adhibentur etiam dolia & canales refrigeratorij; & hæ tunc ad olea & ſpiritus propè accedunt.

Non fiunt cohobia ſuper capita mortua; ſed ſi quas efficaciores volumus, ijs infundimus res nouas, & poſt macerationem iterum atq; iterum ſi placet, deſtillamus. Nonnunquam non partes planè ipſas infundimus, ſed rei eiuſdem partes alias, veluti, ſemina, radices, &c. in quibus eſt vis validior, ſi aqua fuit ex herba vel floribus deſtillata. Nec tantum infundimus res nouas, ſed ſæpè eaſdem tum in cucurbita collocamus, tum in alembico interuentu craticulæ; vnde vapor præteriens aſſumit virtutem. Aquæ deſtillatæ depurantur, ſi ad libram j. ſs. addas aceti albi boni guttas ſex aut circiter.

Neque etiam rectificationes ſunt aliæ, quàm inſolationes, vt plurimum, vitra obducenda ſunt pergamena vno atque altero foramine peruia.

Quas aſperiores & diuturniores volumus, ijs addimus aliquid aluminis calcinati, vel quod rectius fit, ſalis proprij ex capite mortuo facti, vel etiam alcali ſuum.

Quædam deſtillatæ ſaporem ſuæ rei perdunt, quæ tamen arcanam vim nihilominus habent, ſi quidem rectè ſunt paratæ; vt quæ ex dulcibus, ſalſis, amaris per aſcenſum fiunt: in amaris tamen interdum etiam ſaporem aſſequimur, niſi deſtillentur per vaſa plumbea, ſtannea, ahenea, &c.

E nonnullis color & reliquæ virtutes interiores vna cum aqua extrahuntur, idque fit potiſſimum in plantarum partibus, vt herbis, folijs, fructibus, floribus: tum aſcenſu, tum deſcenſu, cui tamen teneriora, vt flores &c. conueniunt recti⁹. Praxis communis per aſcenſum eſt, vt in extractis aquis infundatur noua materia per triduum, donec tinctura ſit exhauſta, adiecto ſolidioribus vini ſpiritu. In balneo extrahitur phlegma. In cineribus vel arena color, inſtar tincturarum.

❦0❧

TRA-

Tract. II. Capvt XXIX.

De aquis ftillatitijs herbarum , & quidem ficcarum pri-mùm , vbi & de aromatum aquis.

Hæ funt quæ ex herbis deftillantur. Herbarum verò voce intelligun-tur quælibet plantæ teneriores,ita vt nõ tantum herbaceæ partes,ve-luti folia,comæ, &c. accipiantur, fed & radices, & flores, & fcapi teneri. Itaque & tota fubftantia herbaceæ plantæ poteft hoc titulo comprehendi.

Legendæ funt pro confilio, tunc cum virtus, quam potiffimum quæ-rimus, eft in vigore; & plærumque Maio menfe & Iunio colliguntur, vt la-ctuca,oxalis, cichorium, fumaria, tuffilago, femperuiuium,&c.

Flores etiam alijs temporibus prodeunt; & quilibet fuo eft legendus & ad aquam parandus.

Sic eft de radicibus & reliquis.

Quædam tamen etiam immatura quæruntur, vt oliuę,omphaces, iu-glandes, vuæ acerbæ, &c.

Deftillantur omnes penè in balneo, vel fornace cacabaria calore ficco temperato,ad exemplum aridarum & fucculentarum.

Herbæ aridæ tufæ perfunduntur aqua fontana, vel propria annicula fi ad manum eft; idque maximè fi funt qualitatis frigidæ humidæ; fin calidæ ficcæ; vino potius; aut aqua roris Maij , fi propria defit; quidam tamen et-iam fontanam addunt;copia menftrui tanta fit, vt faltem irrigentur pro ma-ceratione.Sin plus affunditur,non tota quantitas eft abftrahenda. Irrigan-tur quantum fatis. Facta maceratione per horas 24. deftillantur.

Ita fit aqua fchœnanthi fecundum Tabernæmontanum : Recipe fchœnanthi incifi & puluerati vncias fedecim. Ponantur in cucurbita vel veficâ. Affunde aquę fontanæ libras totidem. Macera per triduum in bal-neo,vel fimo calente. Deftilla per cineres vel ftufam ficcam, donec exierint libræ octo. Reliquias abijce. In deftillato macera denuò puluerisfchœ-nanthi vncias fex; per horas viginti quatuor in balneo. Deftilla libras fex; quas repone.

Si placet vinum addere, affunde ad duos digitos; & fi imbibitur, ad-auge. Potes etiam ftratum ponere, idq; afpergere vino, & inijcere ftratum nouum,idque iterum afpergere; & fic vfque ad iuftam altitudinem. Facta maceratione deftilla.

Cum videris alembicum nebulofum fieri,conijcies phlegma fcande-re.Itaq; tunc eft ceffandum.

Ad modum fchœnanthi deftillatur ficcum, pulegium,mentha,eupa-torium, &c. Item furculi arbufculorum ex roremarino,fpicanardi,&c.

Eodem pertinet & quicquid eft aromaticum, vt radices, cortices, li-gna, femina, fructus, folia, flores, &c. Sic concinnatur aqua cinamomi & fimilium, &c.

AQVA CINAMOMI.

Recipe cinamomi optimi, fractíque, tunde in mortario afpergendo aliquid aquæ rofaceæ. Pone in cucurbitam vitream. Affunde ad libram ci-namomi ciuilem, menfuras duas aquæ rofaceæ, & maluatici fefquimenfu-ram. Macera in calore per triduum indies femel agitando. Deftilla in bal-neo. Aquam primam feorfim cape: eft enim optima. Secundam item feor-fim, vt & tertiam. Secundæ vfus poteft effe ad macerationes pro menftruo. Exit & quarta coloris rubri: fed in cineribus vel arena.

Vel ex fententia Cratonis: Cinamomi feftucas loca in facculo; fufpé-de in olla vel cucurbita fuper aquam, quam tamen non attingat. Olla po-natur in aquam feruentem, vt & ea aqua, quæ in olla eft, bulliat, & vapore benè irriget cinamomum in facculo. Tere poftea, & fi opus eft, adde ali-quid aquæ vt pafta fiat. Deftilla in balneo.

(Quidam macerant aqua boraginis vel rofacea, vel meliffa, bugloffa, en-diuia, &c.

Quidam ad fcobis libram vnam, affundunt aquæ fefquimenfuram, & per gradus ignis deftillant aquas quatuor. Prima eft cinerea, fecunda lactea, tertia incipit flauere, quarta erubefcit. Alembicus refrigerandus eft pannis madidis.

Nonnunquam in vefica ahenea deftillatur; fed cauendum eft empyreuma. Aqua lentè lento igni debet profluere.)

Ad exemplum aquæ cinamomi deftillantur & charyophylli, nux mo-fchata, & fimilia.

Ita fit aqua ligni guaiaci: Scobem eius aquæ fumariæ macerando, & poftea deftillando in balneo.

Huc pertinent & offa & cornua, quæ fimiliter in fcobem rediguntur, & in fua aqua vel vino macerantur, deftillanturque.

Aqua radicis angelica: Radicis angelicæ optimæ, recentis, ficcæ li-bram, contunde crafsè. Loca in vafe vitreo, & affunde aquæ fontanæ tres menfuras. Macera vafe claufo per fex dies. Deftilla in arena per gradus pri-mum & fecundum. Cum menfura vna exit, cefla. Si perrexeris, fequetur oleum cum phlegmate. Sunt & alij modi.

Ita aqua rad. Iridis aut gentiana: Affunde vinum ad duos digitos. Di-gere ad vaporarium per menfem. Deftilla in balneo.

Recipe radic. pyrethri, macera in aceto, vel fpiritu vini, deftilla in ci-neribus.

Recipe grana iuniperi, vel lauri baccas, tufis mifce vini fecem. De-ftilla poft digeftionem.

Sic

Sic & plantæ ficcæ,abfynthium,ferpillum,ruta, &c. aliquo dictorum modorum apparantur, &abfynthij fummitates macerantur fpiritu vini,& per vitrea organa deftillantur,de ftillato additur maluaticum.

Quod fi res ficcæ funt qualitatis frigidæ, pro menftruo potiffimum eft fontana,eaq; fi penetrantior,requiritur deftillata.Ita flores violarum ficci,flores rofarum,nenupharis,herbæ oxalidis,&c.deftillantur, & adhibentur infufiones crebræ,rebus mutatis, &c.

Affinis ficcis rebus eft deftillatio carnium ficcatarum,vt fi renes fcinci,caftorium,mumia,&c.fint deftillanda. Macerantur in vini fpiritu, vel vino,aut aqua competente,&c.

TRACT. II. CAPVT XXX.

De aquis herbarum humidarum recentium,& quæ fimilia funt.

DVplex hîc folet obferuari ratio. Herbæ tota fubftantia (*vel ea parte quæ in præfens fuppetit*)tunduntur, & in aqua copiofiore macerantur, vel pro confiftentia rei,ita vt nunquam duos digitos excedat duntaxat:& obferuandum eft,quod fi humidæ frigidæ fint res,aqua fumatur:fin calidæ ficcæ, vinum vel aqua ter deftillata,aut ros deftillatus,&c.

A copiofiore aqua vix tertia pars abftrahitur.Exemplo eft aqua cichorij,chelidoniæ,&c.

Radices & herbam cichorij medio Maio lecta duodecim librarū tunde vel incide minutim.Affunde fontanæ libras viginti,macera per diem,deftilla ex vefica libras duntaxat octo.Quod fi herbæ potentia funt aromaticæ, poteft repeti infufio, aut etiam denuò radices vel femina iniici & deftillari. Sed infunduntur res aridæ, triens fcilicet in libra vna, in balneo per horas 24. & deftillatio peragitur calore leuiore:fin frigidæ funt,non repetitur deftillatio.

Sed huic modo in aromaticis præfertim præfertur alius.Res recentes fucculentæ incifæ minutim, tufæque macerantur in fuo fucco per noctem, vel pro rei natura.Collocantur poftea in cucurbitis, & deftillantur feu balneo, feu cineribus lentis,feu in furno cacabario,calore vaporofo.

Ita longè efficacior fit aqua rofacea,fi tufi flores abfque menftruo, aut eo faltem pauco,ita vt tantum irrigentur, deftillentur modico calore balnei,quàm fi copiofa perfundantur aqua. Si frigorifica vis petitur potius,fatis eft vna deftillatio, præcedente irrigatione ex aqua fontana,vel rofacea veteri. Sin vis confortans & odor,plures fiunt infufiones in deftillato. Infundi verò debent rofæ ficcæ mofchatæ,& tunc etiam folet addi parum pulueris chariophyllorum,vel aqua eorum. Deftillata aqua infolando rectificatur.

Ita fit aqua ex liliorum conuallium floribus, tiliæ, lilij, chatiophyllo-
rum coronariorum, hyacynthorum, narcissorum, caltharum, violarum, lilij
inter spinas, &c.

Ita ex fumariæ herba, acetosa, petroselino, taraxaco, tussilagine, & reliquis.

AQVA VERBASCI ASCENSORIA.

Herbam cum floribus tunde & maceta in vino (*potius in aqua roris*) deftilla per afcenfum.

Aqua cydon. Recipe miuæ cydon. vel carnis: misce cum floribus cydon.
recentibus contundendo, digere, deftilla in balneo.

AQVA RVTÆ, VEL EVFRASIÆ, VEL
chelidon. &c.

Herbæ hæ tufæ perfundantur aqua roris, macerentur per diem, & coquantur in olla per campanam vel peluin, vnde coagulatus vapor deftillet in
vas recipiens. Coctio fit in balneo.

Huc pertinent etiam aquæ ex recentibus feminibus fucculentis, item
ex fructibus, veluti fi iuglandes immaturæ recentes contufæ & maceratæ
deftillentur in aquam, &c. ita fi radices iridis noftratis tufæ, & in fuo fucco
maceratæ, &c. Item fi cortices fambuci, ebuli, &c. fi grana myrti, iuniperi,
lauri, ebuli, fambuci, &c.

Quædam ex his aquis purgantem vim retinent, vt ex rofis pallidis pri-
or exiens: item quæ ex floribus perfici, floribus pruni, herba & floribus ebuli, corticibus & floribus fambuci, radice efulæ, & fimilibus, in quibus odor
potiffimas habet, eæ non nimis recentes imponuntur, fed prius in vmbra
vel fub charta, finunrque flacceffere, & fumuntur non herbæ tantum, &
flores, fed & furculi, feu locuftæ, vt ex bafilicone, maiorana, &c.

Frondes bafiliconis contufas in vafe obturato infola, poftea leni balneo fenfim adhibito deftilla, deftillatum ad folem rectifica.

Maioranæ furculos incifos potes odorato vino, vel aqua roris Maij
ter deftillata & apricata afpergere, vel etiam rofacea & fimili: & poft macerationem deftillare.

Fructus humidi, vt limones, cucumeres, melones, mala aurantia, &c.
fepofitis corticibus contunduntur in fui generis mortario (*ad acida ligneum
fumitur, &c.* macerantur in fuo fucco, & deftillantur eodem modo.

Fraga tufa digeruntur in vino addito facharo, vel pauco fale. Deftillantur per balneum. Ita mora, cerafia, &c. quæ tamen per fe potius deftillari debent.

Eodem pertinent & carnes recentes, nifi quod quædam præcoquantur.

tur, veluti capo iugulatus & purgatus inciditur minutim, & coquitur in a-
qua seu fontana, seu rosacea, seu vino, &c. ad tabem, inde destillatur in balneo, vel statim conciditur & asperso sale gemmæ parumper digeritur & destillatur sine coctione.

Pulli auium, vt picæ, hirundinum, ciconiarum, &c. plærumq; distrahuntur medij, vel inciduntur; macerantur in vino albo bono, vt regantur,
per sex dies, vel circiter: destillantur in balneo. Hirundines etiam aceto macerantur, &c.

Aqua cochlearum ita fit: Cochleas colloca in olla. Sine se per sex dies
purgare, coque ex aqua, & expurga diligenter, &c. primùm lauando cum a-
ceto, secundò cum aqua, tertiò cum vino. Scinde minutim, & impositis fundo cucurbitæ foliis borraginis destilla igni lento.

Ita potes destillare lumbricos, ranas, gyrinum fœtum, fœturam ranarum, mures, viperas, centipedes &c. semper attendendo, vt venenatam qualitatem alteres, & interdum in competente menstruo maceres. Ranæ sinuntur se purgare per triduum duntaxat, &c. Lumbrici per diem vnum atq; alterum. Aqua ex cancris fit si conquassentur, & aspergantur pauco vino, &c.
ita ex pulmonibus cerui, vulpis, &c. elotis vino, vel potius aqua tussilaginis,
& vino cui aliquid spiritus sulphurei sit adiectum, vicissim. Ita & reliquis a-
quæ eæ aspergantur, quæ ad vsum præsentem faciunt.

Aqua ex albuminibus duris, item ex vitellis. Albumina indurata separata à vitellis & testis, teruntur in ligneo mortario in formam placentæ, a-
spersóq; salis momento, digeruntur. Ponuntur in cucurbita iuncturis obstructis & siccatis. Destillantur in cineribus igni modico. Hanc aquam quidam reddunt fecibus quater, & fixatoriam efficiunt, sed maximè cum additamentis. Nonnulli cum sale putrefaciunt, sed tunc odorem fœtidum inter tractandum vitabis.

Ita nonnulli omnia carnea solent in minutal redigere, & adiecto sale
putrefacere, posteaq; destillare per cineres igne lento. Sed videndum est ad
quem scopum parentur.

Medullæ panum & farinæ, non alia destillantur arte, ad reddendam
aquam simplicem. Panis recens vino respergitur, & destillatur.

Nonnunquam coquitur in aqua rosacea, vel aqua vinoúe decoctionis
chariophyllorum Indicorum vsq; ad pultem, quæ balneo destillatur.

Notandum demum est pari arte ex conseruis quoq; & conditis herbarum, florum, fructuum, radicum, &c. elici aquam, veluti quæ ex melissæ
conserua conficitur, vires non inferiores obtinet, refertq; ipsam
tota substantia. Sic extracta rudiora
præparari possunt.

TRACT.

TRACT. II. CAP. XXXI.

De aquis gummatum.

GVmmi, refinæ, lachrymæ, & quæ huius funt claffis, effentiam in oleo habent potius, itaq; oleum ex eis quæritur magis quàm aqua.

Quia verò licet plurimum humoris alimentarij & elementarij in coagulatione dinaporauit, tamen adhuc aliquid habent fibi vnitum: itaq; folet & ex illis aqua elici, maximè verò tunc, quando & oleum, antecedit enim oleum.

Perfe fi deftillentur, parum aquæ præbent, & producitur ea igni lentiffimo in vitreis organis vapore balnei. Refinæ humidæ aquæ plus exhibent, fed quæ ad fpirituum naturam inclinat. Itaque tunc comparatur, cùm fpiritus: & nomine phlegmatis folet defignari.

Sic in cera dum oleum fit, aqua per retortam exit.

AQVA LASERIS VEL STYRACIS, & fimilium.

Gummi puluetatum perfunde aqua rofacea ad duos digitos. Macera loco tepente per dies feptem, deftilla per balneum, deftillatam infola.

Aqua gummi cerafiorum. Gummi hoc contunde, pone in fimo humido calido, vel in balnei vapore, vel inhuma per menfem, poftea deftilla lentiffimo balneo, & exit aqua. Oleum fequetur fi cohobaueris, vel egeris vt fuo loco dictum eft.

Eadem ratio eft in fulphure, fuccino, & fimilibus: fi enim per fe deftilles fuccinum fine aq. rof. prodit aqua, fed oleum corrumpitur, lentefcit, nigrumque euadit.

Sic aqua deftillatur ex fuligine fornacum.

Aqua fachari deftillatur per retortam capacem, egreditur turbida quia flatuofum. Omnis quæ exugi poteft, mifcetur arena ficciffima puriffimaq; tanta, quanta imbibitur aqua. Deftillatur in balneo Mariæ. Septies labor repetendus cum noua arena eft, & tandem inclarefcit. Prima deftillatio fit in cineribus.

TRACT. II. CAP. XXXII.

De aquis ftillatitiis ardentibus.

AQuæ ftillatitiæ ardentes funt, quæ minus habent aquofitatis, adeóque ad fpiritus oleofos accedentes inflammari poffunt.

Nondum tamen ab omni aquofitate craffiore penitus funt liberatæ: itaque & non totæ conflagrant, fed relinqunt poft fe veftigium aquæ, & perturban-

turbantur nonnihil, neque ita penetrant, nec sunt pingues. Vnde & ab oleo
& spiritibus distant:vt quasi sint oleum vel spiritus aquositate subtiliori copiosa exactè permisti, ob quam mistionem etiam igneæ censentur, & in-
iuria frigoris elementaris, nisi elementaris aquositatis multum habeant,
non congelascunt.

E adem nonnunquam elaborantur subtilius, ita vt ferè assequantur
naturam spirituum & quintæ essentiæ vini & oleorum. Infrà tamen adhuc
paulò subsistunt.Et harum nota est, non relinquere post se vestigium infu-
scans stanneum nitorem.Cumq́; vulgares semel atq; iterum destillentur, hæ
per quatuor alembicos exiguntur. Vnde & in menstruorum censu spiritus
officio funguntur,suntq́; soluentes.Subtilissimæ aquarum ardentium sunt,
quæ primò exeunt,& dum alembicus inuisibiles spiritus habet & pellucet.
Cùm verò obnubilatur, vel bullæ & riuuli per rostrum decurrunt, phlegma adest.

Res ex quibus destillantur sunt,feces vini,cereuisiæ,& aliarum potionum inebriantium.Postea etiam liquores ipsi inebriantes,insuper fructus,
vt triticum,auena,hordeum,oryza,siligo,lolium,lignum &baccæ iuniperi,
fermétum,castaneæ,glandes faginæ,&c.omnino vegetabiles potissimum,
quibus cum vaporosa aquositate etiam multum est spirituum acrium, & o-
dor grauis.

*Aqua ardens ex vino ita efficitur:*Vinum bonum infunde vesicæ aheneæ,
accommoda alembicum vitreum cum canalibus per dolium refrigerans in
receptaculum ductis. Sit autem tertia pars vacua:ignem subijce lenem, &
caue ne ebulliat vinum:destillando tertiam partem duntaxat excipe,si præsertim ad morbos requiris, eamq́; ter destillando corrige, semper crassiora
relinquendo,ad suos vsus,& tertiam extrahendo:ex reliquijs primæ destillationis fit acetum:ex secundæ & reliquarum, menstrua, vel etiam externorū
morborum remedia.Nonnunquam decima duntaxat pars elicitur, eaq́; accedit ad spirituum præstantiam, aliàs & dimidia.

*In hac aqua variatio est. Quidam pileum cum duplici rostro ex ære admo-
uent:alij alembicos quatuor cum totidem rostris, ita vt alter alteri sit impositus, o-
mnesq́, pertusi præter summum, ex quo optima aqua prodit:ex reliquis grauior &
deterior.*

*Nonnulli sedecim mensuras imponunt, & cucurbitam seu vesicam ad me-
dias implent. Destillant primò partem vnam, post mutant receptaculum, illamq́
seorsim notant & seruant.Alio receptaculo capiunt aquam secundam,& vim ex-
plorant gustu,vel ex igni argumentum sumunt.Si quid adhuc virium est,tertiam
seorsim concipiunt,donec senserint nihil subesse virium. Hoc absoluto,phlegma effunditur, vt fiat acetum,& opus repetitur in noua materia sedecim mensurarum.
Aquas seorsim exceptas,sigillatim corrigunt denuò destillando igni lentissimo: secunda destillatio fit tantum ad medias in vnaquaq,parte; Rectificantur ad solem,*

vel circulantur. Quatuor vini mensuræ prima destillatione dant vnam, secunda dimidiam, tertio & quarto tota destillari solet. Alij ex viginti mensuris primùm quatuor, secundò duas, tertiò vnam destillant, si scilicet vinum fuit rubrum, quod magis est terrestre. Tales aquæ sunt materiæ spiritus vini, & quinta essentiæ.

Aqua ardens ex musto. Cùm feruet, impone collum orificio vasis, & ei accommoda alembicum vastum cum recipiente. Aquam exceptam destilla denuò more spiritus vini, vt ab aquositate separetur.

Eodem modo etiam ex cereuisia feruescente potest fieri.

Aqua ardens ex recrementis vuarum expressarum sit, si tundantur, & in fimo vase clauso putrefiant, posteaq; destillentur aliquoties, vt aqua subtilissima exeat.

Aqua ardens ex polenta, seu seminibus frumentorum sit, si tosta, fractaque mola perfundantur aqua feruente copiosa, digerantur, & destilletur pars tertia, quæ corrigitur secunda & tertia destillatione.

E phlegmate poterat & acetum fieri, sed vulgus saginat cum eo & reliquiis porcos.

Nonnulli polentæ partem vnam capiunt, & tres aquæ feruentis. Miscent probè, & adiectis fecibus vini, vel cereuisiæ digerunt, miscentque agitando vehementer, vt sit in cereuisiæ apparatu. Postea addunt feces secundò, sinuntque efferuere. Tandem destillant primò partem tertiam, quam denuò destillando corrigunt. Digestio autem illa sit in labro amplo ligneo, seu cupa.

Si semen in agro fruticauit, non rediguntin polentam, sed molitum statim macerant, & sic plærumque sit ex siligine.

Ardens aqua ex fecibus. Misce fecibus vini vel cereuisiæ tres partes aquæ feruentis. Digere, & destilla. Ita agitur & cum fermento. Quinq; mensuræ fecum, dant vnam aquæ ardentis bis destillatæ.

Ex fecibus baccarum iuniperi, post oleum separatum, item sit aqua ardens, si denuò tusæ perfundantur phlegmate, & digerantur. (*Alias baccæ & ligni scobs macerantur in aqua per dies duodecim, & postea destillantur.*) Ita agimus & cum glandibus faginis, & radicibus foliisque Indicis, vnde inebriantes potiones conficiuntur, veluti ex foliis Tabaci, nucis Indicæ, zingibere, &c.

Aquis ardentibus affines sunt illæ quas spiritus vocant nonnulli, ex baccis, granis, aliisúe fructibus, quin simplicibus aliis quoque extractos. Tusas res (*vt cerasa siccata, baccas hederæ, lauri, &c.*) infundunt in aqua feruente, macerantque dolio clauso in cella vel vaporario calido per mensem fuum. Inde destillant spiritum per vesicam. (*Nonnulli addunt feces vini, alij fermentum, alij feces vini, fermentum, & salem, &c.*)

Mensis macerationis est inæqualis, & finit cùm facto foramine in dolio

lio (*quod von totum plenum esse debet*) spiritus gratus sentitur. (*Plæraque horum pertinent ad aquas destillatas, quæ sequuntur naturam suæ materiæ. Verè huc pertinent quæ ex spirituosis educuntur, atque etiam ex destillatis aquis, vt aquæ vulgò dictæ sint aquosiores. Hæc verò ad spiritus accedant propius.*)

TRACT. II. CAP. XXXIII.
De aquis ex liquoribus & succis fluidis.

AQua fontana destillatur, vt ex octoginta mensuris redigatur ad viginti prima destillatione. Hæ destillantur denuò ad octo: ex octo eliciuntur tres, & vocatur aqua ter destillata.

Ita destillamus & aquam pluuiam, & rorem Maium, quanquam hìc contenti esse poteramus destillatione vna atque altera, cùm aquæ per se sint tenuiores, & veluti semel iam destillatæ. Addenda autem ad libram vnam semuncia salis nitri est, vt feces in fundo detineantur.

Aquæ minerales, vrinæ, sanguis, &c. in balneo, arena, cineribus destillantur, sed eorum aqua potius phlegma est. Essentia vrinæ est in sale, &c. Itaque si interior paulò aqua est prouocanda, ad sales redigantur, qui per deliquium soluantur in liquores, à quibus tandem aqua segregatur, quæ & ipsa parum essentiæ habet. Aliàs enim essentia salium stillatitia fluida, spiritus est, quem & oleum nominant.

Aquamellis. Mel ponitur in vesicam, ex qua solent rosæ destillari, vel in cucurbita, vt quinta duntaxat pars impleatur. Tegitur craticula vel spongia, quæ affigenda est filo ferreo, iniiciuntur silices. Addito alembico fit destillatio in cineribus lenta: pileus assiduo refrigeratur, & collum ex cineribus prominet magis. Exit primùm aqua, quæ ceram sapit, quam plærumque vt phlegma negligunt: secunda est acida vel acris valde, coloris aurei, quæ sit materia spiritus ex melle, ad quam sumitur etiam aqua rubra, quæ sequitur loco tertio, aliquibus fulua dicta.

De aqua vini præcedente capite dictum est inter aquas ardentes. E lacte aqua stillatitia phlegmatica prodit. (*Aiunt ita parari posse, vt inebriet.*) Cardanus.

Aqua aceti. Huius quoque aqua phlegmatica est, & primò prodit procurans vomitiones potu. Post tenuem aquam sequitur acrior, quam ad medicinam plurimum quærunt artifices. Tertia spiritus est soluens, quem exasperant cry stallis aceti.

Itaque quod quidam aiunt primam & tertiam aquam negligi: quidam verò primam & secundam proiici, tertiam verò bis terve destillari & exacui sale feeum, ita conciliatur.

Succi

Succi expreſſi liquidi, vt ſuccus ceraſiorum, ribes, & ſimilium, deſtillantur ferè vt fructus humidi. Inſpiſſati pertinent ad ea, quæ præmacerata in menſtruo ſolutaúe deſtillantur.

TRACT. II. CAP. XXXIIII.

De aquis ſtillatitiis aſcenſoriis mineralium.

EX omnibus è quibus ſal alkali fieri poteſt, mediante hoc etiam aqua quædam conficitur, ſed tenuis & phlegmatica. Itaq; non in multis per ſe inuenire eſt aquam eſſentialem ſpecificam.

Quæ verò mediante menſtro ſeu aqua ſoluente aquam præbent, particulam eſſentiæ in menſtruum deponunt, de quo aliquid remanet. Ita etiam ſi aqua ex deliquio ſalis per raphanum , in quo reſtincti ſint lateres, conficiatur.

Ita ex omni minerali facies aquam, ſi id redigas in calcem ſolubilem, quam ſolutam digeras cum duplo vini ſpiritu, poſteaque deſtilles aliquoties.

Ex antimonio fit aqua purgans in hunc modum. Stibium cum æqua parte nitri calcina in reuerberio per dies quindecim. Affunde aquam ardentem ad tres digitos. Digere, deſtilla.

Aqua aluminis dulcis: Deſtilla alumen, refunde liquorem, macera, deſtilla, & repete hoc donec figatur. Solue in liquorem per deliquium, putrefac per menſem, deſtilla, exit aqua dulcis inſtar ſachari. *Paracelſus.*

Aqua vitrioli: Deſtilla vitriolum crudum, præparatum tamen ſoluendo, filtrando, & coagulando. Aqua exiens, aliàs quidem reſpectu ſpiritus eſt phlegmatica : habet tamen etiam aliquid eſſentiæ, ſed duntaxat externi vſus. Fortior euadit, ſi ter quaterúe refuſa fecibus deſtilletur.

Affinis his eſt *aqua tartari:* Tartari libras quatuor deſtilla per retortam cum receptaculo magno, quomodo ſpiritus eliciuntur, exit oleum cú aqua. Abſtrahe aquam in balneo per rectam cucurbitam. E libra exeunt aquæ vnciæ duæ vel ſeſcuncia: datur drachma cum aqua ſumaricè ad febres, ſcabiem, gallicam, hydropem, &c.

Aqua Mercurij: Stanno liquefacto, cùm iam incipit indurari, infunde parem hydrargyrum, & bene ſubige in amalgama. Adde tantundem hydrargyri ſublimati. Tere optimè in marmore, tritum deſtilla in aquam. Hæc dicitur cancros è veſtigio interficere. Potes eam facere etiam ex ſolutione præcipitati, vt de aliis dictum eſt.

Aqua calcis : Miſce calcem viuam cum ouorum albo, tere in marmore, digere per horas viginti quatuor, deſtilla, exit liquor craſſus. Colloca

loca in humido aëre per biduum. Deſtilla iterum. Vſus eius eſt ad teneram cutem faciendam, & contra ſcabiem.

Aquæ gemmarum : Redigantur in calcem modo magiſterij. Soluâtur in liquorem. Addito vini ſpiritu digerantur; deſtillentur cum cohobijs, donec aqua tincta gemmarum viribus exeat.

Vel: Gemmæ ſoluantur per acetum aut aquas ſaxifragas. Solutum deſtilletur.

Tract. II. Cap. XXXV.
De aquis ſtillatirijs deſcenſorijs.

HÆ ſunt, quæ per deſcenſum deſtillando extrahuntur, è rebus plærumque tenuioris ſubſtantiæ, quales ſunt flores, herbæ teneræ, fructus & carnes molles, &c. in quibus plurimum deſtillatio procuratur per ollam & ſartaginem, etiam colore interdum ſeruato. Variat tamen adminiſtratio.

Aqua fragorum : Fraga matura conſperge ſacharo, & tunde in pultem, quam impone ollæ linteo obductæ, adhibitiſque prunis per ſartaginem deſtilla.

Hoc modo violarum flores, cichorij, borraginis, &c. deſtillamus: ita paratur aqua polygoni, hyperici, & ſimiles.

Aqua caltharum : Phiolam imple floribus caltharum conciſis. Obijce glomerem fili ferrati. Deſtilla per deſcenſum ad ſolem.

Ita fit aqua cum colore ſui floris.

Sic flores verbaſci, bugloſſæ & alij aquam deſudant: item flores roſarum cum muſco deſtillantur per balneum deſcenſorium in aquam.

Aqua ranarum : Ranas purgatas & tuſas per duas ollas igni circulatorio deſtilla. Vſus aquæ eſt ad lepram.

Ita fit aqua ex taleolis ſcyllæ, ad mures occidendos.

Aqua florum cichorij aliter: Vittam muliebrem crinalem ſuſpende in vitro ad medium. Imple floribus conciſis tuſiſq; Occlude operculo. Vitrum in aquam frigidam pone ad medium. Deſtilla ad ſolem, & defluet aqua.

Aqua florum pruni ſylueſtris : Flores purgatos tuſoſque deſtilla per linteum ſuper ollam expanſum.

Aqua terebinthi: Reſinam pone in vaſe ligneo fundi rariſſimi & poroſi *(quale eſt ex hedera, &c.)* & tranſudat liquor.

Eodem pertinet & extractio per deliquium, cum ſcilicet non tota res ſoluitur, ſed aquoſitas eſſentialis in ſubtili parte exiſtens coagulata reſoluitur & defluit vel per marmor, vel ſacculum, aliaue inſtrumenta.

Sic aqua tartari calcinati conficitur & aliæ.

TRA-

TRACT. II. CAPVT XXXVI.
De aquis ſtillatitijs compoſitis.

Carbuncu-
lares.

Siue per aſcenſum, ſiue deſcenſum fiat deſtillatio, non tantum res ſimplices in aquam reducuntur, ſed & compoſitæ, eæque multis modis.

Excellunt hic aquæ, quas theriacales & bezoarticas vocant, aduerſus
peſtem & venena alia vtiles; deinde quas aureas & aquas vitæ, ſeu elixyria
vitæ ad confortandum, conſeruandamque ſanitatem & alios vſus factas.
Poſtea aquæ apoplecticæ, ad vitia neruorum, frigida humida; inſuper odoratæ ad refectiones & ornamenta, &c.

Fiunt autem plæreque per rerum purificatarum in aliquo menſtruo,
(vino, viniſpiritu, aqua roſacea, pro modo cuiuſq,) macerationem, digeſtionem, & deſtillationem. Deſtillatum cohobatur, & rectificatur. Vbi res inæqualis ſunt compagis, tempora infuſionum diſcrepant; & quædam etiam
macerantur duntaxat abſque deſtillatione, quædam in alembico ponuntur, &c.

AQVA THERIACALIS PONTANI.

Charyoph. Indicorum, longi piperis, granorum paradiſi, ſenæ drachmæ, nucis moſchatæ ſemuncia, ligni aloës drachmæ tres, digerantur in vini ſpiritu quintæ deſtillationis per octiduum. Deſtillentur in balneo. Deſtillato adde radicis fraxinellæ, zedoariæ, gentianæ, ſantali citrini & albi ſingula didrachma. Theriacę optimę, mithridatij ſenas drachmas, moſchi grana quinque. Macera biduò, & deſtilla. Si fortiorem requiris, res muta &
cohoba.

Theriacalis Paracelſi: Spirit vini vnc. 5. theriacæ bonæ vnc. 2. ſ. myrrhæ Romanæ rubeæ vnc. 1. drach. 2. croci orient. drach. 2. miſta deſtilla.

Aqua Fumanelli theriacalis: Theriaca includatur cepis, quæ inuolutæ
linteo madido ſub cineribus per dimid. horæ coquantur, tundantur, & poſtea deſtillentur. Sudores mouet, datis vncijs duabus.

Alia thericalis: Recipe ſpiritus vini lib. 2. theriacæ ſelibram, myrrhæ
vncias duas, gentianæ vncias tres, ſpermatis ceti, terræ ſigillatæ ſingulas ſemuncias, radicis aſclepiæ vnciam, dictamni albi, pimpinellæ, Valerianæ
ſingula didrachma, caphuræ drachmam. Miſce, inſola, deſtilla.

Alia: Calcis cancrorum fluuiatilium, pulueris ſaxonici, cornu cerui
teneri raſi, ſcobis guaiaci elimatæ, pulueris ſarſæ parillæ ſingulæ quadrantes, aquarum pœoniæ, ſcordij, cardui benedicti, vini maluatici ſingulorum
quantum ſatis, vt liquor ſex digitis exuperet. Macerentur per triduum ad
calorem. Exprimantur. Reliquijs affundatur ſpiritus vini tantum vt made-
ſcant. Digerantur per diem naturalem. Exprimantur denuò. Expreſſio-
nes

nes confunde, & iníjce aureæ Alexandrinæ, electuarij de ouo, theriacæ Andromachi, mithridatij singulorum vncias duas. Digere per mensem. Destilla in cineribus.

Destillatum Paræi ad imitationem Ferneliani , ad Gallicam : Rasuræ guaiaci interioris libræ duæ, vini albi styptici libra , aquæ fontanæ libræ quatuor, aquæ cichorij, fumariæ vnciæ binæ. Infundantur per horas duodecim commista. Seorsim etiam infundantur hæc : Polypodij vnciæ quatuor, seminum iuniperi, hederæ, baccarum lauri vnciæ binæ, charyophyllorum, macis, corticum citri, sacharo conditarum, conseruarum rosarum, anthos, cichorij, buglossæ, borraginis, singulæ semunciæ, conseruç enulæ, theriacæ veteris, mithridatij, vnciæ binæ, vini albi libra, aquæ fontanæ libræ quatuor, aquæ cichorij, fumariæ vnciæ binæ. Stent in infusione sex horis, & coquantur in diplomate. Duo infusa commisce. Coque in diplomate per horas sex. Destilla per alembicum. Dantur vnciæ quatuor cum semuncia sachari, cinamomi drachma & scrupulo diamargariton.

Destillatum Fernelij : Scordij manipuli duo , calendulæ, morsus diaboli, pimpinellæ , hyperici, betonicæ, maioranæ, buglossæ, scabiosæ, saluiæ, singulorum manipulus, hyssopi, melissæ, an. sesquimanipulus. Aquç quantum satis vt immergantur. Stent ad solem per dies septem. Exprimantur violentè. Infunde liquori materiam nouam , & repete digestionem indies agitando. Liquorem immitte in cucurbitam. Adde radicum tunicis, tormentillæ, seminum carduibenedicti singulas semuncias, zedoariæ, nucis moschatæ, charyophyllorum singulas drachmas, macis semidrachmam, pimpinellæ sesquidrachmam, croci drachmam, mithridatij optimi libram, theriacç veteris trientem. Digere per dies septem, vitro clauso. Destilla in balneo.

Ita Rhondeletius : Theriacæ optimæ libram , acetosæ manipulos tres, florum chamæmeli, carduibenedicti, herbarum graminis , pulegij binos manipulos. Digere in vino albo & destilla.

Eiusmodi aquç theriacales sunt polychrestç ad maxima mala; vt sunt apoplexia, paralysis, pestis, quartana, hydrophobia, lues Gallica, venena quçuis assumta & admota, &c.

Fit & acethum theriacale, ex aceto & theriaca infusis & destillatis, quo Fracastorius vtitur cum terra Lemnia ad vlcera Gallica.

(*Eiusmodi acetum Ioh. Hartmannus Beyerus etiam infusione facit.*)

Aqua beZoartica Langij : Tritorum carduibenedicti, radicis enulæ singulæ vnciæ, zedoariæ, imperatoriæ, carlinæ, dictamni albi, angelicæ singulæ sescunciæ, gentianæ , pimpinellæ, tormentillæ, trium santalorum senæ drachmæ, petasitæ, serpentariæ vnciæ singulæ, Valerianæ semuncia, musci scrupulus cum quinque granis, caphuræ scrupuli duo cum dimidio,

theri-

theriacæ, mithridatij singulorum vnciæ duæ cûm semuncia, aquæ vitæ secundæ destillationis libras septem. Digere biduo. Lento igni destilla. Vtere vncijs duabus.

Bezoartica Beyeri: Recipe fol. scordij rutæ, artemisiæ, rad chelid. mai.
angelicæ, zedoar. quaternas vncias, siccatis, incisis & tusis, adde fermenti
acris vncias quatuor, aquæ carduibenedicti vncias octo, aceti bezoartici
Beyeri libras quatuor: macerentur loco calido vase clauso per dies 14. Destilla in balneo Mariæ ad siccum. Aquam cohoba.

Aqua epileptica Langij, alijs carbuncularis: Florum tiliæ manipuli tres,
flor. lilij conuallij manipuli quinque, semin. pœoniæ conquassatorum semuncia. Infusa in quinque libris vini albi optimi per dies quinque, destillentur lento igne balnei. In destillato macera florum rorismarini semima-
nipulum, florum lauendulæ manipulum, herbarum rutæ manipulum, florum bethonicæ semimanipulũ, stęchados Arabicæ pugillum, radicum pœoniæ drachmas duas cum dimidia, radicum fraxinellæ drachmas duas, scyl-
læ præparatæ sesquidrachmã, pyrethri se drachmam, visci querni drachmas
duas, castorij vnam, charyophyllorum duo scrupula, nucis moschatæ scrupulum, rasuræ vngulæ alcis, cardamomi, nucis moschatæ, singulos scrupu-
los, macis se drachmam, cranei hominis anterioris drachmam, coraliorum
rubeorum calcinatorum scrupulum, calcis smaragdi scrupulum medium,
mithridatij tres drachmas. Digesta omnia destillentur denuò.

(Vel: *Scobis ligni cupressi vncias duas, visci querni vncias tres, sem. pœoniæ vnciam, rasuræ cranei humani, cornu ceruini optimi singulas sescuncias.
Infundantur aqua cinam. & florum pœonia ana: ad tres digitos stent in digestione per mensem. Destillentur ad secundum cohobium. Destillatum misceatur
cum saccharo vitriolato ad acorem.*)

Aqua Zuingeri epileptica: Stibij libra, tartari ex vino albo, salis vsti singulæ trientes. Tenuissimè trita pone in magno catino, & adhibe ignem reuerberij circumquaque, vt euadat placenta argentea: (*regulus stibij*) tere
hanc subtilissimè. Torre in patella figulina non vitrata, versando semper,
ne fundatur, idque donec auri perfecti colorem acquirat. Lauando extrahe
subtilem calcem, cuius cape vncias duas, vini albi stomachalis duas libras,
cinamomi semunciam. Misce. Digere in balneo per dies viginti vase clauso. Destilla aquam lento igni. Dosis drachma cum sacchari & moschi momento.

Elixyr vitæ: Specierum diambaris, diaxyloaloës, singulæ vnciæ, diarhodon abbatis vnciæ duæ, florum & surculorum rorismarini, zingiberis
in India conditi, nucis moschatæ in India conditæ, singulæ sescunciæ, calami aromatici in India conditi, enulæ campanæ, pimpinellæ, cinamomi singulæ semunciæ, spiritus vini, vel aquæ cinamomi (*aut spiritus vini, cum quo
extractum est, anisi oleum. vel macis, vel charyophyll. aut nucis mosch.*) pars tertia,

tia; vini maluatici partes duæ. Affundantur illis ad sex digitos, stent in digestione per mensem, & indies moueantur. Omnia autem puluerationda, alijs
quæ puluerari non possunt incisis, terantur affusa aqua cinamomi, vt fiat
pasta. Indies autem dum macerantur, affundatur de vino maluatico; vt tandem sex digitos exuperet. Tandem destillentur aquæ tres, quarum singulæ seruentur seorsim. In vsu commisceantur cum tertia parte syrupi acetositatis citri; vel cinamomi, &c. pro necessitate.

Eiusmodi aquæ etiam fiunt res permiscendo cum fecibus vini in pastam; quæ finitur in digestione menstrua cum parte spirit. vini charyophyl-
lati. Inde fit destillatio.

Aqua caponis instaurans ex Gesnero: Pulpa capi fatigati occisique,
detracta pelle, pinguedine, & sordibus, abluatur aqua nenupharis & lactu-
cæ. Adde conseruarum violarum, florum nenupharis singulas vncias, conseruarum borraginis, buglosse singulas sescuncias, semin. papaueris albi, la-
ctucæ singulas drachmas, pulueris diamargariton frigid. sesquidrachmam,
succi pomorum odoratorum vncias duas. Mista digere in diplomate, & destilla. Da conualescentibus à febri.

Fit & aqua capi ad alios vsus, vt ad oppilationem epatis, icte-
rum, &c.

Capo purgato, cocto, tuso, adde aquæ viol. bethonicæ, endiuiæ, lu-
puli, cuscutæ, cichorij singulos quadrantes, succi pomorum redolentium
trientem cum semuncia, decocti capi macri libram, santali citrini drachmam cum duobus scrupulis, spodij drachmam, cinamomi didrachmam,
caphutæ grana quinque. Coque in diplomate horis quatuor. Expressum
fortiter destilla.

(*Si addideris destillato spiritus vitrioli quantum satis ad acorem tenuem;
obstructiones expedit fortius.*)

Aqua odorata: Aquæ rosaceæ. Puluerum styracis calamitæ, laseris,
cinamomi, charyophillorum, &c. infunde aquam pulueribus, vt excedat
duos digitos. Digere per dies septem. Infunde in cucurbitam, ad alembici
rostrum pone rosas fragrantes, ambar, & moschum. Destilla in balneo. Rectifica insolando.

Porrò componuntur aquæ etiam ad alios vsus, veluti:

Ad vermes: Recipe rasuræ cornu ceruini vncias duas, myrrhæ, croci,
aa. drachmam, centaurij minoris, foliorum persicorum, nucleorum persicorum, rutæ, seminis cinæ singulas semuncias, nitri drachmas tres, colcotaris, tartari calcinati, singula didrachma, corallinæ manipulum medium, scobis ligni coryli manipulos duos. Macera in decocto cornu ceruini
cum aniso, per dies decem. Destilla aquas tres.

Ad menses promouendos: Pulegij, artemisiæ, prassij, calamenti, singulo-

ccc   rum

rum recentum duo manipuli, caſtorij, myrrhæ, ſagapeni, ſabinæ, ocymi,
radicum rubiæ, ſeminis vrticæ, ſeminis leuiſtici, radicis gentianæ ſingula
didrachma. Tuſa conſpergantur apua ſtillatitia pulegij & aq. cinamomi, vt
fiat paſta humida. Macera per dies aliquot, & deſtilla.

Eſt deſcri-
ptio Saladi-
ni de Aſcu-
lo, qua poſt-
ea plurib.eſt
tributa, in-
ter quos eſt
& Helida-
us, &c.

    Aqua ſomniſica Sauanorolæ, deſcripta à Langio : Opij vncia, capitum
allij numero duo, piſtentur, & deſtillentur in balneo per vitrum. Doſis gutta vna vel duæ ex vino.

    Vel : *Herbæ bella donna ſeu ſtramonia quantum vis. Addito croco deſtilla.*
Doſis vncia I.

    Alia foris vſurpanda : *Hyoſcyami, corticum mandragoræ, vermicularis,*
florum nympheæ, melanthij, faba inuerſa, papaueris nigri, ſemperuiuij ſinguli
manipuli. Recentia tuſa, deſtillentur.

    Alia, cuius odor duntaxat accipitur : *Opium, mandragora, cicutæ ſuc-*
cus, ſemina hyoſcyami, &c. irrigata illa aqua papaueris, deſtillentur balneo. De-
ſtillato infunde diambræ ſpecies & muſcum, &c.)

    Aqua ſyncopalis Langij : Aquæ roſaceæ libras duas, aceti roſacei librá
vnam, maluatici ſelibram, roſarum rubrarum ſeſcunciam, florum roriſmarini, maioranæ an. ſeſquidrachmam, zedoariæ drachmam, coriandri ſcrupula duo, cubebarum, nucis moſchatæ, macis charyophyllorum an. drachmam mediam, cinamomi duo ſcrupula, ſpec. diamuſci drachmam, xyloaloës ſemidrachmam, caphuræ ſcrupulum medium, ambræ grana quatuor.
Infunde diebus quatuor, *(vel coque)* deſtilla per balneum.

    Ad aſthma : butyrum ſulphuris ſublimando facti vnciam, rad. ellebo-
ri nigri, ſcillæ præparatæ, ſcordij, fol. & radicum tuſſilaginis, rad. elenij ſingulas ſemuncias, calamenthi, hyſſopi ſingulos manipulos, croci drachmá,
gummi ammonij duas drachmas, ſucci glycyrrhizæ vnciam. Miſta omnia
incorpora cum oximelitis ſcyllitici, & ellebcrati ana, quantum ſatis, vt
conſiſtentia mellis fiat. Digere per dies aliquot. Deſtilla in cineribus.

    Aqua febrifuga, quam Regis vocant : Recipe ſulphuris citrini, alumi-
nis rochæ, ſalis gemmæi ana libras duas, boracis, maſtichis, ſingulorum vnciæ duæ. Puluerata miſtaque deſtilla per alembicum gradibus ignis. Exita-
qua alba turbida. Filtra per iinteum. Adde moſchi puluerati grana quatu-
or, aquæ roſaceæ ſemunciam. Sine ſubſidere. Vſus ad vulnera, odontalgi-
am, febriles paroxyſmos.

    (*Quidam etiam potum præbent de ea aliquid in liquore competente.*)

    Aqua ardentiſſima : Vinum vetus nigrum optimum, immitte calcem
viuam, tartarum, ſalem ammonium, viuum ſulphur. Macera. Deſtilla aquá
cautè. Rapit ignem vt naptha.

    Vel : Vini præſtantiſſimi libra, ſalis manipulus, fecum vini generoſi, q.
ſ Macera, deſtilla. *Mizaldus.*

Aqua

Aqua Portæ ad faciei nitorem: Cochleas pone in fictili per triduum ſub dio, vt fiant famelicæ. Recipe poſtea magiſterium talci, vel magnetis. Miſce cum oui albo ad pulticulam. Hac illine ollam aliam. In eam inijce cochleas, vt abſorbeant pultem. Vbi abſumſerint, & excrementa poſue-rint: exemtas tere cum teſtis. Deſtilla per retortam leni igni aquam.

Alia rubificans faciem: Grana paradiſi, cubebas, charyophyllos Indi-cos, raſuram præſilij. Infunde in vini ſpiritu; macera in fimo & deſtilla. A-qua deſtillata ablue faciem ſæpè, & frica linteis.

Aqua ocularis Iohannis de Vigo: Succi fœniculi, chelidoniæ, rutæ, eu-fraſiæ, an. vnciæ duæ, mellis drachmæ decem, ſarcocollæ, ſtibij, thutiæ, a-loës an. ſemuncia, fellis caprarum, gallorum, gallinarum, ana drachmæ duç, nucis moſchatæ, croci, charyophyllorum ana. vncia, ſachari candi de ſyru-po roſaceo drachmæ ſex, hepatis hirci ſani vnciæ duæ cum dimidia, an-thos manipulus medius. Epar incide; reliqua tuſa miſce; & deſtilla bis.

(*Potes rectius deſtillare per deſcenſum ad ſolem. Ignea enim vis oculares ladit.*)

Ad robur dentium: Frondes roriſmarini, ſaluiæ, rubi, radix tormen-tillæ, nux cupreſſi, locuſtæ quernæ, gallæ, cortices radicum iuglandis, fo-lia meſpilorum, myrti, &c. hæc macera vino rubro ſtyptico, vel ſucco om-phacitidum vuarum. Deſtilla vice ſecunda. In deſtillato ſolue aliquantum aluminis, vel ſpiritus vitrioli.

Ad exemplum dictarum poſſunt plurimæ excogitari.

Sic ad calculum: Aceto infunde ſaxifragam albam, radicem anoni-dis, ſem. veſicariæ, ſem. vrticæ, rad. petroſelini, vrticæ, &c. item lapides Iu-daicum, cancri, cinabaris natiuæ parum, macera & deſtilla,

Et ne ſim aſymbolos in tanta fœcunditate; *ad pareſin eiuſmodi compono aquam:*

Sarſæ par. ligni guaj. ternæ vnciæ, ligni ſambuci, querni, conorum a-bietis, nucum cupreſſi vnciæ ſingulæ, rad. ebuli, rad. elleb. nig. noſtr. rad. eſulæ, radicis Iridis noſt. ſingulæ ſemunciæ, herb. ſaluiæ, verbenæ, primu-læ veris, chamæp. ſinguli manipuli, oſſ. pedum bubulorum contuſorum manipuli quatuor, ſalis iuniperini manipulus, commiſta omnia conſpergá-tur aqua aluminis, & verbaſci an. q. ſ. vt fiat paſta, vel puls liquidior, quæ in fimo digeratur per octiduum. Adde poſtea ranas numero duodecim, lum-bricorum libram mediam, carnis caninæ, vulpinæ ſingulas trientes, pulu. roriſmar. vncias tres, ſalis abſynth. manipulum. Macerentur iterum tri-duò, poſtea deſtillentur in balneo cum cohobio. Deſtillata aqua rectificetur. Ex reliquijs fiat alkali, quod aquæ de-ſtillatæ adijciatur.

Tract. II. Capvt XXXVII.
De alkali.

TAntum fuit de aquis ſtillatitijs.

Coagulum ſpecificum eſt eſſentia materialis terrea, concreta in conſiſtentiam ſiccam per coagulationem.

Quanquam itaque etiam alia ſunt coagula magiſteriorum; & coagulent nonnunquam etiam olea & tincturæ; diſtat tamen hoc à cæteris, quod non tantum extractum ſpecificum ſit, ſed & materiale magis & compagie ſiccæ, licet nonnunquam in puluerem redigatur.

Coagulum extractum eſt duplex: lapillus, & bolus.

(*Ita vocabulis vti cogimur, quando res aliter deſignari commodè non poteſt.*)

Lapillus eſt coagulum extractum per humorem, ex quo concreſcendo exiſtit ſubſtantiæ friabilis & vitreæ.

Solus enim humor extractionis huius medium eſt. In humore etiam lapillus coagulat, quanquam modò ſpiſſior & veluti lutum ſit, modò dilutior. Ita eſt & vitreæ naturę, quod attinet conſiſtentiam, & fragilis, licet non ſemper particulæ ſint grandes, ſed non rarò ſal. vulgaris, aut concretionum niuearum, pruinæve inſtar.

Lapillus eſt duplex: alkali & glacies.

Alkali eſt lapillus ſalis modo ex calcibus reuerberatis per humorem extractus diſſipatoque humore coagulatus.

Alkali itaque tunc nominatur principaliter, cum relicto impuro ſegregatoque corpore, eſſentia forma huius lapilli elaboratur.

Cum verò integræ res calcinatæ & diffuſæ ad ſolidam conſiſtentiam reducuntur, vt cum ſal communis ſoluitur humore & iterum coagulatur: item cum margaritæ calcinantur totæ, ſoluuntur & coagulantur viciſſim, magiſteria per ſe ſunt; at alkali ex ſimilitudine vocantur.

Non omne quod in humore ſoluitur & viciſſim coagulatur, eſt alkali. Inueniuntur enim & flores, tincturæ, calces magiſtrales, &c. ſolubiles.

Eodem modo & ſal magiſtralis, qui eſt vnum ex principijs, differt ab alkali, quod hoc ſit extractum; ille verò tantum ſeparatum magiſterium, quod non habet vim totius eſſentiæ, ſed eſt eius pars tertia.

Alkali autem rerum ex tota ſit eſſentia, ita vt interiores vires ſecum vehat, corpore ſeparato duntaxat.

Extrahitur ex vegetalibus, animalibus & mineralibus, quæ in cineres vel calces tota reuerberantur, optimè clauſo vaſe & ſtipatis commiſſuris, vt ne tantillum quidem eſſentiæ poſſit auffugere, maneantque volatilia cum fixis. Calcinata ſi opus eſt teruntur, & proprio humore, vel analogo perfuſa

fusa extrahuntur in lixiuium essentiale, quod per calorem siccum coagulatur secundum artem.

Potissimum cineres rerum perfunduntur aqua propria vel fontana, cum aqua digeruntur triduo post fornacem calentem. Effunditur liquor, & colatur aliquoties per chartam in linteo positam super vase. Coagulatio fit in vitro.

Duplex enim lixiuium est, elementale, vt quod sit ex vulgari cinere, in quo sal potius est elementalis quàm essentialis, licet non totam perdat rei naturam, & essentiale, de quo hic.

In quibus plus est fixæ substantię quàm volatilis, vt essentia, vel nullam vel non admodum notabilem faciat iacturam , ea etiam apertè possunt in calcem vri. Et tunc etiam aqua feruens affunditur, instituiturq; maceratio diuturnior crebro mutato menstruo.

Omninò studendum est, ne proprius & radicalis humor comburatur, maneatque tantum vel arena, vel sal elementalis, qui nihil vel parum habet de essentia.

Alkali potissimum fit ex vegetalibus & animalium partibus: ex mineralibus autem non multis. Nam plærumque loco alkali conficitur magisterium calcis, vel flores essentia quinta aut tinctura, &c. vt in metallis & gemmis.

Alkali tamen plumbi, quod & dulcedo vocatur, ad tincturarum modum fit per acetum destillatum soluendo coagulandoq́. Depuratur repetitis operibus, attenuaturq́, ita, vt etiam eliquescat.

E lapidibus calcariis promtius efficitur: Aqua seu humor cum quo extrahitur, debet esse aqua pluuia, vel stillatitia, ne fontanarum gypsum, tophus aut aliæ peregrinitates admisceantur. In vegetalibus accipimus eiusdem speciei aquam, qua prius ex illis modico balneo sit destillata: veluti ex absynthio aqua elicitur citra combustionem fecum. Hæ postea clauso vase calcinantur in cineres, quibus affunditur aqua prior modicè calefacta. Tamdiu autem affundi debet, donec in cineribus nulla sentiatur acredo. Deinde eãdem aquam nouis affundimus cineribus, quousq́ euadat acerrima: Vltimò affunditur aqua feruens. In colatorij fundo, eiusdem herbæ ramenta loco straminis ponuntur: atq́ ita virtus augetur. Interdum coquuntur cineres in aqua crebrò mutata, donec salsugo sit elicita, scilicet tunc cùm sunt firmiter compactæ, quomodo solet fieri etiam in alumine & sale nitro extrahendo. Si opus est, cinis extractus iterum calcinatur, & porrò perfunditur aqua. Sed tunc potius sal fiet elementalis. Lixiuia coagulantur diuaporando super igni prunarum lento. Prius tamen colanda sunt diligenter per crassum pannum. Vitandus ignis vehemens est, ne sal volatilis pereat. Itaque & malunt quidam vti destillatione, qua aqua abstrahatur. Nec coquitur ad siccum, sed tantum ad melleam consistentiam, vt ex olla eximi possit, item ne vrinam sapiat. Reliqua humiditas finitur modesto sole disflari. Si nimia est quantitas lixiuij, vt vas capere id nequeat, per partes infundatur , vel diuersis ollis coaguletur. Nonnulli pri-

mùm

mùm extrahunt aquam, postea oleum, tertiò calcinant: & alkali per aquam colligunt: hoc imbibunt oleo suo, siccantq́ & terunt. Combustilia ne vrantur nimium, ne arenescat aut virescat cinis.

Alkali coagulatum rectificari debet solutionibus, filtrationibus & reductionibus crebris. Filtrum autem esto chartaceum, vel solutio clarificetur cum albo oui, vt sacharum. Soluuntur autem aqua rosacea vel simili irrigata super marmore, &c. per deliquium.

Alkali anthillidis. Anthillis herba comburitur super scrobibus. Aqua aspersa in illis colligitur massa, quam sodam appellant, quanquam etiam fiat dum lateres coquunt, herba illa, vel calcarios lapides vrunt. Soda seu cinis ille induratus saxi more, molis teritur in puluerem tenuem. Coquitur in ahenis affusa ad libram vnam aquæ pluuiæ amphora, ad tertias residuas per horas quatuor. Ab igni remota, sine subsidere per horas duodecim, vt aqua fiat limpidissima. Effunde per colum. Fex coquitur denuò in alia aqua, idque etiam tertiò, donec acrimonia excesserit. Aquæ coagulantur super igni in alkali. Ex quinque libris herbæ aiunt prodire vnam salis.

Alkali hyperici ad pleuritin. Hipericum atidum vase clauso calcina in fornace laterum. Cinerem tere, & coque in aqua propria ex alio hyperico destillata. Aquam facto sedimento cola, affunde aliam, & extrahe donec acrimonia cesset. In menstruo infunde calcem nouam ter quaterúe, & vltimò aquam synceram infunde, vt exeat quod acre est. Lixiuia coagula, salem solue per deliquium, filtra, reduc, & hoc aliquoties repete.

Ad huncmodum fit alkali ex chamæmelo ad dysurian: è cimini herba tota: ex saxifraga, & thaphia, ad calculum & lumbricos: è bibinella ad cruditates & hydropa, pestem, phthisin, &c. è gentiana ad febres, obstructionès, menses cessantes, &c. Gratiola ad hydropem: ononide, & stipitibus fabarum ad calculum: è toto iunipero ad venena: ex artemisia ad vterum expurgandum, & sic etiam è melissa, & innumeris aliis.

Alkali Imperatoriæ. Siccatam calcina ad albedinem in clibano per triduum. Salem extrahe cum aqua eiusdem herbæ stillatitia. Filtra lixiuium, refunde cineribus tertiò. Coagula, & inter coagulandum despuma purgaq́; per oui candidum. Si coagulum non sat albet, resolue, filtra sæpe, & reducito.

Ita fit alkali ex polypodio, & lignis buxi, fraxini, guaiaci, &c. quorum dosis à scrup. j. ad drachmam, ad sudandum.

Alkali limonum: Limones tusos cum corticibus destilla. Caput mortuum siccatum in vase clauso lutatoq́; calcina igne reuerberij. Calcem extrahe per stillatitiam propriam. Filtra sæpe & coagula. Vsus in calculo.

Alkali ex hordeo secundum Dornaum : Polentum seu tostum hordeum in mola frange in particulas crassiusculas. Affunde aquam feruen-
tissimam. Stent donec refrigescant. Aquam decola per setaceum. Refunde aliam, & procede priore modo, repetendo toties, donec substantia,
exierit, relictis siliquis vanis. Liquores coque ad mellis spissitudinem.
Destilla, & cum suo spiritu sublima toties, donec ab omni phlegmate *Fit inde spi-*
liberentur. Residuum corpus in fundo exicca in vmbra, vel diuapora. *ritus seu a-*
Calcina in cineres perfectos igni validissimo. Affusa aqua feruida bulli- *qua ardens*
ant, subsideant. Clarum effunde, & rem repete, vt in soda. Vbi nihil *lando.*
deprehenderis acredinis in fecibus, abijce eas, & aquas cola limpidissimè, &
coagula.

Ita facere potes cum expressis succis omnibus vel decoctis, vt cereuisia, mu-
sto, & similibus.

Alkali sanguinis : Sanguinem concretum aqua abiecta calcina fictili clauso in cineres, quos coque in pluuia: salem extrahe. Facit ad arthritin. Sumitur sanguis hirci, cerui, &c.

Alkali oleorum expressorum : Destilla olea expressa vsque ad spissum, donec aquea pars tota sit exhausta, & in cucurbita maneat materia
crassa. Fit hoc igni per gradus, ne tamen nimis celeriter fluat oleum.
Quod in fundo restat, mitte in aquam fontanam calidam: & si quid pingue innatat, tolle. Aquam destilla, materiam exicca. Aquam destilla- *Destilla per*
tam diuapora totam, & sal in fundo erit. Materiam illam siccatam cal- *lacinias.*
cina in albos cineres, & per aquam prius extractam coque, vel fac lixiuium,
quod coagula in salem, & rectifica. Duos sales coniunge.

Alkali fecum vini, cereuisiæ, &c. Feces calcina in reuerberio. Macera
calcem in balneo affusa aqua. Abstrahe per lacinias, & coagula.

Alkali chalcanthi : Vitriolum calcina vase clauso in colcotar: Ex
hoc per phlegma, quod prodit dum spiritus chalcanthi conficitur, extrahe salem: quem resolue & coagula quinquies.

SAL COLCOTARINVS.

Aliter: Colcotar perfunditur aqua pluuia, & sal in eam ingreditur,
reditque per coagulationem.

Rubedo reliqua si quinquies vel sexies iterum calcinetur, & eluatur sem-
per salsedo: tandem dulcis relinquitur, & vocatur dulcedo vitrioli, quæ ma-
ior est, si ex vitriolo Veneris paretur : & præsens est in vlceribus malis re-
medium.

Alkali tartari: Calcina in reuerberio tartarum, donec sit albissimum, & totum intus forisque combustum, vase clauso in fornace calca-
tiorum. Exemtum tere, affusaq; calida (*seu pluuia, seu propria stillatitia*) probè
agita

agita. Sine subsidere. Aquam claram affunde. Repete hoc quater, quousque acredo è tartaro exierit. Cola aquas per chartam aliquoties. Coagula & rectifica.

Aliter: Tartari crudi libram in nodum lintei albi coniice, & pinguedine insice & irriga per totum. Pone in fornace anemia, & calcina per horam aut amplius, donec albescat. Tere, cauens ne inter terendum soluatur. Affunde feruentem aquam quadruplam, extende linteum album super olla, facta fouea, cui impone emporeticam, infusam aquam cola, colaturam in ferreo lebete coagula.

Ita fit alkali ex calce viua, talco, marmore, puluere laterum, &c. cum aqua quintupla ferè.

Calx coraliorum & margaritarum, quanquam ita possit elaborari, vt tota abeat in liquorem: tamen etiam reddunt alkali, cùm post primam calcinationem subtilissima pars extrahitur, vt alkali assolet.

Alkali sulphuris. Sulphur figitur & calcinatur. Cum proprio phlegmate sal extrahitur.

De hoc Picus: Vidi è sulphure extractum salem, qui ignem contemneret, fulgidus, candidus, &c.

Fit etiam dum oleum paratur ex linteis, sulphure oblitis; & in cucurbita suspensis inflammatisq; Sal adhæret lateribus. Tale quid accrescit etiam campanæ, dum spiritus excipitur.

Sed hæc accretio videtur rectius flos, aut fuligo appellari, quàm alkali. In aliis destillationibus nonnunquam item tale quid euenit, vt cùm sanguinis oleum comparatur: cùm stibij spiritus, vel oleum rubeum, cùm item sulphuris, &c.

ALKALI EX COMPOSITIS.

E tartaro & nitro: Tartari albi & nitri pares tere, misceque in lapide. Cape catinum seu crusibulum sat amplum pro puluere capiendo. Candefacito: iniice parum pulueris, vt sal nitri deflagret, postea iterum aliquid, idque donec totum iniceris. Catinum exime igni, tere materiam, & cum aqua stillatitia fac lixiuium, quod filtra & coagula in salem.

Apud Paracelsum multa extant compositiones titulo alkali, vt alkali thutiæ, hæmatitæ, auripigmenti, stibij, lithargyri, &c. Sed non sunt omnes meræ essentiæ, & interdum etiam magisteria calcium solubilium, quandoquidem etiam tota possunt resolui, per elaborationem repetitam: & pars est sal vstus, pars calx magistralis in plurimis compositionibus. Ita fiunt:

Alkali thutiæ ad strumas: *Recipe thutiæ trientem: salis fusi, calcis vinæ singulas selibras. Ex sale & calce fac stratum vnum, impone ei stratum ex thutia, & sic deinceps per vices. Calcina in reuerberio gradu quarto, collige salem ex calce per aquam stillatitiam.*

Alkali hæmatitæ ad vlcera cruentantia: *Hæmatitæ quadrans, luti orientalis,*

talis, boli Armeni, singulorum tantundem. Cum gummi tragacantha, aceto soluto fiat bolus. Reuerbera hunc quarto gradu ignis. Ex calce extrahe alkali.

Hoc alkali syncerum est, si rectè agas.

Alkali crystalli ad calculum : *Boracis didrachma, salis gemmæ sex drachmæ, salis fusi uncia. Misceantur, & de mistura fiat stratum unum. Alterum stratum sit de crystallo pallente puluerato. Calcinentur per horas duodecim in gradu quarto reuerberij. Extrahe alkali.*

Alkali auripigmenti ad cancrum. *Auripigmenti quincunx, fuliginis semuncia, (fortè intelligendum pompholigis vel realgaris) salis ammonii quadrans. Calcinentur gradu quarto horis viginti quatuor. Ertrahatur alkali.*

Alkali stibiatum ad vlcera: *Colcotaris & florum æris singulos trientes misce, & cum stibij duabus unciis vicissim sterne, calcina in reuerberio, & alkali collige.*

Vel : *Stibij libra, salis ammonij præparati quadruplum, miscentur & digeruntur in fimo per mensem in aquam, quæ effunditur & filtratur. Colatura coagulatur. Coagulum soluitur spiritu vini rectificato, extrahitur�q̃ alkali, quoad gustus arguat nullam restare acrimoniam. Tandem coagula.*

Ita ferè & Euchyon componit Alkali.

Lixiuij facti ex cinere quercus & calce viua partes septem : salis gemmæ subtilissimè triti partem unà solue, & bullire sine in caldario ad medias. Refrigerata filtra, & insola, donec in summo inuenias salem, quem cautè exime.

Alkali ad metalla fundenda. Recipe cinerem, lignum quernum vetus putre, tartarum calcinatum, bene contere, addéque parum calcis viuæ. Affusa aqua feruente extrahe omnem salsedinem aqua mutata. In lixiuio nouam materiam infunde. Cola, coagula, vel secundò adde tartarum calcinatum, cinerem, salem, & calcem, agéque per manicam Hippocratis.

Alkali ad tympananiten. Iuniperi tota substantia concisa, ebulus, radix sambuci: illius quidem manipuli sex, horum singuli manipuli. Fœniculi, carui, meu, asplenij, epaticæ, cuscutæ, singulæ semunciæ, limati chalybis aceto præparati libra. Mista calcinentur in reuerberio quoad satis. Extrahatur alkali cum aqua alkekengi.

Huius loci est *sal theriacalis*, ita præparatus : Res illas quas Galenus commemorat cap. 19. ad Pisonem, cùm viperis vel trochiscis viperinis calcina (*viperis tamen prius sigillatim tostis, ut venenatus halitus abeat, &c.*) in exactum cinerem vase undique firmiter clauso. Extrahe alkali cum aqua theriacali, vel scordij, aut simili stillatitia.

ddd *Ita*

Ita sal Theriacalis fieri potest: Si theriacam Andromachi misceas cum Valeriana, scordio, & similibus, affusa aliqua parte spiritus vitrioli, vt fiat pasta, quam calcines in reuerberio, indeque salem elicias.

Sal stomachalis: Extrahe aquam ex cinamomo. Reliquiis adde absynthium Ponticum, galangam, nucem moschatam, mentham, zingiber, &c. Calcina in cineres vase clauso. Exttahe alkali per extractam aquam cinamomi, vel per aquam absynthij: & postea cùm coagulaueris, solue cum aqua cinamomi, filtra & coagula denuò.

Eo modo potes concinnare sales epaticos, cordiales, renales, lienales, vterinos, arthriticos, &c.

Veluti *epaticus sal* fieri posset ex lauri foliis & baccis, rhabarbaro, absynthio, calamo aromatico, Eupatorio, sandalo, rosis, &c.

Sal cordialis ex floribus cordialibus, melissa, roremarino, margaritis, coraliis, cinamomo, croco, ligno aloës, chariophyllis, &c.

Sal renalis ex pipere, zingibere, vesicariæ fructu, petroselino, pimpinella, semine & radice vrticæ, iunipero, &c.

Sal lienalis ex scolopendrio, fumaria, cuscuta, rad. asparagi, tamaricis, iuniperi, capparum, calamo aromatico, &c.

Sal ad Gallicam: ex fumaria, schœnantho, guaiaco, &c.

Sal ad vterum: ex melissa, roremarino, pulegio, &c.

Sal arthriticus: ex verbasco, chamæpithyde, ebulo, cornu hircino, guaiaco, verbena, lauri baccis, &c.

Solent porrò eiusmodi salibus non tantum colores suarum rerum, sed & sapores odoresque conciliari, per imbibitionem propriorum succorum, seu tincturarum, veluti sal violaceus tingitur succo violæ expresso & colato: siccatur lentissimo calore, & teritur: sal absynthij succo eiusdem, &c. sal sandalinus, tinctura sandali aspergitur: sal croci, tinctura eiusdem. Ita sal cinamomi saporem suum accipit ab extracto per vini spiritum, &c. aliàs sapor salium est salsus vel amarus, & color albus, quibus intima vis specificaque est coniuncta.

Salibus alkali cognatus est sal practicus, qui fit ex mistura salis nitri & ammonij æquali. Soluitur per se & in olla rara locatur in cella, vt per ollam penetret. In huius externa superficie coagulatus colligitur.

Alius est philosophicus apud Paracelsum ex multis compositus. Sal alkitram, seu artis, qui & philosophicus, fit ex capitibus mortuis aquarum fortium.

Sal rebisolleus conficitur ex vrina coagulata.

TRACT. II. CAPVT XXXVIII.
De Cryſtallis.

G Lacies eſt lapillus fragilis per conglaciationem Chymicam factus.
Congelatio autem eiuſmodi fit, humore aqueo ſecedente, & congelabili ſucco conſiſtente in formam lapilli, quod ſine calore euidéte etiam in cella fieri poteſt.

Si tamen pars aquoſitatis diuaporando diſſipatur, opus procedit citius. Itaque & lixiuia glaciei ſolent decoqui ad craſſitiem ſapalem, aut ſedimento facto, quod aqueum innatat, depleri. Reliquum congelat eò facilius.

Omnino res quæ habent ſuccum congelabilem, ſoluuntur in humorem lixiuij, per aquam competentem, aut ſi proprium habent, is relinquitur. Lixiuium colatur diligenter ad purum, vel ſi fæcum quid vnà eſt, ex illis lapilli exiſtere permittuntur, & poſtea abluuntur. Colaturæ pars ſapalis diſponitur in ſuis alueolis loco apto: quod ſi penetrans valde eſt, vitrea vaſa conducunt. In his vt plurimum bacillos collocamus ex lignis abiegnis vel ſimilibus non pinguibus, aut etiam ſtipulis, &c. quibus lapillus glaciei accreſcit. Nonnunquam & per ſe conſiſtere ſinitur. Concretione facta, repurgatur glacies ablutione in aqua limpida celeri manu: aut ſi interna quoque eſt impuritas, ſoluitur aqua deſtillata, colatur per filtrum chartaceum, & congelatur denuò.

Glacies eiuſmodi duobus diſtinguitur nominibus: vocatur enim cryſtallus interdum, interdum vitriolum: quanquam & nomen ſalis vel alkali vtrique ſoleat interdum ex analogia confectionis & formæ, tribui.

Cryſtallus eſt glacies alba, perſpicua ad inſtar lapidis cryſtallini.

Quanquam enim alia magis perſpicua ſit alia, & nonnunquam nubeculis perturbetur, ſummæ tamen puritatis comes eſt cryſtallina perſpicuitas, quæ vltimo fine in his requiritur. Inde & nomen à cryſtallis naturæ huc tranſlatum eſt.

Conſpirat autem cum forma conſiſtentiaque cryſtallina etiam elaboratio per congelationem. Itaque etſi & alia cryſtallinam conſiſtentiam & formam habeant, vt ſales quidam, hydrargyrus ſæpe ſublimatus & ſimilia: cryſtalli tamen non dicuntur propriè, niſi & confectionis ratio reſpondeat, fiatq; extractio eſſentialis. Hinc fit vt & ſales plurimi, qui natura ſua ſunt ſales, in hanc claſſem cadant, differantque ab alkali modo confectionis, & forma.

Excellunt hìc alumen, borax, ſal gemmæ, qui & cryſtallinus, ſacharum cryſtallinum, & alia.

ALVMEN.

Aut ex aquis mineralibus excoquitur in cortinis plumbeis ad ſpiſſum, poſteáq; coagulatur in cupis ligneis, aut ex terra & lapidibus, &c. & quidem terra in lacus ligneos quadrangulos ſeu caſtella imponitur, ibíq; affuſa aqua maceratur indies agitando. Aqua in piſcinas emittitur, ibíq; colligitur quāta placet. Inde excoquitur in cortinis plumbeis quadratis ad iuſtam ſpiſſitudinem, tuncq́; eſt ſimile farinæ. Hoc vbi refrixerit in peculiaribús vaſis : in cupis poſtea coagulatur. Quidam tamen modicè coctum liquorem ſinunt in cupis ſedimentum facere. Clarum quod eſt, effundunt in cortinas, & inſpiſſant. Id autem ſit tunc, cùm vena mera eſt. Sin vitriolum coniunctum eſt affunditur vrina ſtatim in capellis, vel etiam poſtea, cùm pars clara recoquitur, & chalcanthum ad fundum ſecedit.   Terra ſemel exhauſta, in cumulos ſubdiales congeritur, ibíque per annos aliquot nouum concipit alumen. In cortinis quoq; aliquid terreum ſplendens accreſcit fundo, quod exemtum cum noua vena miſcetur. Nonnunquam & terra non eluta ſtatim digeritur in cumulis. Saxa aluminoſa prius reuerberari in rubedinem neceſſe eſt, neq; tamen nimis, nec minus. Vſta congeruntur in cumulos, & per dies 40. aqua perfunduntur, vt ſoluantur. Ea calx in bullientem aquam in ſua cortina iniicitur & ſoluitur cum agitatione crebra, & ſeparatione contumacium partium. Solutio recocta & purgata in lacubus ſuis congelaſcit in alumen album ex alba vena, roſeum ex rubeo, miſta albedine. Pyritæ aluminoſi vruntur, vſti aliquot menſes in aëre ſinuntur molleſcere. Diluuntur in vaſe, dilutum inſpiſſatur & coagulatur in alumen.

Aliud ex compoſitis. Salis gemmæ vnciæ nouem, ſalis vulgaris ter fuſi bes, vitrioli albi vnciæ duæ, Vitrioli Romani ſelibra, æruginis vncia. Trita miſtaq; calcina in furno laterum triduo. Adde calcis viuæ ſemunciam, cineris ſarmentorum, vel fecularum vini, vncias duas. Tritis affunde aquam pluuiam. Fiat lixiuium, quod ſæpe filtra, vt fiat puriſſimum. Decoque ad ſiccum. Solue iterum aqua pluuia. Filtra, diuapora, ſolue, & reduc etiam tertiò. Tandem reſolue, & lixiuium coque ad dimidias, & inijce in vrceolos cum foris ſeu tabulatis inæqualibus, in quibus diſpoſiti ſint baculi pinei non pingues. Sine congelare. Poſſunt tamen etiam ſine baculis fieri buccellæ cryſtallinæ, vt in borace.

(Aluminis apparatum Baccius ſic deſcribit: *Foditur lapis aluminis ſcabroſus candicanſq, æruginei intercurſantibus venis, exciditurq in rudes glebas. Mox in fornacibus aliquot horis coquitur. Exinde inſolatur vltra menſem: aquis immaceratur, quoad in lænorem argillæ modo ſolutus ſit. Tum in ſeruntis aquæ alueo per miniſtros in albiſſimum liquamen ducitur, hocq corriuato in magna capiſteria lignea, tenacior pars addenſatur ligno, excutiturq, vbi ſicca-*

tùm fuerit alumen. Veteres liquidum alumen corriuabant in areas, & astiuis so-
libus maturabant, quod vasis adhæsisset, excutiebant.)

CRYSTALLI SALIS NITRI.

Sit dolium ligneum cum duplici podio, altero integro quod est in i-
mo; altero pertuso instar cribri, quod sit in medio. Capiat autem quatuor
aut quinque amphoras, & circa fundum habeat epistomium ad aquam e-
ducendam. Podium in medio insterne stramentis. Impone terram nitro-
sam, qualis tum ex certis locis, vt in Ægypto, sumitur tum ex stabulis pecu-
dum, vt ouium, &c. Et vbi vrina diu est effusa, *(quidam etiam cinerem alu-
minosum accipiunt.)* Affunde aquam & agita benè, sæpéque perinde ac si
velles vulgare lixiuium facere. Aquam muta donec nullam deprehendas in
colatura per epistomium exeunte acrimoniam, vel terra sit exhausta. Vbi
inferior capacitas dolij impleta est, vel sat lixiuij habes; per epistomium e-
mitte, & cola per pannum densum. Coque in aheno ad medias. Decoctum
effunde in labra lignea, vbi concrescat in conos, vel tessellas, vel bacillis an-
nascatur. Si coni sunt impuri, solue denuò, filtra ad purum, & congela, idq́;
potes quinquies repetere.

*(Materiam nitri etiam arte potes concinnare, si murum purgatum asper-
seris, vel ablueris vrina ouilla, vel equina. Concrescet ibi sal petra; quo abraso, i-
terum ablue murum, & consperge lixiuio, in quo prius sal petra erat coctus & coagulatus.)*

Elaboratio salis nitri, vt purissimi & magni fiant coni. Vrceo ligneo
nouo impone cinerem faginum cribratum. Affunde aquam pluuiam. A-
gita benè. Sine subsidere. Purum effunde. Affunde aquam nouam, & procede vt antè, donec sal exierit.

Salem petræ, vel nitrum pone in aheno. Affunde lixiuij prioris vt nouem digitis excedat. Metire verò altitudinem salis petræ in bacillo antequã
affundas lixiuium; & huic mensuræ adde nouem digitos seu spithamam, vt
scias quantitatem iustam. Lixiuio infuso, coque ad ignem & despuma cum
pertuso cochleari. Si decoxeris ad eam altitudinem, quam de sale per se in
baculo notasti: guttam vnam atq; alteram prunis inijce. Si scintillat flamma
cærulea, satis coctum est: si non, coque amplius. Hoc facto, cola per linteum
spissum triplex mundum in vas mundum, non nimis altum. Non imple ad
summum. Pone loco frigido, iniectis spicillis ligneis abiegnis vel pineis non
pinguibus: concrescere sine, concreta sicca.

Si Styrias requiris, ex iam congelato efficies. Recipe calcem viuam,
extingue eam aceto forti ea copia, vt fiat lixiuium, quod post sedimentum
abstrahe & fil·ra. Admoue ad ignem, & sine feruere. Iniice salem nitri paulò
ante repurgatum Agita bene. Vbi refrixerint, cola per linteum spissum.

Coque

Coque & defpuma. Guttis in prunas coniectis iterum explora num iufte fit coctio; fcintillis cæruleis apparentibus cola in vas ligneum, vt concrefcant ftyriæ.

Magnæ fient ftyriæ in hunc modum: Calcis viuæ partes tres, cineris fecum vini partes duas inijce in vas mundum, vt totum impleant. Affunde vrinam puram. Agita. Sine fubfidere. Effunde cautè. Quod effudifti affunde nouæ materiæ calcis & cineris, idque repete tertiò, & age vt prius, vt lixiuium fit fatis forte. Immitte hoc in ahenum, in quo fit fal nitri paulò ante confectus.

Elabora eodem modo quo prius coquendo, defpumando, colando, in vas effundendo & coagulando: fientque ftyriæ magnæ.

EX HIS FIT SAL ANATRON VERVM.

Recipe calcis viuæ libras quatuor, aluminis Hifpani libras duas, vitrioli tantundem, falis tres libras. Benè tufis affunde vinum album, & benè agitando fac lixiuium. Stent in digeftione per dies nouem.

Recipe ftyrias præcedentes falis nitri librarum decem. Affunde lixiuij paulò antè præparati tantum vt operiatur fal in aheno. Mifce benè & folue. Coque ad medias. Cola: & falem cum alumine in fundo aheni inuenies, quæ remoue.

Aquam diligenter colatam fine refrigefcere, & in quiete coagulari. Lixiuium effunde, & falem ficca. Eft anatrum verum.

(*Sal anatrum ab alijs dicitur fal tartari; Dornæo nitrum in petris fpecie vfnea alba concrefcens.*)

Porrò falis nitri confectionem vulgarem his defcripfit Baccius: *Fit falnitrum hodiè ex acerrimo lixiuio, quod excolatur ex fimo eiufmodi ftercoreq, antiquato: vel putri etiam cæmeteriorum macerie, terrifq, fimul ftudio computrefactis affufa pluries in tinis ligneis eadem aqua. Coquitur hoc lixiuium in magnis caldarijs fitq, falnitrum longis fibris in fundo vafis concrefcentibus.*)

SAL ALEMBROTH EVCHYONTIS.

Aluminis Iameni vncia, aluminis facharini, asbefti fefcuncia, tartari albi femuncia. Tufa cribrataque folue in olla. Sine congelafcere à filtratione.

(*Sal alembroth vel elebroth etiam vocatur fal Tabari, vel fal mercurij philofophorum, & alkitram feu artis ex capitibus mortuis aquarum fortium.*)

Dornæus putat effe falem tartari &c.

Falloppius alium facit in hunc modum: Salis communis purgati, falis gemmæ, falis fodæ, fingulas vncias tere, tritis adde fucci menthæ, charyophyllorum ana vncias duas, aquæ fontanæ libras duas, mifce optimè, &c.)

NITRVM

NITRVM ARTIS GLACIALE.

Pruinosam mutorum veterum salsuginem abrasam in mortario in puluerem redige. Hunc in aheno ex aqua pluuia vel vrina sat diu coque. Cola
per filtrum, & in dolio ligneo quiescés in superficie glaciem contrahit, quę
est nitrum artis, in sole siccandum. Ex libro Herdenij vetusto.

SAL AMMONIACVS.

Naturaliter concrescit sub arenis Lybicis, sicut & sal crystallinus, qui
gemmæus vocatur, sua in minera coagulatur.

Artifices ita imitantur: Vrinæ libræ tres, salis communis libra, salis
gemmæ selibra. Soluuntur in pluuia. Bullire sinuntur ad ignem, agitantur
sæpè & despumantur. Effunde per colum in vas aliud. Adde lixiuium acre
colatum purè; salis sodæ libram vnam. Congelascant in quiete.

Alij in hunc modum per magisterium solutionis, coagulationis & commi-
stionis: Rec. vrina puerilis lib. 10. adde salis comm. lib. 5. Misce ad ignem in ol-
la & solue. Adijce fuliginem. Effunde in vas & sine coagulare. Coagulatum
transfer in ollam operculatam cum foramine in summo. Benè obsigna luto. Collo-
ca in fornacem & coque. Vbi videris exire album fumum, claude foramen, & i-
gnem intende per duas horas. Refrigeratum exime.)

SAL CRYSTALLINVS VRINÆ.

Coque ad sapæ consistentiam, & despuma probè. Cola per filtrum
sæpè. Loca in cella vt congelet in crystallos.

CRYSTALLI EX VINI FECIBVS.

Feces vini dilue aqua fontana. Destilla ad consistentiam mellis. Pone
in cella. Crystallos collige & purifica.

CRYSTALLI EX VINO.

E vino nobili destilla spiritum. Postea phlegma aquosum abstrahe, vt
relinquatur mellis consistentia. Sine congalescat in crystallos, quos ablue
phlegmate.

Aliter: Vini boni libras triginta sex destilla, vt exeant libræ nouem a-
quæ ardentis. Has sepone. Postea destillatione elice alias libras nouem,
quas seorsim serua. Ex residuis libris octodecim destilla quantum potes, vsque ad phlegma. Hoc itaque totum diuapora ad spissitudinem mellis, cui
affunde liquorem, quem tertiò extraxisti. Digere, destilla vsque ad sapæ vel
mellis modum. Pone in loco frigido; & ruffi emergent crystalli. Hos exime. Feces iterum imbibe tertiò extracta aqua. Digere. Destilla ad spissitudinem. Sine congelascere. Repete hunc laborem donec nulli amplius exe-

ant cryſtalli. Lapillos hos ablue phlegmate. Ablutis affunde aquam ſecundò deſtillatam. Solue, macera, cola ſæpè, & coagula : fientíque albi. Horum
cryſtallorum vſus eſt ad auri calcem ſoluendam, & extrahendum per alembicum.

CRYSTALLI EX ACETO.

Deſtilla acetum vſque ad feces ſpiſſas more mellis. Loca in ampulla
tecta in cella vinaria, donec exiſtant cryſtalli. Hos exime, & laua cum prius
deſtillati aceti aquoſitate. Sicca & ſerua. Reſiduis fecibus affunde recentem aceti aquam phlegmaticam, & age vt antè ; & fient iterum cryſtalli,
quos ablue, & repete laborem donec nulli amplius exiſtant.

LAPILLI CRYSTALLINI EX QVOVIS
vegetabili.

Chelidoniam tuſam in cucurbita vitrea digere per dies quindecim in
fimo. Deſtilla vt cineres ſiccentur in fundo. Tuſis his affunde aquam prius
deſtillatam ad digitos quatuor. Macera in balneo per dies octo. Deſtilla
dando ignem per gradus quouſque nulli prodeant ſpiritus. Ex deſtillato ſepara phlegma. Cinerem relictum calcina lento igni per dies aliquot. Calcem imbibe phlegmate quod abſtraxeras. Putrefac in balneo; donec materia in albos lapillos abeat, quos ſolue, & coagula ſepius cum aqua propria,
fiuntíque cryſtallini.

CRYSTALLI SPIRITVVM SALSORVM.

Spiritus vitrioli, ſalis & ſimilium lentiſſimè coagulant tandem in lapillos cryſtallinos, qui extracti ex humore pingui, qui item circa eos iuue-
nitur, exiccantur in ſalem acerrimum : & quidem lapilli vitriolati acidi ſunt
cum acredine.

Compendioſior ratio eſt per ſpiritum vrinæ. Hic enim affuſus oleo
vitrioli, id figit in cryſtallos, vel etiam puluerem inſtar alkali.

Affinis his cryſtallis eſt borax.

BORAX SEV CHRYSOCOLLA FACTITIA
cryſtallina.

Borax adul-
terinus.

Fit ex alumine rupeo & ſale ammonio in ſero lactis ſolutis, depuratis
ſummoperè & conglaciatis. Cauendum ne crocescat.

Ex nitro na-
tiuo ſciſſili
duro, vel et-
iam ex cine-
reo gleboſo.

Aliter fit ex nitro Alexandrino, vel nitro vulgari ſoluto aqua minerali vitriolata ita vt coletur, coquatur ad medias, & coaguletur in glaciem cryſtallinam. Nominatur chryſocolla.

Hunc boracem Alexius augere docet in hunc modum :

Soluatur paſta boracis aqua calida. Segrega lapillos traijciendo per
cribrum. Aquam quæ tranſijt cola. Colaturam coque, & poſitam in fimo

vel

vel furfuris cumulo coagula in cryftallos, qui apparent vultu cruftæ vel cutis. Exemt'os hos elue aqua & ficca. Coniunge cum his quos in cribro reli-
quifti. Recipe aluminis ex vini albi fecibus libras tres, falis nitri beffem,
aquæ communis tres fitulas. Mifta coque ad ignem lentum & defpuma,
quoufque perfectè fint cocta, hoc eft, donec gutta in vngue non fluat, vel
hæreat in charta, vel funiculus intinctus afper occurrat digito. Sine refidere extra ignem. Huius aquæ fefquifitulam ad ignem lentum feruefacito.
Cum feruere incipit adde fuperioris boracis libras feptem cũ dimidia. Coque quoad fatis vt antè. Adde coaguli leporini ciceris quantitatem. Effunde
in vrceolos, in quibus locati fint duo bacilli lignei, ita vt ab eis dependeant
quatuor funiculi, cum plumbea glande deorfum extendente. Circa hos
funiculos borax congelafcet inftar auellanarum. Refiduum amplius coque
vt ante, & iterum lapillos priore modo expecta, idque donec nulli amplius
exeant. Ad extremum fine per fe totum exiccari. (*Vngit lapillos oleo.*)

Borax Venetianus: Lactis vaccini deftillati libras duas, mellis defpu-
mati trientem, croci fefquidrachmam, falis petræ pellucidi dulcis libras
quatuor. Solue fuper prunis. Adde lixiuij facti ex cinere bono, & calce teftarum ouorum libras tres. Loca in olla vitrata in cella per menfem. Conge-
lafcent in lapillos. Horum libram folue in quatuor libris fontanæ deftillatæ
fuper igni, defpuma, filtra, congela.

Alij ex fale petræ & vrina puerorum conficiunt, ficut & ex nitro natiuo & vrina, commiftis, coctis, & coagulatis.

Alij facharo foluto addunt falem nitri, fodam, tartarum, feu cryftallos
ex fecibus vini, colant per filtrum diligenter. Congelafcere loco frigido in
teffellas finunt. *Fit & alijs modis borax per compofi-tiones vari-as, qua poti-us ad magi-fteria com-pofita refe-rantur.*

SACHARVM CRYSTALLINVM QVOD
candi appellant.

Sachari de Medera libras viginti tufas folue aqua q. f. in caldario. Sine
parum ebullire, ne lentefcat aut rubefcat facharum mora ad ignem. Fiat
confiftentia fyrupi fpiffi. Funde in labrum figulinum quadratum intus vitratum, & diuerfis tabulatis diftinctum, ita vt ab amplo in anguftum defi-
nant. Foris iftis impone bacillos abiegnos vel pineos à fe tres digitos
diftantes. Sacharum affufum accrefcit more cryftalli. Colloca verò iftud
labrum ad fornacem in tepore & benè operi. Quod congelauit, exime; reliquum fyrupum iterum calefac donec ferè bulliat, & fuper nouis bacillis
funde in labrum. Sacharum neceffe eft prius depuratum effe oui candido
vel filtris.

Poteft etiam fieri ex facharo fino repurgato. Ex Tomæo aut flaui fiunt, aut longo indigent labore, in filtrando & depurando. Concrefcit &
circa aromata eodem modo.

TABVLA CRYSTALLINA MERCVRII, &c.

Vide Portâ.
lib. 5. Magia
cap. 5.

Affinis his est & mercurij fixio crystallina. Deinde etiam sublimata nonnulla transparentia, quanquam per se vel ad magisteria pertineant vel ad flores aliave artis capita. Non enim hic spectatur forma externa, sed essentia elaboratione singulari facta.

Mercurius autem potissimum coquitur in aqua fixatoria ex ærugine & alumine, vel sale petræ in olla ferrea; (*aqua autem illa conficitur per coctionem æruginis vel salis pet. an. lib. 2. in aqua mens. 8. donec erubescat.*) Cum ad dimidium excocta aqua est cum mercurij quater per corium exacti libra, effunditur. Mercurij puluis ruber eluitur aqua donec albescat. Albus puluis complanatur in tabellam, & collocatur in cella, vbi euadit glacies crystallina. Huius puluerem si in priore aqua ter colata coxeris aut destillaueris, inde aquam cum tertio cohobio; posteaque eiusdem destillatæ aquæ tres partes diuaporaueris; loco frigido in radios crystallinos transit, quorū color viridis propter chalcanthum in ærugine. Porrò & puluis mercurij vnde destillata aqua est, soluitur per deliquium. Liquor miscetur aquæ propriæ, & coagulat in crystallos.

Tract. II. Cap. XXXIX.

De vitriolo.

Vitriolum est lapillus congelatus ex succis metallicam naturam, sulphuream scilicet aluminosam & æream, aliorumq; metallorum quodammodo obtinentibus, consistentia vitrea.

Et quia potissimum ex minera æris succus ille profluit, percolata nempe per eam aqua fontium, aut pluuiali, inde æris seu cupri potissimum naturam est adeptus; chalcantumque vsitatè & cuparosa appellatur.

Copparossa.

Vitrioli verò nomen generalius, etiam ex aliorum metallorum mineris extractam glaciem vitream comprehendit.

Fit non ex mineris metallorum duntaxat, sed & ipsis metallis resolutis.

Ex mineris efficitur ad modum naturalem, quem Galenus in fodinis Cyprijs conspectum descripsit.

Tusa minera perfunditur aqua copiosa; agitatur diligenter, & finitur donec succus sit assumtus. Postea colatur ad purum. Colatura finitur sedimentum facere. Quod aqueum est vel abstrahitur per siphunculum, vel emittitur per epistomium certa distantia à fundo factum; vel tollitur per lacinias. Si tamen aqua per se sat corpulenta est, non opus est ista cura. Reliquum locatum in labris vel vasis suis, quæ debent esse vitrea, aut vitrata, aut saltem ex figulina densa & lapidea, sponte sua congelascit: fiuntque vel tessellæ, vel rhomboidæ, &c. Coagulum exemtum soluitur aqua pura, traijciijcitur per filtrum, & denuò coagulatur: idque repetitur quoufque puritas petita refpondet. Nonnunquam ad ignem finitur diuaporare aquoſitas, vſque ad conſiſtentiam ſapalem.

Si magna copia quæritur, vt in vulgaribus officinis, analogia eſt in va-ſis & reliquis.

Ita & Galenus notauit, quod in labra ſeu piſcinas quadratas figulinas aqua mineralis collecta, ibi temporis proceſſu coagulauerit in chalcanthum, &c.

VVernherus de Vngarico: Duplex eſt vitriolum: natiuum pyramidatim ſpontè concreſcens ſtyriæ in modum: & factitium, quod ita fit: Pyrites minutius cæſus ſternitur in vijs fodinarum intra trabes diſpoſitas. Eis ſimul ac aqua permaduerint, innaſcitur vitriolum, & pyriç ſolidati excindū-tur ferro. E fodinis itaque cæſi & extracti mittuntur in alueolos, & affuſa a-qua feruente, ſoluitur vitriolum in aquam viridem, quæ colatur in vas ali-ud vt depuretur. Depurata coquitur in plumbeo labro igni magno ad horas octo. Influente ſemper eodem liquore vt labrum plenum maneat. Vbi ſat craſſefactus liquor eſt, infunditur in cados ligneos, vbi diſpoſitis virgis annaſcitur. In Hiſpania neceſſe eſt ad ſuccos atramentoſos adijcere ferri vel æris partem, aliàs non coagulant. Minera verò ibi effoſſa per ſe-meſtre ſubdialibus pluuijs & vdo noctis aëre ſinitur irrorari. Inde extra-hitur ſuccus per aquas. Lixiuium depuratum coquitur: & addito ære vel ferro in ligneis alueis coagulatur.

Vitriolum ex metallis puris extrahitur ex eorum croco, vel calce in hunc modum.

VITRIOLVM AVRI.

Aurum purum in laminas tenues extenſum, ſuſpende ſuper vrina pu-erorum miſta gigartis ſeu recrementis vuarum in matula vitrea, cuius orifi-cium probe fit obſtructum. Pone in cumulum acinorum vuæ calentem per dies quatuordecim vel viginti & vnum. Auro adhærebit ſubtilis quidam puluis, quem collige pede leporino deterſum. Repete hoc opus vſque quo placet. Poteſt enim & totum corrodi. Abraſum crocum coque in pluuia deſtillata ſemper agitando per ſpatulam, & aſcendit ſulphur & innatat aquç, quod collige ſeorſim. Sulphure abſtracto; cola reliquum & coagula. In fun-do erit auri vitriolum.

Idem etiam colligitur ex vena auri lutoſa, vel ſabuloſa, aut reliquis tu-ſis & læuigatis, modo ſupra ſcripto.

Ita fit ex argento in lazurium per aquam ſoluentem acidam, ſeu acetū redacto: ſimiliter aliud ex argenti minera.

Ferrum pariter redactum in crocum, ſi ſcilicet ſuſpendantur eius la-minæ ſuper vapore aquæ ſalſæ, &c. Item eius vena vitriolum parit. Poteſt tamen lamina ferrea etiam intingi & ſuſpendi, &c.

VITRIOLVM VENERIS.

Promtiſſimè fit ex æruginoſa aqua in fodinis collecta, vulneratis mō-
tium tectis intra ſcrobes, vt deſtillet inde ſuccus, qui congeritur in labra &
congelatur.

Aliàs vena ærea tunditur, vt antè expoſitum.

Extrahitur & ex metallo puro reſoluto in æruginem diuerſis modis
pro ſcopis diuerſis.

Ad medicinam ita fit : Lamellæ cupri, vel etiam orichalci, *(ex orichalco fit tenerius)* oblinuntur aqua ſalis , vel liquore ſalis nitri, vel aceto deſtillato acri ſuſpenduntur ad aerem, donec æruginem reddāt, quæ eluitur aqua
fontana. Lamellæ ſiccatæ iterum imbuuntur vt antè, donec ſolutæ fuerint
totæ.   Aquæ collectæ ſinuntur ſubſidere. Elementaris aquoſitas coquendo diuaporatur ad ſpiſſitudinem ſyrupi. Reliquum ponitur ad coagulandum.

Si verò ad alia quæritur, veluti ad aquas fortes, vel magiſteria metallica, pro aqua ſalis ſumitur aqua fortis, vel aqua ſalis ammonij, vel ſtatim ex
vulgari ærugine concinna ijſdem modis.

Vel : ℞ acetum, mel, ſalis, cuiuſque quantum ſatis. Fiat puls benè miſta. Illine lamellis cupri. Reuerbera in fornacę figulina. Exime & lamellas
nigras ad aerem ſuſpende, donec ærugo fiat.

*(Extrahitur ex cupro ferè par quantitas vitrioli. Magna etiam pars ex
ferro, propter cognationem. Et ex eiuſmodi vitriolo concinnatur ſpiritus. Solutio
probè eſt colanda & per chartam filtranda , euadit q̃ purius. Celerius coagulat
in vaporario tepido circa fornaces, vbi aquoſitas abſumitur citius.)*

VITRIOLVM STANNI.

Solue lamellas in aqua forti, vel irriga aqua forti, & fac quaſi ceruſſam. Quam elue aqua, & cola. Colatum ſine coagulare in lapillos in vitro.
Potes etiam humorem abſtrahere deſtillando.

Vel : Calcina per aquam fortem. A calce abſtrahe fortem. Affunde
dulcem calidam, & vitriolum extrahe : cola & coágula. E vena tamen item
rectius peti poteſt.

VITRIOLVM E VENA PLVMBI.

Venam plumbi minutim tere, infunde in parem quantitatem aceti
deſtillati & tantundem ſanguinis terræ. Impone in cucurbitam optimè lura-
tam cum alembico & receptaculo in arena calida. Stent triduum, & calore
primi gradus ſoluantur lentè. Ignem intende per gradus; & remanet calx
inſtar lythargyri. Hanc ſiccatam, tritamque cribra per anguſta foramina.
Quod nondum calcinatum & ſolutum eſt, redde aquæ prius abſtractæ, ita
tamen

tamen vt vnà addas etiam recentem venam, solue vt antè. Et hoc potes continuare quousque libet, vel quousque soluere potest aqua. Huius calcis quantum vis pone in phiolam. Affunde acetum cum sanguine terræ, quæ destillasti de priore. Coque tecta per diem medium. Post coctionem pone in cella, vel aqua frigida, & lapilli emittentur. Si aqua nimis fortis esset, adde ei parum de alio aceto & sanguine terræ, exeuntq; plures crystalli.

Vel: Sanguini terræ & aceto destillato iniice venam plumbi intactam igni & soli. Solue in calore quantum potest soluere aqua. Solutionem infunde patinæ vitreæ, & pone in cella in arenam, fientque crystalli puri & clari. Aquam defunde, crystallos exime. Effusam aquam parum per diuapora, & iterum colloca in cella, & existent crystalli plures. Ita potes pergere donec dimidium vel plus ponderis venæ collegeris. Ex hoc vitriolo potest fieri hydrargyrus.

TRACT. II. CAP. XL.
De Floribus.

ITA fuerunt lapilli.   Bolus est coagulum specificum consistentiæ & formæ bolaris.

Cùm voco Bolum, non intelligo quod vulgus in os ingerit, cùm panem comedit secundum Hesiodum τετράδλιβον, ὀκτάβλωμον: nec quod ex integris compactum, ex forma vsusq, conspiratione Medici in Pharmacopolio bolum nominant, nec planè quod quisq, sibi ex luto fingit, nec glebam: sed vocem è specie sumtam generaliter accommodo, quod ad rerum distinctionem non occurrat vocabulum aptius. Infra autem inter ea quæ Turbith vocantur, præcipietur etiam de bolo speciali, seu optima parte terrarum medicatarum, ad modum boli Armeni, & terræ sigillatæ elaboratarum. Hinc accepi nomen. Si quis inuenerit commodius, ci liceat suo ingenio frui. Boli verò consistentia non semper est vnius modi, vtpote quæ modò sit tenerior & friabilior, modò compactior tenaciorq, quin & interdum puluerea, transparens, adiaphana, &c. prout per vias magisteriorum, vel essentiarum vberius diligentiusq, elaborantur, quo pacto flores sulphuris possunt fieri perspicui, &c. Eadem sunt penè monenda de appellatione generica coaguli, qua vtuntur Chymici interdum admodum latè, veluti cùm & olea, & aquam alembico ex aëre coagulari dicunt, & apud Plinium quoq, eadem significatio frequens est, sed hic designat peculiarem essentiam magis materialem seu corpulentam, ad similitudinem, coaguli lactei, item fixionis magisterialis & similium, quæ etiam artifices magis propriè dicunt coagulari, & congelascere. Sed non est vt de nominibus cum quoquam litigem. Bolum definio, quod sit coagulum specificum, quod est essentiale, Chymicum, vt sit essentia quædam liberata ab impuris, & alienitatibus per coagulationis, quam necessariò antecedit solutio, modum segregata, constitutaq, quomodo solent boli eluti in specie fieri, vt sit eis consistentia & forma homogenea, qua-

*lus est bolaris, nonnunquam etiam sabularis, id quod ad essentiam parùm in̄:
terest.*

Bolus est duplex: Flos, & Turbithum.

Flos est bolus per sublimationem extractus. Itaque etiam ex centro &
imis partibus eleuandus est & producendus, vt in summitate forma sicca
coagulet.

*Flos spirituosa rei substantia est: Turbith verò magis terrea. Itaq; ille non ra-
rò eleuatur halitus concreti instar, quales etiam natura Vulcania in suis officinis
terrarumq̃, mineris proflat & gignit.   Sunt tamen & alij modi, vt mox dicetur.
Nomen vsitatissimum est Chymicis, quanquam interdum cum croco confundatur, interdum etiam cum turbitho, sicut solet fieri vbi quisq̃, ex libitu dicit. Ita cerussam interdum florem plumbi vocāt, & crocum Martis, cùm hæc sint magisteria
illarum rerum, & floris veri fieri queant materia. Ita flores stibij per descensum̄,
appellant aliqui Turbithum calcis forma post combustionem relictum, & amplius
reuerberatum, vt tinctura inde possit elici. Sed hoc catachresticum est. Vulgo &
quod in lacte eminet florem nuncupant, quomodo qualibet olea per solutionem ex
corporibus suis in liquore emergentia, & alia possunt flores dici. Sed in arte oportet nos certa & scientifica retinere. (Communi linguæ nihil præscribo.   Illis rebus
alia hîc sunt nomina, vt tinctura, spiritus, olea, &c. vocentur.*

Omnis flos per se est volatilis & spirituosus, quanquam ingenio magistrali possit figi, & ad naturam Turbithi aliquando adduci.

*Volaticum esse ipse modus præparandi docet.   Exhalat enim ad superfi-
ciem è centro, vel emergit, cùm fixa & Turbitha se contra habeant. Inde verò etiam subtilioris penetrantiorisq̃, est substantiæ, peruadit corpora etiam exilibu
meatibus, sed non hæret nisi per vim aut fixione.   Itaque tum ad vsum medicum & celere auxilium valdè est accommodatus, sed circumspectè adhibendus,
ne impetuosè mouendo materiam capitis , colliquationes catarrhosq̃, periculosos
concitet, aut dum dissipat materiam alui, inq̃, spiritum redigit, caput conuulsioni-
bus, & membra torminibus discruciet, in quo vidimus crebrò peccatum ab agyrtis
Paracelsicis.*

Flos fit sublimatione vel per distantiam, vel superficiem, potissimum
ex illis rebus, quarum essentialis virtus in volatili parte subtiliq́ue magis
consistit.

*De sublimationum modis satis præceptum est libro primo. Sed vt mirifica est
industria, ita facilè potest opus opere mutare. Itaque interdum pro sublimatione
est difflatio per obliquum, aut decliue in latus: interdum destillatio per retortam,
aut etiam alembicum, vbi cum humido spiritu flos in sublime fertur, & cum eo
in humorem coagulato defertur, tandemq̃, singulari præcipitatione vel diuaporatione suam consistentiam acquirit: sed tunc nomen quintæ essentiæ sortitur. Nonnunquam humidis spiritibus præteruolantibus consistunt in via sicci, sicut exempla testabuntur.*

Vtrobiq; eleuatur modò ficcis fpiritibus, fiue ipfe flos forma halitus attenuatus, poftea côcrefcat, fiue per minimas partes ab halitibus fegre-
gatus, ablatufq; à parte fixa, & in altum vectus, abfcedentibus fpiritibus cô-
fiftat:modò humiditate, fiue ea fit corpulenta vel aquea, fiue vaporofa: vbi
item vel vis accedit, vel leuitas naturalis fuam partem attollit, fublato impedimento, factàque folutione.   Itaque & tunc coincidit aliqua fubdu-
ctio. Quod enim ex humore poft folutionem emerfit, paulatim diuaporando euanefcit, floremq; deftituit: fed praecedere debet fegregatio partium fi-
xarum & fecum.

Fit porrò flos nonnunquam folitariè, nonnunquam cum additamen-
to:ille quidem ex facilè fegregabilibus, vbi compages non admodum folida & tenax eft, faciléque admittit fpiritum feparantem, vel dimittit medullam: hic verò cum folida firmáque eft fubftantiarum compactio, aut flos
grauior, quàm vt poffit ad iuftam diftantiam eleuari folus, aut correctio
quaedam vnà fpectatur. Tunc itaque confuetum eft, comminuere materiam, & in exactiffimum laeuorem ducere, eáque addere, quae non deftru-
ant effentiam, eiufúe virtutem praeter fcopum alterent, poffintque poftea
iterum fine noxa feparari. Talis eft in metallicis plaerumque fal ammonius
&c. Quae verò coniuncta volumus, etiam alius poffunt effe claffis: & tunc
non eft fimplex amplius flos, fed compofitus. Nam & compofitum non rarò conficimus.

Loco additamenti, vbi compofitionem non refpicimus, eft aliquando praeparatio fedula, qua attenuatur materia, vt non poffit facilè retinere florem. Sed quia tunc metus eft, ne impetu facto etiam fixa affurgant,
retinacula adduntur, aut fublimatio repetitur artificiosè.

Porrò floribus adhaerent nonnunquam tum impuritates volatiles,
veluti cum fiunt ex rebus non penitus depuratis (*fepe etiam non poteft
huc perueniri ante fublimationem*) cum fpiritus inutiles, & nimis volatici, acres, venenati, alioúe modo noxij.

Repurgandi itaque funt impuri per magifteria fua:(*qualia funt exter-
fio, maceratio, reuerberatio, &c.*) Spiritus nimium volatici & noxij, repetita
fublimatione ingeniofa, ita vt verus flos in imo fubfiftat, eleuentur halitus,
quod fiet igni debili non eleuante fubftantiam, fubtrahuntur.

*Cùm Chymia duntaxat falutaria fpectet, & malum à bono fegregando,
effentiam tantum in bono ftatuat, fi planè & merum venenum eleuatur, id floris
nomine non erit dignandum fed eft impuritas abijcienda.*

*Verùm difficile admodum hoc iudicium eft. Cùm enim flores fiant ad vfus
varios, veluti vt profint modò intra modò extra corpus humanum, aut etiam
ad metallica artificia adhibeantur, vbi veneni nullus eft refpectus: in dubio erit quando fit impuritas vocandum quod eleuatum eft, & quando effentia.*

Sed

Sed si corporis incolumitas potior est reliquis vsibus, & metallica artificia etiam non Chymicis, vel purgamentis & reliquiis Chymicorum, medicinæ magis inseruientium, possunt perfici, apparet aliqua iudicij huius certitudo, sicut & cum idem flos medicinæ & metallica aptè inseruit.

Tandem inter flores frequentiores sunt primùm flores metallorum, in quibus præcipui flos Solis, flos Martis, Veneris: postea aliorum mineralium, vt antimonij, sulphuris Mercurij, chalcanthi, &c. Extrahuntur & ex vegetalibus quidam.

Et artificiales sunt flores, & naturales.

De illis hic principaliter agitur. In naturalibus sunt efflorescentia, fauillæ, fumiq́, nonnunquam, quæ naturæ spōte, vel aliquo inartificioso impetu caussarum similium existunt: veluti vena quædam dura pyrita argentei coloris, in aprico iacēs florem atramenti albi tenuis cum alumine eleuat: idem album atramentum etiam efflorescit ex chalcitide. Goslariæ est sory mistum pyrite, ex quo citrinum & album atramentum floris instar enascitur. Diba album alumen excoquitur, ex quo efflorescit vitriolum. Melanteria è misy emergit. Kentmannus succinum habuit, ex quo extitit melanteria. Sunt & aliæ rei floris nomine insignitæ, vt chalcanthum æris florem notat, & interdum ita vocatur ærugo: sic flos asij lapidis est. flos salis, halosanthos, flos æris, qui est vel strictura percussi & dilatati æris, vel granula inter perficiendum subuolans, seu absistens. flos ferri chalybs aliquando nuncupatur, sicut optima pars argenti, quam per cinabarim extrahunt, vel quæ spinarum instar à panibus cum plumbo absistit, &c. Sed tales flores siue naturæ sponte fiant, siue in officinis obiter, & non principali intentione, nisi depuratissimi sint, duntaxat materia artificiosorum & essentialium florum, vel etiam magisteriorum esse possunt, cùm vix vmquam inueniantur synceríssimi, quin sæpius ex comparatione, vel respectu flores appellantur cum Chymica locutione & iudicio in eorum censu non habeantur, sicut nec qui flores farinæ, lactis, arborum, herbarum, &c. appellantur, qui Chymicis sunt res integræ.

FLORES METALLORVM.

Fiunt metallis vel in calcem, vel crocum, vel alcool & similia per aquas acutas, vapores acres, cementum, & huiusmodi dissolutis, & nobiliore parte cum salibus eleuata?

Metallum solue per aquam fortem suam. (*aurum calcinatur REGIA*) Abstrahe hanc inde, reddéque sæpius, quoad satis fit attenuatum. Adde salem ammonium præparatum via magisterij depurantis, attenuantísque. Sublima in alembicum cæcum lege artis, vt cum sale euehatur flos metalli, crassa parte in fundo relicta. Salem postea elue per dulcem aquam destillatam.

Hoc modo potest tandem totum metallum eleuari, nisi nimiam habeat terram, fixamq́ impuritatem: Sed flos non appellatur, nisi quod præstantissimum primis

primis operibus scandit, puta primò, secundò, tertiò, &c. Est enim repetenda subli-
matio pro rei natura. Et idem flos solui potest diuturna digestione in fimo, vel si-
mili loco per deliquium, & tunc acquirit vim quinta natura, qua cum menstruo
suo eleuatur in alembicum, vel per retortam agitur in receptaculum, & sua
præcipitatione postea separatur. Intelligendum tamen est, quintam essentiam
non tantum præparandi modo distare à flore soluto, sed & subtilitate sua naturæ,
viribusq́,.

Per crocum fit ita: Corrodatur metallum in crocum vel calcem. Hanc
addito sale reuerbera in globo physico, vt insistat superficiei flos metalli.
Hunc abstractum penna segrega à sale, & rectifica. Soluitur & seu crocus,
seu calx per deliquium: solutio in digestione lenta coagulatur. Flos obtinet
locum superiorem. Itaque antequam totum coagulatum sit, liquorem in a-
liud vas transfer, & ibidem coagulationem perfice.

Quæ metalla multum fundunt chalcanthi, eorum flos petitur etiam
ex vitriolo eorundem. Quæ etiam purissimè sunt elaborata, ita vt sint metalli totius pars florentissima, eorum crocus vel calx etiam pro flore est, vt
in auro potissimum. Proinde sigillatim flores metallorum ita conficiuntur.

FLOS SOLIS PRECIOSVS.

C̄onchæ complicatiles ex vitro Veneto (*onum physicum vitreum, cuius*
segmenta committi includiq́; mutuò possint) procurentur, in quarum inferiore
spiritus vini alcalisatus aut tartarisatus sit contentus. Imponatur pannus la-
neus extentus per vitri planiciem μετίωρ⊙. Huic accommodetur textura se-
tacea, qualis est cribelli aromatarij (*potes & hac sola vti, vel in locum panni sub-*
stituere lignorum tenuia segmenta) Texturæ incumbant dispositæ aureæ lamellæ absq́; mutuo contactu. Adapretur concha superior, iunctureq́; quàm
exactè pertinaci maltha claudantur, ne vllum sit spiritui subterfugium. Locetur globus in cineribus siccis modicè calidis, vel balneo roris (*vapido*) spiritus eleuatus ad incumbentem fornicem, reflexusque inde bracteas verbe-
rans inuadet, & florem proliciet rubeum, qui primùm apparet tardius: sed
postea quaternis diebus emergunt plures. Vbi videris eleuatos inniti superficiei, aperto subtiliter vitro, à bracteis deterge eos studiosè cum penna, de-
tersos repone, idq́; dum omnes extraxeris. Primi tamen sunt nobiliores: siccatos ad vsum serua. *Ex notatis Doldij, nomine Eucharij.*

Hi flores fiunt per insessum seu superficiem, suntq́, auri pars subtilissima, &
veluti anima. Potest quidem amplius corrodi, sed crocus vel calx inde existit, ex
quo tamen item colligere possumus florem modo generatim exposito. Sed non corro-
dunt totum, ne partes crassa confundantur essentia subtili. Sed nec abijciunt reli-
quias, verum ad alios vsus vertunt, veluti ad calcem, crocum, liquorem, &c. vel
etiam alij auro confundunt ad rem familiarem.

fff FLOS

FLOS VENERIS.

Hic preciosus fit ex tinctura in hunc modum: Ærugo conficiatur ex ære, quomodo ad medicinam consueuit. Huius libris duabus affunde aceti destillati tantum, vt tribus digitis emineat. Commistum vtrumque macera aliquot diebus, singulisque ter commoue, donec color ab aceto fit attractus. Coloratum effunde placidè, repositoque alio nouam expecta tincturam, donec totam exhauseris. Effusiones in cineribus ad siccitatem destilla. Siccum aqua dulci nouies macera, & elue, dum acredo abscesserit. Postea sublima. Ascendet flos in alembicum.

Eodem modo potest fieri ex croco & tinctura Martis: item Lazurio argenti.

Cum tinctura per se sint essentia ad vsum habiles, frustra videtur ex eis flos fieri. Sed artis ea est subtilitas, vt studium cumulet studio. Probabiliter autem ex tincturis non rectificatis conficitur, ita vt sit rectificationis loco. Quædam etiam, cùm depurari satis nequeant, & attenuari, non inconsultò per viam florum elaborantur, & in hanc classem transeunt.

Flos Veneris ad vulnera, ex scriptis Paracelsi. Æs per Mercurium calcinatum irriga aliquantulo aquæ fortis. Exiccatæ calci adiice duplum salis communis, & sublima. Ascendet puluis subtilis, viridis, leuis, ad vulnera efficax.

Balsamus vulnerum putredines auertens nominari potest. Apud alios legimus calcinandum æs per sulphur esse: postea aqua forti attenuatam calcem sublimandam, adiecto sale fuso. Ita alicubi & Paracelsus præcipit calcinatam Venerem soluere aqua forti: solutionem coagulare, & sublimando florem conficere, vt antè dictum est.

FLOS STANNI SEV PLVMBI albi.

Stannum calcinatum, mistumque pari halonitro in patinam ardentem coniiciatur: exurgens fumus excipiatur olla quintuplici. Peracto opere abrasa fuligo eluatur, vt sal à flore discedat. Regulum in patella relictum ad alios vsus vertes.

Eadem est ratio florum plumbi nigri ex cerussa, vel lithargyro.

Eodem modo possunt extrahi flores ex albo Hispanico, cerussa, antimonio, pyrite, cadmia, lithargyro, & similibus: possunt & diuersis. Itaque quilibet ponantur suis locis, vt nihilominus generalis non omittatur, possitque operari magister, prout seu instructus est instrumentis, seu iudicat, seu ex vsu putat.

Dispositio vasorum hic ea est, quæ in stibio per multiplices alembicos. Pa-
gina

tina terrea fortis diſponitur ſuper prunis à latere inciſa, vt ferrea ſpatha poſſit immitti, ſitq́, ipſa immobilis, in fornace ventoſa. Huic imminere debent olla inuerſa quinque, quarum altera alteri incumbat, inferioribus pertuſis, ſumma clauſa. Diſtet item ima à patina digitis quinque, aut circiter. Cum incanduit patina, iniicitur aliqua pars miſtura, & opera datur, vt rectà conſurgat fumus, nec declinet ad latus, ledat ve artificem, id quod etiam in ſimilibus eſt obſeruandum. Parte vna non amplius fumante, alia proiicienda eſt. Qui tutius operari quærunt, difflatione in latus vtuntur per folles, &c.

FLORES ANTIMONII.

Duplici ſiunt modo, per ſe, & cum additamentis: & vel candidi, vel cum reuerberatione rubei, qui ſunt materia tincturæ. Per ſe ita:

Electum ſtibium ex aludele terreo in alembicum roſtri expertem quidem, in vertice tamen peruium ad humidos ſpiritus emittendos, cum mobili cono ſublimetur ſecundum artem ad flores triplices albos, citrinos, rubeos excipiendos.

Pro vno alembico capace etiam tres ſunt olla, vel galea ſibi mutuò accommodata : interdum etiam plures, vt in plumbo albo dictum eſt. Aliis hæc via placet : Cucurbitam amplam ex figulina tenaci, firmaque, ventricoſam, colli cubitalis, per cuius orificium manus queat inſeri, duas ſtibij in puluerem redacti purificatiq́, libras continentem, ita pone in furno, vt in latus modicè inclinet.

Huic è regione ex alto occurrat iungaturque alia cucurbita fictilis ampli ventris, vel geranium inuerſum in ſummo fundo transfixa, in quo foramine operculum ſit mobile. Committatur autem orificium eius collo cucurbitæ ſubſtrata, ſitque & illa in latus recliuis parumper, firmata ſuſtentaculo ſellæ excelſæ. Iunctura luto, malthaue conglutinentur, ſiccatiſque ignis ſubiiciatur per horas viginti paruus. Hinc augeatur vſque ad ſex & triginta. Exit inde flos primò albens, ſecundò citrinus, tertiò rubeus, qui colores etiam iudicari poſſunt ex foramine in dependente ſeu ſuperiore cucurbita, quæ eſt loco alembici. Vt enim ſpiritus prodiens ſe habet, ita flores. Memineris illam cucurbitam recipientem pannis madidis aſſiduò gerandum eſſe, vt ſpiritus eò facilius coagulati hæreant. Opere perfecto, pede leporino flores abſtergentur, & reuerberantur, aut ſublimantur, ſi placet, denuò, donec color reſponderit. Viuntur his in ſcabie Gallorum, pleuritide, peſte, & aliis morbis ad ſudandum.

Tentata aliquando res eſt per plures ollas ſuperiore integra, reliquis pertuſis. Sed opere abſoluto, ſuperiorem nil intrauerat præter ſpiritus incontractiles. Videndum itaque, vt his prius emiſſis per foramen in ſummo, poſtea clauſo eo, excipiantur coagulabiles.

Cum

Cum additamentis dupliciter confici poſſunt flores ſtibij : vno modo per ſublimationem in alembicum: altero per eleuationem ad ſuperficiem. Ille ita habet: Stibij Vngarici, ſalis petræ, & tartari æquales in catino fictili accendantur, calcinenturq́;. Poſtea eluatur reſiduum, poſtquam in puluerē eſt redactum. Inde fundatur ſeu eliquetur. Fuſio puluerata in breuiuſculo ſublimatorio eleuetur, vt fiant flores albiſſimi.

Hi flores puriores & minus venenati ſunt, quandoquidem arſenicale virus tollitur diſſipatione per halinitrum. Fiunt autem & aliis modis ſimiles. Par vitriolum, vel ſal ammonius commiſcetur ſtibio, & vtrumq̄, vnà ex aludele in alembicum cæcum ſublimatur de more, emiſſis primum per ſubtile foramen ſpiritibus humidis, & flammeis nimium tenuibus. Flos abluitur tum vt à ſale liberetur, tum vt tenues halitus ſecedant: quanquam ſi hi offendant, toſtio vel reuerberatio, vel ſublimatio lenis eſt remedio. Hi flores cum ſale ammonio facti, & eluti aqua dulci, reuerberari poſſunt, vt fiant ſicciſſimi & admodum rubicundi: & tunc magiſteriq per deliquium in marmore diffluunt in liquorem, per repetitas coagulationes, ſolutiones, filtrationeſq̄ ad puriſſimum elaborandum. Paracelſus appellauit balſamum antimonij dulcem ad fiſtulas compeſcendas. Eſt & alia ratio miſtura:

Balſamus antimonij dulcis.

pollinis ſtibij libra, tartari dua, nitri quatuor, commiſtæ ſublimantur per ollas vel galeas ferreas. Ferro enim flos adhæret fidelius & copioſius.

Flos in globo phyſico ſic præparatur: Antimonium aqua ſolutionis ſalis ammonij, vel aceto ſtillatitio ſalſo ſæpius abluatur, vt impuritates foris adhærentes ſemoueantur, poſtea include ouo figulino compactili, vt vix tertia pars impleatur. Iuncturis firma maltha obſtructis, totum luto includatur: & prunis impoſitum per gradus ignis flores extrahantur. Hi recluſo ouo inſiſtent ſuperficiei puluerīs. Aufferuntur penna & eluuntur, vt decet. Plærumq̄; punicei ſunt miſti albis.

Hanc ſolent & ſublimationem philoſophicam ſtibij appellare. Non inconſultum fuerit, ſi antequam ita claudatur globus, ſpiritus humidi leni igni paulatim diſſipentur. Uſus eſt diaphoreticus, quanquam aliquod vegetale aut animale addendum ſit, ob maiorem familiaritatem cum corpore noſtro. Quocirca aliqui adijciunt theriacam, aliqui cornu cerui, alij aliud. Mentionem

Flores Vomitorij.

faciunt etiam florum ■■■torium. *Hi ſunt albi, & cum vitriolo, vel etiam per ſe fiunt. Ab impoſtoribus dantur cum ſacharo, repenteque cum furore agunt ſurſum deorſum; niſi repetita toſtione & elutione corrigantur. Nonnun-*

Flores per deſcenſum.

quam audiuntur flores ſtibij per deſcenſum facti. Sed ridiculum eſt per deſcenſum agere flores, aut perperam ita fiunt (fieri autem poſſe non abnuerim, quandoquidem reſoluti ſpiritus ſurſum exiſtente flamma depelluntur) aut pro iis calx reuerberata accipitur. Sunt autem & hi diaphoretici, vel ſaltem modicè purgantes, & petuntur tincturæ gratia, quod tamen non eſt neceſſe.

Stibij

Stibij flores imitantur etiam in specie flores lythargyri, marmorum, magnetidis (*quod est talcum*) bismuthi, arsenici, cadmiæ, pyritę & simillum. Nam eleuatio fit per accessum salis ammonij, aut alterius volatilis.

Lythargyros nominatim aliquoties per salem ammonium sublimatur. Paracelsus iussit ad ignem Persicum inde sublimatum facere, adiectis ad libram unam realgaris rubei uncijs duabus, & salis ammonij semuncia, duodecies omnia simul sublimando, & tandem edulcorando.

FLORES SVLPHVRIS.

Per se sulphuris flores fiunt, si sulphur viuum aceto stillatitio probè repurgatum, exiccatumque in sublime agatur, vel citrinum aqua roris stillatitia ardente item elutum admista arena sublimetur secundum artem. Quod ascendit, abrasum ab alembico leuissimo igni quasi torretur, in sublimatorio tamen, vt volatilitate ignea & noxia remota, media assit substantia.

Cum additamentis præparantur variè, ijque vel citrini, vel niuei.

Citrinorum hic est apparatus: Sulphur viuum, vel citrinum ter coquatur aceto stillatitio, adhibita diligente despumatione. Resiccatum affuso vini spiritu stet in digestione per octiduum indiesque aliquoties moueatur. Spiritus abstrahatur destillando, & reddatur alius, idque ter reperatur. Ita præparatum misce cum colcotari pari, tantundemque sale fuso, & probè subige vt vndiquaque fiat homogenea substantia, immitte in aludelem cum alembico cæco, perforato tamen de more, cuius foramen linteo tegatur, & ipse ne à spiritibus submoueatur, ferreo circulo degrauetur. Colloca in arena, lentoque igni humidos euoca spiritus. His dissipatis, clausóque foramine per conum mobilem, ignem auge, & siccos spiritus sublima quoad satis. Si alembicus nimis impleretur, muta eum nouo. Quod sublimatum est, cum nouis additamentis secundò atque etiam tertiò sublima. Flores ablue aqua rosacea, vel alia conueniente; siccatosque repone.

(Pondus additamentorum variat. Nonnulli enim libræ sulphuris addunt dodrantem colcotaris; vel salis & colcotaris singulos quincunces aut selibras. Interdum etiam spiritus humidos tostione in lebete dissipamus; interdum adiecto alembico rostrato peculiariter accipimus, & postea mutamus cum cæco. Cauendum est ne flammæ feruor alembicum tangat. Nam liquantur flores in guttas. Foramen non debet obstrui immobiliter. Satis est si apponatur conus mobilis, vt per eum explores tum multitudinem eleuati sulphuris, tum sublimationis modum. Circa hunc conum consistere solent spiritus subtilissimi ignei obstruentes foramen. Itaque deturbantur, detruduntur. Nonnulli vbi sat iusta copia est, (non autem debet esse multa) interrumpunt opus, remotumq, alembicum exinaniunt; postea verò reposito instaurant denuò & pergunt. Ego solo sulphure ter in-

fuso

fuso aceto siccatoq́, deinde aqua roris diu circulato, itemq́; siccato , & sublimato flores confeci, quadamtenus rubentes.)

Huius loci sunt flores ad pulmonis affect* facti; vnde pulmonum balsamus à nonnullis appellantur.

Sulphur aqua roris destillata elutum diligenter, primùm sublimatur à colcotari; secundò à sale fuso; tertiò ab aloë, croco & myrrha, itaque elaborantur vt etiam euadant balsamei.

Horum vsus est in putredine & vlceribus pulmonum, atq̃ adeò etiã phtisi. Dantur cum magisterio coraliorum, vel tinctura ; aut syrupo de hyssopo & similibus. Alij in peste adhibent cum succo scordij & aqua eius , tum in febribus putridis & similibus.

Apud Paracelsum pro asthmate talis est modus : *Sulphuris fusi, sandali rubei, cupressi, pini , aquales per strata alterna reuerberantur in cinerem vase clauso. Ex eo fit alcali secundum artem per aquam byssopi vel prassij. Alcali hoc cum subduplo myrrha sublimatur.*

Aliam compositionem destinat sanitati conseruandæ : *Sulphuris trientem, croci orientalis , myrobalanorum chebulorum , belliricorum singulis miscens vncijs, additoq̃ oleo granorum iuniperi quantum satis ad massam, sublimat igni lentissimo. Sed eiusmodi compositionum multa , mirificaq̃ excogitari possunt.*

Florum sulphuris niueorum talis est præparatio : Sulphuris purgati, aluminisque vsti singulas selibras contritas commisce , & sublima cum attentione spirituum humidorum , vt est artis, per gradus ignis horis duodecim. Quod eleuatum est , tritum remisce capiti mortuo , & sublima iterum, quod quinquies vel toties repetendum est, donec feces prunis iniectæ non redoleant. Flores tales iterum cum duplo salis communis præparati sublima; tandemq́ue cum nouo sale iterum quinquies, quousq̃ vt nix albescant.

Hi flores si figantur, ad metallica sophismata sunt vtiles , vt æs instar argenti appareat. Qui sæpè sulphur cum vitriolo sublimant, etiam perspicuos conficiunt flores. Caterum inter compositiones etiam hæc, fors iuxta Paracelsicam normam instituta prædicatur : sulphuris præparati selibra ; salis guaiaci, absynthij, chebulorum singula vncia. myrrhæ, benzoini styracis calamitæ singula semuncia, cinamomi, nucis moschatæ, rorismarini singuli sicilici , olei iuniperini q. s. ad massam. Hæc mista post menstruam digestionem sublimentur. Verum temerè coaceruantur multa. Cum sale scordij & absynthij sublimabitur sulphur aliquoties ad pestem, cum sale vitrioli & guaiaci ad hydropem & gallicam, cum succino, castorio, vitrioli sale, ad apoplexiam, epilepsiam, melancholiam, paralysin,&c.

FLORES MERCVRII.

Mercurium per oxalmen probè repurgatum solue aqua forti. Solutionem lento igni destilla ad siccum. Cum spiritus cessant, auge ignem, vt vitrum

trum purpureo candore igniatur parumper. Ita afcendent flores citrini &
rubei in alembicum. Sifte opus, fineque refrigefcere. Exime cautè ne confundatur fummum imis. Macera vini quinta effentia, eamque fæpius inde
abftrahe; poftea circula cum vino rorifmarini. Quod in fundo relictum eft,
ad turbith faciendum conducit.

Vidi talem florem ex præcipitato fublimato, vel etiam in catino claufo re-
uerberato prodire triplici vultu. Pars enim eius fplendidam habebat albedinem ;
pars eximiè rubebat; pars flauebat. Nonnulli adiecto alumine chalcantho & fale
repetitis fublimationibus aureum concinnant florem, quem turpethum minerale
vocant, fed non debetur ei hoc nomen. Flos eft, nec poteft altè eleuari. Cum
oleum ex mercurio conficitur, accrefcit roftro retortæ flos fplendens, qui item poteft
colligi. In natura inuenitur lanugo mercurialis nigra, & alia alba admodum
venenata. Ea flos eft ex compofitione cum arfenico. Ars imitata naturam fimi-
lem facit, vocatq, nomine fpurio aZothum. Si præcipitatus fiat cum acredine
guaiaci & vitrioli fpiritu, edulcoreturq, cum aqua aluminis, poftea q, fublimetur
in florem, conuenientior erit Gallicis.

Flos hydrargyri ex quinta effentia: Mercurium præcipitatum coque a-
ceto per horas quatuor vt foluatur. Liquorem effunde in vas aliud. Repone acetum nouum, coque & transfunde quoufque totus fit folutus. Coagula effufiones in alcali. Huic affunde pluuiam deftillatam, & coquendo
extrahe fubtilitatem per diem medium. Cum coxifti fine refidere, & claram
aquam transfunde. Coque iterum in noua, idque repete quartò vel amplius. Transfufiones coagula per deftillationem. Effentiam mifce cum arena,
& fublima in florem.

FLOS CHALCANTHI.

Chalcanthum folue aqua limpida. Cola per filtrum chymicum qua-
druplicis chartæ fub ftrato fetaceo, idque fæpè. Fiat fedimentum; tranf-
fundatur pars liquidior & coaguletur.

(Si in concha vitrea coagulatur folutio probè colata, margini eius fuperi-
ori annafcitur flos fubcaruleus admodum tener. Sed in vfu pro flore tinctura effe
poteft.)

Flos è colcotari ita elicitur: Colcotar fublimetur in duplicem alembicum cum foramine verticali. Eleuatur puluis fubtilis, qui penna abraditur,
& fecundò tertiòue iterum à capite mortuo fublimatur. Si per foramen e-
xit fumus ruber, eleuati fignum eft.

FLOS ARSENICI.

Hic fit in ouo phyfico per infeffum. Arfenio albi per nitrum purgati
quantum libet; mifce cum fefcuplo calcis viuæ, & magnetidis fubduplo. In

ouo

ouo philosophico, vel catino clauso quarto reuerberij gradu sublima die
naturali. Insistet superficiei flos consistentia vitrea, quem extractum tere.

Flos realga-
ris.

Ita ex realgare argenti: Realgaris argenti selibra misceatur cum salis
fusi & colcotaris singulis sescuncijs. Fiat sublimatio in catino clauso secundo reuerberij gradu. Insistet flos summitati. Subtilior fiet opere sexies re-

Mumia re-
algaris.

petito.

(*Vsus talium est ad vulnera, vlcera & huiusmodi externa mala. Possunt
solui in liquorem; & vocantur mumia realgaris. Abstrahitur ab eis etiam sape
spiritus therebinthina, vel vini, vel in vlceribus Gallicis aqua guaiaci, vel in can-
cro spiritus sulphuris, aut ol. plumbi, &c.)*

FLOS SALIS, QVI ET SAL SVBLIMATVS.

Salem ammonium misce sale communi, & sublima.

Vel: Initio mistum arena aut ferri scobe in alembicum pelle. Postea
adijce sublimato salem communem præparatum solutione, filtratione, coagulatione, vel tartarum, iterumque sublima. Ignis per gradus datur donec
vas excandescat, itaque detinetur horis duodecim. Repetitis sublimationibus euadit niueus.

FLOS GEMMARVM, VT CRYSTALLI
& similium.

Lauor crystalli subtilis cum triplo salis ammonii mistus sublimatur.
Sal à flore per aquam segregatur.

(*Qui plus florum conficere volunt ; caput mortuum denuò lauigant , &
cum nouo sale sublimant. Et potest vel tota substantia ita attenuata attolli; sed
pro flore habetur pars subtilis, qua prima vel secunda operatione prodit , vt & in
auro dictum est.*)

Gemmæ vitreæ calcinantur cum sulphure ; calx cum chalcantho vel
sale ammonio, adiectis ferri ramentis aut arena sublimatur. Repetitur calcinatio fecum & sublimatio, donec flos totus sit extractus. Oportet commissuras vasorum exactè claudi.

FLOS CRANII.

Extractum cranij humani ab arena sublimatur in florem.

(*Pro flore est & vsnea quam sub dio ex caluarijs nasci faciunt , quamque
mumiam appellant.*)

FLOS SANGVINIS, CASTORII, ET
similium.

Destillantur hæc ; & liquore præteruolante flos aecrescit alembico
vel rostris, vnde colligitur.

FLOS SVCCINI.

Mistis silicibus, spiritibusque humidis abstractis flos eleuatur.

(Enascitur & sponte natura rubeum quid, vel album, quod potest esse pro flore.)

Porrò floribus affines sunt fauillæ fornacum puræ, & fuligines, quanquam postea repetita sublimatione, aut etiam magisterijs debeant fieri præstantiores: vt pompholyx, spodos tenuis, cadmia capnitis, fuligo picis, thuris, &c.

(In officinis metallicis dum excoquitur aut perficitur argentum, plumbum, æs, &c. Obiter varia fiunt recrementa quorum quædam cineribus annumerantur, quædam floribus, quædam purgamentis crassis. Cum auri, argenti, plumbive vena excoquuntur, subuolat fauilla cinerea quæ est spodos tenuis, quam amplius præparant eluendo tantum; sed chymicus adiecta arena potest denuò sublimare. Cum argentum fulminatur ex plumbo, euadit lutea. Pompholyx ex cadmia flos est, & reuera cadmia seu lapis calaminaris cum sublimatur instar stibij pompholygem seu thutiam exhibet. Alias cum Orichalcum coquitur circa ollarum orificia consistit. Fuligo ex pinguibus est, & rectificatur elutione. Solent eam saccis ex fumo excipere, indeq; decutere. Concrescit etiam in ollis, campanis, galeis, &c. Elutionum materia est aqua rosacea, vel aliqua ocularis, si ad oculorum vitia pro collyrio quærantur: si ad vulnera, vlcera, exulcerationes, &c. aqua mellis, & aliæ conuenientes vsurpantur.

Notauit Agricola florem bituminis Indici esse caphuram per sublimationem ex eo extractam: & verisimile id esse putat, quia dum succinum destillatur bombicina lana humida in alembicu posita talem odorem trahit. Sed dissentit historica veritas, neq; tamen absurdum est ex bitumine tale quid elicere.

Christoph. Georgius de honestis in scholio ad Diarhodon Mesue ait: Gummi arboris esse, quod sublimetur & albescat: id quod verisimilius est. Videtur enim caphura pura essentia esse floribus accensenda.)

Est alioquim flos caphuræ supra descriptus pa. 332. Vide Garziam, qui gummi arboris esse demonstrat.

TRACT. II. CAPVT XLI.
De turpetho.

TVrpethum est coagulum specificum fixum. Quocirca etiam abstractis impuritatibus, & indomita volatilitate segregatis in imo vasorum consistit, & paratur maximè ex mineralibus, quorum essentia & vis specifica potissimum est in parte constante, aut saltem vt vsib⁹ artificiosis sit accommoda, in hanc formam redigitur.

Hinc duo eius emergunt modi; prior cum sit ex his quorum arcanum per naturam est in fixis, ita vt segreganda sint per sublimatione, aliasve operationes volatilia, & relicta essentia amplius exaltanda, veluti in venenatis, arsenico, cadmia metallica, & similibus: Posterior cum ex illis paratur quo-

rum

rum essentia quidem per naturam volatilis est, aut per artem talis euasit, at
figitur in turpethi constantiam, per modos fixationum magistralium.

Quorundam natura verò ita se habet, vt tantum præbeant turpethum
quo cum laude vti possimus, quorundam talis vt præter turpethum etiam
flores reddant, quod fit ob homogeniam substantiæ & synceritatem, cuius
tamen essentiales partes diuiduntur in spiritualiorem vnam, & alteram fixam: qualia sunt mercurialia potissimum. Itaque in his duplex est elaboratio vtilis.

*Vox turpethi ex Arabum sermone, quo seu corticem herbæ ferulaceæ, seu
radicem signat (quanquam postea etiam medicinæ ex genere tithymallorum simili sit accommodata) in chymiam irrepsit, propter conformem fortassis effectum,
qui deprehensus est in mercurio certis modis in arcanum redacto. Itaque etiam
ne quis vegetale turbith intelligeret, adiecerunt MINERALE, de quo postea
plura.*

*Ego vidi turpethum minerale apud præstantissimos chymicos appellari mer-
curium præcipitatum, seu alijs modis fixum, separata per ignem parte volatili,
seu per aurum, quod & aurum vitæ nuncupant itidem neglecta volatilitate, vt
apparebit in præparatione; neque tamen inueniens quo alio titulo extracta seu essentias fixas appellarem, cum supra in magisterio fixionis integrorum hoc nomen
esset vsurpatum: communi vocabulo designare volui omnia extracta seu arcana
separata. siue ipsa per se fixa essent, nec egerent nisi segregatione volatilitatis no-
xiæ, quæ tamen in vnum corpus concreuerat, siue arte figenda, quam consilij rationem non puto eruditos improbaturos.*

*Videntur quidem etiam alia arcana, vt olea, tincturæ, &c. ad hanc clas-
sem recidere posse, vt sic ipsa res non nisi affectione mutetur. possitq; facile hoc totum
caput tolli, & in alia dispergi, sed tanti est præparationis diuersitas, atque etiam
in aliquibus singularis turpethi processus, vt obliterari non potuerit nec debuerit,
quin & consultum fuerit vno in loco seu de arcanis figendis lege turpethorum, seu
statim extrahendis essentijs fixis peculiariter præcipere.*

*Consentit quidem in aliquibus hoc negotium cum artificio fixionis, cuius
mentio fit in magisterijs; sed nec pauca habet peculiaria tum ratione singulorum,
tum quod hic non integra figuntur, sed pars fixa essentialis extrahitur & exaltatur, aut etiam ex volatili transmutatur specificè.*

*Hinc definitio ait coagulum specificum esse seu arcanum & essentiale, ne
confundatur cum magisterio; addit fixum, ne flos intelligatur aut aliud volaticum, & quidem debet fixum intelligi non quomodo in auro solet, sed relatè ad e-
iusdem rei partem volaticam halituosamue; quomodo olea volatilia sunt in spiri-
tali suo humore, sed coagulata in sulphur, possunt dici fixa, quanquam non sic i-
tquem tolerant vt metalla. Sic in mercurio præcipitato flos vocatur ea pars quæ ele-*

uatur.

uatur; quæ verò in fundo resistit, atque etiam ignitionem sustinet, licet maiore
igni etiam hæc fugiat, tamen illius respectu vocatur fixum coagulum.

Præstantiora & usitatiora turpetha conficiuntur ex mineralibus. Nam
in his maior est constantia. Vegetales essentiæ figi quidem etiam possunt suo modo,
sed mineralium durationem non assequuntur, nisi ad sales minerales reuocentur.
Itaque potius relinquuntur in volaticis sui generis: cum non ideò flores sint quia
fugaces, distante opere florum á reliquis mysterijs.

Quorum essentia in parte fixa est, volatilitate noxia & impura: vel sublimatione præpatantur adiectis nonnunquam retinaculis separabilibus, ne
bona quoque pars ascendat; vel reuerberatione, vel expiratione sub dio,
quomodo calces nonnullæ fiunt. In aliquibus præstat coctio ex lixiuio, a-
ceto & alijs menstruis subindè mutatis. Quorum volatilitas non vsq; adeò
est noxia, & præparanda essentia fixa est; ea antequam reuerberentur, sub-
limenturve, aquis fixatorijs, vt forti ex chalcantho & alumine, &c. maceræ-
tur; aut etiam eædem crebrò infusæ abstrahuntur vicissim destillatione,
quousque fixio quæsita appareat, & tunc tostione, sublimatione, reuerberatione, cemento, &c. separantur aliena, tandemque exaltatio fit per digestiones, circulationesve in debito menstruo.

Quæ tota sunt volatilia, postquam depurata sunt, & ad aliquam essentiæ formam redacta, crebris sublimationibus figuntur, adiecto retina-
culo conueniente, maximeque si aliqua saltem eorum pars paulò fixior est,
ad eam prius assuetam ignibus, & ad aliquam constantiam redactam, ag-
gregantur, imbibuntur, interuntur &c. portiones volaticæ, paulatim & ordine, donec totum patiatur ignem.

Quod si vel tædio, vel indomita volatilitate, vtili tamen, opus mole-
stum futurum est, in his vbi non refert, partem in flores vertimus, partem
in turpethum per sublimationes debitas, præmissis nonnunquam digestionibus fixatorijs.

Istis modis omne turpethum artificiosum fieri potest, quanquam vt in alijs
ita hic quoque variet industria.

Primus ordo congruit venenatis, quorum venenum non est in corpore seu fixa parte, sed in spiritibus vel humoribus, quibus duobus omne insidet, vt omne sit
volaticum, possitq; per ignes exigi.

Secundus in metallorum hydrargyro philosophico, in metallis ipsis & venis
eorum partim maturis, partim immaturis ante separationem, excellit.

Tertius in hydrargyro vulgari locum inuenit, estq; eius retinaculum potissimum aliquod metallum, maximè aurum, vel præcipitati pars fixa, aut sublimati,
&c. In stibio & alijs nonnullis etiam ferrum admouetur, &c.

Quartus ex circumſtantia præcipuè naſcitur, & arbitrio artificis, qui ta-
men aliquando cogitur rerum naturam ſequi; quomodo in hydrargyro præcipita-
to ferè moleſtum eſt tot repetitionibus fatigari. Itaq̃ pars in flores rediguur, pars
figitur. Ita in ſulphure & ſimilibus.)

Porrò in turpethorum genere nobiliora ſunt, turpetha metallorum,
turbith minerale, aurum vitæ, antimonium diaphoreticum, ſulphur reuerberatum, butyrum arſenici, butyrum tartari, &c.

TVRPETHA METATLLORVM.

Metallorum mercurius præcipitatur aqua forti, vel alia conueniente; & aqua ouorum figitur, ſublimandóque volatilitate ſubtracta, reſtat in
fundo turpethū. Hoc exaltatur circulatione in aqua theriacali, vel ad vſum
congrua alia. Et hic vnus eſt modus.

Alius eſt per ſublimationem à chalcantho; vbi ſemper pars violatica
redditur non volatili, ita vt volatica per deliquium ſoluta, imbibatur fixa, & poſtea igni graduali confirmetur, ſublimationéque comprobetur.

Tertius eſt vt metallum corrodatur in crocum, vel calcem; ex quibus
ſegregata parte fugace, quod reſtat elaboratur ad excellentiam arcani turpethi per reuerberationes, digeſtiones, circulationes in ſpiritu vini, &c. Id
fit nonnunquam etiam abſtracta tinctura; quomodo in croco Martis, & in
auro, hic album corpus relictum nobile gignit turpethum, ibi ferrugo reuerberationibus ſubtilianda, quanquam ad vſus externos vulnerum, vlce-
rum, &c. vel metallica artificia.

(Quomodo mercurij metallorum parentur, ſuo loco dictum eſt. Aqua præ-
cipitationis leguntur reſpectu vſus, vt ad miniſteria metallica ſit acuta, ſeu for-
tis; ad medicinam internam vitrioli ſpiritus, aqua mellis ſpiritus ſalis, liquor li-
moniórum, berberum, &c. ad externam tum dicta modo, tum acetum radica-
tum, &c. Volatilitas ſubtracta hic pro flore eſt. Nam mercurius ille magi-
ſterium chymicum eſt, ſine totum metallum in eum ſoluatur, ſine ſit principium
quoddam eius. Itaque vtraque pars vtilis eſt. Antequam autem figatur aqua o-
uorum pramitti poteſt fixio per ſpiritum colcotaris vel talci. Nam ouorum aqua
eſt paulo debilior, & potius corrigit acrimoniam, quàm fixionem inducat. In
ſecundo modo ignis gradualis paulatim à primo & leni procedit ad validiorem,
quem cum fert, ad ſublimationem tranſimus, qua volatiles reliquia ſegregantur.
Fixa pars poteſt amplius ſpiritu vini circulari, & cemento quoque tandem agita-
ri. Sed cum gradus ſint fixionis; prudentis eſt diſpicere quouſque ſit pergendum.
Alia eſt metallica fixio, alia medica.

Dorneſius operoſe de ſingulorum metallorum turpethis præcipit; ſed ille potius quintam eſſentiam ſuo modo conficit. Ne omnia tranſcribam, ſubijciam v-
num tantum exempli loco.

TVRBITH LVNÆ EX DORNESIO.

Fac cementum ex arsenici, auripigmenti, cineris, fecum vini sulphuris, singulis vnciis, salis nitri vncis duabus. Misturam compone cum luna libra vicariis seu alternis stratis in suo catino. Reuerbera per triduum. Exemtam lunam in puluerem redige. Huic affunde aceti spiritus vini, aquæ regis singulas selibras. Immitte omnia in vitrum iusta magnitudinis, idq́, luto bene arma, digere in arena, & tertio ignis gradu in lapidem coagula. Hunc tere, additóq, vini spiritu vel quinta essentia, digere, vt sulphur secedat. Phlegma destilla per alembicum. Refunde id fecibus, digere, & subtrahe, repetito hoc labore sexies. Vltimò humiditatem abstractam diuapora seu coagula. Puluis subtilis inuentus est turbith lunæ. Hæc ille.

Sed totus processus respondet quintæ essentiæ. Nihil enim aliud est, quàm extractum subtilis essentiæ lunaris per alembicum cum suo menstruo: quod alias Paracelsus per aquas fortes procurat. Nec sat tutum est iudicium, siue illud coagulum argenti, an additamentorum, seu solius, seu cum his iuncti. Puto itáq, Dornesio suum modum esse relinquendum, & ad artis requisita respiciendum, vbi natura deductorum præceptorum veri Turpethi rationem non sinit latere.

Potest & Turbith metallorum ex eorundem vitriolo concinnari, vel sale. Potest tandem etiam per coniunctionem philosophicam cum aqua viscosa. Sed hunc modum alij accommodo negotio.

TVRBITH MINERALE.

Hoc fit ex hydrargyro ex minera petito. Elige hydrargyrum ex mineris auri, vel argenti (*reperitur enim in horum fodinis, vel iuxta, vel etiam aquarum impetu protruditur: & potissimum ille valet ex quo segregatum est aurum vel argentum natura commistum, qui vel principium & prima materia eorum est, vel capsa, ex coniunctione tan, eorum alterata.*) Repurga eum ad modum magisterij. Præcipita spiritu vitrioli albo, vel eiusdem sale, vel vtrisque mistis. Præcipitatum edulcora per stillatitiam ouorum aliquoties infusam & abstractam iterum. Hunc porrò præpara per coctionem in aceto & aqua, sicut dictum est in floribus, vt fiat massa. Hanc circula cum spiritu vini tartarisato, circulatam reuerbera in ouo philosophico, vel catino congruo, vt erubescat calore competente. Vbi erubuit, aqua albuminum & calcis ouorum iterum figatur. Fixus puluis in sublimatorio segregetur per se à volatilitate, quã florem vocamus. Turbith in fundo est, quod exalta per aquam Theriacalem circulando.

Nomen Turpethi mineralis tribuitur modò floribus aureis, vt suprà dictum est, modò præcipitato per aquam Theriacalem correcto, quanquam aliqui etiam simplicius tantum aquam ardentem affundant, eamq́, ter quaterve super eo accendant, satis fixum & rectificatum putantes. Alij alias concinnant sub hoc titulo

formas.

formas. Quidam vocant & præcipitatum dulcem, & diaphoreticum. Mihi &
rei & præceptis congruentior visa est descriptio posita ad mentem Zuingeri, Mo-
nauij, & aliorum artificum accommodata, quàquam Zuingerus præcipitationem
perficiat oleo colcotarino rubeo, quod sit sale vitrioli exasperatum: Monauio spiritus albus placet, aliis spiritus salis præfertur: peiores aqua vtuntur forti, sed cum
medicinæ interna gratia conficiatur, nec fieri possit quin ex aquis fortibus vna maneant sales fixi: vnde etiam tanta furia in præcipitato vulgariter parato, & ab em-
piricis temerariis dato, quin & in essentia Mercurij cum talibus per retortam destillata deprehenduntur, quæ non apparent in eluto crudo, neque in turpetho
genuino.

Præcipita-
tus diapho-
reticus Pa-
racelsi.
　　Apud Paracelsum extat Turbith nomine præcipitati diaphoretici ita præparandi: Hydrargyrum calcina aqua forti valida, postea affunde fortem gradatoriam. Destilla quinquies, donec placeat color. Edulcora aqua destillata.
Deinde abstrahe ab eodem spiritum vini rectificatum, idque nouies repete,
donec in igni stet & excandescat. Hæc ille. Vtatur suo periculo qui volet.

Præcipita-
tus dulcis
Fincelij.
　　Dulcem præcipitatum nominant, cùm inde abstrahitur phlegma salis
tartari, vel phlegma aceti. Fincelius hunc descripsit ita: Præcipitato vulgari adde tantundem salis tartari, cum aceto vini acri. Digerantur in balneo per dies decem, ita vt singulis abstrahatur acetum semel, & quarto die
affundatur nouum. Tandem sal edulcorando tollitur: pulvis siccatur & super lentis prunis igniendo exhalatur. Alia descriptio ex eodem: Phlegmatis
aluminis, phlegmatis vitrioli singula selibra, aceti sesquilibra, aqua albuminum
libræ quatuor. Misceantur destillenturque vnà bis. Affunde aquam
mercurij libris tribus. Macera, destilla ad siccum. Destillatum refunde, i-
terumque post digestionem abstrahe, donec coralli color appareat. Tunc æ-
quali spiritu vini rectificato perfundatur, digeratur, abstrahatur, idque repetatur
sexies. Dosis sex grana. Hæc Fincelius.

Mercurius
corallatus.
　　Aliter Mercurius corallatus conficitur: Hydrargyrum per acetum
& muriam probè purgatum, & aliquoties destillatum, congela per spiritum
aluminis, aut communem fortem. Tere in puluerem subtilissimum. Affunde
aquam albuminum. Digere, destilla, idque repete, quousque color placeat.
Exemtum puluerem in catillo, vel testa candefacta versa, quò volatilitas abscedat. Fixam partem rectifica cum vini spiritu per circulationem.

　　Ceterum si spiritus vitrioli cum quo hydrargyrus præcipitatur, factus fuerit ex chalcantho æris, vel ferri, nobilior fiet medicina.

　　Si item vereris ne quis sal asperior remaneat cum præcipitato, non destilla aquam ouorum, sed duntaxat deple, vel destilla per laciniam. Ita post sublimatione abstractum florem, etiam cemento spectari potest, sed stratis vicariis
cum sole vel luna.

AVRVM

AVRVM VITÆ.

Fige Mercurium summè repurgatum, per sanguinem terræ, vel oleum colcotaris more præcipitationis. Præcipitatum eduleora per aquam vitrioli phlegmaticam, & ouorum, vt fiat corallatus sustinens ignitionem quodammodo. Exicca: solue & auri per stibium & fulmen repurgati, & spiritu tartari abluti quantitatem subseptuplam, vel quanta videbitur, in aqua limoniorum, vel mellis, ad modum tincturæ apertæ. Solutione hac imbibe dictum præcipitatum ordine per partes, vt fiat massa, probè & æqualiter vndiquaque remista. Exicca eam, & perfunde quinta essentia vini. Circula diebus septem, abstrahe vinum, reddéque aliud, quoad satis. Siccum puluerem ouo philosophico include, & in reuerberio aliquandiu detine, quousque volatiles spiritus abscesserint, & color euaserit puniceus. Turbith exemtum cementa cum laminis solis per horas vigintiquatuor, vt fiat puluis nobilissimus. Hunc circula aqua theriacali, vel aceto bezoartico, vel etiam rosacea, prout vsus requirit. Datur granulari quantitate ad venena, luem Italicam, lepram, pestem, &c.

Tale aurum etiam appellatur Turbith minerale, aquila cœlestis, præcipitatus aureus, & aliter. Multa autem passim extant descriptiones, præter illam nostram.

Andernacus ita præcipit : *Vnciæ quatuor hydrargyri purgati, semuncia auri Vngarici & Rhenani limati commisceantur in amalgama. Hæc acida muria eluatur, donec nigredo secedat. Immissis in cucurbitam affundatur regia, seu fortis exasperata ad digitum vnum : Soluatur Mercurius. Aqua abstrahatur, & refundatur alia quinquies repetito labore, donec in fundo relinquatur puluis puniceus, vltimò pellendo fortiter, vt arena in catino excandescat. Rubeam massam exemtam in marmore læuiga, adiecto, si opus est, sale. Caue tibi à fumo. Læuigati partem in testam excalefactam sub tegula fornaculæ ardentis pone : & immissa spathula longi manubrij versa, cauens ne te spiritus verberent. Videbis colores varios, tandemque nigrum. Sine in igni, quousque prodeat puniceus. Exime, & infunde partem aliam, procedeque eodem modo vsque ad finem. Pulueres rectifica circulatione in spiritu vini, quinquies id destillando inde. Datur granum.*

Eiusmodi aurum etiam à Quercetano titulo Turbith mineralis, publicatum est : Mercurium quinquies à puluere silicum sublimatum, coque septem horis in lixiuio ex calce aluminis & talci. Coctum solue aqua regis, solutionem sepone. Solue seorsim reguli antimoniati drachmas tres: seorsim item auri vnciam. Solutiones commisce, digere in vitro clauso, donec clarescant. Destilla aquā per alembicū quater, semper refusa destillata. Idem fac cum noua addita ad digitos

Aurū Vita Andernaci.

Turbith Quercetani.

qua-

quatuor. Sub finem ignem intende, vt volatile eleuetur. Feces fixas pulueratasǭ,
in patina fictili torre, versaǭ, horis duodecim, donec rubescant pulchrè. Puluerem
rectifica cum vini spiritu quinquies mutato, & semper post digestionem abstracto.
Hæc ille: quæ etiam aqua fixatoria eundem puluerem amplius figit. Sed ita satis
est ad medicinam.

Aurum pre-
ciosius.
    Nobilius fiet id aurum si liquor Mercurij commisceatur cum subduplo li-
quoris auri & argenti, addaturǭ, resoluta stibij tincturæ pars tertia. Hi liquores
coagulentur debita digestione in massam, quæ circulando per vini quintam essentiam figatur. Hæc ad vsum eò commodior est, quia resolui potest, & per totum corpus parua quantitate diuidi. Cùm etiam sumitur sol & luna, duobus nobilibus
membris simul est prospectum.

    Potest & cum caphura præparari ita: Caphuræ & corallini singula vncia.
Affunde eis spiritus vini alcalisati quantum expleat duos digitos. Macera per
noctem, destilla spiritum, & relinquitur Turbith cinereum. Huic commisce calcis
auri punicei per Mercurium facta, & cum sale trita, elutaǭ, & probè reuerberata subduplum: vel potius huius solutione in liquorem corallatum illum imbibe, &
vna coagula. Sed mitto plures descriptiones.

Argentum
viua.
    Sicut autem aurum vitæ comparatur, ita & luna vitæ, & ferrum arte com-
mistionis cum Mercurio inuenta, quanquam in horum locum substitui possint etiam elixyria, seu essentiarum ex istis compositiones. Sed ex auro, ob præstantiam, &
quia ei inest frenum hydrargyri, magis petitur.

ANTIMONIVM DIAPHORETICVM.

Stibium cum sale petræ calcina, quousǭ; non amplius fumiget. Calcem coque ex aqua chalybeata aliquoties mutata. Postea macera spiritu vitrioli per mensem, mutato eo septenis diebus. Candefacito in catino, & extingue aceto, idǭue repete sæpius. Tandem circula cùm vini spiritu, vel a-
qua cardui benedicti. Vsus ad sudandum.   *Vel:*

    Regulum antimonij cum halinitro in vitro igni sensim admoto calci-
na: salem elue, additoǭue nouo, calcinationem repete tertiò, dum figatur &
albescat. Reuerbera triduo in colorem citrinum, cuius dosis penè scrupula-
ris vsque ad mediam drachmam est.

    Ad hunc locum pertinet REGVLVS quoque. Aliàs Turbith stibij fit et-
iam ex calce Reguli per aquam fortem facta, coctaque ex aceto primùm, postea a-
qua rosacea.

Stibium
Zuingeri.
    Zuingero ascribitur talis apparatus: Stibij libra, tartari ex albo vino
& salis vsti singulorum tantundem, trita commistaǭ, in catino maiore clauso reuerberantur, igne supra & infra adhibito. Restabit placenta argentea, quæ in subtilem puluerem redacta: in patina fictili non vitrata igni imponitur, diligentissi-
meǭ, agitatur, ne colliquescat, in quo opere perseueratur, donec auri colorem con-
tra-

traxerit. Eluitur postea aceto, vel simili liquore, daturq́; cum vino stomachali, aut etiam aqua eius inde abstracta.

Potest & ex vitro purgante confici, si in puluerem comminutum aceto per mensem trinis diebus mutato maceretur, ignig̃; exiccetur demum. Nonnulli aqua forti vitrum calcinant, calcem figunt in reuerberio, coquunt aqua dulci, & circulant aqua cinamomi. Ita quod post abstractam tincturam residuum est, ad turpethi formam elaborari potest. Porrò ex turpetho tali etiam sal, vel essentia quinta conficitur.

Dixi huc referri posse Regulum, quanquam in magisteriis transmutationum etiam sit positus, quod non simplex sit magisterium, sed vnà etiam extractum segregata parte volatili & excrementitia. Sic elaboratio calcis vlterior & fixatoria eandem quoq̃, in hanc classem transfert.

Nonnulli aurum medicum appellant ex Regulo in spumam per salem nitri Aurum me-
redacto, pulueratoq̃, per spiritum vini extractum more essentiarum, tincturarum, dicum.
vel alcali. Sed mihi hoc turpethum non est, nec syncerum stibium, vtpote halonitro potius abstracto quàm antimonio.

SVLPHVR REVERBERATVM ESSENTIALE.

Trito sulphuri aquam fortem ad tres digitos affunde, vel quatuor. Stent in digestione calida per triduum, Destilla aquam, affunde nouam, digere & destilla, idq́; etiam repete tertiò. Tandem omnem humorem prolice, vt relinquatur sulphur siccum & fixum. Hoc in alcool redige, & elue aqua dulci, cum qua coquatur. Elutum calcina in reuerberio, vase clauso, vt per flauedinem recuperet ruborem. Inde extrahe tincturam per spiritum tartari, vel similem. Reliquias sublima cum repetitione, secundum artem, donec figantur: semper tamen abiectis impuritatibus, si quæ apparebunt. Fixum reuerbera in cemento cum bracteis auri.

Figitur aliàs sulphur etiam totum ad magisterium transmutationis. Hic duo essentialia ex eo fiunt, Tinctura, & Turpethum. Debet autem id prius esse in lixiuio, ex sententia Gebri, decoctum, & ab alluuie impura, sentináq̃, liberatum. Est & quem salem eius album vocant, omni igni indomitum, qui non immeritò pro Turpetho haberi queat. Cæterum si post tincturæ abstractionem maceretur in sanguine terræ, seu oleo colcotaris, figetur citius. Potest & relinqui cum ea tinctura, & simul fixari, iterumq̃, euadet nobilius, non secus ac si inter sublimandum solutione auri imbibatur.

BVTYRVM ARSENICI.

Arsenici partem vnam commisce cum duabus halinitri. Diuide in portiones. Proijce ordine per cochleare in lebetem fictilem, dispositum su-

hhh   per

per fornace ventosa sub dio, ita vt ventus tibi flet secundus , possisq; vitare
fumum. Versa cum longa spatha, donec venenata volatilitate dissipata cesset ebullitio. Submitte partem aliam, & age vt prius , quousq; tota quantitas sit perfecta. Consumto halinitro auge ignem horis quatuor, vt instar butyri tandem in lebete resideat. Refrigeratum albescet. Ita potes procedere
cum realgare argenti, cadmia, & similibus.

E talibus etiam flos fit eadem opera, si quidem non sunt admodum venenata
aut ille potest corrigi. Itaq, & stannum, galena, plumbum cinereum, & reliqua flo-
ribus abstractis Turpethum relinquent, quod amplius sit elaborandum. Paracel-
sus ex arsenico ita fixo, facit balsamum vulnerarium dulcem , iubens fixum sol-
uere, sublimareq, in alembicum, & postea in aquam pinguem deducere.

Turpethis affines sunt terræ sigillatæ & boli terrei, si amplius
quàm elutione magistrali per macerationes in ace-
tis bezoarticis, similibusq; , & destillationes, præparentur.

Adhuc Tractatus secundus, De extractis.

LIBRI SECVNDI AL-CHEMIÆ

TRACTATVS TERTIVS
DE SPECIEBVS CHYMICIS COM-POSITIS.

CAPVT I.
De Elixyre.

ICTVM de speciebus simplicibus est, quæ vno processu simul fiunt, siue res vna fuerit, siue plures, qualia fuerunt magisteria & extracta. Sequitur de speciebus Chymicis post elaborationem compositis.

Species composita est, quæ ex simplicibus sigillatim vno processu elaboratis componitur. Id quod variè fieri potest.

Sicut in pharmacopœia primùm quodlibet medicamentum per se præparatur vt sit simplex, licet id natura composuerit: postea ex multis præparatis simplicibus fiunt compositiones, vt electuaria, pulueres, syrupi, vnguenta, &c. & hæc vicissim commisceri inter se possunt, vt ex pluribus electuariis fiat vna medicina: ita in Chymia euenire solet. Per se enim præparantur simplicia, seu sola, seu cum aliis, vt tamen fiat vna essentia vno processu homogenea. Simplices eiusmodi inter se componuntur magna varietate, eaq́; infinita: vt modò magisteria magisteriis, modò magisteria extractis: & singulorum diuersa species iterum, quin & simplices compositis iungantur: & in vsu non rarò integra copulantur magisteriis & extractis compositisq́; speciebus, prout Medico videtur consultum. De compositione itaque istiusmodi specierum nunc præcepta sequuntur.

Compositio variis coadunationum modis fieri potest quidem: hìc tamen maximè valet imbibitio seu nutritio (quæ inceratio quædam) incorporatio, confusio, & his famulatur nonnunquam tritio, solutio, sublimatio, destillatio, &c.

Species composita est duplex: Elixyr, & Clissus.

Elixyr est species ex pluribus diuersi generis simplicium speciebus composita. Itaque cùm oleum terebinthi componitur cum floribus sulphuris, & oleo myrrhæ: quando quintæ vini essentiæ miscetur tinctura croci : magisteria vegetalium mineralibus seu magisteriis, seu essentiis, seu extractis aliis, & similia coadunantur in medicinam compositam, elixyr vocatur. Potissimum tamen excellunt elixyria liquida, quæ forma sua repræsentant aquas bezoarticas, aliasque stillatitias compositas, quibus & ob cognationem, nomen communicatur. Postea sunt elixyria balsamorum & reliqua.

Baptista Porta Neapolitanus inquit, Elixyr distare ab omnibus alijs essentiis, quia fiat ex pluribus, & detur vel ad sanitatem in eodem statu detinendam, vel ad imminentes morbos arcendos, præseruandumque à putredine. Videtur ille quidem quaslibet compositiones intelligere fed exemplum quod proponit, docet constare id ex essentiis seorsim extractis, aut magisteriis, vel vtrisq, inter se variè coagmentatis, ita vt potior forma sit potabilis. Neque verò refert, si exempla autorum videntur, vel integra admiscere, vel achymica, seu imparata. Integra sanè illa magisteria sunt : quod si quæ imparata iubent sumere, non tamen ea ita manent in elixyre, sed vna eademq, opera simul extrahuntur, præparanturve, & postea cum essentiis iunguntur, &c.

ELIXYR VITÆ.

Ligni aloës, costi dulcis, santali albi & citrini ana drach. iij. rad. angelicæ, leuistici, pimpinellæ, imperatoriæ, carlinæ, meu, ana drach. ij. Valerianæ, dictam. albi, pœoniæ, visci querni, Tormentillæ, corticum citri, aurantiorum, limoniorum, ana vnc. semis. sem. citri, carduibened. bacearum lauri, iunip. pœoniæ, ana drach. v. rad. petasitæ drach. vj. omnia puluerata infundantur in vini Græci boni libris duabus aut tribus, per mensem : (*vel breuius : possunt in diplomate coqui per diem medium*). Cape postea macis, nucis moschatæ, piperis longi, galangæ, zedoariæ, chariophyllorum, ana vnc. v. semin. amomi, maioranæ, ocymi, an drach. ij. croci drachm. j. semis. flor. saluiæ, schœnanthi, rorismarini, bethonicæ, buglossæ, borraginis ana manip. s. herbæ maioranæ, basilici, pulegij, menthæ, saluiæ, ana manip. j.

Infundantur primùm aromata & semina concisa & tusa in spiritu vini sufficiente : & relinquantur in digestione tepida per dies decem. Postea facta segregatione per colum & expressionem, in liquore macerentur reliqua itidem comminuta per dies quinque. Cola iam & exprime etiam primam infusionem, eamque secundæ coniunge. In coniunctis dissolue mithridatij, vnciam vnam, theriacæ, aureæ Alexandrinæ, ana vnciam mediam, Galliæ moschatæ, confectionis de granis tinctoriis senas drachmas. Macerentur triduò, postea destillentur. Interim reliquias collectas reuerbera in cinerem, & cum aqua bethonicæ extrahe alkali.

Hoc misce cum destillato, simulque adde sachari quadrupla aqua rosacea
optima soluti libr. ij. olei charyophyllorum stillatitij, olei cinamomi, olei
macis, ol. corticum citri an. scrup. j. In parte quoque aliqua seorsim seruata suspende ambræ chryseæ, & moschi an. scrup. s. Fiat elixyr.

Aliud elixyr vitæ: Pulueris Moibani vnciæ duæ, semin. petroselini,
pimpinellæ, fœniculi, anisi singulæ semunciæ, pulueris scordij drachmæ
sex. Digerantur aqua cinamomi & destillatæ angelicæ singulis selibris. Digestione peracta destillentur. Ex fecibus fiat alcali cum aqua scordij. In
destillato soluatur huius alcali, alcali absynthij, alcali scordij singuli sicilici,
alcali ex guaiaco drachma, liquoris coraliorum, margaritarum singulæ semunciæ, tincturæ croci semiscrupulus, liquoris solis scrupulus vnus, essentiæ sachari vnciæ tres, in aquæ florum tunicis selibra solutæ. Stent in circulatione donec vniantur.

Aliud: Maluatici libræ duæ, quintæ essentiæ ex vino Hispano selibra,
aquæ cinamomi vnciæ tres, aquæ theriacalis vnciæ duæ, aquæ rosaceæ libra, salis cinamomi semuncia, extractorum ligni aloës, zingiberis, charyophyllorum, singula didrachma. Commista digerantur per dies septem, indiesque agitentur. Inde fiat destillatio vt vnà per alembicum exeant essentiæ. Destillato adde tincturæ corall. & sandali rubei q. s. Si laboriosa est
destillatio, sufficit vnio per circulationem, & maioris suauitatis gratia essentia sachari, aqua florum liliorum conuallium soluta potest admisceri.

Elixyr instaurans ex capo: Destillatæ ex capo aquę, sanguinis satyrij singulæ sesquilibræ, essentiæ carnis gallinaceæ, essentię panis, ternæ vnciæ, liquoris margaritarum semuncia, liquoris auri scrupulus, spiritus vini tertiæ
destillationis vnciæ duæ, aquæ cinamomi vncia, sachari candi depurati o-
ptimè q. s. Fiat elixyr.

Elixyr apositon ad febricitantes: Succi cerasorum, succi rhibes, syrupi
violacei, syrupi acetositatis citri ternæ vnciæ, aquarum stillatitiarum oxalidis, fragorum ternæ libræ, extracti cinamomi drachma (*vel syrupi cinamomi
tres vncia*) misce probè & digere per diem. Cola per crassum filtrum. Adde
spiritus vitrioli quantum satis ad acorem. Simplicior fit ex aqua fragorum,
& endiuiæ, adiecta pauca rosacea & in stillato vitrioli spiritu quantus sufficit.

Elixyr ad fœtum mortuum: Extracti sabinæ drachma; extracti fraxinellæ, essentiæ granorum pœoniæ, essentiæ cinamomi, essen. chamæmeli singula scrupula, aquæ pulegij, aquæ cinamomi binæ vnciæ. Misce. Cum
vti voles vni dosi instilla tres vel quatuor guttas olei cinamomi. Foris vmbi-
lico accommoda hoc: olei succini, olei guaiaci singula didrachma, olei cinamomi, olei sagapeni, ol. myrrhæ liquoris de borace singula semiscrupula. Misce.

Elixyr Hippocraticum purgans: Vini optimi, aquæ cichorij lib. singulæ,
fol. fennæ vnciæ iiij. rhabarbari femuncia, diagridij drachma, radicum ellebori nigri ij. drachmæ. Stent in digeftione tepida diebus aliquot. Separa
per colum cum expreffione. Adde extracti cinamomi, zingiberis, galangæ,
fingulas drachmas, fucci cydoniorum vncias fex, fachari. vncias quatuor. Digere ad confiftentiam fapalem.

Clareta funt huius loci, è quorum claffe eft hoc purgans: Fumi terræ manipulus, fcolopendrij manipuli duo, fol. fennæ vncia, turbith femuncia, rha-
ponticæ, rhabarbari binæ drachmæ, vini albi iij. lib. Coquantur in diplomate. Macerentur per noctem. Exprimantur fortiter. Expreffum clarificetur cum oui albo. Clarificato immifce effent. fchœnanthi, eff. cinam. effen.
charyoph. fingula fcrup. effen. zingib. drachmam, alcali polypodij fcrupula
quatuor, fachari trientem.

Eodem modo fiunt & aliæ potiones Hippocraticæ, & clarificatæ.

Elixyr Emeticum: Aquæ abfynthij pontici, aq. cichorij fingulæ fefcu-
ciæ, vitri antimonij purgantis grana fex, macerentur per horas 24. *(vel etiam coquantur aucta tamen aqua)* colatura facta adde miuæ cydoniorum fe-
munciam.

*(Paracelfus vinum effentiale defcribit tale: Rhab. dra. ij. troch. alband.
dra. j diagr. fcr. ij. euphor. fcr. j. bened. laxat. vnc. ß. vini ardentis vn. vij. in vitro
infunde per dies 6. Exprime & ferua cautè. Dofis .dra. j. ex cyatho feri caprini calefacti. Tranfibit in elixyr, fi effentiæ fumantur.)*

Elixyr abfynthites: Alcali abfynthij perfunde quinti vini effen. ad quatuor digitos. Euadit amarum, & in vfu vino mifcetur.

Vinum falutis: Succus è meliffa mifceatur cum aqua vitæ compofita.

Aliud: Succus cydoniorum *(vinum appellant)* præparatus, citriorum
& limoniorum, item fucci depurati filtrando commifceantur aquæ rofaceæ
& meliffæ triplo, adijciatur facharum cryftallatum & aq. cinam. quantum
fatis.

Elixyr falis ex Paracelfo: Oleo falis adde partem octauam quintæ auri
effen. Digere in pelicano in ventre equino per menfes 4. Adde partem vnã
vini circulati. Digere iterum circulando per menfem. Adijce & partem aliam, & fimiliter age. Serua.

*(Fortaffè rectius auri tinctura per fpiritum falis facta vini fpiritu circula-
retur, & deftillaretur per alembicum, &c.)*

Sunt & elixyria balfamorum, veluti: Balfami Hollerij vncia, falis theriacalis femuncia, ol. nuc. mofch. ftillatitij, ol. fuccini, ol. fpicæ, ol. ceræ fingulæ drachmæ. Digerantur ad formam.

Elixyr balfameum ad apoplecticos: Ol. nucis mofch. expreffi drachma.
zibethi optimi fcrup. mofchi fex grana, ol. fpicæ, ol. lauendulæ binæ guttæ.
Digere in vnum. ***Crato & Andernacus.***

(Talé

(Tale & hoc est: *Ol. nucis mosch. expressi duæ drach. ambra chrysea sex grana, ambra nig. moschi gra. terna, sulph. angelica, ol. macis, cinamomi item in sulphur coagulatorum gr. quaterna, ol. spicæ still. gutta duæ, ol. succini drachm. balsamei Bertapalia scrupula quatuor. Misce.*)

Elixyr balsami ad Nucham in paralysi: Ol. tartari, laterum, lilior. conuall. castorij, succini, singulæ semunciæ, ol. chamæm. lumbric. ranarum singulæ vnc. olei spicæ scrupul. ol. iunip. drachma, aluminis calcinati didrachmum, adipum humanæ, vulpis, castoris cum verbena recente tusorum & extractorum vnciæ binæ. Misceantur pro balsamo.

Elixyr balsameum antipodagricum: Radicum ebuli, esulæ, iridis Germanicæ, recentium singulæ semunciæ, fungorum sambuci, corticum sambuci viridium singulæ vnciæ, verbenæ, meliloti succulentorum singuli manipuli. Concisa omnia contundantur in mortario, inijciaturque ordine pinguedinis ex talis bubulis per coctionem extractæ, & medullæ ceruinæ commistorum quan. s. vt omnia integantur. Ossa maceretur triduo in cella, vt aliquantulum fermentetur. Deinde coquatur in sartagine, ad secessum spirituum humidorum. Exprime per filtrum. Expresso immisce ol. stil. castorij, tartari, è lignis sambuci, guaiaci per descensum singula didrachma, olei ranarum, & lumbricorum singulas semuncias. Fiat linimentum.

Eodem facit aqua antipodagrica Rulandi; sed & hæc non est contemnenda **Aqua antipodagrica.** *qua ego soleo vti: Cape florum, corticum medianarum, & fungorum sambuci, fol. ebuli singulos manipulos, rad. irid. nostratis vnciam, verbena manipulum, meliloti, chamemeli singulos sesquimanipulos, aquarum extincti æris & ferri binas mensuras. Coquantur ad tertias absumtas. Colaturæ adde aquæ aurifabrorum libras duas, solutionis æris & ferri in aq. forti binas vncias, sublimati semidrachmam: (quanquam acrior & lenior fieri debet pro membri teneritate & robore.) Similem aquam conficiunt ad impetiginem alij: Aquæ ferratæ lib. tres, e-* **Aqua ad impetigines.** *bulliant ter in olla vitrata. Adde mercurij sublimati semunciam; caphuræ sicilicū. Agitata probè commisce. Postea affunde aqua calcis viua sesquilibram, aq. salis ammonij vnciam, & si opus est, aquæ fortis drachmam.*

Elixyr balsami ad vulnera capitis: Balsami sulphuris vnciá, balsami ex terebinthina cum. ol. laurino sescuncia, ol. de bethonica semun. ol. seu balsami æris drachmæ duæ, ol. argenti scrup. extracti aloës drachma, florum sachari succi tabaci senæ drachmæ. Digere ad vnionem.

Balsamus ad alia vulnera, item vlcera, &c. Ol. æris, ol. Martis singulæ semunciæ, balsami aloes, butyri arsenici singulæ vnciæ, balsami sulphuris, balsami de mumia binæ drachmæ, sanguinis symphyti, succi tabaci ternæ drachmæ, cum ceræ balsamo spisso redigantur ad formam linimenti, quod in ipsa vulnera vel vlcera instillatum tegi potest emplastro sulphuris Rulandino, vel simili.

Elixyr

Elixyr balfameum glutinans: Eſſentia ſachari nutriatur balſamo mumiæ, oleo ceræ, balſamo terebinthi, paribus; quibus addatur aliquid balſami de aloe cum̄ rhabarb. ſuccorum ſympyhti & tabaci, item̄ quantum con-
ueniet ad conſiſtentiam viſci.

Elixyr ad vlcera Gallica: Olei guaiaci vncia; balſami ſulph. ſemuncia,
ol. mercurij ex Venère duæ drachmę, florum mercurij ſcrupulus, alcali guaiaci drachma. Commiſceantur. In vſu, vlcera prius expurganda ſunt, primùm aqua ad impetigines deſcripta; poſtea aqua calcis fouenda, & tandem
inſtillandum elixyr, imponendumque emplaſtrum diaſulphuris.

Elixyr balfameum ad cancroſa: Ol. de lythargyro, ol. de plumbo ſingulæ ſemunciæ, eſſentiæ hydrargyri ſublimati & cum tartaro per deſtillationem confectæ drachma, butyri de arſenico drachmæ duæ, balſami ſulphuris cum caphura & ol. terebint. vinoque confecti ſeſcuncia. Commiſceantur. Ante vſum & hæc ſeu eluenda ſeu fouenda ſunt aqua tali: cape ſtibij vi-
trati drachmas duas; coque in libris aquæ tribus ad conſumtionem vnius;
inijce colaturæ calcis viuæ manipulum, miſce probè. Stent, donec aqua cla-
reſcat. Depletæ confunde liquoris tartari ſemunciam, liquoris arſenici ſi-
cilicum. Miſce. Balſamo immiſſo, fiat obligatio per emplaſtrum ex cera &
balſamo mumiæ.

Ad tumores elixyr: Ol. de hydrargyro drachma, dulcedinis plumbi
drachmæ duæ, ol. de galbano ſemuncia, ceræ rubeæ ex cinabari quantum
ſatis, fiat forma ceroti: (*vel excepta viſco inniperino, cum ſucco vngulæ cabal-*
linæ, aut galbaneto, imponantur; vel ſublita plumbea tabula adaptentur; ita pa-
rotides, anthraces, tumores phlegmatici, &c. facilè diſcutiuntur.)

Fiunt & elixyria forma ſolidiore, nimirum pilularum, electariorum,
magdaliorum, &c. vbi excellit quod laudanum opiatum vocant.

LAVDANVM OPIATVM NOMINE GE-
nuini, à Iohan. Hart. Beyero miſſum.

Specierum diambræ completarum ſeſcuncia, ſucci totius alterci floris
albi, inſpiſſati tres drachmæ, mumiæ veræ grana viginti quatuor, cum ſpiritus vini quantitate ſufficiente fiat extractum. Huic adde extracti opij cum
nouo ſpiritu parati ſeſcunciam; eſſentiæ coraliorum rubrorum, ſuccini albi ſingulas ſemidrachmas, eſſentiarum margaritarum, auri, quindena grana, croci, caſtorij, vnicornu (*vel huius loco beZoar veri*) grana octona; ambræ chryſeæ, moſchi, aqua cinamomi ſolutorum, repurgatorumque grana ſeptena. Accuratiſſimè commiſta omnia digerantur in balneo alembico
cæco, in maſſam iuſtæ conſiſtentiæ, quæ ſubigatur adiectis olei ſuccini aliquot guttis.

Huius laudani inuentor prædicatur Paracelſus, qui etiam veram compoſi-
tionem

tionem studiosissimè dicitur occultasse, donec in Carinthia prodierit. Habet ille quidem etiam in expressis scriptis suum laudanum & opiatas compositiones plures, quale est laudanum in fluxu ventris desperato, quod capit auri foliati semuncia, *Laudan. ad* margaritarum integrarum drach. duas, asphalti, florum antimonij singulas semi- *dissolutos* drach. croci orientalis sesquidrachmam, myrrhæ Rom. aloëpat. singulorum ad *Paracelsi.* pondus omnium, quæ contemperantur in massam, cuius dosis à granis quatuor ad decē. Item quale est anodynum specificum quod fit ex opij thebaici uncia, succ. a- *Anodynum* rantiorum, cydon. an. lib. ß. cinamomi, charyophy. an. drach. ß. tusa minutim & *spec. Parac.* mista digerantur in clauso vitro calore primi gradus per mensem. Expresso liquori adde moschi scrup. ß. ambræ scrup. iiij. croci unc. .ß. solut. corall. perlarum an. drach. ß. Digere per mensem. Tandem adijce quinta essent. auri drachmam mediam.

Præterea idem author anodynum in diabetica præscripsit ex liquoris (succi) *Anodynum* papaueris, hyoscyami singulis uncijs, & succi lolij semuncia: Idem in lib. de Tar- *Par. in dia-* taro ad Orexin (feruorem bilis in stomacho) commendat laudanum suum, com- *betica.* pertum etiam Camerario illi polyhistori & alijs: at inter fragmenta quinti tomi contra eandem affectionem extat talis descriptio:

Recipe rad. hyoscyami, sem. hyoscyami, papaueris singulas drachmas, man- *Ad ardorē* dragora grana quatuor, lolij semidrachmam, theriaca q. s. ad incorporationem, *stomachi.* de qua massa dosin quatuor scrupulorum præbet. Eiusmodi quidem inquam multa sunt apud Paracelsum, sed num aliud anodynon, sub titulo laudani opiati, a- gnouerit, præter specificum, non parum dubij est. Mirari certè subit, si id laudanum opiatum est Paracelsicum, quare anodyno specifico non tribuerit id nomen, cum res penè sint eadem.

Putant quidam diuersas medicinas eodem donatas titulo fuisse. Alij iudicant non recepisse opium illam compositionem, sed hydrargyrum in quo ille opiatā vim, hoc est narcoticam eximiam statuit, & in nonnullis etiam idem euincit usus. Aliqui eandem in croco agnoscunt, vnde suum laudanum perlarum, ex croci essentia, perlis & alijs deprædicant. Sed statuat quiuis quod placet. Si opium est in laudano opiato Paracelsi, & descriptiones vulgatæ aliquid affine habent, anodynum specificum pro vero laudano Paracelsi habuerim.

Dicunt quidam vulgatas non esse genuinas, quod pleræque auro careant, quodq̃ nimium habeant alterci. Sed nec Paracelsus semper adiecit aurum, & de alterco tum ipse, tum Dornesius & alij assecla longè præclarius sentiunt quàm nostri Medici, quanquam in specifico anodyno non inueniatur. In Philonio verò apud Mesuen duplum est hyoscyami ad opium. Itaque ex Paracelsi mente fortè plus debebat poni succi alterci quàm opij, (præsertim cum hoc & peregrinum sit, & ad nos rarò sine adulterio perueniat, quorum vtrumque accusant Paracelsitæ.)

Multa sunt nostrorum compositiones ad laudanum istud, nec ferè est quin *sibi fingat ponderibus, additamentis, aut subtractionib. nouam quam deprædicet. Sed omnes natas iudico ex fama partim, partim ex imitatione Philonij, in quo item principales partes sunt hyoscyamus albus & subduplum opij, cum croco, castorio &c. (Itaque Crato negabat laudanum esse aliud quàm Philonium quoddam) partim quod alter alterius descriptionem mutaret, ne crederetur aliunde profecisse.*

Laud. Ad.
Keckij.

Zuingerus ostendit se vti eo laudano, quod Keckius pharmacopola Francofordicus confecit, & sic habet: Specierum diambræ vncia duæ, spiritus vini ad tres digitos. Fiat extractum. Opij drachmæ sex, mumiæ semidrachma (apud alios scrupuli duo) succi hyoscyami inspissati vncia (alijs referentibus semuncia) mista digerantur biduo. Postea de illo extracto affunde partem, & imbibe paulatim totum quod sesquimense fieri potest. Adde essent. coral. rubeorum, succini albi bina scrupula, ess. croci scrupulum, spiritus vini quantum satis. Digere. Tandem adijce moschi, ambræ grana duodena (alij moschi quindecim, ambra duodecim) misce.

Laudanum
Seileri.

Ad Adamum Seilerum refertur quod extat in 3. lib. epist. med. à Scholtzio editarum, cuius descriptio talis, referente Osteuio, & commendante: Recipe sp. diambræ vncias duas, infundantur vini spiritui ad digitum vnum diebus 14. Adde opij drachmas sex, mumiæ drachmam mediam, succi hyoscyami vnciam, coraliorum rubeorum, carabes bina scrupula, croci scrupulum, moschi grana sedecim, ambræ grana duodecim. Affuso rursus vini spiritu ad latum digitum, digeratur ad fornacem per mensem, indies commouendo. Seilerianum hoc primo intuitu nihil differt à Keckiano, nisi modo præparationis. Sed fortassis ille artificiosus Chymicus ita est occultatus, sicut & in alijs.

Laud. opiat.
Brunneri.

Tale est quod Brunnero ascribunt, quod capit spec. diambræ vncias sex (fortassis ex errore describentis) opij drachmas sex, succi hyoscyami vnciam. Extrahitur tinctura, cui adduntur succini albi, coral. rub. bina scrupula, croci scrupulus, moschi grana sedecim, ambræ decem.

Laudanum
Andernaci.

Andernacus magis variat: Opij drachmæ duæ, mumiæ grana tria, suc. radic. hyoscy. semidrachma. Insolentur mista per dies quatuordecim. Postea imbibe spiritus vini quintæ destillationis, quo extracta sit sescuncia diambræ, libra vna. Adde essent. coral. rub. suc. falerni singula scrupula, vnicornu grana quatuor, moschi grana tria, croci orientalis scrupulum.

Banisteri.
Laudanum

Banisteri nomine hoc in manibus studiosorum est: Opij sex vnciæ, suc. radicum hyoscyami vnciæ duæ, dissoluantur in vini spiritu (fiat extractio) adde croci drach. duas cum media, coraliorum præparatorum sesquidrach. suc. albi drac. ij. solutionis perlarum scrup. duo cum dimidio, mumiæ scr. ij. ambræ scrupul. medium, musci vnum scrupulum, vnum item foliorum auri, olei nucis mosch. guttas viginti quatuor, olei anisi grana duodecim. Fiat opiatum. Quæ hic *integra nominantur, poßunt etiam ad magisteria vel extracta adducta intelligi.*

In Phorcensi pharmacopolio talis dicitur in vsu eße compositio: Opij purgati, succi hyoscyami sena drachma, extracti mumia drachma, solutionis coraliorum, & perlarum, caraba alba bina scrupula, essentia croci scrupulum, moschi Alexandrini, ambra chrysea singula semiscrupula, spiritus vini, specierum diambra sescuncia infusa, alterati quantum satis ad massam. **Laudanum Phorcense.**

Alia descriptio anonymos non contemnenda: Specierum diambra, opij singula vncia, infundantur in spiritus vini quantitate suffic. Postea suc. rad. hyoscyami drachma septem, item seorsim infundantur in spiritu; tertiò seorsim quoq, hac: mumia, castorij singula drachma, thuris semidrachma, croci scrupula quinque, suc. arantiorum, suc. citri quina drachma. Priores dua infusiones peracta legitima digestione confundantur permisceanturq probè, facta tamen prius separatione per filtrum, coagulentur paulatim. Coagulum imbibatur extractione tertia. Vbi inspissatum est, adde essentiarum coral. margaritarum singula scrupula, pul. ossium è corde cerui scrupulum, oleorum suc. albi & citrini gutta nouenas, cinamomi medium scrupulum, macis, nucis mosch. anisi, chariophyll. quina grana, ambra moschi singulorum scrupulum medium. **Aliud laud.**

Est & quod Guerthæus catholicum vocat ferè congruens cum anodyne Paracelsi, est amabile laudanum: est cordiale: aliud Zuingero tribuitur: aliud Platero, nec dubium est plurimas descriptiones paßim latitare, quomodo etiam multa sunt Philonij compositiones, quarum tres leguntur apud Mesuen, alia apud Auicennam, Galenum, Serapionem, &c. ponderibus & numero ingredientium differentes.

Apud Paracelsum ad Choream sancti Viti simile medicamentum legitur, quod constat ex quinta essentia opij drachma, essentia mandragora granis septem, essentiæ lolij scrupulo, essent. papaueris duabus drachmis, essent. hyoscyami drachmis tribus, auri potabilis semuncia, aqua cordis sex drachmis. Mistorum dosis quatuor gutta. Liceat & hoc laudanum appellare. **Laudanum ad saltates.**

Tandem nolo calare studiosos laudanum philoniatum, quod meo iudicio concinnatum in arcanis hactenus retinui. Id ita habet: Spec. dianthon, diambra, diaxyloaloës singula semuncia, spiritus rorismarini, cui admista sit aqua theriacalis stillatitia & antepileptica ex cinamomo quantum satis ad extractionem per infusionem, & depletionem in modum tinctura. Liquori depleto commisce ladani Cyprij electi, vitrioli aqua sapius abluti, & depurati semunciam. Dilutum serua. Cape postea Philonij Romani vnciam, mithridatij, opij singulas semuncias. Misce cum aqua stillat. cornu ceruini rectificata q. satis ad extractionem per commacerationem & filtrationem, quomodo succi parantur. Liquorē extractum

confunde cum priore, & probè misce. Pone in vitro ad digerendum per mensem
suum, donec syrupi fiat consistentia. Tunc immisce liquoris (solutionis) perlarum
semunciam, spiritus vitrioli rectificati, tinctura croci, singula semiscrupula, auri
vitæ nostræ descriptionis scrupulum, olei piperis, charyophyllorum stillat. an. semidrachmam, ol. nucis moschatæ stillat. cum pinguedine pura pulli caprini in balsamum redacti, semunciam; digere ad consistentiam opiata, & in vitro serua, ad solem vel fornacem aliquandiu fermentans, vt vis opij magis refrenetur. Si placet,
in vsu suo potes addere calcem auri, vel argenti solubilem, item ambram, moschum, &c.

    Est & interni & externi vsus præsertim cum directorijs: veluti ad epilepsi-
am foris applicetur capiti cum minio natiuo, & oleo succini: intus cum vitrioli
spiritu: ad cephalalgiam misceatur vnguento de alabastro, adiecto magnetis, vel
ophitæ puluere; (in doloribus oculorum & aurium vix habet locum, sed tamen
sicubi necessitas cogit, vt in calida caussa (quomodo Galenus in aurium dolore
præscripsit trochiscos ex opio & castorio) parua quantitas cum aq. rosa. & vng. de
lapide calaminari misceri potest & oculis applicari; in otalgia verò ol. rutæ & aq.
carduibened. adijcitur.) In colica foris admouetur cum Zibetha, & pauco præcipitato, intus datur cum decocto veronica & chamameli ex maluatico. In fluoribus
alui, sicubi tempus admonet, ventri accommodatur cum pauco hydrargyro immi-
sto; & idem fit etiam in ardoribus, medicè tamen. (Nam improuidum vsum vbique damno.) In podagra & chiragra &c. addatur aliquid de sublimato vitriolato, & magnete adipe vulpino vel similibus, aut etiam succo verbenæ, aut aqua
incocti stybij & chamameli exceptis, & foris admotis. Ad vteri dolores & infir-
mitatem cum succo rorismarini valet; ad inhibendos catarrhos potest esse pro dia-
codio, si fiat ex eo pil. hypoglottis cum bolo armeno, extracto scordij & sacharo cry-
stallino, vel penidiarum. In hypercatharsi eximium est cum vino cydoniorum:
in ardore stomachi datur succo rhibes: in dolore ventriculi foris applicatur cum
succo menthæ, vel assumitur exiguum quid cum chamameli ex maluatico decocto, sicubi id conuenit. Cætera erunt Medici prudentis, quemadmodum in dolore dentium potest etiam ipsi denti applicari per ceram, &c. quin vsus est vt philonij etiam in causa frigida, sed cum purgatione, si est humor.

    Vsum reliquorum quod attinet; Crato sensit communem esse cum philonijs.
Alij epilepticis præscribunt; benefacit doloribus colicis & ventriculi prudenter
datum, quomodo Andernacus suum dosi granorum trium & forma pilulari præbet.   Zuingerus inde nepenthes vocauit, quod doloribus esset solatio. In ardore
nitroso stomachi ex bile Camerarius scribebat esse ἐξιέρελον, quanquam & vulgare laudanum è barba capri conferre tradatur. In delirijs phreneticorum, & vi-
gilijs causo laborantium dederunt aliqui, sicut aquam opiatam Helidæi. Sed imperiti eodem medicamento induxerunt somnos lethales. Guerthaus catholicum
scripsit ad omnium morborum (acutorum) impetus frenandos, præsertim calido-
rum

rum. Sed dirigi poteſt additamentis, ut ſi detur cum vitrioli ſpiritu epilepticis, &c. quæ committenda ſunt prudentiæ Medici.

Inter tot verò compoſitiones quænam debeat eligi, fortaſſe quærent rudiores. Iohan Hartmannus Beyerus retulit, ſe ſua uti feliciſſimè. Zuingerum probaſſe Keckianam, non eſt dubium: à qua cum parum diſſentiat Seileriana, etiam hæc commendata erit, præſertim cùm de ea ſcribat Oſleuius Medicus Cæſareus, quod amicus eam vſurpauerit admodum feliciter: quodq́, idem Abrahamus ſibi dixerit, ſe bonum nomen ſibi in Morauia iſto medicamento comparaſſe. Et ne vanum putes, addit fuiſſe virum longè optimum, & miraculoſum effeſtum habere id medicamentum.

Doſis prout eſt componendi ratio, variat. Keckianæ aſcriptum erat ſcrupulum vnum, ſed nemo fors tantum, niſi in deſperatis & ſingularibus naturis, quæ cicutas, opium, altercum, &c. digerere poſſint, dare velit. Detur itaq̃, per grana vſque ad dimidium ſcrupulum. Andernacus tria dūtaxat grana offert. Cum Guerthæus in ſuo catholico drachmam ſaltem opij habeat, totius maior quantitas præberi poteſt. Suſpectum eſt quod quatuor ſcrupula ad Orexin Paracelſus præbet, alibi guttis contentus. Sed abſolutè iſta definiri non poſſunt.

Non ſunt illæ medicinæ vſus promiſcui. Ad peritos prudentesq́, pertinent. Philonia tamen ſua, quæ recipiunt hyoſcyamum, opium, mandragoram, &c. veteres etiam maiori dederunt quantitate, ſed tum poſt fermentationem ſem eſtrem, tum ob copiam mellis, & aliorum corrigentium.

Porrò & alia elixyria ſolida confici ſolent: quale eſt è ſalibus hydroticum. *Elixyr ſalis hydroticum*

Salis theriacalis, alcali abſynthij Pontici, alcali ſcordij, alcali cinamomi, guaiaci, chynę ſingula ſcrupula, ſtibij diaphoretici ſcrupulus medius, extracti card. bened. zingib. iunip. ſingulæ ſemidrachmæ, extracti theriacę ſemuncia. Cōmiſceantur ad formam electuarij. Doſis ſcrup. j. ex acet. bezoar.

Dornæus elixyr ſalium ita facit: Salis auri per Mercurium & vini ſpiritum facti, ſalis meliſſæ, ſingula ſemuncia, ſalis communis puri vncia octo, commiſceantur.

Elixyr Iſchæmum : Magiſterij Corneoli drachma, croci Martis drachmæ tres, magiſterij coral. rub. drachmæ duæ, ſucci equiſeti, ſucci burſæ paſtoriæ ſingulæ ſemunciæ, eſſentiæ ſachari quantum ſufficit ad maſſam. Soluatur autem ſacharum aqua plantag. & incorporetur. Ad externum vſum addi poteſt fœtura ranarum cum amylo, & adhiberi.

Elixyr inhibens catarrhos: Extracti Philonij drach. j. ſucci pap. alb. è ſemine, ſucci ireos florent. ana vnc. ß. magiſterij boli Armeni, mag. terræ lemniæ, mag. ſuccini an. drach. ß. ſucci rad. cynogloſſ. laudani opiati ana ſcrup. j. ol. nucis moſch. expreſſ. ſcrup. ij. ſachari penid. q. ſ. fiat compoſitio ad pilulas hypoglottidas.

(Catarrhi ſimul auerti ad tergum poſſunt tali elixyre: Ol. ligni ſambuci

per descensum facti:ol.cupreßi ana vnc.ß.ol.succini drach.ij.ol.philos.drach.j.ma-
gisterij magnetis scrup.iiij.succi de verbena, & visci ex surculis teneris abietum,
vel conis recentibus q.s.pro forma emplastri.

*Diacydonion purgans:*Pulpæ cydon. extractæ sescuncia, miuæ simp.se-
muncia,sach.aq.endiuiæ soluti vncia.Digerantur ad mellis crassitiem, adde
extracti cinam.grana sex,extracti zingib.chariop.grana bina,diagrid.drach-
mam,extracti elleb.nig.scrup.j.Misce.Doses sunt quatuor.

Elixyr externum ad Anginam:℞ Extr.fimi albi canini, extr.fimi puerilis,extr.nidi hirund.singulas sescunc.minij natiui subtiliss.puluerati semunc.
ambræ semiscrup.ol.succini drachmam,mellis q.s. concorporentur in em-
plastrum.

Unà adhiberi etiam in ore potest Gargarismus ex aqua stillatitia pru-
nella, iniecto spiritu sulphuris & vitrioli,quantus satis ad acorem mediocriter
asperum.

*Externum ad colicam & alios ventris dolores:*Stercus suillum recens subige cum ol.chamæm.& spir.vini q.s.extrahe per filtrum ; adde succum vero-
nicæ,parum laud.opiati cum tantillo cinab.vel præcipitati.

Elixyr ad surdos sanabiles: Aquarum still.murium,muscarum,card.be-
ned.bis à sua herba destillatæ vnciæ singulæ,succi fol.elleb.nig.drach.j.succi
iugland.succi ouorum formic. succi hederæ binæ drachmæ, mista excipiantur lana,in qua moschus fuit, & in aquis etiam parum moschi dissolue.

Elixyr phlegmagogum à capite per modum apophlegmatismi : Magisterij
magnetis,magist.succini singula scrupula, magist.hæmatitæ, extracti euphorbij grana quina, succi tabaci drachmæ duæ, succi ellebor.nostratis
drachma media, aquæ maioranæ vnciæ quatuor. Digerantur vase clauso,
dum vniantur: indies agitentur.in vsu guttæ sex ore detinentur.

Elixyribus affinia sunt decocta,& infusiones,syrupi item & iulepi,que
post segregationem cum menstruis essentialibus vsurpantur. Fiunt autem
decocta ista cum aquis stillatitiis & materia sua in diplomate: veluti senna
Decocta Chy- coquitur ex aqua endiuiæ & fumariæ.Decocto expresso additur extractum
mica. zingib.extr.corticum arant. syrupus ros.sol. cum pauco vitrioli spir.vel essentia tartari.

Ita fit decoctum elleboratum cum aqua lactis ex foliis & radicib.elleb.
nig. Decocto segregato adiicitur syr.violatus,cum parte miuæ cydon.

Syrupi Chy- Syrupi conficiuntur ex extractis & aquis stillatitijs,adiecto sacharo,vt:
mici. extr. cinam.aq.rorism.commisceantur, additoq; sale cinam. & aq.eiusdem
cum sach.fit syrupus.

Syrupus ex calamo aromatico: Extracti calami arom.& alcali eiusdem,
illius vncia,huius quantum exiit ex reliquiis extractionis, commisceantur
cum aq.menthæ ℔.ij.adiectoq; sacharo, fiat digestio ad spissitudinem syr.
vel iulepi.

Syrupus comp. Extracti cinam.extr.sp.diamb.extr. nuc. mosch. & macis,singulæ semunc. extr.sp.diarhod. abb.vncia,aq.ros.vini maluat.singulæ sesquilibræ:cum sach.q.s.fiat syrupus.

(*Nonnulli syrupos ex aquis destillatis & sacharo tantum faciunt : sed in præstantioribus efficacioribusq́; diligenter apparatis, vix iulepi vim assequuntur spiritu per coctiones diuolante.Succi ergo sunt addendi. De iis Syluius ita:* Qui syrupus fit ex aqua destillata, vel infusione violarum & rosarum siccarum, paruarum est virium.

Pil.Chymicæ: Extr.elleb.nigri drachma,extr.mass.pil.alephang. drach. mæ du e,aloës ros.Cratonis scrup.ij.extr.zingib.scrup.j.Fiant pill.Si opus est addito syr.è cinam.

Eiusmodi compositiones sibi quisq; ad libitum vel necessitatem comminisci potest.Istæ à me producta sunt loco exemplorum, ad studiosorum informationem, quanquam quædam etiam ex aliis autoribus sunt petitæ. Studui probatissima ponere,& vt plurimum arcana.Fruantur qui volent cum gratia.

Tract. III. Cap. II.
De Clysso.

CLyssus est species composita ex eiusdem rei speciebus variis seorsim elaboratis.

Itaque clyssus totam rei substantiam complecti potest, quandoquidem abiectis impuritatibus & secibus, quidquid in ea est essentiale ad vnum redigitur compositum.

In elixyre componebantur variarum rerum species Chymicæ:hic vnius variæ species:& in simplicibus qualibet elaborabatur ad eam formam magis,ad quã per naturam disposita erat potius,cæteris etiamsi item non plane erant inania, tamen ob vilitatem,paucitatem laboris magnitudinem,& alia neglectis. Clyssus quicquid vbique in re est,& omni eius parte coaceruat. Non immeritò itaq; pro tota rei substantia est,& essentia completa.

Vox autem ista vsurpatur ab Andernaco,Porta,& aliis nonnullis, signatáq; dilutum,qua forma potissimum solet vsurpari,quanquam etiam alias esse nil prohibet.

Duobus modis fit clyssus:Aut enim fit ex diuersis,vnius plane & eiusdem membri speiebus,ordine quodam,seorsim tamen cócinnatis,& vnitis postea:vel ex vnius simplicis pluribus membris,vnoquoque elaborato pro sua natura,siue vnam reddat essentiam,siue plures.

Ita secundum primum modum si elementa segregata coadunantur viciffim,clyssus fit:si item diuersi balsamorum & oleorum liquores vnà cum sale capitis mortui reducantur ad formam mistam clyssus erit, in quo plæ- rumq; abundat humiditas,& consistentia est liquida.

Clyssus

Clyssus vitrioli : De stillatur initiò ex eo phlegma , postea spiritus, ex quo separatur oleum:caput mortuum exhibet salem. Feces terre ę abiiciuntur. Sal imbibitur oleo, postea diluitur aut nutritur spiritu : tandem phlegmati circulato immiscentur, atque ita absoluitur cly ssus vitriolatus.

Clyssus cinamomeus : E cinamomo irrigato vino nobili aqua proliciatur, postea per cohobia oleum, tertiò sal. Vniantur hæc vicissim, ita vt sal in aqua solutus extrahatur per alembicum, & postea confundatur oleum.

Huius loci est vinum alcalisatum. Sed & alius clyssus ex eodem potest confici.

Vinum nobile destilletur in spiritum : Reliquiæ mutentur in acetum: Hoc destillatum parit phlegma:feces crystallos ponunt, ex quibus oleum, & sal conficitur:singula rectificata possunt iterum componi, quanquam vt in aliis, ita & hìc vsus dominatur.

Clyssus rad. angel.

Quod si omnia ex vno eodemq; non possunt elici secundum indiuiduitatem numeralem, diuidatur copia in partes : veluti si radicis Angelicæ sit libra vna, ex parte aqua destillatur, ex alia succus extrahitur, ex tertia resina, ex quarta oleum. Omnium reliquiæ reuerberantur in alcali. In vnione itaque substernitur succus mistus cum sale, & resina:mistura imbibitur oleo & aqua, vel sal soluitur aqua, & lenta digestione sigillatim instillando partes, succo vnitur. Vel si placet, diluuntur omnia aqua , & in ea sermantur.

Clyssus absynthij : Destilletur aqua amara ex absynthio: reliquiæ calcinentur in salem. Sumatur aliud absynthium, & reuerberetur extrahaturq; alcali. Sales aquæ rectificatæ remisti vniantur.

Huc pertinet butyrum ossium Paracelsi: Ex ossibus humanis phlegma destilla cum pinguedine. Ossa calcina in cinerem albissimum. Tere subtilissimè, & prædicto liquore imbibe ad consistentiam butyri. Vsus est ad ossium fracturas.

Butyrum tartari: E tartaro liquor destilletur. Eo inceretur calx tartari depurata, ad consistentiam butyri.

Secundus clyssi modus.

Alter clyssi modus est in his exemplis, & potissimum conuenit plantis:quarum diuersæ partes tunc maximè legendæ sunt, cùm sunt efficacissimæ, satisq; maturæ:& interdum anteuertit vnius essentia essentiam alterius tempore, veluti :

Clyssus hyssopi: Hyssopi herba mediocriter enata , partim destilletur in aquam, partim tundatur, & conficiatur ex ea succus. Interim succedent flores:tandem semina, quæ & ipsa elaborantur, vt fiat inde aqua, hinc oleum. Omnia parata legibus coadunationum commisceantur.

Clyssus elenij: Radix effodiatur cùm folia prodierint: extrahatur ex ea succus, & alcali. Idem fiat cum floribus, vbi iam aquositatem in succum maturum curum conuerterint. E floribus exprimatur tinctura. E scapo fiat alcali. Omnia procurata vniantur aqua eiusdem herbæ stillatitia.

Clyssus pimpinellæ : Ex radice, floribus, & semine bibinellæ destilletur aqua. In hac postea seorsim radix comminuta maceretur:& si fieri potest, duret digestio donec succedant flores:sin minus, exprimatur succus: expressæ feces calcinentur & extrahatur sal, quo succus condiatur ad suum tempus. Cùm flores maturuerint, iniiciantur, & ad solem in eodem menstruo, vel etiam alia parte aquæ stillatitiæ eiusdem herbæ extrahantur.

Idem faciendum cum semine, & melius succedet si in aqua dilutus sal proprius fuerit. Expressa omnia vniuntur commiscendo : & si subtiliorem requirimus liquorem, destillantur per alembicum sæpius cohobando, quousque potissima subtilitas exeat, euadatque clyssus nobilitate par quintæ essentiæ.

Clyssus iuniperi : Destilletur aqua ex baccis viridibus : alia ex nigris : tertia ex cortice : quarta ex ligno & radice : postea ex locustis conficiatur viscus : ex ligno & cortice tum oleum, tum resina. Ex reliquiis sal : ex tota planta, alcali. Quatuor aquæ confundantur : in eis sales soluantur: postea viscus & resina destillentur in balsamum. Balsamus oleo iunctus aquis immittitur, & agitando digerendoque vnitur, aut saltem cum ipsis in vsu datur. Possunt & ad formam electuarij redigi, si crassiora componantur in pastam, quæ postea lentè aquis imbibatur.

Ne verò aquarum copia tempus vnionis protrahat, rediguntur ad spiritum, relicto phlegmate inutili. Spiritus iungitur essentiis crassis digestione coagulante.

Clyssus Valerianæ : Aqua destillatur ex herba, ita vt bis aut ter ea renouetur, postea etiam semen & radix iniiciantur, factaque digestione, extrahatur aqua potens:quanquam aqua primùm destillata, statim radicibus exiccatis comminutisque affundi possit. Deinde ex radice extrahitur succus. Tertiò ex alia parte, & semine oleum : ex reliquiis calcinatis sal : & tota planta alcali. Cùm flores ad manum sunt, in aqua infunduntur. Oleum & aqua ita vniuntur, vt in vna cucurbita sit oleum, in altera aqua. Vtrisque imponitur alembicus communis, & destillantur in vnum receptaculum. Destillatis facilè miscetur sal, sed prius per deliquium solutus & repurgatus. Hac mistura succi spissi nutriuntur, aut etiam commistum totum ita ad vsum seruatur.

Johannes Baptista Porta tantum posteriorem Clyssi modum descripsit. Inquit enim : Clyssus est extractio subtilitatis omnium plantæ partium, in vnum esse commune coiens: & duobus modis vniri posse docet, siue vt omnes è diuersis partibus extractæ essentiæ coniungantur incorporenturue : siue vt

kkk   *oleum*

oleum in vna sit cucurbita, in altera sal, in tertia liquor, atque ita vnico alembico subiectæ destillentur per communem canalem, sicq́, vniantur. Sed non ita facile hoc succedet. Non enim pariter scandunt aquæ & sales. Itaq̃, in diuersis aquis, & oleis id fieri possit. Sales rectius immiscentur aquæ parti, & per cohobia ex alembico exiguntur. Pars postea ita alcalisata aconfundi saltem poterit cum reliquis. Vbi resinæ sunt, possunt ea poni in imo cucurbita: aqua verò à collo per calicem dependi. Violentior enim in imo ignis eleuabit balsamum, resinæ citius, & vaporibus aqueis iunget spiritaliter.

Adhuc de ſpeciebus compoſitis.

Fɪɴɪs Aʟᴄʜᴇᴍɪæ.

DEO GLORIA.

INDEX RERVM DVO-
BVS ALCHEMIÆ LI-
BRIS CONTENTARVM.

kkk 2   Alche-

INDEX.

I N D E X.

INDEX.

INDEX.

D. Deco-

INDEX.

INDEX

Magi-

INDEX.

　　　　Oleum

INDEX.

Oleum

Oleum

mmm 2   Spiritus

Tin-

INDEX.

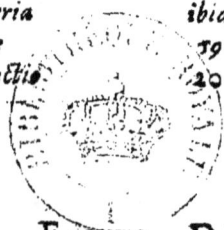

FINIS. DEO GLORIA.

mm 3

FRANCOFVRTI,

Excudebat Iohannes Saurius, im-
penſis Petri Kopffij, Anno

M. D. XCVII.

* 9 7 8 2 0 1 2 6 3 5 1 7 3 *